Kohlhammer

Andreas Schmidt

Kostenrechnung

Grundlagen der Vollkosten-, Deckungsbeitrags- und Planungskostenrechnung sowie des Kostenmanagements

4., überarbeitete Auflage

Verlag W. Kohlhammer

Umschlag: Gestaltungskonzept Peter Horlacher
Gesamtherstellung:
W. Kohlhammer Druckerei GmbH + Co. KG, Stuttgart
Printed in Germany

ISBN 3-17-018741-4

Vorwort zur vierten Auflage

Die Kosten- und Leistungsrechnung unterstützt die erfolgsorientierte Steuerung des betrieblichen Leistungsprozesses. Sie gewinnt in Zeiten raschen Wandels und steigenden Preis- und Kostendrucks an Bedeutung und wird inzwischen in fast allen privaten und vielen öffentlichen Betrieben eingesetzt. Das Instrumentarium der Kosten- und Leistungsrechnung - im Folgenden stets kurz mit Kostenrechnung bezeichnet - gehört deshalb heute zum unverzichtbaren Handwerkszeug des kaufmännischen Mitarbeiters sowie des Wirtschaftsingenieurs. Das grundlegende Gedankengut der Kostenrechnung sollte darüber hinaus allen Mitarbeitern mit Entscheidungs- und Leitungsbefugnis bekannt sein.

Das vorliegende Lehrbuch will Ihnen dieses Gedankengut sowie die wichtigsten Instrumente der Kostenrechnung in einem Band in straffer Form vermitteln. Es gliedert den Stoff in sieben Kapitel. Das *erste Kapitel* beschäftigt sich mit der Einordnung der Kostenrechnung als Teilgebiet im Rechnungswesen und gibt einen Überblick über Grundbegriffe sowie Systeme und Prinzipien der Kostenrechnung. Das *zweite Kapitel* stellt detailliert die Bausteine eines Kostenrechnungssystems anhand der traditionellen Vollkostenrechnung vor. Besonderer Wert wird dabei auf das Verständnis des Zusammenwirkens dieser Bausteine gelegt. Denn die Kostenrechnung funktioniert wie ein Betrieb nur dann einwandfrei, wenn alle Elemente aufeinander abgestimmt sind. Das *dritte Kapitel* veranschaulicht, wie die Kostenrechnung in Form der Teilkosten- bzw. Deckungsbeitragsrechnung zur erfolgsorientierten Optimierung kurzfristiger Entscheidungen eingesetzt wird. Gegenstand des *vierten Kapitels* ist die Plankostenrechnung, die als zukunftsorientierte Kostenrechnung insbesondere zur Wirtschaftlichkeitskontrolle der betrieblichen Teilbereiche dient. Im *fünften Kapitel* lernen Sie mit der Prozesskostenrechnung einen strategisch ausgerichteten Kostenrechnungsansatz kennen, mit dessen Hilfe kostentreibende Faktoren wie Variantenvielfalt und Produktkomplexität identifiziert und möglichst im Vorfeld der Leistungserstellung ausgeschaltet werden sollen. Das *sechste Kapitel* beschreibt, wie durch konsequente Ausrichtung der Produkte auf den Nutzen und die Preiserwartungen der Kunden im Rahmen der Zielkostenrechnung (Target Costing) die Produktkosten optimiert werden. Schließlich zeigt das *siebente Kapitel* anhand der Lebenszykluskostenrechnung die Notwendigkeit auf, unternehmerische Entscheidungen an der gesamten „Lebenszeit" von Produkten und Investitionsgütern einschließlich der Wechselwirkungen und Austauschbeziehungen zwischen den verschiedenen Lebensphasen auszurichten. Die Zielkostenrechnung, die Prozesskostenrechnung und die Lebenszykluskostenrechnung sind Instrumente des strategischen Kostenmanagements. Sie zeigen, dass das größte Potenzial für die aktive Kostenbeeinflussung in den Phasen der Entwicklung und Gestaltung der Produkte und des Leistungsprozesses liegt.

In allen Kapiteln veranschaulichen *zahlreiche Abbildungen und Beispiele* den Lehrstoff. Die Beispiele sind vollständig in den laufenden Text integriert, sodass ein durchgängiger Lesefluss entsteht.

Zur Festigung des erworbenen Wissens sollten Sie die beigefügten *fallbezogenen Aufgaben und Klausuren* bearbeiten, die alle Anwendungsbereiche abdecken und am Ende des Buches zusammengestellt sind. Im Text wird durch die Angabe der Nummer auf die Aufgaben verwiesen, die mit dem jeweiligen Kenntnisstand lösbar sind. Die in den Aufgaben an Sie gestellten Anforderungen werden zu Ihrer Orientierung mit einem Stern bis zu drei Sternen wie folgt grob klassifiziert:

★☆☆ z.B. einfache Aufgabenstellung, mit Hinweisen auf den Lösungsweg, kurze Bearbeitungszeit,
★★☆ z.B. mittlerer Schwierigkeitsgrad und Zeitbedarf, gewisse Eigenständigkeit erforderlich und
★★★ z.B. anspruchsvollere Problemstellung, gute Kenntnis von Details und Zusammenhängen erforderlich, umfangreichere Berechnungen.

Zur Kontrolle des eigenen Erfolges stehen Ihnen nach dem Aufgaben- und dem Klausurteil *Lösungsvorschläge* zur Verfügung. Außerdem können Sie die Verzeichnisse der Abbildungen und Beispiele wie Checklisten zur gedanklichen Wiederholung des Stoffes vor Klausuren verwenden. Schließlich steht am Ende des Buches ein umfassendes Schlagwortverzeichnis zum gezielten Auffinden bestimmter Themenkreise zur Verfügung.

Das Lehrbuch basiert auf zahlreichen Lehrveranstaltungen zur Kostenrechnung an Hochschulen, auf Bildungsmaßnahmen für Fach- und Führungskräfte der Wirtschaft und auf den Erfahrungen des Verfassers in verantwortlicher Position im Controlling eines großen Automobilproduzenten sowie eines mittelständischen Apparatebauers. Es eignet sich gleichermaßen *für Praktiker* in Fortbildungsmaßnahmen sowie *für Studierende* der Grundlagenfächer an Hochschulen und Berufs-, Wirtschafts- und Verwaltungsakademien. Aufgrund seiner Konzeption ist das Lehrbuch *auch zum Selbststudium* vorzüglich geeignet. Die vierte Auflage enthält textliche Ergänzungen (z.B. Lebenszykluskostenrechnung), inhaltliche Überarbeitungen sowie noch instruktivere Abbildungen zur Verdeutlichung des Lehrstoffes. Der Übungsteil enthält jetzt mehr als achtzig umfassende Aufgaben/Fälle, drei Klausuren und die dazugehörigen Lösungen.

Wilhelmshaven, im September 2005

Andreas Schmidt

Verzeichnis der Abbildungen

Verzeichnis der Beispiele

1 Grundlagen und Einordnung der Kostenrechnung im Rechnungswesen

1.1 Aufgaben und Teilgebiete des Rechnungswesens

Das Rechnungswesen dient der zahlenmäßigen und zeitlich geordneten Erfassung, Verarbeitung und Auswertung aller Mengen- und Wertbewegungen eines Unternehmens. Es unterstützt die Leistungserstellung im Produktions-, Handels- oder Dienstleistungsunternehmen (Sachziel) im Hinblick auf Gewinnmaximierung, Marktanteilsausweitung und Beschäftigungssicherung etc. (Formalziele). Nach der primären Ausrichtung auf den Informationsempfänger wird zwischen dem externen und dem internen Rechnungswesen unterschieden.

Das **externe Rechnungswesen** übernimmt zur Wahrung der Interessen externer Unternehmensbeteiligter wie Anteilseigner, Arbeitnehmer, Staat, Banken, Lieferanten und Kunden die Funktionen der Dokumentation der Erfolgs-, Vermögens-, Schulden- und Liquiditätslage, der Information und Rechenschaftslegung sowie der Bemessung von Steuern, Gebühren, Beiträgen und Dividenden. Es findet geschäftsjährlich seinen Abschluss in Steuer- und Handelsbilanz. Das externe Rechnungswesen unterliegt im Sinne des Interessen- und Gläubigerschutzes gesetzlichen Regelungen u.a. des Handels- und Gesellschaftsrechts, des Steuerrechts sowie des Arbeitsrechts.

Das **interne Rechnungswesen** dient zuvorderst der Steuerung des betrieblichen Geschehens und zur Erreichung der Ziele der Unternehmensleitung. Es umfasst deshalb über die Dokumentation des Betriebsgeschehens hinaus auch Planungs- und Kontrollrechnungen und ist als globales Führungsinstrument anzusehen. Die Gestaltung des internen Rechnungswesens ist weitgehend frei von externen Vorschriften und richtet sich an den Zwecken aus, die ihm aus der Sicht der Unternehmensleitung zukommen.

Auch institutionell wird das Rechnungswesen zumeist in einen extern orientierten Ast, die Finanzbuchhaltung (Geschäftsbuchhaltung), und einen intern orientierten Ast, die Kosten- und Leistungsrechnung (Betriebsbuchhaltung), gegliedert. Daneben können Stellen für Sonderaufgaben wie betriebliche Statistik und Planungsrechnungen eingerichtet sein (vgl. Abb. 1 auf der Folgeseite). Organisatorisch werden letztgenannte Stellen auch mit der Betriebsbuchhaltung in einer Abteilung Betriebswirtschaft oder Controlling zusammengefasst. Jedoch gehen die Planungs-, Kontroll-, Koordinations- und Informationsfunktionen des Controllingbereiches im Sinne einer zukunftsorientierten Unternehmenssteuerung über die Aufgaben des traditionellen Rechnungswesens hinaus.

Sowohl die Kosten- und Leistungsrechnung als auch die Finanzbuchhaltung greifen zwecks Vermeidung von Doppelarbeiten auf die Nebenbuchhaltungen Anlagen-, Material- sowie Lohn- und Gehaltsbuchhaltung zurück.

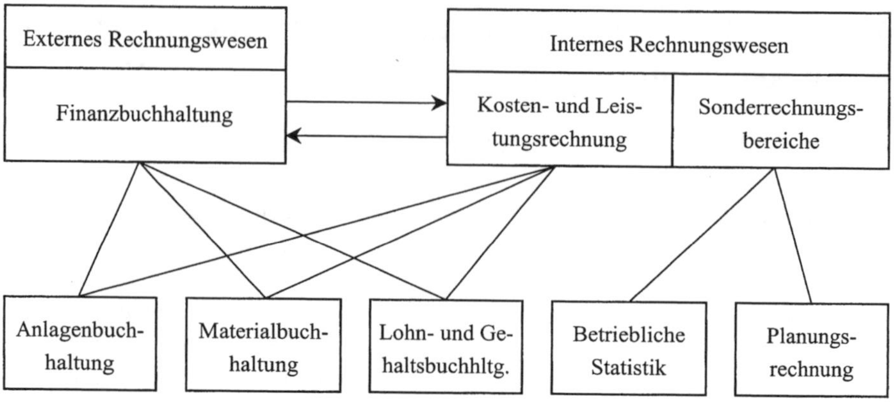

Abb. 1: Organisatorische Gliederung des Rechnungswesens

Die **Finanzbuchhaltung** erfasst alle monetären Vorgänge (Geldströme) zwischen Unternehmen und Umwelt (äußerer Wertekreislauf). Hierzu rechnen sowohl mit dem Betriebszweck verbundene als auch betriebsfremde und außerordentliche Wertverbräuche und Wertzuwächse, z.B. Schenkungen und Katastrophenschäden. Im Fokus der **Kosten- und Leistungsrechnung** steht hingegen der Kernbereich der Leistungserstellung und Leistungsverwertung entsprechend dem Betriebszweck einschließlich der innerbetrieblichen Prozesse (innerer Wertekreislauf).

Leistungen einzelner Betriebsteile werden unternehmensintern in der Regel zu den Kosten bewertet und verrechnet, die im Rahmen der Leistungserstellung angefallen sind. Sie stellen insofern eine verrechnete Kostengröße dar, sodass der Begriff der Kostenrechnung faktisch auch den Bereich der Leistungsrechnung abdeckt.

Die beiden Hauptzweige des betrieblichen Rechnungswesens sind nicht nur über die gemeinsam genutzten Nebenbuchhaltungen, sondern auch direkt miteinander verbunden. Beispielsweise übernimmt die Kostenrechnung die in der Finanzbuchhaltung verbuchten Beträge für Fremdreparaturen und Versicherungsprämien. Sie liefert ihrerseits Informationen zur bilanziellen Bewertung fertiger und unfertiger Erzeugnisse an die Finanzbuchhaltung.

Die gesetzlichen Rahmenbedingungen der Finanzbuchhaltung gewähren Gestaltungsspielräume, die die Unternehmensleitung zu einer zielorientierten Jahresabschlusspolitik nutzen kann. Beispielsweise wird ein besonders erfolgreiches Geschäftsjahr nach außen gern moderater dargestellt, um hohe Steuerzahlungen an das Finanzamt oder hohe Gewinnausschüttungen an die Unternehmenseigner (Aktionäre) zu vermeiden. Oder eine tatsächlich schlechte Unternehmenslage wird besser gezeichnet, um Unternehmenseigner und Gläubiger zu befrieden und Kreditpotenzial zu schaffen. Von derartigen Eingriffen ist die Kostenrechnung frei; denn sie soll die objektive Datenbasis für zukunftsweisende Entscheidungen und Handlungen im Unternehmen liefern und damit originär zur langfristigen Existenzsicherung beitragen.

⇨ *Aufgaben 1 und 2, S. 284*

1.2 Grundbegriffe des Rechnungswesens

Damit die Teilgebiete Finanzbuchhaltung und Kostenrechnung ihren Aufgaben und Zielsetzungen gerecht werden, verwenden sie jeweils spezifisch geeignete Rechnungselemente.
Die meisten Aktivitäten des Unternehmens mit seiner Umwelt spiegeln sich im Zahlungsverkehr wider. Der Zahlungsverkehr verändert den Geldbestand (Bestand an Zahlungsmitteln), der sich aus dem Bargeld sowie dem sofort fälligen Buchgeld bei Banken zusammensetzt. Einzahlungen und Auszahlungen sind Rechnungselemente der kurzfristigen Finanzplanung (Kassenhaltung), der Finanzierung und Investition.

Einzahlung	=	Mehrung des Geldbestands (Zugang von Bar- und Buchgeld)
Auszahlung	=	Minderung des Geldbestands (Abgang von Bar- und Buchgeld)
Ein-/Auszahlungs- überschuss	=	Einzahlungen - Auszahlungen

Wird der Geldbestand um den Kreditbestand (Bestand an Forderungen - Bestand an Verbindlichkeiten) erweitert, heißen die Veränderungen dieser erweiterten Bestandsgröße Einnahmen bzw. Ausgaben.

Einnahme	=	Mehrung des Geld- und Kreditbestands (Einzahlung, Forderungszugang, Schuldenabgang)
Ausgabe	=	Minderung des Geld- und Kreditbestands (Auszahlung, Schuldenzugang, Forderungsabgang)
Einnahmen-/Aus- gabenüberschuss	=	Einnahmen - Ausgaben

Einnahmen und Ausgaben verkörpern den Wert der in einer Periode veräußerten bzw. zugegangenen Güter und Dienstleistungen. Sie sind Gegenstand der mittel- und langfristigen Finanzplanung und der Finanzierung.
Erträge und Aufwendungen beschreiben alle Güter- und Dienstleistungserstellungen bzw. Güter- und Dienstleistungsverbräuche; sie bewirken, dass das bilan-

zielle Reinvermögen des Unternehmens steigt bzw. abnimmt. Erträge und Aufwendungen stellen periodisierte Zahlungsgrößen dar (pagatorische Rechnung). Erstellte, aber nicht oder noch nicht veräußerte Güter- und Dienstleistungen werden zu dem Werteverzehr angesetzt, den ihre Erstellung hervorgerufen hat; sie werden also letztlich mit Anschaffungsausgaben bewertet. Erträge und Aufwendungen sind die Rechnungselemente der extern orientierten Finanzbuchhaltung (Fibu). Sie dienen der handels- und steuerrechtlichen Ermittlung periodengerechter Unternehmenserfolge, gegliedert nach Geschäftsjahren.

Ertrag	=	Mehrung des bilanziellen Reinvermögens (jede Wertentstehung durch einnahmen- oder ausgabenorientiert bewertete Güter- und Dienstleistungserstellung)
Aufwand	=	Minderung des bilanziellen Reinvermögens (jeder Wertverzehr durch ausgabenorientiert bewerteten Güter und Dienstleistungsverbrauch)
Fibu-Erfolg	=	Erträge - Aufwendungen

In der Kostenrechnung werden nur solche Vorgänge betrachtet, die dem eigentlichen Zweck des Unternehmens, dem sogenannten Betriebszweck, dienen. Deshalb wird auch nur das betriebsnotwendige Vermögen beleuchtet, dessen Mehrung als Leistung bzw. dessen Minderung als Kosten bezeichnet wird.

Leistung	=	Mehrung des betriebsnotwendigen Vermögens (betriebsbedingte, in Geld bewertete Güter- und Dienstleistungserstellung)
Kosten	=	Minderung des betriebsnotwendigen Vermögens (betriebsbedingter, in Geld bewerteter Güter- und Dienstleistungsverbrauch)
Betriebsergebnis	=	Leistungen - Kosten

Die Bewertung in Geld wird vom Zweck der Kostenrechnung bestimmt und kann - anders als bei Erträgen und Aufwendungen - losgelöst von effektiven Einstands- und Verkaufspreisen erfolgen, etwa orientiert an Tages- und Wiederbeschaffungspreisen. Der Kostenrechnung liegt daher der wertmäßige Kostenbegriff (nach Schmalenbach) zugrunde.

Abb. 2 auf den Seiten 18 und 19 grenzt die Grundbegriffe in einem Stufenschema ab und zeigt für die Abgrenzungsfälle Beispiele. Die Deckungsbereiche der Kästchen deuten an, dass für einen Vorgang mehrere Sachverhalte gleichzeitig gelten können. Wird zum Beispiel eine am 14. Mai ausgestellte Handwerkerrechnung für die an drei Tagen der Vorwoche erbrachte Reparatur eines Maschinenschadens am 28. Mai per Banküberweisung beglichen, fallen im Monat Mai

Auszahlung, Ausgabe, Aufwand und Kosten zusammen. Bei tagesgenauer bzw. vorgangsgenauer Betrachtung allerdings liegen Ausgabe, Aufwand und Kosten auf dem 14. Mai (Nr. 12, 14 und 17). Die Auszahlung hingegen erfolgt am 28. Mai (Nr. 10). Aufwand und Kosten werden vereinfachend am Tag der Rechnungsstellung ausgewiesen, obwohl der Verzehr früher liegt.
Der Sprachgebrauch der betrieblichen Praxis setzt vielfach Einzahlungen mit Einnahmen und Auszahlungen mit Ausgaben gleich. Die hier gewählte Differenzierung ist aber durchaus praxisrelevant. So entscheidet sich beispielsweise die Insolvenz eines Unternehmens an seinem unzureichenden Geldbestand, und die Kassenplanung erfolgt mit Ein- und Auszahlungen.
Häufig stimmen die Erträge mit den Leistungen und die Aufwendungen mit den Kosten überein. Umsätze, Materialverbräuche, Löhne und Gehälter, Fremdleistungen etc. werden dann betrags- und zeitgleich von der Finanzbuchhaltung als Grundleistungen bzw. Grundkosten in die Kostenrechnung durchgebucht.
Weicht der Kostenrechnungsansatz aufgrund zweckorientierter Bewertung von den pagatorischen Erträgen und Aufwendungen der Finanzbuchhaltung ab, liegen kalkulatorische (Anders- oder Zusatz-) Leistungen bzw. kalkulatorische (Anders- oder Zusatz-) Kosten vor. In diesem Fall sind die Beträge in der Kostenrechnung separat zu erfassen und gegenüber denen der Finanzbuchhaltung abzugrenzen.

⇨ *Aufgabe 3, S. 284 und Aufgabe 4, S. 285*

1.3 Zwecke und Aufgaben der Kostenrechnung

Die Kostenrechnung soll die Unternehmensleitung in die Lage versetzen, das Unternehmen zielorientiert zu steuern, im Allgemeinen mit dem zeitlichen Horizont bis zu einem Jahr. Als **Zielmaßstäbe** der Kostenrechnung dienen insbesondere das Betriebsergebnis und die Wirtschaftlichkeit. Ein Unternehmen arbeitet in Bezug auf seinen Betriebszweck erfolgreich, wenn es ein positives Betriebsergebnis erzielt, d.h. wenn die Leistungen höher sind als die Kosten. Damit ist aber noch nicht gesagt, dass ein erfolgreiches Unternehmen auch wirtschaftlich arbeitet. Denn die Wirtschaftlichkeit bemisst sich nach dem Verhältnis der tatsächlich angefallenen Kosten zu den geringstmöglichen Kosten, die die Mitarbeiter beim aktuellen Stand der Technik und unter Berücksichtigung der organisatorischen Rahmenbedingungen erreichen können. Eine wirtschaftliche Leistungserstellung sichert zwar kein positives Betriebsergebnis, doch wirkt sie sich stets günstig auf die Höhe des Betriebsergebnisses aus.
Planung, Dokumentation und Kontrolle des Betriebsgeschehens sollen zur wirtschaftlichen und erfolgreichen Leistungserstellung beitragen. Diesen Aufgabengruppen lassen sich im Einzelnen folgende typische Aufgaben zuordnen. (Fortsetzung S. 20)

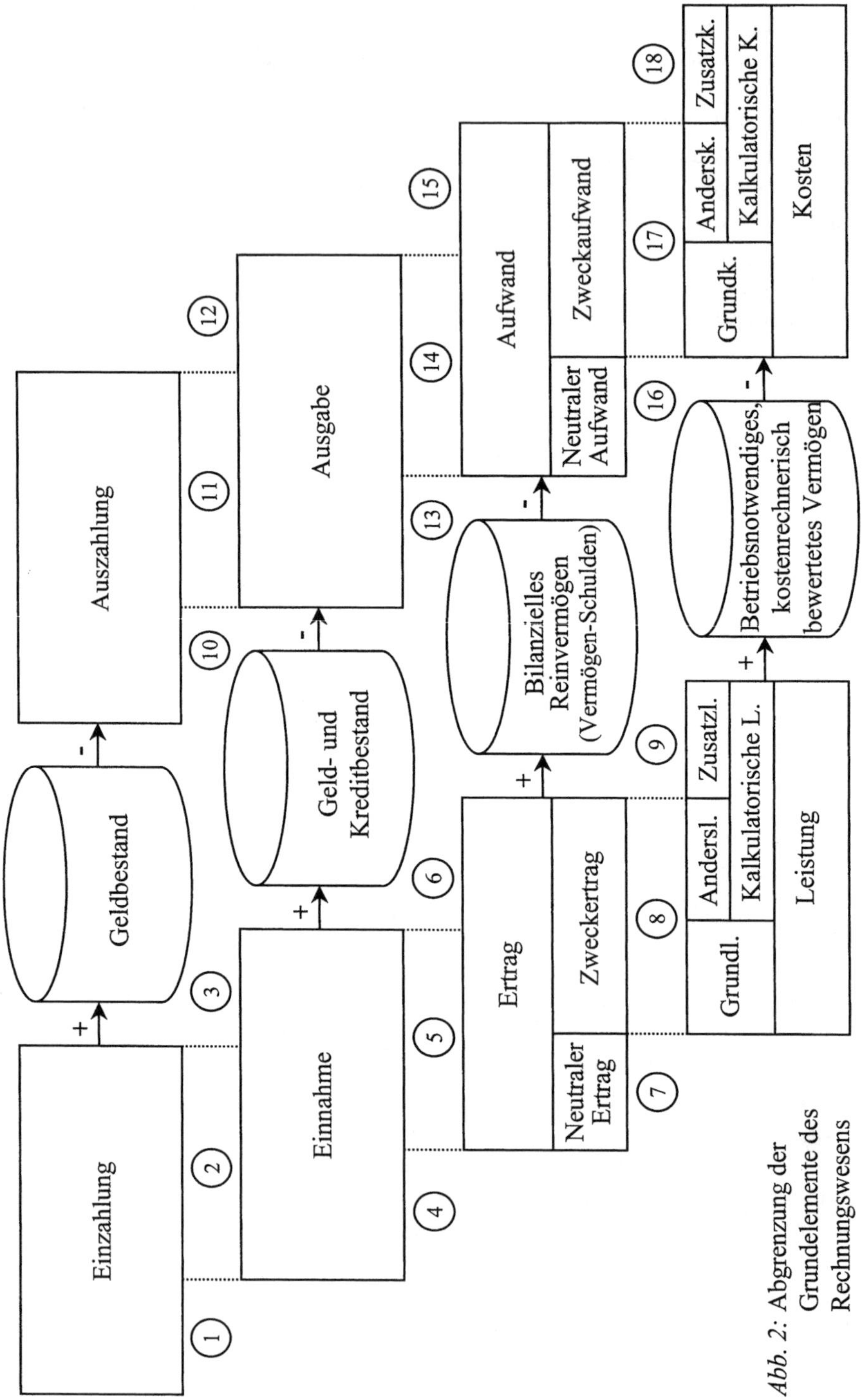

Abb. 2: Abgrenzung der Grundelemente des Rechnungswesens

1 Einzahlung, nicht Einnahme	• Ein Kunde leistet eine Anzahlung (Geld- und Schuldenzugang, Einnahme später) • Ein Kunde begleicht eine vor vier Wochen gestellte Rechnung durch Banküberweisung. (Geldzugang und Forderungsabgang, Einnahme früher)
2 Einzahlung gleich Einnahme	• Erzeugnisse werden bar verkauft. (Geldzugang, keine Veränderung im Kreditbestand)
3 Einnahme, nicht Einzahlung	• Produkte werden mit vier Wochen Zahlungsziel verkauft. (Forderungszugang, Einzahlung später) • Waren werden an einen Gläubiger gegen Verrechnung mit einer bestehenden Schuld verkauft. (Schuldenabgang, nie Einzahlung)
4 Einnahme, nicht Ertrag	• Fertige Erzeugnisse werden zum Buchwert vom Lager verkauft. (Einnahme, Ertrag früher)
5 Einnahme gleich Ertrag	• Fertigerzeugnisse werden an einen Kunden über Buchwert verkauft. (der übersteigende Betrag ist Einnahme und Ertrag, ansonsten siehe 4) • Einem Arbeitnehmer werden die fälligen Zinsen aus seinem Arbeitnehmerdarlehen belastet.
6 Ertrag, nicht Einnahme	• Erzeugnisse werden fertiggestellt und auf Lager genommen, der Verkauf erfolgt später. (Ertrag, Einnahme später) • Eine Maschine wird selbst erstellt und in der Fertigung installiert. (Ertrag, nie Einnahme)
7 Ertrag, nicht Leistung (neutraler Ertrag)	• Ein Automobilbauer erzielt Einnahmen aus der Vermietung seines Arbeiterwohnheims. (betriebsfremder Ertrag) • Eine nicht mehr benötigte Maschine wird über Restbuchwert verkauft. (außerordentlicher Ertrag) • Das Finanzamt erstattet in Vorjahren zuviel gezahlte Gewerbesteuern zurück. (periodenfremder Ertrag)
8 Ertrag gleich Leistung (Zweckertrag)	• Erzeugnisse werden produziert und sofort verkauft. (Ertrag und Leistung in gleicher Höhe = Grundleistung) • Erzeugnisse werden fertiggestellt und auf Lager genommen, der Wert des Lagerzugangs wird in Finanzbuchhaltung und Kostenrechnung unterschiedlich hoch ausgewiesen. (Ertrag und Leistung in anderer Höhe = Andersleistung)
9 Leistung, nicht Ertrag (Zusatzleistung)	• Ein Unternehmen schafft durch Eigenentwicklung ein Patent, das selbst genutzt, aber nicht verkauft wird. (Aktivierung in Handels- und Steuerbilanz verboten)
10 Auszahlung, nicht Ausgabe	• Eine Lieferantenrechnung vom Vormonat wird per Banküberweisung bezahlt. (Geld- u. Schuldenabgang, Ausgabe früher) • Eine bestellte Maschine wird angezahlt. (Geldabgang und Forderungszugang, Ausgabe später)
11 Auszahlung gleich Ausgabe	• Büromaterialien werden bar eingekauft. (Geldabgang, keine Veränderung im Kreditbestand)
12 Ausgabe, nicht Auszahlung	• Rohstoffe werden mit vier Wochen Zahlungsziel eingekauft. (Schuldenzugang) • Ein Betriebsfahrzeug wird von einem Schuldner gegen Verrechnung mit einer bestehenden Forderung eingekauft. (Forderungsabgang)
13 Ausgabe, nicht Aufwand	• Der Unternehmer vermindert seine Kapitaleinlage durch Entnahme. (Ausgabe, nie Aufwand) • Rohstoffe werden eingekauft und auf Lager gelegt. (Ausgabe, Aufwand später)
14 Ausgabe gleich Aufwand	• Rohstoffe werden eingekauft und unmittelbar verbraucht. • Die Bank belastet die fälligen Zinsen aus einem Hypothekendarlehen.
15 Aufwand, nicht Ausgabe	• Lagermaterial wird verbraucht. (Aufwand, Ausgabe früher) • Rückstellungen für Gewährleistungen werden gebildet. (Aufwand, Ausgabe später, ggf. nie, falls die Garantie wider Erwarten nicht beansprucht wird)
16 Aufwand, nicht Kosten (neutraler Aufwand)	• Ein Handwerksbetrieb spendet an das Rote Kreuz. (betriebsfremder Aufwand) • Die Lagerhalle brennt ab. (außerordentlicher Aufwand) • Aufgrund einer Steuerprüfung wird eine Gewerbesteuernachzahlung für das vorletzte Geschäftsjahr fällig. (periodenfremder Aufwand)
17 Aufwand gleich Kosten (Zweckaufwand)	• Rohstoffe werden für die Produktion verbraucht. (Aufwand und Kosten in gleicher Höhe = Grundkosten) • Auf die Nutzung der Maschinen werden Abschreibungen verrechnet. In der Finanzbuchhaltung wird degressiv, in der Kostenrechnung linear abgeschrieben. (Aufwand und Kosten in anderer Höhe = Anderskosten)
18 Kosten, nicht Aufwand (Zusatzkosten)	• Der Einzelunternehmer verrechnet für seine Tätigkeit im Unternehmen fiktiv Unternehmerlohn. • Auf das eingesetzte Eigenkapital werden fiktiv Zinsen verrechnet, da die Mittel sonst anderswo zinsbringend hätten angelegt werden können.

Planung	Gewinnung und Bereitstellung von Unterlagen für Entscheidungen der Unternehmensleitung betreffend • Absatzpreisuntergrenzen und Beschaffungspreisobergrenzen • Produktions- und Absatzprogramm (Sortimentsplanung) • Bezugsartwahl (Eigenfertigung oder Fremdbezug) • Verfahrenswahl (Produktionsprozessplanung) Gewinnung und Bereitstellung von Kosten- und Leistungsvorgaben im Sinne von Budgets
Dokumentation	Gewinnung und Bereitstellung von Unterlagen, die die tatsächlichen Mengen- und Wertströme als Leistungen und Kosten wiedergeben • zur Feststellung des tatsächlichen Betriebsergebnisses • als Hilfestellung bei der bilanziellen Bewertung selbsterstellter Vermögensgegenstände • dito, jedoch für die Ermittlung von Versicherungswerten • zur Feststellung der Selbstkosten für die Abrechnung öffentlicher Aufträge
Kontrolle	Vergleich von Ist- mit Vorgabegrößen zwecks • Feststellung der Wirtschaftlichkeit • Beurteilung der Qualität des Betriebsergebnisses und der Rentabilität • Lokalisierung der (Miss-) Erfolgsquellen • Aufzeigen notwendigen Handlungsbedarfs

Planungsrechnungen sind zukunftsorientiert. Basierend auf geplanten Kosten und Leistungen dienen sie als Alternativenrechnungen zur Fundierung der oben genannten Entscheidungen sowie als Vorgaberechnungen zur Festsetzung von Kosten- und Leistungszielen, die Anreiz für die Mitarbeiter, aber auch Vergleichsmaßstab der Wirtschaftlichkeitskontrolle sind. Kosten und Leistungen werden im Allgemeinen regelmäßig für die Dauer eines Geschäftsjahres budgetiert.

Die Kostenrechnung dokumentiert die realen Mengen- und Wertbewegungen des Unternehmens mit seiner Umwelt und die innerhalb des Betriebes. Die dokumentierten Daten fließen unmittelbar in Planungs- bzw. Kontrollrechnungen ein oder werden für periodische (z.B. monatliche) Auswertungen archiviert. Zu den wichtigsten Auswertungen gehört die Feststellung des erzielten Betriebsergebnisses. Außerdem leistet die Dokumentation der Kosten Hilfestellung bei der Erfassung und Bewertung fertiger und unfertiger Erzeugnisse des Umlaufvermögens sowie selbst errichteter Gebäude, Maschinen oder Werkzeuge und aktivierungsfähiger oder aktivierungspflichtiger Großreparaturen des Anlagevermögens. Sie leistet damit Zubringerdienste für die bilanzielle Bestandsbewertung und im Rahmen der Feststellung von Versicherungswerten. Schließlich dient die Dokumentation von Kosten der Durchsetzung von Preisforderungen gegenüber öffentlichen Auftraggebern bei Aufträgen, die auf der Grundlage der Verordnung über die Preise bei öffentlichen Aufträgen nach den Leitsätzen für die Preisermittlung aufgrund von Selbstkosten kostenorientiert abgerechnet werden.

Planung und Dokumentation sind notwendige Voraussetzungen für die Kontrolle. In Kontrollrechnungen wird durch Vergleich der Istgrößen mit den Vorgaben (Plan bzw. Soll) festgestellt, ob und inwieweit Ziele erreicht, d.h. Kosten- und Leistungsbudgets eingehalten worden sind. Kontrolle wirkt zum einen prophylaktisch allein durch ihre Ankündigung. Zum andern ist sie wirksam, indem sie bei Abweichungen rechtzeitig Handlungsbedarf aufzeigt. Rechtzeitig heißt, dass Abweichungen und ihre Ursachen bereits in der Phase der Entstehung erkannt werden, um sofort Maßnahmen der Gegensteuerung einleiten zu können und künftig Fehlentwicklungen zu vermeiden. Damit wird deutlich, dass auch bei jahresbezogener Planung Kosten und Leistungen laufend oder in kurzen Zeitabständen (z.B. monatlich, mindestens aber quartalsweise) zu kontrollieren sind.

Ergänzend zum Plan- bzw. Soll-Ist-Vergleich können die Istkosten und Istleistungen in einem Zeitvergleich den Istdaten vergangener Perioden oder in einem Betriebsvergleich den Istdaten anderer Betriebe oder veröffentlichten Branchendurchschnitten gegenübergestellt werden. Zeit- und Betriebsvergleiche werden dadurch erschwert, dass Rahmenbedingungen wie Betriebsgröße, Fertigungsbreite und -tiefe sowie Automatisierungsgrad sich im Zeitablauf ändern bzw. verschieden sind. Der gravierende Nachteil des Zeitvergleichs liegt darin, dass die Istzahlen der Vergangenheit im Allgemeinen selbst Unwirtschaftlichkeiten beinhalten und „Schlendrian mit Schlendrian" (Schmalenbach) verglichen wird; ähnliches gilt für den Betriebsvergleich. Eine Kontrollrechnung allein auf der Basis von Zeit- und Betriebsvergleichen ist deshalb abzulehnen.

Wirkungsvolle Planung, Dokumentation und Kontrolle des Betriebsgeschehens erfordern die sinnvolle Strukturierung der Kosten und Leistungen.

⇨ *Aufgabe 5, S. 287*

1.4 Strukturierung der Kosten und Kostenbegriffe

Die Unterteilung der Kosten in Grund-, Anders- und Zusatzkosten gemäß Abschnitt 1.2 dient der Abgrenzung der Kostenrechnung gegenüber der Finanzbuchhaltung. Die Planungs-, Entscheidungs- und Kontrollaufgaben der Kostenrechnung erfordern eine weitergehende Unterteilung der Kosten. Abbildung 3 auf Seite 22 gibt einen Überblick der wichtigsten Gliederungsmerkmale und der zugehörigen Kostenkategorien.

Klassifikationsmerkmal	*Ausprägung*
(a) Verbrauchsgüterart	Materialkosten, Personalkosten, Fremdleistungskosten, kalkul. Abschreibungen, kalkul. Zinsen, Abgaben etc. (Kostenarten)
(b) Funktional-räumliche Entstehung	Kosten des Materialbereichs, Kosten der Fertigung, Kosten der Verwaltung, Kosten des Vertriebs (Kostenstellen)
(c) Verwendungszweck	Kosten für Produkte bzw. Erzeugnisse, Kosten für Aufträge, Kosten für Kunden, Kosten für Märkte (Kostenträger)
(d) Herkunft der Verbrauchsgüter	Primäre Kosten (Außenkosten) und sekundäre Kosten (Innenkosten)
(e) Zurechenbarkeit	Einzelkosten (direkt zurechenbare Kosten) und Gemeinkosten (nicht direkt zurechenbare Kosten)
(f) Beschäftigungsabhängigkeit	Variable Kosten (beschäftigungsabhängige Kosten) und fixe Kosten (beschäftigungsunabhängige Kosten)
(g) Beeinflussbarkeit	Relevante Kosten (beeinflussbare Kosten) und irrelevante Kosten (nicht beeinflussbare Kosten)
(h) Zahlungswirksamkeit	Auszahlungswirksame Kosten und nicht auszahlungswirksame Kosten
(i) Zeitlicher Bezug	Istkosten (tatsächliche Kosten), Normalkosten (verrechnete Kosten) und Plankosten
(j) Umfang der verrechneten Kosten	Vollkosten (einschl. nicht direkt zurechenbarer/fixer Kosten) und Teilkosten (nur direkt zurechenbare/variable Kosten)

Abb. 3: Klassifikation der Kosten

Kosten werden nach der **Art der Verbrauchsgüter** (a) unterteilt. Der Verzehr an Material, der Einsatz an Personal, der Verbrauch von Fremdleistungen, die Inanspruchnahme von Kapital etc., kurzum der Verbrauch an Produktionsfaktoren wird in Geld bewertet. Dadurch wird die Bedeutung einzelner Produktionsfaktoren in Bezug auf die Gesamtkosten transparent. Abhängig von der Branche des betrachteten Unternehmens ergeben sich unterschiedliche Kostenschwerpunkte. So liegt der Materialkostenanteil an den Gesamtkosten in der Mineralölindustrie über 80%, in der Automobilindustrie zwischen 40% (hohe Fertigungstiefe, Teile und Baugruppen werden überwiegend selbst gefertigt) und 70% (hoher Fremdbezugsgrad, Teile und Baugruppen werden überwiegend fertig zugekauft). Mit fortschreitender Automatisierung von Fertigungsprozessen steigt der Kapitalkostenanteil bei gleichzeitig rückläufigen Personalkosten. Im Dienstleistungsbereich kommt den Personalkosten besondere Bedeutung zu; im Bereich der Ingenieurberatung machen sie mehr als vier Fünftel der Gesamtkosten aus.

Nach den betrieblichen **Funktionen** (b) wird zwischen Leistungsbereich (Fertigung), Materialbereich, Verwaltung und Vertrieb differenziert. Meist sind die Funktionsbereiche ihrerseits nach artverwandten Aufgaben in **räumliche Einheiten** untergliedert, die als Kostenstellen bezeichnet werden; z.B. kann der Materialbereich in die Kostenstellen Einkauf, Wareneingang, Wareneingangsprüfung und Lager unterteilt sein. Die Differenzierung der Kosten nach Kostenstellen bringt den internen Ort der Kostenentstehung zum Ausdruck.

Kosten entstehen letztendlich für einen **Verwendungszweck** (c): das absetzbare Produkt (Erzeugnis oder Dienstleistung). Das Produkt hat die im Rahmen seiner Erstellung angefallenen Kosten zu tragen; es ist der Kostenträger. Als Kostenträger lassen sich auch Produktarten und Produktgruppen, die einzelnen Kundenaufträge, alle Aufträge eines Kunden, die Aufträge eines Absatzgebietes etc. interpretieren. Für diese Kostenträger fallen nicht nur Kosten an, sie erbringen auch die Erlöse und bestimmen als Erfolgsquellen mithin das Betriebsergebnis. Die Unterteilung der Kosten nach den bisher behandelten Merkmalen (a) bis (c) wird im gestuften Aufbau der Kostenrechnung mit Kostenarten-, Kostenstellen-, Kostenträger- und Betriebsergebnisrechnung deutlich.

Nach der **Herkunft der Verbrauchsgüter** (d) werden primäre und sekundäre Kosten unterschieden. Werden Güter und Dienstleistungen von außerhalb des Unternehmens bezogen, sind die zugehörigen Verbräuche primäre Kosten (Außenkosten). Alle unter (a) genannten Kostenarten stellen primäre Kosten dar. Allerdings können auch Kostenstellen innerhalb des Unternehmens für andere Kostenstellen innerbetriebliche Leistungen erbringen; z.B. reparieren die Betriebshandwerker eine defekte Fertigungsanlage. Für die Leistung erhält die leistende Kostenstelle (Betriebshandwerker) eine Gutschrift, die verbrauchende Kostenstelle (Fertigung) eine Belastung. Innerbetriebliche Gutschrift und Belastung werden als sekundäre Kosten (Innenkosten) bezeichnet. Da Gutschrift und Belastung in gleicher Höhe, aber mit unterschiedlichem Vorzeichen angesetzt werden, entsprechen die Gesamtkosten der Summe der Primärkosten. Die Sekundärkosten führen lediglich zu einer innerbetrieblichen Kostenumverteilung.

Die **Zurechnung der Kosten** (e) auf Kostenträger bereitet häufig erhebliche Probleme. Einige Kosten lassen sich den einzelnen Kostenträgern (Produkte, Aufträge etc.) direkt und eindeutig zurechnen; sie heißen Einzelkosten. Hierzu zählen in der Industrie beispielsweise die Kosten für das Fertigungsmaterial (z.B. Reifen beim Auto) und der Fertigungslohn. Hingegen sind die Gehälter eines Ingenieurs in der Produktionsvorbereitung, die Bezüge der Geschäftsführung, die Abschreibungen auf Betriebs- und Verwaltungsgebäude etc. nicht direkt und eindeutig auf Kostenträger zurechenbar. Kosten dieser zweiten Gruppe sind Gemeinkosten. Gemeinkosten lassen sich allenfalls den Orten der Kostenentstehung, d.h. den Kostenstellen direkt zurechnen. Sie werden dann - entsprechend dem Bezugsobjekt Kostenstelle - als Kostenstelleneinzelkosten bezeichnet. Immer dann, wenn das Bezugsobjekt nicht näher benannt ist, beziehen sich die Begriffe Einzel- und Gemeinkosten auf das Zurechnungsobjekt Kostenträger. Die Gemeinkosten werden üblicherweise indirekt über das „Bindeglied" Kostenstellenrechnung auf die Kostenträger verrechnet.

Auf zwei Besonderheiten sei hingewiesen. Sofern eine prinzipiell mögliche direkte Zurechnung von Kosten auf Kostenträger zu aufwendig erscheint und deshalb unterbleibt (z.B. bei Kleinteilen), heißen die indirekt auf Kostenträger verrechneten Kosten *unechte Gemeinkosten*. Sie werden wie echte Gemeinkosten behandelt. Einige Kosten lassen sich einzelnen Kostenträgern direkt und eindeutig zurechnen, fallen jedoch nicht für alle Produkte an; sie werden als *Sondereinzelkosten* (SEK) bezeichnet. SEK entstehen in der Fertigung durch die Nutzung speziell für ein Produkt angefertigter Werkzeuge und Modelle sowie in Form von Lizenzgebühren für den Einsatz eines fremden Fertigungsverfahrens. SEK des Vertriebs sind besondere Kosten für Verpackung, Fracht und Versicherung abgesetzter Produkte, für Geleitschutz bei Spezialtransporten, für die Inbetriebsetzung verkaufter Anlagen und für die Schulung des Bedienpersonals des Kunden.
Kosten, deren Höhe von der **Beschäftigung** (f) abhängig ist, werden als variable Kosten bezeichnet; beschäftigungsunabhängige Kosten sind fixe Kosten. Die Beschäftigung wird kostenstellenweise nach einem geeigneten Maßstab, der Bezugsgröße, gemessen. Als Bezugsgröße dient in Fertigungskostenstellen z.B. die Fertigungszeit oder die Maschinenzeit. In Bezug auf die Fertigungszeit stellt der Fertigungslohn variable Kosten dar. Die Prämie für die Versicherung der Fertigungsanlage ist hingegen zeitabhängig und hat fixen Kostencharakter. Fixe Kosten werden auch Kosten der Betriebsbereitschaft genannt.
Einzelkosten sind in der Regel variable Kosten, während Gemeinkosten individuell auf ihr Verhalten bei Beschäftigungsänderungen in den Kostenstellen zu analysieren sind. So können die Energiekosten für den Maschinenbetrieb in einer Fertigungskostenstelle im Hinblick auf die Bezugsgröße Maschinenlaufzeit variabel sein, während in derselben Kostenstelle die Energiekosten für Beheizung und Beleuchtung beschäftigungsunabhängige, also fixe Kosten darstellen. Eine weitergehende Untergliederung der variablen und fixen Kosten zeigt Abb. 4.

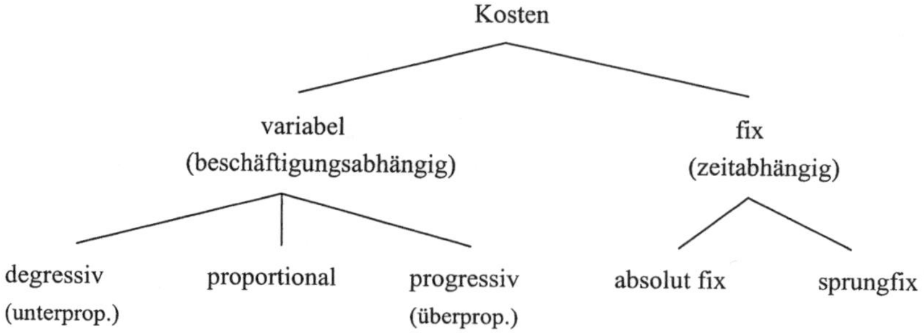

Abb. 4: Kostenverhalten in Abhängigkeit von der Beschäftigung

In aller Regel steigen die Gesamtkosten (K) mit zunehmender Beschäftigung (x). Allerdings kann der Kostenzuwachs bei einer Steigerung der Beschäftigung um

eine Einheit sich verändern; dieser Kostenzuwachs wird als Grenzkosten (K′) bezeichnet. Abb. 5 auf der folgenden Seite zeigt die Gesamtkosten, die auf je eine Leistungseinheit umgerechneten Durchschnittskosten (k) und die Grenzkosten in den zuvor unterschiedenen Fällen.
Bezüglich der variablen Kosten lässt sich folgendes beobachten. Nehmen die Grenzkosten mit zunehmender Beschäftigung ab (Fall 1), steigen die Gesamtkosten degressiv, und die auf eine Einheit bezogenen Kosten, die Durchschnittskosten, sind rückläufig. Derartige Kostenverläufe resultieren z.B. aus zunehmendem Wirkungsgrad der Maschinen im Bereich niedriger Auslastung, höherer Ergiebigkeit der Rohstoffe und Erfahrungseffekten der Mitarbeiter. Verändern sich die Grenzkosten bei zunehmender Beschäftigung nicht (Fall 2), ergibt sich ein proportionaler Kostenverlauf; die Durchschnittskosten sind konstant. Proportionale Kostenverläufe gelten für die meisten Einzelkosten; so verhalten sich etwa die Kosten des Fertigungsmaterials proportional zur Produktionsmenge. Steigen die Grenzkosten mit zunehmender Beschäftigung an (Fall 3), verlaufen die Gesamtkosten progressiv, und die Durchschnittskosten steigen ebenfalls an. Maßgebend für derartiges Kostenverhalten sind beispielsweise abnehmender Wirkungsgrad der Maschinen im Hochlastbereich und steigende Faktorpreise (z.B. Mehrarbeitszuschläge).
Einige fixe Kosten sind von der Beschäftigung nahezu völlig unabhängig. Sie werden als absolut fixe Kosten bezeichnet (Fall 4). Hierzu zählen die Kosten für die Geschäftsleitung, Abschreibungen auf Verwaltungsbauten etc., die gleichsam mit der Aufnahme der Leistungserstellung entstehen. Im Schaubild sind deshalb die zugehörigen Grenzkosten als punktueller Zuwachs bei einer Beschäftigung von gerade über null markiert. Die aus der Fixkostenkurve abgeleiteten Durchschnittskosten verlaufen degressiv (Degressionseffekt der Fixkosten). Andere fixe Kosten verändern sich an den Beschäftigungsgrenzen, die sich aus der begrenzten Kapazität des Produktions- und Leistungsapparates ergeben. Wird die Kapazität z.B. durch die Installation einer weiteren Maschine ausgebaut, entstehen zusätzliche fixe Kosten durch zeitabhängige Abschreibungen, Versicherungsprämien etc. für die neue Maschine. Diese werden als sprungfixe Kosten oder intervallfixe Kosten bezeichnet (Fall 5). Im Gesamtkostenverlauf ergeben sich Kostensprünge an den Stellen der Kapazitätsausweitung; die Durchschnittskostenkurve weist an diesen Stellen Zacken auf.
Programme zur DV-Unterstützung der Kostenrechnung unterscheiden zumeist nur zwischen absolut fixen und proportionalen Kosten. Sie unterstellen damit einen linearen Kostenverlauf aufbauend auf einem Fixkostensockel (Fall 6). Nach Bedarf werden im Einzelfall in der kostenrechnerischen Analyse die Kosten jedoch sehr differenziert betrachtet. Bei einer grundlegenden Kapazitätsanpassung durch Kauf einer zusätzlichen Maschine, Einführung einer zweiten Schicht, Entlassung von Mitarbeitern etc. interessiert sehr wohl und im Detail, wie sich sowohl die variablen als auch die fixen Kosten verändern.

Fall 1: Degressive Kosten

x	K	k	K′
0	0	-	-
1	100	100	100
2	180	90	80
3	255	85	75
4	328	82	73
5	400	80	72

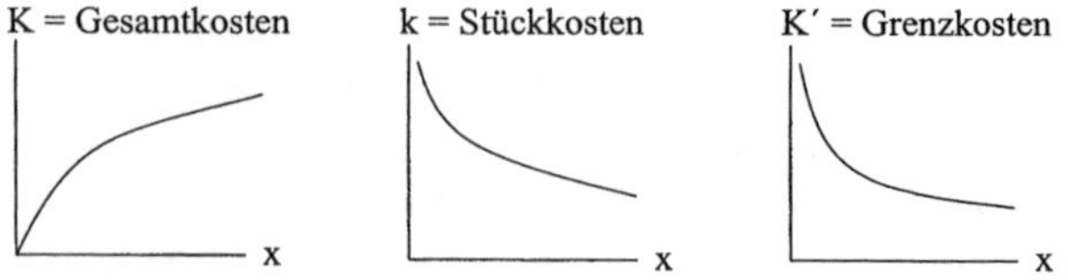

Fall 2: Proportionale Kosten

x	K	k	K′
0	0	-	-
1	100	100	100
2	200	100	100
3	300	100	100
4	400	100	100
5	500	100	100

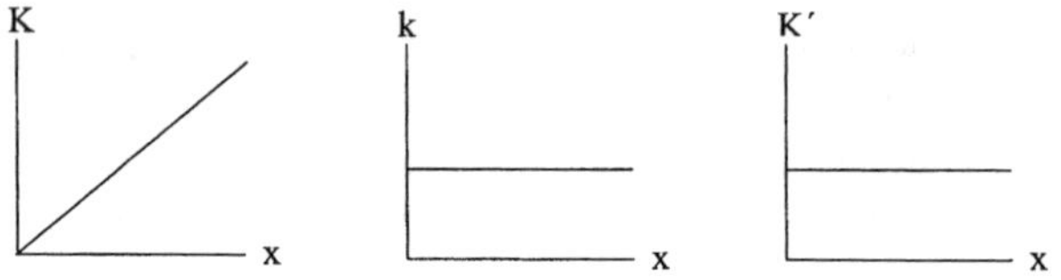

Fall 3: Progressive Kosten

x	K	k	K′
0	0	-	-
1	100	100	100
2	202	101	102
3	306	102	104
4	416	104	110
5	535	107	119

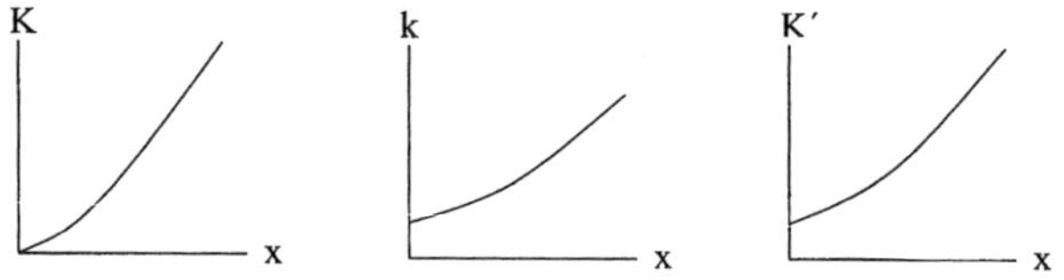

Fall 4: Absolut fixe Kosten

x	K	k	K′
0	300	-	(300)
1	300	300	0
2	300	150	0
3	300	100	0
4	300	75	0
5	300	60	0

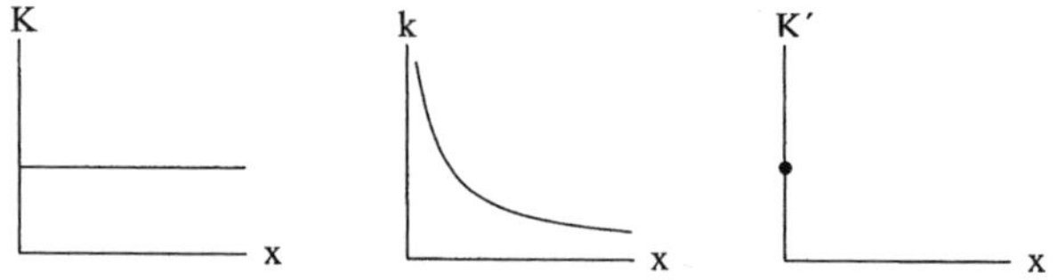

Fall 5: Absolut fixe und sprungfixe Kosten

x	K	k	K′
0	300	-	(300)
1	300	300	0
2	300	150	0
3	300	100	0
4	500	125	200
5	500	100	0
6	672	112	172
7	672	96	0

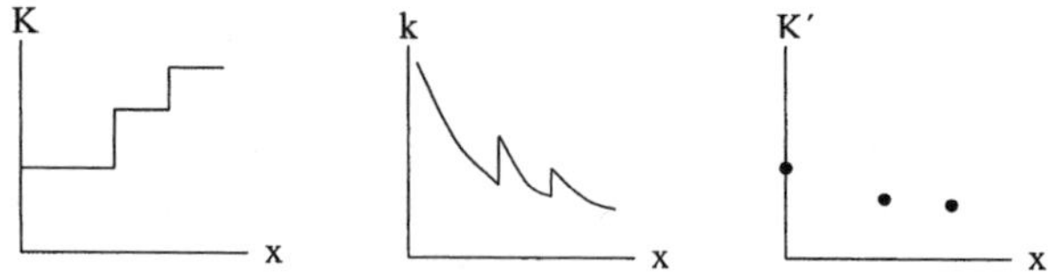

Fall 6: Absolut fixe und proportionale Kosten

x	K	k	K′
0	300	-	(300)
1	400	400	100
2	500	250	100
3	600	200	100
4	700	175	100
5	800	160	100

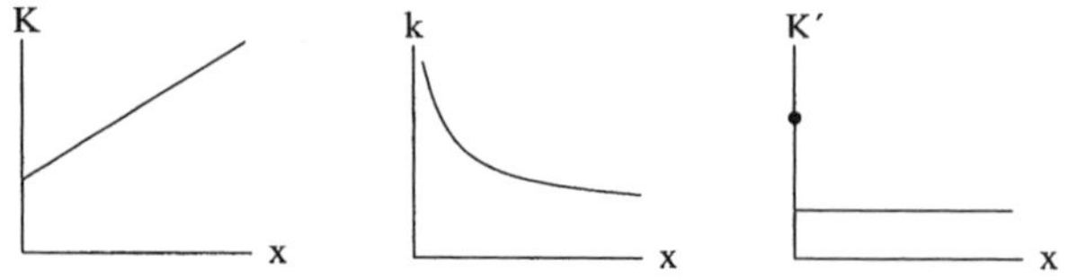

Abb. 5: Idealtypische Kostenverläufe

Bei derartigen Analysen spielt die **Beeinflussbarkeit** (g) der Kosten die hervorragende Rolle. Beeinflussbar und damit entscheidungsrelevant sind die Kosten, die durch eine Entscheidung bzw. Maßnahme neu zuwachsen oder wegfallen. Die Einordnung in beeinflussbar und nicht beeinflussbar ist also entscheidungs- bzw. maßnahmenbezogen. Beispielsweise ist die Höhe der zeitabhängigen Fixkosten des Produktionsapparates unabhängig von der Beschäftigung gemessen in produzierten Stück, solange sich die Produktionsmenge innerhalb des vorgegebenen Kapazitätsrahmens bewegt. Insofern sind die Fixkosten nicht entscheidungsrelevant für die Festlegung der Produktionsmenge. Soll hingegen die Produktionsmenge die bisherige Kapazitätsgrenze übersteigen und wird deshalb überlegt, eine weitere Maschine zu kaufen, entstehen mit der Entscheidung über den Kauf zusätzliche fixe Kosten (Abschreibungen, Versicherungsprämien etc.). Diese sind in Bezug auf die Entscheidung über die Kapazitätsausweitung entscheidungsrelevant. Nach erfolgtem Kauf spielen die zusätzlich entstandenen fixen Kosten jedoch keine Rolle mehr bei der Optimierung der Produktionsmenge in den darauf folgenden Monaten.
In der Regel sind die variablen, also von der Beschäftigung abhängigen Kosten bei kurzfristigen Entscheidungen relevante Kosten. Z.B. wird ein Hersteller von Telefonen in seine Überlegungen, ein bestimmtes Produkt in höherer Menge zu produzieren, die variablen Materialkosten einbeziehen.
In diesem Zusammenhang bilden die sog. sunk costs („versunkene Kosten") einen Spezialfall. Es handelt sich hierbei um Kosten, die durch eine Entscheidung oder Maßnahme in der Vergangenheit verursacht wurden, aber derzeit nicht mehr beeinflussbar sind. Als Beispiel sei eine Baumschule genannt, die für die Adventszeit in einem Einkaufszentrum eine Verkaufsfläche pachtet, um dort aus Nordeuropa importierte, frisch geschlagene Weihnachtsbäume zu verkaufen. Als die Baumschule im Oktober entscheidet, wie viele Bäume zu 12 €/Stück geordert und verkauft werden sollen, sind die Kosten für die Bäume zu diesem Zeitpunkt zweifelsohne von der Menge abhängig und damit variabel. Wenn zwei Tage vor Heiligabend noch mehrere tausend Bäume vorrätig sind, spielen aber die Einstandskosten der Bäume keine Rolle mehr. Die Baumschule wird froh sein, die Bäume überhaupt - auch zu geringeren Preisen - loszuschlagen und sie nicht entsorgen zu müssen. Die Einstandskosten der Weihnachtsbäume stellen insofern sunk costs dar.
Real ist zu beobachten, dass bei rückläufiger Beschäftigung die Kosten nicht in gleichem Maße sinken, wie sie bei zunehmender Beschäftigung steigen (vgl. Abb. 6 auf der folgenden Seite). Diese als **Kostenremanenz** bezeichnete Erscheinung ist zum einen darin begründet, dass Mitarbeiter die weniger werdende Arbeit strecken. Zum anderen besteht bei rückläufiger Beschäftigung die Tendenz, dass vorhandene Kapazitäten nicht sofort abgebaut werden, d.h. vorhandene Maschinen nicht sofort stillgelegt und die betroffenen Mitarbeiter nicht gleich entlassen werden (können). Außerdem wird man einen Kapazitätsabbau davon

abhängig machen, ob die Beschäftigung nachhaltig, also mittel- und langfristig auf geringem Niveau bleibt. Der Kostenabbau ist auch hier nicht direkt von der rückläufigen Beschäftigung, sondern von der Entscheidung zur Reduzierung der Kapazität abhängig. Deshalb liegt die reale Kostenlinie bei einem Beschäftigungsrückgang oberhalb des Kostenverlaufs bei steigender Beschäftigung, wie folgende Skizze veranschaulicht.

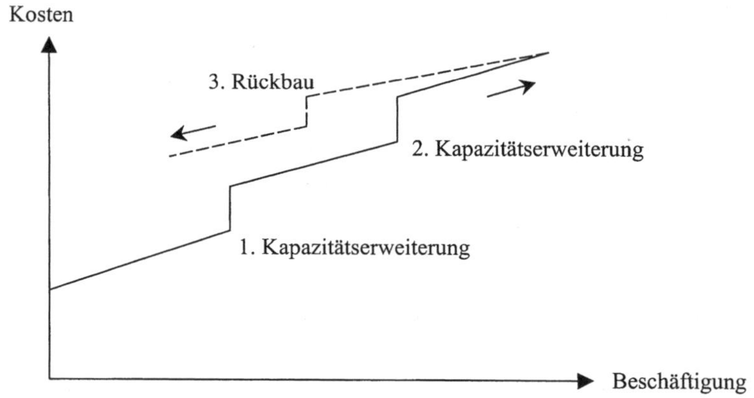

Abb. 6: Kostenremanenz

Die aktive Handlungsaufgabe des Kostenrechners bzw. Controllers besteht nun darin, die obere Kostenlinie bei rückläufiger Auslastung möglichst an die untere heranzuführen. Als mögliche Maßnahme dazu sei die „Variabilisierung" der Personalkosten durch Einsatz von geringfügig Beschäftigten genannt.

Vorherrschender Beurteilungsmaßstab ist in der Kostenrechnung die Auswirkung betrieblicher Maßnahmen auf das Betriebsergebnis. Ist jedoch die Liquidität des Unternehmens gefährdet, spielt die **Zahlungswirksamkeit** (h) der Kosten eine wichtige Rolle. Es kann dann angebracht sein, die Kosten in zahlungswirksame und (momentan) nicht zahlungswirksame Bestandteile zu zerlegen und Entscheidungen unter dem Postulat der Liquiditätssicherung allein an den zahlungswirksamen Kosten festzumachen. Als Konsequenz erscheinen dann z.B. noch solche Kundenaufträge vorteilhaft, die netto zu einem Zahlungsmittelzufluss führen, auch wenn die zahlungsunwirksamen Kosten nicht gedeckt sind und das Betriebsergebnis belastet wird. Hier zeigt sich ein unmittelbarer Bezug zum zuvor genannten Merkmal der Beeinflussbarkeit bzw. Entscheidungsrelevanz, die sich bei angespannter Liquidität an der Zahlungswirksamkeit der Kosten bemisst.

Die Merkmale **Zeitbezug** (i) und **Umfang der verrechneten Kosten** (j) sind ausschlaggebend für die Gestaltung des Kostenrechnungssytems. Sie werden im nächsten Abschnitt behandelt.

⇨ *Aufgabe 6, S. 287 und Aufgabe 7, S. 288*

1.5 Kostenrechnungssysteme

Für die vielzahligen Zwecke und Aufgaben der Kostenrechnung sind unterschiedliche Kostenrechnungssysteme entwickelt worden, die sich nach dem zeitlichen Bezug und nach dem Umfang der verrechneten Kosten unterscheiden.
Nach dem **Zeitbezug** wird unterschieden zwischen der Istkostenrechnung, die im Nachhinein die effektiv angefallenen Kosten erfasst und verrechnet, der Normalkostenrechnung, die zufällige Einflüsse ausschaltet und z.B. von durchschnittlichen Istwerten der Vergangenheit ausgeht, sowie der Plankostenrechnung, die als zukunftsorientiertes Rechnungssystem auf Norm- oder Vorgabegrößen aufbaut.
Die *Istkostenrechnung* ist die traditionelle Form der Kostenrechnung, die sich vielfach auf die Abbildung des betrieblichen Geschehens nach dem Verbrauch der Produktionsfaktoren und nach der Entstehung der Leistungen (Erzeugnisse, Dienstleistungen) beschränkt. Die effektiv verbrauchten bzw. erstellten Mengen (Istmengen) werden mit den tatsächlich dafür angefallenen Preisen (Istpreisen) bewertet. Ziel ist die Ermittlung des tatsächlichen Ergebnisses in der Betriebsergebnisrechnung und die nachträgliche Ermittlung der auf eine Kostenträgereinheit entfallenden Kosten in der Nachkalkulation. Eine effiziente Kostenkontrolle ist wegen fehlender Vergleichsmaßstäbe bzw. Vorgabegrößen nicht möglich. Außerdem kann die Istkostenrechnung die Entscheidungsfindung kaum unterstützen, da sich die Vorteilhaftigkeit künftiger betrieblicher Maßnahmen an den dadurch ausgelösten zukünftigen Kosten und Leistungen bemisst.
Eine reine Istkostenrechnung gibt es in der Praxis nicht, da manche Kostenarten auf einer planerischen Überlegung angesetzt werden. Z.B. werden Abschreibungen auf Maschinen nach der betriebsgewöhnlichen Nutzungsdauer berechnet, da vor der endgültigen Verschrottung oder vor dem Verkauf die effektive Nutzungsdauer nicht bekannt ist. Hinzu kommt, dass infolge des einmaligen oder aperiodischen (Zahlungs-) Anfalls einiger Kostenarten wie Urlaubsgeld, Versicherungsprämien und Kraftfahrzeugsteuern deren zeitliche Verteilung auf die Rechnungsperioden mithilfe von Durchschnittsgrößen erforderlich ist; der Ausweis allein in der Zahlungsperiode würde zu verbrauchsmäßig nicht begründbaren, teils zufälligen Kostenschwankungen führen. Ferner müssten in einer reinen Istkostenrechnung nach jeder Rechnungsperiode die Kalkulationssätze für die Nachkalkulation neu berechnet und alle Kostenträger neu kalkuliert werden.
Zur Vereinfachung der laufenden Abrechnung und für die (Vor-) Kalkulation wird deshalb auch mit fiktiven Kosten- und Leistungsgrößen gerechnet. Diese fiktiven Rechengrößen basieren auf den Durchschnittsdaten vergangener Rechnungsperioden, die zur Erhöhung der Aussagefähigkeit an aktuelle oder erwartete Mengen- und Preisänderungen angepasst sind. Sie werden mit der *Normalkostenrechnung* bestimmt. Die Normalkostenrechnung schaltet zeitliche Ungleichverteilungen und Zufälligkeiten in der Verbrauchsmenge oder im Preis aus. Gravierende zeitliche Ungleichverteilungen ergeben sich etwa durch Markteinflüsse

(saisonale Schwankungen in der Skiindustrie) oder durch Besonderheiten in der Leistungserstellung (Anlauf einer neuen Produktreihe im Automobilbau). Die im Saisontief oder in der Anlaufphase entstehenden relativen Mehrkosten können nicht von den in dieser Zeit produzierten Einheiten getragen werden, sondern werden auf die voraussichtliche Jahresmenge bzw. auf die voraussichtliche Menge in der gesamten Laufzeit der Produktreihe verteilt. Durch diese Normalisierung entwickeln sich die Kosten- und Kalkulationssätze kontinuierlich, sodass auch die Kontinuität in der Kalkulation gewährleistet ist.

Zur Vereinfachung und Beschleunigung der Abrechnung und Kalkulation verwendet auch die Istkostenrechnung die aus der Normalkostenrechnung abgeleiteten Kosten- und Kalkulationssätze. Die Bezeichnung eines Rechnungssystems als Istkostenrechnung erscheint aber angebracht, solange die Verbrauchsmengen überwiegend auf Istgrößen basieren. Die Abweichungen zwischen den mit Normalkostensätzen verrechneten Kosten einerseits und den erfassten Istkosten andererseits erlauben ansatzweise eine Kostenkontrolle; jedoch bleiben die konkreten Ursachen der Abweichungen meist unerkannt.

Eine wirksame Kostenkontrolle ermöglicht die *Plankostenrechnung*. Sie ermittelt auf analytischem Wege die Plankosten für das zukünftige wirtschaftliche Geschehen. Plankosten sind das Produkt aus Planverbrauchsmengen und Planpreisen, die unter Berücksichtigung von Kosteneinflussgrößen wie apparativer Ausstattung, beabsichtigtem Absatz- und Produktionsprogramm und Qualität der Verbrauchsgüter bestimmt werden. Die Plankosten haben deshalb den Charakter einer Norm oder angemessenen Vorgabe und unterscheiden sich deutlich von Prognosekosten im Sinne erwarteter Kosten. Sofern bei der Umsetzung der Pläne die angestrebte Beschäftigung nicht erreicht oder überschritten wird, müssen die variablen Anteile der Plankosten entsprechend zurückgenommen oder erhöht werden; die hieraus entstehenden und für die tatsächliche Beschäftigung angemessenen Kosten heißen Sollkosten. Den Plan- bzw. Sollkosten stellt man die tatsächlichen Kosten gegenüber und analysiert die Abweichungen dieser Größen. Insofern stellen die Istkostenrechnung und die Plankostenrechnung sich ergänzende Rechnungssysteme dar.

Neben der Kostenkontrolle dient die Plankostenrechnung der Absicherung betrieblicher Entscheidungen. Sie zeigt in Vorrechnungen die Auswirkungen angedachter betrieblicher Maßnahmen auf die Höhe der Kosten und Leistungen auf und liefert damit einen Hinweis auf deren Vorteilhaftigkeit, gemessen an der Zielgröße Betriebsergebnis.

Kostenrechnungssysteme lassen sich zusätzlich nach dem **Umfang der auf die Kostenträger verrechneten Kosten** unterscheiden. In der Vollkostenrechnung werden sämtliche Kosten auf die Produkteinheiten (Kostenträger) verrechnet. Systeme der Teilkostenrechnung verrechnen nur die variablen bzw. direkt zurechenbaren Einzelkosten auf die Produkteinheiten; die fixen bzw. nicht direkt zurechenbaren Kosten werden unmittelbar in das Betriebsergebnis abgerechnet.

Beispiel 1: Kostenverrechnung in der Voll- und Teilkostenrechnung

Ein Unternehmen fertigt und vertreibt zwei Produkte A und B. Aus den Aufzeichnungen des Rechnungswesens sind die Verkaufspreise und die Absatzmengen (= Produktionsmengen) bekannt. Ferner lassen sich aus der Beschreibung des konstruktiven Aufbaus in der Stückliste und des Fertigungsprozesses im Arbeitsplan präzise die Material- und Lohnkosten je Stück bestimmen.

Produkt	A	B
Absatzmenge (Stück)	40.000	30.000
Verkaufspreis netto (€/Stück)	9,30	15,30
Materialkosten (€/Stück)	2,40	2,60
Lohnkosten (€/Stück)	1,20	1,50

Neben den Material- und Lohnkosten fallen feste Gemeinkosten für den Produktionsapparat, die Geschäftsleitung etc. an, die den Produkten nicht direkt zugerechnet werden können. Die Fixkosten belaufen sich auf insgesamt 534.000 €.

Die *Teilkostenrechnung* verzichtet auf die Schlüsselung der nicht direkt zurechenbaren Fixkosten. Sie bezieht nur die variablen Material- und Lohnkosten in die Kalkulation der Stückkosten der Produkte A und B ein.

Produkt	A	B
Materialkosten variabel	2,40	2,60
+ Lohnkosten variabel	1,20	1,50
= Variable Stückkosten	3,60	4,10

In der Ergebnisrechnung auf der Basis von Teilkosten werden von den Erlösen der Produkte die variablen Kosten abgesetzt. Die Differenz dieser Größen ist der Deckungsbeitrag, der zur Deckung der Fixkosten und möglichst zusätzlich zur Gewinnerzielung beiträgt. Deshalb heißt die Ergebnisrechnung auf der Basis von Teilkosten auch Deckungsbeitragsrechnung.

Produkt	A	B	Gesamt
Erlöse	372.000	459.000	831.000
- Variable Kosten	144.000	123.000	267.000
= Deckungsbeitrag	228.000	336.000	564.000
- Fixkosten			534.000
= Betriebsergebnis			30.000

In diesem Beispiel werden die nicht direkt zurechenbaren Fixkosten in einem Block vom Deckungsbeitrag abgesetzt; es handelt sich deshalb um eine Ergebnisrechnung in Form der einstufigen Deckungsbeitragsrechnung.

In der *Vollkostenrechnung* werden auch die fixen Kosten auf die Kostenträger verrechnet. Maßgröße der Kostenzurechnung bilden in der Regel die variablen bzw. direkt zurechenbaren Kosten. Verteilen wir im vorliegenden Beispiel die Fixkosten in Höhe von 534.000 € auf die Summe der Material- und Lohnkosten, also auf die variablen Kosten in Höhe von 267.000 € (vgl. Tabelle), erhalten wir einen Zuschlagssatz von 200% (= 534.000 € fixe Gemeinkosten / 267.000 € variable Einzelkosten). Dieser Zuschlagssatz wird auch für die Fixkostenzurechnung auf die Produkte A und B verwendet.

Produkt	A	B
Materialkosten variabel	2,40	2,60
+ Lohnkosten variabel	1,20	1,50
= Variable Stückkosten	3,60	4,10
+ Fixe Stückkosten (200%)	7,20	8,20
= Stückkosten gesamt	10,80	12,30

Die Ergebnisrechnung auf der Basis von Vollkosten setzt von den Erlösen der Produkte in einem Zuge die Kosten der verkauften Produkte ab. Als Differenz dieser Größen weist sie unmittelbar das Betriebsergebnis aus.

Produkt	A	B	Gesamt
Erlöse	372.000	459.000	831.000
- Kosten gesamt	432.000	369.000	801.000
= Betriebsergebnis	-60.000	90.000	30.000

Aus diesem Beispiel können wir folgende Schlussfolgerungen ableiten:

- Das Betriebsergebnis insgesamt lässt sich sowohl mit der Vollkosten- als auch mit der Teilkostenrechnung ermitteln. Allerdings ermöglicht nur die Teilkostenrechnung eine begründete Erfolgsquellenanalyse nach Produktarten.
- Die produktartbezogenen Betriebsergebnisse der Vollkostenrechnung führen allzu leicht zu Fehlinterpretationen. So lässt sich durch Einstellung der Produktion und des Absatzes von Produkt A das Betriebsergebnis nicht um 60.000 € verbessern, obwohl die Vollkostenrechnung für Typ A ein negatives Betriebsergebnis ausweist. Denn es ist zu beachten, dass die Kosten des Produktionsapparates, der Geschäftsleitung etc. kurzfristig beschäftigungsunabhängig sind und ohne weitergehende Maßnahmen zur Fixkostensenkung (z.B. Personalabbau) weiterhin anfallen. Bei Bereinigung des Produktions- und Absatzprogramms um das Produkt A würde sogar dessen Deckungsbeitrag in Höhe von 228.000 € verloren gehen. Dadurch würde sich für das Unternehmen ausgehend von einem Betriebsgewinn von 30.000 € unter sonst gleichen Bedingungen ein Betriebsverlust von 198.000 € einstellen.

- Diese Information liefert unmittelbar die Teilkostenrechnung. Sie zeigt die kurzfristige Erfolgsfähigkeit der Produktarten, gemessen an ihrem Deckungsbeitrag. Kurzfristige Perspektive bedeutet in der Teilkostenrechnung, dass die Betriebsbereitschaft und damit die Höhe der Fixkosten unverändert bleibt. Aufgrund der positiven Deckungsbeiträge sind beide Produktarten lohnenswert; soweit die vorhandene Kapazität ausreicht und der Absatzmarkt aufnahmefähig ist, kann das Betriebsergebnis durch eine Mengensteigerung bei beiden Produktarten A und B verbessert werden.
- Das Beispiel zeigt, dass die Vollkostenrechnung im Hinblick auf die Lösung von Dispositionsaufgaben nicht geeignet ist. Nur die Teilkostenrechnung liefert für Kurzfristentscheidungen unmittelbar verwertbare, relevante Informationen. Ein Teilkostenrechnungssystem, das variable und fixe bzw. direkt und nicht direkt zurechenbare Kosten trennt, liefert außerdem die Basis für weitergehende Analysen z.B. bezüglich Aufspaltung und Abbaufähigkeit fixer Kosten, wenn es um die Stilllegung eines ganzen Betriebsteils geht.
- Dennoch hat sich die Vollkostenrechnung in der betrieblichen Praxis neben der Teilkostenrechnung behaupten können, liefert sie doch mit der Kalkulation aller Kostenbestandteile zumindest Anhaltswerte für kostendeckende Absatzpreise. Dies ist insbesondere in der auftragsorientierten Fertigung mit kundenspezifizierten Erzeugnissen (Schiffsbau, Sondermaschinenbau) und Dienstleistungen (Ingenieurberatung; Erstellung von Individualsoftware) von Bedeutung. Im Übrigen können aufgrund der heute üblichen DV-Unterstützung in der Kostenrechnung ohne allzu großen personellen Aufwand Teil- und Vollkostenrechnung parallel betrieben werden.

Je nach Aufgabenstellung lassen sich die Kostenrechnungssysteme nach den Kriterien Zeitbezug und Umfang der Kostenverrechnung kombinieren. Abb. 7 auf der folgenden Seite ordnet den Kostenrechnungssystemen in den Tabellenfeldern schwerpunktmäßig die geeigneten Verwendungszwecke zu.
Gegen die dargestellte traditionelle Kostenrechnung wird bisweilen der Einwand erhoben, sie sei zu sehr auf die Ermittlung des Ergebnisses, die Kontrolle der Kosten und die Preiskalkulation ausgerichtet. Ihr Beitrag zur aktiven Kostensteuerung und zur Entscheidungsunterstützung für die Unternehmensführung sei eher gering. Die Ursachen für diese Einschätzung sind darin zu sehen, dass es zum einen an der konsequenten controllingorientierten Anwendung fehlt und dass zum anderen selbst in heutiger Zeit verbreitet die Vollkostenrechnung ohne parallele Teilkostenrechnung eingesetzt wird, obwohl nur diese die für kurzfristige Planungs- und Entscheidungsaufgaben nötigen Informationen liefert. Ein weiterer, kaum zu widerlegender Einwand gegen die traditionellen Systeme der Kostenrechnung ergibt sich aus ihrem unbefriedigenden Erkenntnisgewinn für die strategische Unternehmensausrichtung. Hier sollen neuere Ansätze des Kostenmanagements Abhilfe schaffen.

Umfang der Kostenverrechnung / *Zeitbezug*	Vollkostenrechnung	Teilkostenrechnung
Istkostenrechnung	• Kurzfristige Erfolgsermittlung • Nachkalkulation von Produkten und Aufträgen • Zahlenmaterial für die bilanzielle Bestandsbewertung	• Kurzfristige Erfolgsermittlung • Nachkalkulation von Produkten und Aufträgen • Zahlenmaterial für die bilanzielle Bestandsbewertung
Normalkostenrechnung	• Verstetigung der laufenden Kostenabrechnung • Kontrolle der Kostenentwicklung • Vorkalkulation von Produkten und Aufträgen	• Verstetigung der laufenden Kostenabrechnung • Kontrolle der Kostenentwicklung • Vorkalkulation von Produkten und Aufträgen
Plankostenrechnung	• Wirtschaftlichkeitskontrolle	• Wirtschaftlichkeitskontrolle (Soll-Ist-Vergleich) • Break-Even-Analyse (Gewinnschwellenrechnung) • Unterstützung bei kurzfristigen Entscheidungen

Abb. 7: Kostenrechnungssysteme und ihre Verwendung

Kostenmanagement ist die gezielte und systematische Steuerung der Erlöse und Kosten im Sinne einer rechtzeitigen und nachhaltigen Optimierung des Unternehmensergebnisses. Zu den wichtigsten Ansätzen des Kostenmanagements zählen die Prozesskostenrechnung, die Zielkostenrechnung und die Lebenszykluskostenrechnung.

Am Kundenwunsch orientierte Produktpaletten sowie flexible, computergestützte Konstruktions-, Fertigungs- und Logistiksysteme haben die Bedeutung der vorbereitenden, planenden und steuernden Bereiche (sog. indirekte Bereiche) im Vergleich zu den direkten Produktions- und Leistungsbereichen verstärkt. Zum einen fallen in den indirekten Bereichen hohe Kosten an, zum anderen werden in diesen Bereichen die meisten Kosten durch den konstruktiven Aufbau des Produktes und die geplante Leistungserstellung im Vorhinein festgelegt. Die *Prozesskostenrechnung* (vgl. auch Activity based Costing) will die Kosten dieser indirekten Bereiche transparent machen und durch eine begründete Kalkulation Hinweise auf kostentreibende und kostensenkende Einflussgrößen liefern. Dazu verrechnet sie die Gemeinkosten nicht pauschal mit wertabhängigen Zuschlägen,

sondern setzt die Gemeinkosten in Bezug zu den Leistungsprozessen der indirekten Bereiche, bildet prozessbezogene Kostensätze und verrechnet mit deren Hilfe die Gemeinkosten auf die Produkte, für die die Leistungsprozesse erbracht werden. Gegenüber der traditionellen Kostenrechnung gewinnt man Einblicke, die eine kostengünstige Produkt- und Prozessgestaltung erlauben.
Die gezielte Kostenbeeinflussung muss bereits im Rahmen der Produktentstehung und der Gestaltung der Leistungsprozesse ansetzen; denn in dieser Phase lassen sich die größten Effekte erzielen. Hierzu liefert die *Zielkostenrechnung* (Target Costing) wertvolle Anregungen. Die Zielkostenrechnung liefert die Methodik für eine marktorientierte Kostenplanung und -steuerung im Prozess der Produktentstehung. Sie leitet die anzustrebenden Zielkosten der künftigen Produkte konsequent aus dem erzielbaren Preis am Absatzmarkt ab und trägt so zur Vermeidung von wirtschaftlichen Flops bei.
Außerdem muss das strategische Management im Rahmen der Festlegung auf die Neuentwicklung von Produkten und der Preisbestimmung den Produkterfolg über den Gesamtzeitraum von der Entwicklung über den aktiven Produktions-, Verkaufs- und Nutzungszeitraum bis zur Rücknahme und Entsorgung berücksichtigen. Aufbauend auf den Erkenntnissen allgemeiner Lebenszyklusmodelle zeigt die *Lebenszykluskostenrechnung* (Life Cycle Costing) die Wechselwirkungen zwischen den verschiedenen Produktlebensphasen und deren monetäre Auswirkungen. Damit werden z.B. die geringen Preise für den Erwerb von Handys in Verbindung mit dem Abschluss von längerfristigen Nutzungsverträgen der Telekommunikationsanbieter wirtschaftlich erklärbar.

⇨ *Aufgabe 8, S. 288 und Aufgabe 9, S. 289*

1.6 Kostenrechnungsprinzipien

Während die Finanzbuchhaltung handels- und steuerrechtliche Rahmenbedingungen berücksichtigen muss, sind die Betriebe in der Gestaltung des Kostenrechnungssystems und in der Durchführung der Rechnung frei. Dennoch sollten einige Prinzipien beherzigt werden, damit der ursprüngliche Kostenrechnungszweck, die Steuerung des betrieblichen Geschehens, optimal erfüllt wird.
Die Kostenrechnung erfasst alle Kosten und Leistungen, auch wenn hierfür keine Ausgaben bzw. Einnahmen erfolgen. Dieses Prinzip der **Vollständigkeit** zielt auf die Ermittlung und den Ausweis der kalkulatorischen Zusatzkosten. So ist für den geschäftsführenden Inhaber eines Einzelunternehmens ein kalkulatorischer Unternehmerlohn anzusetzen, weil dessen Tätigkeit nicht über ein Gehalt abgegolten wird.
Die Kostenrechnung gibt den Verzehr bzw. die Erstellung der Güter und Dienstleistungen gemäß dem Prinzip der **Objektivität** möglichst sachgerecht wieder.

Handels- und steuerrechtliche Ziele wie die Gewinn- und Steuerverschiebung in Folgeperioden durch Inanspruchnahme erhöhter, steuerlich zulässiger Abschreibungen auf das Sachanlagevermögen dürfen sich deshalb in der Kostenrechnung nicht auswirken. Deshalb müssen anstelle solcher Aufwendungen in der Kostenrechnung kalkulatorische Anderskosten angesetzt werden, die den tatsächlichen Werteverzehr beschreiben.
Budgetierung und Soll-Ist-Vergleich erfordern eine **Periodenbetrachtung**. In aller Regel werden in der Kostenrechnung Budgets für die Dauer eines Geschäftsjahres festgelegt, das mit dem der Finanzbuchhaltung übereinstimmt. Unterjährige regelmäßige Kontrollen erfolgen meist monatlich, mindestens aber quartalsweise. Zusätzlich können Kosten auftrags- oder maßnahmenbezogen verfolgt werden. Die Periodenbetrachtung erfordert auch, periodenfremde Beträge aus der laufenden Abrechnung auszugrenzen.
Kosten sind im Hinblick auf die **Zurechnungsgenauigkeit** möglichst nach dem *Verursachungsprinzip* auf Kostenträger und Kostenstellen zu verrechnen. Kosten sind einer Einheit eines Produkts als Einzelkosten nur dann verursachungsgerecht zurechenbar, wenn sie durch die Erstellung des Produktes zusätzlich entstehen, wie z.B. Materialkosten der Reifen für ein Auto im Automobilbau. Fixe (Gemein-) Kosten der Betriebsbereitschaft können nicht verursachungsgerecht auf Kostenträgereinheiten zugerechnet werden. Sie werden in der Vollkostenrechnung deshalb nach dem *Durchschnittsprinzip* möglichst auf der Basis technischer Größen wie Fertigungszeit, Gewicht und Größe auf die Kostenträger verrechnet. Die Weiterverrechnung mittels wertmäßiger Bezugsgrößen folgt dem *Kostentragfähigkeitsprinzip*, einer Unterform des Durchschnittsprinzips. Danach werden einem Produkt je nach der Höhe des erzielbaren Preises bzw. Umsatzes mehr oder weniger Kosten zugerechnet. Das Kostentragfähigkeitsprinzip wird für die Kostenrechnung abgelehnt, da die so verteilten Kosten nicht als Grundlage betrieblicher Entscheidungen geeignet sind.
Das folgende Beispiel soll die Auswirkungen der Zurechnungsprinzipien veranschaulichen.

Beispiel 2: Verursachungs-, Durchschnitts- und Tragfähigkeitsprinzip

Ein Betrieb fertigt aus Holzrohlingen die Holzschnitzereien A, B und C. Aus einem Abrechnungszeitraum liegen folgende Informationen vor:

Artikel	A	B	C
Produktion (Stück)	1.000	500	500
Material (€/Stück)	13,00	6,00	11,00
Fertigungszeit (Min./Stück)	90	30	30
Nettoerlös (€/Stück)	95,00	60,00	50,00

Produktions- und Absatzmenge stimmen überein. Die Materialkosten je Stück entsprechen dem Kaufpreis für den Holzrohling. Die fixen (Gemein-) Kosten der Periode belaufen sich auf insgesamt 60.000 €.

Verursachungsprinzip: Nur die variablen (Einzel-) Kosten sind den Artikeln zuzurechnen. Die Löhne je Stück ergeben sich als Produkt aus der Fertigungszeit und dem Lohnsatz in Höhe von 18,00 €/Fertigungsstunde.

Artikel	A	B	C
Material (€/Stück)	13,00	6,00	11,00
Fertigungslohn (€/Stück)	27,00	9,00	9,00
Stückkosten var. (€/Stück)	40,00	15,00	20,00

Nach dem Verursachungsprinzip lassen sich hier nur Material und Lohn auf die Produkte zurechnen; die Fixkosten sind den Erzeugnissen nicht verursachungsgerecht zurechenbar. Die konsequente Anwendung des Verursachungsprinzips führt deshalb auf eine Teilkostenrechnung, in der die Fixkosten als Block vom Deckungsbeitrag abgesetzt werden.

Durchschnittsprinzip: Die fixen (Gemein-) Kosten in Höhe von 60.000 € werden durch die gesamte Fertigungszeit als Verteilungsgrundlage geteilt; der Quotient (Durchschnittskostensatz) wird mit der Fertigungszeit je Stück multipliziert.

Artikel	A	B	C	Gesamt
Produktion (Stück)	1.000	500	500	---------
Fertigungszeit (Min./Stück)	90	30	30	---------
Fertigungszeit gesamt (Min.)	90.000	15.000	15.000	120.000
Fixe Kosten (€/Minute)	---------	---------	---------	0,50
Material (€/Stück)	13,00	6,00	11,00	
Fertigungslohn (€/Stück)	27,00	9,00	9,00	
Fixe Kosten (€/Stück)	45,00	15,00	15,00	
Stückkosten gesamt (€/Stück)	85,00	30,00	35,00	

Diese Vorgehensweise ist nachvollziehbar, wenn die Fixkosten überwiegend in der Fertigung oder in fertigungsnahen Bereichen entstehen. Dennoch erfolgt die Fixkostenverrechnung nicht verursachungsgerecht. Es besteht zwar ein kausaler Zusammenhang zwischen Produktionsmenge und Fertigungszeit, nicht aber zwischen Fertigungszeit und Höhe der Fixkosten. Deshalb ist die Zurechnung der Stückfixkosten letztlich nicht verursachungsgerecht.
Im Übrigen erhalten wir identische Ergebnisse, falls wir den Fertigungslohn als Verteilungsbasis heranziehen. Dies ist verständlich, da sich der Lohn über den Lohnsatz proportional zur Fertigungszeit verhält.

Kostentragfähigkeitsprinzip: Die fixen (Gemein-) Kosten in Höhe von 60.000 € werden durch den gesamten Umsatz als Verteilungsgrundlage geteilt; der Quotient (Durchschnittskostensatz) wird mit dem Nettoerlös je Stück multipliziert.

Artikel	A	B	C	Gesamt
Absatz (Stück)	1.000	500	500	---------
Nettoerlös (€/Stück)	95,00	60,00	50,00	---------
Umsatz (€)	95.000	30.000	25.000	150.000
Fixer Kostenanteil	---------	---------	---------	40%
Material (€/Stück)	13,00	6,00	11,00	
Fertigungslohn (€/Stück)	27,00	9,00	9,00	
Fixe Kosten (€/Stück)	38,00	24,00	20,00	
Stückkosten gesamt (€/Stück)	78,00	39,00	40,00	

Artikel A ist nahezu doppelt so teuer wie Artikel C; er zieht deshalb fast doppelt soviel fixe Kosten auf sich. Der Zusammenhang zwischen Nettoerlös und Kostenhöhe ist jedoch willkürlich unterstellt. Das Kostentragfähigkeitsprinzip sollte deshalb nur angewendet werden, wenn keine Mengen- oder Zeitmaßstäbe zur Fixkostenverteilung zur Verfügung stehen.

Damit die Ergebnisse der Kostenrechnung im Zeitablauf nachvollziehbar und vergleichbar bleiben, muss das Rechnungssystem eine gewisse **Kontinuität** aufweisen. Z.B. sollte die Strukturierung der Kostenarten, der Kostenstellen und der Kostenträger innerhalb der Planperiode Geschäftsjahr und möglichst darüber hinaus beibehalten werden. Nur so können die Monatswerte problemlos von Jahresbeginn an kumuliert werden. Außerdem bleiben die Kosten und Leistungen der Perioden dann im Zeitablauf vergleichbar. Sofern aufgrund von Änderungen im Produktions- und Absatzprogramm, in der Struktur der Leistungserstellung etc. dennoch eine Umstellung im Kostenrechnungssystem erforderlich wird, muss der Kostenrechner für eine sorgfältige Überleitung der Kosten und Leistungen von der bisherigen auf die neue Vorgehensweise Sorge tragen.
Die Kostenrechnung sorgt für wirtschaftliches Handeln im Betrieb, sie muss aber selbst dem Prinzip der **Wirtschaftlichkeit** folgen. Deshalb findet das Bemühen um eine möglichst genaue, vollständige und verursachungsgerechte Kostenerfassung und -verrechnung dort seine Grenze, wo der zusätzliche Aufwand größer wird als der damit verbundene zusätzliche Nutzen. Unter diesem Gesichtspunkt wird sich beispielsweise die Differenzierung in der Kostenrechnung und damit die Anzahl der Kostenarten, der Kostenstellen und der Kostenträger an der Größe des Unternehmens und dem Umfang des Geschäftsbetriebs orientieren.

⇨ *Aufgabe 10, S. 289*

2 Der Aufbau eines Kostenrechnungssystems, dargestellt anhand der Vollkostenrechnung

Die Vollkostenrechnung stellt die ursprüngliche Form der Kostenrechnung dar. Ihr Ziel besteht in der Erfassung und Verrechnung aller angefallenen Kosten der Abrechnungsperiode unabhängig von ihrem variablen oder fixen Verhalten bei Beschäftigungsänderungen.
Da wichtige typische Merkmale der Kostenrechnung unabhängig vom zugrundeliegenden Kostenrechnungssystem sind, werden die Komponenten eines Kostenrechnungssystems in diesem Kapitel auf der Basis der traditionellen Ist-Vollkostenrechnung dargestellt. Soweit es für die Kostenverrechnung und die Kalkulation erforderlich oder zur Vereinfachung der Abrechnung zweckmäßig ist, werden wie in der Praxis unmittelbar Elemente der Normalkostenrechnung berücksichtigt. In den nachfolgenden Kapiteln werden dann die Besonderheiten der Deckungsbeitragsrechnung, der Plankostenrechnung und der Ansätze des Kostenmanagements herausgearbeitet.

2.1 Überblick des Kostenrechnungssystems

Das Kostenrechnungssystem umfasst die vernetzten Komponenten Kostenartenrechnung, Kostenstellenrechnung und Kostenträgerrechnung; letztere unterscheidet zwischen der stückbezogenen Kalkulation und der zeitraumbezogenen Kostenträgerzeit- bzw. Betriebsergebnisrechnung (vgl. Abb. 8 auf Seite 40). In die Kostenartenrechnung werden aus der Finanzbuchhaltung und den Nebenbuchhaltungen (Anlagenrechnung, Lohn- und Gehaltsabrechnung, Materialabrechnung) Grundkosten übernommen. Sofern kalkulatorische Kosten in anderer Höhe oder zusätzlich zu berücksichtigen sind, werden diese innerhalb der Kostenartenrechnung generiert. Im Hinblick auf die Verrechnung werden Einzel- und Gemeinkosten unterschieden. Die Einzelkosten können ihrem Zurechnungscharakter entsprechend unmittelbar in die Kostenträgerrechnung weitergereicht werden. Bisweilen werden sie auch rein informativ oder als Verrechnungsbasis für die Gemeinkosten in die Kostenstellenrechnung geschleust (gestrichelte Linie). Die Gemeinkosten werden stets den Orten ihrer Entstehung und Verursachung, den Kostenstellen, zugerechnet. Dort werden sie gesammelt und bei innerbetrieblichem Leistungsaustausch untereinander verrechnet. Schließlich werden kostenstellenweise Verrechnungs- und Zuschlagssätze gebildet. Diese Kostensätze dienen im Rahmen der Kostenträgerrechnung zunächst dazu, die Gemeinkosten zusätzlich zu den Einzelkosten auf jeweils eine Einheit eines Kostenträgers, etwa ein Produkt oder einen Auftrag, zu verrechnen (Kalkulation). Außerdem werden die gesamten Gemeinkosten einer Periode neben den Einzelkosten insgesamt kostenträgerbezogen ausgewiesen (Kostenträgerzeitrechnung)

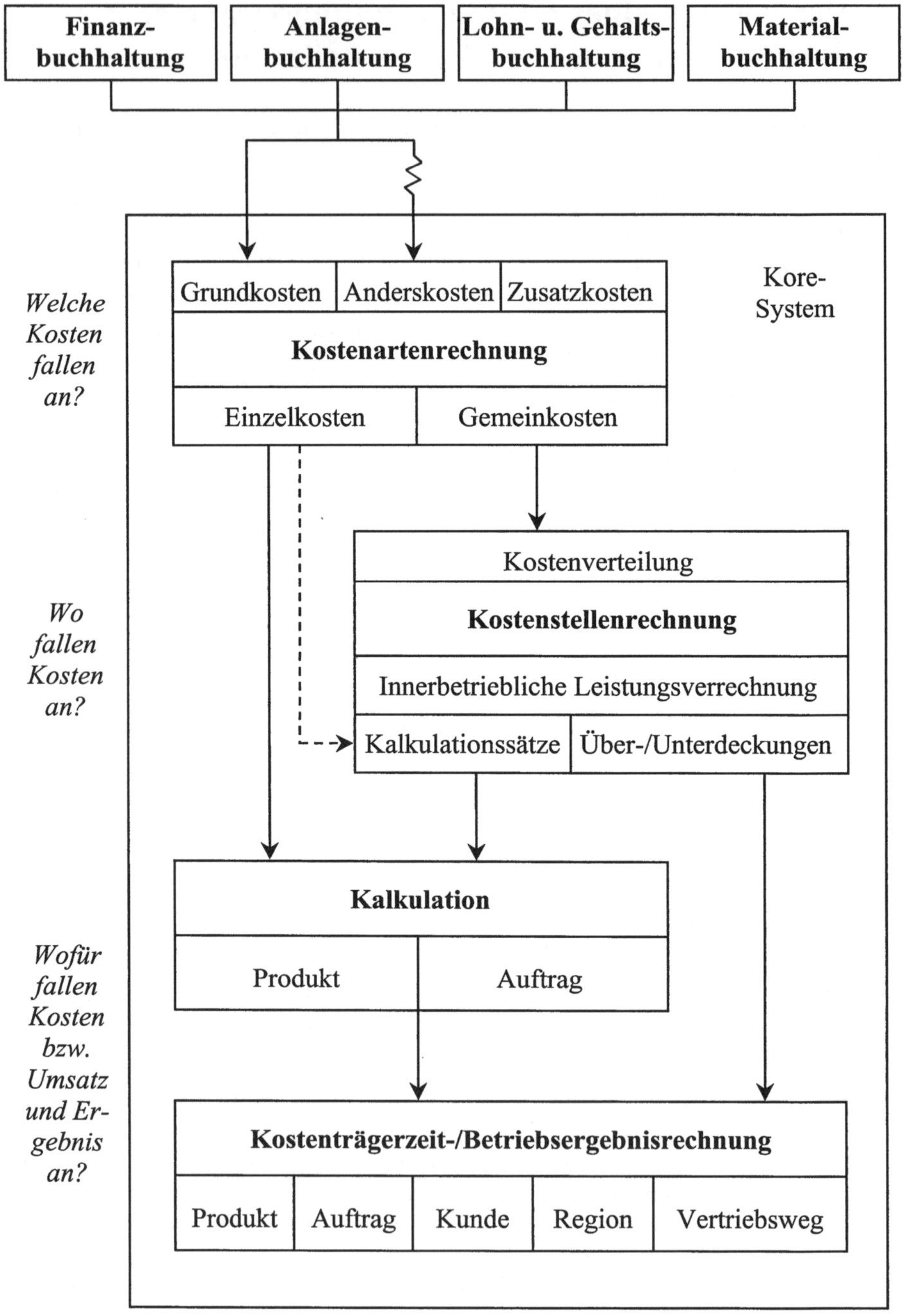

Abb. 8: Das System der Kostenrechnung

und der in einer Abrechnungsperiode hervorgebrachten Leistung gegenübergestellt (Betriebsergebnisrechnung); bisweilen werden die Begriffe Kostenträgerzeitrechnung und Betriebsergebnisrechnung auch synonym verwendet. Werden in einer Periode zu viel oder zu wenig Kosten verrechnet, sind die daraus entstehenden Kostenüber- bzw. Kostenunterdeckungen ebenfalls ergebniswirksam zu berücksichtigen. Die Betriebsergebnisrechnung liefert neben dem Gesamterfolg einer Rechnungsperiode auch Hinweise auf die (Miss-) Erfolgsquellen, sofern sie sinnvoll nach Kostenträgern gegliedert ist. Beispielsweise lässt sich die Betriebsergebnisrechnung nach Produkten, Aufträgen, Kunden, Absatzgebieten und/oder Vertriebswegen differenzieren.
Kostenarten- und Kostenstellenrechnung erfolgen meist in einem Zuge innerhalb des sogenannten Betriebsabrechnungsbogens (BAB), einer tabellenartigen Darstellung, die in der Waagerechten die Kostenstellen und in der Senkrechten die Kostenarten aufweist. Allerdings ist die Darstellung aller Kostenstellen auf einem Papierbogen oder innerhalb eines Bildschirmes nur bei Kleinunternehmen möglich; praktisch wird zumeist ein Kostenstellenblatt je Kostenstelle oder ein Kostenartenblatt je Kostenart bedruckt bzw. angezeigt. Die geordnete, geschlossene Verbindung vom BAB zur Kostenträgerrechnung wird über die Kostensätze und die Verrechnung der Über- und Unterdeckungen sichergestellt, sodass die Kostenrechnung als integriertes System gesehen werden muss, auch wenn die Erstellung des BAB, die Kalkulation und die Anfertigung der Betriebsergebnisrechnung zeitlich auseinanderfallen.

2.2 Kostenartenrechnung

2.2.1 Aufgaben

Die Kostenartenrechnung dient dazu, die in einer Periode angefallenen **Kosten** lückenlos zu **erfassen** und für Zwecke der Analyse und für die Weiterverrechnung der Kosten auf Kostenstellen und Kostenträger systematisch zu **gliedern.**
Die lückenlose Erfassung erfordert zunächst eine Übernahme der Zweckaufwendungen aus der Finanzbuchhaltung in die Kostenrechnung. Im Rahmen der **sachlichen Abgrenzung** ist festzustellen, welche Zweckaufwendungen betragsgleich zu übernehmen sind (Grundkosten, z.B. Gehälter) und welche in anderer Höhe auszuweisen sind (Anderskosten, z.B. Abschreibungen). Außerdem sind die Zusatzkosten (z.B. kalkulatorischer Unternehmerlohn) zu ergänzen.
Da die Kostenrechnung auch unterjährig periodengerechte Ergebnisse aufzeigen soll, ist durch **zeitliche Abgrenzung** dafür Sorge zu tragen, dass in der Finanzbuchhaltung nur sporadisch oder einmal jährlich erfasste Beträge (z.B. Urlaubsgeld, Versicherungsprämien) in jeder unterjährigen Abrechnungsperiode zeitanteilig ausgewiesen werden.

Die Kostenartenrechnung ermöglicht eine **Kontrolle** des Kostengebarens, indem die Kosten verschiedener Perioden gegenübergestellt werden (*Zeitvergleich*) oder indem die Istkosten mit denen strukturverwandter Betriebe bzw. des Branchendurchschnitts verglichen werden (*Betriebsvergleich*). Im Zeitablauf veränderte Betriebsgröße und Betriebsstruktur, höhere oder niedrigere Leistung erschweren jedoch den Zeitvergleich. Außerdem beinhaltet er den Mangel, dass unter Umständen „Schlendrian mit Schlendrian" (Schmalenbach) verglichen wird, d.h. mögliche Unwirtschaftlichkeiten in der Vergangenheit machen die Istkosten vergangener Perioden als Vergleichsmaßstab ungeeignet. Wegen unterschiedlicher Betriebsgröße, verschiedener Fertigungstiefe, abweichenden Automatisierungs- und Auslastungsgraden etc. bleibt auch beim Betriebsvergleich nach Kostenarten der Mangel, dass die Vergleichsgrößen keinen echten Vorgabecharakter haben können. Erst die Ableitung von Vorgaben aus einer Plankostenrechnung ermöglicht einen methodisch einwandfreien *Soll-Ist-Vergleich* (vgl. Kapitel 4).
Durch Gegenüberstellung der Summe aller Leistungen und der Summe aller Kosten einer Periode, aufaddiert über alle Kostenarten, lässt sich einfach das Gesamtbetriebsergebnis feststellen. Dieses „Vorwegbetriebsergebnis" dient vielfach einer ersten Ergebnisorientierung der Geschäftsführung. Durch Bewertungs- und Verrechnungsdifferenzen kann es jedoch vom endgültigen Betriebsergebnis abweichen.
Die Wahrnehmung der Aufgaben der Kostenrechnung erfordert die Gliederung und Aufbereitung der Kosten nach Rechnungszwecken sowie die Organisation der Erfassung und des Ausweises der Kostenarten.

2.2.2 Gliederung der Kostenarten

Kosten, die unter dem gleichen Merkmal der Verbrauchsgüterart zusammengefasst werden, bilden eine Kostenart. Zur Verbesserung des Überblicks und zur Vereinfachung der Kostenartenanalyse werden die Kostenarten je nach den individuellen Rahmenbedingungen zu Kostenartengruppen und Kostenartenhauptgruppen zusammengefasst, die dann ihrerseits einer bestimmten Kontenklasse zugehören.
Die gezielte Strukturierung der Kostenarten kommt in ihrer im Allgemeinen dekadischen Nummerierung zum Ausdruck. In der Festlegung der Kostenarten und des Nummernsystems sind die Unternehmen frei; für die Gestaltung des unternehmensspezifischen Kostenartenplanes liefern der Gemeinschaftskontenrahmen (GKR), der Industriekontenrahmen (IKR) oder Empfehlungen von Branchenverbänden sinnvolle Anregungen. Abb. 9 auf der folgenden Seite zeigt exemplarisch die Nummernstruktur für Elektrikerlöhne, Kostenart 4312, in Anlehnung an den Gemeinschaftskontenrahmen der Industrie (vgl. zur Organisation der Kostenrechnung auch Abschnitt 2.5, S. 149ff).

1. Ziffer	2. Ziffer	3. Ziffer	4. Ziffer
Kontenklasse	Kostenarten-hauptgruppe	Kostenarten-gruppe	Kostenart
4	3	1	2
Kostenarten-rechnung	Personalkosten	Hilfslöhne	Elektrikerlöhne

Abb. 9: Kostenartenschlüssel

Ein Kontierungsleitfaden mit Beschreibungen der Kostenarten und zusätzlichen Beispielen erleichtert die einheitliche Zuordnung von Verbräuchen zu der richtigen Kostenart unabhängig von der kontierenden Person und unabhängig vom Kontierungszeitpunkt.
Den Grad der Differenzierung der Kostenarten bestimmen die konkreten betrieblichen Umstände. Je detaillierter bewertete Güter- und Dienstleistungsverbräuche erfasst werden, desto höher ist im Allgemeinen der Aussagegehalt, desto höher sind aber auch die Kosten der Abrechnung und Planung. Für eine Kostenart sollte stets eine Verbrauchsgüterart bestimmend sein. Mischkostenarten wie „Sonstige Kosten" verringern die Aussagefähigkeit einer Kostenanalyse. Sie schaffen zusätzlich die Gefahr, dass Beträge unter dieser Mischkostenart ausgewiesen werden, nur weil das Herausfinden der zutreffenden Kostenart zum Kontierungszeitpunkt zu mühselig erscheint.
Neben der Verbrauchsgüterart sind weitere Kostenmerkmale wie Zurechenbarkeit und Beschäftigungsabhängigkeit zu beachten (vgl. Abschnitt 1.4). Diese Merkmale werden meist nicht über die Nummerierung der Kostenart, sondern durch die Angabe von Kostenstelle bzw. Kostenträger oder in Form einer separaten Zurechnung in den DV-gestützten Kostenrechnungssystemen abgebildet.

2.2.3 Wichtige Kostenarten

Nach der Art der verbrauchten Güter und Dienstleistungen werden im Folgenden Materialkosten, Personalkosten, Betriebsmittelkosten, Fremdleistungskosten, Kapitalkosten, Kostensteuern und Einzelwagniskosten unterschieden.

2.2.3.1 Materialkosten

Materialkosten umfassen den bewerteten Verbrauch an Roh-, Hilfs- und Betriebsstoffen, Zulieferteilen, Handelswaren sowie Fremdleistungen für eigene

Erzeugnisse (vgl. Abb. 10). Materielle Roh-, Hilfs- und Betriebsstoffe sowie Zulieferteile werden auch als Werkstoffe bezeichnet.

Materialart	*Definition*	*Beispiele*
Rohstoffe	Güter, die als Hauptbestandteil in das zu fertigende Produkt eingehen	Holz (Möbel), Blech (Auto), Kunststoff (Haushaltsgerät)
Hilfsstoffe	Güter, die als Nebenbestandteil in das zu fertigende Produkt eingehen	Schrauben, Nägel, Leim, Lack
Betriebsstoffe	Güter, die nicht in das zu fertigende Produkt eingehen, aber für den Herstellungsprozess erforderlich sind	Wasser, Kühl- und Schmierstoffe, Kleinwerkzeuge, Strom, Gas
Zulieferteile	Fremdbezogene Baugruppen oder Fertigteile, die ohne weitere Be- und Verarbeitung in das Produkt eingehen	Armaturenbrett und Reifen (Auto), Mainboard und Festplatte (Computer)
Handelswaren	Güter, die wie bezogen komplett ohne weitere Be- oder Verarbeitung verkauft werden	Bildschirm und Drucker (PC-System)
Fremdleistungen	Leistungen von fremden Unternehmen in der Kette des Herstellungsprozesses des Produkts („verlängerte Werkbank“)	Galvanisieren von Metallteilen bei einem Spezialisten

Abb. 10: Materialarten

In vielen Industriebetrieben beträgt der Anteil der Materialkosten an den Gesamtkosten 50% und mehr; wegen der Bedeutung dieser Kostenart wird dann eine eigenständige Materialbuchhaltung eingerichtet. Hingegen wird es in den meisten Dienstleistungsbetrieben keine Materialbuchhaltung als organisatorische Einheit geben. Materialkosten ergeben sich als Produkt aus Verbrauchsmenge und Materialpreis.

Materialkosten = Verbrauchsmenge • Materialpreis

In den folgenden Unterabschnitten wird gezeigt, wie die Verbrauchsmengen ermittelt und anschließend bewertet werden.

2.2.3.1.1 Erfassung der Verbrauchsmengen

Zur Erfassung des Materialverbrauchs bieten sich vier Methoden an, die an unterschiedlichen Stellen des Materialflusses ansetzen (vgl. Abb. 11).

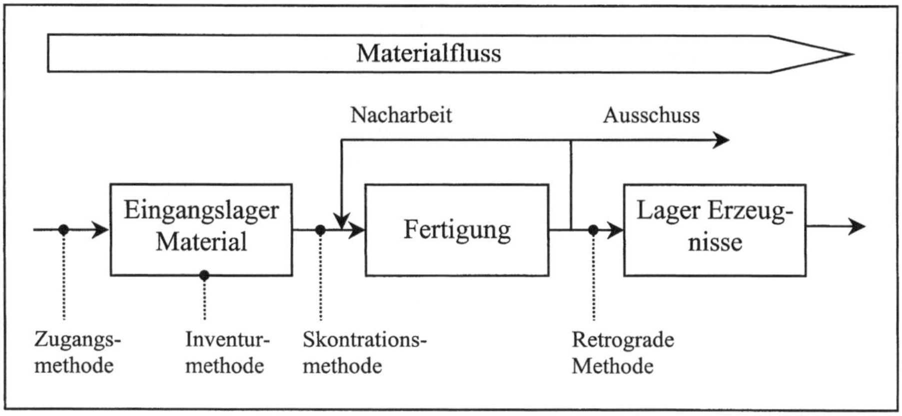

Abb. 11: Erfassung des Materialverbrauchs

Die **Zugangsmethode** setzt den Verbrauch mit dem Zugang während der Abrechnungsperiode gleich:

Verbrauch = Zugänge

Es genügt daher die Erfassung der Zugänge gemäß Lieferschein oder Wareneingangsmeldung. Die Unterstellung, dass die Zugänge einer Periode noch in derselben Periode verbraucht werden, trifft annähernd z.B. für kurzfristig verderbliche Materialien des Sofortverbrauchs wie Blumen, Obst, Gemüse und Molkereiprodukte zu, darüber hinaus bei Just-in-time-Belieferung. Außerdem bietet sich die Zugangsmethode an für geringwertige Materialien wie Kleinwerkzeuge und Büroartikel, deren verursachungs- und zeitgerechte Verbrauchserfassung unwirtschaftlich wäre. Auch nicht standardmäßig geführte, aber auftragsbezogen beschaffte Materialien, für die bei DV-gestützter Materialführung keine Artikelnummer definiert ist, werden unmittelbar bei Zugang auf die zugehörigen Aufträge verbucht (etwa einmalig benötigte Spezialantriebe im Maschinenbau), auch wenn sie erst in der Folgeperiode eingesetzt werden. Als nachteilig erweist sich, dass die Zugangsrechnung außerordentliche Verbräuche z.B. durch Ausschuss, Verderb und Diebstahl nicht zu identifizieren vermag.
Bei der **Inventurmethode** (Befundrechnung) erhalten wir den Materialverbrauch aus dem Anfangs- und Endbestand durch Umstellung der sogenannten Lagerkontinuitätsbeziehung „Anfangsbestand + Zugänge - Verbrauch = Endbestand“:

Verbrauch = Anfangsbestand + Zugänge - Endbestand

Anfangs- und Endbestand werden periodisch durch Inventuren ermittelt, die Zugänge werden aus Lieferscheinen oder Wareneingangsmeldungen entnommen.

Der Vorteil dieser Methode besteht darin, dass alle - auch nicht bestimmungsgemäßen - Verbräuche erfasst werden. Allerdings kommt eine körperliche Bestandsaufnahme wegen des erheblichen Aufwands nur in größeren Zeitabständen in Betracht, z.B. jährlich in Verbindung mit der Aufstellung des Jahresabschlusses, sodass diese Methode für kurzfristige (Monats-) Rechnungen ausscheidet. Außerdem gibt sie keinen unmittelbaren Aufschluss über den außerordentlichen Verbrauch und informiert weder über den Verwendungsort (Kostenstelle) noch den Verwendungszweck (Kostenträger) des verbrauchten Materials. Sie wird deshalb nur eingesetzt, wo nicht bestimmungsmäßiger Verbrauch nahezu ausgeschlossen und der Verwendungszweck eindeutig bestimmt ist sowie ferner der Einsatz der übrigen Methoden zu Ungenauigkeiten oder Unwirtschaftlichkeiten führt. Beispielsweise kann der Heizölverbrauch einer Heizungsanlage einfach durch Ablesen der Tankstände unter Berücksichtigung der erfolgten Nachfüllungen ermittelt werden.
Die **Skontrationsmethode** (Aufschreibungs-, Fortschreibungsrechnung) erfasst fortlaufend die Zu- und Abgänge einer Periode und schreibt kartei- bzw. dateimäßig den mengen- und wertmäßigen Lagerbestand fort. Der ordentliche Materialverbrauch wird durch Materialentnahmescheine bzw. bei DV-gestützter Online-Lagerbuchführung durch unmittelbare Entnahmebuchungen dokumentiert.

Verbrauch = Summe der erfassten Entnahmen

Ein wichtiger Vorteil dieser Methode aus Sicht der Kostenrechnung ist, dass bei der Materialentnahme unmittelbar die Kostenstelle und der Kostenträger erfasst werden können. Außerdem ermöglicht die Angabe der ausgebenden und entnehmenden Person - identifiziert über Personalnummer bzw. Unterschrift - eine verantwortungsorientierte Rückverfolgung von Materialvorgängen. Schließlich wird der gegenüber den anderen Methoden höhere laufende Aufwand meist schon dadurch relativiert, dass die Skontrationsrechnung die handels- und steuerrechtlich anerkannte permanente Inventur ohne größere Beeinflussung oder gar Unterbrechung der laufenden Betriebsprozesse ermöglicht.
Die **retrograde Methode** (Rückrechnung) rekonstruiert den Verbrauch bei Fertigmeldung/Ablieferung von Vorprodukten und fertigen Erzeugnissen im Erzeugnislager anhand von Stücklisten und Rezepturen.

Verbrauch = Stückverbrauch laut Stückliste • fertiggestellte Stückzahl

Der Stückverbrauch laut Stückliste beinhaltet absehbare, unvermeidbare Anteile für Verschnitt, Ausschuss etc., jedoch nicht außerordentlichen, unplanmäßigen Verbrauch. Zu Ungenauigkeiten führt diese Methode dann, wenn infolge andauernder, das Periodenende übergreifender Fertigung sich noch Aufträge in Arbeit befinden, für die das Material zwar in der Abrechnungsperiode entnommen und

verbraucht wurde, die Fertigmeldung bzw. Ablieferung aber erst in der Folgeperiode zu erwarten ist.
Wenn auch die Skontration die für die Kostenrechnung gebräuchliche und primär geeignete Methode ist, ergänzen sich die unterschiedlichen Methoden in der Praxis sinnvoll. So liefert der Vergleich der Verbräuche gemäß Inventur- und Skontrationsmethode einen Hinweis auf den außerordentlichen Verbrauch. Die Differenz des Verbrauchs nach Skontrations- und retrograder Methode beschreibt den Umfang des Materialeinsatzes für noch in Arbeit befindliche Aufträge und ggf. Ausschuss. Nachfolgendes Beispiel veranschaulicht die Zusammenhänge.

Beispiel 3: Verbrauchsmengenermittlung

Ein Material wird zu jeweils fünf Stück für ein Produkt A und zu jeweils drei Stück für ein Produkt B benötigt. Im vergangenen Jahr wurden 60 Einheiten des Produkts A und 42 Einheiten des Produkts B fertiggestellt. Ferner sind bekannt:

01.01.	Anfangsbestand lt. Inventur	240 Stück
18.01.	Zugang lt. Lieferschein	+120 Stück
27.02.	Entnahme für Fertigungsauftrag	-180 Stück
14.04.	Entnahme für Fertigungsauftrag	-60 Stück
25.07.	Zugang lt. Lieferschein	+150 Stück
13.09.	Entnahme für Kostenstelle Fertigung	-5 Stück
18.10.	Entnahme für Fertigungsauftrag	-204 Stück
31.12.	Endbestand lt. Inventur	53 Stück

Die effektiven Zugänge entsprechen den Angaben laut Lieferschein, Aufnahmefehler bei der Inventur sind auszuschließen. Das am 13.09. entnommene Material ersetzt fünf Stück, die aufgrund eines Arbeitsfehlers in der Kostenstelle Fertigung zerstört wurden. In dieser Situation liefern die Methoden folgende Ergebnisse:

Zugangsmethode		
18.01.	Zugang lt. Lieferschein	+120 Stück
25.07.	+ Zugang lt. Lieferschein	+150 Stück
	= Verbrauch gesamt	270 Stück

Inventurmethode		
01.01.	Anfangsbestand lt. Inventur	240 Stück
18.01.	+ Zugang lt. Lieferschein	+120 Stück
25.07.	+ Zugang lt. Lieferschein	+150 Stück
31.12.	- Endbestand lt. Inventur	-53 Stück
	= Verbrauch gesamt	457 Stück

Skontration		
27.02.	Entnahme für Fertigungsauftrag	180 Stück
14.04.	+ Entnahme für Fertigungsauftrag	+60 Stück
18.10.	+ Entnahme für Fertigungsauftrag	+204 Stück
	= Verbrauch für Kostenträger	444 Stück
13.09.	+ Entnahme für Kostenstelle	+5 Stück
	= Verbrauch gesamt	449 Stück

Retrograde Methode	
Verbrauch für Produkt A = 60 • 5	300 Stück
+ Verbrauch für Produkt B = 42 • 3	+126 Stück
= Verbrauch gesamt	426 Stück

Hier führt die Zugangsmethode offensichtlich zu unsinnigen Ergebnissen, denn der Endbestand liegt deutlich unter dem Anfangsbestand. Die Gegenüberstellung des Gesamtverbrauchs nach Inventurmethode und des ordentlichen Verbrauchs gemäß Skontration ergibt den außerordentlichen Verbrauch.

Verbrauch lt. Inventurmethode	457 Stück
- Verbrauch lt. Skontration	-449 Stück
= außerordentlicher Verbrauch	8 Stück

Die Differenz aus Verbrauch für Fertigungsaufträge laut Skontrationsmethode und Verbrauch gemäß Rückrechnung ist der noch in Arbeit befindliche Materialverbrauch.

Verbrauch für Fertigungsaufträge lt. Skontration	444 Stück
- Verbrauch lt. retrograder Methode	-426 Stück
= Verbrauch für Aufträge in Arbeit	18 Stück

Die **Schätzung** der Verbrauchsmengen sollte wegen möglicher Ungenauigkeiten nur ausnahmsweise angewendet werden. Sie stellt in Verbindung mit der Inventurmethode eine wirtschaftliche Lösung für die Verbrauchserfassung z.B. bei Schüttgütern dar, die auf einer Halde gelagert werden. In diesem Fall können die Volumina (V) der Anfangs- und Endbestände aus Höhe (h) und Radius (r) des Kegels der aufgeschütteten Halde abgeleitet werden ($V = 1/3 \cdot \pi \cdot r^2 \cdot h$). Sofern das Material nach Masse abgerechnet wird, etwa Kohle in Tonnen, müssen die zunächst nach Volumen in Kubikmeter festgestellten Anfangs- und Endbestände noch mit dem spezifischen Gewicht „Tonne/Kubikmeter" umgerechnet werden.

⇨ *Aufgabe 11, S. 290*

2.2.3.1.2 Bewertung der Verbrauchsmengen

Materialpreise können je Beschaffungsvorgang als Einstandspreise einschließlich der Bezugsnebenkosten für Verpackung, Transport, Transportversicherung, Zölle sowie abzüglich eventueller Preisabschläge für Rabatte, Boni und Skonti berechnet werden. Die Umsatzsteuer (Vorsteuer) wird als durchlaufender Posten behandelt und erscheint nicht in der Kostenrechnung. Es ist zweckmäßig, zunächst den Einstandswert eines Beschaffungsvorgangs insgesamt zu berechnen; der Einstandspreis ergibt sich anschließend als Quotient aus Einstandswert und nutzbarer Einstandsmenge.

Beispiel 4: Berechnung des Einstandspreises

Ein Bauunternehmen erhält am 03. Januar von einem Baustoffhändler eine Lieferung mit 804 Rollen Dämmstoff à 3,6 qm aus Naturfasern; vier Rollen wurden beim Entladen zerstört und sind unbrauchbar. Der Listenpreis beträgt 3,90 €/qm; darauf erhält das Bauunternehmen einen Rabatt von 20%. Für die Lieferung stellt der Baustoffhändler eine Transportpauschale von 206,58 € in Rechnung. Das Bauunternehmen begleicht die Rechnung umgehend nach Erhalt unter Abzug von 3% Skonto. Es führt den Lagerbestand nach Anzahl der Rollen.

Rechnungswert zu Listenpreisen	(804 • 3,6 • 3,90)	11.288,16 €
- Rabatt (20%)		2.257,63 €
= Rabattierter Materialwert		9.030,53 €
+ Transportpauschale		206,58 €
= Rechnungsbetrag netto		9.237,11 €
- Skonto (3%)		277,11 €
= Einstandswert		8.960,00 €
/ Einstandsmenge (brauchbar)		800 Rollen
= Einstandspreis aus der Lieferung vom 03. Januar		11,20 €/Rolle

Die Bewertung der Materialverbräuche erfolgt jedoch nicht unmittelbar mit den Einstandspreisen. Dies ist in der Regel auch gar nicht möglich, da es im Lager zu einer Vermengung der Einheiten aus unterschiedlichen Lieferungen kommt. Die Verbrauchsbewertung ist vielmehr vom Zweck der Rechnung abhängig. Einen Überblick über mögliche Wertansätze zeigt Abb. 12 auf der folgenden Seite.
Für Abrechnung und Dokumentation kann es sinnvoll sein, Verbräuche mit **Istpreisen** zu bewerten, die - nach verschiedenen Methoden - unter Berücksichtigung der Einstandspreise berechnet werden. In der Kostenrechnung kommen Durchschnittspreise zum Einsatz. Für die handels- und steuerrechtliche Bewertung von Beständen und Verbräuchen kommen alternativ auch die sogenannten Verbrauchsfolgepreise in Frage.

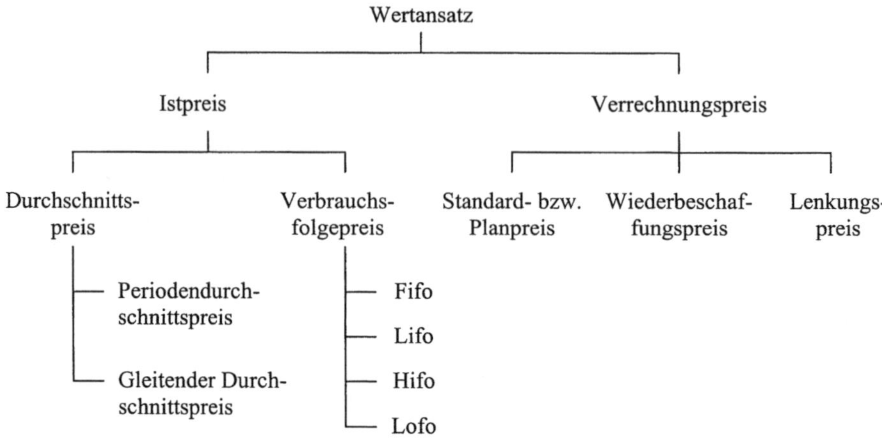

Abb. 12: Wertansätze für Verbrauchsgüter

Periodische Durchschnittspreise werden am Periodenende als gewogene Mittelwerte aus den Preisen aller Zugänge sowie des Anfangsbestandes bestimmt. Sie sind geeignet für die Bewertung des Gesamtverbrauches nach der Inventurmethode im Rahmen der Jahresabschlusserstellung, jedoch weniger gut für die laufende Verbrauchsbewertung in der Kostenrechnung. Hingegen lässt sich anhand der nach jedem Zugang neu berechneten *gleitenden Durchschnittspreise* auch unterjährig laufend der tatsächliche Werteverzehr berechnen. Gleitende (= permanente) Durchschnittspreise zeigen die Tendenz, sich laufend an die Entwicklung der effektiven Beschaffungspreise anzupassen. Allerdings erschweren gleitende Durchschnittspreise die Kostenkontrolle, da bei Schwankungen am Beschaffungsmarkt die Verbrauchsmengen ständig mit unterschiedlichen Preisen bewertet werden.
Verbrauchsfolgepreise stellen nach § 256 Handelsgesetzbuch zulässige Bewertungsvereinfachungen bei der Bestandsbewertung im Jahresabschluss des externen Rechnungswesens dar. Sie beruhen auf Entnahmefiktionen wie

- *Fifo* (First in, first out = zuerst beschaffte Güter werden zuerst verbraucht, der Endbestand besteht aus den zuletzt beschafften Gütern),
- *Lifo* (Last in, first out = zuletzt beschaffte Güter werden zuerst verbraucht, der Endbestand besteht aus den zuerst beschafften Gütern),
- *Hifo* (Highest in, first out = zu höchsten Preisen beschaffte Güter werden zuerst verbraucht, der Endbestand besteht aus den zu niedrigsten Preisen beschafften Gütern) und
- *Lofo* (Lowest in, first out = zu niedrigsten Preisen beschaffte Güter werden zuerst verbraucht, der Endbestand besteht aus den zu höchsten Preisen beschafften Gütern).

Die Lifo-Methode arbeitet wie die Durchschnittspreismethode als periodische oder als permanente Rechnung. Bei nur steigenden Preisen führt Lofo zum selben Ergebnis wie Fifo bzw. Hifo zum selben Ergebnis wie Perioden-Lifo.

Beispiel 5: Durchschnittspreise und Verbrauchsfolgepreise

Ein Bauunternehmen verzeichnet im Monat Januar für Dämmstoff in Rollen folgende Lagerbestände und -bewegungen. Die angegebenen Preise für die Zugänge sind Einstandspreise, vgl. z.B. zur Lieferung am 03. Januar Bsp. 4.

Datum	Bestand/Bewegung	Rollen	€/Rolle
01.01.	Anfangsbestand lt. Inventur	160	10,00
03.01.	Zugang	800	11,20
07.01.	Verbrauch	368	
15.01.	Verbrauch	432	
19.01.	Zugang	640	11,30
23.01.	Verbrauch	504	

a. Rechnung mit Periodendurchschnittspreis

Datum	Bestand/Bewegung	Rollen	€/Rolle	€
01.01.	Anfangsbestand lt. Inventur	160	10,00	1.600,00
03.01.	Zugang	+800	11,20	+8.960,00
19.01.	Zugang	+640	11,30	+7.232,00
Σ		1.600 ⟶	Ø = 11,12 ⟵	17.792,00
07.01.	Verbrauch	-368	11,12	-4.092,16
15.01.	Verbrauch	-432	11,12	-4.803,84
23.01.	Verbrauch	-504	11,12	-5.604,48
31.01.	Endbestand	296	11,12	3.291,52

b. Rechnung mit gleitendem (permanentem) Durchschnittspreis

Datum	Bestand/Bewegung	Rollen	€/Rolle	€
01.01.	Anfangsbestand lt. Inventur	160	10,00	1.600,00
03.01.	Zugang	+800	11,20	+8.960,00
Σ		960 ⟶	Ø = 11,00 ⟵	10.560,00
07.01.	Verbrauch	-368	11,00	-4.048,00
15.01.	Verbrauch	-432	11,00	-4.752,00
19.01.	Zugang	+640	11,30	+7.232,00
Σ		800 ⟶	Ø = 11,24 ⟵	8.992,00
23.01.	Verbrauch	-504	11,24	-5.664,96
31.01.	Endbestand	296	11,24	3.327,04

c. Rechnung mit Fifo-Verbrauchsfolgepreis

Datum	Bestand/Bewegung	Rollen	€/Rolle	€
01.01.	Anfangsbestand lt. Inventur	160	10,00	1.600,00
03.01.	Zugang	+800	11,20	+8.960,00
19.01.	Zugang	+640	11,30	+7.232,00
Σ		1.600	(Ø = 11,12)	17.792,00
31.01.	Endbestand	296		
	dav. aus Lieferung am 19.01.	296	11,30	3.344,80
	Verbrauch gesamt	1.304	(Ø = 11,08)	14.447,20

Der Verbrauch wird hier wie bei der Inventurmethode bestimmt, indem von der Summe aus Anfangsbestand und Zugängen der Endbestand abgezogen wird. Die ausgewiesenen Durchschnittswerte werden nicht weiter benötigt; sie haben lediglich informativen Charakter.

d. Rechnung mit Lifo-Verbrauchsfolgepreis

Datum	Bestand/Bewegung	Rollen	€/Rolle	€
01.01.	Anfangsbestand lt. Inventur	160	10,00	1.600,00
03.01.	Zugang	+800	11,20	+8.960,00
19.01.	Zugang	+640	11,30	+7.232,00
Σ		1.600	(Ø = 11,12)	17.792,00
31.01.	Endbestand	296		
	dav. aus Anfangsbestand 01.01.	160	10,00	1.600,00
	dav. aus Lieferung am 03.01.	136	11,20	1.523,20
	Verbrauch gesamt	1.304	(Ø = 11,25)	14.668,80

Da die Einstandspreise ausgehend vom Preis für den Anfangsbestand kontinuierlich ansteigen, führt die Hifo-Methode zu den gleichen Ergebnissen wie die Lifo-Methode, während die Ergebnisse der Lofo-Methode mit denen der Fifo-Methode identisch sind.
Alle Rechnungen können leicht auf Plausibilität geprüft werden, denn die mengen- und wertmäßige Summe aus Anfangsbestand und Zugängen muss stets der Summe aus Endbestand und Verbräuchen entsprechen.

In der Kostenrechnung werden für Abrechnung und Dokumentation der Istkosten bisweilen Durchschnittspreise zur Bewertung der Mengenverbräuche herangezogen. Für Kalkulation sowie Kostenplanung und -kontrolle ist aber eindeutig **Verrechnungspreisen** der Vorzug zu geben. Sollen zu festgelegten Zeitpunkten des Jahres standardisierte Erzeugnisse für eine Preisliste kalkuliert werden, empfiehlt es sich, den Materialeinsatz mit Standard- bzw. Planpreisen zu bewerten. Diese

Standard- oder Planpreise sind so festzulegen, dass sie die künftig erwarteten Einstandspreise des Materials im Durchschnitt einer Periode treffen. Feste Standard- bzw. Planpreise empfehlen sich nicht nur zur Ermittlung der Plankosten, sondern auch für die Bewertung der tatsächlichen Verbräuche, damit die Wirtschaftlichkeitskontrolle in Form des Soll-Ist-Vergleichs nicht durch Preisabweichungen beeinträchtigt wird.
Allerdings sollten Standardpreise regelmäßig, z.B. jährlich, überprüft und bedarfsweise an aktuelle Marktverhältnisse angepasst werden. Bei gravierenden nachhaltigen Marktpreisänderungen sind auch sofortige Neufestsetzungen während einer Abrechnungsperiode sinnvoll.
Wird mit festen Verrechnungspreisen gearbeitet, muss im Sinne eines geschlossenen Rechnungssytems die Differenz zum tatsächlichen Einstandspreis separat, z.B. auf einem Preisdifferenzkostenkonto, festgehalten werden. Diese *Bezugspreisdifferenz* sollte in der Periode der Entstehung vollständig ergebniswirksam abgerechnet werden. Dafür spricht, in der Ergebnisrechnung Abweichungen immer transparent und verursachungsgerecht, Bezugspreisabweichungen also zugehörig zur Beschaffungsperiode aufzuzeigen. Liegt der Einstandspreis über (unter) dem Standardpreis, ist dies aus Sicht des Betriebes ungünstig (günstig), und das Betriebsergebnis zu Istpreisen verringert (erhöht) sich gegenüber dem zunächst berechneten Betriebsergebnis auf der Basis der Standardpreise um die Bezugspreisdifferenz.
Entsprechendes gilt für die *Bestandsumwertung*, die mit jeder Änderung des Standardpreises einher geht. Zum Zeitpunkt der Änderung des Standardpreises wird der aktuelle Bestand sowohl mit dem bisherigen als auch mit dem neuen Standardpreis bewertet. Der Saldo der beiden Werte ist die Bestandsumwertung. Liegt der neue Verrechnungspreis über (unter) dem alten, steigt (fällt) das effektive Betriebsergebnis zu Istpreisen gegenüber dem zunächst berechneten Betriebsergebnis zu Standardpreisen.

Beispiel 6: Rechnung mit Standardpreisen

Ergänzend zu den Informationen über den Dämmstoff in dem Bauunternehmen in Beispiel 5 nehmen wir an, der Standardpreis liegt seit nunmehr zwei Jahren bei 10,00 €/Rolle und gilt auch im Januar. In Preisverhandlungen mit Lieferanten zeichnet sich ab, dass die bereits im Januar deutlich höheren Anschaffungspreise sich kurz- bis mittelfristig bei 11,40 €/Rolle stabilisieren werden; deshalb wird zum 31.01. der Verrechnungspreis auf diesen Wert angehoben. Ferner wollen wir für Januar einen Umsatz von 923.332,90 € und neben den Materialkosten für die Dämmstoffe sonstige Kosten von 883.915,30 € annehmen. Unter diesen Vorraussetzungen lassen sich die Materialkosten, die Bezugspreisdifferenzen zu den Beschaffungsterminen, die Bestandsumwertung am 31.01. und das Betriebsergebnis für Januar wie folgt ermitteln.

Datum	Bestand/ Bewegung	Rollen	Ist-preis	Verr.-preis	Wert zum Istpreis	Wert zum Verr.preis	Bezugs-preisdiffer.
01.01.	Anfangsbestand	160		10,00		1.600,00	
03.01.	Zugang	800	11,20	10,00	8.960,00	8.000,00	+960,00
07.01.	Verbrauch	368		10,00		3.680,00	
15.01.	Verbrauch	432		10,00		4.320,00	
19.01.	Zugang	640	11,30	10,00	7.232,00	6.400,00	+832,00
23.01.	Verbrauch	504		10,00		5.040,00	
31.01.	Endbestand	296		10,00		2.960,00	
Umwertungsdifferenz		296		+1,40		+414,40	
31.01.	Endbestand	296		11,40		3.374,40	

Umsatz	923.332,90
- Materialkosten Dämmstoff zu Verr.preisen	13.040,00
- Sonstige Kosten	883.915,30
= Betriebsergebnis zu Verrechnungspreisen	26.377,60
+ Bestandsumwertung Dämmstoff (günstig)	414,40
- Bezugspreisdifferenz Dämmstoff (ungünstig)	1.792,00
= Betriebsergebnis zu Istpreisen	25.000,00

Ein wichtiger Vorteil der Bewertung mit Verrechnungspreisen besteht darin, dass in der monatlichen Ergebnisrechnung die Auswirkungen aus der Beschaffung von Material zu Preisen, die von den festgeschriebenen Standardpreisen abweichen, unmittelbar transparent werden.

Ist Material für einen Kundenauftrag zu beschaffen oder muss vorhandenes Material, das für einen Auftrag eingesetzt wird, neu beschafft werden, sollte für die Kalkulation des Auftrags als Basis für die Preisverhandlungen mit Kunden der *Wiederbeschaffungspreis* des Materials zur Bewertung herangezogen werden. Denn immer wenn es um Planung und Entscheidungsunterstützung geht, hier: Annahme des Kundenauftrags zu bestimmten Konditionen - ja oder nein, sind die durch die Maßnahme verursachten Auswirkungen entscheidungsrelevant.
So sollte der Bauunternehmer aus den Beispielen 5 und 6 den für einen künftigen Kundenauftrag benötigten Dämmstoff mit 11,15 €/Rolle kalkulieren, wenn er ihn bei Ausführung des Auftrags konkret zu diesem Preis wieder beschaffen kann, und zwar unabhängig davon, ob der letzte Durchschnittspreis bei 11,00 €/Rolle lag oder der Standardpreis für die laufende Kostenverrechnung auf 11,40 €/Rolle fixiert ist. Diese Vorgehensweise trägt zu optimalen Entscheidungen und zur Maximierung des Betriebsergebnisses bei.
Freilich wird man sich in der Praxis aus Wirtschaftlichkeitsgründen nur für bedeutende Materialien im Einzelfall um die Wiederbeschaffungspreise bemühen.

Für eng umrissene Anwendungsfelder innerhalb der Kostenrechnung kommen auch *Lenkungspreise* als Wertansätze in Frage. Lenkungspreise sind Verrechnungspreise, die im Hinblick auf eine bestimmte Zielsetzung abweichend von den Marktpreisen bewusst hoch oder niedrig angesetzt sind. Beispielsweise können bisher ungebräuchliche Materialien in der konstruktionsbegleitenden Kalkulation einer Neuentwicklung mit bewusst überhöhten Preisen belegt werden, damit der Konstrukteur möglichst auf allgemein verwendete Alternativmaterialien ausweicht. Der Sinn besteht hier darin, einer ausufernden Teilevielfalt, zunehmendem Dispositions- und Lageraufwand etc. entgegenzuwirken. Denkbar ist auch, die Verrechnungspreise für Materiallieferungen zwischen verbundenen Betrieben oder Unternehmen niedrig anzusetzen, um den gegenseitigen Güteraustausch zu fördern und auf diese Weise bei steigender Auslastung eine Kostendegression zu bewirken. Diese Vorgehensweise hat jedoch in den letzten Jahren an Bedeutung verloren, da die Unternehmen Betriebsteile als Profit Center definieren, die in eigener Ergebnisverantwortung mit anderen Betriebsteilen wie mit fremden Lieferanten und Kunden auch über interne Preise verhandeln.

Während die Werkstoffkosten durch Skontration mengen- und wertmäßig sowie periodengerecht auf Verbrauchsort und -zweck zugerechnet werden können, bereitet die Erfassung und Verrechnung der **Energiekosten** (Strom, Gas etc.) gewisse Schwierigkeiten. Da in den Kostenstellen und an den Maschinen und Anlagen nur selten Zähler angebracht sind, kann die Verbrauchsmenge nur für das Unternehmen insgesamt festgestellt werden; häufig erfolgt eine Ablesung aber nicht regelmäßig oder nur einmal jährlich für die Stromabrechnung des Energieversorgers. Eine Erfassung und Verteilung auf die Verbrauchsorte kann recht genau erfolgen, indem aus den Stromanschlusswerten der Maschinen, Anlagen, Beleuchtungs- und Beheizungseinrichtungen sowie anderer Verbraucher unter Berücksichtigung von Lauf-/Betriebszeiten einerseits und Auslastungsfaktoren andererseits ein rechnerischer Verbrauch abgeleitet wird. Der mengenmäßige Verbrauch ist mit dem Arbeitspreis des Energieversorgers zu bewerten. Eine eventuelle Grundgebühr des Energieversorgers kann anteilig des Verbrauchs oder nach einem festen Schlüssel, z.B. gleichmäßig auf alle Verbrauchsstellen, verteilt werden. Beispiel 7 auf Seite 56 zeigt die Berechnung im Überblick.
Laufen Maschinen oder Anlagen nur in der produktiven Bearbeitungsphase, kann der Betriebsstrom als variabel bzw. leistungsabhängig angesehen werden. Die Kosten des Beleuchtungsstroms und die Grundgebühren sind hingegen fix bzw. leistungsunabhängig.
Die gesamten verrechneten Stromkosten sind gegen den Rechnungsbetrag des Energieversorgers abzugleichen. Bis dahin eventuell zu viel oder zu wenig verrechnete Beträge werden etwa analog der Vorgehensweise zur Erfassung von Bezugspreisdifferenzen bei den Werkstoffkosten erfasst und ergebniswirksam ausgewiesen.

Beispiel 7: Ermittlung der monatlichen Stromkosten einer Kostenstelle

In einer Kostenstelle befindet sich eine Maschine mit einem Anschlusswert von 28 Kilowatt (kW). Die durchschnittliche Inanspruchnahme dieser Nennleistung beträgt 75%. Im Abrechnungsmonat läuft diese Maschine 150 Stunden. Die Kostenstelle wird über 20 Leuchtstoffröhren à 60 Watt (W) beleuchtet; diese Angabe entspricht dem durchschnittlichen Verbrauch. Die Leuchtzeit beträgt 250 Stunden (h). Der Arbeitspreis für den Strom beträgt 0,15 €/kWh. Außerdem werden der Kostenstelle für die Grundgebühr des Versorgers anteilig 32,50 € belastet.

Betriebsstromverbrauch	28 kW • 0,75 • 150 h	3.150 kWh
+ Beleuchtungsstromverbrauch	20 R. • 60 W/R. • 250 h • 1 kW/1.000 W	300 kWh
= Stromverbrauch gesamt		3.450 kWh
• Arbeitspreis		0,15 €/kWh
= Stromverbrauchskosten		517,50 €
+ Anteilige Grundgebühr		32,50 €
= Stromkosten gesamt		550,00 €

Zur Anschauung werden in Beispiel 7 die Stromkosten einer Verbrauchsstelle ermittelt. Aus abrechnungstechnischen Gründen werden in größeren Betrieben meist die Energiekosten zunächst in der Kostenstelle Energieversorgung ausgewiesen und als sekundäre Kosten auf die verbrauchenden Kostenstellen verrechnet (vgl. hierzu Abschnitte 2.3.3.1 und 2.3.3.2).

Fremdleistungen für eigene Erzeugnisse fallen an, falls ein Unternehmen aufgrund fehlender eigener Kapazitäten oder wegen Kostenvorteilen Teile des Produktionsprozesses von Fremdunternehmen ausführen lässt. Beispiele sind die Oberflächenbehandlung (Verzinken, Galvanisieren), die Apparate- und Maschinenbauer häufig „einkaufen", aber auch Sonderanalysen externer Experten, die ein Consulting-Büro in seine Ingenieurberatung einbezieht. Es ist hier vom Einzelfall abhängig, ob die Kosten separat nach Menge und Preis oder aber unmittelbar als ein (Rechnungs-) Betrag ermittelt werden.

⇨ *Aufgabe 12, S. 290*

2.2.3.2 Personalkosten

Die Personalkosten bezeichnen den bewerteten Verbrauch des Einsatzfaktors Arbeit. Sie werden wie in Abb. 13 in Personalbasis-, Personalzusatz- und sonstige Personalkosten unterteilt; eine Besonderheit stellt der kalkulatorische Unternehmerlohn für tätige Inhaberunternehmer und Personengesellschafter dar.

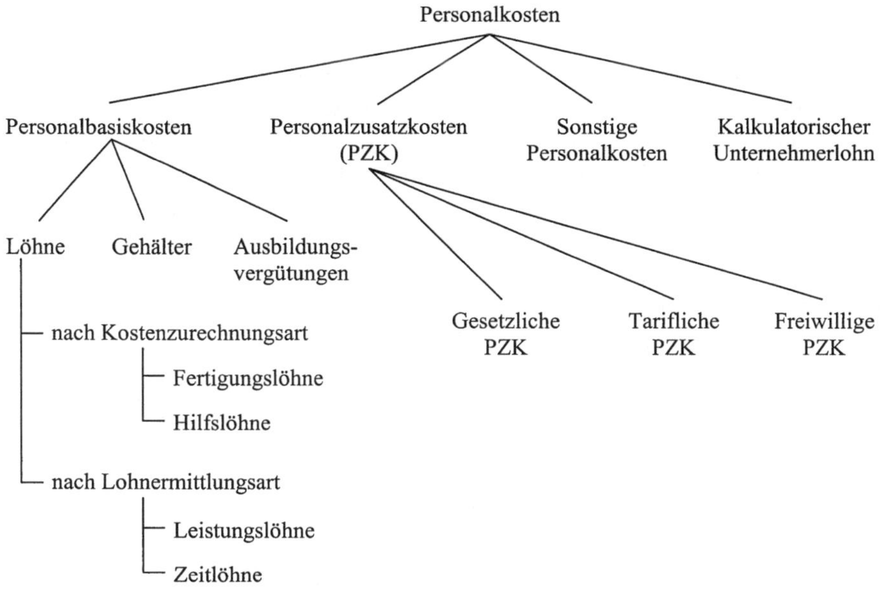

Abb. 13: Zusammensetzung der Personalkosten

Zu den **Personalbasiskosten** (Personalgrundkosten) zählen Löhne der Arbeiter, Gehälter der Angestellten und Ausbildungsvergütungen der Auszubildenden, also Entgelte für geleistete Arbeit, die jeweils dem Arbeitnehmer zufließen.
Nach dem Grad des Zusammenhangs der Tätigkeit mit dem Herstellungsprozess bzw. nach Art der Kostenzurechnung werden die Löhne in Fertigungslöhne und Hilfslöhne unterteilt. Fertigungslöhne entstehen für Arbeiten unmittelbar am Produkt, während Hilfslöhne für Lageristen, Staplerfahrer, Betriebselektriker etc. anfallen, die nur mittelbar am Leistungsprozess beteiligt sind. *Fertigungslöhne* werden den Kostenträgern, d.h. den Produkten als Einzelkosten direkt zugerechnet. Sie bilden die Grundlage für die Verrechnung der Gemeinkosten der Fertigungsstellen und werden zu diesem Zweck auch im BAB ausgewiesen, aber i.d.R. nicht über Kostenstellen verrechnet. *Hilfslöhne* sind hingegen (Produkt-) Gemeinkosten. Sie werden kostenstellenweise erfasst und verrechnet.
Nach der Art der Lohnermittlung wird zwischen Leistungs- und Zeitlohn unterschieden. Fertigungslöhne werden meist als Leistungslöhne abgerechnet. Beim *Leistungslohn* wird die Anzahl der fertiggestellten Leistungseinheiten (Geldakkord) bzw. die zugehörige Vorgabezeit (Zeitakkord) vergütet. Dadurch verhält sich die Lohnhöhe proportional zur kostenträgerbezogenen Leistung, die sich letztlich in den Produktions- und Absatzzahlen der Erzeugnisse und Dienstleistungen widerspiegelt. Insofern stellen Leistungslöhne Einzelkosten dar. Die Berechnung des Geld- und Zeitakkordlohnes veranschaulicht folgendes Beispiel.

Beispiel 8: Berechnung von Zeitakkord und Geldakkord für eine Schicht

Im Rahmen der Arbeitsbewertung wurde für eine bestimmte Tätigkeit in der Fertigung der Akkordzeitsatz auf 22,80 € je Vorgabestunde festgelegt. Außerdem wurde durch eine Zeitstudie für die Bearbeitung eines bestimmten Werkstücks eine Vorgabezeit von 25 Minuten/Stück ermittelt; das ist die Zeit, die ein Mitarbeiter bei normaler Arbeitsgeschwindigkeit entsprechend einem Leistungsgrad von 100% für die Bearbeitung eines Werkstücks benötigt. Aus Akkordzeitsatz und Stückvorgabezeit ergibt sich der Akkordstücksatz zu 22,80 €/Stunde • 25 Min./Stück / 60 Min./Stunde = 9,50 € je Werkstück.
In einer Schicht mit 7 Zeitstunden bearbeitet Mitarbeiter Meier 21 Einheiten des betreffenden Werkstücks. Dann beträgt der Lohn für den Tag:

Geldakkord		Zeitakkord	
Fertiggestellte Werkstücke	21 Stk.	Fertiggestellte Werkstücke	21 Stk.
• Akkordstücksatz	9,50 €/Stk.	• Vorgabezeit je Werkstück	25 Min./Stk.
		/ Minuten pro Stunde	60 Min./Std.
		= Vorgabezeit, zu vergüten	8,75 Std.
		• Akkordzeitsatz	22,80 €/Std.
= Lohn	199,50 €	= Lohn	199,50 €

Beachten Sie, dass Mitarbeiter Meier in dieser Schicht einen effektiven Stundenlohn von 199,50 € für 7 Zeitstunden entsprechend 28,50 €/Zeitstunde erzielte. Dieses Ergebnis ist auf seinen individuellen Leistungsgrad in Höhe von 125% (= 8,75 Vorgabestunden / 7 Zeitstunden) zurückzuführen.
Geld- und Zeitakkord führen als Entgeltform zu den gleichen Ergebnissen, wie obiges Beispiel zeigt. In der industriellen Praxis wird der Zeitakkord bevorzugt, weil Arbeitsplanung und -steuerung auf Vorgabezeiten basieren. Außerdem brauchen bei Tarifänderungen für den Zeitakkord nur die Akkordzeitsätze der Mitarbeiter angepasst werden, während beim Geldakkord unter Umständen viele Tausende von Akkordstücksätzen für Werkstücke umzurechnen sind.

⇨ *Aufgabe 13, S. 291*

Hilfslöhne werden überwiegend als Zeitlöhne abgerechnet. Beim *Zeitlohn* wird die effektive Arbeitszeit entgolten. Die effektive Arbeitszeit ist identisch mit der Anwesenheitszeit abzüglich der Pausenzeiten. Der Stundensatz für die Lohnabrechnung wird entsprechend den Anforderungen der Tätigkeit unter Berücksichtigung der Qualifikation des Arbeiters individuell festgelegt. Für die Planung der Lohnkosten verwendet man aber kostenstellenbezogene Durchschnittssätze. In manchen Betrieben erhalten die Arbeiter gleichbleibende *Monatslöhne*, damit sich die schwankende Zahl der Monatsarbeitstage nicht in einer monatlichen

Veränderung der Höhe der Bruttolöhne niederschlägt; dennoch ist die Arbeitszeit hier maßgebend für die Bruttolohnhöhe, weil für jeden Mitarbeiter mindestens einmal jährlich ein Abgleich von geleisteter und bezahlter Zeit stattfindet. Diese Form der Entlohnung gewinnt durch die Flexibilisierung der Arbeitszeit mit fest vereinbarten Jahresarbeitszeiten (vgl. Automobilbau) an Bedeutung.
Fertigungs- und Hilfslöhne werden in der Kostenartenrechnung brutto ausgewiesen. Das gilt auch für die *Gehälter* der angestellten Arbeitnehmer und die *Ausbildungsvergütungen* der Auszubildenden. Gehälter sind Gemeinkosten in Bezug auf die Produkte. Sie werden deshalb zumeist kostenstellenweise erfasst und verrechnet. Nur in Ausnahmefällen sind Angestellte ausschließlich für individuelle Kundenaufträge tätig, sodass ihre Gehälter eindeutig zugerechnet werden können. Ein Beispiel ist der Programmierer eines Systemhauses, der mehrere Jahre an der Erstellung eines Softwarepakets für den Auftraggeber - ggf. sogar in dessen Hause - mitwirkt. Ferner werden in Kostenstellen mit nur einem oder sehr wenigen Mitarbeitern die im Kostenplan und -bericht ausgewiesenen Gehälter bisweilen mit denen anderer Kostenstellen „abgeglichen“, um unerwünschter Gehaltstransparenz entgegenzuwirken. Dieses Vorgehen widerspricht jedoch dem Ziel der verursachungsgerechten Kostenzurechnung.
Zu beachten ist, dass auch andere Entgelte für Leistungen der Arbeitnehmer (z.B. Prämien für Qualität und geringen Ausschuss) sowie Zulagen und Zuschläge zu den Personalbasiskosten gehören. Zulagen werden für die Übernahme besonderer Funktionen, für Anlernen und Einarbeiten, Bereitschaftsdienst oder die Inkaufnahme besonderer Erschwernisse (z.B. Schmutz, Lärm) gewährt. Zuschläge erhält der Arbeitnehmer für Mehrarbeit, Sonn- und Feiertagsarbeit sowie Schicht- und Nachtarbeit.

Neben den Direktentgelten fallen die **Personalzusatzkosten** (Personalfolgekosten, Lohn- und Gehaltsnebenkosten) an. Diese umfassen gesetzliche, tarifliche und freiwillige Leistungen des Arbeitgebers, wobei letztere auf einer Betriebsvereinbarung, einer individualvertraglichen Vereinbarung oder einer einseitigen Verfügung des Arbeitgebers beruhen können. Die Grenzen sind fließend. So kann die Urlaubsentlohnung aus einem gesetzlichen (Mindest-) Betrag sowie darüber hinausgehenden tariflichen und freiwilligen Teilen bestehen; die hierauf entfallenden Arbeitgeberbeiträge zu den Zweigen der Sozialversicherung haben wiederum gesetzlichen Charakter. Abbildung 14 auf Seite 60 gibt einen Überblick über die Bestandteile der Personalzusatzkosten und deren Berechnung bei Arbeitern aus Sicht eines Unternehmens. Anpassungen der Beitragssätze und der Bemessungsgrenzen zu den Zweigen der Sozialversicherung, Unterschiede in der Struktur der sozialversicherten Arbeitnehmerschaft und deren Einkommen, die konkrete Zuordnung zu Risikoklassen in der Berufshaftpflichtversicherung etc. beeinflussen die Höhe der von einem Arbeitgeber konkret zu erbringenden Arbeitgeberbeiträge. Die Höhe der Personalzusatzkosten wird deshalb von Betrieb zu Betrieb variieren. In der Industrie liegen die Personalzusatzkosten derzeit bei knapp 80% der Personalbasiskosten, in der Kredit- und Versicherungswirtschaft erheblich höher bei rund 100%. Lediglich im Groß- und Einzelhandel ist der Personalzusatzkostensatz mit rund 65% deutlich kleiner.

Zeile	Kostenart	Hinweis zur Berechnung	Tsd €	in % der Grundlöhne
01	Fertigungslöhne		36.818	
02	Hilfslöhne		3.405	
03	Zulagen		530	
04	Zuschläge		1.247	
05	Grundlöhne	Z01+...+Z04	42.000	100,0%
06	Löhne für Ausfallzeiten (Feiertage)		2.268	5,4%
07	Löhne für Krankheitszeiten		1.596	3,8%
08	Löhne für Urlaubszeiten		5.964	14,2%
09	Urlaubsgeld		2.982	7,1%
10	Sonderzahlungen (13. Einkommen etc.)		4.116	9,8%
11	Vermögensbildung Arbeitgeberanteil		672	1,6%
12	*Soziallöhne*	*Z06+...+Z11*	*17.598*	*41,9%*
13	*Grund- und Soziallöhne*	*Z05+Z12*	*59.598*	
14	Arbeitgeberbeitrag zur Rentenversich.	Z13•9,75%	5.811	13,8%
15	dito, zur Arbeitslosenversicherung	Z13•3,25%	1.937	4,6%
16	dito, zur Krankenversicherung	Z13•6,75%	4.023	9,6%
17	dito, zur Pflegeversicherung	Z13•0,85%	507	1,2%
18	Betriebliche Altersversorgung	Z13•2,25%	1.341	3,2%
19	*Sozialnebenkosten*	*Z14+...+Z18*	*13.619*	*32,4%*
20	Beiträge zur Berufsgenossenschaft	Z13•2,40%	1.430	3,4%
21	Schwerbehindertenausgleichsabgabe		38	0,1%
22	Sonstige Lohnzusatzkosten		77	0,2%
23	Lohnzusatzkosten gesamt		32.762	78,0%

Abb. 14: Löhne und Lohnzusatzkosten (Beispiel)

Aufgrund der unterschiedlichen Struktur sind die Gehaltsnebenkosten aus Sicht eines Unternehmens niedriger als die Lohnnebenkosten. So sind die Gehälter auch für Urlaubs- und Krankheitszeiten Bestandteil der Basiskosten der Angestellten, während Urlaubs- und Krankheitslöhne bei Arbeitern zu den Lohnnebenkosten rechnen. Außerdem kann das Gehalt einiger Angestellter oberhalb der Beitragsbemessungsgrenzen der Sozialversicherungen liegen. Deshalb werden die Beiträge zu den Zweigen der Sozialversicherung nicht auf die volle Summe der Gehälter, sondern nur auf Teile daraus - in (...) - berechnet (vgl. Abb. 15).

Zeile	Kostenart	Hinweis zur Berechnung	Tsd €	in % der Grundlöhne
01	Gehälter		7.325	
02	Zuschläge		286	
03	Leistungsprämien		389	
04	Gehälter gesamt (Basisentgelt)	Z01+...+Z03	8.000	100,0%
05	Urlaubsgeld		480	6,0%
06	Sonderzahlungen (13. Einkommen etc.)		664	8,3%
07	Vermögensbildung Arbeitgeberanteil		64	0,8%
08	*Andere Vergütungen*	*Z05+...+Z07*	*1.208*	*15,1%*
09	*Gehälter und andere Vergütungen*	*Z04+Z08*	*9.208*	
10	Arbeitgeberbeitrag zur Rentenversich.	(Z09)•9,75%	819	10,2%
11	dito, zur Arbeitslosenversicherung	(Z09)•3,25%	273	3,4%
12	dito, zur Krankenversicherung	(Z09)•6,75%	567	7,1%
13	dito, zur Pflegeversicherung	(Z09)•0,85%	71	0,9%
14	Betriebliche Altersversorgung	(Z09)•2,25%	189	2,4%
15	*Sozialnebenkosten*	*Z10+...+Z14*	*1.919*	*24,0%*
16	Beiträge zur Berufsgenossenschaft	Z09•0,60%	55	0,7%
17	Schwerbehindertenausgleichsabgabe		16	0,2%
18	Sonstige Lohnzusatzkosten		48	0,6%
19	Gehaltszusatzkosten gesamt		3.246	40,6%

Abb. 15: Gehälter und Gehaltszusatzkosten (Beispiel)

Die Personalzusatzkosten werden in der Istkostenrechnung differenziert nach Arten und Kostenstellen effektiv erfasst oder wegen des geringeren Abrechnungsaufwands pauschal kalkulatorisch verrechnet.
Sofern die Personalkosten kostenstellenweise effektiv erfasst werden, bereiten die einmalig und aperiodisch anfallenden Personalzusatzkosten wie 13. Monatseinkommen sowie Feiertags- und Urlaubslöhne im Rahmen der kurzfristigen Erfolgsrechnung gewisse Schwierigkeiten. Diese Kosten entwickeln sich nicht gleichlaufend zur Leistung, und der Zeitvergleich zu Vorjahreswerten bzw. der Soll-Ist-Vergleich zu zeitanteilig verteilten Plankosten ist monatsbezogen kaum, kumulativ erst zum Jahresende hin aussagefähig. Um diese Schwierigkeiten zu mildern, werden derartige aperiodische Personalkosten für das Gesamtjahr vorläufig geschätzt, monatlich kalkulatorisch verrechnet und erst zum Jahresende hin mit dem tatsächlichen Wert abgestimmt. Diese Vorgehensweise hat den Vorteil, dass unterjährig Kostenhöhe und Arbeitsleistung miteinander korrespondieren. Die monatliche kalkulatorische Verrechnung kann z.B. erfolgen, indem der Gesamtjahresbetrag gleichmäßig auf die zwölf Monate des Jahres oder nach dem Anteil der Monatsarbeitstage an den Jahresarbeitstagen auf die Monate ver-

teilt wird. Einen besseren Zusammenhang von Kostenhöhe und Arbeitsleistung erreichen wir, indem wir die Personalzusatzkosten der Kostenstelle mit einem prozentualen Aufschlag auf die Personalbasiskosten verrechnen. Die Differenz im Vergleich zum effektiven 13. Monatseinkommen ist im Zahlmonat festzustellen und als Über- bzw. Unterdeckung in der Ergebnisrechnung gegenüber dem Betriebsergebnis zu verrechneten Kosten zu korrigieren.

Beispiel 9: Zeitliche Abgrenzung des 13. Monatseinkommens

In der Kostenstelle Mechanik rechnet man ausgehend von Erfahrungswerten aus der Vergangenheit für das laufende Jahr mit Basislöhnen in Höhe von 514.400 € sowie mit einem zusätzlichen dreizehnten Einkommen von 51.440 €. Daraus ergibt sich der kalkulatorische Kostensatz für das dreizehnte Einkommen zu 10% der Basislöhne (= 51.440 € / 514.400 €). Über alle Monate werden deshalb auf jeden effektiv abgerechnete Euro Basislöhne zehn Cent für das dreizehnte Einkommen verrechnet. Tatsächlich wird das dreizehnte Einkommen aber erst im November nach den individuellen Ansprüchen der Arbeitnehmer zu 51.924 € berechnet und ausgezahlt.
Das Unternehmen erzielt im Gesamtjahr einen Umsatz von 8.320.975 €. Neben den ausgewiesenen Kosten der Fertigung fallen sonstige Kosten von 7.380.935 € und insgesamt sonstige Überdeckungen von 6.734 € an.

KoSt Mechanik

Monat	Basislöhne	Verrechnetes 13. Einkommen (10%)	Effektives 13. Einkommen
Jan	43.120	4.312	
Feb	39.370	3.937	
....	...	...	
Okt	42.210	4.221	
Nov	40.770	4.077	51.924
Dez	39.660	3.966	
Σ	509.850	50.985	51.924

Unterdeckung 939 €

Ergebnisrechnung für das Gesamtjahr

Umsatz	8.320.975
- Basislöhne KoSt Mechanik	509.850
- Verr. 13. Einkommen KoSt Mechanik	50.985
- Sonstige Kosten	7.380.935
= Betriebsergebnis zu verrechneten Kosten	379.205
- Unterdeckung verr. 13. Eink. KoSt Mechanik	939
+ Sonstige Überdeckungen	6.734
= Betriebsergebnis zu Istpreisen	385.000

Bei kalkulatorischer Verrechnung aller Personalzusatzkosten mithilfe des Personalzusatzkostensatzes genügt es, die Lohn- und Gehaltsnebenkosten nur für das Unternehmen gesamt nach Kostenarten zu planen. Auf die Kostenstellen werden die Personalzusatzkosten dann mit einem Satz prozentual auf die Grundlöhne bzw. die Gehälter - gemäß Abb. 14 und 15, S. 60f, mit 78,0% bzw. 40,6% - aufgeschlagen. Die Kontrolle der Wirtschaftlichkeit muss in diesen Fällen anhand anderer Steuerungsgrößen erfolgen. Dies kann in jeder Kostenstelle z.B. anhand der Fehlzeiten infolge Krankheit und Arztbesuch, also anhand der ursächlichen Kostenbestimmungsfaktoren, geschehen.
Soweit die Fertigungslöhne als Einzelkosten verrechnet werden, können auch die davon direkt abhängigen Lohnzusatzkosten als Einzelkosten den Kostenträgern zugerechnet werden. In der betrieblichen Praxis wird darauf häufig verzichtet, d.h. sämtliche Personalzusatzkosten werden als Gemeinkosten verrechnet.

⇨ *Aufgaben 14 und 15, S. 291*

Die **sonstigen Personalkosten** fallen insbesondere bei Veränderungen im Personalbereich an. Sie entstehen für Inserate, Personalberatung, Reisekostenersatz bei Vorstellung und Umzugsbeihilfen anlässlich von Neueinstellungen oder auch als Abfindungen bei Entlassungen. Außerdem lassen sich Kosten der externen Fort- und Weiterbildung der Mitarbeiter in diese Kategorie einordnen. Die sonstigen Personalkosten werden kostenstellenweise erfasst und verrechnet.
Neben den vielen zuvor aufgeführten primären Personalkosten sind schließlich die sekundären Personalkosten zu erwähnen. Existieren in einem Unternehmen Kostenstellen wie Kantine, Werksarzt, Sozialstation, Bildungswesen und Personalwesen, lassen sich die dort gesammelten und über Umlage weiterbelasteten Beträge als Personalkosten interpretieren, da sie im mittelbaren Zusammenhang mit dem Einsatz des Produktionsfaktors Arbeit stehen (zur innerbetrieblichen Leistungsverrechnung siehe Abschnitt 2.3.3.2).

Zu den Personalkosten rechnet auch der **kalkulatorische Unternehmerlohn** für die Inhaberunternehmer in Einzelunternehmen und die Personengesellschafter bei OHG und KG. Da für deren Arbeitseinsatz im externen Rechnungswesen kein Aufwand verbucht werden darf, stellt der in der Kostenrechnung anzusetzende kalkulatorische Unternehmerlohn in voller Höhe Zusatzkosten dar.
Der kalkulatorische Unternehmerlohn gleicht eine fehlende Aufwandsposition aus. Er sollte sich deshalb nach dem üblichen Gehalt von Führungskräften mit vergleichbarer Tätigkeit und Verantwortung in Kapitalgesellschaften richten. Dabei sind Merkmale wie Branche, Standort und Unternehmensgröße nach Umsatz und Zahl der Beschäftigten zu berücksichtigen. Der kalkulatorische Unternehmerlohn ist so zu bemessen, dass er das Basisentgelt vergleichbarer angestellter Führungskräfte und die zugehörigen Personalzusatzkosten abdeckt.

Bisweilen wird versucht, den kalkulatorischen Unternehmerlohn aus Formeln abzuleiten. Historische Faustformeln wie die ehemals staatlich vorgeschriebene „Seifenformel“ in der Seifenindustrie (kalk. Unternehmerlohn = 18 • $\sqrt{\text{Umsatz}}$) oder die Formel des Rationalisierungs-Kuratoriums der deutschen Wirtschaft (kalk. Unternehmerlohn = Sockelbetrag + 2 • $\sqrt{\text{Wertschöpfung}}$) berücksichtigen nicht die Vielfalt der Einflussfaktoren und treffen im Ergebnis nur zufällig das übliche Gehalt eines vergleichbaren angestellten Managers.

2.2.3.3 Betriebsmittelkosten

Unter Betriebsmitteln versteht man Sachanlagen wie Grundstücke, Geschäfts- und Fabrikbauten, Maschinen und maschinelle Anlagen, Werkzeuge, Betriebs- und Geschäftsausstattung sowie immaterielle Anlagewerte wie Patente, Konzessionen und Lizenzen. Im Blickpunkt stehen nachfolgend die mit dem Gebrauch solcher langlebiger Sachanlagen verbundenen kalkulatorischen Abschreibungen, die zur Aufrechterhaltung der Leistungsfähigkeit der Sachanlagen erforderlichen Instandhaltungskosten sowie die Kosten für Werkzeuge und Vorrichtungen, mit denen manche Maschinen und maschinelle Anlagen erst sinnvoll einsetzbar sind.

2.2.3.3.1 Kalkulatorische Abschreibungen

Die (Total-) Kapazität eines abnutzbaren Betriebsmittels entspricht dem Gesamtnutzungspotenzial als Summe aller Nutzungseinheiten zum Zeitpunkt der Inbetriebnahme. Eine Abnahme des Nutzungspotenzials durch Werteverzehr bewirkt eine Wertminderung des Betriebsmittels, die im Rechnungswesen in Form von Abschreibungen erfasst wird. Der Werteverzehr eines Betriebsmittels kann unterschiedliche Ursachen haben, die die Auswahl der anzuwendenden Abschreibungsmethode und damit die Art der Kostenermittlung beeinflussen (vgl. hierzu Abb. 16 auf der folgenden Seite).
Kalkulatorische Abschreibungen erfassen nur den ordentlichen Werteverzehr von Betriebsmitteln. Außerordentlicher Werteverzehr durch Entwicklung leistungsfähigerer Anlagen aufgrund technischen Fortschritts, durch plötzliche wirtschaftliche Überholung aufgrund von Nachfrageverschiebungen oder durch Katastrophenschäden aufgrund von Hochwasser oder Brand werden durch den Ansatz kalkulatorischer Wagniskosten berücksichtigt (vgl. hierzu Abschnitt 2.2.3.7).

Die Höhe der kalkulatorischen Abschreibungen richtet sich nach

- der Abschreibungsmethode als Rechenvorgang,
- dem Ausgangswert als zu verteilende Größe und
- der Nutzungsdauer bzw. Gesamtleistung als Verteilungsbasis.

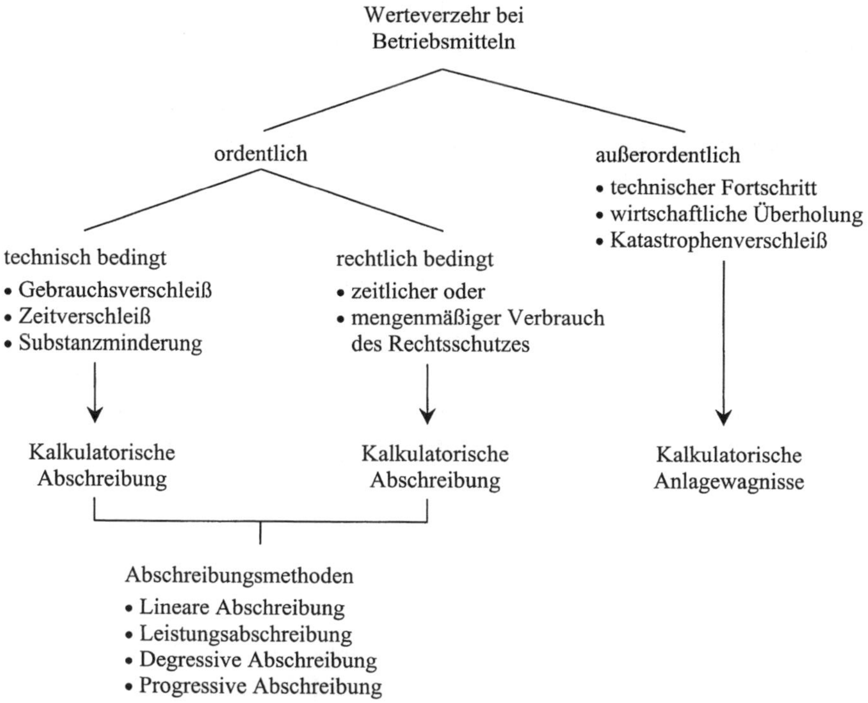

Abb. 16: Ursachen des Werteverzehrs und Abschreibungsmethoden

Die **Abschreibungsmethode** soll in der Kostenrechnung die planmäßige und verursachungsgerechte Verrechnung des betriebsbedingten normalen Werteverzehrs ermöglichen. Der normale Werteverzehr ergibt sich aus Gebrauchs- und Zeitverschleiß. Der Gebrauchsverschleiß tritt durch Nutzung des Betriebsmittels ein. Der Zeitverschleiß ist bedingt durch Korrosion, Materialermüdung oder andere zeitabhängige Einflüsse.
Für die Erfassung des Gebrauchsverschleißes ist die *leistungsabhängige Abschreibung* besonders geeignet. Sie verteilt den Ausgangswert (A) auf die Gesamtleistung (L); der Abschreibungsbetrag (a_t) der einzelnen Perioden (t) ergibt sich sodann durch Multiplikation mit der beanspruchten Leistungsmenge (l_t) der Perioden.

$$a_t = \frac{A}{L} \cdot l_t \qquad \left(\text{Periodenabschreibung} = \frac{\text{Ausgangswert}}{\text{Gesamtleistung}} \cdot \text{Periodenleistung}\right)$$

Die Abschreibung nach Leistung setzt voraus, dass der Gesamtleistungsvorrat geschätzt und die Leistungsinanspruchnahme periodisch ohne große Mühe gemessen werden kann, wie z.B. anhand des Betriebsstundenzählers von Baufahr-

zeugen und numerisch gesteuerten Fertigungsanlagen oder des Kilometerzählers bei Lkw und Omnibussen. Leistungsabschreibungen sind ihrem Charakter nach variable Kosten.
Erfolgt die Leistungsabgabe gleichmäßig oder ist der Zeitverschleiß die wesentliche Verzehrursache, bietet sich die *lineare (Zeit-) Abschreibung* an. Sie verteilt den Ausgangswert auf die gesamte Nutzungsdauer (n), gemessen in Jahren.

$$a_t = \frac{A}{n} \qquad \left(\text{Periodenabschreibung} = \frac{\text{Ausgangswert}}{\text{Nutzungsdauer}}\right)$$

In der Kostenrechnungspraxis wird überwiegend die lineare Abschreibung angewendet, während in der Finanzbuchhaltung unter Berücksichtigung steuerrechtlicher Vorschriften die degressive Abschreibung verbreitet ist. Die *geometrisch-degressive Abschreibung* wird mit einem festen Prozentsatz (p) auf den noch vorhandenen Restbuchwert (R_t) zu Beginn der Periode (t) berechnet; daher heißt sie auch *Buchwertabschreibung*

$$a_t = R_t \cdot p \qquad (\text{Periodenabschreibung} = \text{Restbuchwert} \cdot \text{Abschreibungssatz})$$

Die Buchwertabschreibung bewirkt zunächst hohe, dann abnehmende jährliche Abschreibungsbeträge. Sie führt zur vielfach beabsichtigten Verschiebung von Ertragsteuerzahlungen in spätere Jahre. Sie wird in der Praxis im Allgemeinen in dem Jahr durch die lineare Abschreibung abgelöst, in dem erstmals der lineare Abschreibungsbetrag - bezogen auf die Restnutzungsdauer - höher ist als bei der Buchwertabschreibung.
Bei der *arithmetisch-degressiven Abschreibung* wird der Abschreibungsbetrag von Jahr zu Jahr um einen konstanten Degressionsbetrag kleiner als im Vorjahr. Sie heißt auch digitale Abschreibung. Der Degressionsbetrag (D) entspricht dem Quotienten aus Ausgangswert (A) und der Summe der arithmetischen Reihe der Nutzungsjahre (N) über die gesamte Nutzungsdauer (n), also N = 1 + 2 + ... + n.

$$D = \frac{A}{N} = \frac{A}{1+2+\ldots+n} \qquad \left(\text{Degressionsbetrag} = \frac{\text{Ausgangswert}}{\text{Summe der Nutzungsjahre}}\right)$$

Die Periodenabschreibung (a_t) ergibt sich sodann, indem der Degressionsbetrag mit der Periodenziffer in fallender Reihe (n + 1 - t) multipliziert wird

$$a_t = D \cdot (n+1-t) \qquad (\text{Periodenabschreibung} = \text{Degressionsbetrag} \cdot \text{Periodenziffer})$$

Da diese Methode steuerrechtlich nicht zulässig ist, spielt sie auch im handelsrechtlichen Jahresabschluss praktisch keine Rolle.

Die *progressive Abschreibung* mit im Zeitablauf zunehmenden Abschreibungsbeträgen ist weder in der Kostenrechnung noch in der Finanzbuchhaltung gebräuchlich. Auf ihre nähere Darstellung wird deshalb verzichtet.

Abbildung 17 stellt den Verlauf der Abschreibungsbeträge und der Restbuchwerte zu Periodenbeginn bei den verbreiteten Abschreibungsmethoden für eine Maschine dar. Der unterstellte Anschaffungswert beträgt 120.000 €, die Nutzungsdauer 8 Jahre, die Gesamtleistung 24.000 Stunden und der degressive Abschreibungssatz 20% vom Restbuchwert.

		Lineare Abschreibung		Leistungsabschreibung		Buchwertabschreibung	
Jahr (t)	Leistung (l_t)	Buchwert (R_t)	Abschreibg. (a_t)	Buchwert (R_t)	Abschreibg. (a_t)	Buchwert (R_t)	Abschreibg. (a_t)
1	3.200	120.000	15.000	120.000	16.000	120.000	24.000
2	2.750	105.000	15.000	104.000	13.750	96.000	19.200
3	2.900	90.000	15.000	90.250	14.500	76.800	15.360
4	3.300	75.000	15.000	75.750	16.500	61.440	12.288
5	3.000	60.000	15.000	59.250	15.000	49.152	9.830
6	2.800	45.000	15.000	44.250	14.000	39.322	7.864
7	3.100	30.000	15.000	30.250	15.500	31.458	6.291
8	2.950	15.000	15.000	14.750	14.750	25.166	5.033
Σ	24.000		120.000		120.000		99.866

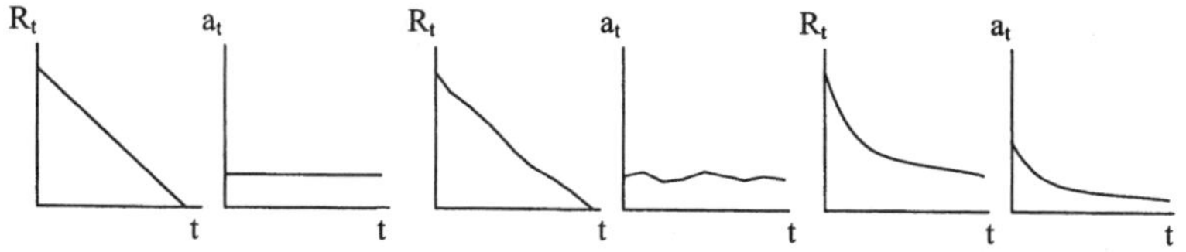

Abb. 17: Abschreibungen und Restbuchwerte

Den **Ausgangswert** für die Berechnung der Abschreibungen bilden in der Finanzbuchhaltung die *Anschaffungskosten* gekaufter bzw. die *Herstellungskosten* selbst erstellter Anlagegüter. Die Anschaffungs- bzw. die Herstellungskosten sind in der Kostenrechnung jedoch nur bei stabilem Preisniveau als Basiswert der Abschreibungsermittlung geeignet. Denn die in den Produktpreis kalkulierten Abschreibungsbeträge sollen über die Jahre über den Umsatzprozess „verdient" werden - d.h. als Geld dem Unternehmen wieder zufließen - und zum Ende der Nutzungsdauer eine Ersatzbeschaffung ermöglichen. Steigen die Preise der Anlagegüter im Zeitablauf jedoch an, müssen die Abschreibungen auf der Basis der Wiederbeschaffungswerte (WBW) ermittelt werden.

Damit am Ende der Nutzungsdauer genügend Abschreibungen zur Ersatzbeschaffung erwirtschaftet sind, müsste bereits von Beginn der Nutzung an der

Wiederbeschaffungswert zum Ersatzzeitpunkt annähernd genau bekannt sein und in die Berechnung der kalkulatorischen Abschreibungen einfließen. Da aber niemand über Zeiträume bis zu 15 Jahren für Maschinen oder bis zu 40 Jahren für Gebäude eine hinreichend sichere Prognose abgeben kann, wird in der Praxis anstelle des Wiederbeschaffungswerts zum Ersatzzeitpunkt (WBW im engeren Sinne) der *Wiederbeschaffungswert im aktuellen Jahr* als Ausgangswert zur Berechnung der Abschreibungen verwendet. Dieser Wiederbeschaffungswert wird auch als *Tageswert* bezeichnet.

Zur Vereinfachung wird der WBW im Sinne des Tageswertes nicht individuell für jedes einzelne Anlagegut geschätzt, sondern aus den Anschaffungs- bzw. Herstellungskosten unter Berücksichtigung der Verteuerung berechnet, die seit der Anschaffung bzw. Herstellung bis zum aktuellen Jahr eingetreten ist. Die Verteuerung wird über Preisindizes festgestellt, die auf einer genormten Zahlenreihe (Basisjahr = 100,0) beruhen und vom Statistischen Bundesamt und diversen Branchenverbänden (z.B. VDMA, Verband der Maschinenbauer) bereitgestellt werden. Folgende Zahlenreihen geben exemplarisch die Indexreihen für gewerbliche Erzeugnisse und Investitionsgüter wieder.

Jahr	1980	1990	1995	2000	2001	2002	2003	2004
Gewerbliche Erz.	75,3	92,7	98,5	100,0	103,0	102,4	104,1	105,8
Investitionsgüter	65,6	88,9	97,4	100,0	100,7	101,8	101,9	102,1

Der Tageswert bzw. Wiederbeschaffungswert (WBW_t) im laufenden Jahr (t) ergibt sich aus der Multiplikation der Anschaffungs- bzw. Herstellkosten (A) mit dem Verhältnis vom Preisindex des laufenden Jahres (P_t) zum Preisindex des Anschaffungs- bzw. Herstellungsjahres (P_0).

$$WBW_t = A \cdot \frac{P_t}{P_o} \quad \left(\text{Wiederbeschaffungswert} = \text{Anschaffungskosten} \cdot \frac{\text{Preisindex lfd. Jahr}}{\text{Preisindex Ansch.jahr}}\right)$$

Unter Zugrundelegung der obigen Zahlenreihe für Investitionsgüter ergibt sich z.B. für eine Maschine, die im Jahre 1995 zu 80.000 € angeschafft wurde, der Wiederbeschaffungswert im Jahre 2003 zu

$$WBW_{2003} = 80.000 \cdot \frac{101,9}{97,4} = 83.696 \text{ €}$$

Da die Indexreihe der Statistik führenden Organisationen nur die Verteuerung der Vergangenheit ausweisen kann, muss die Verteuerung für das aktuelle Jahr bzw. für das Planjahr angenähert werden. Dazu bietet es sich an, die Zeitreihe einfach um eine Periode zurückversetzt zu benutzen, da z.B. die Verteuerung von 1995 auf 2003 sich nur geringfügig vom Preisanstieg von 1996 auf 2004 unterscheiden wird und sich im Zeitablauf automatisch eine Anpassung ergibt.

Die Ergebnisse der Wiederbeschaffungswerte sind genauer, wenn das betrachtete Anlagegut nicht nur als Investitionsgut klassifiziert wird, sondern zum Zeitpunkt der Inventarisierung der zutreffenden spezifischen Anlagegruppe zugeordnet wird. Auf diese Weise kann man unterschiedlicher Verteuerung für verschiedene Anlagegüter durch spezifische Preisindizes Rechnung tragen. So unterscheidet der VDMA mehrere hundert gewerbliche Produkte, z.B. spanende und umformende Maschinen zur Metallbearbeitung, Holzbearbeitungsmaschinen, Industrieöfen und Schweißgeräte, jeweils mit Unterarten.
Wird die jährliche Abschreibung jeweils ausgehend vom Tageswert berechnet, erreicht bei ansteigenden Preisen die Summe der Abschreibungen bis zum Ende der betriebsgewöhnlichen Nutzungsdauer nicht den Wiederbeschaffungswert, da die kalkulatorischen Abschreibungen insbesondere in den ersten Nutzungsjahren zu niedrig bemessen sind. Beispiel 10 zeigt diesen Effekt für eine Maschine mit einer betriebsgewöhnlichen Nutzungsdauer von acht Jahren, die im Jahre 02 zu 125.000 € angeschafft wurde. Der Preisindex wurde im Jahr 05 von der die Verteuerung ermittelnden Behörde genormt, d.h. auf 100,0 gesetzt.

Beispiel 10: Kalkulatorische Abschreibung vom Tageswert (Werte in €)

Jahr	Preisindex	WBW (Tageswert)	Abschreibungs-satz	Kalkulatorische Abschreibung
02	95,6	125.000,00	1/8 = 12,5%	15.625,00
03	97,1	126.961,30	1/8 = 12,5%	15.870,16
04	98,9	129.314,85	1/8 = 12,5%	16.164,36
05	100,0	130.753,14	1/8 = 12,5%	16.344,14
06	101,4	132.583,68	1/8 = 12,5%	16.572,96
07	104,2	136.244,77	1/8 = 12,5%	17.030,60
08	105,7	138.206,07	1/8 = 12,5%	17.275,76
09	107,5	140.559,62	1/8 = 12,5%	17.569,95
Σ				132.452,93

Sofern die Indexreihe die Verteuerung der Maschine korrekt beschreibt, fehlen zum Ende der betriebsgewöhnlichen Nutzungsdauer 140.559,62 - 132.452,93 = 8.106,69 € für die Wiederbeschaffung der neuen Maschine, da diese nicht kalkuliert und damit auch nicht über den Umsatzprozess verdient wurden.
Diesem Defizit können wir mit der Nachholung versäumter Abschreibungen entgegenwirken. Die Nachholung erfolgt quasi automatisch, wenn zunächst vom jeweiligen Wiederbeschaffungswert die kumulierten Abschreibungen berechnet werden, die von der Anschaffung bis zum betrachteten Jahr erforderlich sind. Die kalkulatorischen Abschreibungen des betrachteten Jahres entsprechen dann der Differenz gegenüber den kumulierten Abschreibungen bis zum Vorjahr.

Beispiel 11: Kalkulatorische Abschreibung mit Nachholung (Werte in €)

Jahr	Preisindex	WBW (Tageswert)	Kumulierte Abschreibung Satz	Betrag	Abschreibung des Jahres
02	95,6	125.000,00	1/8 = 12,50%	15.625,00	15.625,00
03	97,1	126.961,30	2/8 = 25,00%	31.740,32	16.115,32
04	98,9	129.314,85	3/8 = 37,50%	48.493,07	16.752,75
05	100,0	130.753,14	4/8 = 50,00%	65.376,57	16.883,50
06	101,4	132.583,68	5/8 = 62,50%	82.864,80	17.488,23
07	104,2	136.244,77	6/8 = 75,00%	102.183,58	19.318,78
08	105,7	138.206,07	7/8 = 87,50%	120.930,31	18.746,73
09	107,5	140.559,62	8/8 = 100,0%	140.559,62	19.629,31
Σ					140.559,62

Jetzt entspricht die Summe aller Abschreibungen dem Wiederbeschaffungswert, und die Substanzerhaltung ist gewährleistet. Allerdings steigen die jährlichen Abschreibungsbeträge aufgrund der Nachholung immer stärker an. Die Nachholung bewirkt einen Ausgleich für erkannte Fehleinschätzungen des Wiederbeschaffungswertes in der Vergangenheit. Sie ist - genau genommen - mit dem Prinzip der periodengerechten Kostenerfassung nicht vereinbar.

Die Höhe der Abschreibungen wird ferner durch das Nutzungspotenzial bzw. die **Nutzungsdauer** als Verteilungsbasis wesentlich bestimmt. Als Nutzungsdauer kommen folgende Zeiträume in Betracht:

- technische Nutzungsdauer: Wie lange ist das Objekt technisch, d.h. letztlich maximal einsetzbar?
- wirtschaftliche Nutzungsdauer: Wie lange ist das Objekt im Einzelfall wirtschaftlich nutzbar?
- betriebsgewöhnliche Nutzungsdauer: Wie lange wird das Betriebsmittel unter normalen Bedingungen und nach allgemeinen Erfahrungen genutzt?

Für die Berechnung der kalkulatorischen Abschreibungen wird die *betriebsgewöhnliche Nutzungsdauer* herangezogen. Diese wird aufgrund der in den Unternehmen beobachteten Nutzungsdauern für unterschiedliche Anlagegruppen vom Statistischen Bundesamt und von Branchenverbänden ermittelt. Aus betrieblicher Sicht genügt es also in der Regel, zum Zeitpunkt der Inventarisierung eines Betriebsmittels die richtige Zuordnung in die entsprechende Anlagegruppe vorzunehmen.

Die Abschreibungsdauer laut Amtlichen Abschreibungstabellen, die der Bundesminister der Finanzen als kürzestzulässige Richtwerte für Berechnung der Absetzungen für Abnutzung (AfA) herausgibt und die der gleichmäßigen und

angemessenen Besteuerung dienen, sind kürzer als die betriebsgewöhnlichen Nutzungsdauern, die Hersteller und Branchenverbände aufgrund allgemeiner Erfahrung empfehlen. Bei Übernahme der steuerlichen Abschreibungsdauern in die Kostenrechnung ist deshalb eine sachgerechte Erfassung des Werteverzehrs nicht gewährleistet.
Wird die lineare Abschreibung in der Kostenrechnung auch für die Erfassung des Gebrauchsverzehrs verwendet, ist zu berücksichtigen, dass sich die betriebsgewöhnliche Nutzungsdauer durch die Betriebsmittelnutzung im *Mehrschichtbetrieb* verkürzt. Wäre der Verzehr allein gebrauchsbedingt, bewirkte z.B. die zweischichtige Auslastung rein rechnerisch eine Halbierung der betriebsgewöhnlichen Nutzungsdauer. Da jedoch faktisch Gebrauchs- und Zeitverschleiß nebeneinander auftreten, wird die Nutzungsdauer durch Mehrschichtbetrieb nur unterproportional verkürzt. So unterstellen z.B. die Amtlichen Abschreibungstabellen für bewegliche Wirtschaftsgüter des Anlagevermögens bei Zweischichtbetrieb eine Verkürzung der Nutzungsdauer um ein Fünftel, bei Dreischichtbetrieb eine Verkürzung um ein Drittel im Vergleich zur einschichtigen Nutzung. Die Auswirkungen auf die Höhe des Abschreibungssatzes zeigt die folgende Aufstellung.

Einschichtnutzung		Zweischichtnutzung		Dreischichtnutzung	
AfA-Dauer	AfA-Satz	AfA-Dauer	AfA-Satz	AfA-Dauer	AfA-Satz
5 Jahre	20,00%	4,0 Jahre	25,00%	3,33 Jahre	30,00%
6 Jahre	16,67%	4,8 Jahre	20,83%	4,00 Jahre	25,00%
8 Jahre	12,50%	6,4 Jahre	15,63%	5,33 Jahre	18,75%
10 Jahre	10,00%	8,0 Jahre	12,50%	6,67 Jahre	15,00%
12 Jahre	8,33%	9,6 Jahre	10,42%	8,00 Jahre	12,50%
15 Jahre	6,67%	12,0 Jahre	8,33%	10,00 Jahre	10,00%
20 Jahre	5,00%	16,0 Jahre	6,67%	13,33 Jahre	7,50%

Abb. 18: Abschreibungssätze bei Mehrschichtnutzung

Scheiden Betriebsmittel vor Ablauf der betriebsgewöhnlichen Nutzungsdauer aus, ergibt sich in der Kostenrechnung kein zusätzlicher Handlungsbedarf. Es fallen mit dem Ausscheiden durch Verschrottung oder Verkauf lediglich die kalkulatorischen Abschreibungen des Betriebsmittels ab diesem Zeitpunkt weg.
Häufig werden Betriebsmittel über die betriebsgewöhnliche Nutzungsdauer hinaus genutzt, wenn dies z.B. aufgrund des guten Zustandes infolge vorbildlicher Bedienung und Wartung möglich ist. Dann muss die kalkulatorische Abschreibung auch weiterhin so lange erfolgen, wie das Anlagegut einen verwertbaren Nutzen bringt. Würde nämlich die alte Anlage bei Ausscheiden durch eine neue ersetzt, wäre diese ebenfalls abzuschreiben, und zwar ausgehend vom Wiederbeschaffungs- bzw. Tageswert. Es ist deshalb gerechtfertigt und zweckmäßig, die Altanlage wie gehabt auf der Basis laufend aktualisierter Tageswerte abzuschrei-

ben, und zwar unter Verwendung der üblichen betriebsgewöhnlichen und nicht etwa einer verlängerten Nutzungsdauer. Die kalkulatorischen Abschreibungen, die über die betriebsgewöhnliche Nutzungsdauer hinaus erfolgen, kann man insofern als „Beiträge zur Substanzerhaltung" bezeichnen.
Von den zuvor genannten Fällen zu unterscheiden sind grundsätzliche Fehleinschätzungen der betriebsgewöhnlichen Nutzungsdauer, die auf mangelnder Fachkenntnis beruhen oder einfach durch Irrtümer zustande kommen, z.B. wenn eine Maschine bei DV-gestützter Anlagenbuchhaltung einer falschen Anlagegruppe zugeordnet wird, für die eine abweichende Nutzungsdauer gilt. Derartige Fehler sind bei Bekanntwerden umgehend für die Zukunft zu korrigieren, d.h. ab diesem Zeitpunkt müssen die Abschreibungen auf Basis der richtigen betriebsgewöhnlichen Nutzungsdauer berechnet werden. Entsprechend dem Prinzip der periodengerechten Kostenerfassung dürfen keine ausgleichenden Korrekturen für die Fehler der Vergangenheit vorgenommen werden.
Solange der Abschreibungszeitraum auf die betriebsgewöhnliche Nutzungszeit abstellt, kann ein eventuell erzielbarer **Resterlös** am Ende dieses Zeitraumes, üblicherweise zum Zeitpunkt der Verschrottung, unberücksichtigt bleiben. Zum einen wird ein solcher Resterlös in Relation zum Anschaffungs- bzw. Wiederbeschaffungswert eher gering sein, zum anderen kann er im Vorhinein kaum exakt bestimmt werden. Wenn aber Anlagegüter aufgrund der betrieblichen Investitionsstrategie regelmäßig deutlich vor Ablauf der betriebsgewöhnlichen Nutzungsdauer verkauft oder in Zahlung gegeben und ersetzt werden, ergibt sich das Gesamtvolumen bzw. der Ausgangswert der Abschreibungen als Differenz aus Anschaffungs- bzw. Wiederbeschaffungswert und voraussichtlichem Resterlös. Die Abschreibungsdauer entspricht sodann dem Zeitraum vom Erwerb bis zur Veräußerung. In der Praxis findet man derartige Strategien beispielsweise in Reiseunternehmen oder Speditionsbetrieben, die neue Fahrzeuge kaufen, um sie in einem festen Turnus z.B. nach Ablauf von zwei Jahren in Zahlung zu geben oder zu veräußern. Die Schätzung des Resterlöses kann in diesen Fällen in Anlehnung an regelmäßig veröffentlichte Preislisten für Gebrauchtfahrzeuge wie die „Schwacke-Liste" erfolgen.

⇨ *Aufgaben 16, 17 und 18, S. 292 sowie Aufgabe 19, S. 293*

2.2.3.3.2 Instandhaltungskosten

Durch die zunehmende Ausstattung der Unternehmen mit technischen Ausrüstungsgegenständen wächst auch die Bedeutung der Instandhaltung. Instandhaltungsmaßnahmen dienen der möglichst störungsfreien Nutzung aller Maschinen, Anlagen, technischen Einbauten, Gebäude etc.. Sie lassen sich wie in Abb. 19 in laufende und gelegentliche Maßnahmen sowie in die Aufgabenfelder Inspektion,

Wartung und Instandsetzung unterteilen. Die Inspektion dient der Feststellung und Beurteilung des Istzustands der Betriebsmittel. Sofern im Rahmen der Inspektion Abweichungen vom Sollzustand festgestellt werden, die die zulässigen Toleranzen überschreiten, sind Wartungs- oder Instandsetzungsmaßnahmen zu ergreifen. Wartung und Inspektion erfolgen in der Regel in einem festen Rhythmus. Wartung und Inspektion haben vorbeugenden Charakter und zielen darauf ab, Störungen des Betriebsablaufes zu vermeiden. Bei eingetretenen Schäden dient die Instandsetzung der Wiederherstellung des Sollzustands.

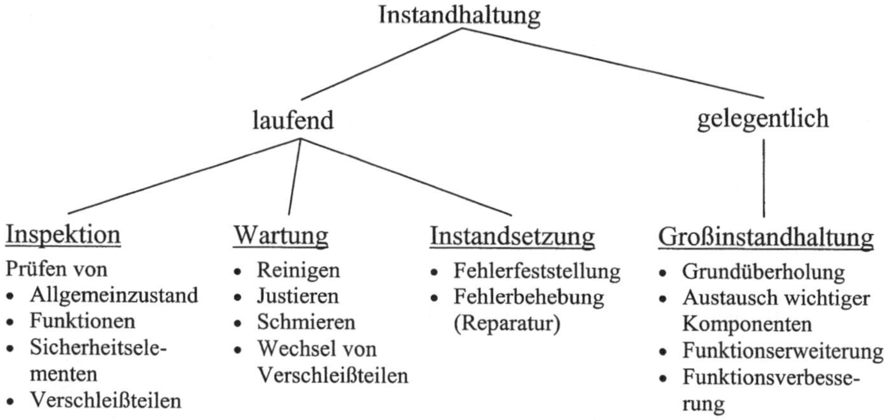

Abb. 19: Maßnahmen der Instandhaltung

Inspektion, Wartung und Instandsetzung können durch eigenes Instandhaltungspersonal oder durch fremde Dienstleister erbracht werden. Insofern entstehen Instandhaltungskosten nicht als eigenständige primäre Kostenart, sondern als Personalkosten des Instandhaltungsbereiches bei selbst durchgeführten Maßnahmen bzw. als Fremdleistungskosten bei Einsatz externer Dienstleister. Die Kosten eigener Instandhaltungsabteilungen wie Werkstatt oder Betriebshandwerkerstelle werden nach Maßgabe der Leistungsinanspruchnahme als sekundäre Kosten weiterbelastet (vgl. hierzu Abschnitt 2.3.3.2). Außerdem gehören Materialien wie Ersatzteile und Kleinwerkzeuge, die für Instandhaltungsmaßnahmen benötigt werden, zu den Instandhaltungskosten.

Die Vorgabe der Instandhaltungskosten kann sich an den betrieblichen Erfahrungen der Vergangenheit orientieren, wobei erwartete Veränderungen im Betriebsmittelbestand zu berücksichtigen sind. Zu verlässlicheren Ergebnissen gelangen wir, indem wir in Anlehnung an branchenspezifische Erfahrungswerte für jede Anlage den Instandhaltungsbedarf ermitteln. Da eine individuelle Betrachtung zu aufwendig ist, werden die Instandhaltungskosten aus den Wiederbeschaffungswerten (WBW) der Betriebsmittel durch Multiplikation mit einem prozentualen Erfahrungssatz, dem sogenannten Instandhaltungsfaktor, abgeleitet:

Jährliche Instandhaltungskosten = WBW • Instandhaltungsfaktor

Kataloge der Branchenverbände nennen für die verschiedenen Anlagegruppen die Instandhaltungsfaktoren. Wie schon bei der Ermittlung des Wiederbeschaffungswertes genügt es also, zum Zeitpunkt der Inventarisierung eine Zuordnung des Anlagegutes zur betreffenden Anlagegruppe vorzunehmen.
Wenn die Instandhaltungsbeträge in einen leistungsabhängigen und einen leistungsunabhängigen Teil aufgespalten werden, kann für den variablen Anteil zusätzlich die Ausbringungsmenge bzw. die Laufzeit als Kosteneinflussgröße berücksichtigt werden. Liegt die Laufzeit über der gewöhnlichen Laufzeit bei Einschichtbetrieb, wird man den variablcn Anteil entsprechend hochrechnen.
Die gesamten Instandhaltungskosten werden abschließend in die Bestandteile Materialkosten, Fremdleistungskosten und Kosten eigener Instandhaltungsabteilungen nach Maßgabe bisheriger Kostenrelationen unter Berücksichtigung eventuell beabsichtigter Veränderungen zerlegt.

Beispiel 12: Ermittlung von Instandhaltungskosten

Eine Drehmaschine wurde im Jahr 03 zu 100.000 € einschließlich Nebenkosten angeschafft. Für Drehmaschinen galt im Jahr 03 ein Preisindex von 97,1. Im aktuellen Jahr 08 beträgt der Preisindex 104,2. Nach den Erfahrungen der Branche wird für Drehmaschinen ein Instandhaltungsfaktor von 3,5% bezogen auf den Wiederbeschaffungswert genannt.
In den vergangenen Jahren verteilten sich die gesamten Instandhaltungskosten im Durchschnitt zu 20% auf Material, zu 30% auf fremdbezogene Leistungen und zu 50% auf interne Leistungen des eigenen Personals. Dann ergeben sich die Instandhaltungskosten im aktuellen Jahr 08 wie folgt:

Anschaffungskosten		100.000,00 €
Wiederbeschaffungswert	(100.000,00 • 104,2/97,1)	107.312,05 €
Instandhaltungskosten gesamt	(107.312,05 • 3,5%)	3.755,92 €
dav. Instandhaltungsmaterial	(3.755,92 • 20%)	751,18 €
Fremdleistungen	(3.755,92 • 30%)	1.126,78 €
Interne Leistungen	(3.755,92 • 50%)	1.877,96 €

Das beschriebene Vorgehen greift auch in der Istkostenrechnung, wenn unter dem Gesichtspunkt der Kostenstetigkeit die sporadisch anfallenden Instandhaltungskosten der Kostenstellen kalkulatorisch auf das Jahr verteilt werden. In diesem Fall entstehen regelmäßig Verrechnungsdifferenzen zwischen verrechneten und effektiven Beträgen, die als Korrekturposten in der Betriebsergebnisrechnung zu berücksichtigen sind (vgl. hierzu auch Bsp. 9, S. 62).

Unabhängig von dieser kalkulatorischen Verrechnung sind die tatsächlichen Instandhaltungskosten für Zwecke der Kostenkontrolle und Disposition maßnahmen- und objektbezogen zu erfassen. Dazu wird z.B. bei Ausfall einer Maschine ein Reparaturauftrag ausgeschrieben. Alle Material-, Fremdleistungs- und Eigenleistungsverbräuche für die Reparatur sind nach der Art der Leistung auf den Reparaturauftrag zu verbuchen. Dadurch wird es möglich, die Instandhaltungskosten nach Art der Maßnahme bzw. Instandhaltungsleistung, nach Objekten bzw. Betriebsmitteln und nach Kostenstellen zu verfolgen, sodass eventuelle Schwachstellen erkennbar werden (vgl. hierzu auch Bsp. 18, S.106).
Von den laufenden Instandhaltungsmaßnahmen zu unterscheiden sind die gelegentlich und in größeren Intervallen planmäßig oder auch ausfallbedingt durchgeführten Großinstandhaltungen. Sofern es sich hierbei um Maßnahmen ohne substanzerhöhende Wirkung bzw. Reparaturen handelt, gelten die bisherigen Ausführungen in der gleichen Weise. Insbesondere kommt der kalkulatorischen Verrechnung der Instandhaltungskosten zur Vermeidung willkürlicher Belastungsspitzen in der Periode der Großinstandhaltung Bedeutung zu.
Großinstandhaltungen, die zu einer deutlichen Verlängerung der Lebensdauer und/oder zu einer Verbesserung der Funktion führen, haben eine substanzerhöhende Wirkung für das betreffende Betriebsmittel. In der Finanzbuchhaltung ist der Wert solcher Maßnahmen, der den gesammelten Kosten des Instandhaltungsauftrags entspricht, zu aktivieren. In der Kostenrechnung ist dieser Wert dem Wiederbeschaffungswert zuzuschlagen. Er erhöht das Abschreibungsvolumen des Betriebsmittels und führt nachfolgend zu höheren kalkulatorischen Abschreibungen und Instandhaltungskosten.

⇨ *Aufgabe 20, S. 293*

2.2.3.3.3 Kosten für Werkzeuge und Vorrichtungen

In der Regel müssen Maschinen und Anlagen mit Werkzeugen z.B. zum Drehen, Bohren, Fräsen, Pressen, Spritzen bzw. mit Vorrichtungen z.B. zum Halten und Beschicken ausgerüstet werden, damit die Werkstücke ordnungsgemäß bearbeitet werden können. Werkzeuge und Vorrichtungen von geringem Wert werden zum Zeitpunkt der Anschaffung in Höhe des Anschaffungspreises als Gemeinkosten auf Kostenstellen erfasst. Hohe Anschaffungskosten für Werkzeuge und Vorrichtungen sollten hingegen ähnlich wie Maschinen und Anlagen behandelt und auf die voraussichtliche Nutzung verteilt werden.
Wenn Werkzeuge und Vorrichtungen ausschließlich für bestimmte Produktarten Verwendung finden, können die zugehörigen Kosten wie im folgenden Beispiel als Sondereinzelkosten der Fertigung auf die Kostenträger verrechnet werden.

Beispiel 13: Werkzeugkosten als Sondereinzelkosten der Fertigung

Ein Haushaltsgerätehersteller produziert eine Waschmaschine vom Typ Prima. Die Waschmaschine besteht unter anderem aus zwei selbst hergestellten Gehäuseblechen, die nur für den Typ Prima verwendet werden. Das Gehäuseblech wird aus einem fremdbezogenen Rohblech gepresst. Jedes hundertste gepresste Blech wird zu nicht verwertbarem Ausschuss. Für den Pressvorgang wird ein spezielles formgebendes Werkzeug verwendet, dessen Anschaffungskosten 17.580 € betragen. Das Werkzeug ist nach jeweils ca. 2.500 Pressvorgängen aufzuarbeiten, sodass es wieder den technischen Anforderungen entspricht. Das Aufarbeiten des Werkzeugs ist fünfzehn mal möglich. Jedes Aufarbeiten erfordert fünf Stunden Arbeit à 56,00 €. Dann ergeben sich folgende Werkzeugkosten (WZK):

WZK je Werkzeug gesamt	= Anschaffungspreis + Aufarbeitungskosten
	= 17.580 + 15 • 5 • 56,00
	= 21.780 €
Pressvorgänge je Werkzeug	= (1 + 15) • 2.500
	= 40.000
WZK je Pressvorgang	= 21.780 / 40.000
	= 0,5445 €
WZK je Gehäuseblech	= WZK je Pressvorgang / (1 - Ausschussquote)
	= 0,5445 / (1 - 0,01)
	= 0,55 €
WZK je Waschmaschine	= Kosten je Gehäuseblech • Anzahl Gehäusebleche
(=Werkzeugkostenrate)	= 0,55 • 2
	= 1,10 €
WZK des Monats	= Produktionsmenge • Werkzeugkostenrate
	= 580 • 1,10
	= 638,00 €

Über die Kostenrate werden die Werkzeugkosten proportional zur Leistungsmenge verrechnet. Es ist aber zu berücksichtigen, dass die Kosten des Werkzeugs keine echten Einzelkosten sind. Deshalb ist bei Dispositionsaufgaben die Entscheidungsrelevanz der Werkzeugkosten im Einzelfall zu prüfen. Bei Entscheidungen über Maßnahmen, die Werkzeugkosten auslösen, müssen die Werkzeugkosten als zuwachsende und damit entscheidungsrelevante Kosten berücksichtigt werden. Nach erfolgtem Kauf der Werkzeuge sind die ausgelösten Werkzeugkosten jedoch nicht mehr entscheidungsrelevant.

⇨ *Aufgabe 21, S. 293*

2.2.3.4 Fremdleistungskosten

Fremdleistungskosten entstehen durch die Inanspruchnahme von Dienstleistungen externer Dienstleister für betriebliche Zwecke. Zu den *extern bezogenen Dienstleistungen* rechnen Transporte, Telekommunikation, Rechts- und Steuerberatung, Wirtschaftsprüfung, Versicherungsschutz, miet- und pachtweise Bereitstellung von Flächen, Gebäuden und Anlagen, Vermittlungsdienste und Fremdinstandhaltung. Auch öffentliche Gebühren für konkrete betriebsbezogene Leistungen von Ämtern und Behörden wie die technische Abnahme von Betriebsstätten durch die Gewerbeaufsicht sind Fremdleistungskosten. Die Kosten für Fremdbezug von Strom, Gas und Wasser sind hingegen keine Fremdleistungskosten, sondern Energie- bzw. Materialkosten.

Fremdleistungskosten werden in der Regel aus den Rechnungen der externen Dienstleister durch die Kreditorenbuchhaltung erfasst und automatisch in gleicher Höhe als Grundkosten in die Kostenrechnung durchgebucht. Bei wichtigen einmal jährlich oder sporadisch anfallenden Zahlungen für Versicherungsprämien oder Mieten empfiehlt sich in der Kostenrechnung die zeitliche Verteilung des voraussichtlichen Jahresbetrages auf die Abrechnungsmonate. In diesem Fall ist es erforderlich, zum Zeitpunkt des Zahlungsanfalls, spätestens aber zum Geschäftsjahresende die zunächst kalkulatorisch verrechneten Beträge mit den effektiven Beträgen abzugleichen. Eventuell zu viel oder zu wenig verrechnete Beträge müssen als Korrekturposten in die Betriebsergebnisrechnung übernommen werden (vgl. hierzu Bsp. 9 zur zeitlichen Abgrenzung des 13. Monatseinkommens bei den Personalkosten, S. 62).

Fremdleistungskosten sind überwiegend Gemeinkosten und werden auf Kostenstellen verbucht. Sofern eine Fremdleistung für einen speziellen Kundenauftrag anfällt, können die zugehörigen Kosten dem Auftrag als Einzelkosten direkt zugerechnet werden. Beispielsweise sind die Kosten eines externen Umweltgutachtens, das ein Ingenieurbüro für seinen Auftraggeber (z.B. eine Kommune) im Rahmen des Auftrages „Aufstellung eines Erschließungs- und Bebauungsplanes" einholt, Einzelkosten dieses Auftrages. Weitere Beispiele für Fremdleistungskosten, die als auftragsbezogene Einzelkosten verrechnet werden können, sind Provisionen und Ausgangsfrachten im Vertriebsbereich.

Für die betriebliche Nutzung von Flächen oder Gebäuden, die z.B. ein Einzelunternehmer oder Gesellschafter aus dem Privatbereich für betriebliche Zwecke unentgeltlich zur Verfügung stellt, muss entsprechend dem Vollständigkeitsgebot eine *kalkulatorische Miete* angesetzt werden. Die kalkulatorische Miete kann in Anlehnung an den Mietpreisspiegel für Objekte vergleichbarer Beschaffenheit, Lage und Größe festgelegt werden, die ohne die unentgeltliche Überlassung zu zahlen wären. Aufwendiger wird es, wenn der Betrag aus den kalkulatorischen Abschreibungen und den Kapitalkosten abgeleitet wird, die bei Zugehörigkeit des Objektes zum Betriebsvermögen angesetzt würden.

2.2.3.5 Kapitalkosten

Für die betriebliche Nutzung des in den Vermögenswerten gebundenen Kapitals werden in der Kostenrechnung kalkulatorische Zinsen als Kapitalkosten verrechnet. Dabei ist die in der Finanzbuchhaltung strenge Trennung von Eigen- und Fremdkapital ohne Bedeutung. Während als Aufwand in der Finanzbuchhaltung nur Zinsen auf Fremdkapital berücksichtigt werden dürfen, wird in der Kostenrechnung das gesamte in den betrieblichen Vermögensgegenständen gebundene Kapital verzinst. Begründet wird diese Vorgehensweise damit, dass durch die Bindung in den Vermögenswerten das Kapital einer anderweitigen Kapitalverwendung entzogen wird. Dadurch entsteht ein Nutzenentgang z.B. in Form von verlorenen Zinserträgen aus einer alternativ möglichen verzinslichen Geldanlage, die Opportunitätskosten darstellen. Die kalkulatorischen Zinsen ergeben sich als Produkt aus betriebsnotwendigem Kapital und Kalkulationszinssatz:

Kalkulatorische Zinsen = betriebnotwendiges Kapital • Kalkulationszinssatz

Als **Kalkulationszinssatz** ist nach dem Opportunitätskostenprinzip theoretisch der Zinssatz der günstigsten Anlagealternative zu wählen. Um ein Mindestmaß an Objektivität zu sichern und den Ermittlungsaufwand gering zu halten, wird der Kalkulationszinssatz praktisch aus den Konditionen am Kapitalmarkt abgeleitet bzw. unter Berücksichtigung der Zielvorstellungen der Unternehmensleitung am üblichen Zinsfuß für festverzinsliche Wertpapiere angelehnt. Er sollte im Vergleich zu risikolosen Finanzanlagen zusätzlich einen gewissen Risikozuschlag enthalten. Größere Unternehmen arbeiten oftmals unternehmenseinheitlich und über Jahre hinweg mit demselben Kalkulationszinssatz. Das hat den Vorteil, dass die Daten verschiedener Betriebsteile untereinander und im Zeitablauf miteinander vergleichbar bleiben. Die Größenordnung liegt bei 7% bis 15%.

An den Kapitalpositionen der Bilanz ist nicht zu erkennen, ob es sich jeweils um betriebsnotwendiges oder nicht betriebsnotwendiges Kapital handelt. Da prinzipiell die Summe der Aktiva mit der Summe der Passiva übereinstimmt und sich das Kapital in den Vermögenswerten als Verwendung widerspiegelt, können wir das **betriebsnotwendige Kapital** aus dem betriebsnotwendigen Vermögen ableiten, das jedoch um das sogenannte Abzugskapital korrigiert wird:

  Betriebsnotwendiges Vermögen
\- Abzugskapital
  • Lieferantenkredite, sofern zinslos
  • Erhaltene Anzahlungen, sofern zinslos
  • Rückstellungen, sofern zinslos

= Betriebsnotwendiges Kapital

Unter *Abzugskapital* sind dem Unternehmen „zinslos" gewährte Kredite wie erhaltene Kundenanzahlungen, Verbindlichkeiten gegenüber Lieferanten während des eingeräumten Zahlungszieles und Rückstellungen zu verstehen. Mit erhaltenen Anzahlungen sind aber in der Regel Preisnachlässe verbunden, und die Inanspruchnahme des Zahlungszieles der Lieferanten bedeutet regelmäßig den Verzicht auf die Möglichkeit, Skonto zu ziehen. Insofern stehen diese Fremdkapitalpositionen nicht kostenfrei zur Verfügung, sondern die Preisnachlässe und Skontoverluste sind in der Regel versteckte Fremdkapitalkosten. Die vom Volumen her häufig bedeutsamen Pensionsrückstellungen sind meist mit einem Rechnungszinsfuß von 6% belastet, der sich aus steuerlichen Vorschriften herleitet. Hingegen sind z.B. kurzfristige Rückstellungen für unterlassene Instandhaltung prinzipiell zinslos. Es ist also sorgfältig zu prüfen, welches Fremdkapital dem Betrieb wirklich zinslos zur Verfügung steht.
Das anzusetzende *betriebsnotwendige Vermögen* ergibt sich gemäß folgender Abbildung aus mehreren Bestandteilen, die zu unterschiedlichen Wertansätzen in die Berechnung der kalkulatorischen Zinsen einfließen.

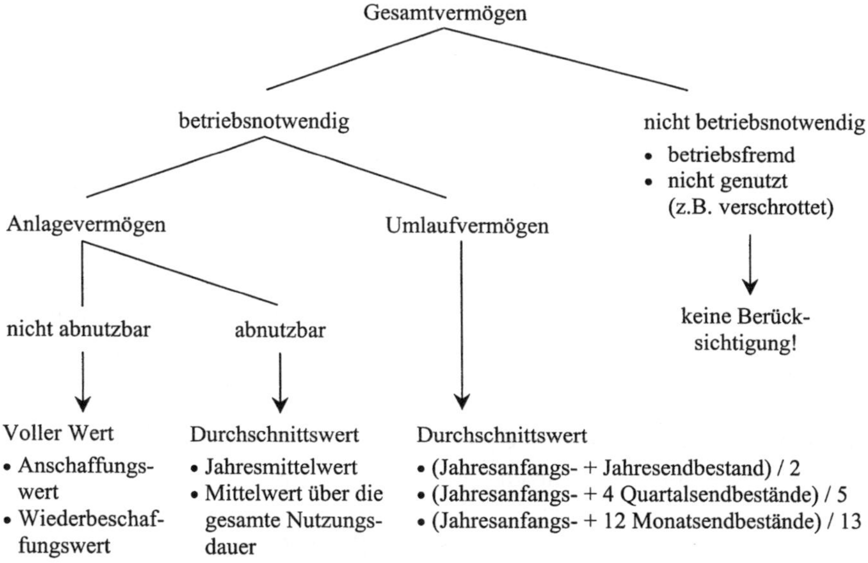

Abb. 20: Bestandteile des betriebsnotwendigen Vermögens

Zunächst sind aus dem Vermögen jene Teile auszusondern, die nicht dem Betriebszweck dienen. Dazu zählen in einem Industriebetrieb z.B. spekulative Wertpapiere, verpachtete Flächen bzw. vermietete Wohnhäuser und stillgelegte Anlagen. Das verbleibende betriebsnotwendige Vermögen ist zu unterteilen in nicht abnutzbares und abnutzbares Anlagevermögen sowie Umlaufvermögen.

Für das *nicht abnutzbare Anlagevermögen* (Grund und Boden) entspricht die Kapitalbindung dem vollen Anschaffungswert bzw. dem vollen Wiederbeschaffungswert. Denn die Kapitalbindung bleibt so lange in voller Höhe bestehen, bis das Anlagegut aus dem Betriebsvermögen ausscheidet. Ob die Bewertung für Zwecke der Berechnung der kalkulatorischen Zinsen zum Anschaffungs- oder Wiederbeschaffungswert erfolgen sollte, ist - im Gegensatz zu den kalkulatorischen Abschreibungen, die grundsätzlich vom Wiederbeschaffungswert berechnet werden - umstritten. Da die Kapitalbindung faktisch den Anschaffungsauszahlungen entspricht, neigt der Verfasser zu der Empfehlung, die Kapitalbindung aus den Anschaffungswerten abzuleiten.
Beim *abnutzbaren Anlagevermögen* verringert sich die Kapitalbindung im Zeitablauf durch die kalkulierten Abschreibungen, die über den erzielten Marktpreis wiedergewonnen werden. Unter Berücksichtigung dieses Finanzierungseffektes verringert sich also die Kapitalbindung über die Jahre der Nutzung. Nach der Methode der *Restwertverzinsung* ergibt sich die Kapitalbindung im Jahresmittel aus den kalkulatorischen Restwerten zum Beginn und Ende des betrachteten Geschäftsjahres t:

$$\text{Kapitalbindung des Jahres t} = \frac{\text{Kalk. Restwert Jahresbeginn t} + \text{Kalk. Restwert Jahresende t}}{2}$$

Hierbei wird der Einfachheit halber eine gleichmäßige Abschreibung angenommen. Da durch die Abschreibungen die Kapitalbindung von Jahr zu Jahr geringer wird, nehmen auch die kalkulatorischen Zinsen bezogen auf das einzelne Anlagegut im Zeitablauf ab (vgl. Abb. 21). Wenn das Unternehmen im abnutzbaren Anlagevermögen eine gemischte Altersstruktur aufweist, ergibt sich insgesamt über die Jahre hinweg dennoch die aus kostenrechnerischer Sicht erwünschte gleichmäßige Belastung aus kalkulatorischen Zinsen. Einfacher lässt sich die Gleichförmigkeit der kalkulatorischen Zinsen erzielen, indem nach der Methode der *Durchschnittswertverzinsung* die Kapitalbindung über den gesamten Nutzungszeitraum als Mittelwert aus Anschaffungs- bzw. Wiederbeschaffungswert und Resterlös am Ende der Nutzung (n) berechnet wird:

$$\text{Kapitalbindung} = \frac{\text{Anschaffungs- bzw. Wiederbeschaffungwert} + \text{Resterlös}}{2} \quad \text{für } t = 1, \ldots, n$$

Sofern kein Resterlös berücksichtigt wird, entspricht die Kapitalbindung dem halben Anschaffungs- bzw. Wiederbeschaffungswert. Da die Kapitalbindung unabhängig vom betrachteten Jahr der Nutzung ist, sind auch die kalkulatorischen Zinsen im Zeitablauf gleichbleibend (vgl. Abb. 21). Sofern allerdings die Kapitalbindung vom Wiederbeschaffungswert berechnet wird, machen sich dessen Veränderungen stets auch in der Kapitalbindung bemerkbar.

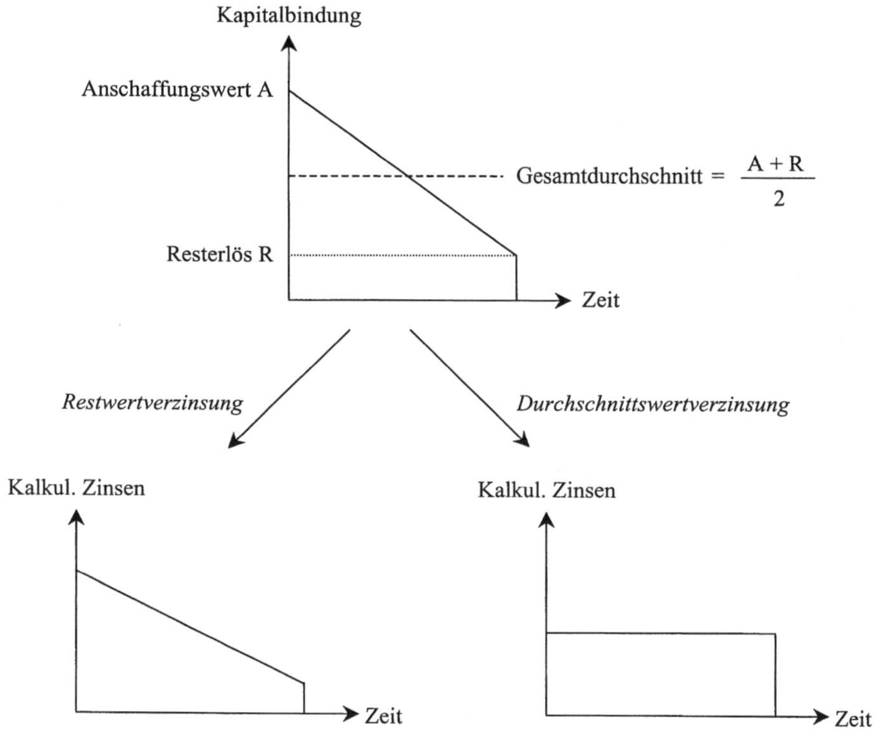

Abb. 21: Restwert- und Durchschnittswertverzinsung des abnutzbaren Anlagevermögens

Die Abbildung basiert auf der Annahme, dass die Kapitalbindung ausgehend vom Anschaffungswert berechnet wird. Sie zeigt für die Methode der Restwertverzinsung im Vergleich zur Durchschnittsverzinsung zunächst höhere, später kleinere kalkulatorische Zinsen; über den gesamten Nutzungszeitraum sind die kalkulatorischen Zinsen gleich hoch.
Im *Umlaufvermögen* wird die Kapitalbindung ebenfalls als Durchschnittswert berechnet, um Schwankungen der Positionen des Umlaufvermögens zumindest grob auszugleichen. Bei kontinuierlicher Bestandsentwicklung genügt es, den Mittelwert aus Jahresanfangs- und Jahresendbestand der Anschaffungswerte z.B. von Roh-, Hilfs- und Betriebsstoffen bzw. der Herstellungswerte von selbsterstellten Erzeugnissen zu berechnen. Sofern der Bestand starken Veränderungen unterliegt oder der Bilanzstichtag bewusst so gewählt wurde, dass die Bestände besonders niedrig sind, muss der Durchschnitt aus Jahresanfangs- und vier Quartalsendbeständen, also aus insgesamt fünf Beträgen, oder aus Jahresanfangs- und zwölf Monatsendbeständen, also aus insgesamt dreizehn Beträgen gemittelt werden.

Beispiel 14: Berechnung der kalkulatorischen Zinsen

Aus den Geschäftsunterlagen eines Herstellers von Kosmetika liegen folgende Bestandsdaten über die Vermögensgegenstände vor.

(Werte in €)	Anschaffungswert	Kalk. Restwert Jahresbeginn	Kalk. Restwert Jahresende
Bebaute Grundstücke	1.375.800	912.500	863.800
Maschinen	420.100	245.700	186.900
Lieferwagen	108.000	95.000	69.000
Finanzanlagen	50.000	50.000	50.000
Vorräte		387.300	252.700
Sonstiges Umlaufvermögen		184.100	226.000

Außerdem liegen folgende Informationen vor:

- Die Position „Bebaute Grundstücke" enthält ein Grundstück im Anschaffungswert von 390.000 €.
- Das Grundstück wird zu zwei Drittel selbst genutzt. Ein Drittel der Grundstücksfläche ist an einen Landwirt verpachtet.
- Unter den Maschinen befindet sich noch eine inzwischen abgeschriebene, nicht mehr genutzte Creme-Mischmaschine. Deren Anschaffungswert lag bei 25.000 €.
- Während die Maschinen meist entsprechend ihrer betriebsgewöhnlichen Nutzungsdauer eingesetzt werden, ersetzt der Betrieb den Lieferwagen regelmäßig alle drei Jahre. Erfahrungsgemäß nimmt das Autohaus das Altfahrzeug zu 30.000 € in Zahlung.
- Die Finanzanlagen betreffen Aktien eines Flugzeugbauers, die die Geschäftsleitung vor Jahren aufgrund der damals guten Finanzlage erworben hat. Sie stehen mit dem Kosmetik-Betrieb in keinerlei Verbindung.
- Mit Just-in-time-Strategien werden die Vorräte bis zum Ende des Jahres kontinuierlich abgebaut.
- Das sonstige Umlaufvermögen steigt aufgrund des erweiterten Geschäftsvolumens kontinuierlich.
- Eine sorgfältige Analyse ergab ferner, dass dem Betrieb 12.000 € über erhaltene Anzahlungen und 33.500 € über in Anspruch genommene Lieferantenkredite zinslos zur Verfügung stehen.
- Die Rückstellungen betragen insgesamt 433.200 €. Sie umfassen zu 394.200 Pensionsrückstellungen (Rechnungszinsfuß 6%). Die übrigen Rückstellungen in Höhe von 39.000 € sind zinsfrei.
- Der Kalkulationszinssatz beträgt 8%.

Für das abnutzbare Anlagevermögen wenden wir zunächst die *Durchschnittsmethode* an:

Betriebsnotwendiges, nicht abnutzbares Anlagevermögen			
• Grundstück	390.000 €		
- verpachtete Fläche	130.000 €		
= betriebliches Grundstück	260.000 €,	voll	260.000 €
+ Betriebsnotwendiges, abnutzbares Anlagevermögen			
• Bebautes Grundstück	1.375.800 €		
- Grundstück (nicht abnutzbar)	390.000 €		
= Gebäude	985.800 €,	dav. ½	492.900 €
• Maschinen gesamt	420.100 €		
- Creme-Mischer (verschrottet)	25.000 €		
= verbleibende Maschinen	395.100 €,	dav. ½	197.550 €
• Lieferwagen, Anschaffungswert	108.000 €		
+ Lieferwagen, Resterlös	30.000 €		
= gesamt	138.000 €,	dav. ½	69.000 €
+ Betriebsnotwendiges Umlaufvermögen			
• Vorräte zu Jahresbeginn	387.300 €		
+ Vorräte zu Jahresende	252.700 €		
= gesamt	640.000 €,	im Ø (½)	320.000 €
• Sonst. Umlaufverm. zu Jahresbeginn	184.100 €		
+ Sonst. Umlaufverm. zu Jahresende	226.000 €		
= gesamt	410.100 €,	im Ø (½)	205.050 €
= Betriebsnotwendiges Vermögen insgesamt			1.544.500 €
- Abzugskapital			
Zinslose erhaltene Anzahlungen	12.000 €		
Zinslose Lieferantenkredite	33.500 €		
Zinslose Rückstellungen	39.000 €		84.500 €
= Betriebsnotwendiges Kapital insgesamt			1.460.000 €
• Kalkulationszinssatz			8 %
= Kalkulatorische Zinsen			116.800 €

Bei Anwendung der *Restwertmethode* erhalten wir für die drei Positionen des betriebsnotwendigen abnutzbaren Anlagevermögens folgende Kapitalbindung:

• Bebautes Grundstück	912.500 €		
- Grundstück (nicht abnutzbar)	390.000 €		
= Gebäude zu Jahresbeginn	522.500 €		
+ Gebäude zu Jahresende	473.800 €	(= 863.800 - 390.000)	
= gesamt	996.300 €,	dav. ½	498.150 €

• Maschinen zu Jahresbeginn	245.700 €	
+ Maschinen zu Jahresende	186.900 €	
= gesamt	432.600 €, dav. ½	216.300 €
• Lieferwagen zu Jahresbeginn	95.000 €	
+ Lieferwagen zu Jahresende	69.000 €	
= gesamt	164.000 €, dav. ½	82.000 €

Da die Kapitalbindung des nicht abnutzbaren Anlagevermögens und des Umlaufvermögens sowie die zinslosen Fremdmittel unverändert bleiben, beläuft sich das gesamte betriebsnotwendige Kapital bei der Restwertmethode nunmehr auf 1.497.000 €. Unter Berücksichtigung des Kalkulationszinssatzes von 8% erhalten wir damit kalkulatorische Zinsen in Höhe von 119.760 €. Diese liegen geringfügig über denen bei Anwendung der Durchschnittsmethode.
Allerdings könnte sich - sofern keine weiteren Veränderungen eintreten - das Verhältnis bereits im folgenden Jahr umkehren, wenn nach der Restwertmethode die Kapitalbindung aufgrund geringerer Restbuchwerte im abnutzbaren Anlagevermögen zurückgeht, während die Kapitalbindung nach der Durchschnittsmethode unverändert bleibt. So ergibt sich beispielsweise für den Lieferwagen im Folgejahr bei einer Jahresabschreibung von (108.000 - 30.000) / 3 = 26.000 € nach der Restwertmethode eine Kapitalbindung von (69.000 + 43.000) / 2 = 56.000 € im Vergleich zu nach wie vor 69.000 € bei der Durchschnittsmethode.

⇨ *Aufgaben 22 und 23, S. 294*

2.2.3.6 Kostensteuern

Im Gegensatz zu öffentlichen Gebühren (Fremdleistungskosten) sind Steuern ein Entgelt für allgemeine staatliche Leistungen z.B. in den Bereichen Bildung, Gesundheit und Verkehr. Steuern stellen dann Kosten dar, wenn sie einen direkten Bezug zur Leistungserstellung haben, d.h. wenn sie mit der Leistungserstellung zwangsläufig anfallen. An dieser Stelle soll nur der Kostencharakter der bedeutenden Steuerarten beleuchtet werden.
Zu den Kostensteuern zählen zweifelsfrei die **Substanzsteuern**, etwa die Grundsteuer. Sie belastet den Betrieb unabhängig davon, ob er einen Ertrag erzielt oder nicht. Denn ihre Bemessungsgrundlage ist der Einheitswert der Grundstücke. Zu den Substanzsteuern gehörten auch die inzwischen abgeschaffte Gewerbekapitalsteuer und die ausgesetzte Vermögensteuer. Die Gewerbekapitalsteuer wurde auf den Einheitswert des gewerblichen Betriebes unter Berücksichtigung von Hinzurechnungen und Kürzungen (Gewerbekapital) erhoben. Die Vermögensteuer wurde auf den Wert der Gesamtheit aller Wirtschaftsgüter (Gesamtvermögen) erhoben.

Die **Verkehr- und Verbrauchsteuern** sind mit Ausnahme der Umsatzsteuer ebenfalls Kostensteuern. Die Umsatzsteuer bildet für den Betrieb lediglich einen durchlaufenden Posten. Sie bewirkt keine Belastung des Betriebes, stellt mithin auch keine Kosten dar. Zu den Verkehrsteuern rechnen etwa die Kfz-Steuer und die Grunderwerbsteuer. Während die Kfz-Steuer jährlich erhoben wird und der Steuerbetrag auch jährlich aufwandsgleich in die Kosten einläuft, ergibt sich die Kostenwirkung der Grunderwerbsteuer nur indirekt, indem sie als Anschaffungsausgabe für betrieblich genutzte Objekte den Anschaffungs- und Wiederbeschaffungswert als Bezugsbasis für die kalkulatorischen Zinsen und Abschreibungen erhöht. Verbrauchsteuern wie Mineralöl-, Tabak-, Leuchtmittel-, Bier- und Branntweinsteuer werden bei den Herstellern bzw. Vertreibern proportional zum Absatz der Produkte erhoben. Sie sind als Kostenbestandteil in die Kostenrechnung einzubeziehen und zu kalkulieren.
Die **Erfolgsteuern** umfassen die Körperschaftsteuer, die Einkommensteuer und die Gewerbeertragsteuer. Die Körperschaftsteuer wird in Kapitalgesellschaften auf der Basis des Erfolgs erhoben. Da der Erfolg selbst die Zielgröße unternehmerischen Handelns ist, wird die Körperschaftsteuer nicht bereits vorher als Kostenbestandteil kalkuliert. Für die Kontrolle und Steuerung des betrieblichen Geschehens ist sie ohnehin ohne Belang. Bei der Standortwahl mag der Nettoerfolg nach Steuern das Entscheidungskriterium sein; dennoch wird die Körperschaftsteuer nicht auf der Kostenseite berücksichtigt, sondern vom Erfolg vor Körperschaftsteuer abgesetzt. Die Körperschaftsteuer ist deshalb keine Kostensteuer. Das gilt auch für die Einkommensteuer als „private Steuer" des Einzelunternehmers oder Gesellschafters von Personengesellschaften. Lediglich die Gewerbeertragsteuer wird als Kostensteuer angesehen. Bemessungsgrundlage ist zwar ebenfalls eine Erfolgsgröße. Denn der Gewerbeertrag ist der nach dem Körperschaftsteuer- bzw. Einkommensteuergesetz zu versteuernde Gewinn korrigiert um gewisse Hinzurechnungen und Kürzungen. Weil die Gewerbeertragsteuer jedoch für den Betrieb anfällt und von ihrer eigenen Bemessungsgrundlage abzugsfähig ist, wird ihr überwiegend Kostencharakter zugeschrieben.
Die Kostensteuern werden über die Finanzbuchhaltung erfasst. Vor Ablauf der Periode nicht festliegende Steuern werden geschätzt und aperiodisch anfallende Beträge in der Kostenartenrechnung zeitlich verteilt. Mit Ausnahme der Verbrauchsteuern, die den Kostenträgern direkt zurechenbar sind, werden die Kostensteuern als Gemeinkosten kostenstellenweise ausgewiesen und verrechnet.

2.2.3.7 Einzelwagniskosten

Unter Wagnissen sind die mit der unternehmerischen Tätigkeit verbundenen Risiken des unvorhersehbaren Werteverzehrs zu verstehen. Sie umfassen das allgemeine Unternehmerwagnis und spezielle Einzelwagnisse. Das *allgemeine Un-*

ternehmerwagnis besteht in der Gefahr, durch gesamtwirtschaftliche Entwicklung, Inflation, technischen Fortschritt oder Nachfrageverschiebungen Verluste bis hin zum völligen Zusammenbruch zu erleiden. Es wird abgegolten durch die Möglichkeit der Gewinnerzielung und stellt keine Kosten dar.
Spezielle *Einzelwagnisse* sind jedoch unmittelbar und letztlich nicht vollständig vermeidbar mit der Leistungserstellung und Leistungsverwertung eines Betriebes verbunden, z.B. Brandschäden und Forderungsverluste. Sie fallen meist unregelmäßig und in unterschiedlicher Höhe an.
Sofern Einzelwagnisse versichert sind, geht die Verlustgefahr auf eine Versicherungsgesellschaft über. Die für die Gewährung des Versicherungsschutzes zu zahlende Versicherungsprämie wird in der Kostenrechnung unter den Fremdleistungskosten ausgewiesen. Deshalb sind für versicherte Risiken keine kalkulatorischen Wagniskosten anzusetzen. Nicht versicherte und nicht versicherbare Einzelrisiken müssen wir zur Aufrechterhaltung der Kontinuität in der Kostenrechnung regelmäßig als kalkulatorische Wagniskosten ansetzen.

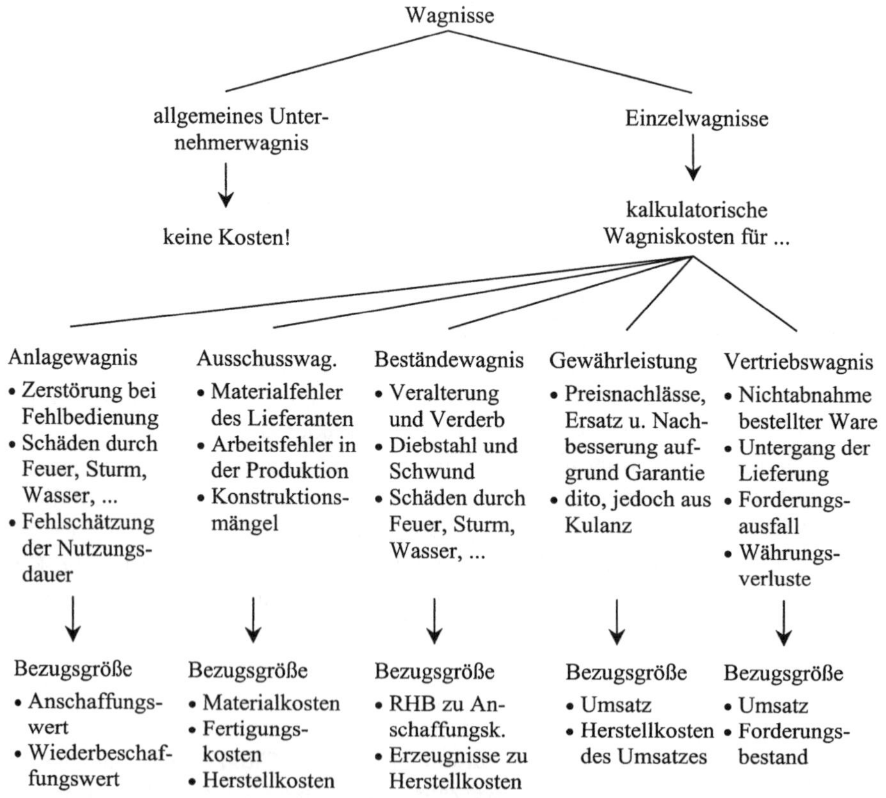

Abb. 22: Einzelwagnisse und deren Bezugsgrößen

Die Höhe der Wagniskosten bemisst sich an den eigenen Erfahrungen der jüngeren Vergangenheit, i.d.R. über einen drei- bis fünfjährigen Zeitraum. Dazu wird für die einzelnen Wagnisse zunächst jeweils eine geeignete Bezugsgröße zur Erfassung und Verrechnung des Wagnisses bestimmt (vgl. oben, Abb. 22). Das Verhältnis aus beobachteten Schäden der Vergangenheit und zugehöriger Bezugsgröße ergibt den Wagniskostensatz jedes Einzelwagnisses. Für die laufende Abrechnung und für die Planung werden nun die Wagniskosten als Produkt aus beobachteter bzw. geplanter Bezugsgröße und Wagniskostensatz ermittelt.

Beispiel 15: Verrechnung von Wagniskosten

In einem Unternehmen sind die im Jahre t = 07 kalkulatorisch zu verrechnenden Kosten für Gewährleistungen und Forderungsausfälle zu bestimmen. Die effektiven Beträge für Gewährleistungen und Forderungsausfälle der vergangenen vier Jahre t = 03 bis t = 06 in Relation zu den Umsätzen bzw. zu den durchschnittlichen Forderungsbeständen ergeben die Wagniskostensätze, mit denen im Jahr 07 Umsatz bzw. Forderungsbestand zu multiplizieren sind.

Jahr	Effektive Gewährleistung	Umsatz	Effektiver Forderungsausfall	Forderungen
03	2.112	218.105	382	24.220
04	3.690	252.890	325	23.709
05	3.097	247.319	477	26.218
06	2.901	264.686	516	25.853
	Σ = 11.800	Σ = 983.000	Σ = 1.700	Σ = 100.000
	Ø = 1,2%		Ø = 1,7%	

07				
	Umsatz	274.500	Forderungsbestand	28.000
	· Wagniskostensatz	1,2%	· Wagniskostensatz	1,7%
	= Kalk. Gewährleistungsw.	3.294	= Kalk. Forderungsausfallw.	476

Sofern keine eigenen Erfahrungswerte vorliegen, können die kalkulatorischen Wagniskosten auch in Höhe der Versicherungsprämien angesetzt werden, die bei einer Versicherung des entsprechenden Risikos zu zahlen wären.
Die Wagniskosten sind den Kostenbereichen zuzurechnen, die sie verursacht haben. Im obigen Beispiel werden wir die Verluste aus Gewährleistungen dem Vertriebsbereich belasten, wenn sie auf Kulanz zurückzuführen sind, d.h. auf das Entgegenkommen von Vertriebsmitarbeitern. Handelt es sich hingegen um Garantieleistungen aufgrund von Fertigungs- oder Konstruktionsfehlern, ist der Fertigungs- bzw. Konstruktionsbereich zu belasten.

⇨ *Aufgabe 24, S. 295*

2.3 Kostenstellenrechnung

2.3.1 Aufgaben

Kostenstellen sind die Orte der Verursachung, Entstehung, Erfassung und Weiterverrechnung der Gemeinkosten. Die Kostenstellenrechnung gibt aufbauend auf der Kostenartenrechnung Auskunft über die Höhe der Kosten, die in den abgegrenzten Kostenbereichen in einer Abrechnungsperiode anfallen. Sie hat drei Hauptaufgaben zu erfüllen:

(1) Ermittlung von Gemeinkosten-Kalkulationssätzen zur Vorbereitung der Kostenträgerrechnung

Da Gemeinkosten den Kostenträgern nicht direkt und eindeutig zugerechnet werden können, ist es erforderlich, sie auf eine andere Art möglichst verursachungsgerecht auf die Kostenträger zu verrechnen. Eine pauschale Verteilung aller Gemeinkosten eines Betriebes auf die gesamten Leistungsmengen einer Periode kommt jedoch nur im Einproduktbetrieb oder dann in Betracht, wenn die betrieblichen Ressourcen und Einrichtungen von allen Kostenträgern in gleicher Weise und im gleichen Ausmaß beansprucht werden. Ansonsten ist es erforderlich, den Betrieb in Teilbereiche bzw. Kostenstellen aufzusplitten und die Kosten der Kostenstellen nach Maßgabe ihrer Inanspruchnahme durch die Kostenträger auf diese zu verrechnen. Die Kostenstellenrechnung bildet im Hinblick auf diese Aufgabe die Brücke zwischen Kostenarten- und Kostenträgerrechnung.

(2) Bereitstellung von Informationen zur Kontrolle der Wirtschaftlichkeit (Kostenkontrolle)

Die Untergliederung des Unternehmens in Kostenstellen erleichtert es zu erkennen, wo und warum Kosten entstehen, auf welche Ursachen (Kostenbestimmungsfaktoren) sie zurückzuführen und von wem sie zu verantworten sind. Die Kostenstellenrechnung soll eventuelle Unwirtschaftlichkeiten in den Teilbereichen des Leistungserstellungsprozesses aufdecken. Allerdings kann die Ist-/Normalkostenrechnung diese Aufgabe nur unvollkommen wahrnehmen. Erst in Verbindung mit der Plankostenrechnung ist eine echte Wirtschaftlichkeitskontrolle möglich.

(3) Bereitstellung von Informationen für Planungs- und Entscheidungsaufgaben

Durch die Unterteilung des Unternehmens in Kostenstellen werden den Stufen des betrieblichen Leistungsprozesses die dort verursachten Kosten zugewiesen. Diese Kosten bilden die Grundlage für betriebliche Dispositionen und sind z.B. Maßstab für die Optimierung des Leistungsprozesses durch Auswahl des kostengünstigsten Produktionsverfahrens.

2.3.2 Gliederung der Kostenstellen

Die Einteilung des Gesamtbetriebes in Kostenstellen muss so erfolgen, dass die Aufgaben der Kostenstellenrechnung bestmöglich erfüllt werden können. Für die Kostenstelleneinteilung sind räumliche, funktionale, verantwortungsorientierte und abrechnungstechnische Merkmale von Bedeutung.
Nach **räumlichen Gesichtspunkten** werden zusammenhängende Bereiche wie eine Werkhalle, eine Lagerhalle, eine Etage in einem Verwaltungsgebäude etc. zu einer Kostenstelle zusammengefasst. Eine solche Aufteilung ist dann zweckmäßig, wenn innerhalb der räumlichen Einheit gleichartige Tätigkeiten bzw. Funktionen ausgeführt werden.
Sofern in einer räumlichen Einheit unterschiedliche Aufgaben mit unterschiedlichen Mitteln ausgeführt werden, ist eine weitergehende Differenzierung nach **Funktionen** erforderlich. So bietet es sich in einem Maschinenbauunternehmen an, die Werkhalle mit unterschiedlichen Werkstätten für die Einzelteilbearbeitung in die Kostenstellen Dreherei, Fräserei, Bohrerei und Schleiferei zu unterteilen. Denn dadurch wird es möglich, die Beanspruchung der Produktionsfaktoren durch die Kostenträger (Produkte) präzise zu erfassen und die entstandenen Kosten verursachungsgerecht auf die Kostenträger zu verrechnen. Unter funktionalen Gesichtspunkten lassen sich Betriebe wie folgt grob strukturieren:

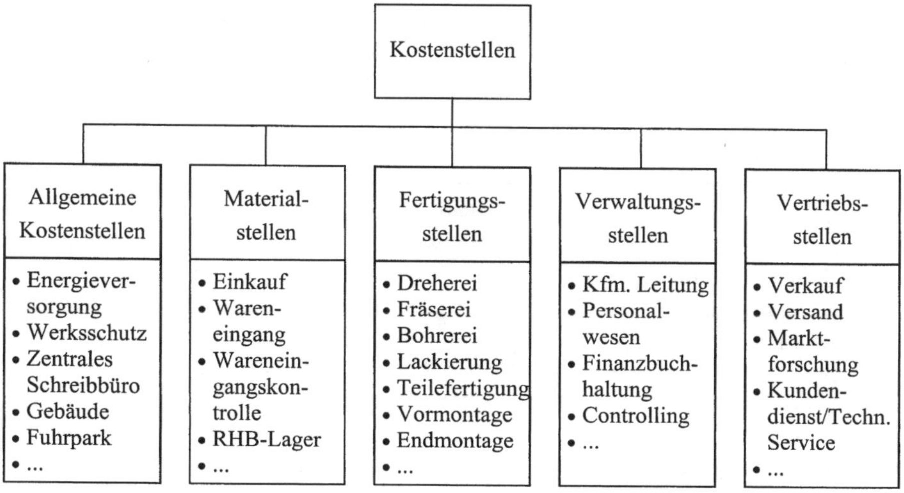

Abb. 23: Funktionale Kostenstellenbildung

Im Hinblick auf die **Verantwortung** für die Kostenwirtschaftlichkeit (Kostenabweichungen) bietet sich die Unterteilung des Betriebes analog zu den Aufsichts- und Leitungsbereichen von Abteilungsleitern, Gruppenleitern, Meistern, Vorarbeitern etc. an. Da für jede Kostenstelle ein Verantwortlicher (ggf. zusätz-

lich ein Stellvertreter) existieren soll, wird die Führungskraft auch zum Kostenstellenleiter. Häufig wird die räumliche und funktionale Unterteilung des Betriebes sich mit der verantwortungsorientierten Aufteilung decken, denn die Aufsichts- und Leitungsbereiche werden ihrerseits meist nach Raum und Aufgabenbereich einschließlich zugehörigem Personal abgegrenzt.
Im Hinblick auf die **Abrechnungstechnik** werden Haupt- und Hilfskostenstellen unterschieden. In *Hauptkostenstellen* findet von der Beschaffung über die Fertigung und die Verwaltung bis hin zum Vertrieb die Erstellung und Verwertung der Kostenträger statt. Der Kostenträgerbezug der Fertigungsabläufe ist offensichtlich, denn durch Drehen, Fräsen, Bohren etc. macht das zu erstellende Produkt bzw. der zu bearbeitende Auftrag unmittelbar einen Arbeitsfortschritt. Übrigens gilt gleiches auch bei Dienstleistern, wo zweckmäßigerweise nicht von der Fertigung, sondern besser vom Leistungsbereich gesprochen werden sollte; z.B. bestehen in einem Ingenieurbüro Leistungsstellen für Hochbauplanung, Tiefbauplanung, Stadtplanung und Vermessung. Obwohl die Tätigkeiten im Materialbereich sowie die Verwaltungs- und einige Vertriebsaktivitäten nicht direkt kostenträgerbezogen erfolgen, werden Material-, Verwaltungs- und Vertriebskostenstellen wie Hauptkostenstellen behandelt. Für die Hauptkostenstellen werden Kostensätze berechnet, indem die Kosten zu einem Leistungsmaßstab, der sogenannten Bezugsgröße, in Relation gesetzt werden. Als Bezugsgröße dienen z.B. produzierte Stückzahlen, Fertigungszeiten, Maschinenlaufzeiten, Anzahl Arbeitsverrichtungen sowie die Einzelkosten Fertigungsmaterial und Fertigungslohn. Die in der Kostenstellenrechnung erfassten Gemeinkosten werden über die Hauptkostenstellen (= Endkostenstellen) mithilfe der Kostensätze auf die Kostenträger verrechnet.

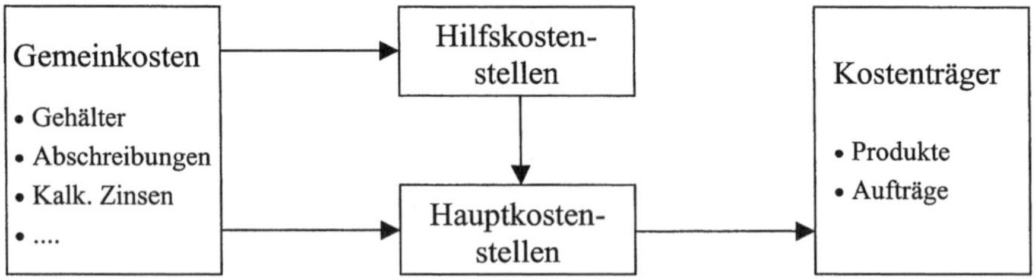

Abb. 24: Gemeinkostenverrechnung über Hilfs- und Hauptkostenstellen

Hilfskostenstellen unterstützen den Leistungsprozess, ohne an diesem direkt beteiligt zu sein. Sie dienen als allgemeine Kostenstellen dem gesamten Betrieb oder sind als Nebenkostenstellen nur ausgewählten Teilbereichen zugeordnet. Allgemeine Kostenstellen sind beispielsweise Wasser- und Energieversorgung, Hausmeister, Werkschutz, Reparaturwerkstatt, Kantine und Bildungswesen. Deren Dienstleistungen stehen prinzipiell allen anderen Kostenstellen bereit. Zu den

Nebenkostenstellen des Materialbereiches rechnen innerbetrieblicher Transport und Materialsteuerung. Nebenkostenstellen der Fertigung sind z.B. Meister- und Betriebsingenieurbüro, Arbeitsvorbereitung und Produktionssteuerung. Im Vertriebsbereich ist die Marktforschung als Nebenkostenstelle einzuordnen. Die Hilfskostenstellen (= Vorkostenstellen) erbringen Leistungen für andere Kostenstellen des Betriebes. Sie verrechnen daher ihre Kosten innerbetrieblich auf diejenigen Kostenstellen, die ihre Leistungen in Anspruch nehmen bzw. für die sie ihre Leistung bereithalten. Nach der innerbetrieblichen Leistungsverrechnung befinden sich alle Kosten auf den Hauptkostenstellen, von denen sie schließlich auf die Kostenträger verrechnet werden.

Wenngleich nach der innerbetrieblichen Leistungsverrechnung alle Kosten auf den Hauptkostenstellen stehen, sind die Hilfskostenstellen doch für die verursachungsgerechte Erfassung der Kosten nach dem Verbrauchsort und für die verursachungsgerechte Weiterverrechnung auf die Hauptkostenstellen unentbehrlich. Die Feinheit der Kostenstellengliederung richtet sich nach der gewünschten Genauigkeit der Zurechnung der Kosten zum Kostenträger und nach den angestrebten Möglichkeiten der gezielten Kostenkontrolle. Im Extremfall ist es möglich, den einzelnen Arbeitsplatz zur Kostenstelle zu deklarieren, dessen Kosten sehr präzise zu erfassen und entsprechend der Belastung des Kostenplatzes auf die Kostenträger zu verrechnen (Kostenplatzrechnung). Praktisch ist aber ein Ausgleich zwischen der Genauigkeit der Kostenverrechnung und Kostenkontrolle einerseits und dem Abrechnungs- und Planungsaufwand andererseits anzustreben. Im Allgemeinen reicht es aus, wenn

- eine Kostenstelle einen eigenständigen Verantwortungsbereich und eine räumliche Einheit bildet,
- in der Kostenstelle eine geeignete Bezugsgröße als Maßstab der Beschäftigung und zur Verrechnung der Kosten existiert und
- die Kosten genau und gleichzeitig einfach verbucht werden können.

Die Aufteilung des Betriebes in Kostenstellen wird in einem Kostenstellenplan festgelegt. Die Nummerierung der Kostenstellen erfolgt üblicherweise dekadisch nach einem systematischen Schlüssel, wie Abb. 25 zeigt.

1. Ziffer	2. Ziffer	3. Ziffer	4. Ziffer
Kontenklasse	Funktionsbereich	Teilbereich	Kostenstelle
5	2	1	2
Kostenstellen-rechnung	Fertigung	Montage	Verkabelung

Abb. 25: Kostenstellenschlüssel

2.3.3 Rechenschritte

Die Verrechnung der Gemeinkosten über die Kostenstellenrechnung als Bindeglied zwischen Kostenartenrechnung und Kostenträgerrechnung lässt sich wie folgt in vier wesentliche Rechenschritte unterteilen:

Schritt 1: Verteilung der primären Gemeinkosten auf die Kostenstellen
Schritt 2: Innerbetriebliche Leistungsverrechnung zwischen Kostenstellen
Schritt 3: Ermittlung und Ausweis von Kalkulationssätzen
Schritt 4: Berechnung von Kostenstellenüber- bzw. -unterdeckungen.

Diese Rechenschritte können der Übersichtlichkeit halber in einer Tabelle, die als **Betriebsabrechnungsbogen** (BAB) bezeichnet wird, dargestellt werden. Der Betriebsabrechnungsbogen ist in Spalten für die Kostenstellen des Betriebes unterteilt. Er enthält Zeilen für die primären Gemeinkosten, die sekundären Kosten, die durch die innerbetriebliche Leistungsverrechnung (Umlagerechnung) entstehen, die Kalkulationssätze und die Kostenstellenüber- bzw. -unterdeckungen.

	Hilfskostenstellen		Hauptkostenstellen					
BAB Monat	Gebäude	Fuhrpark	Materialwesen	Fertigung I	Fertigung II	Verwaltung	Vertrieb	Σ
Primäre Gemeinkosten								
Sekundäre Kosten (Umlagen)								
Kalkulationssätze								
Über-/Unterdeckungen								

Abb. 26: Aufbau des Betriebsabrechnungsbogens

Obwohl der BAB in erster Linie der Verrechnung der Gemeinkosten dient, enthält er der Information halber regelmäßig auch die Einzelkosten (Fertigungsmaterial und Fertigungslöhne). Je nach kostenrechnerischen Gegebenheiten bilden die Einzelkosten auch die Bezugsbasis für die Berechnung der Kalkulationssätze.

2.3.3.1 Verteilung der primären Gemeinkosten

Die primären Gemeinkosten sind den Kostenstellen nach Möglichkeit direkt zuzuordnen. Beispielsweise sollte bei der Lagerentnahme von Verbrauchsmaterial wie Arbeitshandschuhe und Kleinwerkzeuge die verbrauchende Kostenstelle auf dem Materialentnahmebeleg vermerkt bzw. in der Online-Lagerbuchführung erfasst und entsprechend mit Kosten belastet werden. Die Gehälter der Angestellten sind eindeutig den Kostenstellen zuzurechnen, denen die Angestellten selbst zugeordnet sind. Auch die kalkulatorischen Abschreibungen und die Zinsen auf Maschinen lassen sich zweifelsfrei auf die Kostenstellen kontieren, in denen die Maschinen installiert sind. Diese **direkte Verteilung** - besser: direkte Zuordnung - macht aus den (Kostenträger-) Gemeinkosten sogenannte *Kostenstelleneinzelkosten*, d.h. den einzelnen Kostenstellen direkt und eindeutig zugerechnete Kosten.

BAB Monat	Gebäude	Fuhrpark	Material-wesen	Ferti-gung I	Ferti-gung II	Verwal-tung	Vertrieb	Σ
Primäre Ge-meinkosten								

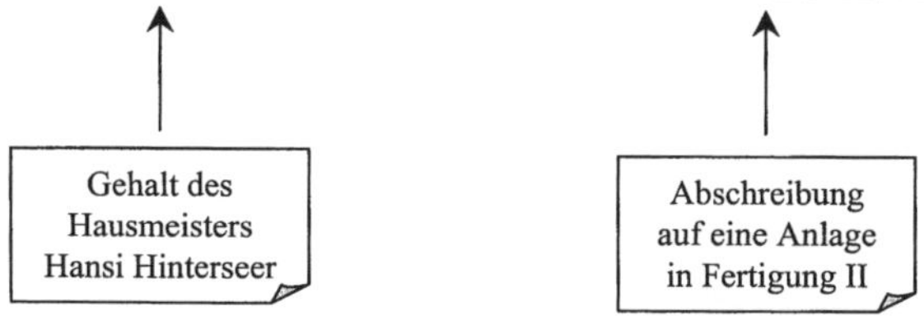

Abb. 27: Direkte Verteilung der primären Gemeinkosten auf Kostenstellen

Die direkte Verteilung findet ihre Grenzen bisweilen im Zuordnungsaufwand. Sollen beispielsweise die Kosten des Kraftstromverbrauchs Kostenstellen direkt und genau zugerechnet werden, sind für jede Kostenstelle Stromzähler erforderlich. Abgesehen vom Installationsaufwand müssten für die verbrauchsgerechte Verbrauchserfassung regelmäßig monatlich die Zähler abgelesen werden. Das lohnt sich nur dort, wo die Stromkosten einen beachtlichen Gesamtkostenanteil ausmachen und in der Höhe durch die Dispositionen und Maßnahmen innerhalb der Kostenstelle auch beeinflusst werden können (Bsp.: Papierherstellung). Sonst wird man aus Praktikabilitätsgründen die **indirekte Verteilung** wählen. Im Beispiel zu den Stromkosten bedeutet dies, die Stromkosten z.B. in Anlehnung an die Anschlusswerte der Betriebsmittel laut Herstellerangaben unter Berücksichtigung der durchschnittlichen Auslastung auf die Kostenstellen zu verteilen.
Solche (Kostenträger-) Gemeinkosten, die zwar direkt zurechenbar wären, aus Wirtschaftlichkeitsgründen aber indirekt anhand von Schlüsselgrößen auf die Kostenstellen verteilt werden, heißen *unechte Stellengemeinkosten.* Davon zu unterscheiden sind *echte Stellengemeinkosten,* die den Kostenstellen gar nicht direkt zurechenbar sind und geschlüsselt werden müssen. Dazu zählen z.B. die Gewerbeertragsteuer und Versicherungsprämien, die für den Gesamtbetrieb pauschal erhoben werden. Zur Verteilung auf die Kostenstellen kommen Mengen- und Wertschlüssel, aber auch Zeitschlüssel in Betracht. Die Schlüssel sind so zu

wählen, dass die Kosten möglichst proportional zur Schlüsselgröße anfallen. Denn nur dann erfolgt die Gemeinkostenverrechnung auch verursachungsgerecht.

BAB Monat	Gebäude	Fuhrpark	Material-wesen	Ferti-gung I	Ferti-gung II	Verwal-tung	Vertrieb	Σ
Primäre Gemeinkosten								

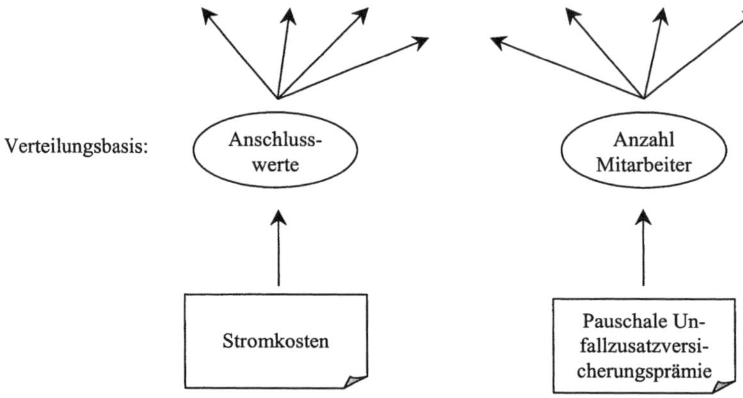

Abb. 28: Indirekte Verteilung der primären Gemeinkosten auf Kostenstellen

Ob die Gemeinkosten im BAB direkt als Kostenstelleneinzel- oder indirekt als Kostenstellengemeinkosten verteilt werden, ist auch von der Unterteilung des Unternehmens in Kostenstellen abhängig. Ist keine Kostenstelle Gebäude vorhanden, müssen die Abschreibungen auf das Gebäude, Reparaturen, Kosten der Beheizung etc. auf die im Gebäude befindlichen Kostenstellen geschlüsselt werden. Bei einem Gebäude empfiehlt sich dazu die Nutzfläche der Kostenstellen als Verteilungsbasis. Ist hingegen wie in Abb. 27 und Abb. 28 eine Kostenstelle Gebäude eingerichtet, können die genannten Kosten direkt auf diese Kostenstelle gebucht werden. Das hat den Vorteil der genauen Zuordnung, erspart die vielfache Schlüsselung für diverse Kostenarten und erlaubt die einfache Ermittlung und Kontrolle der Gebäudekosten. Erst in der innerbetrieblichen Leistungsverrechnung werden die gesammelten Gemeinkosten der Gebäudekostenstelle nach Maßgabe der Nutzfläche auf die darin befindlichen Kostenstellen weiterbelastet.

Beispiel 16: Primärkostenverteilung im BAB

Im nachfolgenden BAB eines Kleinbetriebes für den Monat Juni des laufenden Jahres sind einige Gemeinkosten schon auf Kostenstellen ausgewiesen. Z.B. erhalten wir die kalkulatorischen Abschreibungen für die Kostenstelle Gebäude, indem wir das abnutzbare Anlagevermögen auf Basis des Wiederbeschaffungs-

bzw. Tageswertes in Höhe von 840.000 € auf die betriebsgewöhnliche Nutzungsdauer von 40 Jahren abschreiben. Das Jahresvolumen von 21.000 € ist auf zwölf Monate aufzuteilen, entsprechend 1.750 € pro Monat.

BAB Juni	Gebäude	Fuhrpark	Materialwesen	Fertigung I	Fertigung II	Verwaltung	Vertrieb	Σ
Hilfslöhne		....		....	....			5.400
Gehälter	....		....			....	....	11.200
Pers.zusatzkost.	....	....	....	....	....	....	....	28.988
Betriebsstoffe	2.100	870	80	480	140	80	240	3.990
Diverse Kosten	287	289	3.002	5.719	8.847	2.332	4.310	24.786
Kalk. Abschrbg.	1.750	750	420	2.500	3.750	125	200	9.495
Kalk. Zinsen	....	....	....	....	....	....	....	....
Kalk. Wagnisse	831	64	163	230	345	12	17	1.662
Kalk. Unt.lohn			....	....	....	....	....	6.790
Primärgemeink.	....	....	....	....	....	....	....	....

Verteilungsgrundlagen								
Hilfslohnstd.		50		60	160			270
Angestellte	0,5		1			1	1	3,5
Fertigungslohn				9.200	12.850			22.050
Betriebsstoffe	2.100	870	80	480	140	80	240	3.990
Diverse Kosten	287	289	3.002	5.719	8.847	2.332	4.310	24.786
Kapitalbindg. Ø	476.600	32.400	60.500	118.000	177.000	4.800	4.000	873.300
Schlüssel U.lohn			1	1	3	1	1	7

- Die Hilfslöhne betragen insgesamt 5.400 €. Verteilungsbasis sind die Hilfslohnstunden (vgl. vorstehende Tabelle). Da insgesamt 270 Hilfslohnstunden geleistet wurden, beträgt der Verteilungssatz 5.400 € / 270 Std. = 20,00 €/Std.
- Die Gehälter in Höhe von insgesamt 11.200 € werden nach der Zahl der Angestellten (3,5) verteilt, also mit 11.200 € / 3,5 Angest. = 3.200 € /Angest.
- Die Personalzusatzkosten betragen 75% der Personalbasiskosten. Dabei ist zu beachten, dass in den beiden Fertigungsstellen die Personalzusatzkosten auch auf die Fertigungslöhne anzusetzen sind, die als Einzelkosten nicht im BAB enthalten, sondern in den Verteilungsgrundlagen aufgeführt sind.
- Die kalkulatorischen Zinsen werden mit 12% per anno auf die durchschnittliche Kapitalbindung verrechnet.
- Für die Verteilung des kalkulatorischen Unternehmerlohns von 6.790 € hat der tätige Inhaberunternehmer in Anlehnung an sein Arbeitsaufkommen für die Kostenstellen einen festen Verteilungsschlüssel vorgegeben (s.o.).

Nach der Primärkostenverteilung erhalten wir folgenden BAB:

BAB Juni	Gebäude	Fuhrpark	Material-wesen	Ferti-gung I	Ferti-gung II	Verwal-tung	Vertrieb	Σ
Hilfslöhne		1.000		1.200	3.200			5.400
Gehälter	1.600		3.200			3.200	3.200	11.200
Pers.zusatzkost.	1.200	750	2.400	7.800	12.038	2.400	2.400	28.988
Betriebsstoffe	2.100	870	80	480	140	80	240	3.990
Diverse Kosten	287	289	3.002	5.719	8.847	2.332	4.310	24.786
Kalk. Abschrbg.	1.750	750	420	2.500	3.750	125	200	9.495
Kalk. Zinsen	4.766	324	605	1.180	1.770	48	40	8.733
Kalk. Wagnisse	831	64	163	230	345	12	17	1.662
Kalk. Unt.lohn			970	970	2.910	970	970	6.790
Primärgemeink.	12.534	4.047	10.840	20.079	33.000	9.167	11.377	101.044

⇨ *Aufgabe 25, S. 295*

2.3.3.2 Innerbetriebliche Leistungsverrechnung

Neben marktgerichteten Leistungen für den Absatz werden in Betrieben auch Leistungen erbracht, die selbst wieder im Betriebsprozess eingesetzt und verbraucht werden. Diese Leistungen einer Kostenstelle für andere Betriebsteile werden als **innerbetriebliche Leistungen** bezeichnet. Beispiele für derartige innerbetriebliche Leistungen sind:

- Lieferung von Strom, Gas, Wasser durch eigene Energieversorgungsstellen,
- Wartung, Inspektion und Reparatur durch eigene Instandhaltungsabteilungen,
- Bereitstellung von Nutzfläche in einer eigenständigen Kostenstelle Gebäude,
- Fort- und Weiterbildung durch das interne Bildungswesen,
- Transportleistungen des Pkw- und Lkw-Fuhrparks für andere Kostenstellen,
- Nacharbeit in der Endkontrolle zur Behebung eines Montagefehlers aus einer vorgelagerten Fertigungsstelle und
- Anfertigung eines Ersatzteiles für die Reparaturwerkstatt durch die Kostenstelle Teilefertigung.

Regelmäßig werden derartige Leistungen durch Hilfskostenstellen erbracht. Wie die beiden letztgenannten Beispiele zeigen, können aber auch Hauptkostenstellen interne Leistungen für andere Kostenstellen schaffen.
Die Aufgabe der innerbetrieblichen Leistungsverrechnung besteht darin, die Kosten der internen Leistungen zu bestimmen und diese Kosten verursachungsge-

recht vom Leistungserbringer auf den/die Leistungsempfänger zu belasten. Der Leistungserbringer wird von den Kosten durch eine Gutschrift in gleicher Höhe entlastet. Belastungen und Gutschriften bilden die sekundären Kosten. Da für jede innerbetriebliche Leistung die Summe der Belastungen mit dem Betrag der Gutschrift übereinstimmt, führt die innerbetriebliche Leistungsverrechnung, die auch als Umlagerechnung bezeichnet wird, nicht zu höheren Gemeinkosten. Es werden lediglich die Kosten der Hilfskostenstellen auf die Hauptkostenstellen verlagert.

Von diesen innerbetrieblichen Leistungen abzugrenzen sind die eigene Erstellung von Gebäuden und Anlagen sowie werterhöhende, selbst durchgeführte Großinstandhaltungen. Hierbei handelt es sich um aktivierungspflichtige innerbetriebliche Leistungen. Sie werden in der Betriebsergebnisrechnung als *aktivierte Eigenleistung* zu Herstellkosten ausgewiesen; vgl. hierzu Abb. 30, S. 113 sowie Abschnitt 2.4.3, S. 142ff.

Das eigentliche Problem der innerbetrieblichen Leistungsverrechnung besteht darin, dass zwischen den Kostenstellen vielfach gegenseitige, rekursive Leistungsverflechtungen bestehen. So fährt etwa in der Situation der Abbildung 28 der Fuhrpark 240 km für die Kostenstelle Gebäude, während umgekehrt die Kostenstelle Fuhrpark 60 qm Nutzfläche des Gebäudes beansprucht. Die Kostenstellen können im Grunde ihre Kosten erst dann weiterverrechnen, wenn die Belastungen aus anderen Kostenstellen bekannt sind, von denen sie Leistungen beziehen. Da dies für jede Kostenstelle gilt, lassen sich die Umlagen bei gegenseitigen Beziehungen wie in Abbildung 28 theoretisch exakt nur durch die simultane (gleichzeitige) Verrechnung aller innerbetrieblichen Leistungen ermitteln.

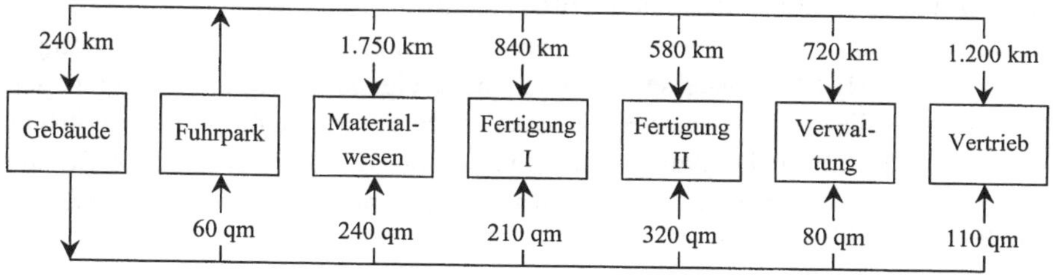

Abb. 29: Gegenseitige Leistungsverflechtungen

Nachfolgend werden die wichtigsten Verfahren der innerbetrieblichen Leistungsverrechnung vorgestellt. Anbau- und Stufenverfahren sind auch manuell einfach anzuwenden, führen jedoch nicht zu exakten Lösungen. Das aufwendigere, aber exakte und verursachungerechte Gleichungsverfahren erfordert im praktischen Einsatz DV-Unterstützung. Das Festpreisverfahren ist mit den zuvor genannten Verfahren insofern nicht vergleichbar, als es von vorgegebenen Verrechnungssätzen ausgeht. Um eine gute Vergleichbarkeit der Ergebnisse zu erzielen, werden sämtliche Verfahren anhand eines einheitlichen Beispiels erläutert.

Beispiel 17: Innerbetriebliche Leistungsverrechnung (Ausgangsdaten)

Ein Kleinbetrieb ist in zwei Hilfskostenstellen Gebäude und Fuhrpark sowie fünf Hauptkostenstellen Materialwesen, Fertigung I, Fertigung II, Verwaltung und Vertrieb gegliedert. Das Gebäude stellt Nutzfläche, gemessen in Quadratmeter (qm), und der Fuhrpark Fahrleistungen, gemessen in Kilometer (km), bereit. Die Summe der primären Gemeinkosten sowie die Leistungsverflechtungen zwischen den Kostenstellen zeigt folgende Tabelle:

BAB Juni	Hilfskostenstellen		Hauptkostenstellen					Σ
	Gebäude	Fuhrpark	Materialwesen	Fertigung I	Fertigung II	Verwaltung	Vertrieb	
Primärgemeink.	12.534	4.047	10.840	20.079	33.000	9.167	11.377	101.044
Fläche (qm)	30	60	240	210	320	80	110	1.050
Fahrleistg. (km)	240		1.750	840	580	720	1200	5.330

Die ausgewiesenen Beträge stimmen mit dem BAB aus Beispiel 16 sowie den Eintragungen zur Leistungsverrechnung in Abb. 28 überein; allerdings werden 30 qm Fläche für die Räumlichkeiten des Hausmeisters separat ausgewiesen.

2.3.3.2.1 *Anbauverfahren*

Das Anbauverfahren verrechnet die primären Gemeinkosten der Hilfskostenstellen nur an die Hauptkostenstellen. Hilfskostenstellen werden im Rahmen der innerbetrieblichen Leistungsverrechnung nicht belastet, selbst wenn sie Leistungen von anderen Hilfskostenstellen beziehen oder eigene Leistungen verbrauchen. Die Leistungsbeziehungen der Hilfskostenstellen untereinander bleiben vollständig unberücksichtigt. Deshalb ist die Reihenfolge der Verrechnung der Kosten der Hilfskostenstellen beim Anbauverfahren, das auch als Blockverfahren bezeichnet wird, ohne Belang.

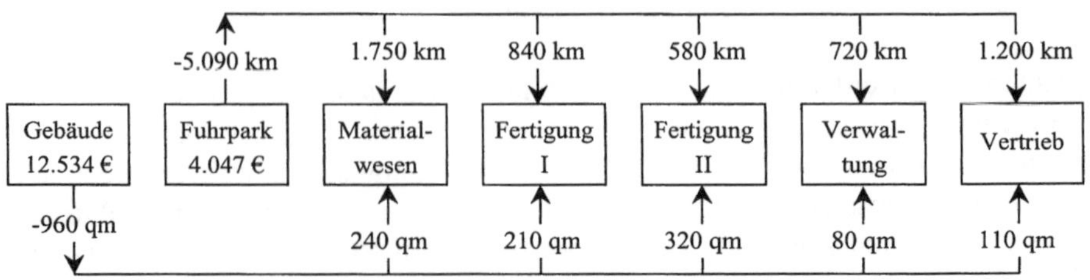

Die Verrechnungssätze VS_G und VS_F der Hilfskostenstellen Gebäude und Fuhrpark entsprechen jeweils dem Quotienten aus Primärgemeinkosten und der Summe der Leistungsabgabe an die Hauptkostenstellen:

$$VS_G = \frac{\text{Primärgemeinkosten Gebäude}}{\text{Flächenbedarf der Hauptkostenstellen}} = \frac{12.534}{960} = 13{,}056250 \text{ €/qm}$$

Die Fläche der Kostenstellen wird jeweils mit diesem Kostensatz bewertet und als Belastung ausgewiesen; die Kostenstelle Gebäude erhält ihrerseits eine Gutschrift in Höhe der Summe der Belastungen.

Belastung Materialwesen	= 240 qm • 13,05625 €/qm	= 3.133,50 €
Belastung Fertigung I	= 210 qm • 13,05625 €/qm	= 2.741,81 €
Belastung Fertigung II	= 320 qm • 13,05625 €/qm	= 4.178,00 €
Belastung Verwaltung	= 80 qm • 13,05625 €/qm	= 1.044,50 €
Belastung Vertrieb	= 110 qm • 13,05625 €/qm	= 1.436,19 €
Gutschrift Gebäude	= 960 qm • 13,05625 €/qm	= 12.534,00 €

Entsprechend gilt für die Kostenstelle Fuhrpark:

$$VS_F = \frac{\text{Primärgemeinkosten Fuhrpark}}{\text{Fahrleistung für die Hauptkostenstellen}} = \frac{4.047}{5.090} = 0{,}795088 \text{ €/km}$$

Die Belastungen und die Gutschrift sind analog zur Umlage der Kostenstelle Gebäude zu berechnen. Die auf volle Euro gerundeten Resultate der innerbetrieblichen Leistungsverrechnung zeigt folgende Tabelle. Bitte beachten Sie, dass die Leistungsabgaben und die Gutschriften („negative Kosten") zur innerbetrieblichen Leistungsverrechnung (ILV) mit einem vorangestellten Minuszeichen (-) versehen sind. Die Gemeinkosten nach Umlagen heißen präzise Endkosten.

	Hilfskostenstellen		Hauptkostenstellen					
BAB Juni	Gebäude	Fuhrpark	Materialwesen	Fertigung I	Fertigung II	Verwaltung	Vertrieb	Σ
Primärgemeink.	12.534	4.047	10.840	20.079	33.000	9.167	11.377	101.044
ILV Gebäude (13,056250 €/qm)	-12.534		3.134	2.742	4.178	1.045	1.436	* 1
ILV Fuhrpark (0,795088 €/km)		-4.047	1.391	668	461	572	954	* -1
Endkosten	0	0	15.365	23.489	37.639	10.784	13.767	101.044
Fläche (qm)	-960		240	210	320	80	110	0
Fahrleistg. (km)		-5.090	1.750	840	580	720	1.200	0

* rundungsbedingte Abweichungen

Die Endkosten der Hilfskostenstellen sind gleich null, denn durch die innerbetriebliche Leistungsverrechnung werden die Primärgemeinkosten der Hilfskostenstellen vollständig auf die Hauptkostenstellen verlagert.
Das Anbauverfahren ist einfach durchzuführen. Es führt dann zu vertretbaren Lösungen, wenn Leistungsbeziehungen zwischen den Hilfskostenstellen nicht bestehen oder relativ zum Gesamtvolumen von nachrangiger Bedeutung sind.

2.3.3.2.2 Stufenverfahren

Das Stufenverfahren verrechnet die Kosten der Hilfskostenstellen auf jeweils nachgelagerte Hilfskostenstellen und auf die Hauptkostenstellen. Dabei werden die Hilfskostenstellen im BAB der Reihe nach einseitig („von links nach rechts") abgearbeitet. Rückbelastungen auf vorgelagerte, einmal abgearbeitete („links angeordnete") Kostenstellen oder die eigene Kostenstelle sind ausgeschlossen. Für obiges Beispiel gilt also:

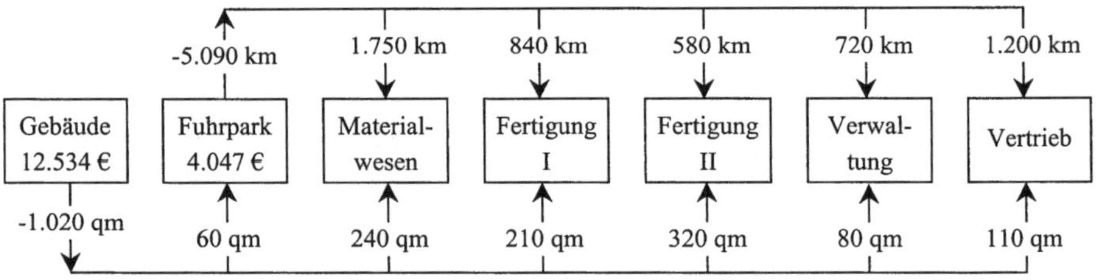

Zu beachten ist, dass der Verrechnungssatz einer Hilfskostenstelle nicht nur deren Primärkosten, sondern auch die erhaltenen Belastungen von vorgelagerten Hilfskostenstellen abdecken muss. Da im Beispiel die Kostenstelle Gebäude ganz links angeordnet ist und ihre Kosten zuerst verrechnet werden, erhält sie noch keine Belastungen.

$$VS_G = \frac{\text{Primärgemeinkosten Gebäude}}{\text{Flächenbedarf rechts liegender Kostenstellen}} = \frac{12.534}{1.020} = 12{,}288235 \text{ €/qm}$$

Nach der Umlage der Gemeinkosten der Kostenstelle Gebäude wird die nächste Hilfskostenstelle abgearbeitet, hier also die Kostenstelle Fuhrpark. Die Kostenstelle Fuhrpark beansprucht 60 qm Fläche, ist also vor der eigenen Umlage mit 60 qm • 12,288235 €/qm = ca. 737 € zu belasten.

$$VS_F = \frac{\text{Primärgemeinkosten + Belastungen Fuhrpark}}{\text{Fahrleistung rechts liegender Kostenstellen}} = \frac{4.047 + 737}{5.090} = 0{,}939882 \text{ €/km}$$

BAB Juni	Hilfskostenstellen		Hauptkostenstellen					Σ
	Gebäude	Fuhrpark	Material-wesen	Ferti-gung I	Ferti-gung II	Verwal-tung	Vertrieb	
Primärgemeink.	12.534	4.047	10.840	20.079	33.000	9.167	11.377	101.044
ILV Gebäude (12,288235 €/qm)	-12.534	737	2.949	2.581	3.932	983	1.352	0
Zwischensumme		*4.784*						
ILV Fuhrpark (0,939882 €/km)		-4.784	1.645	790	545	677	1.128	* 1
Endkosten	0	0	15.434	23.450	37.477	10.827	13.857	* 101.045
Fläche (qm)	-1.020	60	240	210	320	80	110	0
Fahrleistg. (km)		-5.090	1.750	840	580	720	1.200	0

* rundungsbedingte Abweichungen

Der Name des Verfahrens, das auch Treppenverfahren heißt, resultiert aus der stufigen bzw. treppenförmigen Struktur der Verrechnung. In jeder Hilfskostenstelle deckt die Gutschrift die Primärkosten und eventuell erhaltene Belastungen ab, sodass die Endkosten null betragen. Alle Primärkosten der Hilfskostenstellen werden letztlich auf die Hauptkostenstellen verlagert. Um die Auswirkungen der einseitigen Verrechnung zu demonstrieren, wird die Reihenfolge der Hilfskostenstellen umgekehrt. Danach ergibt sich folgende Lösung:

BAB Juni	Hilfskostenstellen		Hauptkostenstellen					Σ
	Fuhrpark	Gebäude	Material-wesen	Ferti-gung I	Ferti-gung II	Verwal-tung	Vertrieb	
Primärgemeink.	4.047	12.534	10.840	20.079	33.000	9.167	11.377	101.044
ILV Fuhrpark (0,759287 €/km)	-4.047	182	1.329	638	440	547	911	0
Zwischensumme		*12.716*						
ILV Gebäude (13,245833 €/qm)		-12.716	3.179	2.782	4.239	1.060	1.457	* 1
Endkosten	0	0	15.348	23.499	37.679	10.774	13.745	* 101.045
Fahrleistg. (km)	-5.330	240	1.750	840	580	720	1.200	0
Fläche (qm)		-960	240	210	320	80	110	0

* rundungsbedingte Abweichungen

Gegenüber der ursprünglichen Lösung nach dem Treppenverfahren steigen in der Variante die Endkosten der Kostenstellen Fertigung I und Fertigung II, während sie in den übrigen Kostenstellen zurückgehen. Es ist nun die Lösung genauer, die weniger Leistungsbeziehungen unterdrückt, und zwar gemessen am Wert der Leistungen. In der ersten Lösung fallen 240 km à ca. 0,90 € , in der Variante hingegen 60 qm à ca. 12,50 € aus der Rechnung. Mithin kommt die zuerst aufgeführte Variante der exakten Lösung näher.

Das Stufenverfahren ist ebenfalls einfach durchzuführen. Es liefert genaue Lösungen, wenn nur einseitige Leistungsverflechtungen bestehen bzw. akzeptable Lösungen, wenn rückwärts gerichtete Leistungsströme unbedeutend sind.

2.3.3.2.3 Gleichungsverfahren

Die exakte Lösung wird mit dem Gleichungsverfahren bestimmt, das auch mathematisches oder simultanes Verfahren heißt. Beim Gleichungsverfahren werden die primären Gemeinkosten aller Kostenstellen simultan (gleichzeitig) unter Berücksichtigung aller Leistungsbeziehungen verrechnet. Dabei kann die Anordnung der Kostenstellen im Gegensatz zum Stufenverfahren beliebig erfolgen. Auch rekursive Leistungsströme wie im Ausgangsbeispiel werden erfasst. Das Gleichungsverfahren macht sich die Kenntnis zunutze, dass in jeder Hilfskostenstelle der Wert der Gutschriften der Summe aus Primärkosten und Belastungen entspricht:

Gutschriften = Primärkosten + Belastungen

Für jede Hilfskostenstelle wird die zugehörige Gleichung bestimmt, wobei die Gutschriften und Belastungen indirekt über die bekannte Leistungsmenge und den gesuchten Verrechnungssatz beschrieben werden. Für Beispiel 17 lauten danach die Gleichungen:

(1) Gebäude $1.050\ VS_G = 12.534 + 30\ VS_G + 240\ VS_F$

(2) Fuhrpark $5.330\ VS_F = 4.047 + 60\ VS_G + 0\ VS_F$

Da das Gleichungssystem genauso viele Gleichungen wie Variablen (Verrechnungssätze) enthält, können die gesuchten Verrechnungssätze mithilfe der Lösungsmethoden für lineare Gleichungssysteme (z.B. Additionsmethode, Gleichsetzungsmethode, Einsetzungsmethode) bestimmt werden. Nach der Additionsmethode werden die Gleichungen zunächst so umgestellt, dass jeweils dieselben Variablen übereinander stehen:

(1´) Gebäude	$1.020\ VS_G - 240\ VS_F = 12.534$	$\cdot$ 1
(2´) Fuhrpark	$-60\ VS_G + 5.330\ VS_F = 4.047$	$\cdot$ 17 (= 1.020/60)

Anhand der Gleichung (1´) für die Kostenstelle Gebäude wird deutlich, dass der Eigenverbrauch (hier 30 qm) stets mit der Gesamtleistung einer Kostenstelle (hier 1.050 qm) saldiert werden darf. Es genügt also, für jede Kostenstelle nur die an andere Kostenstellen abgegebenen Leistungen (hier 1.020 qm) zu berücksichtigen.

Bei der Additionsmethode werden nun bestimmte Vielfache der ursprünglichen Gleichungen so aufaddiert, dass in der Summe einzelne Variablen (Verrechnungssätze) wegfallen, weil sie den Multiplikator 0 erhalten. Indem auf die Gleichung (1′) das Siebzehnfache der Gleichung (2′) addiert wird, erhält die Variable VS_G den Multiplikator 0 und fällt aus der Rechnung:

(1′′) Gebäude $1.020\ VS_G - 240\ VS_F = 12.534$

(2′′) Fuhrpark $-1.020\ VS_G + 90.610\ VS_F = 68.799$ (+)

(3) $0\ VS_G + 90.370\ VS_F = 81.333$

(4) $VS_F = 81.333 / 90.370 = 0{,}90$ €/km

Indem wir diese Lösung z.B. in (1′′) einsetzen, können wir auch die noch unbekannte Variable VS_G nach der Einsetzungsmethode bestimmen:

(5) $1.020\ VS_G - 240 \cdot 0{,}90 = 12.534$

(6) $VS_G = 12.750 / 1.020 = 12{,}50$ €/qm

Die innerbetriebliche Leistungsverrechnung mit den genauen Verrechnungssätzen zeigt nun folgendes Bild:

BAB Juni	Hilfskostenstellen		Hauptkostenstellen					Σ
	Gebäude	Fuhrpark	Materialwesen	Fertigung I	Fertigung II	Verwaltung	Vertrieb	
Primärgemeink.	12.534	4.047	10.840	20.079	33.000	9.167	11.377	101.044
ILV Gebäude (12,50 €/qm)	-12.750	750	3.000	2.625	4.000	1.000	1.375	0
ILV Fuhrpark (0,90 €/km)	216	-4.797	1.575	756	522	648	1.080	0
Endkosten	0	0	15.415	23.460	37.522	10.815	13.832	101.044

Fläche (qm)	-1.020	60	240	210	320	80	110	0
Fahrleistg. (km)	240	-5.330	1.750	840	580	720	1.200	0

Im vorliegenden Beispiel gibt es keine Leistungen zwischen Hauptkostenstellen oder von Hauptkostenstellen an Hilfskostenstellen. Nach dem Gleichungsverfahren können aber auch derartige Leistungsbeziehungen berücksichtigt werden. Dazu muss zusätzlich für jede Hauptkostenstelle, die Leistungen an andere Kostenstellen abgibt, eine Gleichung formuliert werden. Die Hauptkostenstellen erhalten Gutschriften jedoch nicht nur für die Leistungsabgabe an andere Kostenstellen im Rahmen der innerbetrieblichen Leistungsverrechnung, sondern auch für die absatzbestimmten Kostenträgerleistungen.

Das Gleichungsverfahren bietet einen Ansatz für die Berechnung exakter Lösungen. Allerdings entsteht unter realistischen Bedingungen bei einer Vielzahl von Kostenstellen mit Leistungsverflechtungen schnell ein unvertretbarer Lösungsaufwand. Praktisch beschränkt man sich deshalb auch bei EDV-Einsatz bisweilen auf die Bestimmung von Näherungslösungen. Die Berechnung erfolgt mithilfe sogenannter Iterationsverfahren. Dabei wird zunächst eine brauchbare Ausgangslösung - z.B. mithilfe des Stufenverfahrens - bestimmt. Diese wird anschließend schrittweise (iterativ) durch Einbeziehung auch rückwärts gerichteter Leistungsbeziehungen verbessert, bis ausreichend gute Lösungen vorliegen. Gute Lösungen sind daran zu erkennen, dass sich durch die Lösungsschritte nur noch geringfügige Veränderungen der Verrechnungssätze und Umlagen einstellen.

2.3.3.2.4 Festpreisverfahren

Die bisher vorgestellten Verfahren erfordern aufgrund veränderter Kosten- und Leistungsstrukturen in jedem Abrechnungsmonat eine Neuberechnung der Verrechnungssätze für die innerbetriebliche Leistungsverrechnung, um zu gewährleisten, dass stets alle Kosten der Hilfskostenstellen auf die Hauptkostenstellen verrechnet werden. Abgesehen von dem damit verbundenen Rechenaufwand erscheint diese Vorgehensweise auch aus Sicht der Verbraucher innerbetrieblicher Leistungen unverständlich, müssen sie doch je nach Abrechnungsmonat unterschiedlich hohe interne Preise (Verrechnungssätze) zahlen. Um diesen unerwünschten Effekt auszuschalten, verwenden einige Betriebe über die Abrechnungsmonate eines Geschäftsjahres hinweg gleichbleibende Festpreise als Verrechnungssätze; deshalb wird dieses Verfahren *Festpreisverfahren* (bisweilen auch *Verrechnungssatz-* oder *Verrechnungspreisverfahren*) genannt. Die festen Verrechnungssätze werden z.B. einmal vor Beginn des Jahres aus einer Plankostenrechnung mit dem Gleichungsverfahren abgeleitet, in Anlehnung an vergleichbare externe Preise festgelegt oder - seltener - durch interne Verhandlungen im Rahmen von Planungsgesprächen vereinbart.
Wenn interne Leistungen zu Festpreisen abgerechnet werden, können auf den Hilfskostenstellen nach der Leistungsverrechnung noch Endkosten größer null übrig bleiben. Positive Endkosten treten z.B. dann auf, wenn die betreffende Hilfskostenstelle in einem Abrechnungsmonat besonders hohe Kosten oder nur eine geringe Leistungsabgabe zu verzeichnen hat. Umgekehrt entstehen Endkosten kleiner null, wenn mehr Kosten innerbetrieblich verrechnet werden, als tatsächlich angefallen sind. Das ist z.B. dann der Fall, wenn in einem Abrechnungsmonat die Istkosten eher niedrig sind oder besonders viel für andere Kostenstellen geleistet wird. Die zu wenig oder zu viel verrechneten Kosten der Hilfskostenstellen fehlen in den Hauptkostenstellen bzw. belasten diese zusätzlich.

Werden die Verrechnungspreise in Anlehnung an Marktpreise festgelegt, können Endkosten größer null dahingehend interpretiert werden, dass die interne Leistung verglichen mit fremden Dienstleistungen zu teuer erstellt wird.
Die Auswirkungen des Festpreisverfahrens in unserem Zahlenbeispiel zeigt die folgende Tabelle. Die verwendeten Festpreise sind 12,80 €/qm für die Kostenstelle Gebäude und 0,85 €/km für die Kostenstelle Fuhrpark.

BAB Juni	Hilfskostenstellen		Hauptkostenstellen					Σ
	Gebäude	Fuhrpark	Material-wesen	Ferti-gung I	Ferti-gung II	Verwal-tung	Vertrieb	
Primärgemeink.	12.534	4.047	10.840	20.079	33.000	9.167	11.377	101.044
ILV Gebäude (12,80 €/qm)	-13.056	768	3.072	2.688	4.096	1.024	1.408	0
ILV Fuhrpark (0,85 €/km)	204	-4.531	1.488	714	493	612	1.020	0
Endkosten	-318	284	15.400	23.481	37.589	10.803	13.805	101.044

Fläche (qm)	-1.020	60	240	210	320	80	110	0
Fahrleistg. (km)	240	-5.330	1.750	840	580	720	1.200	0

Im vorliegenden Beispiel ergeben sich für den Fuhrpark Endkosten von 284 €, d.h. gemessen an den tatsächlichen Kosten und der tatsächlichen Leistung werden in diesem Umfang zu wenig Kosten auf die Hauptkostenstellen verrechnet. Umgekehrt ist es bei der Kostenstelle Gebäude, die insgesamt 318 € zu viel auf die Hauptkostenstellen umlegt. Wie die Verrechnungsdifferenzen in der Kostenartenrechnung (vgl. z.B. Abschnitt 2.2.3.2, S. 62) müssen wir diese Abweichungen als Korrekturposition in der Betriebsergebnisrechnung berücksichtigen.

⇨ *Aufgabe 26, S. 296*

2.3.3.2.5 Kostenträgerverfahren

Die bisher geschilderten Verfahren bewirken eine unmittelbar kostenwirksame Verrechnung der intern erbrachten Leistungen; die Kosten werden direkt von Kostenstellen an Kostenstellen weiterbelastet. Für einige innerbetriebliche Leistungen wie Instandhaltungsmaßnahmen an Gebäuden und Anlagen steht aber nicht von vornherein fest, ob sie aktivierungspflichtig oder sofort kostenwirksam zu verrechnen sind. Außerdem werden bisweilen Eigenleistungen an Anlagen oder Gebäudeteilen erbracht, die noch nicht oder nicht mehr eindeutig einer Kostenstelle zugewiesen sind. Schließlich will man bei größeren und zeitlich ausgedehnten internen Maßnahmen die Kosten separat ausweisen und kontrollieren. In diesen Fällen bietet es sich an, alle für eine Maßnahme anfallenden Kosten zunächst auf einem separaten internen Auftrag als Kostenträger zu sammeln. Erst

zum Abschluss des internen Auftrags, der auch als Werkauftrag bezeichnet wird, werden die aufgelaufenen Kosten entweder als aktivierte Eigenleistungen in das Anlagevermögen abgerechnet oder an die Kostenstelle(n) belastet, für die der Auftrag erbracht wird. Die Leistungsverrechnung zwischen Kostenstellen erfolgt also indirekt über zwischengeschaltete Kostenträger bzw. Werkaufträge in zwei Stufen. In dem Maße, wie eine Kostenstelle für den Werkauftrag Leistungen erbringt, wird zunächst der Auftrag mit dem zugehörigen Kostensatz der Kostenstelle belastet; umgekehrt erhält die leistende Kostenstelle eine Gutschrift in der gleichen Höhe. Die Bewertung der internen Leistungen erfolgt dabei zumeist mit festen Verrechnungssätzen der Kostenstellen. Erst mit dem Abschluss des nicht aktivierungspflichtigen Auftrages werden die angesammelten Kosten an die Empfängerkostenstelle(n) belastet und der Auftrag entlastet.
Auf die Werkaufträge können nicht nur die von eigenen Kostenstellen erbrachten Leistungen verbucht werden, sondern auch Materialverbräuche und Fremdleistungen. Hierbei handelt es sich um auftragsbezogene Einzelkosten, die erst über die Abrechnung des Werkauftrages zu Lasten einer Kostenstelle zu Gemeinkosten werden. Wir müssen beachten, dass hierdurch die Endkosten der Kostenstellen gegenüber den primären Gemeinkosten anwachsen. Auch hierin unterscheidet sich das Kostenträgerverfahren von den zuvor dargestellten Verfahren.

Beispiel 18: Kostenträgerverfahren

In einem Betrieb wird in der Kostenstelle Fertigung aufgrund eines elektrischen Fehlers der Totalausfall eines numerisch gesteuerten Fräsautomaten beklagt. Für die Reparatur wird ein Werkauftrag „Instandsetzung Fräsautomat F013" ausgestellt. Zwei Elektriker der Betriebshandwerkerstelle, für die ein fester Verrechnungssatz von 57,50 €/Std. existiert, benötigen insgesamt 48 Arbeitsstunden für den Auftrag. Daher erhält die Kostenstelle Betriebshandwerker eine Gutschrift über 48 • 57,50 = 2.760 €, der Werkauftrag wird in gleicher Höhe belastet. Die Handwerker stellen einen Kabelbrand fest und ersetzen die elektronische Steuerung der Anlage durch ein Ersatzteil, das zu 1.230 € vom Hersteller bezogen wird. Der Serviceingenieur des Herstellers berechnet für seinen zweistündigen Einsatz einschließlich An- und Abfahrt 770 €. Sämtliche Beträge werden zunächst auf den Auftrag „Instandsetzung Fräsautomat F013" gebucht. Mit Abschluss der Reparatur werden die gesamten Auftragskosten in Höhe von 4.760 € an die Kostenstelle Fertigung belastet. Der Werkauftrag wird in gleicher Höhe entlastet (vgl. zum Wertefluss die Darstellung auf der folgenden Seite).
Sollte der betreffende Automat erneut ausfallen, können wir uns den alten Werkauftrag „Instandsetzung Fräsautomat F013" ansehen. Anhand der gesammelten Erfahrungswerte über die Kosten dieser Maßnahme können wir dann z.B. abwägen, ob sich eine nochmalige Reparatur lohnt oder ob der Automat besser durch einen neuen ersetzt werden sollte.

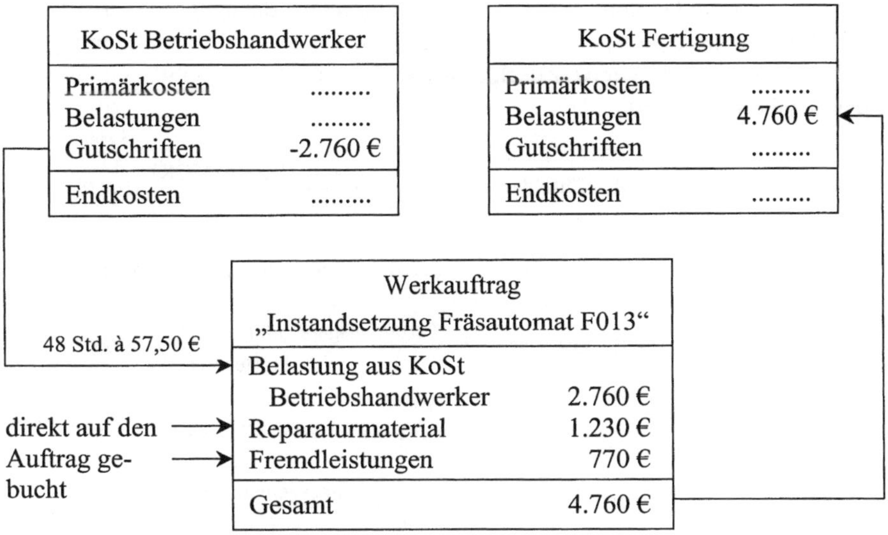

Die zunächst aufwendigere Kostenverrechnung über einen Kostenträger (Werkauftrag) ist also erforderlich bzw. zu empfehlen, wenn

- die intern erbrachte Leistung eventuell zu aktivieren ist,
- die Kosten einer bedeutenden innerbetrieblichen Maßnahme separat ausgewiesen und kontrolliert werden sollen oder
- die zu belastende Kostenstelle zum Zeitpunkt der Ausführung des Werkauftrags noch nicht feststeht.

In allen anderen Fällen kann die interne Leistungsverrechnung direkt zwischen Kostenstellen erfolgen.

⇨ *Aufgabe 27, S. 297*

2.3.3.3 Ermittlung von Zuschlags- und Verrechnungssätzen

Nach Primärkostenverteilung und innerbetrieblicher Leistungsverrechnung befinden sich die Gemeinkosten auf den Hauptkostenstellen. Für die Hauptkostenstellen werden nunmehr vergleichbar der Umlagerechnung unter Berücksichtigung der Endkosten und geeigneter Bezugsgrößen Kostensätze bestimmt. Mithilfe dieser Kostensätze werden später in der Kostenträgerrechnung die Gemeinkosten entsprechend der Inanspruchnahme der Kostenstellen auf die Produkte bzw. Dienstleistungen kalkuliert; deshalb bezeichnet man diese Kostensätze auch als Kalkulationssätze.

Beziehen sich die Gemeinkosten auf eine wertmäßige Bezugsgröße, erhalten wir als Kalkulationssatz einen *Zuschlagssatz* in Prozent. In der Kostenrechnung werden üblicherweise folgende Zuschlagssätze für die Kostenstellen der diversen Funktionsbereiche verwendet:

- Materialwesen: $$\text{MGK - Zuschlagssatz} = \frac{\text{Materialgemeinkosten (MGK)}}{\text{Materialeinzelkosten * (MEK)}} \cdot 100\ (\%)$$

  * Materialeinzelkosten = Fertigungsmaterial (FM)

- Fertigung: $$\text{FGK - Zuschlagssatz} = \frac{\text{Fertigungsgemeinkosten (FGK)}}{\text{Fertigungseinzelkosten * (FEK)}} \cdot 100\ (\%)$$

  * Fertigungseinzelkosten = Fertigungslohn (FL)

- Verwaltung: $$\text{VWK - Zuschlagssatz} = \frac{\text{Verwaltungsgemeinkosten (VWK)}}{\text{Herstellkosten des Umsatzes (HKdU)}} \cdot 100\ (\%)$$

- Vertrieb: $$\text{VTK - Zuschlagssatz} = \frac{\text{Vertriebsgemeinkosten (VTK)}}{\text{Herstellkosten des Umsatzes (HKdU)}} \cdot 100\ (\%)$$

Beispiel 19: Ermittlung von Zuschlagssätzen

In Fortsetzung der exakten Lösung zu Bsp. 17 (vgl. S. 103) werden ausgehend von den abgerechneten Endkosten im Monats-BAB die Istzuschlagssätze der Hauptkostenstellen berechnet. Die Materialeinzelkosten als Zuschlagsgrundlage für die Materialgemeinkosten stammen aus der Materialabrechnung; sie betragen im Monat Juni 157.300 €. Die Fertigungslöhne als Zuschlagsgrundlage der Fertigungsgemeinkosten stammen aus der Lohnabrechnung; sie ergeben sich als Produkt aus Fertigungszeit (Fertigung I: 383 Std. 20 Min.; Fertigung II: 514 Std.) und Lohnsatz (Fertigung I: 24,00 €/Std.; Fertigung II: 25,00 €/Std.). Zur Berechnung der Herstellkosten des Umsatzes in Höhe von 251.500 € sei auf den nächsten Abschnitt (vgl. S. 112) verwiesen.

BAB Juni	Hilfskostenstellen		Hauptkostenstellen					Σ
	Gebäude	Fuhrpark	Material-wesen	Ferti-gung I	Ferti-gung II	Verwal-tung	Vertrieb	
Endkosten (=Ist-gemeinkosten)	0	0	15.415	23.460	37.522	10.815	13.832	101.044
Zuschlagsbasis			MEK 157.300	FL I 9.200	FL II 12.850	HKdU 251.500	HKdU 251.500	
Istzuschlagssatz			9,8%	255%	292%	4,3%	5,5%	

Beziehen wir die Gemeinkosten auf eine Mengen- oder Zeitgröße, erhalten wir als Kalkulationssatz einen *Verrechnungssatz* in € je Mengen- bzw. Zeiteinheit. Das kommt in unserem BAB für die Fertigungskostenstellen in Betracht, denn dort können wir anstelle des Fertigungslohns die Fertigungszeit als Bezugsgröße wählen. Der Verrechnungssatz der Fertigungsgemeinkosten ergibt sich in jeder Fertigungsstelle wie folgt:

- Fertigung: $$\text{FGK - Verrechnungssatz} = \frac{\text{Fertigungsgemeinkosten (FGK)}}{\text{Fertigungszeit}} \quad \text{(z.B. €/Std.)}$$

Beispiel 20: Ermittlung von Verrechnungssätzen

Gegenüber Bsp. 19 werden lediglich die Verrechnungsbasen in den Kostenstellen der Fertigung ausgetauscht, d.h. anstelle der Fertigungslöhne die oben schon genannten Fertigungszeiten (Fertigung I: 383 Std. 20 Min.; Fertigung II: 514 Std.) eingesetzt. Da sich in den übrigen Kostenstellen nichts ändert, wird auf deren Darstellung verzichtet.

BAB Juni	....	Fertigung I	Fertigung II	....
Endkosten (=Istgemeinkosten)	....	23.460	37.522	....
Verrechnungsbasis		Fertigungszeit I 383,333 Std.	Fertigungszeit II 514 Std.	
Istverrechnungssatz		61,20 €/Std.	73,00 €/Std.	

Istzuschlagssätze zum Vergleich: 255% 292%

2.3.3.4 Be- und Verrechnung von Über- bzw. Unterdeckungen

Die Istzuschlags- bzw. Istverrechnungssätze der Kostenstellen können von Monat zu Monat steigen oder fallen. Gründe dafür liegen in schwankenden Istgemeinkosten (Zählergröße) und/oder schwankenden Zuschlagsbasen (Nennergröße). Istgemeinkosten werden durch unregelmäßige Verbräuche geprägt, z.B. bei Reparaturen, Versicherungsprämien und Urlaubsgeld. In Monaten mit weniger Werktagen wie Februar als kurzer Kalendermonat und Juli als Urlaubsmonat bleibt die Leistung gegenüber anderen Monaten zwangsläufig zurück; dabei ist der Wert der verbrauchten Materialeinzelkosten und der Fertigungslöhne Ausdruck der erbrachten Leistung. Wegen der angestrebten Kostenstetigkeit erfolgen deshalb Kalkulation und Kostenverrechnung zwar auf der Basis der Istbezugsgrößen, aber nicht mit den Istkostensätzen, sondern mit den über einen längeren Zeitraum festgeschriebenen Normalkostensätzen. Diese werden z.B. aus der

Durchschnittsbetrachtung des kompletten letzten Geschäftsjahres abgeleitet, und zwar unter Berücksichtigung wichtiger erwarteter Veränderungen (z.B. aufgrund investiver Maßnahmen und Reorganisation der Produktion) und eventuell erwarteter Verteuerungen. Die monatlichen Istkostensätze werden üblicherweise um die festen Normalkostensätze oszillieren.

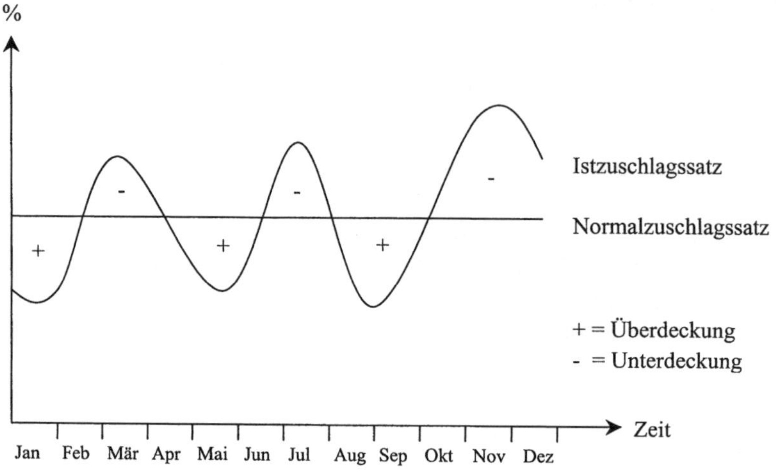

Durch die Kostenverrechnung und Kalkulation mithilfe der Normalkostensätze können Abweichungen zwischen den tatsächlich angefallenen Gemeinkosten und den auf die Kostenträger verrechneten Gemeinkosten (= Normalgemeinkosten) der Kostenstellen entstehen, die als Kostenstellenüber- und Kostenstellenunterdeckungen bezeichnet werden. Kostenstellenüberdeckungen (+) treten auf, wenn die Normalgemeinkosten höher sind als die Istgemeinkosten, also wenn der Normalkostensatz größer ist als der Istkostensatz. Im umgekehrten Fall liegen Kostenstellenunterdeckungen (-) vor.
Die Istzuschlagssätze dienen der laufenden Beobachtung. Sollten sie sich deutlich und dauerhaft unter- bzw. oberhalb der Normalzuschlagssätze einpendeln und nur noch Unter- bzw. Überdeckungen auftreten, ist dieses Anlass, die Normalzuschlagssätze kritisch zu hinterfragen und ggf. anzupassen.

Beispiel 21: Be- und Verrechnung von Über- und Unterdeckungen

Beträgt zu Bsp. 19 der Normalzuschlagssatz für die Materialgemeinkosten 10%, werden auf die Materialeinzelkosten des Monats in Höhe von 157.300 €, die für die Produktion der Kostenträger angefallen sind, Materialgemeinkosten in Höhe von 10% • 157.300 € = 15.730 € verrechnet. Da die Istgemeinkosten nur 15.415 € betragen, weist die Kostenstelle Materialwesen eine Überdeckung von 315 € auf. Im folgenden BAB werden die Über- und Unterdeckungen aller Kostenstellen unter Verwendung der angegebenen Normalzuschlagssätze berechnet. Um den BAB in der Gesamtschau wiederzugeben, werden auch die verteilten Primärkosten sowie die Umlagen aus der innerbetrieblichen Leistungsverrechnung nach dem Gleichungsverfahren aufgeführt (vgl. hierzu S. 96 und S. 103).

BAB Juni	Hilfskostenstellen		Hauptkostenstellen					Σ
	Gebäude	Fuhrpark	Material-wesen	Ferti-gung I	Ferti-gung II	Verwal-tung	Vertrieb	
Hilfslöhne		1.000		1.200	3.200			5.400
Gehälter	1.600		3.200			3.200	3.200	11.200
Pers.zusatzkost.	1.200	750	2.400	7.800	12.038	2.400	2.400	28.988
Betriebsstoffe	2.100	870	80	480	140	80	240	3.990
Diverse Kosten	287	289	3.002	5.719	8.847	2.332	4.310	24.786
Kalk. Abschrbg.	1.750	750	420	2.500	3.750	125	200	9.495
Kalk. Zinsen	4.766	324	605	1.180	1.770	48	40	8.733
Kalk. Wagnisse	831	64	163	230	345	12	17	1.662
Kalk. Unt.lohn			970	970	2.910	970	970	6.790
Primärgemeink.	12.534	4.047	10.840	20.079	33.000	9.167	11.377	101.044
ILV Gebäude (12,50 €/qm)	-12.750	750	3.000	2.625	4.000	1.000	1.375	0
ILV Fuhrpark (0,90 €/km)	216	-4797	1.575	756	522	648	1.080	0
Endkosten (=Ist-gemeinkosten)	0	0	15.415	23.460	37.522	10.815	13.832	101.044
Zuschlagsbasis			MEK 157.300	FL I 9.200	FL II 12.850	HKdU 251.500	HKdU 251.500	
Istzuschlagssatz			9,8%	255%	292%	4,3%	5,5%	
Normalzu.satz			10,0%	250%	300%	4,0%	6,0%	
Normalgemeink.			15.730	23.000	38.550	10.060	15.090	102.430
Über- bzw. Unterdeckung *			+315	-460	+1.028	-755	+1.258	+1.386

* = Normalgemeinkosten - Istgemeinkosten
(Überdeckung +, Unterdeckung -)

An den Über- bzw. Unterdeckungen ändert sich gegenüber der obigen Lösung nichts, falls wir in den Fertigungsstellen die Normalgemeinkosten mithilfe der Normalverrechnungssätze anstelle der Zuschlagssätze berechnen. Die Normalverrechnungssätze betragen bei Normalgemeinkosten von 23.000 € und 383 Std. 20 Min. Fertigungszeit in der Kostenstelle Fertigung I genau 60,00 €/Std. bzw. bei Normalgemeinkosten von 38.550 € und 514 Std. Fertigungszeit in der Kostenstelle Fertigung II genau 75,00 €/Std.

Der Zusammenhang des BABs mit der Kostenträgerzeit- und Betriebsergebnisrechnung soll bezüglich der Herstellkosten des Umsatzes sowie der Über- bzw. Unterdeckungen der Kostenstellen veranschaulicht werden.
Die Herstellkosten des Umsatzes beinhalten die Herstellkosten der Produktion vermehrt (!) um Bestandsminderungen der Erzeugnisse bzw. vermindert (!) um Bestandsmehrungen sowie um aktivierte Eigenleistungen. Im Beispiel wird für die Erzeugnisse eine Bestandsminderung von 4.800 € und eine Bestandsmehrung von 13.500 € unterstellt; die aktivierten Eigenleistungen mögen 2.300 € betragen. Ferner werden Sondereinzelkosten der Fertigung von 5.870 € angenommen. Die Herstellkosten und die Selbstkosten werden in der *Kostenträgerzeitrechnung* mithilfe der Normalkostensätze nach folgendem Kalkulationsschema berechnet:

		Normal-ZS	Betrag in €
Materialeinzelkosten	MEK		157.300
+ Materialgemeinkosten	MGK	10%	15.730
+ Fertigungslohn I	FL I		9.200
+ Fertigungsgemeinkosten I	FGK I	250%	23.000
+ Fertigungslohn II	FL II		12.850
+ Fertigungsgemeinkosten II	FGK II	300%	38.550
+ Sondereinzelkosten der Fertigung	SEKdF		5.870
= Herstellkosten der Produktion	HKdP		262.500
+ Bestandsminderung Erzeugnisse			4.800
- Bestandsmehrung Erzeugnisse			13.500
- Aktivierte Eigenleistungen			2.300
= Herstellkosten des Umsatzes	HKdU		251.500
+ Verwaltungsgemeinkosten	VWK	4%	10.060
+ Vertriebsgemeinkosten	VTK	6%	15.090
= Selbstkosten des Umsatzes	SkdU		276.650

BAB

als Zuschlagsbasis für KoSt Verwaltung und Vertrieb

In der *Betriebsergebnisrechnung* ziehen wir die Selbstkosten des Umsatzes vom Umsatz ab; dieser betrage 305.500 €. Dadurch erhalten wir das Betriebsergebnis zu Normalkosten, da die Gemeinkosten mit Normalzuschlagssätzen kalkuliert wurden. Um zum effektiven Betriebsergebnis zu Istkosten zu gelangen, sind Kostenstellenüberdeckungen noch hinzuzurechnen, -unterdeckungen (hier nicht vorhanden) noch abzuziehen.

Umsatz	305.500
- Selbstkosten des Umsatzes	276.650
= Betriebsergebnis zu Normalkosten	28.850
+ Kostenstellenüberdeckung	1.386
- Kostenstellenunterdeckung	------
= Betriebsergebnis zu Istkosten	30.236

BAB

⇨ *Aufgabe 28, S. 297, Aufgabe 29, S. 298 und Aufgabe 30, S. 299*

2.4 Kostenträgerrechnung

Die Kostenträgerrechnung gibt an, für welche Objekte als Kostenträger Kosten angefallen sind. Nachdem in der Kostenartenrechnung die Kosten nach Verbrauchsgütern erfasst und in der Kostenstellenrechnung die Kosten nach dem Ort der Kostenentstehung ausgewiesen wurden, verrechnet die Kostenträgerrechnung schließlich die Kosten auf die Kostenträger. Kostenträger sind zum einen auf den Absatzmarkt gerichtete Leistungen, die abgesetzt wurden oder künftig noch verkauft werden. Kostenträger sind zum anderen auch interne Leistungen in Form selbst erstellter und aktivierter Anlagen oder innerbetriebliche Leistungen für andere Kostenstellen, die im Rahmen der innerbetrieblichen Leistungsverrechnung mittels Belastungen und Gutschriften als Umlagen abgerechnet werden.

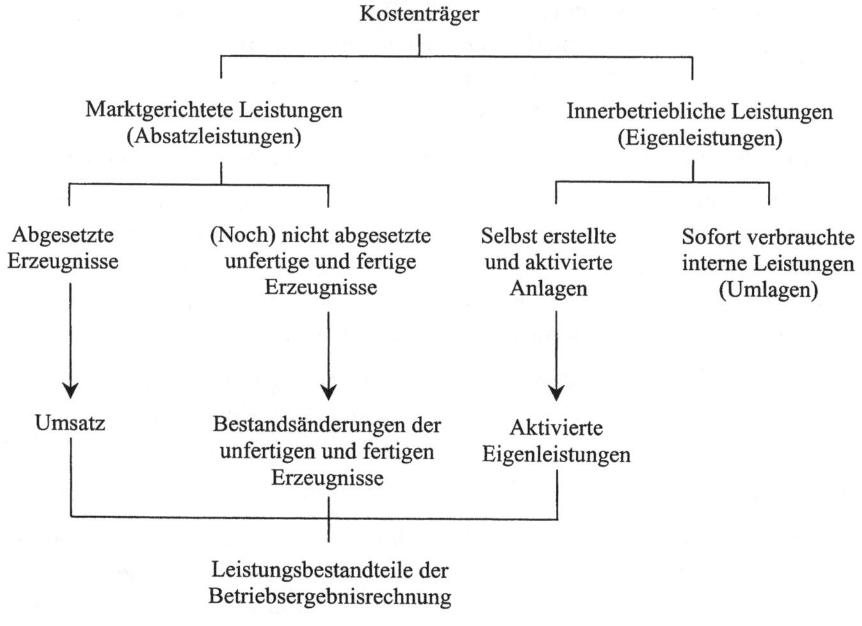

Abb. 30: Kostenträger im Überblick

Auf der Leistungsseite werden den Kostenträgern die entsprechenden Leistungskomponenten Umsatz, Bestandsänderungen der unfertigen und fertigen Erzeugnisse sowie aktivierte Eigenleistungen gegenübergestellt. Innerbetriebliche Leistungen wie Reparaturen finden hier keine Gegengröße; sie werden in der innerbetrieblichen Leistungsverrechnung als Sofortverbrauch an andere Kostenstellen verrechnet (vgl. Abs. 2.3.3.2, S. 96ff). Die Zuordnung der Leistungen zu den zugehörigen Kosten der Kostenträger führt von der Kosten- zur Ergebnisrechnung.

2.4.1 Aufgaben

Die Kostenträgerrechnung erfüllt im Rahmen der Kostenträgerstückrechnung, die auch *Kalkulation* genannt wird, folgende drei Aufgaben:

(1) Bereitstellung von Unterlagen für preispolitische Entscheidungen

Preise am Absatzmarkt kommen durch Vereinbarung zwischen Verkäufer und Käufer, d.h. letztlich durch den Ausgleich von Angebot und Nachfrage zustande. Die Preise müssen aber die Kosten decken, wenn nicht Verluste entstehen sollen. Die berechneten Kosten für Produkte und Aufträge geben Hinweise auf die kurz- und langfristigen Preisuntergrenzen.

(2) Bereitstellung von Daten für die Bewertung der Bestände und der aktivierten Eigenleistungen

In der Ergebnisrechnung müssen die Bestände an unfertigen und fertigen Erzeugnissen zu den angefallenen Herstellkosten bzw. in der Handels- und Steuerbilanz zu den Herstellungskosten (genauer: Herstellungs*aufwendungen)* bewertet werden. Das gilt auch für selbst erstellte Anlagen.

(3) Bereitstellung von Unterlagen für die Bildung interner Verrechnungspreise

Unternehmen, die in organisatorisch und abrechnungsmäßig selbständige Betriebsteile aufgespalten sind, rechnen zwischenbetriebliche Lieferungen häufig wie internen Umsatz zu festen Verrechnungspreisen ab. Die Herstell- und Selbstkosten der gegenseitig gelieferten Objekte sind Anhaltswerte für die Festlegung der internen Verrechnungspreise.

In der Kostenträgerzeitrechnung, die in Verbindung mit der Leistungsrechnung die *Betriebsergebnisrechnung* bildet, kommen der Kostenträgerrechnung drei weitere Aufgaben zu:

(4) Bereitstellung von Unterlagen für die Kontrolle des Betriebsergebnisses

Das Betriebsergebnis ist die Zielgröße des Unternehmens schlechthin. Die Entwicklung des Betriebsergebnisses wird von der Unternehmensführung von Monat zu Monat mit Interesse verfolgt und mit den Erwartungen bzw. Planvorgaben verglichen.

(5) Analyse des Betriebsergebnisses und Aufdeckung der (Miss-) Erfolgsquellen

In Kenntnis der Erfolgs- und Misserfolgsquellen können zukunftsorientiert die erfolgversprechenden Kostenträger gefördert und die ergebnisbelastenden Erzeugnisse und Dienstleistungen in der Produktions- und Absatzmenge zurückgefahren werden. Dabei interessiert nicht nur, mit welchen Kostenträgern bzw. Produkten, sondern auch wie das Ergebnis erzielt wird, z.B.

- auf welchen Absatzmärkten (Inland, europäisches und außereuropäisches Ausland),

- mit welchen Kundengruppen (Industrie, Groß- und Einzelhandel) und
- über welche Vertriebswege (Versand, Ladenverkauf, Reisende, Handelsvertreter etc.).

(6) Bereitstellung von Daten für kurzfristige Entscheidungen und Planungsrechnungen

Anhand der Kostenträgerkosten bzw. -ergebnisse ist zu entscheiden, ob neue Produkte und Dienstleistungen in das Absatz- und Produktionsprogramm aufgenommen werden, ob zusätzliche Kundenaufträge angenommen werden, mit welchem Verfahren die Leistung erstellt wird und ob kurzfristig Teile des Leistungsprozesses an fremde Unternehmen vergeben werden.

2.4.2 Kalkulation

Die Kalkulation ermittelt die Herstell- bzw. Selbstkosten der betrieblichen Leistungseinheiten. Sie bezieht sich als Produktkalkulation auf standardisierte oder als Auftragskalkulation auf kundenspezifizierte Erzeugnisse und Dienstleistungen. *Produktkalkulationen* werden auf der Grundlage des vom Unternehmen festgelegten konstruktiven Aufbaus sowie des bekannten Produktionsablaufes von Erzeugnissen auftragsunabhängig erstellt. In der Regel werden Produkte in Betrieben mit repetitiver Leistungserstellung (Massen-, Serien-, Sortenfertigung) mindestens einmal jährlich, häufig zusätzlich ein- oder zweimal unterjährig kalkuliert. Dabei werden Plan- bzw. Normalkostensätze verwendet. Im Gegensatz dazu werden *Auftragskalkulationen* fallweise für die Abgabe von Angeboten bei Kundenanfragen oder zur Teilnahme an der Ausschreibung öffentlicher Aufträge erstellt. Selbstverständlich können auch ein Erzeugnis, eine Gruppe von Erzeugnissen oder gar eine Kombination aus Erzeugnissen und Dienstleistungen wie die Lieferung einer Sondermaschine einschließlich Installation und Schulung Gegenstand einer Auftragskalkulation sein; es handelt sich hier jedoch in der Regel um kundenspezifizierte Produkte mit geringem Wiederhol- oder mit Einmalcharakter (Kleinserien- und Einzelfertigung).
Bei Auftragskalkulationen unterscheidet man nach dem Zeitpunkt der Durchführung der Kalkulation Vor-, Zwischen- und Nachkalkulation. Die *Vorkalkulation* wird ex ante, d.h. vor Auftragsbeginn auf der Basis der prognostizierten Verbräuche erstellt. Mit ihrer Hilfe wird der Angebotspreis abgeleitet und über Annahme oder Ablehnung des Auftrages entschieden. Bei Aufträgen, die ein großes Volumen erreichen und sich über einen längeren Zeitraum erstrecken, werden die Kalkulationen zwischenzeitlich entsprechend dem Leistungsfortschritt oder zu bestimmten Meilensteinen unter Berücksichtigung der eingetretenen Verbräuche und des neuen Kenntnisstandes überarbeitet. Derartige Kalkulationen gibt es im Schiffs- und Flugzeugbau, bei öffentlichen Großprojekten etc.. Sie heißen mit-

laufende bzw. *Zwischenkalkulation*. Mithilfe der Zwischenkalkulation ist es möglich, die Kosten von Großprojekten schon während der Ausführung zu kontrollieren und unerwünschte Auswirkungen auf die gesamten Auftragskosten aufzuzeigen. Außerdem spielt die Zwischenkalkulation eine Rolle für die Bilanzbewertung unfertiger Erzeugnisse und für den Kostennachweis gegenüber dem Auftraggeber, wenn davon Abschlagszahlungen auf den Kaufpreis abhängig gemacht werden. Die *Nachkalkulation* wird ex post, d.h. nach Auftragsende auf der Basis der eingetretenen Verbräuche angefertigt. Sie soll Aufschluss geben über die angefallenen Istkosten, die im Vergleich zu den vorkalkulierten Werten eine Beurteilung der Wirtschaftlichkeit des Auftrags ermöglichen.
Die systematische Vorgehensweise, das Verfahren zur Bestimmung der Herstell- und Selbstkosten ist unabhängig von den getroffenen Unterscheidungen. Prinzipiell können die nachfolgenden Kalkulationsverfahren für Produkt-, Auftrags-, Vor-, Zwischen- und Nachkalkulationen verwendet werden.

2.4.2.1 Kalkulation der Kosten

Die Kalkulationsverfahren lassen sich grob danach strukturieren, ob sie Einzel- von Gemeinkosten unterscheiden und diese separat auf den Kostenträger verrechnen oder nicht; eine Sonderstellung nimmt die Kuppelkalkulation ein.

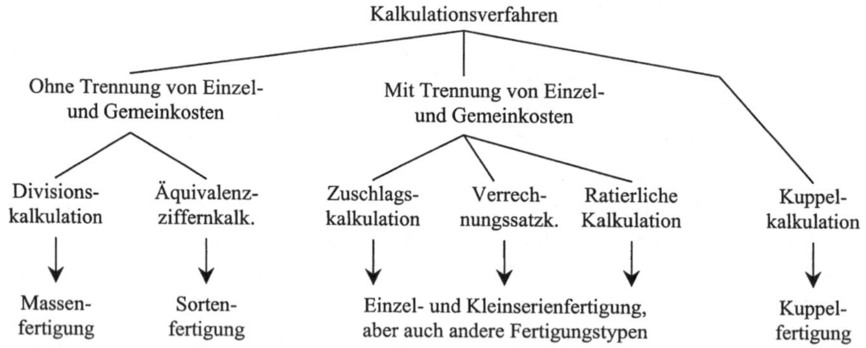

Abb. 31: Überblick über Verfahren der Kostenkalkulation

Die *Verfahren ohne Differenzierung in Einzel- und Gemeinkosten* verteilen die Gesamtkosten einer Periode direkt auf die hergestellten bzw. abgesetzten Einheiten der Kostenträger. Sie eignen sich wegen der Problematik der Gemeinkostenverrechnung nur für Einproduktbetriebe mit Massenfertigung (*Divisionskalkulation*) oder für die Sortenfertigung mit wenigen verwandten Produktarten (*Äquivalenzziffernkalkulation* als Sonderform der Divisionskalkulation).

Die *Verfahren mit Trennung von Einzel- und Gemeinkosten* rechnen zunächst die Einzelkosten dem Kostenträger direkt zu. Die Gemeinkosten werden separat über prozentuale Zuschläge auf wertmäßige Bezugsgrößen aufgeschlagen (*Zuschlagskalkulation*) oder anhand von technischen Bezugsgrößen wie Fertigungszeit über Kostensätze verrechnet (Verrechnungssatzkalkulation). Sofern die Verrechnung der Kosten auf die Maschinenzeit erfolgt, nennt man diese Form auch *Maschinenstundensatzkalkulation*. Bisweilen werden den Kostenträgereinheiten für bestimmte Kostenbestandteile auch feste Stückbeträge zugerechnet (*Ratierliche Kalkulation*). Diese Verfahren bewirken gegenüber der Divisions- und Äquivalenzziffernkalkulation eine Verfeinerung. Sie werden auch bei komplexen Leistungsstrukturen der auftragsorientierten Einzel- und Serienfertigung in Produktions- und Dienstleistungsbetrieben eingesetzt. Die *Kuppelkalkulation* bietet für die verbundene Fertigung einen Ansatz, die Kosten des Kuppelproduktionsprozesses den einzelnen Kostenträgern zuzurechnen. Bei verbundener Fertigung bzw. Kuppelproduktion werden zwangsläufig mehrere verwertbare Produkte gleichzeitig erstellt, die in einer festen oder in Grenzen variierbaren Relation zueinander stehen. Ein Beispiel für die Kuppelproduktion ist die Mineralölverarbeitung, denn bei der Erdöldestillation werden immer gleichzeitig Öle, Benzine und Gase gewonnen. Im Übrigen werden in der betrieblichen Praxis die hier zunächst in reiner Form dargestellten Verfahren durchaus miteinander kombiniert.

2.4.2.1.1 Divisionskalkulation

In der Grundform der Divisionskalkulation werden die Selbstkosten je Stück (k) ermittelt, indem man die Gesamtkosten der Rechnungsperiode (K) durch die Anzahl der in dieser Periode erzeugten und abgesetzten Produkte (x) dividiert:

$$k = \frac{K}{x}$$

Da die Gesamtkosten in einem Zuge verrechnet werden, handelt es sich um die **einstufige Divisionskalkulation**. Sie kann angewendet werden, wenn drei Voraussetzungen erfüllt sind:

1. Der (Teil-) Betrieb produziert nur ein Erzeugnis bzw. eine Dienstleistung.
2. Es treten keine Bestandsveränderungen unfertiger Erzeugnisse auf, selbst wenn der Leistungsprozess mehrstufig ist und Zwischenlager existieren.
3. Produzierte und abgesetzte Mengen stimmen überein, d.h. es gibt keine Bestandsveränderungen fertiger Erzeugnisse.

Klassische Anwendungsbeispiele sind die Stromerzeugung und die Kohlegewinnung in der Grundstoffindustrie. Aber auch die Kalkulation von Freizeit- und Vergnügungsparks kann mit diesem Verfahren erfolgen.

Hebt man die obige dritte Bedingung auf und weicht die produzierte Menge (x_P) von der Absatzmenge (x_A) ab, müssen die Herstellkosten (K_H) und die Verwaltungs- und Vertriebskosten (K_{VV}) getrennt ausgewiesen und separat auf die Produktions- bzw. Absatzmenge verrechnet werden. Die Selbstkosten je Stück (k) ergeben sich dann nach der **zweistufigen Divisionskalkulation** wie folgt:

$$k = \frac{K_H}{x_P} + \frac{K_{VV}}{x_A} = k_H + k_{VV}$$

Die Bewertung der nicht abgesetzten Mengen erfolgt zu den Stückherstellkosten (k_H); die Verwaltungs- und Vertriebskosten je Stück (k_{VV}) werden erst zum Zeitpunkt des Absatzes auf die Erzeugnisse verrechnet. Die Anwendung dieses Verfahrens erfordert, dass die Kosten der Bereiche Herstellung einerseits sowie Verwaltung und Vertrieb andererseits separat erfasst werden.

Beispiel 22: Zweistufige Divisionskalkulation

Eine Kornbrennerei produziert innerhalb eines Monats 55.000 Flaschen Aquavit. Der Lagerbestand zum Monatsanfang betrug 10.000 Flaschen; am Monatsende stehen 15.000 Stück im Lager. In dem Monat fielen 385.000 € Herstellkosten sowie 125.000 € Verwaltungs- und Vertriebskosten an. Da 5.000 Flaschen aus der laufenden Produktion auf Lager gehen, beträgt die Absatzmenge 50.000 Flaschen. Damit ergeben sich die Selbstkosten je Flasche zu

k = 385.000/55.000 + 125.000/50.000 = 7,00 + 2,50 = 9,50 €/Flasche

Der Zugang der 5.000 Flaschen zum Lager ist mit 7,00 €/Flasche bzw. zu insgesamt 35.000 € zu bewerten; der Absatz von 50.000 Flaschen ist mit Kosten von 9,50 €/Flasche bzw. zu Kosten von insgesamt 475.000 € zu bewerten.

⇨ *Aufgabe 31, S. 299*

Lässt man Lagerbestandsveränderungen für unfertige Erzeugnisse auf den einzelnen Stufen eines mehrstufigen Produktionsprozesses zu, müssen die Herstellkosten des Produktionsprozesses in Stufenkosten (K_{H1}, K_{H2}, ...) aufgeteilt und auf die jeweilige Produktionsmenge (x_{P1}, x_{P2}, ...) verteilt werden. Die Selbstkosten je Stück ergeben sich bei n Stufen nach der **mehrstufigen Divisionskalkulation**:

$$k = \frac{K_{H1}}{x_{P1}} + \frac{K_{H2}}{x_{P2}} + \ldots + \frac{K_{Hn}}{x_{Pn}} + \frac{K_{VV}}{x_A} = k_{H1} + k_{H2} + \ldots + k_{Hn} + k_{VV}$$

Zwischenlagerbestände unfertiger Erzeugnisse werden jeweils mit den kumulierten Herstellkosten der durchlaufenen Stufen bewertet; für den Zwischenlagerbestand nach der zweiten Stufe ist also ein Stückwert von $k_{H1} + k_{H2}$ anzusetzen.

Beispiel 23: Mehrstufige Divisionskalkulation

Der Produktionsprozess eines Marmorveredelungsbetriebes erfolgt mehrstufig wie nachfolgend skizziert. Auf jeder Stufe wird zur Herstellung einer Einheit genau eine Einheit der Vorstufe eingesetzt.

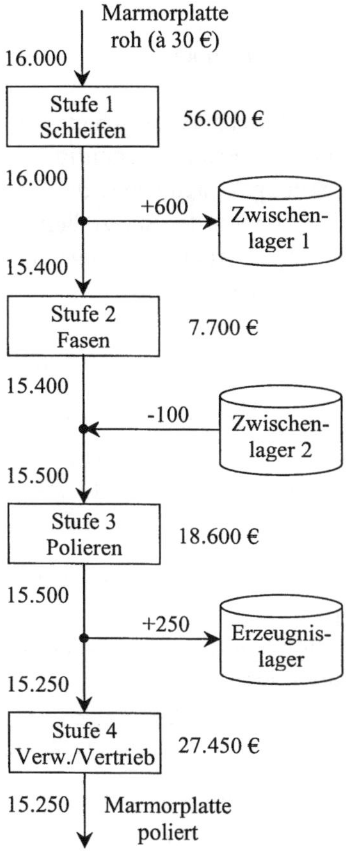

Aus den Aufschreibungen eines Monats sind die Material- und Bearbeitungskosten der drei Produktionsstufen sowie die Verwaltungs- und Vertriebskosten (vierte Stufe) mit den zugehörigen Produktions- bzw. Absatzmengen bekannt. Die Stufenkosten je Stück erhalten wir aus der Divisionsrechnung sowie den Wert der unfertigen bzw. fertigen Erzeugnisse nach jeder Stufe durch Kumulation gemäß folgender Rechnung:

Stufe	Stufen-kosten (€)	Stufen-menge (Stk.)	Stufen-kosten (€/Stk.)	kumulierte Stufenk. (€/Stk.)
Platte	480.000	16.000	30,00	30,00
1	56.000	16.000	3,50	33,50
2	7.700	15.400	0,50	34,00
3	18.600	15.500	1,20	35,20
4	27.450	15.250	1,80	37,00

Die Selbstkosten jeder verkauften Marmorplatte liegen bei 37,00 €/Stück. Die Bestandsmehrung im Zwischenlager 1 beläuft sich auf 600 • 33,50 = 20.100 €. Die Herstellkosten der fertigen Marmorplatte betragen 35,20 €/Stück; im Erzeugnislager beträgt die Bestandsmehrung daher 250 • 35,20 = 8.800 €. Im Zwischenlager 2 ist eine Bestandsminderung von 100 • 34,00 = 3.400 € eingetreten.

⇨ *Aufgabe 32, S. 301*

Das Verhältnis der Input- zur Outputmenge, d.h. der Produktions- bzw. Direktbedarfskoeffizient jeder Stufe ist im obigen Beispiel eins. Mengenverluste im Produktionsprozess bzw. Zusammenbauten mehrerer Einheiten einer Vorstufe werden durch Produktionskoeffizienten größer als eins berücksichtigt; z.B. besagt ein Produktionskoeffizient von drei für eine bestimmte Stufe, dass für eine Einheit dieser Stufe jeweils drei Einheiten der Vorprodukte aus der Vorstufe benötigt werden. Umgekehrt ist bei Mengengewinnen bzw. Spaltprozessen die Einsatzmenge kleiner als die Ausbringungsmenge, der Produktionskoeffizient also kleiner als eins. Unter diesen Voraussetzungen müssen wir entweder die Durchwälzmethode oder die Veredelungsmethode der Divisionskalkulation anwenden. Bei der **Durchwälzmethode** werden die Kosten jeder Stufe an die nachgelagerte Stufe weitergereicht bzw. durchgewälzt. Dadurch lassen sich die kumulierten Stückkosten von der ersten bis zur letzten Stufe nacheinander ermitteln.

Beispiel 24: Mehrstufige Divisionskalkulation/Durchwälzmethode

Ein Kieswerk produziert aus dem Rohkies eines Steinbruchs gequetschten Kies für den Straßen- und Tiefbau. Der Produktionsprozess erfolgt vierstufig wie nachfolgend skizziert. Der Rohkiespreis, die Verarbeitungskosten sowie die Einsatz- und Ausstoßmengen jeder Stufe in Tonnen (t) gehen aus der Skizze hervor. Die geringen Verwaltungs- und Vertriebskosten sind der vierten Stufe zugerechnet. Die Berechnungen laut Durchwälzmethode sind rechts aufgeführt.

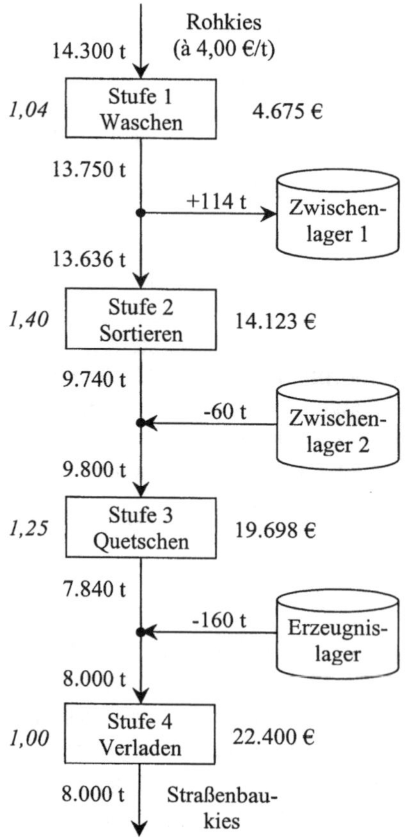

Stufe 1:	Rohkieskosten	57.200 €
	(14.300 t à 4,00 €)	
	Stufenk. Waschen	4.675 €
	Kumulierte Kosten	61.875 €
	Produktionsmenge	13.750 t
		4,50 €/t
Stufe 2:	Vorproduktkosten	61.362 €
	(13.636 t à 4,50 €)	
	Stufenk. Sortieren	14.123 €
	Kumulierte Kosten	75.485 €
	Produktionsmenge	9.740 t
		7,75 €/t
Stufe 3:	Vorproduktkosten	75.950 €
	(9.800 t à 7,75 €)	
	Stufenk. Quetschen	19.698 €
	Kumulierte Kosten	95.648 €
	Produktionsmenge	7.840 t
		12,20 €/t
Stufe 4:	Produktkosten	97.600 €
	(8.000 t à 12,20 €)	
	Stufenk. Verladen	22.400 €
	Kumulierte Kosten	120.000 €
	Produktionsmenge	8.000 t
		15,00 €/t

Die Durchwälzmethode berücksichtigt konkret die Einsatz- und Ausbringungsmengen jeder Stufe, wie sie z.B. aus der laufenden Abrechnung einer Periode festgestellt werden. Die **Veredelungsmethode** hingegen baut auf der Relation der Einsatz- zur Ausbringungsmenge jeder Stufe auf, die durch den Produktionskoeffizienten beschrieben wird. In dem Kieswerk des vorstehenden Beispiels sind die Produktionskoeffizienten links an den Kästchen jeder Stufe vermerkt. So werden beispielsweise für eine Tonne reinen Rohkies 1,4 t gewaschener Rohkies benötigt, weil Sand und zu kleine oder zu große Partikel aussortiert werden; der Produktionskoeffizient 1,4 wird auch in der Mengenrelation 13.636 t / 9.740 t der Stufe 2 sichtbar. Aus den Produktionskoeffizienten ergibt sich der Gesamtbedarf an Rohkies und Vorprodukten der Stufen je Tonne des Endprodukts, indem die Produktionskoeffizienten jeweils aller nachgelagerten Stufen miteinander multipliziert werden; aus dieser Multiplikation entstehen die jeweiligen Gesamtbedarfskoeffizienten. Z.B. erhalten wir die Gesamtbedarfskoeffizienten für den Rohkies zu 1,04 • 1,40 • 1,25 • 1,00 = 1,82 und für den gewaschenen Kies zu 1,40 • 1,25 • 1,00 = 1,75. Der Gesamtbedarfskoeffizient des Endproduktes bzw. der Endstufe ist stets 1. Indem wir die Stufenkosten je Einheit der Stufe mit dem zugehörigen Gesamtbedarfskoeffizienten multiplizieren, erhalten wir die Stufenkosten je Einheit des Endprodukts. Diese kumulieren wir abschließend über alle Stufen und erhalten für die letzte Stufe die Stückselbstkosten.

Beispiel 25: Mehrstufige Divisionskalkulation/Veredelungsmethode

Es gelten unverändert die Daten wie im obigen Beispiel zur Durchwälzmethode. Die Berechnungen nach der Veredelungsmethode können tabellarisch erfolgen. Die Gesamtbedarfskoeffizienten einer Stufe ergeben sich rückwärts schreitend von Stufe 4 ausgehend durch Multiplikation jeweils des Gesamtbedarfskoeffizienten und des Direktbedarfs- bzw. Produktionskoeffizienten der Folgestufe.

Stufe	Direkt-bedarfs-koeffizient	Gesamt-bedarfs-koeffizient	Kosten der Stufe (€)	Menge der Stufe (t)	Kosten (€ je t der Stufe)	Kosten (€ je t des Endprodukts)
Rohkies	-----	1,82	57.200	14.300	4,0000	7,2800
1	1,04	1,75	4.675	13.750	0,3400	0,5950
2	1,40	1,25	14.123	9.740	1,4500	1,8125
3	1,25	1,00	19.698	7.840	2,5125	2,5125
4	1,00	1,00	22.400	8.000	2,8000	2,8000
Σ						15,0000

Offensichtlich stimmen die Selbstkosten je Tonne verladener Kies in Höhe von 15,00 € mit dem Ergebnis der Durchwälzmethode überein.

⇨ *Aufgabe 33, S. 301*

2.4.2.1.2 Äquivalenzziffernkalkulation

Die Äquivalenzziffernkalkulation kommt bei Sortenfertigung zur Anwendung. Sorten umfassen Produkte, die von der Materialzusammensetzung oder vom Fertigungsverfahren her verwandt sind. Sortenfertiger sind zum Beispiel Brauereien, Blechwalzwerke, Zigarettenfabriken, Zementwerke und Ziegeleien. So werden in Brauereien neben dem Standardprodukt Pils alkoholreduzierte und alkoholfreie Biere, Starkbiere und Exportbiere produziert. In Ziegeleien werden Klinkersteine unterschiedlicher Größe, Härte und Oberflächenbeschaffenheit hergestellt.
Bei der Äquivalenzziffernkalkulation wird mithilfe von Äquivalenzziffern das Kostenverhältnis der einzelnen Produkte zu einer Standardsorte, dem Einheitsprodukt beschrieben. Das Einheitsprodukt erhält die Äquivalenzziffer 1; es ist häufig das Produkt mit der höchsten Produktionsmenge. Hat ein anderes Produkt die Äquivalenzziffer 3, bedeutet das, dass dieses Produkt im Vergleich zum Einheitsprodukt dreimal so viel Kosten verursacht. Äquivalenzziffern werden in Anlehnung an technische Daten wie Gärdauern, Brennzeiten, Blechstärken, Masse etc. gebildet. Zwischen ihnen und der Kostenhöhe sollte ein möglichst proportionaler Zusammenhang bestehen.
Wie bei der ein- und mehrstufigen Divisionskalkulation wird danach unterschieden, ob alle Kosten in einem Zuge oder getrennt nach verschiedenen Stufen verteilt werden sollen. Die **einstufige Äquivalenzziffernkalkulation** erfolgt in vier Rechenschritten, wobei die Schritte 3 und 4 austauschbar sind:

(1) Multiplikation der Mengen der einzelnen Sorten mit ihren Äquivalenzziffern, Ergebnis sind sogenannte Einheitsmengen, die auch Verrechnungseinheiten genannt werden
(2) Division der Gesamtkosten der Periode durch die Summe der Einheitsmengen, Ergebnis sind die Stückkosten der Einheitssorte
(3) Multiplikation der Stückkosten der Einheitssorte mit den Einheitsmengen der Sorten, Ergebnis sind die Gesamtkosten je Sorte
(4) Multiplikation der Stückkosten der Einheitssorte mit den Äquivalenzziffern der Sorten, Ergebnis sind die Stückkosten je Sorte

Beispiel 26: Einstufige Äquivalenzziffernkalkulation

Eine kleine Ziegelei produziert und verkauft drei Sorten Klinkersteine, und zwar 540.000 Stück der Sorte A, 200.000 Stück B und 80.000 Stück C. Die Kosten eines Monats betragen 609.000 €. Die Steine unterscheiden sich hinsichtlich ihrer Masse. Die Äquivalenzziffern werden in Anlehnung an die Masse der Steine festgelegt, weil diese maßgebend für die Kostenhöhe ist. Die Sorte A als das gängige Standardprodukt mit 2,5 kg/Stück erhält die Äquivalenzziffer 1,0.

Dann folgt für die beiden übrigen Sorten mit der jeweils angegebenen Masse:

Sorte B mit 2,0 kg/Stück ⟶ Äquivalenzziffer = 2,0 / 2,5 = 0,8
Sorte C mit 3,5 kg/Stück ⟶ Äquivalenzziffer = 3,5 / 2,5 = 1,4

Die eigentliche Kalkulation kann tabellarisch wie folgt aufgebaut werden:

Sorte	Masse (kg/Stück)	Äquiva-lenzziffer	Produktion (Stück)	Einheits-menge	Sortenkosten gesamt (€)	Sortenkosten (€/Stück)
A	2,5	1,0	540.000	540.000	405.000	0,75
B	2,0	0,8	200.000	160.000	120.000	0,60
C	3,5	1,4	80.000	112.000	84.000	1,05
Σ				812.000	609.000	

Stückkosten des Einheitsprodukts = 609.000 € / 812.000 Stück = 0,75 €/Stück

⇨ *Aufgaben 34 und 35, S. 302*

Wenn Bestandsänderungen auftreten oder die Kostenrelationen von Produktionsstufe zu Produktionsstufe unterschiedlich sind, muss die **mehrstufige Äquivalenzziffernkalkulation** angewendet werden. Dabei werden zunächst die Kosten jeder Stufe separat unter Berücksichtigung der Äquivalenzziffern wie bei der einstufigen Äquivalenzziffernkalkulation berechnet. Anschließend werden die Sortenkosten je Einheit über die Stufen kumuliert.

Beispiel 27: Mehrstufige Äquivalenzziffernkalkulation

Eine kleine Ziegelei produziert und verkauft drei Sorten Klinkersteine. Die Ziegelei erfasst die Kosten separat für die zwei Produktionsstufen Tonaufbereitung mit Formatierung (225.500 €) sowie Vorwärmen und Brennen (320.000 €). Außerdem fallen auf der dritten Stufe Verwaltungs- und Vertriebskosten (84.500 €) an. Die Kosten der Tonaufbereitung werden durch die Masse der Steine bestimmt, sodass sich daraus die Äquivalenzziffern der ersten Produktionsstufe ableiten lassen. Der Wärmebedarf in Kilojoule (kJ) bestimmt die Kosten für das Brennen; aus ihm ergeben sich die Äquivalenzziffern der zweiten Produktionsstufe. Außer der Masse und dem Wärmebedarf enthält folgende Tabelle die Produktions- und Absatzmengen der einzelnen Sorten auf den verschiedenen Stufen des Leistungsprozesses. Die Verwaltungs- und Vertriebskosten sind unabhängig von den einzelnen Sorten. Insofern brauchen für den Verwaltungs- und Vertriebsbereich keine Äquivalenzziffern bestimmt zu werden, bzw. sie nehmen für jede Produktart den Wert 1 an. Die Verwaltungs- und Vertriebskosten werden daher mit demselben Betrag je abgesetztes Stück verrechnet.

Sorte	Stufe 1: Tonaufbereitung		Stufe 2: Vorwärmen/Brennen		St. 3:
	Masse (kg/Stück)	Produktion (Stück)	Brennwärme (kJ/Stück)	Produktion (Stück)	Absatz (Stück)
A	2,5	530.000	45	530.000	* 540.000
B	2,0	150.000	27	150.000	* 160.000
C	3,5	180.000	54	150.000	145.000
Stufenkosten	225.500 €		320.000 €		84.500 €

* unter Rückgriff auf Bestände aus der Vorperiode

In dieser Situation ergibt sich folgende dreistufige Kalkulation:

Stufe 1: Tonaufbereitung mit Formatierung

Sorte	Masse (kg/Stück)	Äquiva-lenzziffer	Produktion (Stück)	Einheits-menge	Sortenkosten	
					gesamt (€)	(€/Stück)
A	2,5	1,0	530.000	530.000	132.500	0,25
B	2,0	0,8	150.000	120.000	30.000	0,20
C	3,5	1,4	180.000	252.000	63.000	0,35
				Σ = 902.000	Σ = 225.500	Ø = 0,25

Stufe 2: Vorwärmen und Brennen

Sorte	Brennwärme (kJ/Stk.)	Äquiva-lenzziffer	Produktion (Stück)	Einheits-menge	Sortenkosten	
					gesamt (€)	(€/Stück)
A	45	1,0	530.000	530.000	212.000	0,40
B	27	0,6	150.000	90.000	36.000	0,24
C	54	1,2	150.000	180.000	72.000	0,48
				Σ = 800.000	Σ = 320.000	Ø = 0,40

Stufe 3: Verwaltung und Vertrieb

Sortenkosten identisch für A, B und C = 84.500 € / 845.000 Stück = 0,10 €/Stück

Die Selbstkosten der drei Sorten erhalten wir durch Zusammenfassung der jeweiligen Stufenkosten über die Stufen 1 bis 3:

Sorte	Stufe 1 (€/Stück)	Stufe 2 (€/Stück)	Stufe 3 (€/Stück)	Gesamt (€/Stück)
A	0,25	0,40	0,10	0,75
B	0,20	0,24	0,10	0,54
C	0,35	0,48	0,10	0,93

⇨ *Aufgabe 36, S. 303*

2.4.2.1.3 Zuschlagskalkulation

Im Gegensatz zur Divisions- und Äquivalenzziffernkalkulation kann die Zuschlagskalkulation nahezu uneingeschränkt eingesetzt werden. Sie kann unter diversen Produktionsbedingungen, u.a. bei Einzel- und Kleinserienfertigung, bei mehrstufiger Produktionsstruktur sowie mit und ohne Lagerbestandsänderungen angewandt werden. Sie beruht auf der Trennung von Einzel- und Gemeinkosten. Die Einzelkosten werden den Kostenträgern direkt und daher verursachungsgemäß zugerechnet. Die Gemeinkosten werden zunächst auf Kostenstellen erfasst und dann mithilfe von Zuschlagssätzen auf Zuschlagsgrundlagen aufgeschlagen. Zuschlagsgrundlagen sind insbesondere die Einzelkosten. Je nach Genauigkeitsgrad der Rechnung bzw. nach Differenzierungsgrad der Gemeinkosten werden verschiedene Formen unterschieden.
Die **summarische Zuschlagskalkulation** verrechnet die gesamten Gemeinkosten eines Betriebes mithilfe eines einzigen Zuschlags. Als Zuschlagsbasis dienen die Materialeinzelkosten MEK (Variante 1), die Fertigungslöhne FL (Variante 2) oder die gesamten Einzelkosten EK (Variante 3).

Beispiel 28: Summarische Zuschlagskalkulation

Aus dem Betriebsabrechnungsbogen (vgl. Bsp. 21, Seiten 111f) werden die gesamten zu verrechnenden Normalgemeinkosten NGK (102.430 €), die Materialeinzelkosten MEK (157.300 €) und die Fertigungslöhne FL (insgesamt 22.050 €) entnommen. Ferner sind Sondereinzelkosten der Fertigung in Höhe von 5.870 € zu berücksichtigen. Die Einzelkosten EK der Periode betragen in der Summe 185.220 €. Zu kalkulieren sind zwei Produkte, die Fahrräder Cross und Touro, deren Einzelkosten je Stück in der Tabelle aufgeführt sind.

	Variante 1 *MEK-Zuschlag*		Variante 2 *FL-Zuschlag*		Variante 3 *EK-Zuschlag*	
	NGK 102.430 € MEK 157.300 € ZS 65,12%		NGK 102.430 € FL 22.050 € ZS 464,54%		NGK 102.430 € EK 185.220 € ZS 55,30%	
€/Stück	Cross	Touro	Cross	Touro	Cross	Touro
Materialeinzelk. Fertigungslohn Sondereinzelk.	170,00 19,00 9,00	130,00 22,00 5,00	170,00 19,00 9,00	130,00 22,00 5,00	170,00 19,00 9,00	130,00 22,00 5,00
Einzelkosten Gemeinkosten	198,00 110,70	157,00 84,66	198,00 88,26	157,00 102,20	198,00 109,49	157,00 86,82
Selbstkosten	308,70	241,66	286,26	259,20	307,49	243,82

Es zeigt sich, dass je nach der Einzelkostenstruktur der Produkte die Material- und die Lohnzuschlagskalkulation zu unterschiedlichen Ergebnissen führen. Welche Variante zu bevorzugen ist, richtet sich nach dem Verhalten der Gemeinkosten. Stehen die Gemeinkosten z.B. überwiegend in engem Bezug zu den Fertigungslöhnen, idealerweise in einem proportionalen Verhältnis, ist die summarische Lohnzuschlagskalkulation nach Variante 2 zu empfehlen. Nur wenn die Einzelkostenstruktur der zu kalkulierenden Produkte mit der Einzelkostenstruktur der Periode übereinstimmt, bleibt die Wahl der Zuschlagsgrundlage letztlich ohne Einfluss auf die Höhe der kalkulierten Stückkosten, die auch als Selbstkosten bezeichnet werden.
Die Genauigkeit der Rechnung wird in der Regel dadurch verbessert, dass die Gemeinkosten nach Kostenbereichen oder Kostenstellen getrennt erfasst und in einer **differenzierenden Zuschlagskalkulation** verrechnet werden. Dabei können für jeden Kostenbereich bzw. für jede Kostenstelle individuelle Zuschlagsgrundlagen gewählt werden (daher auch: elektive Zuschlagskalkulation). Sofern die Zuschlagsgrundlage als Bezugsbasis der Gemeinkostenverrechnung unmittelbar die Leistung der Kostenstelle beschreibt, spricht man von direkten Bezugsgrößen. Direkte Bezugsgrößen sind die Fertigungslöhne im Produktionsbereich, die in einem verursachungsgemäßen, proportionalen Zusammenhang zur Ausbringung stehen. Bei indirekten Bezugsgrößen fehlt der direkte Zusammenhang zwischen Bezugsgrößenhöhe und Leistung der Kostenstelle. Indirekte Bezugsgrößen sind die Materialeinzelkosten für die Gemeinkostenverrechnung der Materialstellen sowie die Herstellkosten für die Verrechnung der Verwaltungs- und Vertriebsgemeinkosten (vgl. auch S. 108 sowie Abb. 32).

Materialeinzelkosten (= Fertigungsmaterial)	MEK bzw. FM
+ Materialgemeinkosten (in % der MEK)	MGK
Zwischensumme Materialkosten gesamt (kann entfallen)	
+ Fertigungseinzelkosten (i.d.R. Fertigungslöhne)	FEK bzw. FL
+ Fertigungsgemeinkosten (in % der FEK)	FGK
+ Sondereinzelkosten der Fertigung	SEKdF
Zwischensumme Fertigungskosten gesamt (kann entfallen)	
= Herstellkosten	HK
+ Verwaltungsgemeinkosten (in % der HK)	VWK
+ Vertriebsgemeinkosten (in % der HK)	VTK
+ Sondereinzelkosten des Vertriebs	SEKdV
= Selbstkosten	SK

Abb. 32: Schema der differenzierenden Zuschlagskalkulation

Beispiel 29: Differenzierende Zuschlagskalkulation

Zu kalkulieren sind die Selbstkosten der Fahrräder Cross, Spezial und Touro (vgl. auch Bsp. 28 auf S. 125). Die Materialeinzelkosten MEK wurden durch Bewertung der benötigten Kaufteile festgestellt. Die Fertigungslöhne FL sind aus den Fertigungszeiten je Stück sowie aus den Lohnsätzen der Kostenstellen Fertigung I (24,00 €/Std.) und Fertigung II (25,00 €/Std.) zu berechnen. Ferner sind Sondereinzelkosten der Fertigung (SEKdF) für Spezialwerkzeuge zu berücksichtigen. Sämtliche Einzelkosten sowie die Fertigungszeiten zeigt folgende Tabelle:

Basisdaten		Cross	Race	Touro
Materialeinzelkosten	(€/Stk.)	170,00	150,00	130,00
Fertigungszeit Fertigung I	(Min./Stk.)	10	15	30
Fertigungszeit Fertigung II	(Min./Stk.)	36	30	24
Sondereinzelkosten d. F.	(€/Stk.)	9,00	4,00	5,00

Unter Berücksichtigung der Normalzuschlagssätze gemäß BAB (vgl. hierzu Bsp. 21, S. 111) erhalten wir folgende Zuschlagskalkulationen:

Kalkulation	Normal-ZS	Cross	Race	Touro
Materialeinzelkosten		170,00	150,00	130,00
Materialgemeinkosten	10%	17,00	15,00	13,00
Fertigungslohn I		4,00	6,00	12,00
Fertigungsgemeinkosten I	250%	10,00	15,00	30,00
Fertigungslohn II		15,00	12,50	10,00
Fertigungsgemeinkosten II	300%	45,00	37,50	30,00
Sondereinzelkosten d. F.		9,00	4,00	5,00
Herstellkosten		270,00	240,00	230,00
Verwaltungsgemeinkosten	4%	10,80	9,60	9,20
Vertriebsgemeinkosten	6%	16,20	14,40	13,80
Selbstkosten		297,00	264,00	253,00

Im Unterschied zur summarischen Zuschlagskalkulation werden die Gemeinkosten also deutlich differenzierter verrechnet. Dennoch weist auch die differenzierende Zuschlagskalkulation einige Mängel auf:

(1) Externe Preis- und Tarifänderungen wirken sich über die Material- bzw. Lohneinzelkosten auf die Höhe der kalkulierten Gemeinkosten aus, wenn die Zuschlagssätze unverändert beibehalten werden. Die Alternative besteht darin, die Zuschlagssätze bei Preis- und Tarifveränderungen aufwendig neu zu berechnen.

(2) Noch schwerer wiegt, dass Mechanisierung und Automatisierung voranschreiten und damit der Anteil der Fertigungslöhne an den Gesamtkosten stark rückläufig ist, während gleichzeitig die Kosten für Betriebsmittel und

Kapital steigen. Dadurch schnellen die Zuschlagssätze auf den Fertigungslohn in Größenordnungen von bis zu einigen tausend Prozent. Der Zusammenhang zwischen Gemeinkosten und Fertigungslohn ist dann fraglich, und geringfügige Änderungen im Lohn bewirken gravierende Änderungen der Gemeinkostenverrechnung.

(3) In Handels- und Dienstleistungsbetrieben fehlt häufig der Fertigungslohn als Bezugsgröße der Gemeinkostenverrechnung völlig. Die Zuschlagskalkulation erfolgt dann nur über indirekte Bezugsgrößen mit der Folge, dass die Kalkulation kaum als verursachungsgerecht angesehen werden kann.

⇨ *Aufgaben 37 und 38, S. 303*

2.4.2.1.4 Verrechnungssatzkalkulation

Die Verrechnungssatzkalkulation will die Mängel der Zuschlagskalkulation beseitigen, indem sie die wertmäßigen Zuschlagsbasen durch Mengen- und Zeitbezugsgrößen ersetzt; sie heißt deshalb auch Bezugsgrößenkalkulation. Als Bezugsgrößen kommen z.B. in Betracht

- in Leistungsstellen eines Produktionsbetriebes (Fertigung): Anzahl bearbeitete Werkstücke; Tonnen Ausstoß; Rüstzeit, Fertigungszeit, Maschinenlaufzeit etc.
- in Leistungsstellen eines Ingenieurbüros: qm verplante Fläche, cbm verplanter Raum; geleistete Beratungs- und Planungszeit etc.
- in Leistungsstellen eines Hotels: Zahl der Übernachtungen nach Einzel- und Doppelbettzimmern, Zahl der bereiteten Mahlzeiten, Zahl der betreuten Gäste, Teilnehmerzahl von Kongressen und Tagungen, Zahl der Gästeanmeldungen und -abmeldungen, Zahl der Schwimmbad- und Saunabenutzungen; Ausführungszeit der Vorgänge etc.

Im konkreten Anwendungsfall sollten solche Bezugsgrößen gewählt werden, die erstens einen direkten Zusammenhang zur Höhe der Kosten aufweisen. Denn nur dann erfüllen die Bezugsgrößen die *Kostenplanungs- und Kostenkontrollfunktion*, weil über die Höhe der Bezugsgröße auch die Höhe der angemessenen Kosten bestimmt ist. Z.B. steigen die Kosten des Fuhrparks eines Spediteurs mit der Fuhrparkleistung, gemessen in beförderten Tonnen-km; diese Bezugsgröße erfüllt die Planungs- und Kontrollfunktion. Die Bezugsgrößen sollten zweitens einen direkten Zusammenhang zur kalkulierten Leistung, zum Kalkulationsobjekt haben. Denn nur dann erfüllen sie die *Kalkulationsfunktion*, weil über die Höhe der Bezugsgröße auch die Höhe der auf das Kalkulationsobjekt zu verrechnenden Kosten bestimmt ist. Wird ein Speditionsauftrag z.B. nach Tonnen-km abgerechnet, erfüllt dieser Maßstab auch die Kalkulationsfunktion; die Fuhrparkkosten des Auftrages erhält man, indem man die Bezugsgröße Tonnen-km des Auftrags mit dem Verrechnungssatz in € je Tonnen-km multipliziert. Wird in der Buch-

haltung der Spedition die Zahl der Buchungen als Bezugsgröße gewählt, erfüllt diese zwar die Planungs- und Kontrollfunktion, jedoch kaum die Kalkulationsfunktion, da zwischen der Zahl der Buchungen und dem zu kalkulierenden Auftrag keine eindeutigen Beziehungen bestehen.
In der Regel können nur einige Gemeinkosten mit Verrechnungssätzen kalkuliert werden, während die übrigen weiterhin über Zuschlagssätze berechnet werden. Die grundsätzliche Struktur des Schemas der Zuschlagskalkulation bleibt erhalten, wie folgendes Beispiel zeigt.

Beispiel 30: Kalkulation mit Verrechnungssätzen (Fortsetzung zu Bsp. 29)

Die aus dem vorigen Beispiel zur Zuschlagskalkulation bekannten Produkte Cross, Race und Touro sollen mithilfe von Verrechnungssätzen für den Fertigungsbereich kalkuliert werden. Anstelle des Normalzuschlagssatzes von 250% für die Kostenstelle Fertigung I wird nun der Normalverrechnungssatz in Höhe von 60,00 €/Std., anstelle des Normalzuschlagssatzes von 300% für die Kostenstelle Fertigung II der Normalverrechnungssatz von 75,00 €/Std. verwendet (vgl. zu diesen Beträgen Bsp. 21, S. 111). Die Fertigungsgemeinkosten erhalten wir nun, indem wir die folgend aufgeführten Fertigungszeiten der Produkte je Kostenstelle mit dem zugehörigen Normalverrechnungssatz multiplizieren.

Basisdaten		Cross	Race	Touro
KoSt Fertigung I	(Min./Stk.)	10	15	30
KoSt Fertigung II	(Min./Stk.)	36	30	24

Die veränderten Zeilen zur Verrechnungssatzkalkulation sind *kursiv* gedruckt.

Kalkulation	Normalkostensatz	Cross	Race	Touro
Materialeinzelkosten		170,00	150,00	130,00
Materialgemeinkosten	10%	17,00	15,00	13,00
Fertigungslohn I		4,00	6,00	12,00
Fertigungsgemeinkosten I	*60 €/Std.*	*10,00*	*15,00*	*30,00*
Fertigungslohn II		15,00	12,50	10,00
Fertigungsgemeinkosten II	*75 €/Std.*	*45,00*	*37,50*	*30,00*
Sondereinzelkosten d. F.		9,00	4,00	5,00
Herstellkosten		270,00	240,00	230,00
Verwaltungsgemeinkosten	4%	10,80	9,60	9,20
Vertriebsgemeinkosten	6%	16,20	14,40	13,80
Selbstkosten		297,00	264,00	253,00

Da die Normalverrechnungssätze der Fertigungsstellen (in €/Std.) inhaltlich mit den Normalzuschlagssätzen (in %) korrespondieren, ändern sich die kalkulierten Fertigungsgemeinkosten und die Selbstkosten gegenüber der reinen Zuschlagskalkulation nicht.

Anders sieht es aus, wenn wir im Rahmen der Verrechnungssatzkalkulation unterschiedliche Kostenkategorien einer Kostenstelle voneinander trennen und über separate Kostensätze verrechnen. Beispielsweise bietet es sich an, in einer Fertigungskostenstelle die Maschinenkosten über die Maschinenlaufzeit und die Restgemeinkosten, darunter insbesondere die Personalgemeinkosten, über einen Lohnzuschlagssatz zu kalkulieren. Eine derartige Kalkulation wird als **Maschinenstundensatzkalkulation** bezeichnet. Diese erfordert folgende Schritte:

(1) Ermittlung der produktiven Maschinenzeit. Die produktive Nutzungszeit umfasst nur effektive Produktionszeiten, nicht jedoch z.B. Stillstandszeiten wegen Betriebsurlaubs und Feiertagen, Ausfallzeiten für Instandhaltungsmaßnahmen oder Leerzeiten wegen fehlender Aufträge.

(2) Bestimmung der Maschinenkosten, i.d.R. aus einer Planungsbetrachtung der einzelnen Kostenarten für ein Jahr, und Berechnung des Maschinenstundensatzes als Quotient aus Maschinenkosten und produktiver Maschinenzeit

(3) Ermittlung der Restgemeinkosten durch Abzug der Maschinenkosten von den bisherigen (Normal-) Gemeinkosten der Kostenstelle und Berechnung des Zuschlagssatzes für die Restgemeinkosten

(4) Kalkulation der Kostenträger, d.h. der Produkte mithilfe des Maschinenstundensatzes und des Restgemeinkostenzuschlagssatzes

Beispiel 31: Maschinenstundensatzkalkulation (Fortsetzung zu Bsp. 29)

In der Kostenstelle Fertigung II (vgl. den BAB auf S. 111) befindet sich eine automatisierte Montageinsel. Deren Kosten sollen nicht mehr wie bisher im Normalzuschlagssatz der Kostenstelle (300%), sondern mithilfe eines Maschinenstundensatzes separat verrechnet werden. Zu kalkulieren sind drei Produkte, die Fahrräder Cross, Race und Touro.

In Schritt (1) erhalten wir die produktive Maschinenzeit der Montageinsel *programmorientiert* für ein Jahr, indem wir die stückbezogenen Maschinenzeiten der Produkte aus der Arbeitsplanung mit den geplanten Jahresproduktionsmengen der Produkte multiplizieren (angenommene Beträge):

		Cross	Race	Touro
Maschinenzeit	Min./Stk.	8	6	12
Jahresproduktionsmenge	Stk.	2.295	4.750	6.375
Produktive Maschinenzeit	Min.	18.360	28.500	76.500
	Min.		123.360	
	Std.		2.056	

Alternativ kann die produktive Maschinenlaufzeit auch *kapazitätsorientiert* wie folgt ermittelt werden:

Kalendertage pro Jahr	365
- Wochenenden (Sa., So.)	104
- Feiertage (nur Mo. - Fr.)	9
+ Samstagschichten, z.B.	5
= Effektive Werktage	257

•

Tageslaufzeit maximal	10,0 Std.
- Reinigen, Warten etc.	1,2 Std.
- Leer-/Stillstandszeit	0,8 Std.
= Produktive tägl. Maschinenzeit	8,0 Std.

↓

Produktive Maschinenzeit pro Jahr 2.056 Std.

Im Beispiel stimmen die produktiven Maschinenzeiten der programmorientierten und der kapazitätsorientierten Beschäftigungsplanung überein. In der betrieblichen Praxis können die Ergebnisse aber durchaus abweichen.
In Schritt (2) berechnen wir die Maschinenkosten und den Maschinenstundensatz über die einzelnen Kostenarten (vgl. hierzu im Detail Abschnitt 2.2 Kostenartenrechnung, S. 41ff) gemäß folgender Aufstellung:

Basisdaten			
Anschaffungswert	330.000 €	Elektr. Anschlusswert	30 kW
WBW-Index Anschaffungsjahr	0,985000	Lastfaktor	65%
WBW-Index laufendes Jahr	1,047843	Strompreis	0,18 €/kWh
Wiederbeschaffungswert (WBW)	351.054 €	Kühlmittelverbrauch	1,2 l/h
Nutzungsdauer	8 Jahre	Kühlmittelpreis	2,80 €/l
Kalkulationszinssatz	12%	Stellfläche	72 qm
Instandhaltungsfaktor	3,5%	Monatl. Raumkostensatz	12,50 €/qm

Berechnung		
Kalk. Abschreibungen	Wiederbeschaffungswert / Nutzungsdauer 351.054 € / 8	43.881,75 €
Kalk. Zinsen	Anschaffungswert / 2 • 12% 330.000 € / 2 • 12%	19.800,00 €
Instandhaltungskosten	WBW • Instandhaltungsfaktor (Erfahrungssatz) 351.054 € • 3,5%	12.286,89 €
Steuerungskosten	Stunden • Stundensatz zzgl. Personalnebenkosten 514 Std. • 25 €/Std. zzgl. 75% (angenommen)	22.487,50 €
Energiekosten	Anschlusswert • Lastfaktor • Strompreis • M.zeit 30 kW • 65% • 0,18 €/kWh • 2.056 Std.	7.216,56 €
Kühlmittelkosten	Stundenverbrauch • Preis • Maschinenzeit 1,2 l/h • 2,80 €/l • 2.056 Std.	6.908,16 €
Versicherungskosten	Feuer-, Wasser-, Sturm- und Hagelversicherung Jahresbetrag laut Prämienrechnung	2.659,14 €
Raumkosten	Stellfläche • Raumkostensatz pro Monat • 12 Mon. 72 qm • 12,50 €/qm • 12	10.800,00 €
Maschinenkosten gesamt		126.040,00 €
/ Maschinenzeit	siehe oben, Schritt (1)	2.056 Std.
= Maschinenstundensatz		61,30 €/Std.

In Schritt (3) werden über die Stückfertigungszeiten aus der Arbeitsplanung und die geplanten Jahresproduktionsmengen die Fertigungszeiten der Kostenstelle Fertigung II und über den Lohnsatz von 25,00 € /Std. (vgl. Bsp. 19, S. 108) der Fertigungslohn ermittelt. Auf den Lohn berechnen wir mit dem Normalzuschlagssatz von 300% die zu verrechnenden Gemeinkosten der Kostenstelle, die wir anschließend in Maschinen- und Restgemeinkosten aufteilen.

		Cross	Race	Touro
Fertigungszeit	Min./Stk.	36	30	24
Jahresproduktionsmenge	Stk.	2.295	4.750	6.375
Fertigungszeit gesamt	Min.	82.620	142.500	153.000
	Min.		378.120	
Lohnsatz	€/Std.		25,00	
Fertigungslohn	€		157.550	

vorher:

KoSt Fertigung II	
Fertigungslohn	157.550 €
Normal-ZS	300 %
Normal-FGK	472.650 €

nachher:

Maschine	
Maschinenkosten	126.040 €
Maschinenzeit	2.056 Std.
Maschinenstundens.	61,30 €/Std.

und

KoSt Fertigung II „Rest“	
Rest-FGK	346.610 €
Fertigungslohn	157.550 €
Rest-FGK-ZS	220 %

Unter Verwendung des Maschinenstundensatzes *und* des Zuschlagssatzes für die Restgemeinkosten erhalten wir in Schritt (4) schließlich folgende Kalkulationen:

Kalkulation	Normalkostensatz	Cross	Race	Touro
Materialeinzelkosten		170,00	150,00	130,00
Materialgemeinkosten	10%	17,00	15,00	13,00
Fertigungslohn I		4,00	6,00	12,00
Fertigungsgemeinkosten I	250%	10,00	15,00	30,00
Fertigungslohn II		15,00	12,50	10,00
Restfertigungsgemeink. II	*220%*	*33,00*	*27,50*	*22,00*
Maschinenkosten	*61,30 €/Std.*	*8,17*	*6,13*	*12,26*
Sondereinzelkosten d. F.		9,00	4,00	5,00
Herstellkosten		266,17	236,13	234,26
Verwaltungsgemeinkosten	4%	10,65	9,45	9,37
Vertriebsgemeinkosten	6%	15,97	14,17	14,06
Selbstkosten		292,79	259,75	257,69

Bei den Produkten Cross und Race sinken die Selbstkosten im Vergleich zur reinen Zuschlagskalkulation, weil sie relativ fertigungszeit- und weniger maschinenintensiv sind, wie das Verhältnis der manuellen Fertigungszeit zur Maschinenzeit von 36 / 8 = 4,5 für Cross bzw. 30 / 6 = 5 für Race zeigt. Anders verhält es sich bei dem Touro-Rad, dessen Selbstkosten wegen des Zeitverhältnisses von 24 / 12 = 2, das eine - im Vergleich zu den übrigen Typen - höhere Maschinenintensität anzeigt, steigen.

⇨ *Aufgabe 39, S. 304*

2.4.2.1.5 Ratierliche Kalkulation

Bisweilen fallen einmalig oder sporadisch Kosten an, deren Nutzen die Periode der Kostenentstehung weit überdauert. Hierzu zählen etwa die Entwicklungskosten eines neuen Produktes oder die nach erfolgter Produkteinführung zunächst höheren Garantie- und Kulanzkosten. Es liegt im Sinne einer verursachungsgerechten und kontinuierlichen Kostenverrechnung, diese Beträge zunächst je Produktart zu sammeln oder im Vorhinein abzuschätzen, um sie dann auf die erwartete Menge dieser Produktart während der Produktlebenszeit zu verteilen. Das Ergebnis ist ein fester Kostenbetrag je Produkteinheit, der in der Kalkulation als Rate in einer separaten Zeile anzusetzen ist. Die ratierliche Kalkulation heißt deshalb auch Festbetragskalkulation.
Wenn einmalige oder sporadische Kosten ratierlich je Produkteinheit verrechnet werden, müssen wir diese Beträge aus den Gemeinkosten, die über Zuschlags- und Verrechnungssätze kalkuliert werden, heraus rechnen. Dadurch sinken die entsprechenden Zuschlags- bzw. Verrechnungssätze.

Beispiel 32: Ratierliche Kalkulation (Fortsetzung zu Bsp. 31)

Die Entwicklungskosten aller Produkte, die bisher als Bestandteil der Fertigungsgemeinkosten kalkuliert wurden, sollen produktartspezifisch über Entwicklungskostenraten verrechnet werden. Diese ergeben sich als Quotient aus den Entwicklungskosten und den vorsichtig geschätzten Mengen über den Marktlebenszyklus.

	Cross	Race	Touro
Absatz-/Produktionsmenge 1. Jahr	1.950	3.250	6.375
Absatz-/Produktionsmenge 2. Jahr	2.295	4.000	7.225
Absatz-/Produktionsmenge 3. Jahr	2.705	4.750	7.800
Absatz-/Produktionsmenge 4. Jahr	2.150	3.500	6.200
Gesamtmenge im Lebenszyklus	9.100	15.500	27.600
Entwicklungskosten gesamt (€)	92.820,00	89.900,00	124.200,00
Entwicklungskostenrate (€/Stk.)	10,20	5,80	4,50

Es sei angenommen, dass durch die separate Verrechnung der Entwicklungskosten die FGK-Zuschlagssätze jeweils um 25%-Punkte zurückgenommen werden können. Dann erhalten wir nunmehr folgende Kalkulationen:

Kalkulation	Normalkostensatz	Cross	Race	Touro
Materialeinzelkosten		170,00	150,00	130,00
Materialgemeinkosten	10%	17,00	15,00	13,00
Fertigungslohn I		4,00	6,00	12,00
Fertigungsgemeinkosten I	*225%*	*9,00*	*13,50*	*27,00*
Fertigungslohn II		15,00	12,50	10,00
Restfertigungsgemeink.II	*195%*	*29,25*	*24,38*	*19,50*
Maschinenkosten	61,30 €/Std.	8,17	6,13	12,26
Entwicklungskostenrate		*10,20*	*5,80*	*4,50*
Sondereinzelkosten d. F.		9,00	4,00	5,00
Herstellkosten		271,62	237,31	233,26
Verwatltungsgemeinkosten	4%	10,86	9,49	9,33
Vertriebsgemeinkosten	6%	16,30	14,24	14,00
Selbstkosten		298,78	261,04	256,59

In jeder Abrechnungsperiode sind die je Produktart verrechneten Entwicklungskosten, die sich durch Multiplikation von Produktmenge und Entwicklungskostenrate ergeben, festzustellen und gegen die ursprünglich angefallenen Beträge abzugleichen. Eventuell zu viel verrechnete Beträge sind als Überdeckungen, zu wenig verrechnete Beträge als Unterdeckungen zu behandeln. Zur komplexen Problematik der Steuerung und Verrechnung vor- und nachlaufender Kosten sei auch auf Kapitel 7 zur Lebenszykluskostenrechnung verwiesen.

2.4.2.1.6 Kuppelkalkulation

Die bisher geschilderten Verfahren dienen der Kalkulation solcher Produkte, die unabhängig voneinander hergestellt werden können. Bei Kuppelproduktion hingegen entstehen auf einer Produktionsstufe, dem Spaltprozess (split off point), zwangsläufig mehrere Produkte gleichzeitig, z.B. durch Aufspaltung. Diese Produkte werden als Kuppelprodukte (KP) bezeichnet.

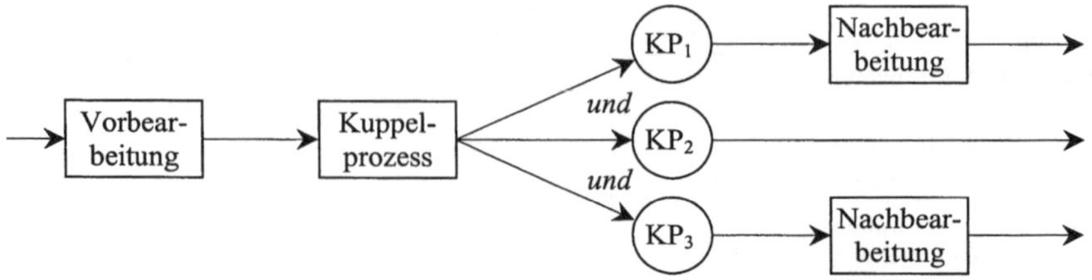

Abb. 33: Kuppelproduktion

Als Beispiele seien genannt:

- in Raffinerien: Öle, Benzine, Gase
- in Hüttenwerken: Roheisen, Schlacke, Gichtgas
- in Sägewerken: Kantholz, Bretter, Leisten, Schwarten, Sägespäne
- in Zuckerfabriken: Rohzucker, Melasse

Die Kuppelkalkulation dient dazu, die Kosten der Kuppelproduktionsstufe auf alle Produkte zuzurechnen, die aus der Stufe gleichzeitig und gemeinsam hervorgehen. Sie kann mittels zweier unterschiedlicher Ansätze erfolgen, und zwar der Verteilungsmethode oder der Restwertmethode.
Die **Verteilungsmethode** unterstellt, dass alle Produkte für das Unternehmen gleichermaßen von Bedeutung sind. Sie verteilt die Kosten der Kuppelproduktionsstufe nach einem Verteilungsschlüssel auf die Kostenträger. Der Verteilungsschlüssel kann z.B. allein nach den Verhältnissen der Ausstoßmengen gebildet werden. Um die eventuell unterschiedliche „Wertigkeit" der Produkte zu erfassen, werden die Kosten in der Regel in Anlehnung an die Erlöse oder an Verwertungsüberschüsse, z.B. Deckungsbeiträge, verteilt. Bei Verwendung eines Erlösschlüssels heißt die Verteilungsmethode auch Marktpreisäquivalenzziffernmethode oder kurz Marktwertmethode.

Beispiel 33: Kuppelkalkulation/Verteilungsmethode

Eine Raffinerie gewinnt aus Rohöl die Kuppelprodukte Heizöl, Benzin und technische Gase. In einem Monat beliefen sich die gesamten Kosten der Kuppelproduktion auf 192.440 Tsd € und die gesamten Erlöse auf 226.400 Tsd €; der Kostenanteil am Erlös in der Raffinerie gesamt beträgt damit 85%. Dieser Kostenanteil wird auch für die Kuppelprodukte angenommen.

Kuppelprodukt	Heizöl		Benzin		Gase		Gesamt
Menge (Tsd t)	800		125		24		
Preis (€/t)	230,00		320,00		100,00		
Erlös (Tsd €)	184.000		40.000		2.400		226.400
							↓
Kosten in % vom Umsatz	*85%*	←	*85%*	←	*85%*	←	*85%*
							↑
Kosten (Tsd €)	156.400		34.000		2.040		192.440
Ergebnis (Tsd €)	27.600		6.000		360		33.960
Stückkosten (€/t)	195,50		272,00		85,00		

Die Verteilung der Kosten der Kuppelproduktion nach dem Erlösanteil der Produkte führt zwangsläufig dazu, dass der Saldo aus Erlös und Kosten der Kuppelproduktion, das Ergebnis, gemessen am Erlös für alle Produkte gleich hoch ist. Im Beispiel beträgt dieser Saldo (226.400 - 192.440) / 226.400 = 15% der Erlöse.

Die **Restwertmethode** unterscheidet zwischen Hauptprodukten und weniger wichtigen Nebenprodukten, die unvermeidbar zusätzlich entstehen. Sie unterstellt, dass für die Nebenprodukte nur Kostendeckung erzielt werden soll. Deshalb setzt sie die Kosten der Nebenprodukte mit den jeweiligen Erlösen gleich. Anschließend werden die Kosten der Nebenprodukte von den Kosten der Kuppelproduktionsstufe subtrahiert; der Saldo bildet die Kuppelproduktionskosten des Hauptproduktes. Wegen des Abzugs der Kosten der Nebenprodukte von den Kosten der Kuppelproduktion insgesamt wird diese Methode auch Subtraktionsmethode genannt.

Beispiel 34: Kuppelkalkulation/Restwertmethode

Die in Beispiel 33 beschriebene Raffinerie konzentriert sich auf das Heizölgeschäft und betrachtet Heizöl als ihr Hauptprodukt; die Erzeugnisse Benzin und technische Gase sind nur Nebenprodukte. Die Kosten der Nebenprodukte Benzin und technische Gase werden deshalb mit ihren Erlösen in Höhe von 40.000 Tsd € bzw. 2.400 Tsd € gleichgesetzt; als Rest verbleiben für das Hauptprodukt Kosten von 192.440 - 40.000 - 2.400 = 150.040 Tsd €.

Kuppelprodukt	Heizöl		Benzin	Gase	Gesamt
Menge (Tsd t)	800		125	24	
Preis (€/t)	230,00		320,00	100,00	
Erlös (Tsd €)	184.000		40.000	2.400	226.400
			↓	↓	
Kosten (Tsd €)	150.040	←	40.000	2.400	192.440
Ergebnis (Tsd €)	33.960		0	0	33.960
Stückkosten (€/t)	187,55		320,00	100,00	

Die Tabelle macht deutlich, dass bei der Restwertmethode das gesamte Ergebnis auf das Hauptprodukt entfällt; für die Nebenprodukte ist - gemäß der Annahme der Kostendeckung dieser Methode - das Ergebnis jeweils null.

In einigen Fällen muss die Kuppelkalkulation noch angepasst werden:

- Einige Kuppelprodukte werden im Anschluss an den Kuppelprozess (nach dem split off point) noch weiter bearbeitet. Dann müssen zunächst die Kosten der weiteren Bearbeitung von den jeweiligen Erlösen der Kuppelprodukte abgezogen werden; der verbleibende Erlös ist Grundlage für die Zurechnung der Kosten der Kuppelproduktion auf die Kuppelprodukte nach der Verteilungs- bzw. Restwertmethode.
- Einige Kuppelprodukte können nicht verkauft werden, sondern sind kostenpflichtig zu entsorgen. Dann müssen zunächst die Entsorgungskosten den Kosten der Kuppelproduktion hinzugerechnet werden. Die Summe der Kosten für

die Kuppelproduktion und die Entsorgung ist den übrigen Kuppelprodukten nach der Verteilungs- bzw. Restwertmethode zuzurechnen.

- Durch die Kuppelproduktion entstehen gleichzeitig mehrere Hauptprodukte und Nebenprodukte. Dann muss zunächst die Restwertmethode angewendet werden, um die Kosten der Kuppelproduktion für die einzelnen Nebenprodukte und als Rest die Kosten der Hauptprodukte insgesamt zu berechnen. Die Kosten der Hauptprodukte insgesamt werden anschließend mithilfe der Verteilungsmethode auf die einzelnen Hauptprodukte verteilt.

Die Kuppelkalkulation dient der Berechnung der Herstellkosten für den Kuppelproduktionsprozess. Weitere Kosten für Material, Fertigung, Verwaltung und Vertrieb, die vor oder nach dem Spaltprozess anfallen, können wie gehabt über Zuschlags- oder Verrechnungssätze kalkuliert werden; z.B. die Verwaltungs- und Vertriebskosten als Zuschlag auf die Herstellkosten.
Mit der Verteilungs- und der Restwertmethode werden die Kosten der Kuppelproduktionsstufe auf der Basis von Erlösen und deshalb letztlich nach dem Kostentragfähigkeitsprinzip (vgl. Abschnitt 1.6, S. 36ff) auf die Kuppelprodukte verteilt; eine verursachungsgerechte Kostenzurechnung ist damit nicht möglich. Verursachungsgerecht lassen sich die Kosten der Kuppelproduktion überhaupt nur allen Kuppelprodukten gemeinsam zurechnen. Eine Aufteilung der Kosten auf die Kuppelprodukte ist für Planungs- und Entscheidungsaufgaben zumeist auch nicht erforderlich, denn jede Maßnahme, die die Kuppelproduktion betrifft, wirkt sich stets auf die Gesamtheit aller Kuppelprodukte aus. Lediglich für die Bestandsbewertung von Kuppelprodukten im Rahmen der Erstellung des Jahresabschlusses macht der Einsatz dieser nachvollziehbaren Methoden Sinn.

⇨ *Aufgaben 40 und 41, S. 305*

2.4.2.2 Kalkulation des Verkaufspreises

Die bisher dargestellten Kalkulationsverfahren haben die Aufgabe, die mit der Leistungserstellung und -verwertung anfallenden Selbstkosten je Leistungseinheit zu bestimmen. Die Selbstkosten der standardmäßig kalkulierten Produkte bzw. der vorkalkulierten Aufträge bilden die Grundlage für die Preisbildung. Der Preis sollte im Idealfall nicht nur die Kosten decken, sondern auch einen Gewinnanteil beinhalten. Der Gewinnanteil ist Ausdruck individueller Präferenzen, die der Kunde für das Unternehmen aufgrund der Funktionalität und Qualität seiner Produkte, seines Services und seines guten Namens (Goodwill) hat und im Preis honoriert. Er ist ferner Ausdruck von Kostenvorteilen im Vergleich zu Wettbewerbern, die das Unternehmen z.B. durch technisches Know-how und vernünftige Organisationsstrukturen (z.B. Lean Production, Lean Management) erreicht hat. Außer dem Gewinnanteil muss der Listenpreis eines Produktes bzw.

der Angebotspreis eines Auftrages übliche Preisabzüge für Kundenrabatte und für Skonti berücksichtigen. In einer **Vorwärtskalkulation** können wir ausgehend von den kalkulierten Selbstkosten den Preis wie folgt bestimmen.

Beispiel 35: Preiskalkulation

Ein Fahrradhersteller kalkuliert seine Verkaufspreise inkl. 16% Umsatzsteuer mit einem Gewinnaufschlag von 20% auf die Selbstkosten (vgl. Bsp. 29, S. 127). Die Kunden ziehen durchschnittlich 1% Skonto und erhalten 15% Rabatt.

	Satz	Cross	Race	Touro
Selbstkosten		297,00	264,00	253,00
+ Gewinnaufschlag	20,00%	59,40	52,80	50,60
= Barverkaufspreis		356,40	316,80	303,60
+ Skonto	1,00%	3,60	3,20	3,07
= Zielverkaufspreis		360,00	320,00	306,67
+ Rabatt	15,00%	63,53	56,47	54,12
= Listenverkaufspreis		423,53	376,47	360,79
+ Umsatzsteuer	16,00%	67,76	60,24	57,73
= Auszeichnungspreis		491,29	436,71	418,52
verkaufsfreundlich gestaltet		*489,00*	*439,00*	*419,00*

In der Kalkulation ist zu beachten, dass Skonto und Rabatt nicht „Auf-Werte", sondern „Im-Werte" sind, d.h. der Barverkaufspreis entspricht im vorliegenden Beispiel 100% - 1% = 99% vom Zielverkaufspreis und der Zielverkaufspreis 100% - 15% = 85% vom Listenverkaufspreis.

Die Kalkulation der Verkaufspreise bietet Anhaltspunkte für die Preisfindung; welche Preise sich letztlich durchsetzen lassen, entscheiden die Verhältnisse am Markt. Bei harter Konkurrenz zahlreicher Wettbewerber sind die Chancen der gewinnorientierten Preiseinflussnahme des einzelnen Anbieters ungleich geringer als die eines Monopolisten. Bei guter Konjunktur sind angemessene Gewinnaufschläge eher möglich als in schlechten Zeiten, in denen über den Preis um jeden Kunden gekämpft wird. Ein Unternehmen wird sich deshalb an die erzielbaren Preise und die damit möglichen Gewinne aufgrund bisheriger Erfahrungen und unter Abwägung künftiger Entwicklungen herantasten müssen. Dabei kommt es darauf an, für innovative, modische oder attraktive Produkte die Marktchancen rechtzeitig zu erkennen und im Preis zu nutzen, während für die übrigen Produkte der Preis vielleicht gerade die Selbstkosten deckt oder gar darunter liegt.

⇨ *Aufgabe 42, S. 306*

Lässt sich aufgrund der Absatzmarktsituation nur ein bestimmter Verkaufspreis durchsetzen, können wir im Rahmen einer **Rückwärtskalkulation** ausgehend von diesem Preis die zulässigen Selbstkosten ableiten. Diese sollen so ermittelt werden, dass unter Berücksichtigung erwarteter Erlösminderungen durch Rabatte und Skonti eine vorgegebene Gewinnmarge erzielt wird.

Beispiel 36: Rückwärtskalkulation

Für die Fahrräder aus Bsp. 35 lassen sich die folgenden Preise erzielen. Unter sonst gleichen Bedingungen des durchschnittlichen Rabattsatzes von 15%, der Skontoziehung von 1% sowie des Gewinnaufschlags von 20% auf die Selbstkosten erhalten wir letztere wie folgt:

	Satz	Cross	Race	Touro
Listenverkaufspreis		414,00	379,00	299,00
- Rabatt	15,00%	62,10	56,85	44,85
= Zielverkaufspreis		351,90	322,15	254,15
- Skonto	1,00%	3,52	3,22	2,54
= Barverkaufspreis		348,38	318,93	251,61
- Gewinnaufschlag	20,00%	58,06	53,16	41,94
= *Selbstkosten*		*290,32*	* *265,78*	* *209,68*

* rundungsbedingte Abweichung

In dieser Aufstellung sind Rabatt und Skonto vom Listen- bzw. Zielverkaufspreis zu ziehen, während der Gewinnaufschlag auf die Selbstkosten im Barverkaufspreis enthalten ist. Der Barverkaufspreis entspricht hier also 120% der Selbstkosten. Sollen abweichend die ursprünglichen Gewinne entsprechend der Vorwärtskalkulation erzielt werden, müssen die Selbstkosten noch niedriger liegen. Die Rückwärtskalkulation lässt sich beliebig auf die Bestandteile der Selbstkosten fortsetzen. Wir könnten z.B. unter der Annahme unbeeinflussbarer Fertigungs-, Verwaltungs- und Vertriebskosten fragen, wie hoch die Materialkosten bei noch zu verhandelnden Bezugspreisen maximal sein dürfen.
Liegen hingegen die Selbstkosten und der erzielbare Listenverkaufspreis fest, ergibt sich letztlich der Gewinn als Saldo aus Barverkaufspreis und Selbstkosten. Diesen Saldo zeigt die **Differenzkalkulation**.

Beispiel 37: Differenzkalkulation

Für die aus Beispiel 35 zur Preiskalkulation bekannten Produkte können die Selbstkosten trotz aller Bemühungen nicht weiter gesenkt werden, andererseits stellen sich die erzielbaren Preise wie nach Beispiel 36 dar. Dann erhalten wir unter sonst gleichen Bedingungen eines durchschnittlichen Rabattsatzes von 15% und der Skontoziehung von 1% den Gewinn der Fahrräder als Saldo aus Barverkaufspreis und Selbstkosten. Der relative Gewinn, als prozentualer Aufschlag auf die Selbstkosten gerechnet, kann dabei durchaus variieren.

	Satz	Cross	Race	Touro
Listenverkaufspreis		414,00	379,00	299,00
- Rabatt	15,00%	62,10	56,85	44,85
= Zielverkaufspreis		351,90	322,15	254,15
- Skonto	1,00%	3,52	3,22	2,54
= Barverkaufspreis		348,38	318,93	251,61
- Selbstkosten		297,00	264,00	253,00
= Gewinn/Verlust		51,38	54,93	-1,39
entsprechend einem SK-Aufschlag von		*17,30%*	*20,81%*	*-0,55%*

⇨ *Aufgabe 43, S. 307*

2.4.2.3 Handelskalkulation

Im Handel kann zur Kosten- und Preisbestimmung die summarische Zuschlagskalkulation verwendet werden, um mit einem Zuschlagssatz alle Handlungskosten des Betriebes in einem Zuge auf den jeweiligen Einstandspreis (Bezugspreis) der Artikel aufzuschlagen. Oder die Gemeinkosten für Einkauf, die Handlungskosten für Einlagern, Auspacken, Positionieren, Beraten, Kassieren etc. sowie die Verwaltungskosten werden getrennt nach Kostenstellen und Warengruppen erfasst und im Rahmen einer differenzierenden Zuschlagskalkulation auf den Wareneinstand verrechnet.
Im Handel kommt es oftmals darauf an, ausgehend von den Einstandspreisen schnell und unkompliziert einen Absatzpreis zu ermitteln. Das ist z.B. wichtig, wenn ein Großhändler gegenüber dem Kunden am Telefon unmittelbar einen Absatzpreis nennen muss oder ein Einzelhändler ohne viel Mühe aus Einstandspreislisten den Verkaufspreis ableiten will. In diesen Fällen bietet es sich an, anstelle mehrerer Kalkulationssätze für die einzelnen Kalkulations- und Preisbestandteile mit einem einzigen *Kalkulationszuschlag* auf den Einstandspreis bzw. mit einem einzigen *Kalkulationsfaktor* als Multiplikator für den Einstandspreis zu arbeiten. Kalkulationszuschlag und Kalkulationsfaktor werden wie folgt bestimmt:

$$\text{Kalkulationszuschlag} = \frac{\text{Verkaufserlös - Wareneinstand}}{\text{Wareneinstand}} \bullet 100\,(\%)$$

$$\text{Kalkulationsfaktor} = \frac{\text{Verkaufserlös}}{\text{Wareneinstand}} = \frac{\text{Kalkulationszuschlag}\,(\%) + 100}{100}$$

Kalkulationszuschlag und -faktor dienen zur Kalkulation der Verkaufspreise im Handel. Sie werden wie Normal- und Plankostensätze aus einer Periodenrechnung abgeleitet. Dabei kann es wegen unterschiedlicher Rabattsätze zweckmäßig

sein, für die verschiedenen Artikel- und Kundengruppen jeweils individuelle Kalkulationszuschläge und -faktoren festzulegen.
Neben Kalkulationszuschlag und -faktor wird als Branchenkennzahl die *Handelsspanne* verwendet. Sie beschreibt den Überschuss des Verkaufserlöses über den Wareneinstand, gemessen am Verkaufserlös, der dem Händler zur Deckung seiner Handlungskosten, eventueller Abzüge wie Rabatt und Skonto sowie als Gewinnanteil verbleibt.

$$\text{Handelsspanne} = \frac{\text{Verkaufserlös - Wareneinstand}}{\text{Verkaufserlös}} \cdot 100\,(\%)$$

Beispiel 38: Handelskalkulation

Ein Großhändler für Sportgeräte stellt für die Artikelgruppe Fahrräder ausgehend vom Wareneinstand bis zum Listenverkaufserlös die normalisierten Periodenwerte in der Gesamtspalte der folgenden Kalkulationstabelle nach dem Schema der Zuschlagskalkulation für einen Handelsbetrieb zusammen. Er leitet den Kalkulationsfaktor als Quotient aus Listenverkaufserlös und Wareneinstand ab. Für einen Artikel, das Fahrrad Velostar, beträgt der Einstandspreis 393,75 €/Stück. Unter Verwendung der ausgewiesenen differenzierten Kalkulationssätze berechnen wir für Velostar einen Listenverkaufspreis von 750,00 €/Stück. Den Listenverkaufspreis können wir jedoch einfacher ermitteln, indem wir den Einstandspreis mit dem aus der Gesamtspalte abgeleiteten Kalkulationsfaktor von ca. 1,905 multiplizieren. Zu demselben Ergebnis gelangen wir, indem wir alternativ auf den Einstandspreis den Kalkulationszuschlag von ca. 90,5% aufschlagen. In der Artikelgruppe Fahrräder erzielt der Großhändler eine Handelsspanne von (2.500.000 - 1.312.500) € / 2.500.000 € = 47,5%.

		Fahrräder gesamt	Fahrrad Velostar	
Wareneinstand		1.312.500	393,75	393,75
+ Einkaufsgemeinkosten	8%	105.000	31,50	
+ Handlungsgemeinkosten	47%	616.875	185,06	
+ Verwaltungsgemeinkosten	5%	65.625	19,69	
= Selbstkosten		2.100.000	630,00	
+ Gewinnaufschlag	5%	105.000	31,50	
= Barverkaufserlös		2.205.000	661,50	
+ Skonto	2%	45.000	13,50	
= Zielverkaufserlös		2.250.000	675,00	
+ Rabatt	10%	250.000	75,00	
= Listenverkaufserlös netto		2.500.000	750,00	750,09

Kalkulationsfaktor = 2.500.000/1.312.500 = 1,905

• Kalkulationsfaktor 1,905

⇨ *Aufgaben 44 und 45, S. 307*

2.4.3 Betriebsergebnisrechnung

In der Kalkulation werden die Selbstkosten je Leistungseinheit berechnet. Die Kostenträgerzeitrechnung stellt hingegen die Kosten der gesamten in einer Periode produzierten bzw. abgesetzten Erzeugnisse und Dienstleistungen zusammen. Werden den Kosten zusätzlich die Leistungen gegenübergestellt, wird die Kostenträgerzeit- zur Betriebsergebnisrechnung.
Die Betriebsergebnisrechnung soll unterjährig - in der Regel monatlich, mindestens aber vierteljährlich - den kurzfristigen Erfolg aufzeigen. Dabei erleichtert eine differenzierte Ermittlung des Betriebsergebnisses die gezielte Kontrolle und Analyse des Erfolgs und das Erkennen der (Miss-) Erfolgsquellen und trägt so zur erfolgreichen Unternehmenssteuerung und zu sinnvollen, auf Erfolgsverbesserung abzielenden Entscheidungen bei.
Die Betriebsergebnisrechnung kann nach dem Gesamtkostenverfahren oder nach dem Umsatzkostenverfahren angefertigt werden. Der wesentliche Unterschied beider Verfahren besteht im Umfang der angesetzten Kosten bzw. Leistungen. Beim Gesamtkostenverfahren werden alle Kosten einer Periode von der Gesamtleistung abgesetzt. Die Gesamtleistung setzt sich aus dem Umsatz, den Bestandsänderungen bei unfertigen und fertigen Erzeugnissen sowie aktivierten Eigenleistungen zusammen. Hingegen werden beim Umsatzkostenverfahren nur die Kosten der abgesetzten Erzeugnisse vom Umsatz abgezogen; diese werden als Selbstkosten des Umsatzes oder kurz Umsatzkosten bezeichnet. Bestandsänderungen bei unfertigen und fertigen Erzeugnissen sowie aktivierte Eigenleistungen weist das Umsatzkostenverfahren nicht als Leistungen aus.

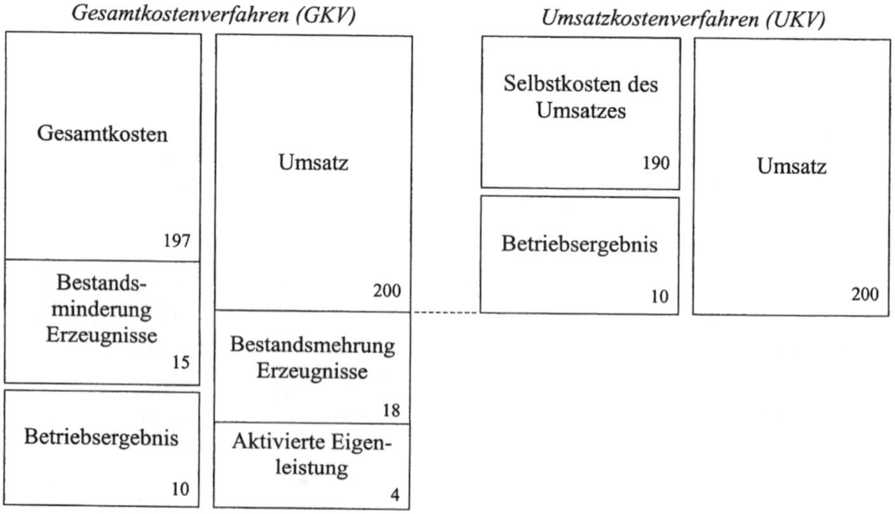

Abb. 34: Struktur des Gesamtkostenverfahrens und des Umsatzkostenverfahrens

Die Bestandsminderungen sind zwar Bestandteil der Gesamtleistung, müssen aufgrund ihres leistungsmindernden Charakters in Abb. 34 aber auf der Kostenseite dargestellt werden. Wie das Säulendiagramm bzw. T-Kontenmodell veranschaulicht, führen beide Verfahren auf dasselbe Betriebsergebnis. Denn die Bestandsänderungen bei unfertigen und fertigen Erzeugnissen sowie die aktivierten Eigenleistungen werden zu Herstellkosten bewertet; der Saldo dieser Leistungen und Kosten ist mithin null. Das Betriebsergebnis ergibt sich also auch beim Gesamtkostenverfahren letztlich aus dem Umsatz.

Beispiel 39: Betriebsergebnisrechnung/Überblick

Ein Maschinenbauunternehmen erzielte einen Quartalsumsatz von 200 Mio € bei Gesamtkosten in Höhe von 197 Mio €. Die Bestände der fertigen Erzeugnisse sind um 18 Mio € gestiegen sowie die Bestände der unfertigen Erzeugnisse um 15 Mio € gesunken. Selbst hergestellte Maschinen, deren Herstellkosten sich auf 4 Mio € belaufen, wurden ins Anlagevermögen übernommen und als aktivierte Eigenleistung erfasst. Dann stellt sich das Betriebsergebnis in Staffel- bzw. Listenform nach dem Gesamtkostenverfahren und nach dem Umsatzkostenverfahren einschließlich Überleitung wie folgt dar:

Gesamtkostenverfahen

Umsatz	200
+ Best.mehrung Erz.	18
- Best.minderg. Erz.	15
+ Aktivierte Eigenl.	4
= Gesamtleistung	207
- Gesamtkosten	197
= Betriebsergebnis	10

Überleitung

Gesamtkosten	197
- Best.mehrung Erz.	18
+ Best.minderg. Erz.	15
- Aktivierte Eigenl.	4
= Selbstkosten d. Ums.	190

Umsatzkostenverfahren

Umsatz	200
- Selbstkosten d. Ums.	190
= Betriebsergebnis	10

⇨ *Aufgabe 46, S. 308*

2.4.3.1 Gesamtkostenverfahren

Das Gesamtkostenverfahren ermittelt das Ergebnis als Differenz der gesamten Leistungen und Kosten des Betriebes; dabei werden in der Regel die Kosten nach Kostenarten gegliedert. Man spricht deshalb auch von einer kostenartenorientierten Ergebnisrechnung. Wichtig ist insbesondere die Wiedergabe und Differenzierung der Gesamtleistung, sodass dieses Verfahren besser Gesamtleistungsverfahren heißen sollte. Da das Gesamtkostenverfahren die Kosten quasi als Kontensalden aus der Kostenartenrechnung übernimmt, erlaubt es nur die Berechnung des Betriebsergebnisses des Gesamtunternehmens, nicht aber des Ergebnisses einzelner Produktarten oder Produktgruppen.

Beispiel 40: Betriebsergebnisrechnung/Gesamtkostenverfahren

Ein Hersteller hochwertiger Fahrräder fertigt die drei Modelle Cross, Race und Touro. Im zurückliegenden Monat Juni wurden folgende Zahlen erfasst:

Basisdaten		Cross	Race	Touro
Produktion	(Stk.)	200	380	510
Absatz	(Stk.)	* 150	** 400	*** 500
Nettoverkaufserlös	(€/Stk.)	350,00	320,00	250,00
Materialeinzelkosten	(€/Stk.)	170,00	150,00	130,00
Fertigungslohn Fertigung I	(€/Stk.)	4,00	6,00	12,00
Fertigungslohn Fertigung II	(€/Stk.)	15,00	12,50	10,00
Sondereinzelkosten d. F.	(€/Stk.)	9,00	4,00	5,00

* Die Produktion übersteigt den Absatz der Cross-Räder um 50 Stück; diese gehen auf Lager (Wert je 270,00 €).

** Die Bestandsminderung des Modells Race geht zu Lasten der Vorräte, die in den Vormonaten anlegt wurden (Wert je 240,00 €).

*** Aus der laufenden Produktion wurden 10 Touro-Räder für werksinterne Zustelldienste und als Präsentationsmodelle ins Anlagevermögen übernommen (Wert je 230,00 €).

Aus der Betriebsabrechnung sind ferner die Istgemeinkosten bekannt. Der BAB des Monats Juni (vgl. S. 111) zeigt folgende Gemeinkosten. Für das Gesamtkostenverfahren sind allerdings nur die Gesamtbeträge von Interesse.

	Hilfskostenstellen		Hauptkostenstellen					
BAB Juni	Gebäude	Fuhrpark	Material-wesen	Ferti-gung I	Ferti-gung II	Verwal-tung	Vertrieb	Σ
Hilfslöhne		1.000		1.200	3.200			5.400
Gehälter	1.600		3.200			3.200	3.200	11.200
Pers.zusatzkost.	1.200	750	2.400	7.800	12.038	2.400	2.400	28.988
Betriebsstoffe	2.100	870	80	480	140	80	240	3.990
Diverse Kosten	287	289	3.002	5.719	8.847	2.332	4.310	24.786
Kalk. Abschrbg.	1.750	750	420	2.500	3.750	125	200	9.495
Kalk. Zinsen	4.766	324	605	1.180	1.770	48	40	8.733
Kalk. Wagnisse	831	64	163	230	345	12	17	1.662
Kalk. Unt.lohn			970	970	2.910	970	970	6.790
Primärgemeink.	12.534	4.047	10.840	20.079	33.000	9.167	11.377	101.044

Unter Verwendung dieser Daten ergibt sich die Betriebsergebnisrechnung nach dem Gesamtkostenverfahren wie folgt.

- Der Umsatz der drei Fahrradmodelle entspricht jeweils dem Produkt aus *Absatzmenge* und Nettoverkaufserlös.
- Da der Bestand der Cross-Räder um 50 Stück steigt, ist in der Gesamtleistung eine Bestandsmehrung für fertige Erzeugnisse anzusetzen.
- Da vom Modell Race 20 Stück mehr verkauft als produziert werden, verringert diese Bestandsminderung an Erzeunissen die Gesamtleistung.

- Für die 10 Touro-Räder, die für werksinterne Zustelldienste und zu Präsentationszwecken aus der laufenden Fertigung entnommen werden, erhöht sich die Gesamtleistung des Betriebes.
- Kostenseitig sind zunächst für die *Produktionsmengen* die Material- und die Lohneinzelkosten sowie die Sondereinzelkosten der Fertigung zu ermitteln.
- Die Gemeinkosten werden aus der Summenspalte des BAB für den Monat Juni übernommen.

Damit ergibt sich das Betriebsergebnis für Juni wie folgt (Beträge in €):

Umsatz	Cross	150 • 350,00	52.500	
	Race	400 • 320,00	128.000	
	Touro	500 • 250,00	125.000	305.500
+ Bestandsmehrung Erz.	Cross	50 • 270,00		13.500
- Bestandsminderg. Erz.	Race	20 • 240,00		4.800
+ Aktivierte Eigenleistg.	Touro	10 • 230,00		2.300
= Gesamtleistung				316.500
Materialeinzelkosten	Cross	200 • 170,00	34.000	
	Race	380 • 150,00	57.000	
	Touro	510 • 130,00	66.300	157.300
+ Fertigungslohn	Cross	200 • 19,00	3.800	
	Race	380 • 18,50	7.030	
	Touro	510 • 22,00	11.220	22.050
+ Sondereinzelk. d. F.	Cross	200 • 9,00	1.800	
	Race	380 • 4,00	1.520	
	Touro	510 • 5,00	2.550	5.870
+ Hilfslöhne				5.400
+ Gehälter				11.200
+ Personalzusatzkosten				28.988
+ Betriebsstoffe				3.990
+ Diverse Kosten				24.786
+ Kalk. Abschreibungen				9.495
+ Kalk. Zinsen				8.733
+ Kalk. Wagnisse				1.662
+ Kalk. Unternehnerlohn				6.790
= Gesamtkosten				286.264
Betriebsergebnis				30.236

Mit dem Gesamtkostenverfahren lässt sich das Betriebsergebnis einfach durch Gegenüberstellung der Leistungen und aller in der Periode angefallenen Kosten ermitteln. Kostenstellenrechnung und Kalkulation sind nicht zwingend erforderlich. Allerdings müssen die Bestandsveränderungen bei unfertigen und fertigen Erzeugnissen und die aktivierten Eigenleistungen erfasst werden. Wenn man die Kosten nur kostenartenweise für den Gesamtbetrieb abrechnet, ist es außerdem nicht möglich, Ergebnisse für einzelne Produktarten oder Produktgruppen auszuweisen und die Erfolgsquellen zu analysieren. Dieses Verfahren wird deshalb zur schnellen Vorwegermittlung des gesamten Betriebsergebnisses und zum Verproben mit dem Ergebnis nach dem Umsatzkostenverfahren verwendet.

⇨ *Aufgabe 47, S. 310*

2.4.3.2 Umsatzkostenverfahren

Das Umsatzkostenverfahren ermittelt das Betriebsergebnis als Differenz aus dem Umsatz und den für die abgesetzten Erzeugnisse und Dienstleistungen angefallenen Selbstkosten des Umsatzes, die auch Umsatzkosten heißen. Die Selbstkosten des Umsatzes werden je Kostenträger (Produkt) über eine Kalkulation ermittelt. Man spricht deshalb auch von einer kostenträgerorientierten Ergebnisrechnung. Dadurch wird es möglich, das Betriebsergebnis je Kostenträger auszuweisen. Erst die Aggregation über alle Kostenträger führt zum Betriebsergebnis des gesamten Unternehmens.
Üblicherweise wird mit Normalkostensätzen kalkuliert. Das Betriebsergebnis ergibt sich daher zunächst auf Normalkostenbasis; dieses wird auch als Umsatzergebnis bezeichnet. Sofern Differenzen zwischen kalkulierten, d.h. verrechneten Kosten und effektiven Kosten auftreten, ist eine Überleitung zum Betriebsergebnis auf Istkostenbasis erforderlich. Die Überleitung beinhaltet die Über- bzw. Unterdeckungen der verrechneten Gemeinkosten.

Beispiel 41: Betriebsergebnisrechnung/Umsatzkostenverfahren (vgl. Bsp. 40)

Die Selbstkosten der Fahrräder werden unter Verwendung der Einzelkosten Material und Lohn nach der Zuschlagskalkulation in einem sogenannten Kostenträgerblatt kalkuliert. Die Normalzuschlagssätze von 10% für Materialgemeinkosten, 250% und 300% für Fertigungsgemeinkosten der Kostenstellen Fertigung I und Fertigung II sowie 4% für Verwaltungs- und 6% für Vertriebskosten stimmen mit denen des Betriebsabrechnungsbogens überein (vgl. S. 111).

	Hilfskostenstellen		Hauptkostenstellen					
BAB Juni	Gebäude	Fuhrpark	Materialwesen	Fertigung I	Fertigung II	Verwaltung	Vertrieb	Σ
Endkosten (=Istgemeinkosten)	0	0	15.415	23.460	37.522	10.815	13.832	101.044
Zuschlagsbasis			MEK	FL I	FL II	HKdU	HKdU	
			157.300	9.200	12.850	251.500	251.500	
Normalzu.satz			10,0%	250%	300%	4,0%	6,0%	
Normalgemeink.			15.730	23.000	38.550	10.060	15.090	102.430
Über- bzw. Unterdeckung			+315	-460	+1.028	-755	+1.258	+1.386

Da die Gemeinkosten mit Normalkostensätzen verrechnet werden, entstehen im Vergleich zu den Istgemeinkosten gemäß Betriebsabrechnungsbogen i.d.R. Über- bzw. Unterdeckungen. Das Betriebsergebnis zu Normalkosten, das auch als Umsatzergebnis bezeichnet wird, muss zur Ermittlung des Betriebsergebnisses zu Istkosten noch um die Über- bzw. Unterdeckungen (vgl. hierzu auch den BAB) korrigiert werden. Beachten Sie, dass die Materialkosten, die Fertigungslöhne und die Sondereinzelkosten immer entsprechend den tatsächlichen Verbräuchen an Menge und Zeit abgerechnet werden. Daher können bezüglich der Einzelkosten keine Über- bzw. Unterdeckungen auftreten (Beträge in €).

BER Juni ...	Normal-ZS	Cross	Race	Touro	Normal-kosten	Istgemein-kosten	Über- (+) / Unterd. (-)
Materialeinzelkosten		34.000	57.000	66.300	157.300		
Materialgemeinkosten	10%	3.400	5.700	6.630	15.730	15.415	+315
Fertigungslohn I		800	2.280	6.120	9.200		
Fertigungsgemeink. I	250%	2.000	5.700	15.300	23.000	23.460	-460
Fertigungslohn II		3.000	4.750	5.100	12.850		
Fertigungsgemeink. II	300%	9.000	14.250	15.300	38.550	37.522	+1.028
Sondereinzelk. d. F.		1.800	1.520	2.550	5.870		
Herstellk. der Prod.		54.000	91.200	117.300	262.500		
Bestandsmind. Erz.			4.800		4.800		
Bestandsmehrg. Erz.		-13.500			-13.500		
Aktivierte Eigenlstg.				-2.300	-2.300		
Herstellk. des Ums.		40.500	96.000	115.000	251.500		
Verwaltungsgemeink.	4%	1.620	3.840	4.600	10.060	10.815	-755
Vertriebsgemeinkosten	6%	2.430	5.760	6.900	15.090	13.832	+1.258
Selbstkosten des Ums.		44.550	105.600	126.500	276.650		Σ = +1.386
Umsatz		52.500	128.000	125.000	305.500		
Betriebserg. zu Normalk.		7.950	22.400	-1.500	28.850		
Über- (+)/Unterdeck. (-)					+1.386 ←		
Betriebserg. zu Istkosten					30.236		

⇨ *Aufgabe 48, S. 311*

Das Umsatzkostenverfahren erscheint in Form der oben durchgeführten Kostenträgerzeitrechnung zunächst sehr aufwendig. Die Rechnung vereinfacht sich jedoch in Betrieben mit standardisierten Produkten. Standardisierte Produkte werden i.d.R. zu Jahresbeginn und zur Aktualisierung auf konstruktive und preisliche Änderungen auch unterjährig zu bestimmten Zeitpunkten kalkuliert. Die Ergebnisse dieser Produktkalkulationen, die Herstell- und die Selbstkosten, werden in den Artikelstammsätzen der DV-Systeme der Materialwirtschaft gespeichert und stehen für eine vereinfachte Betriebsergebnisrechnung ausgehend von den Absatzzahlen zur Verfügung. In unserem Beispiel greifen wir auf die Ergebnisse der

Zuschlagskalkulation zurück (vgl. S. 127). In der nachfolgenden Darstellung des Umsatzkostenverfahrens sind die Absatzmengen sowie die Nettoerlöse und die Selbstkosten je Stück zur besseren Übersicht separat aufgeführt.

BER Juni ...		Cross	Race	Touro	Σ
Absatzmenge	(Stk.)	150	400	500	
Nettoerlös	(€/Stk.)	350,00	320,00	250,00	
Selbstkosten	(€/Stk.)	297,00	264,00	253,00	
Umsatz	(€)	52.500	128.000	125.000	305.500
Selbstkosten des Umsatzes	(€)	44.550	105.600	126.500	276.650
Betriebsergebnis zu Normalk.	(€)	7.950	22.400	-1.500	28.850
Über- (+)/Unterdeckung (-)	(€)				+1.386
Betriebsergebnis zu Istkosten	(€)				30.236

Aufgrund der Rechnung ist offensichtlich, dass sich die Betriebsergebnisse zu Normalkosten nach Ablauf eines Monats in Kenntnis der Absatzzahlen leicht berechnen lassen. Lediglich das Betriebsergebnis zu Istkosten kann erst ermittelt werden, wenn im Rahmen der Betriebsabrechnung die Über- bzw. Unterdeckungen der Gemeinkostenverrechnung festgestellt sind.
Umsatzkostenverfahren und Gesamtkostenverfahren führen - wie im Beispiel - zu demselben Betriebsergebnis. Das ist darauf zurückzuführen, dass Bestandsveränderungen der Erzeugnisse und aktivierte Eigenleistungen gleich, nämlich zu Herstellkosten, bewertet werden. Die Wertangaben gemäß den Anmerkungen * bis *** in Bsp. 40 zum Gesamtkostenverfahren (vgl. S. 144) entsprechen den Herstellkosten aus der Produktkalkulation (vgl. S. 127). Damit wird deutlich, dass bei Anwendung des Gesamtkostenverfahrens letztlich auch eine Kalkulation erforderlich ist.
Die Bestandsveränderungen unfertiger und fertiger Erzeugnisse sowie aktivierte Eigenleistungen werden beim Umsatzkostenverfahren nicht separat ausgewiesen. Dafür erlaubt die Differenzierung nach Kostenträgern Rückschlüsse auf den Erfolgsbeitrag der einzelnen Produkte. Im Beispiel weisen die Fahrräder Cross und Race jeweils ein positives Ergebnis auf. Die Touro-Räder hingegen belasten das Gesamtergebnis. Es zeigt sich damit Handlungsbedarf im Hinblick auf die Preis- und/oder die Kostensituation. Allerdings darf nicht vorschnell gefolgert werden, sofort Fertigung und Absatz der Touro-Räder einzustellen. Denn dieser Artikel, auf den in der Vollkostenrechnung auch fixe Kosten verrechnet werden, ist ggf. in der Lage, bei Bedarf einen Teil der kurzfristig nicht abbaufähigen Fixkosten zu decken. Die für derartige Entscheidungen relevanten Informationen liefert erst die Deckungsbeitragsrechnung, die im dritten Kapitel vorgestellt wird.

⇨ *Aufgabe 49, S. 311 und Aufgabe 50, S. 312*

2.5 Organisation der Kostenrechnung

Die Zwecke, Aufgaben, Inhalte und Ergebnisse der Kostenrechnung lassen sich in der vorliegenden tabellarisch-statistischen Form transparent darstellen; dies gilt insbesondere für den Betriebsabrechnungsbogen und die Betriebsergebnisrechnung. Die praktische Arbeit erfordert jedoch, die Mengen- und Wertbewegungen systematisch zu erfassen, zu speichern und für Auswertungszwecke bereitzustellen. Dies geschieht in der Regel mithilfe von Konten für Kostenarten, Kostenstellen und Kostenträger nach dem Prinzip der doppelten Buchhaltung. Das geordnete Verzeichnis aller Konten ist der Kontenplan, der auf die individuellen Belange des Betriebes zugeschnitten ist. Wenn auch die Kontenpläne der Betriebe voneinander abweichen, lassen sich doch häufig gleichartige Schemata erkennen, die auf die Ableitung der Kontenpläne aus allgemeinen Gestaltungsempfehlungen in Form von Kontenrahmen zurückzuführen sind. Bekannt sind vor allem der Gemeinschaftskontenrahmen der Industrie und der Industriekontenrahmen. Darüber hinaus hat die DATEV als Datenverarbeitungsorganisation des steuerberatenden Berufs diverse Kontenrahmen für die unterschiedlichsten Berufszweige entwickelt.
Der **Gemeinschaftskontenrahmen** (GKR) ist nach dem Prozess- bzw. Ablaufgliederungsprinzip aufgebaut und spiegelt in der aufsteigenden Nummerierung der Kontenklassen 0 bis 9 den Prozess der Leistungserstellung und -verwertung wider. Die Finanzbuchhaltung umfasst die Kontenklassen 0 bis 3 sowie 8 und 9, zur Kostenrechnung zählen die Kontenklassen 4 bis 7.

Fibu	Klasse 0	Anlagevermögen und langfristiges Kapital
	Klasse 1	Finanzumlaufvermögen und kurzfr. Verbindlichkeiten
	Klasse 2	Neutrale Aufwendungen und Erträge
	Klasse 3	Bestände Stoffe und Material

Kore	Klasse 4	Kostenarten
	Klasse 5	Kostenstellen
	Klasse 6	Kostenstellen/Kostenträger
	Klasse 7	Bestände unfertige und fertige Erzeugnisse

Fibu	Klasse 8	Betriebliche Erträge
	Klasse 9	Abschlusskonten

Der GKR ist besonders gut geeignet, Finanzbuchhaltung und Kostenrechnung in einem einzigen, geschlossenen Rechnungskreis zu integrieren (Einkreissystem). Die Aufwendungen und Erträge bzw. die Kosten und Leistungen werden im Einkreissystem bei Anwendung des Gesamtkostenverfahrens nach dem Werteflussmodell auf der folgenden Seite verrechnet.

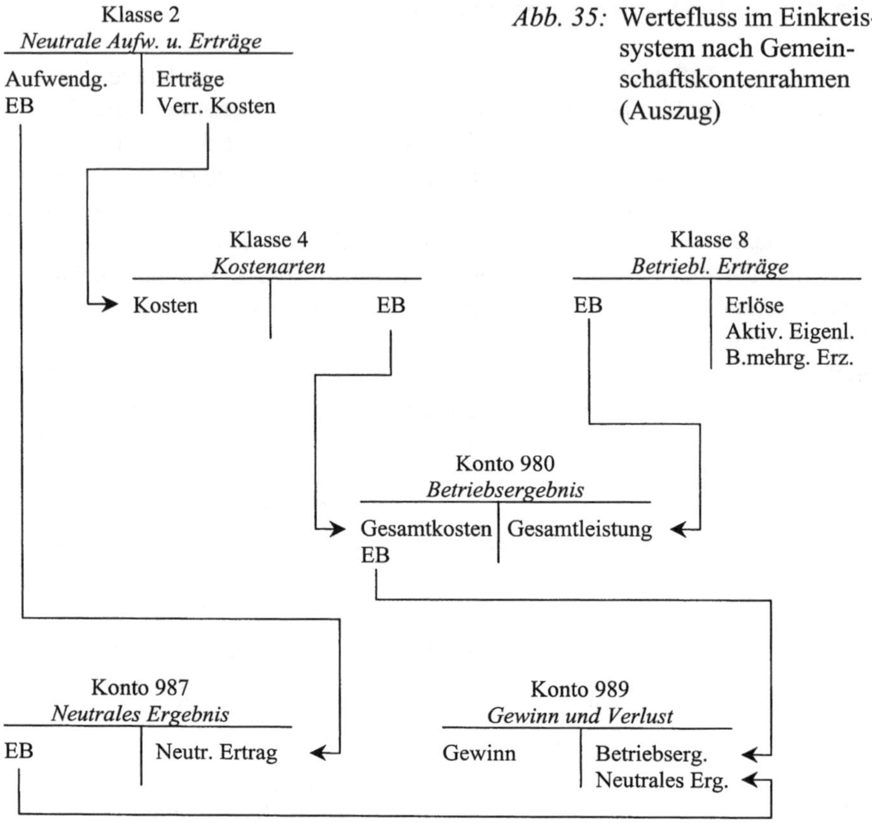

Abb. 35: Wertefluss im Einkreissystem nach Gemeinschaftskontenrahmen (Auszug)

Wenn auch die Geschlossenheit des Einkreissystems überzeugt, ist es doch ein erheblicher Nachteil, dass zunächst die Betriebsbuchhaltung abzuschließen ist, ehe der finanzbuchhalterische Abschluss erfolgen kann. Diesen Nachteil schaltet der **Industriekontenrahmen** (IKR) aus. Er repräsentiert ein Zweikreissystem. Finanzbuchhaltung und Kostenrechnung bilden zwei Rechnungskreise I und II, die unabhängig voneinander betrieben werden. Der IKR reserviert im Rechnungskreis I die Kontenklassen 0 bis 8 für die Finanzbuchhaltung. Diese Kontenklassen sind nach dem Abschlussgliederungsprinzip aufgebaut. Die Kontenklasse 9 bildet den Rechnungskreis II und ist der Kostenrechnung vorbehalten. Sie ist in Kontengruppen aufgeteilt, die den Prozess der Leistungserstellung wiedergeben (vgl. die Kästen auf der folgenden Seite).
Der IKR entspricht den Bedürfnissen sowohl des externen Rechnungswesens als auch der Kostenrechnung, die individuell umgesetzt werden können. Dass insgesamt mehr Konten zu führen und mehr Buchungen zu tätigen sind, macht sich bei DV-gestütztem Rechnungswesen kaum bemerkbar, zumal mithilfe von „Durch-

Fibu	Klasse 0	Sachanlagen und immaterielle Anlagewerte
	Klasse 1	Finanzanlagen und Geldkonten
	Klasse 2	Vorräte, Forderungen und aktive Rechnungsabgrenzung
	Klasse 3	Eigenkapital und Rückstellungen
	Klasse 4	Verbindlichkeiten und passive Rechnungsabgrenzung
	Klasse 5	Erträge
	Klasse 6	Betriebliche Aufwendungen
	Klasse 7	Weitere Erträge und Aufwendungen
	Klasse 8	Eröffnung und Abschluss, Bilanz und GuV

Kore	Klasse 9	Kosten- und Leistungsrechnung
	Gruppe 90	Unternehmensbezogene (neutrale) Abgrenzung
	Gruppe 91	Kostenrechnerische Korrekturen
	Gruppe 92	Kostenarten und Leistungsarten
	Gruppe 93	Kostenstellen
	Gruppe 94	Kostenträger
	Gruppe 95	Erzeugnisse
	Gruppe 96	Interne (zu aktivierende) Leistungen
	Gruppe 97	Selbstkosten des Umsatzes
	Gruppe 98	Umsätze
	Gruppe 99	Ergebnisausweise

buchungen" alle Vorgänge, die in beiden Rechnungskreisen identisch zu erfassen sind, automatisch von der Finanzbuchhaltung in die Kostenrechnung übertragen werden. Wichtiger ist der Vorteil, Finanzbuchhaltung und Kostenrechnung unabhängig voneinander abschließen zu können. Außerdem bietet das separat im Buchungskreis Kostenrechnung ermittelte Betriebsergebnis die Möglichkeit der Verprobung gegen den Erfolg der Finanzbuchhaltung. Die Verprobung kann tabellarisch-statistisch nach dem Schema des folgenden Beispiels erfolgen.

Beispiel 42: Abstimmung der Rechnungskreise im Industriekontenrahmen

Ein Hersteller von Fahrrädern in der Rechtsform einer OHG legt für den Monat Juni folgende Überleitungsrechnung vom Betriebsergebnis (vgl. hierzu S. 145) zum Fibu-Erfolg vor. Unterschiede resultieren aus folgenden Sachverhalten:

- Bestandsveränderungen bei Erzeugnissen und aktivierte Eigenleistungen sind in der Finanzbuchhaltung zu Herstellungskosten bewertet (vgl. Abschnitt 2.6). Diese liegen bei 90% der Herstellkosten der Kostenrechnung.
- Im Monat Juni waren einige Mitarbeiter im Urlaub, für die Löhne und Gehälter ohne Gegenleistung sowie Urlaubsgeld zu zahlen waren. Insgesamt fielen Personalzusatzaufwendungen in Höhe von 18.975 € an.
- Die Abschreibungen der Fibu betrugen 10.200 €.

- Der Zinsaufwand für Kredite der Hausbank betrug 6.300 €.
- Reparaturen für dreizehn Schadensfälle schlugen mit 3.200 € zu Buche.
- Die Geschäftsführung unterstützte die Mehrheitspartei im Stadtrat mit 500 €.
- Ein Lkw mit einem Restbuchwert von 6.000 € wurde für 3.450 € verkauft.
- Wegen einer Wechselkursänderung gegenüber dem Lieferzeitpunkt ergab sich aus der Überweisung eines ausländischen Kunden ein Ertrag von 712 €.

	Rechnungskr. I		Rechnungskreis II					
	Finanz-buchhaltung		Neutrale Abgrenzung		Kalkulatorische Abgrenzung		Kosten-rechnung	
	Aufw.	Erträge	Aufw.	Erträge	Aufw./ Leistg.	Kosten/ Erträge	Kosten	Leistg.
Konto *Klasse*	*6 u. 7*	*5*	*90*	*90*	*91*	*91*	*92*	*92*
Umsatz		305.500						305.500
B.mehrung Erzeugn.		12.150			13.500	12.150		13.500
B.minderg. Erzeugn.	4.320				4.320	4.800	4.800	
Aktiv. Eigenleistung		2.070			2.300	2.070		2.300
Materialeinsatz	157.300						157.300	
Fertigungslohn	22.050						22.050	
Sondereinzelk. d. F.	5.870						5.870	
Hilfslöhne	5.400						5.400	
Gehälter	11.200						11.200	
Personalzusatzkosten	18.975				18.975	28.988	28.988	
Betriebsstoffe	3.990						3.990	
Sonstige Aufw./Ko.	24.786						24.786	
Abschreibungen	10.200				10.200	9.495	9.495	
Zinsenaufw./Zinsko.	6.300				6.300	8.733	8.733	
Wagnisse	3.200				3.200	1.662	1.662	
Parteispenden	500		500					
Verkauf LKW	2.550		2.550					
Wechselkursdifferenz		712		712				
Unternehmerlohn						6.790	6.790	
Σ	276.641	320.432	3.050	712	58.795	74.688	291.064	321.300
	43.791 Fibu-Erfolg		-2.338 Neutr. Ergebnis		15.893 Kalk. Ergebnis		30.236 Betriebsergebnis	

⇨ *Aufgabe 51, S. 313*

2.6 Ableitung der Herstellungskosten für die Finanzbuchhaltung

Zu den Aufgaben der Kostenrechnung gehört die Ermittlung der handels- und steuerrechtlichen Herstellungskosten für die Bewertung der unfertigen und fertigen Erzeugnisse sowie der aktivierungspflichtigen Eigenleistungen. Die Herstell*ungs*kosten des externen Rechnungswesens unterscheiden sich im Allgemeinen von den Herstellkosten der Kostenrechnung, weil sie auf der Basis von Aufwendungen nach den Bestimmungen des § 255 Abs. 2 Handelsgesetzbuch für die

Handelsbilanz, nach Richtlinie 33 der Einkommensteuerrichtlinien für die Steuerbilanz und nach diversen Standards für die internationale Rechnungslegung (IAS Internationl Accounting Standards/IFRS International Financial Reporting Standards) zu berechnen sind. Die Herstellungskosten bewegen sich innerhalb eines Rahmens, der nach unten durch die Pflicht zur Aktivierung von Aufwandspositionen und nach oben durch die Aktivierungswahlrechte und -verbote abgesteckt ist. Während die Untergrenze in der Steuerbilanz strenger gezogen wird als in der Handelsbilanz, stimmen die Obergrenzen überein. Die innerhalb des zulässigen Spielraums konkret gewählte Höhe ist abhängig von den bilanzpolitischen Zielen des Unternehmens (niedriger/hoher Gewinnausweis).

	Handelsrecht	**Steuerrecht**	**IAS/IFRS**
Materialeinzelkosten	Pflicht	Pflicht	Pflicht
Fertigungseinzelkosten	Pflicht	Pflicht	Pflicht
Sondereinzelkosten der Fertigung	Pflicht	Pflicht	Pflicht
Materialgemeinkosten	Wahlrecht	Pflicht	Pflicht
Kosten der Produktweiterentwicklung	Wahlrecht	Pflicht	Pflicht
Abschreibungen im Herstellbereich	Wahlrecht	Pflicht	Pflicht
Kostensteuern	Wahlrecht	Pflicht	Pflicht
Verwaltungskosten, sofern herstellnah	Wahlrecht	Wahlrecht	Pflicht
Freiwillige Sozialkosten	Wahlrecht	Wahlrecht	Pflicht
Kosten der betrieblichen Altersvorsorge	Wahlrecht	Wahlrecht	Pflicht
Fremdkapitalzinsen *	Wahlrecht	Wahlrecht	Wahlrecht
Kosten der Produktneuentwicklung	Verbot	Verbot	Pflicht
Kosten der Grundlagenforschung	Verbot	Verbot	Verbot
Verwaltungskosten, sofern vertriebsnah	Verbot	Verbot	Verbot
Vertriebskosten	Verbot	Verbot	Verbot

* nur sofern auftrags- bzw. produktbezogen und im Zeitraum der Herstellung angefallen; sonst Verbot

Abb. 36: Herstellungskosten nach Handels- und Steuerrecht sowie IAS/IFRS

Um die Herstellungskosten für die Finanzbuchhaltung aus der Kostenrechnung abzuleiten, ist zunächst der BAB der Kostenrechnung in einen Steuer-BAB zu überführen. Dazu werden die Zusatzkosten wie der kalkulatorische Unternehmerlohn eliminiert und die Anderskosten wie kalkulatorische Abschreibungen durch die entsprechenden Aufwendungen unter Beachtung des obigen Schemas und der bilanzpolitischen Zielsetzung ersetzt. Der Steuer-BAB liefert die steuerlichen Zuschlags- und Verrechnungssätze. Die Kalkulation mit den steuerlichen Sätzen ergibt anschließend die Herstellungskosten für die bilanzielle Bewertung der Bestände der fertigen und unfertigen Erzeugnisse. Methodisch bestehen dabei keine Unterschiede gegenüber der Ermittlung der Herstellkosten für die Kostenrechnung; wir rechnen lediglich mit Aufwendungen anstelle von Kosten.

3 Teilkosten- und Deckungsbeitragsrechnung

3.1 Ziele und Aufgaben

Die Vollkostenrechnung legt alle Kosten auf die Kostenträger um. Während dazu die Einzelkosten den Kostenträgern direkt zugerechnet werden können, müssen die Gemeinkosten zunächst auf die Kostenstellen verteilt und von dort auf die Kostenträger verrechnet werden. Das Bemühen um eine präzise Kostenzuordnung kann nicht verhindern, dass in Mehrproduktbetrieben durch die notwendige Schlüsselung der Gemeinkosten die Kostenstruktur der Produkte verschleiert wird. Denn letztlich ist jede Gemeinkostenverrechnung auf die Kostenträger willkürlich (vgl. die Ergebnisse der summarischen und der differenzierenden Zuschlagskalkulation in Bsp. 28, S.125 und Bsp. 29, S. 127). Die sich daraus ergebenden Ungenauigkeiten wachsen, je höher der Anteil der Gemeinkosten an den Gesamtkosten ist. Moderne Produktionsbetriebe und fast alle Dienstleistungsbetriebe sind aber gerade durch einen hohen Gemeinkostenanteil geprägt.
Hinzu kommt, dass die Gemeinkosten zum überwiegenden Teil gleichzeitig Fixkosten sind, die zumindest bei kurzfristigen Beschäftigungsänderungen unverändert bleiben. Die Vollkostenrechnung unterscheidet nicht zwischen variablen und fixen Kosten, sondern verrechnet beide gemeinsam auf die Kostenträger. Deshalb wird bei rückläufiger Beschäftigung der Fixkostenblock auf eine immer kleiner werdende Leistungsmenge verteilt, wodurch die Selbstkosten je Einheit steigen. Orientiert sich der Angebotspreis an den kalkulierten Selbstkosten, steigt damit auch der Angebotspreis. Das hat wiederum zur Konsequenz, dass noch weniger abgesetzt wird und die Selbstkosten je Einheit weiter steigen, weil sich die Fixkosten nun auf eine noch kleinere Menge beziehen. Das Unternehmen kalkuliert sich schließlich selbst aus dem Markt.
Hier ist der Ansatzpunkt der Teilkostenrechnung. Sie will die **für kurzfristige Entscheidungen relevanten Kosten aufzeigen**. Entscheidungsrelevant sind die Kosten, deren Höhe durch die Entscheidung selbst beeinflusst wird. Soll beispielsweise bei ausreichenden Kapazitäten ein Auftrag zusätzlich angenommen werden, sind die damit verbundenen zusätzlichen Kosten entscheidungsrelevant. Die zusätzlichen Kosten entsprechen den Einzelkosten des Auftrags sowie ggf. den zuwachsenden (variablen) Gemeinkosten. Liegt der erzielbare Preis bzw. Erlös über den entscheidungsrelevanten Kosten, lohnt sich der Auftrag, denn er erzielt einen Deckungsbeitrag, d.h. einen Beitrag zur Deckung der fixen Kosten der Rechnungsperiode sowie ggf. darüber hinaus zur Erzielung eines Gewinns. Da die Teilkostenrechnung den Deckungsbeitrag der Kostenträger aufzeigt, wird sie auch als Deckungsbeitragsrechnung bezeichnet.
In direktem Zusammenhang mit dem Ausweis der entscheidungsrelevanten Kosten steht das Problem, die den Kostenträgern verursachungsgerecht zurechenbaren Kosten von den nicht direkt zurechenbaren Kosten zu unterscheiden. Hierzu

sind verschiedene Ansätze entwickelt worden. Gebräuchlich sind Teilkostenrechnungen, die die Kosten nach der Abhängigkeit von der Beschäftigung in variable und fixe Bestandteile trennen und sämtliche variablen Kosten auf die Kostenträger kalkulieren; die fixen Kosten werden dagegen im Block unmittelbar in die Betriebsergebnisrechnung übertragen. Die entscheidungsvariablen Kosten werden auch Grenzkosten und das zugehörige Rechnungssystem Grenzkostenrechnung genannt.
Ein anderer Vorschlag sieht vor, bei allen betrieblichen Entscheidungen, also auch kurzfristigen Produktdispositionen, nur die der Entscheidung unmittelbar und direkt zurechenbaren Kosten, die sogenannten „relativen Einzelkosten", zu berücksichtigen. Danach sind auch variable Gemeinkosten nicht entscheidungsrelevant. Dieser Vorschlag mit dem Namen „relative Einzelkostenrechnung" hat sich in der Praxis nicht durchsetzen können (vgl. hierzu Riebel, 1994). Deshalb beziehen sich die nachfolgenden Ausführungen auf die verbreitete Teilkosten- und Deckungsbeitragsrechnung in Form der Grenzkostenrechnung.
Die Teilkosten- und Deckungsbeitragsrechnung kann je nach Blickrichtung und Aufgabenstellung auf der Basis sowohl von Ist- bzw. Normalkosten als auch von Plankosten erfolgen. Die Aufgaben der Deckungsbeitragsrechnung im Überblick zeigt folgende Abbildung.

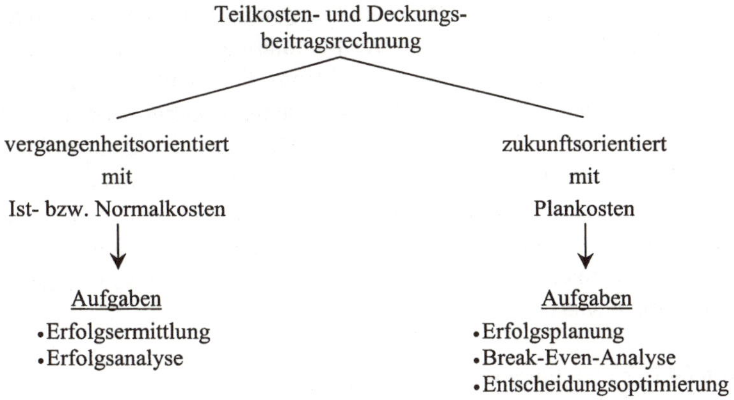

Abb. 37: Aufgaben der Deckungsbeitragsrechnung

Der nächste Abschnitt beschreibt zunächst die Spaltung der Kosten in variable und fixe Bestandteile als Voraussetzung für die Anwendung der Deckungsbeitragsrechnung. Anschließend werden die Aufgabenfelder Betriebsergebnisrechnung, Gewinnschwellenanalyse und Entscheidungsunterstützung beleuchtet. Zum Aufgabenfeld der Entscheidungsunterstützung gehört die Planung des optimalen Absatz- und Produktionsprogramms, die Bestimmung der kurzfristigen Absatzpreisuntergrenze, die Beurteilung der Vorteilhaftigkeit von Zusatzaufträgen, die Verfahrenswahl sowie die Wahl zwischen Eigenfertigung und Fremdbezug, die in dieser Reihenfolge behandelt werden.

3.2 Kostenspaltung

Die Deckungsbeitragsrechnung in Form der Grenzkostenrechnung erfordert die Aufspaltung der Kosten in die variablen (proportionalen) und fixen Bestandteile. Ob Kosten zu der einen oder anderen Gruppe gehören, entscheidet sich nach ihrem Verhalten bei Beschäftigungsänderungen. Die Aufspaltung der Kosten wird auch als Kostenauflösung oder Kostentrennung bezeichnet. Da sich die Kosten je nach Kostenart und Kostenstelle bei Beschäftigungsänderungen unterschiedlich verhalten, muss die Kostenspaltung individuell für jede Kostenart in jeder Kostenstelle durchgeführt werden. Die Kostenspaltung kann auf unterschiedliche Art und Weise erfolgen.
Bei der **planmäßigen (analytischen) Kostenspaltung** werden die einzelnen Kostenarten einer Kostenstelle auf der Basis von technischen und arbeitswissenschaftlichen Studien, nach Angaben der Hersteller von Betriebsmitteln, durch Probeläufe oder Musteranfertigungen etc. im Hinblick auf ihr Kostenverhalten analysiert. Ausgehend von einer bestimmten Beschäftigung und der zugehörigen Kostenhöhe fragt der Kostenplaner, in welchem Umfang sich die Kosten reduzieren, wenn die Beschäftigung gegen null tendiert, aber die Betriebsbereitschaft voll aufrecht erhalten werden soll. Die Kostenänderung entspricht den variablen Kosten, die auf die Beschäftigungsänderung entfallen; der unveränderliche Kostensockel bildet die fixen Kosten. Die planmäßige Kostenauflösung kann z.B. in der Industrie für Maschinenkosten wie Strom, Gas, Kühl- und Schmiermittel angewendet werden, wenn entsprechende ingenieurmäßige Erkenntnisse über den Faktorverbrauch in Abhängigkeit von der Maschinenlaufzeit vorliegen. In anderen Fällen kann man sich zwar um eine planmäßige Kostenauflösung bemühen, wird aber vielfach über eine mehr oder weniger grobe Schätzung des variablen Anteils nicht hinaus kommen. Nachfolgendes Beispiel veranschaulicht die Spaltung von Maschinenkosten in variable und fixe Anteile sowie die Bestimmung eines variablen Maschinenstundensatzes.

Beispiel 43: Planmäßige Kostenauflösung

Die in der Vollkostenrechnung ermittelten Maschinenkosten der Montageinsel (vgl. Beispiel 31, S. 130ff) werden in die variablen und fixen Bestandteile aufgelöst. Zu den einzelnen Kostenarten gelten folgende Überlegungen:

- Die kalkulatorischen Zinsen, die Versicherungsprämien und die Raumkosten sind zeitabhängig. Sie werden deshalb als fixe Kosten ausgewiesen.
- Die Kosten für Energie und Kühlmittel seien ausschließlich von der Nutzung der Maschine abhängig, also variabel.
- Als kalkulatorische Abschreibung soll auch ohne Nutzung des Fertigungszentrums ein Betrag von 14.042,16 € pro Jahr verrechnet werden, was einer rei-

nen Zeitabschreibung des Wiederbeschaffungswertes auf 25 Jahre entspricht. Dann verbleiben variable Kosten von 43.881,75 - 14.042,16 = 29.839,59 €.

- Ein fester Wartungsvertrag mit dem Hersteller verursacht Kosten in Höhe von 3.194,59 €. Die restlichen Instandhaltungskosten sind variabel.
- Die Kosten für die Maschinensteuerung werden zu 85% als variabel und zu 15% als fix eingeschätzt.

Im Überblick ergibt sich folgendes Bild für die Spaltung der Maschinenkosten.

Planmäßige Kostenspaltung	gesamt	variabel	fix
Kalk. Abschreibungen	43.881,75 €	29.839,59 €	14.042,16 €
Kalk. Zinsen	19.800,00 €		19.800,00 €
Instandhaltungskosten	12.286,89 €	9.092,30 €	3.194,59 €
Steuerungskosten	22.487,50 €	19.114,38 €	3.373,12 €
Energiekosten	7.216,56 €	7.216,56 €	
Kühlmittelkosten	6.908,16 €	6.908,16 €	
Versicherungskosten	2.659,14 €		2.659,14 €
Raumkosten	10.800,00 €		10.800,00 €
Maschinenkosten gesamt	126.040,00 €	72.170,99 €	*53.869,01 €*
/ Maschinenzeit	2.056 Std.	2.056 Std.	(2.056 Std.)
= Maschinenstundensatz	61,30 €/Std.	*35,10 €/Std.*	(26,20 €/Std.)

Das Ergebnis der planmäßigen Kostenspaltung lässt sich in einer Kostenfunktion für die Gesamtkosten (K) in Abhängigkeit von der Beschäftigung in Maschinenstunden (x) darstellen. Die fixen Kosten - hier bezogen auf ein Jahr - laufen als Block in die Kostenfunktion ein, die variablen Kosten werden als Produkt aus variablem Stundensatz und Beschäftigung berechnet:

$$K(x) = 53.869{,}01 + 35{,}10\ x$$

Beachten Sie, dass der in der Tabelle aufgeführte Fixkostensatz von 26,20 €/Std. praktisch keine Relevanz hat. Er wurde nur zum Abgleich der Teilbeträge mit dem Maschinenstundensatz insgesamt aufgeführt.

⇨ *Aufgabe 52, S. 313*

Die **statistische (mathematische) Kostenspaltung** leitet die variablen Kosten aus den Istgrößen vergangener Perioden ab. Sofern die Istkosten durch außergewöhnliche oder aperiodische Faktoren verzerrt sind, werden sie zunächst um die Sondereinflüsse korrigiert. Wurden beispielsweise die Kosten für das Urlaubsgeld der Arbeitnehmer nicht kalkulatorisch verrechnet, sondern mit den gezahlten Urlaubsgeldern gleichgesetzt, liegen die Personalkosten in den Monaten Juni,

Juli und August deutlich höher als in den übrigen Monaten, weil in dieser Zeit verstärkt Urlaub genommen wird. Vor Anwendung der statistischen Kostenauflösung ist in diesem Fall zunächst das Urlaubsgeld kalkulatorisch auf die Personalbasiskosten zu verrechnen. Erst die so korrigierten Istkosten sind für die statistische Kostenauflösung geeignet.

Die statistische Kostenauflösung beruht auf einer der nachfolgend erläuterten Vorgehensweisen: dem Differenzen-Quotienten-Verfahren, dem Reihenhälften-Verfahren oder der Methode der kleinsten Quadrate.

Beim *Differenzen-Quotienten-Verfahren* werden für zwei Monate mit möglichst unterschiedlicher Beschäftigung (x) die jeweils angefallenen Kosten (K) ausgewiesen. Die Differenz der Kosten wird durch die Differenz der Beschäftigung geteilt. Der Quotient gibt die Grenzkosten an, die bei proportionalem Kostenverlauf mit den variablen Kosten je Beschäftigungseinheit (k_{var}) identisch sind.

$$k_{\text{var}} = \frac{\Delta K}{\Delta x} = \frac{K_2 - K_1}{x_2 - x_1}$$

Wegen der Auswahl zweier Kostenpunkte mit hoher und geringer Beschäftigung heißt diese Vorgehensweise auch Hochpunkt-Tiefpunkt-Verfahren; beachten Sie, dass die Beschäftigung und nicht die Kostenhöhe maßgebend für die Auswahl der betreffenden Monate ist. Die Fixkosten (K_{fix}) ergeben sich als Saldo aus gesamten Kosten und variablen Kosten entweder des Hoch- oder des Tiefpunktes.

$$K_{fix} = K_2 - k_{\text{var}} \bullet x_2 = K_1 - k_{\text{var}} \bullet x_1$$

Beispiel 44: Differenzen-Quotienten-Verfahren

Ein Fahrradhersteller hat in der zweiten Hälfte des vergangenen Jahres in der Kostenstelle Fertigung II folgende Fertigungszeiten und Fertigungsgemeinkosten beobachtet (vgl. die Abbildung auf der folgenden Seite).

Monat	Jul	Aug	Sep	Okt	Nov	Dez
Fertigungszeit (Std.)	584	680	812*	728	616	567*
Fertigungsgemeink. (€)	42.357	46.785	51.960	48.999	43.833	40.935

Die geringste Beschäftigung lag im Dezember, die höchste im September. Damit erhalten wir die Kostenfunktion K(x) der Fertigungsgemeinkosten wie folgt:

k_{var} = (51.960 - 40.935) / (812 - 567) = 11.025 / 245 = 45,00 €/Std.

K_{fix} = 51.960 - 812 • 45,00 = 40.935 - 567 • 45,00 = 15.420,00 €

K(x) = 15.420 + 45 x

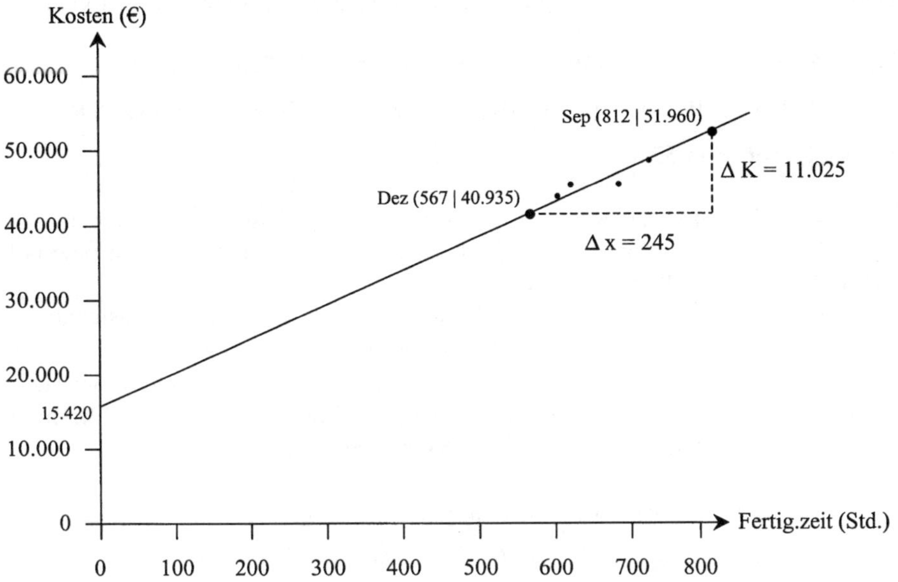

Abb. 38: Kostenspaltung mit Differenzen-Quotienten-Verfahren

Das Differenzen-Quotienten-Verfahren verwendet nur zwei Datenpaare aus der Vergangenheit. Deshalb können unerkannte Zufallseinflüsse und Unwirtschaftlichkeiten zu deutlichen Fehlern führen. Das gilt insbesondere dann, wenn die Beschäftigungsdifferenz der verwendeten Datenpaare nur gering ist.
Diese Gefahr wird beim *Reihenhälften-Verfahren* dadurch gemindert, dass alle verfügbaren Datenpaare in die Berechnung der Kostenkurve einbezogen werden. Zunächst werden die Datenpaare mit der geringen Beschäftigung in eine untere, jene mit der hohen Beschäftigung in eine obere Hälfte eingeteilt. Anschließend wird für jede Hälfte das arithmetische Mittel der Beschäftigung und der Kosten berechnet. Aus den arithmetischen Mitteln lassen sich nun wie beim Differenzen-Quotienten-Verfahren der variable Kostensatz und die Fixkosten ermitteln.

Beispiel 45: Reihenhälften-Verfahren

Für die Zahlen aus Beispiel 44 ergeben sich obere und untere Hälfte wie folgt:

	obere Hälfte			untere Hälfte		
	Sep	Okt	Aug	Nov	Jul	Dez
Fertigungszeit (Std.)	812	728 Ø = 740	680	616	584 Ø = 589	567
Fertigungsgemeink. (€)	51.960	48.999 Ø = 49.248	46.785	43.833	42.357 Ø = 42.375	40.935

Damit erhalten wir für die Fertigungsgemeinkosten der Kostenstelle Fertigung II:

$k_{var} = (49.248 - 42.375) / (740 - 589) = 6.873 / 151 = 45{,}516556$ €/Std.

$K_{fix} = 49.248 - 740 \cdot 45{,}516556 = 42.375 - 589 \cdot 45{,}516556 = 15.565{,}75$ €

$K(x) \approx 15.566 + 45{,}52\,x$

Da sowohl der Fixkostenbetrag als auch der variable Kostensatz größer sind als beim Differenzen-Quotienten-Verfahren, liegt die Kostenfunktion etwas oberhalb der in Abb. 38 eingetragenen Linie.
Im mathematischen Sinne genauere Werte ergeben sich, wenn die Kostengerade nach der *Methode der kleinsten Quadrate* bestimmt wird. Nach dieser Methode wird die Kostenfunktion so berechnet, dass die Summe der Quadrate der senkrechten Abstände der Kostenpunkte von der gesuchten Kostenlinie ein Minimum annimmt. Daraus leitet sich der variable Kostensatz wie folgt ab:

$$k_{var} = \frac{\Sigma\ \Delta x \bullet \Delta K}{\Sigma\ (\Delta x)^2}$$

mit Δx = *Beschäftigungsdifferenz ggü. der Ø-lichen Beschäftigung*
ΔK = *Kostendifferenz ggü. den Ø-lichen Kosten*

Beispiel 46: Methode der kleinsten Quadrate

Für die Zahlen aus Beispiel 44 ergeben sich zunächst folgende Berechnungen:

Monat	x	Δx	(Δx)²	K	ΔK	Δx • ΔK
Jul	584	-80,5	6.480,25	42.357	-3.454,5	278.087,25
Aug	680	15,5	240,25	46.785	973,5	15.089,25
Sep	812	147,5	21.756,25	51.960	6.148,5	906.903,75
Okt	728	63,5	4.032,25	48.999	3.187,5	202.406,25
Nov	616	-48,5	2.352,25	43.833	-1.978,5	95.957,25
Dez	567	-97,5	9.506,25	40.935	-4.876,5	475.458,75
Σ	3.987		44.367,50	274.869		1.973.902,50
Ø	664,5			45.811,5		

Damit erhalten wir für die Fertigungsgemeinkosten der Kostenstelle Fertigung II:

$k_{var} = 1.973.902{,}50 / 44.367{,}5 = 44{,}489829$ €/Std.

$K_{fix} = 45.811{,}50 - 664{,}5 \cdot 44{,}489829 = 16.248{,}01$ €

$K(x) \approx 16.248 + 44{,}49\,x$

Im Vergleich zum Differenzen-Quotienten- und zum Reihenhälften-Verfahren liegen die Fixkosten höher; dafür ist der Anstieg der Kostenlinie geringer. Vom theoretischen Anspruch her ist die Methode der kleinsten Quadrate zu bevorzugen. Da die statistischen Daten, die Istkosten, Zufallseinflüssen unterliegen, ist

der Nutzen der gewonnenen Genauigkeit aber fraglich. Zudem ist der Mehraufwand zur Bereinigung nicht nur zweier, sondern gleich mehrerer Kostenpunkte vor Anwendung der Methode der kleinsten Quadrate in der Regel größer als der Nutzen der zusätzlichen (Rechen-) Genauigkeit. Für grobe Schätzungen der Prop-fix-Kostenanteile ist sogar die Vorgehensweise mit *Freihandgerade* vertretbar, bei der die Kostenpunkte in ein Streupunktdiagramm eingezeichnet und nach Augenmaß des Betrachters durch eine gerade Linie möglichst treffend angenähert werden. Der Schnittpunkt dieser Linie mit der Kostenachse gibt die Fixkosten wieder.
Das Kostenverhalten bei Beschäftigungsänderungen wird auch mithilfe sogenannter Variatoren beschrieben. Ein *Variator* gibt an, um wieviel Prozent sich die Kosten verändern, wenn die Beschäftigung gegenüber der Basisbeschäftigung um 10% steigt oder fällt. Der Variator ist eine dekadische Größe im Bereich von 0 bis 10. Der Variator vollständig fixer Kosten ist 0, der Variator vollständig variabler Kosten beträgt 10.
Ausgehend von der Kostenfunktion K(x) = 15.420 + 45 x gemäß Differenzen-Quotienten-Verfahren erhalten wir für die Beschäftigung von x = 800 Std. Kosten in Höhe von K = 15.420 + 36.000 = 51.420 €. Damit beträgt der Anteil der variablen Kosten 70%, und der zugehörige Variator ist 7. Der Variator von 7 besagt, dass bei einem Anstieg (Rückgang) der Beschäftigung um 10% die Kosten um 7% steigen (fallen). Damit erlaubt der Variator grobe Abschätzungen über Kostenänderungen gegenüber der Ausgangssituation mit 51.420 € für praktisch noch als relevant angesehene Beschäftigungsänderungen von ±10%.
Wer mit Variatoren arbeitet, muss sich bewusst sein, dass diese nur für die jeweilige Ausgangsbeschäftigung - hier 800 Std. - gültig sind. Sinkt (steigt) die Beschäftigung, fällt (steigt) der variable Kostenanteil an den gesamten Kosten und mithin auch der Variator. Um Planungs- und Abrechnungsprobleme aufgrund dieses Sachverhaltes auszuschließen, sollte man in der Praxis besser mit Kostenfunktionen arbeiten.

⇨ *Aufgabe 53, S. 314*

3.3 Deckungsbeitragsrechnung als Periodenerfolgsrechnung

3.3.1 Einstufige Deckungsbeitragsrechnung

Die Deckungsbeitragsrechnung als Zeitraumrechnung stellt monatlich, quartalsweise oder jährlich den Umsatz und die variablen Kosten des Umsatzes gegenüber und weist als Saldo dieser Größen den Deckungsbeitrag aus. Da sie auf eine Schlüsselung der Fixkosten verzichtet, werden im Rahmen der Kalkulation nur die variablen Kosten auf die Produkte verrechnet. Als Ergebnis je Kostenträger ergibt sich somit jeweils (nur) der Deckungsbeitrag. Vom Gesamtdeckungsbeitrag aller Kostenträger gelangt man in der einstufigen Deckungsbeitragsrechnung zum Ergebnis des Gesamtbetriebes, indem abschließend noch der Fixkostenblock in einem Zuge abgesetzt wird. Der Fixkostenblock entsteht durch Aggregation der Fixkosten aller Kostenstellen des Betriebsabrechnungsbogens.

Vollkostenrechnung (UKV)

	Kostenträger A	Kostenträger B	Kostenträger C	Σ
Umsatz	24	25	41	90
Selbstk. v. Ums.	19	27	35	81
Betriebsergebnis	5	-2	6	9

Einstufige Deckungsbeitragsrechnung

	Kostenträger A	Kostenträger B	Kostenträger C	Σ
Umsatz	24	25	41	90
Variable Kosten	16	20	26	62
Deckungsbeitrag	8	5	15	28
Fixkosten				19
Betriebsergebnis				9

Abb. 39: Struktur der Vollkosten- und der einstufigen Deckungsbeitragsrechnung

Die einstufige Deckungsbeitragsrechnung wird auch als Grenzkostenrechnung oder - in Anlehnung an den US-amerikanischen Sprachgebrauch - als Direct Costing bezeichnet. Ihr Brennpunkt liegt in der Analyse der variablen Kosten und der Deckungsbeiträge; die Fixkosten werden nur am Rande beachtet, um das Betriebsergebnis des Gesamtunternehmens zu bestimmen. Eine Zurechnung fixer Kosten auf die Kostenträger erfolgt nicht.

Beispiel 47: Einstufige Deckungsbeitragsrechnung (Zahlen aus Bsp. 40 und 41)

Ein Fahrradhersteller will seine Betriebsergebnisrechnung, die er bisher nach dem Umsatzkostenverfahren auf Vollkostenbasis erstellte, um eine Deckungsbeitragsrechnung ergänzen. Dazu hat er zunächst die Kosten je Kostenstelle auf ihr Verhalten bei Beschäftigungsänderungen analysiert und die Normalgemeinkosten in fixe und variable Beträge laut folgendem Auszug aus dem BAB (vgl. hierzu S. 111) gespalten.

BAB Juni	Materialwesen	Fertigung I	Fertigung II	Verwaltung	Vertrieb	Σ
Normalgemeinkosten	15.730	23.000	38.550	10.060	15.090	102.430
davon fix	15.730	13.800	15.420	10.060	10.925	65.935
davon variabel	0	9.200	23.130	0	4.165	36.495
Zuschlagsbasis	MEK	FL I	FL II	HKdU	HKdU	
	157.300	9.200	12.850	VK 251.500	VK 251.500	
				TK 208.250	TK 208.250	
Normal-ZS zu Vollk.	10,0%	250%	300%	4,0%	6,0%	
Normal-ZS zu Teilk.	0,0%	100%	180%	0,0%	2,0%	

Die Kostenspaltung erfolgte nach dem Differenzen-Quotienten-Verfahren, vgl. z.B. für Kostenstelle Fertigung II die Seite 158. Die ausgewiesenen Fixkosten in Höhe von insgesamt 65.935 € laufen als Block in die Deckungsbeitragsrechnung ein. Die variablen Kosten bilden in Relation zu den Zuschlagsbasen die neuen, variablen Normalzuschlagssätze. Während in den Bereichen des Materialwesens und der Fertigung dieselben Material- bzw. Lohneinzelkosten wie in der Vollkostenrechnung als Zuschlagsbasis dienen, ist zu beachten, dass die Herstellkosten des Umsatzes beim Übergang von der Vollkostenrechnung (VK) auf die Teilkostenrechnung (TK) auf der Basis der variablen Kosten neu zu berechnen sind. Zunächst werden die Räder zu Teilkosten kalkuliert (vgl. hierzu auch die Kalkulation zu Vollkosten auf S. 127):

Kalkulation zu Teilkosten	Normal-ZS	Cross	Race	Touro
Materialeinzelkosten		170,00	150,00	130,00
Materialgemeinkosten	0%	0,00	0,00	0,00
Fertigungslohn I		4,00	6,00	12,00
Fertigungsgemeinkosten I	100%	4,00	6,00	12,00
Fertigungslohn II		15,00	12,50	10,00
Fertigungsgemeinkosten II	180%	27,00	22,50	18,00
Sondereinzelkosten d. F.		9,00	4,00	5,00
Variable Herstellkosten		229,00	201,00	187,00
Verwaltungsgemeinkosten	0%	0,00	0,00	0,00
Vertriebsgemeinkosten	2%	4,58	4,02	3,74
Variable Stückk. (Grenzkosten)		233,58	205,02	190,74

Die Herstellkosten des Umsatzes zu Teilkosten ergeben sich jetzt als Summe der zu variablen Herstellkosten bewerteten Verkäufe der Fahrräder Cross, Race und Touro, d.h. HKdU zu TK = 150 • 229 + 400 • 201 + 500 • 187 = 208.250 €. Im Grunde kann der Zuschlagssatz zu Teilkosten für die Bereiche Verwaltung und Vertrieb erst gebildet werden, nachdem diese Größe bekannt ist. Hier zeigt sich wieder die enge Verzahnung von BAB, Kalkulation und Betriebsergebnisrechnung, letztere jetzt in Form der einstufigen Deckungsbeitragsrechnung:

BER Juni ...		Cross	Race	Touro	Σ
Absatzmenge	(Stk.)	150	400	500	
Nettoerlös	(€/Stk.)	350,00	320,00	250,00	
Variable Stückkosten	(€/Stk.)	233,58	205,02	190,74	
Umsatz	(€)	52.500	128.000	125.000	305.500
Variable des Umsatzes	(€)	35.037	82.008	95.370	212.415
Deckungsbeitrag	(€)	17.463	45.992	29.630	93.085
Fixkosten	(€)				65.935
Betriebsergebnis zu Normalk.	(€)				27.150
Über- (+)/Unterdeckung (-)	(€)			(vgl. S. 147)	+1.386
Betriebsergebnis zu Istkosten	(€)				28.536

In der Ergebnisrechnung werden zunächst die variablen Kosten vom Preis bzw. Umsatz je Kostenträger abgesetzt. Anschließend werden die Fixkosten in einem Block vom Gesamtdeckungsbeitrag subtrahiert. Das Betriebsergebnis ergibt sich zunächst auf Normalkostenbasis, da die Kosten mit Normalgemeinkostensätzen berechnet werden. Das Betriebsergebnis zu Istkosten erhalten wir wie in der Vollkostenrechnung, indem wir zum Betriebsergebnis zu Normalkosten Kostenstellenüberdeckungen hinzurechnen bzw. Kostenstellenunterdeckungen davon abziehen (vgl. Abschnitt 2.4.3.2, S. 147).

Das Betriebsergebnis laut Deckungsbeitragsrechnung weicht vom Vollkostenergebnis ab. Der Unterschied erklärt sich dadurch, dass die Bestandsveränderungen der Erzeugnisse und die aktivierte Eigenleistung in der Vollkostenrechnung zu vollen Herstellkosten, in der Teilkostenrechnung jedoch nur zu variablen Herstellkosten bewertet werden. Dadurch bindet die Vollkostenrechnung bei Bestandsmehrungen für Erzeugnisse bzw. bei aktivierten Eigenleistungen Fixkosten im Lager bzw. im Anlagevermögen; umgekehrt setzt sie bei Bestandsminderungen für Erzeugnisse bzw. in Form der (höheren) Abschreibungen auf aktivierte Güter die Fixkosten wieder frei. In der Deckungsbeitragsrechnung werden hingegen stets sämtliche Fixkosten voll in der Periode ihrer Entstehung ergebniswirksam. Deshalb lassen sich Teilkosten- und Vollkostenergebnis wie folgt zueinander überleiten:

Ergebnisüberleitung		Cross	Race	Touro	Σ
Betriebsergebnis zu Istkosten in der Teilkostenrechnung (€)					28.536
Bestandsmehrung	(Stk.)	+50			
Bestandsminderung	(Stk.)		-20		
Aktivierte Eigenleistung	(Stk.)			+10	
Herstellkosten gesamt	(€/Stk.)	270,00	240,00	230,00	
Herstellkosten variabel	(€/Stk.)	229,00	201,00	187,00	
Herstellkosten fix	(€/Stk.)	41,00	39,00	43,00	
Bestandsmehrung fix	(€)	+2.050			+2.050
Bestandsminderung fix	(€)		-780		-780
Aktivierte Eigenleistung fix	(€)			+430	+430
Betriebsergebnis zu Istkosten in der Vollkostenrechnung (€)					30.236

Welche Erkenntnisse liefert nun die Deckungsbeitragsrechnung im Vergleich zur Betriebsergebnisrechnung nach dem Umsatzkostenverfahren auf Vollkostenbasis? Während die Vollkostenrechnung für die Touro-Räder ein negatives Betriebsergebnis ausweist, zeigt die Teilkostenrechnung für alle Fahrradtypen einen positiven Deckungsbeitrag. Damit lohnt es sich zumindest kurzfristig, d.h. solange die fixen Kosten nicht abgebaut werden können, auch die Touro-Räder zu produzieren und zu verkaufen. Denn ohne diese Produktart wäre das Betriebsergebnis um 29.630 € geringer ausgefallen.

Außerdem verschiebt sich die Rangfolge der Vorteilhaftigkeit. Folgt man der Vollkostenrechnung, ist die Produktart Cross-Räder im Hinblick auf den Ergebnisbeitrag höher einzustufen als die Produktart Touro. Allerdings kehrt sich die Favoritenfolge in der Deckungsbeitragsrechnung um, d.h. die Produktart Touro leistet - unter Vernachlässigung der kurzfristig nicht beeinflussbaren Fixkosten - sogar einen insgesamt höheren Ergebnisbeitrag als die Cross-Räder.

Ergebnisvergleich		Cross	Race	Touro
Vollkostenrechnung	Betriebsergebnis Rangplatz	7.950 € ②	22.400 € ①	-1.500 € ③
Teilkostenrechnung	Deckungsbeitrag Rangplatz	17.463 € ③	45.992 € ①	29.630 € ②

Im vorliegenden Beispiel wird die Deckungsbeitragsrechnung nach Produktarten gegliedert. Unterscheiden sich die erzielbaren Erlöse nach Absatzgebieten, Vertriebswegen oder Kunden, kann auch eine gebiets-, vertriebswege- oder kundenbezogene Deckungsbeitragsrechnung erstellt werden. Voraussetzung dafür ist, dass die Erlöse und die zugehörigen Kosten entsprechend differenziert erfasst werden.

⇨ *Aufgaben 54 und 55, S. 315*

3.3.2 Mehrstufige Deckungsbeitragsrechnung

Die mehrstufige Deckungsbeitragsrechnung (Fixkostendeckungsrechnung) fußt auf den gleichen Überlegungen wie die einstufige Deckungsbeitragsrechnung. Sie geht ebenfalls von der Auflösung der Gesamtkosten in variable und fixe Anteile aus und rechnet nur die variablen Kostenelemente den Kostenträgern über die Kalkulation zu. Unterschiede ergeben sich jedoch in der Behandlung der fixen Kosten. Während die einstufige Deckungsbeitragsrechnung die fixen Kosten nicht näher beleuchtet und wie eine „black box" in einem Block in das Betriebsergebnis verrechnet, umfasst die mehrstufige Deckungsbeitragsrechnung eine *individuelle Analyse und Aufgliederung der fixen Kosten* in verschiedene Kategorien. Über die Aufgliederung wird versucht, die fixen Kosten nach Möglichkeit doch den Kostenträgern zuzurechnen. Im Gegensatz zur Vollkostenrechnung werden die Fixkosten aber niemals auf die einzelne Einheit verrechnet, sondern sie werden insgesamt dem Kostenträger zugerechnet, für den sie entstanden sind bzw. der sie verursacht hat. Beispielsweise sollen im Automobilbau fixe Kosten von Maschinen, die ausschließlich für eine bestimmte Produktart, z.B. eine Pkw-Baureihe angeschafft und genutzt werden, auch dieser Produktart angelastet werden. Sofern eine eindeutige Zuordnung zu einer Baureihe nicht möglich ist, können die Fixkosten vielleicht der Produktgruppe Mittelklasse oder doch zumindest der Sparte Pkw direkt zugerechnet werden. Nur gar nicht differenziert zurechenbare Fixkosten werden der Ebene des Gesamtunternehmens zugerechnet. Für Betriebe mit einer breiten Produktpalette können die Fixkosten z.B. in vier Kategorien aufgeteilt werden:

1. *Produktfixe Kosten*: alle Fixkosten, die ausschließlich und unmittelbar durch Entwicklung, Produktion und Vertrieb nur einer Produktart verursacht werden.
2. *Produktgruppenfixe Kosten*: alle Fixkosten, die zwar nicht durch eine einzelne Produktart, aber durch eine Gruppe von Produktarten verursacht werden.
3. *Spartenfixe (bereichsfixe) Kosten*: alle Fixkosten, die weder einer Produktart noch einer Produktgruppe, aber einer Sparte (einem Bereich) eindeutig und direkt zugerechnet werden können.
4. *Unternehmensfixe Kosten*: alle verbleibenden Fixkosten, die keiner der vorhergehenden Kategorien verursachungsgerecht zurechenbar sind.

Die fixen Kosten werden anschließend stufenweise abgesetzt. Der urspüngliche Deckungsbeitrag, die Differenz aus Umsatz und variablen Kosten, heißt nun Deckungsbeitrag I. Nach Abzug der produktfixen Kosten vom Deckungsbeitrag I erhalten wir den Deckungsbeitrag II. Ziehen wir davon die produktgruppenfixen Kosten ab, ergibt sich der Deckungsbeitrag III etc.

Beispiel 48: Mehrstufige Deckungsbeitragsrechnung nach Produkten

Ein Automobilhersteller produziert Personenkraftwagen (Pkw) und Lastkraftwagen (Lkw), die genau zwei Sparten des Unternehmens bilden. Jede dieser Sparten ist in zwei Produktgruppen, die Kompakt- und die Oberklasse bzw. die Kleintransporter und Schwertransporter, untergliedert. Innerhalb der Produktgruppen wird nochmals nach den Fahrzeugtypen unterschieden; die Fahrzeugtypen bilden die Produkte oder Produktarten. Für eine Rechnungsperiode sind die Daten in der gegenüberliegenden Übersicht zusammengestellt. Die gestuften Deckungsbeiträge I bis IV erlauben differenzierte Aussagen über den Erfolgsbeitrag der Produkte und zur Sortimentsgestaltung. Aus den Zahlen der mehrstufigen Fixkostendeckungsrechnung lassen sich z.B. folgende Erkenntnisse ableiten:

- Der sofortige Verzicht auf die Erstellung der Kleintransporter vom Typ E erscheint vorteilhaft. Dann fällt zwar der Umsatz von 6 sofort weg, aber auch die variablen Kosten von 8, sodass der Deckungsbeitrag dieses Typs null wird und das Betriebsergebnis um 2 steigt.
- Ist nicht mit einer gravierenden Verbesserung bei Typ E zu rechnen, sollten die spezifischen Kapazitäten für Typ E und damit die produktfixen Kosten abgebaut werden. Dann verbessert sich das Betriebsergebnis um weitere 3, also um insgesamt 5.

Sparte	Pkw				Lkw				Σ
Produktgruppe	Kompaktklasse		Oberklasse		Kleintransporter		Schwertransporter		
Produktart	Typ A	Typ B	Typ C	Typ D	Typ E	Typ F	Typ G	Typ H	
Umsatz	37	72	41	51	6	36	38	46	327
Variable Kosten	32	48	23	24	8	20	22	26	203
Deckungsbeitrag I	5	24	18	27	-2	16	16	20	124
Produktfixkosten	6	5	3	17	3	7	12	9	62
Deckungsbeitrag II	-1	19	15	10	-5	9	4	11	62
	18		25		4		15		
Produktgruppenfixkosten	6		8		7		5		26
Deckungsbeitrag III	12		17		-3		10		36
	29				7				
Spartenfixkosten	15				11				26
Deckungsbeitrag IV	14				-4				10
	10								
Unternehmensfixkosten	12								12
Betriebsergebnis	-2								-2

- Bei Verzicht auf Typ E kann sich die Produktgruppe der Kleintransporter allein durch den Typ F halten, denn der Deckungsbeitrag III steigt dann von -3 um 5 auf +2. Außerdem wird dadurch die Lkw-Sparte lebensfähig, denn der Deckungsbeitrag IV steigt von -4 auf +1. Es wird zu prüfen sein, ob wegen des Wegfalls des Kleintransporters Typ E nicht auch produktgruppenfixe und ggf. sogar spartenfixe Kosten abgebaut werden können; dies könnte z.B. der Fall sein, wenn aufgrund des nunmehr geringeren Arbeitsaufkommens in der Produktgruppen- und Spartenverwaltung Mitarbeiter freigesetzt werden.
- Der Pkw vom Typ A liefert zwar noch einen positiven Deckungsbeitrag I, sodass sich die Produktion lohnt, solange keine Fixkosten abgebaut werden können. Aber wegen des negativen Deckungsbeitrags II könnten durch Abbau der produktfixen Kosten bei Verzicht auf den Typ A die Deckungsbeiträge III und IV sowie das Betriebsergebnis um weitere 1 verbessert werden.
- Auch beim Pkw Typ A wird - analog zum Wegfall des Kleintransporters vom Typ E - zu prüfen sein, ob nicht zusätzlich produktgruppenfixe und ggf. spartenfixe Kosten abgebaut werden können.

Allerdings sind die vorstehenden Überlegungen allein ergebnisorientiert und an den vorliegenden Zahlen ausgerichtet. Praktisch müssen selbstverständlich erwartete technologische und konstruktive Fortschritte und damit verbundene künftige Erlös- und Kostenänderungen, vertriebspolitische Gesichtspunkte wie Marktwachstum, Vollständigkeit des Sortiments oder aggressive Niedrigpreise in der Produkteinführungsphase zwecks schneller Marktdurchdringung, soziale Ziele wie Erhaltung von Arbeitsplätzen etc. in die Überlegungen zur Gestaltung des Sortiments einbezogen werden. Das mindert aber in keiner Weise die besseren Erkenntnisse, die die mehrstufige Deckungsbeitragsrechnung gegenüber der einstufigen bietet. Dieser Vorteil zeigt sich vorwiegend in stark diversifizierten Unternehmen, die gänzlich verschiedene Erzeugnisse bzw. Dienstleistungen an unterschiedlichen Orten mit unterschiedlichen Produktionsmitteln durch unterschiedliche Mitarbeiter hervorbringen. Denn in solchen Fällen gelingt es, große Teile des anonymen Fixkostenblockes der einstufigen Deckungsbeitragsrechnung genau und verursachungsgerecht zuzurechnen. Erst anhand der mehrstufigen Deckungsbeitragsrechnung sind nähere Aussagen über den Erfolgsbeitrag von Produkten, Produktgruppen und Sparten möglich.

⇨ *Aufgabe 56, S. 316*

Als Unterteilungsmerkmal können anstelle der Produkte oder zusätzlich zu Produkten auch *Absatzgebiete, Vertriebswege oder Kundengruppen* dienen. Zur Veranschaulichung sei in dem vorausgehenden Beispiel nicht nach Produkten, sondern nach Absatzgebieten unterschieden. Inland und Ausland sind die übergeordneten Absatzgebiete, die auf der zweiten Ebene weiter nach Regionen wie Nord, Ost, West und Süd unterteilt sind.

Beispiel 49: Mehrstufige Deckungsbeitragsrechnung nach Absatzgebieten

Land	Inland				Ausland		Σ
Region	Nord	Süd	West	Ost	Europa	Übersee	
Umsatz	45	62	56	27	109	28	327
Variable Kosten	28	36	32	20	67	20	203
Deckungsbeitrag I	17	26	24	7	42	8	124
Regionenfixkosten	8	12	13	4	20	11	68
Deckungsbeitrag II	9	14	11	3	22	-3	56
	37				19		
Länderfixkosten	17				26		43
Deckungsbeitrag III	20				-7		13
	13						
Unternehmensfixkosten	15						15
Betriebsergebnis	-2						-2

Vergleichen wir den gesamten Deckungsbeitrag I dieser Rechnung mit jenem aus der produktbezogenen mehrstufigen Deckungsbeitragsrechnung, stellen wir fest, dass die Beträge mit jeweils 124 übereinstimmen. Andererseits sind die weiteren Deckungsbeiträge nicht vergleichbar, weil die Aufteilung der fixen Kosten auf die Spalten jetzt anderen Zurechnungskriterien folgt. Die inhaltliche Interpretation der Deckungsbeiträge ist analog zur produktbezogenen Rechnung vorzunehmen. Kritisch erscheint im vorliegenden Fall das Auslandsgeschäft (DB III = -7), und darin insbesondere der Absatz nach Übersee (DB II = -3). Diese negativen Deckungsbeiträge sind ggf. als Folge einer gezielten Marketing-Strategie, der weltweiten Ausdehnung des Geschäfts, temporär akzeptabel. Sollten diese Kennzahlen jedoch nachhaltig negativ bleiben, geben sie Anlass, über das internationale Engagement erneut nachzudenken.

Wird über die Streichung von Produkten oder die Aufgabe von Absatzgebieten nachgedacht, ist es sinnvoll, die auf die beschriebene Weise ermittelten Fixkosten zwecks Verbesserung der Entscheidungsbasis zusätzlich auf ihre **Abbaufähigkeit** zu untersuchen. Dabei bietet es sich z.B. an, folgende Fristigkeitsklassen zu bilden:

- innerhalb eines Monats abbaufähig
- innerhalb eines Quartals abbaufähig
- innerhalb eines Jahres abbaufähig

Jede Fixkostenposition muss einzeln auf ihre Abbaufähigkeit geprüft werden. Zu den kurzfristig abbaufähigen Kosten zählen etwa Kosten für Fremdreparaturen, Verbrauchsmaterialien sowie Reise- und Fortbildungskosten. Kalkulatorische Abschreibungen und Zinsen auf nicht zwingend benötigte Bestandteile des Vermögens können ebenfalls kurzfristig abbaufähig sein. Zu beachten ist jedoch, dass durch Verkauf von Anlagegütern unter Buchwert eventuell außerordentliche Aufwendungen entstehen. Die Abbaufähigkeit von Löhnen und Gehältern einschließlich der Personalzusatzkosten richtet sich nach den gesetzlichen Bestimmungen zum Kündigungsschutz und ggf. nach individuellen vertraglichen Vereinbarungen. Mieten, Pachten, Versicherungsprämien und Kosten aus sonstigen Dauervertragsverhältnissen sind unter Einhaltung der entsprechenden Kündigungsfrist abbaufähig. Der Arbeitsaufwand für die Unterteilung der Fixkosten nach der Abbaufähigkeit, die sich im Übrigen laufend ändern kann, erscheint allerdings nur fallweise für betriebswirtschaftliche Sonderrechnungen, z.B. anlässlich beabsichtigter Betriebsstilllegungen, gerechtfertigt.

Auch die Aufspaltung der Kosten nach ihrer **Liquiditätswirksamkeit** erfolgt nur zu besonderen Anlässen, insbesondere in Zeiten eingeschränkter Zahlungsfähigkeit. Zur Verbesserung der Liquidität erscheinen alle Maßnahmen sinnvoll, deren Geldzufluss höher ist als der Geldabfluss. Danach könnte es Sinn machen, Produkte zu nicht kostendeckenden Preisen zu verkaufen, wenn die Erlöse nur höher sind als die auszahlungswirksamen Kosten. Leider ist es nicht möglich, die variablen Kosten mit den auszahlungswirksamen und die fixen Kosten mit den zahlungsunwirksamen gleichzusetzen. Einige variable Kosten wie leistungsabhängig verrechnete Abschreibungen und Werkzeugkosten sind nicht unmittelbar zahlungswirksam, andererseits sind fixe Kosten wie Hilfslöhne, Gehälter und Mieten monatlich zahlbar. Auch für einzelne Kostenarten sind keine eindeutigen Zuordnungen möglich. So werden in der Kostenrechnung Sonderzahlungen zeitlich gleichmäßig auf die Jahresmonate verteilt; zur Auszahlung kommt es jedoch in der Regel erst vollständig im November. Das ist aus Sicht des Monats Oktober zahlungsnah, aus Sicht des Monats Januar noch relativ zahlungsfern. Es ist jedoch nur ausnahmsweise im Hinblick auf die kurzfristige Aufrechterhaltung des Geschäftsbetriebes im Rahmen einer bevorstehenden Unternehmensliquidation oder Unternehmenssanierung zu rechtfertigen, allein die zahlungswirksamen, nicht jedoch die aktuell zahlungsunwirksamen Kosten zu kalkulieren und stufenweise in die Ergebnisrechnung einzustellen, während die zahlungsunwirksamen Kosten als letzter Block vor dem Betriebsergebnis abgesetzt werden. Bitte beachten Sie, dass in diesem Falle die Deckungsbeitragsrechnung nicht als Instrument der Ergebnissteuerung, sondern zur Liquiditätssteuerung verwendet wird. Zur Sicherung der Liquidität sollte ein Unternehmen ergänzend zur Kosten- und Leistungsrechnung eine Liquiditätsplanung und -kontrolle anhand von Einzahlungen und Auszahlungen vornehmen.

⇨ *Aufgabe 57, S. 316*

3.4 Gewinnschwellenanalyse

Für die Unternehmenssteuerung ist nicht nur das aktuelle Betriebsergebnis von Bedeutung, sondern auch die Frage, bei welcher Beschäftigung der Betrieb noch Gewinn erzielt bzw. schon Verlust erleidet. Die Antwort darauf ist von der Höhe der variablen und fixen Kosten abhängig, die die Teilkostenrechnung liefert. Die kritische Stelle am Übergang von der Gewinn- in die Verlustzone, für die das Ergebnis gerade null ist, wird als *Gewinnschwelle* oder *Break-Even-Punkt* bezeichnet. An dieser Stelle entspricht der Umsatz gerade den Kosten (vgl. Abb. 40 auf der folgenden Seite).

Die kritische Analyse der Gewinnschwelle hilft, ausgehend von einer Verlustposition (Gewinnposition) notwendige (noch vertretbare) Beschäftigungsänderungen aufzuzeigen, um in die Gewinnzone zu gelangen (nicht in die Verlustzone zu geraten). Außerdem kann sie die Auswirkungen von Änderungen der Absatzpreise, der Fixkosten und der variablen Kosten auf die Beschäftigung veranschaulichen, wenn das Unternehmen die Gewinnschwelle oder einen bestimmten Gewinn erreichen will. Die Gewinnschwellenanalyse ist deshalb als ein Instrument

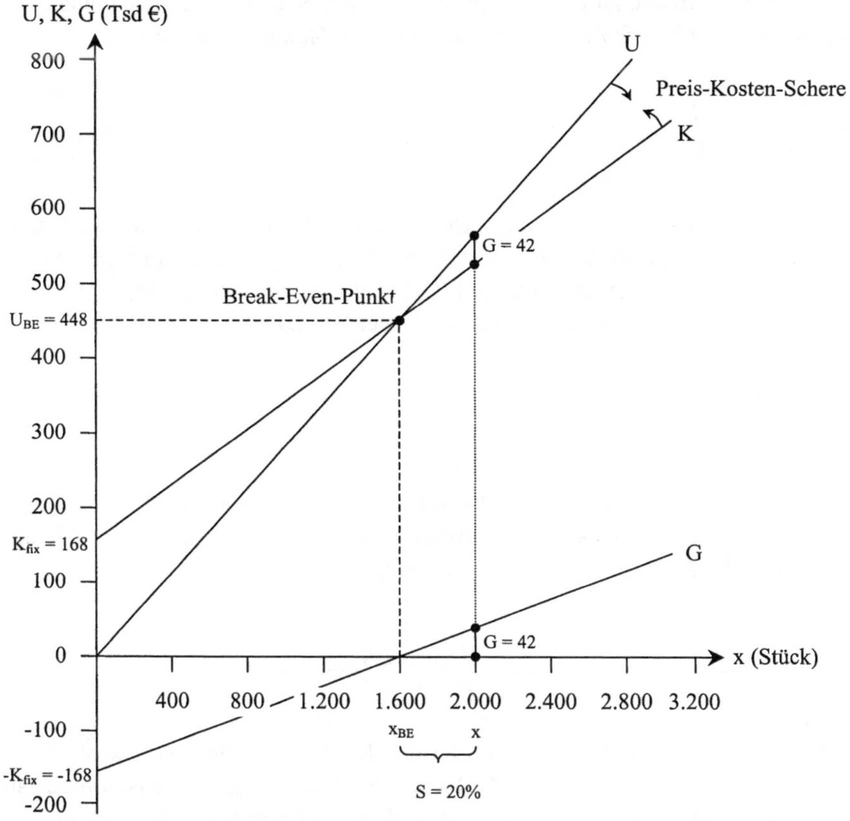

Abb. 40: Gewinnschwelle im Einproduktbetrieb

der Gewinnplanung und Gewinnkontrolle und als Entscheidungshilfe für die Unternehmensführung anzusehen. Um im **Einproduktbetrieb** einen bestimmten Gewinn (G) als Differenz aus Umsatz (U) und Kosten (K) zu erzielen, muss bei linearem Kostenverlauf gelten:

$G = U - K = p \cdot x - (K_{fix} + k_{var} \cdot x)$ mit p = Stückpreis
K_{fix} = Fixkosten
k_{var} = variable Stückkosten
x = Menge („Beschäftigung")

Durch Umstellung erhalten wir schließlich die Bedingung für x:

$G = (p - k_{var}) \cdot x - K_{fix}$

$(p - k_{var}) \cdot x = K_{fix} + G$

$x = (K_{fix} + G) / (p - k_{var}) = (K_{fix} + G) / d$ mit $d = p - k_{var}$ = Stückdeckungsbeitrag

Für die Gewinnschwelle ist der Gewinn gerade null. Setzen wir in der vorstehenden Formel G = 0 ein, erhalten wir die *Break-Even-Menge* x_{BE} wie folgt:

$$x_{BE} = \frac{K_{fix}}{p - k_{var}} = \frac{K_{fix}}{d}$$

Die Break-Even-Menge entspricht also dem Quotienten aus Fixkosten und Stückdeckungsbeitrag. Multiplizieren wir die Break-Even-Menge mit dem Preis, erhalten wir den Break-Even-Umsatz (U_{BE}), für den die Menge (x_{BE}) entsprechend der obigen Break-Even-Formel ersetzt werden kann.

$$U_{BE} = p \cdot x_{BE}$$

$$U_{BE} = p \cdot (K_{fix} / d)$$

Indem wir p in den Nenner des Bruchs umstellen, erhalten wir den *Break-Even-Umsatz* (U_{BE}) in Abhängigkeit vom Anteil des Stückdeckungsbeitrags (d) am Preis (p) bzw. des Gesamtdeckungsbeitrags (D) am Umsatz (U):

$$U_{BE} = \frac{K_{fix}}{\frac{d}{p}} = \frac{K_{fix}}{\frac{D}{U}} \qquad \text{mit} \quad \frac{d}{p} = \frac{D}{U} = Deckungsgrad$$

Ausgehend von einer Gewinnsituation ist das Risiko von Interesse, so weit zurückzufallen, dass gerade kein Verlust entsteht. Ein geeigneter Risikomaßstab dafür ist der Sicherheitskoeffizient. Der *Sicherheitskoeffizient* (S) gibt an, um wieviel Prozent die Absatzmenge bzw. der Umsatz gegenüber der Ausgangssituation (x bzw. U) zurückgehen darf, ohne dass Verlust entsteht.

$$S = \frac{x - x_{BE}}{x} \cdot 100 = \frac{U - U_{BE}}{U} \cdot 100\ (\%)$$

Beispiel 50: Gewinnschwellenanalyse im Einproduktbetrieb

Ein Fahrradhersteller produzierte und verkaufte im ersten Geschäftsjahr ausschließlich das Modell Classic, und zwar x = 2.000 Stück zu einem Nettoverkaufserlös von p = 280 €/Stück. Die fixen Kosten betrugen K_{fix} = 168.000 € und die variablen Kosten k_{var} = 175 €/Stück. Folgende Fragen sind zu klären.

a. Welcher Gewinn (G) wurde erzielt?

G = 2.000 • 280 - (168.000 + 2.000 • 175) = 560.000 - 518.000 = 42.000 €

b. Wie hoch sind Break-Even-Menge (x_{BE}), Break-Even-Umsatz (U_{BE}) und Sicherheitskoeffizient (S) in der Ausgangssituation?

x_{BE} = 168.000 / (280 - 175) = 168.000 / 105 = 1.600 Stück

U_{BE} = 168.000 / (105 / 280) = 168.000 / 0,375 = 448.000 €

S = (2.000 - 1.600) / 2.000 • 100 = 20%

Gegenüber der bisherigen Situation darf der Absatz unter sonst gleichen Bedingungen um bis zu 20% sinken, ohne dass sich Verluste einstellen.

c. Der Vertrieb erwägt eine Preissenkung um 12,5% auf 245 €/Stück. Wie wirkt sich die Preissenkung auf Break-Even-Menge und Break-Even-Umsatz sowie auf die zugehörigen Größen aus, wenn der Gewinn von 42.000 € (vgl. a.) aufrecht erhalten werden soll?

$x_{BE}^{\text{nach Preissenkung}}$ = 168.000 / (245 - 175) = 168.000 / 70 = 2.400 Stück

$U_{BE}^{\text{nach Preissenkung}}$ = 168.000 / (70 / 245) = 588.000 €

Um denselben Gewinn wie bisher (G = 42.000, vgl. a.) zu erzielen, müssen die folgenden Mengen und Umsätze erreicht werden:

$x_{G=42.000}^{\text{nach Preissenkung}}$ = (168.000 + 42.000) / 70 = 210.000 / 70 = 3.000 Stück

$U_{G=42.000}^{\text{nach Preissenkung}}$ = 3.000 • 245 = 735.000 €

In Abb. 40 auf S. 171 bewirkt die Preissenkung, dass die Umsatzlinie flacher verläuft. Beachten Sie, dass infolge der Preissenkung von nur 12,5% die kritischen Mengen gegenüber der Ausgangssituation um 50% ansteigen. Es ist fraglich, ob sich diese Mehrmenge kapazitiv darstellen und verkaufen lässt.

d. Aufgrund von Tarifanhebungen und Verteuerungen im Einkauf steigen die variablen Stückkosten um 10% auf 192,50 €/Stück. Wie wirkt sich der Kostenanstieg im Vergleich zur Ausgangssituation auf die kritischen Werte aus?

$x_{BE}^{\text{nach Kostenanstieg}}$ = 168.000 / (280 - 192,50) = 168.000 / 87,50 = 1.920 Stück

$U_{BE}^{\text{nach Kostenanstieg}}$ = 1.920 • 280 = 537.600 €

$x_{G=42.000}^{\text{nach Kostenanstieg}}$ = 210.000 / 87,50 = 2.400 Stück

$U_{G=42.000}^{\text{nach Kostenanstieg}}$ = 2.400 • 280 = 672.000 €

Der Anstieg der variablen Kosten um 10% führt in Abbildung 40 zu einem steileren Anstieg der Kostenlinie. Zwecks Erhaltung der ursprünglichen Erfolgsposition sind Mengensteigerungen um immerhin 20% erforderlich.

e. Angenommen, die Preissenkung um 12,5% und der Anstieg der variablen Stückkosten um 10% lassen den Deckungsbeitrag auf 52,50 €/Stück schmilzen. Welche Auswirkungen stellen sich ein?

$x_{BE}^{\text{nach Preissenkung und Kostenanstieg}} = 168.000 / 52{,}50 = 3.200$ Stück

$U_{BE}^{\text{nach Preissenkung und Kostenanstieg}} = 3.200 \cdot 245 = 784.000$ €

$x_{G=42.000}^{\text{nach Preissenkung und Kostenanstieg}} = 210.000 / 52{,}50 = 4.000$ Stück

$U_{G=42.000}^{\text{nach Preissenkung und Kostenanstieg}} = 4.000 \cdot 245 = 980.000$ €

Das Zusammenkommen beider Effekte bewirkt in Abb. 40, S. 171, ein Schließen der „Preis-Kosten-Schere“ (vgl. die Pfeilbewegungen). Die kritischen Mengen verdoppeln sich in diesem Fall gegenüber der Ausgangssituation.

⇨ *Aufgaben 58 und 59, S. 317*

Im **Mehrproduktbetrieb** wird die Gewinnschwellenanalyse dadurch erschwert, dass die Produktarten im Allgemeinen unterschiedlich hohe Stückdeckungsbeiträge aufweisen und sich dadurch keine eindeutige Break-Even-Menge ermitteln lässt. Um eine gewisse Vergleichbarkeit der Produkte zu schaffen, messen wir deshalb die Beschäftigung nicht an den Mengen, sondern an den Umsätzen und stellen das Ergebnis in Abhängigkeit vom Umsatz dar. Dabei sind im Hinblick auf die Ergebnismaximierung insbesondere solche Produkte interessant, die einen hohen Deckungsgrad (vgl. hierzu S. 172) aufweisen.

Beispiel 51: Gewinnschwellenanalyse im Mehrproduktbetrieb

Nach Produktionsumstellung auf die Modelle Cross, Race und Touro erreichte ein Fahrradhersteller im vorletzten Geschäftsjahr folgende Geschäftszahlen:

Vorletztes Geschäftsjahr		Cross	Race	Touro	Gesamt
Absatzmenge	(Stk.)	4.288	3.200	5.200	
Nettoerlös	(€/Stk.)	375,00	270,00	240,00	
Variable Stückkosten	(€/Stk.)	225,00	243,00	180,00	
Stückdeckungsbeitrag	(€/Stk.)	150,00	27,00	60,00	
Umsatz	(€)	1.608.000	864.000	1.248.000	3.720.000
Deckungsbeitrag	(€)	643.200	86.400	312.000	1.041.600
Fixkosten	(€)				770.000
Betriebsergebnis	(€)				271.600
Deckungsgrad		40% ①	10% ③	25% ②	28%

Das Umsatz-Ergebnis-Diagramm in Abb. 41 gibt die Geschäftszahlen wieder. Die Ergebniszuwächse sind in der Reihenfolge abnehmender Deckungsgrade der Produkte eingetragen, vgl. den oberen Linienzug. Der Schnittpunkt dieser Linie mit der Abszisse (Nulllinie) gibt den Break-Even-Umsatz (U_{BE}) unter der Annahme wieder, dass zunächst nur die nicht so lukrativen Produktarten, hier die Modelle Race und Touro, von einem Absatzrückgang betroffen sind. Bei einem Mengenrückgang, der alle Produkte relativ im gleichen Ausmaß trifft, folgt das Ergebnis der gestrichelten Linie des Gesamtsortiments. Der benötigte Break-Even-Umsatz ($U_{BE}^{\varnothing}$) dieser Durchschnittsbetrachtung ist höher als im Fall des Absatzrückgangs zunächst bei den Race- und dann bei den Touro-Rädern.

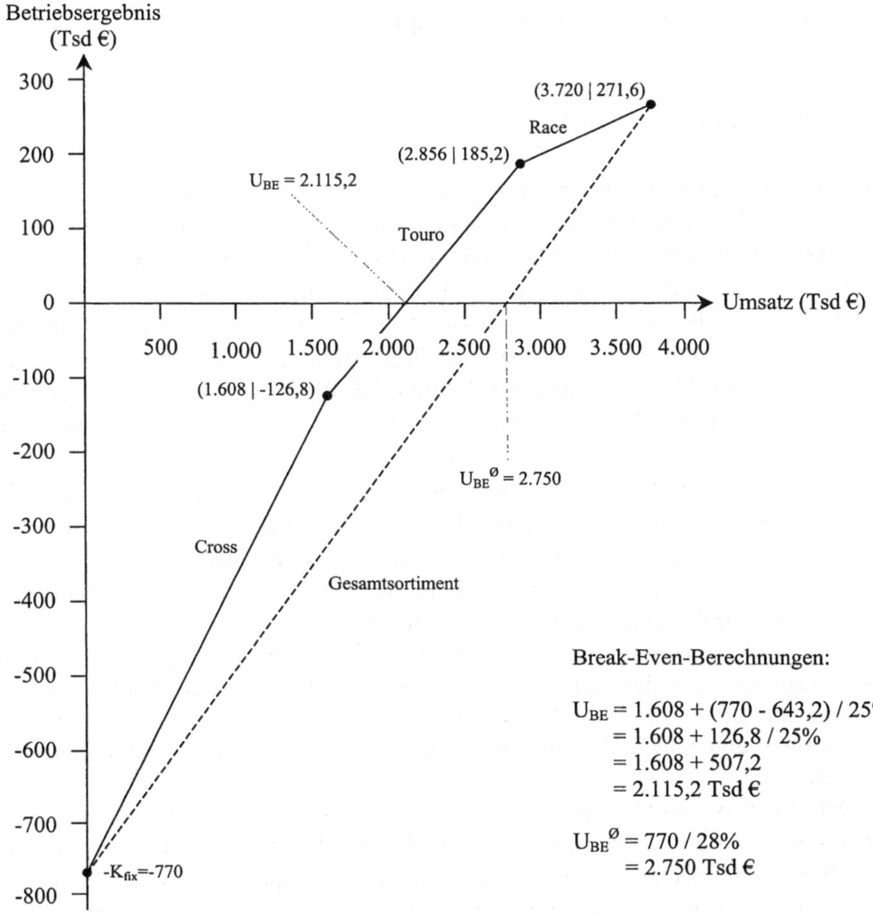

Break-Even-Berechnungen:

$$U_{BE} = 1.608 + (770 - 643{,}2) / 25\%$$
$$= 1.608 + 126{,}8 / 25\%$$
$$= 1.608 + 507{,}2$$
$$= 2.115{,}2 \text{ Tsd €}$$

$$U_{BE}^{\varnothing} = 770 / 28\%$$
$$= 2.750 \text{ Tsd €}$$

Abb. 41: Gewinnschwelle im Mehrproduktbetrieb

⇨ *Aufgabe 60, S. 318*

3.5 Deckungsbeitragsrechnung als Entscheidungsrechnung

Die Teilkostenrechnung schafft mit der Trennung variabler und fixer Kosten die Grundlage für Kurzfristentscheidungen. Kurzfristig bedeutet, dass im Planungszeitraum (z.B. Woche oder Monat) die betrieblichen Kapazitäten nicht veränderlich sind und deshalb die kapazitätsabhängigen Kosten als fix anzusehen sind. Bestehende, von kurzfristigen Entscheidungen unabhängige Fixkosten sind nicht relevant. Die variablen Kosten und, bei gegebenen Nettoerlösen, die Deckungsbeiträge sind das wichtigste Entscheidungskriterium für kurzfristig ausgerichtete Planungsaufgaben wie die Programmoptimierung, die Bestimmung kurzfristiger Preisgrenzen, die Beurteilung von Zusatzaufträgen, die Verfahrenswahl und die Entscheidung zwischen Eigenfertigung und Fremdbezug.

3.5.1 Programmoptimierung

Ziel der Programmoptimierung ist es, das Absatz- bzw. Produktionsprogramm so nach Art und Menge der Erzeugnisse und Dienstleistungen zusammenzustellen, dass der Gewinn (das Betriebsergebnis) maximal wird. In der **Langfristperspektive** sind sowohl das Produktspektrum durch Neuentwicklungen als auch die Produktionsmöglichkeiten durch investive Maßnahmen und Prozessreorganisation gestaltbar. Diese Überlegungen sind Gegenstand der strategischen Produktionsprogrammplanung, die auf die Schaffung künftiger Erfolgspotenziale gerichtet ist und mit Sonderrechnungen unterstützt wird (vgl. hierzu etwa Kapitel 7 zur Lebenszykluskostenrechnung, ab S. 258).
In der **Kurzfristperspektive** erfolgt die Programmoptimierung unter Berücksichtigung der gegebenen Produktionskapazität sowie der externen Absatz- und ggf. Beschaffungsmarktbeschränkungen. Unter diesen Rahmenbedingungen kann die Programmoptimierung mit den Mitteln der Teilkostenrechnung erfolgen, wie Abb. 42 auf der folgenden Seite im Überblick zeigt.
Die folgenden Ausführungen unterstellen vereinfachend, dass Absatz- und Produktionsprogramm identisch sind. Da sich das Absatz- vom Produktionsprogramm nur durch die beabsichtigten Lagerbestandsänderungen für die fertigen Erzeugnisse unterscheidet, können beide aber stets einfach auseinander abgeleitet werden.
In der *Kurzfristsituation ohne gemeinsamen Engpass* orientiert sich die Programmentscheidung an den absoluten Stückdeckungsbeiträgen (d). Produkte mit positivem Stückdeckungsbeitrag verbessern mit jedem zusätzlichen Stück den Gewinn; sie werden deshalb in den am Markt maximal absetzbaren Mengen eingeplant. Produkte mit negativem Stückdeckungsbeitrag beeinträchtigen den Gewinn; ihre Menge wird deshalb auf null bzw. auf die Menge gesetzt, die z.B. aus Gründen des vollständigen Sortiments oder wegen bestehender Lieferverträge mindestens erforderlich ist.

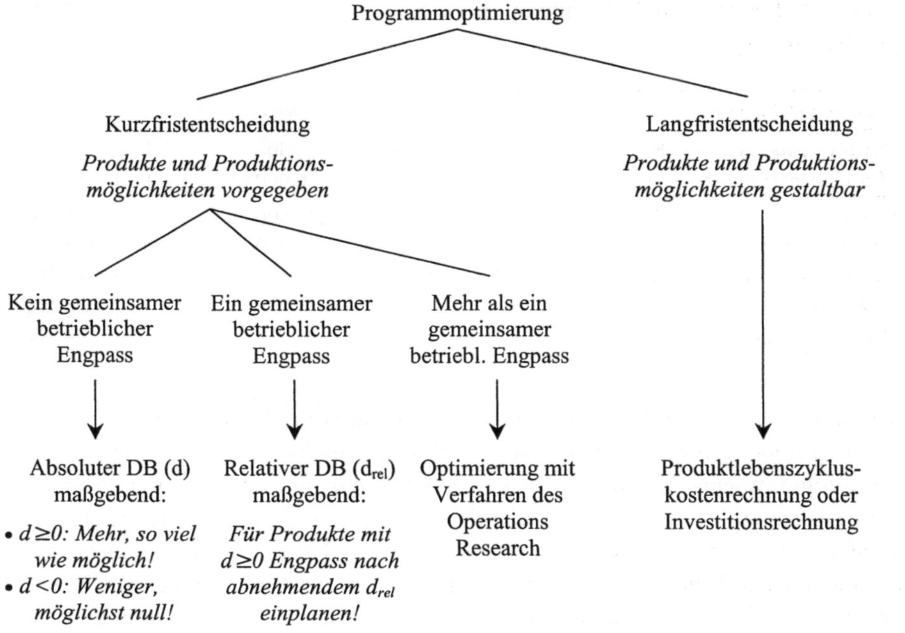

Abb. 42: Entscheidungssituation der Programmoptimierung

Beispiel 52: Programmoptimierung ohne gemeinsamen Engpass

Ein Fahrradhersteller plant das Produktionsprogramm für den Monat Oktober mit 23 Werktagen. Neben den neueren Modellen Cross, Race und Touro will die Geschäftsführung auch das vormalige Modell Classic in die Überlegungen einbeziehen, obwohl dessen Preis völlig verfallen ist. Alle betrieblichen Kapazitäten, auch eine Montageinsel, stehen in ausreichendem Maße zur Verfügung. Ferner ist der Planung das folgende Zahlenwerk zugrunde zu legen.

Planmonat Oktober ...		Cross	Race	Touro	Classic	Σ
Max. Absatzmenge	(Stk.)	200	500	500	300	
Nettoerlös	(€/Stk.)	350,00	320,00	250,00	170,00	
Variable Stückkosten	(€/Stk.)	234,00	206,00	190,00	185,00	
Stückdeckungsbeitrag	(€/Stk.)	116,00	114,00	60,00	-15,00	
Maschinenzeit	(Min./Stk.)	8	6	12	5	
Fixkosten	(€)					66.000

Da der Stückdeckungsbeitrag des Classic-Rades negativ ist, sollte im Hinblick auf die Optimierung des Betriebsergebnisses auf Produktion und Absatz dieses Modells verzichtet werden. Die absoluten Deckungsbeiträge der anderen Typen sind positiv, sodass diese in den jeweiligen Absatzhöchstmengen zu planen sind.

Damit erhalten wir das folgende optimale Sortiment mit der zugehörigen Planergebnisrechnung:

Planmonat Oktober ...		Cross	Race	Touro	Classic	Σ
Optimale Menge	(Stk.)	200	500	500	0	
Maschinenzeitbedarf	(Min.)	1.600	3.000	6.000	0	10.600
Umsatz	(€)	70.000	160.000	125.000	0	355.000
Variable Kosten	(€)	46.800	103.000	95.000	0	244.800
Deckungsbeitrag	(€)	23.200	57.000	30.000	0	110.200
Fixkosten	(€)					66.000
Betriebsergebnis	(€)					44.200

Konkurrieren die Produkte um knappe Kapazitäten und liegt genau *ein gemeinsamer Engpass* vor, der für mehrere Produkte gleichzeitig wirkt, orientiert sich die Programmentscheidung an den relativen Deckungsbeiträgen der Produktarten. Die knappe Kapazität wird dann in der Reihenfolge abnehmender relativer Deckungsbeiträge verplant. Der relative Deckungsbeitrag (d_{rel}) einer Produktart, der auch spezifischer Deckungsbeitrag heißt, gibt den Stückdeckungsbeitrag (d) bezogen auf die Engpassbelastung je Stück des Produkts wieder, kann aber auch als Quotient aus dem Gesamtdeckungsbeitrag (D) und der gesamten Engpassbelastung einer Produktart berechnet werden:

d_{rel} = d / Engpassbelastung pro Stück des Produkts (€/Engpasseinheit)
d_{rel} = D / Engpassbelastung gesamt (€/Engpasseinheit)

Die Engpassbelastung wird je nach Kapazität unterschiedlich gemessen, z.B. in Minuten bzw. Stunden pro Produkteinheit für Maschinen und Mitarbeiter sowie in Quadratmeter je Stück für Lagerraum. Je nach Art der Kapazität hat auch der relative Deckungsbeitrag unterschiedliche Dimensionen, z.B. €/Min. bzw. €/Std. für Maschinen- und Fertigungsengpässe sowie €/qm für Raumengpässe.
Die Engpassausnutzung (z.B. Stück/Minute) entspricht dem Kehrwert der Engpassbelastung (z.B. Minuten/Stück). Sie beschreibt, wieviel Produkteinheiten mit einer Einheit des Engpasses produziert werden können. Unter Verwendung der Engpassausnutzung gilt:

d_{rel} = d • Engpassausnutzung pro Einheit des Engpasses (€/Engpasseinheit)

Die Optimierung läuft nun schrittweise wie folgt ab:

(1) Die absoluten Stückdeckungsbeiträge werden berechnet. Für die Produkte mit negativem Stückdeckungsbeitrag wird die Menge auf null festgesetzt. Für die übrigen Produkte werden die nachfolgenden Schritte durchlaufen.

(2) Die relativen Stückdeckungsbeiträge werden ermittelt. In der Reihenfolge abnehmender relativer Stückdeckungsbeiträge wird eine Rangfolge bzw. Prioritätenliste der Produkte erstellt.

(3) Die verfügbare Kapazität wird in der festgelegten Rangfolge unter Berücksichtigung der Absatzhöchstmengen auf die Produkte verteilt, bis sie erschöpft ist.

(4) Mit den optimalen Mengen der Produktarten wird die Ergebnisrechnung in Form einer Deckungsbeitragsrechnung erstellt und das maximal erzielbare Betriebsergebnis berechnet.

Beispiel 53: Programmoptimierung bei einem gemeinsamen Engpass

Es mögen unverändert die Zahlen aus Bsp. 52 von S. 177 gelten. Allerdings muss die Montageinsel in der Fertigung grundlegend überholt werden. Sie steht im Oktober nur an 16 Werktagen mit jeweils maximal acht Produktionsstunden, also zu insgesamt 7.680 Minuten zur Verfügung.

Planmonat Oktober ...		Cross	Race	Touro	Classic	Σ
Max. Maschinenzeit	(Min.)					7.680
Max. Absatzmenge	(Stk.)	200	500	500	300	
Schritt 1:						
Nettoerlös	(€/Stk.)	350,00	320,00	250,00	170,00	
Variable Stückkosten	(€/Stk.)	234,00	206,00	190,00	185,00	
Stückdeckungsbeitrag	(€/Stk.)	116,00	114,00	60,00	-15,00	
Optimale Menge	(Stk.)				0	
Schritt 2:						
Maschinenzeit	(Min./Stk.)	8	6	12	5	
Relativer Deckungsb.	(€/Min.)	14,50	19,00	5,00	-----	
Rangfolge/Priorität		②	①	③	-----	
Schritt 3:						
Optimale Menge	(Stk.)	200	500	256	0	
Maschinenzeitbedarf	(Min.)	1.600	3.000	3.072	0	7.672
				Merkposition für Zeitrest:		~~4.680~~ ~~3.080~~ *8 **
Schritt 4:						
Umsatz	(€)	70.000	160.000	64.000	0	294.000
Variable Kosten	(€)	46.800	103.000	48.640	0	198.440
Deckungsbeitrag	(€)	23.200	57.000	15.360	0	95.560
Fixkosten	(€)					66.000
Betriebsergebnis	(€)					29.560

* Diese Zeit reicht nicht aus, ein weiteres Touro-Rad mit 12 Minuten zu bearbeiten. Sie bleibt deshalb ungenutzt.

In Schritt 3 machen sich für die Modelle Race und Cross mit den höchsten Prioritäten zunächst die Absatzbeschränkungen auf 500 bzw. 200 Stück bemerkbar. Anschließend begrenzt die Montageinsel, deren Laufzeit dann bis auf einen Rest von 8 Minuten ausgeschöpft ist, die Touro-Menge auf 3.080 Min. / 12 Min./Stk. = 256,66667 ≈ 256 Stück. Aufgrund der Kapazitätseinschränkung und der geringeren Mengen sinkt der Gewinn gegenüber der Ausgangssituation ohne Kapazitätsengpass (vgl. S. 178) von 44.200 € um 14.640 € auf 29.560 €.

⇨ *Aufgabe 61, S. 318 und Aufgabe 62, S. 319*

Sofern aufgrund fester Liefervereinbarungen *Mindestmengen* zu produzieren sind, empfiehlt es sich, im ersten Schritt zunächst die Mindestmengen zu planen, und zwar auch für die Produkte mit negativem Stückdeckungsbeitrag. Dadurch wird schon vorweg ein Teil der Engpasskapazität beansprucht. Nur die verbleibende Restkapazität kann anschließend in den weiteren Lösungsschritten für zusätzliche Mengen eingeplant werden. Die optimale Gesamtmenge je Produktart erhalten wir in diesem Fall im vierten Schritt als Summe aus der jeweiligen Mindestmenge und der eingeplanten Zusatzmenge.

Beispiel 54: Programmoptimierung bei einem Engpass und Absatzmindestmengen

Es gelten weiterhin die Zahlen aus Bsp. 53 von S. 179. Allerdings hat der Geschäftsführer einem langjährigen Kunden, einem Sportfachhändler, auf dessen Bitte eine Lieferung über jeweils 30 Stück der Modelle Cross und Race sowie 280 Stück des Modells Touro und 136 Stück des Modells Classic aus der Produktion im Oktober verbindlich zugesagt.

Planmonat Oktober ...		Cross	Race	Touro	Classic	Σ
Max. Maschinenzeit	(Min.)					7.680
Max. Absatzmenge	(Stk.)	200	500	500	300	
Mindestmenge	(Stk.)	30	30	280	136	
Maschinenzeit	(Min./Stk.)	8	6	12	5	
Maschinenzeit für Mindestmenge	(Min.)	240	180	3.360	680	4.460
Nettoerlös	(€/Stk.)	350,00	320,00	250,00	170,00	
Variable Stückkosten	(€/Stk.)	234,00	206,00	190,00	185,00	
Stückdeckungsbeitrag	(€/Stk.)	116,00	114,00	60,00	-15,00	
Relativer Deckungsb.	(€/Min.)	14,50	19,00	5,00	-----	
Rangfolge/Priorität		②	①	③	-----	
Zusätzliche Menge	(Stk.)	50	470	0	0	
Maschinenzeit für Zusatzmenge	(Min.)	400	2.820	0	0	3.220
				Merkposition für Zeitrest: ~~400~~ , 0		
Optimale Menge	(Stk.)	80	500	280	136	

Planmonat Oktober ...		Cross	Race	Touro	Classic	Σ
Umsatz	(€)	28.000	160.000	70.000	23.120	281.120
Variable Kosten	(€)	18.720	103.000	53.200	25.160	200.080
Deckungsbeitrag	(€)	9.280	57.000	16.800	-2.040	81.040
Fixkosten	(€)					66.000
Betriebsergebnis	(€)					15.040

Es ist verständlich, dass durch die Verpflichtung auf die bezüglich des relativen Deckungsbeitrags weniger lukrativen Modelle das Betriebsergebnis von 29.560 € um weitere 14.520 € auf 15.040 € sinkt.

⇨ *Aufgabe 63, S. 320*

Bei *zwei oder mehr gemeinsamen Engpässen* bilden die relativen Deckungsbeiträge keine Lösungshilfe, da die Prioritätenfolge je nach Engpass wechseln kann. Solche Aufgaben der Programmoptimierung können für praktische Problemstellungen nur noch mit mathematischen Ansätzen aus dem Bereich des Operations Research, z.B. der Linearen Programmierung, und unter Einsatz von EDV zweckmäßig gelöst werden.

3.5.2 Kurzfristige Absatzpreisuntergrenze

Langfristig kann ein Betrieb nur existieren, wenn die erzielten Nettoerlöse der Rechnungsperioden die darauf entfallenden Kosten mindestens in voller Höhe decken. Aus dieser Sichtweise wird häufig abgeleitet, dass die vollen Selbstkosten eines Erzeugnisses oder einer Dienstleistung die **langfristige Preisuntergrenze** bilden. Bedenkt man die erheblichen Probleme, die die Verrechnung der fixen Gemeinkosten auf Kostenträger in der Vollkostenrechnung mit sich bringt, wird allerdings deutlich, dass die kalkulierten Selbstkosten nur eine Orientierung für die Preisbildung erlauben. Ein wiederholt und dauerhaft nicht die Vollkosten deckender Preis sollte zwar Anlass sein, über Maßnahmen der Kostensenkung, der Produktgestaltung und des Marketings nachzudenken. Im konkreten Fall ist die fehlende Vollkostendeckung aber kein hinreichender Grund zur Reduzierung der Absatzmenge oder gar zur vollständigen Einstellung von Produktion und Absatz des betreffenden Produkts.

Maßgeblich für die **kurzfristige Absatzpreisuntergrenze** eines Erzeugnisses oder einer Dienstleistung im Sinne des Nettoverkaufserlöses bzw. Barverkaufspreises (vgl. S. 137f) sind die variablen Kosten, die den Deckungsbeitrag prägen. Die kurzfristig unbeeinflussbaren fixen Periodenkosten sind hierfür nicht entscheidungsrelevant. Folgende Abbildung (vgl. nächste Seite) veranschaulicht die Entscheidungssituation zur Absatzpreisuntergrenze, die derjenigen bei der Programmoptimierung vergleichbar ist.

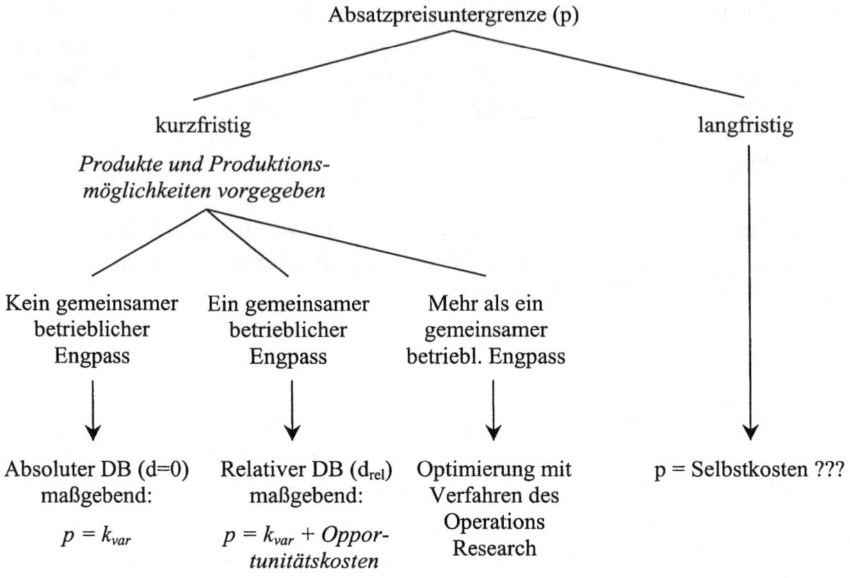

Abb. 43: Entscheidungssituation zur Absatzpreisuntergrenze

Bei freien Kapazitäten *ohne gemeinsamen Engpass* ergibt sich die kurzfristige (absolute) Preisuntergrenze für einen absoluten Deckungsbeitrag von null. Sie entspricht damit den variablen Stückkosten bzw. Grenzkosten des Produkts:

Kurzfristige Absatzpreisuntergrenze: $p = k_{var}$

Beispiel 55: Kurzfristige Absatzpreisuntergrenze bei freien Kapazitäten

Ein Fahrradhersteller hat für Oktober das folgende Produktions- und Absatzprogramm bestimmt, das noch freie Kapazitäten aufweist (vgl. Bsp. 52, S. 177f).

Planmonat Oktober ...		Cross	Race	Touro	Classic	Σ
Max. Absatzmenge	(Stk.)	200	500	500	300	
Nettoerlös	(€/Stk.)	350,00	320,00	250,00	170,00	
Variable Stückkosten	(€/Stk.)	234,00	206,00	190,00	185,00	
Optimale Menge	(Stk.)	200	500	500	0	
Maschinenzeitbedarf	(Min.)	1.600	3.000	6.000	0	10.600
Umsatz	(€)	70.000	160.000	125.000	0	355.000
Variable Kosten	(€)	46.800	103.000	95.000	0	244.800
Deckungsbeitrag	(€)	23.200	57.000	30.000	0	110.200
Fixkosten	(€)					66.000
Betriebsergebnis	(€)					44.200

Offensichtlich unterschreitet der Preis des Fahrradmodells Classic dessen kurzfristige Preisuntergrenze von 185 €, sodass der Stückdeckungsbeitrag negativ wird. Deshalb wurde dieser Artikel nicht in das Programm aufgenommen. Bei den Artikeln Cross, Race und Touro hingegen liegt der Verkaufspreis über den variablen Stückkosten als kurzfristige Preisuntergrenze, und der jeweilige Stückdeckungsbeitrag ist positiv. Deshalb wurden diese Artikel mit den maximalen Absatzmengen eingeplant.
Nehmen wir an, der Preis des Artikels Touro gerät unter Druck, so lohnt sich dessen Produktion und Verkauf, bis der Preis auf die variablen Stückkosten von 190,00 € absinkt. In diesem Grenzfall geht der Deckungsbeitrag der Touro-Räder von ursprünglich 30.000 € verloren; der Gewinn sinkt von 44.200 € auf 14.200 €. Für die vier Fahrradmodelle erhalten wir in dieser Situation folgende kurzfristige Absatzpreisuntergrenzen:

Cross 234,00 €, Race 206,00 €, Touro 190,00 € und Classic 185,00 €.

Wird genau eine Maschine oder ein anderer Produktionsfaktor von mehreren Produkten gleichzeitig beansprucht und reicht die Kapazität nicht aus, alle Produkte mit positivem Stückdeckungsbeitrag in den jeweiligen Höchstmengen herzustellen, muss sich die kurzfristige Absatzpreisuntergrenze der Produkte am relativen Deckungsbeitrag orientieren. Sofern *ein gemeinsamer Engpass* besteht, bestimmen wir die kurzfristige Absatzpreisuntergrenze des zu analysierenden Produkts (A) durch Vergleich des relativen Deckungsbeitrags mit den anderen Produkten. Als Vergleichsobjekt (V) dient jeweils dasjenige andere Produkt, dessen Menge bei Preisänderungen des zu analysierenden Produkts als erstes verdrängt wird bzw. dessen Menge als erstes ansteigt. Für die Preisuntergrenze des zu analysierenden Produkts muss gelten:

$$d_{rel}^{A} = (p^{A} - k_{var}^{A}) \;/\; \text{Engpassbelastung}^{A} = d_{rel}^{V}$$

Durch Umstellung zum Preis des Analyseprodukts erhalten wir die kurzfristige Absatzpreisuntergrenze als Summe zweier Bestandteile:

$$p^{A} = k_{var}^{A} + \text{Engpassbelastung}^{A} \cdot d_{rel}^{V}$$

Im Klartext bedeutet dies: Der Preis des zu analysierenden Produkts A muss die eigenen variablen Stückkosten zuzüglich des verdrängten Deckungsbeitrags des Vergleichsprodukts V ($\text{Engpassbelastung}^{A} \cdot d_{rel}^{V}$) erreichen. Der Deckungsbeitrag wird dadurch „verdrängt“, dass auf der Engpasskapazität anstelle des Vergleichsprodukts V das zu analysierende Produkt A zum Zuge kommt. Insofern stellt der verdrängte Deckungsbeitrag Kosten einer entgangenen Möglichkeit dar, die man auch als „Opportunitätskosten“ bezeichnet.

Beispiel 56: Kurzfristige Absatzpreisuntergrenze bei einem gemeinsamen Engpass

Ein Fahrradhersteller hat für den Monat Oktober die Produktions- und Absatzmengen so festgelegt, dass eine Maschine, die Montageinsel, zum Engpass wird (vgl. Bsp. 54, S. 180f).

Planmonat Oktober ...	Cross	Race	Touro	Classic	Σ
Max. Maschinenzeit (Min.)					7.680
Max. Absatzmenge (Stk.)	200	500	500	300	
Mindestmenge (Stk.)	30	30	280	136	
Maschinenzeit (Min./Stk.)	8	6	12	5	
Nettoerlös (€/Stk.)	350,00	320,00	250,00	170,00	
Variable Stückkosten (€/Stk.)	234,00	206,00	190,00	185,00	
Stückdeckungsbeitrag (€/Stk.)	116,00	114,00	60,00	-15,00	
Relativer Deckungsb. (€/Min.)	14,50	19,00	5,00	-----	
Rangfolge/Priorität	②	①	③	-----	
Optimale Menge (Stk.)	80	500	280	136	
Maschinenzeit (Min.)	640	3.000	3.360	680	7.680

Die Modelle Touro und Classic werden offensichtlich nur in den Mindestmengen produziert. Es lohnt sich erst dann, die Mengen dieser Produkte anzuheben, wenn ihr Preis so weit steigt, dass er jeweils die eigenen variablen Stückkosten und die Opportunitätskosten durch Verdrängung des Modells Cross von der Engpassmaschine deckt.

$p^{Touro} = k_{var}^{Touro} + \text{Engpassbelastung}^{Touro} \cdot d_{rel}^{Cross}$
$p^{Touro} = 190{,}00\ €/\text{Stk.} + 12\ \text{Min./Stk.} \cdot 14{,}50\ €/\text{Min.}$
$p^{Touro} = 190{,}00\ €/\text{Stk.} + 174{,}00\ €/\text{Stk.} = 364{,}00\ €/\text{Stk.}$

$p^{Classic} = k_{var}^{Classic} + \text{Engpassbelastung}^{Classic} \cdot d_{rel}^{Cross}$
$p^{Classic} = 185{,}00\ €/\text{Stk.} + 5\ \text{Min./Stk.} \cdot 14{,}50\ €/\text{Min.}$
$p^{Classic} = 185{,}00\ €/\text{Stk.} + 72{,}50\ €/\text{Stk.} = 257{,}50\ €/\text{Stk.}$

Die Preisuntergrenzen der Modelle Touro und Classic werden also stark durch die Opportunitätskosten in Höhe von 174,00 bzw. 72,50 €/Stück infolge der Verdrängung der Cross-Räder geprägt.
Andererseits darf der Preis des Modells Cross nur so weit sinken, dass es gerade noch nicht durch die Touro-Räder substituiert wird.

$p^{Cross} = k_{var}^{Cross} + \text{Engpassbelastung}^{Cross} \cdot d_{rel}^{Touro}$
$p^{Cross} = 234{,}00\ €/\text{Stk.} + 8\ \text{Min./Stk.} \cdot 5{,}00\ €/\text{Min.}$
$p^{Cross} = 234{,}00\ €/\text{Stk.} + 40{,}00\ €/\text{Stk.} = 274{,}00\ €/\text{Stk.}$

Sofern der Preis des Modells Race fällt, wird dieses Modell zunächst durch die Cross-Räder ersetzt, von dem noch zusätzlich 120 Stück verkauft werden können. Die erste Preisuntergrenze für Race beträgt damit:

$p^{Race} = k_{var}^{Race} + \text{Engpassbelastung}^{Race} \cdot d_{rel}^{Cross}$
$p^{Race} = 206{,}00 \text{ €/Stk.} + 6 \text{ Min./Stk.} \cdot 14{,}50 \text{ €/Min.}$
$p^{Race} = 206{,}00 \text{ €/Stk.} + 87{,}00 \text{ €/Stk.} = 293{,}00 \text{ €/Stk.}$

Bei Unterschreiten dieser Grenze wird das Modell Race zunächst noch gefertigt, da die 120 zusätzlichen Cross-Räder nur 960 Maschinenminuten belegen, mithin noch 2.040 Minuten für die Fertigung von 340 Race-Rädern frei sind. Damit besteht eine zweite Preisuntergrenze für Race im Vergleich zu Touro.

$p^{Race} = k_{var}^{Race} + \text{Engpassbelastung}^{Race} \cdot d_{rel}^{Touro}$
$p^{Race} = 206{,}00 \text{ €/Stk.} + 6 \text{ Min./Stk.} \cdot 5{,}00 \text{ €/Min.}$
$p^{Race} = 206{,}00 \text{ €/Stk.} + 30{,}00 \text{ €/Stk.} = 236{,}00 \text{ €/Stk.}$

⇨ *Aufgabe 64, S. 320*

Sofern in der Analyse *zwei oder mehr gemeinsame Engpässe* auftreten, ist nicht mehr eindeutig bestimmt, an welchem relativen Deckungsbeitrag sich die Absatzpreisuntergrenze bemisst. Ähnlich der Programmoptimierung mit mehreren Engpässen können wir derartige Fragestellungen nur noch mit mathematischen Ansätzen aus dem Bereich des Operations Research, z.B. mit der Linearen Optimierung, und unter Einsatz von EDV allgemeingültig bearbeiten.
Im Unterschied zur erfolgsorientierten Preisuntergrenze bestimmt sich die *liquiditätsorientierte Preisuntergrenze* allein nach den zahlungswirksamen variablen Stückkosten. In diese Preisuntergrenze dürfen z.B. leistungsabhängige und damit als variabel einzustufende Abschreibungen nicht einkalkuliert werden. Die Ausrichtung von Entscheidungen an der liquiditätsorientierten Preisuntergrenze macht jedoch nur in Krisenzeiten Sinn, wenn es in erster Linie darauf ankommt, die Zahlungsfähigkeit zu sichern. Zur Problematik der Liquiditätswirksamkeit der Kosten bei betrieblichen Entscheidungen vergleiche S. 169f.
Abschließend sei darauf verwiesen, dass vorstehende Analysen zu Absatzpreisuntergrenzen leicht auf die Bestimmung von *Beschaffungspreisobergrenzen* für bezogenes Material oder von Lohnsatzobergrenzen für eingesetzte Mitarbeiter übertragen werden können. Für eine Situation ohne Engpass gilt nach wie vor, dass der Stückdeckungsbeitrag nicht negativ werden darf; sofern Nettoverkaufserlös und die übrigen variablen Kosten gegeben sind, entspricht der Quotient aus dem verbleibenden Deckungsbeitrag und der Einsatzmenge der Preisobergrenze des Produktionsfaktors. Analog kann bei einem Engpass die allgemeine Bedingung für Preisgrenzen von S. 182 nach den variablen Kosten aufgelöst werden.

3.5.3 Zusatzauftrag

Für Unternehmen stellt sich vielfach die Frage, wie bei einer bestehenden Produktions- und Absatzplanung zusätzliche Aufträge von Kunden unter dem Gesichtspunkt der Erfolgsmaximierung zu beurteilen sind. Diese Frage kann insofern allgemein beantwortet werden, als sich ein Zusatzauftrag dann lohnt, wenn durch seine Aufnahme ins Produktionsprogramm der Erfolg steigt. Allerdings sind jeweils die konkreten Rahmenbedingungen zu berücksichtigen.

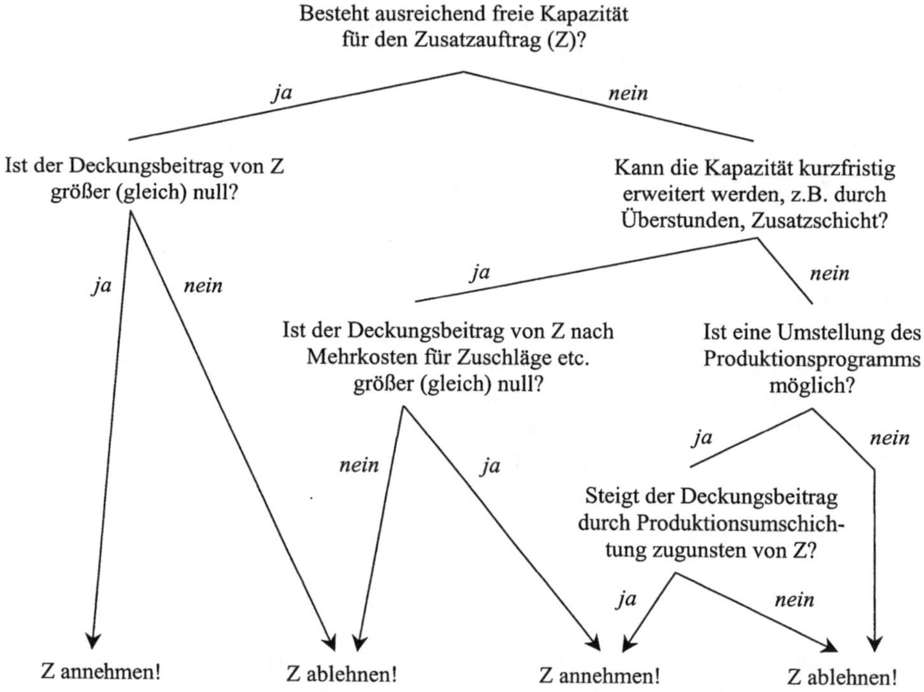

Abb. 44: Entscheidungssituation beim Zusatzauftrag

Gehen wir davon aus, dass das bis zum Zeitpunkt der Entscheidung über den Zusatzauftrag *eingeplante Produktionsprogramm nicht verändert* werden darf, steigt das Betriebsergebnis, wenn der Zusatzauftrag einen positiven Deckungsbeitrag erzielt. Die Nettoerlöse des Auftrags müssen also die mit dem Auftrag verbundenen variablen Kosten und die ggf. zusätzlich anfallenden auftragsfixen Kosten abdecken. Beachten Sie, dass in diesem Zusammenhang auch die mit der Annahme des Zusatzauftrags eventuell verbundenen zusätzlichen Fixkosten für Spezialwerkzeuge, einmalige Versendung, Werkschutzdienste etc. entscheidungsrelevant sind.

Beispiel 57: Zusatzauftrag ohne Programmänderung

Ein Fahrradfachhändler fragt anlässlich seines zehnten Betriebsjubiläums bei einem Fahrradhersteller das einmalige, individuelle Sondermodell Jubilé in einer Menge von genau 50 Stück an. Aus der Kalkulation des Herstellers ergeben sich variable Kosten von 175,00 €/Stück. Für die spezielle Beschriftung benötigt der Hersteller ein nur für den Auftrag verwendbares Spritzwerkzeug zu 450,00 €.

a. Der Fahrradfachhändler kommt mit einer Preisvorstellung von 220,00 €/Rad in die Gespräche. Der Hersteller hat hinreichend Kapazitäten frei. Dann gilt:

Erlös des Zusatzauftrags (50 • 220,00)	11.000 €
- Variable Kosten des Zusatzauftrags (50 • 175,00)	8.750 €
- Zusätzliche fixe Kosten (Spritzwerkzeug)	450 €
= Deckungsbeitrag des Zusatzauftrags	1.800 €

Durch den Zusatzauftrag verbessert der Hersteller sein Ergebnis um 1.800 €.

b. Da die Produktion vollständig ausgelastet ist, müsste für den Zusatzauftrag eine Samstagsschicht gefahren werden. In diesem Fall steigen die variablen Kosten wegen diverser Zuschläge etc. um 19,25 €/Stück. Ferner entstehen für Werkschutz etc. 1.400 € zusätzliche Fixkosten. In dieser Situation gilt:

Erlös des Zusatzauftrags (50 • 220,00)	11.000,00 €
- Variable Kosten des Zusatzauftrags (50 • 175,00)	8.750,00 €
- Variable Kosten für Zuschläge etc. (50 • 19,25)	962,50 €
- Zusätzliche fixe Kosten (Spritzwerkzeug)	450,00 €
- Zusätzliche fixe Kosten (Werkschutz etc.)	1.400,00 €
= Deckungsbeitrag des Zusatzauftrags	-562,50 €
je Stück:	-11,25 €

Der Zusatzauftrag lohnt sich unter diesen Umständen nicht.

c. Der Fahrradhändler ist sehr an dem Sondermodell Jubilé interessiert und will dem Hersteller im Preis entgegenkommen. Welches ist die Preisuntergrenze, wenn das Geschäft trotz der Engpasssituation (vgl. b.) zustande kommen soll?

Bisheriges Preisangebot	220,00 €/Stück
+ Bisher fehlende Kostendeckung (vgl. b.)	11,25 €/Stück
= Preisuntergrenze des Sondermodells	231,25 €/Stück

Beachten Sie, dass dieser Preis sämtliche auftragsbezogenen Kosten deckt.

Im Gegensatz zur bisherigen Betrachtung wollen wir jetzt annehmen, dass das zum Zeitpunkt der Entscheidung über den Zusatzauftrag *eingeplante Produktionsprogramm verändert* werden darf. Eine Änderung des bisherigen Produktionsprogramms ist allerdings nur dann zu überlegen, wenn die Kapazitäten bereits ausgeschöpft sind oder infolge des Zusatzauftrages Engpässe auftreten. Sonst kann über den Zusatzauftrag ohne Auswirkungen auf die übrigen eingeplanten Produkte entschieden werden. In Anlehnung an die Bestimmung der kurzfristigen Absatzpreisuntergrenze lohnt sich der Zusatzauftrag bei *einem gemeinsamen Engpass*, wenn sein relativer Deckungsbeitrag mindestens so groß ist wie der kleinste positive relative Deckungsbeitrag der bereits im Produktions- und Absatzprogramm enthaltenen Produkte, deren Menge zugunsten des Zusatzauftrags reduziert werden kann.

Beispiel 58: Zusatzauftrag mit Programmänderung bei einem Engpass

Ein Fahrradhersteller hat für den Monat Oktober unter Berücksichtigung der Absatzmindest- und Absatzhöchstmengen sowie der knappen Maschinenzeit den folgenden optimalen Programmplan erstellt (vgl. Bsp. 54, S. 180f).

Planmonat Oktober ...		Cross	Race	Touro	Classic	Σ
Max. Maschinenzeit	(Min.)					7.680
Max. Absatzmenge	(Stk.)	200	500	500	300	
Mindestmenge	(Stk.)	30	30	280	136	
Maschinenzeit	(Min./Stk.)	8	6	12	5	
Nettoerlös	(€/Stk.)	350,00	320,00	250,00	170,00	
Variable Stückkosten	(€/Stk.)	234,00	206,00	190,00	185,00	
Stückdeckungsbeitrag	(€/Stk.)	116,00	114,00	60,00	-15,00	
Relativer Deckungsb.	(€/Min.)	14,50	19,00	5,00	-----	
Rangfolge/Priorität		②	①	③	-----	
Optimale Menge	(Stk.)	80	500	280	136	
Maschinenzeit	(Min.)	640	3.000	3.360	680	7.680

Ein Fahrradfachhändler fragt in dieser Situation anlässlich seines zehnten Betriebsjubiläums genau 50 Stück des einmaligen, individuellen Sondermodells Jubilé an, dessen variable Kosten 175,00 €/Stück betragen. Für die spezielle Beschriftung muss ein Spritzwerkzeug zu 450,00 € beschafft werden, das nur für diesen Auftrag verwendet werden kann.

a. Der Fahrradfachhändler hat eine Preisvorstellung von 220,00 €/Rad. Der Zeitbedarf beträgt fünf Maschinenminuten je Jubilé-Rad. Der Betriebsrat des Herstellers lehnt Überstunden und Sonderschichten ab. Der Zusatzauftrag kann nur erledigt werden, wenn die Planmengen im Rahmen der Absatzgrenzen und unter Berücksichtigung der verfügbaren Maschinenzeit angepasst werden.

Die Menge der Touro- und Classic-Räder kann nicht reduziert werden. Da das Cross-Rad im Vergleich zum Modell Race den kleineren relativen Deckungsbeitrag hat, kommt es am ehesten für Mengeneinschränkungen in Betracht, und zwar um maximal 50 Stück. Damit würden bis zu 50 • 8 = 400 Minuten Maschinenzeit frei, genügend für den Zusatzauftrag mit einem Zeitbedarf von insgesamt 50 • 5 = 250 Minuten. Allerdings wird das Modell Race nur dann verdrängt, wenn der relative Deckungsbeitrag des Zusatzauftrags mindestens den des Modells Race in Höhe von 14,50 €/Minute erreicht. Hier gilt:

Erlös des Zusatzauftrags (50 • 220,00)	11.000 €
- Variable Kosten des Zusatzauftrags (50 • 175,00)	8.750 €
- Zusätzliche fixe Kosten (Spritzwerkzeug)	450 €
= Deckungsbeitrag des Zusatzauftrags	1.800 €
/ Zeitbedarf des Zusatzauftrags (50 • 5)	250 Min.
= Relativer Deckungsbeitrag des Zusatzauftrags	7,20 €/Min.

Unter den gegebenen Bedingungen sollte der Zusatzauftrag abgelehnt werden.

b. Der Fahrradfachhändler tritt erneut in Preisgespräche ein, weil er sehr an dem Jubiläumsmodell interessiert ist. Welches ist in diesem Fall die kurzfristige Preisuntergrenze des Jubilé-Rades?

Erforderlicher relativer Deckungsbeitrag	14,50 €/Min.
• Maschinenzeitbedarf des Jubilé-Rades	5 Min./Stk.
= Erforderlicher Deckungsbeitrag absolut	72,50 €/Stk.
+ Auftragsbezogene Kosten ((8.750+450)/50)	184,00 €/Stk.
= Preisuntergrenze des Jubilé-Rades	256,50 €/Stk.

Sofern *zwei oder mehr gemeinsame Engpässe* auftreten, ist in der Analyse nicht mehr eindeutig bestimmt, nach welchem relativen Deckungsbeitrag der Zusatzauftrag beurteilt werden soll. Ähnlich der Programmoptimierung mit mehreren Engpässen können wir derartige Fragestellungen nur noch mit mathematischen Ansätzen aus dem Bereich des Operations Research, z.B. mit der Linearen Optimierung, und unter Einsatz von EDV allgemeingültig bearbeiten.

⇨ *Aufgabe 65, S. 321*

Besonders in Betrieben mit (einzel-) auftragsorientierter Leistungserstellung ist die Beurteilung von Zusatzaufträgen und Absatzpreisuntergrenzen stets um einen Blick auf die Entwicklung des kumulierten Deckungsbeitrags in der laufenden Planperiode zu ergänzen. Das notwendige Deckungsbeitragsvolumen ist bis spätestens zum Ende der Planperiode zu erwirtschaften; es entspricht den fixen Kosten zuzüglich des geplanten Gewinns. Unter der Annahme eines kontinuierlichen Geschäftsverlaufs entwickelt sich die Ziellinie für den kumulierten Deckungsbeitrag linear über die einzelnen Monate, wie die durchgezogene Gerade in der folgenden Abbildung zeigt. Bei saisonalem Verlauf des Geschäfts kann die anzupeilende Entwicklung in Anlehnung an eigene Erfahrungen bezüglich der Zeitverteilung der Absatzzahlen in der Vergangenheit oder aus Branchenerfahrungen abgeleitet werden; z.B. könnte sich für einen Betrieb mit ausgeprägter Wintersaison (Hotel in einem Wintersportort) der gepunktete Verlauf der Deckungsbeitragsziellinie ergeben.

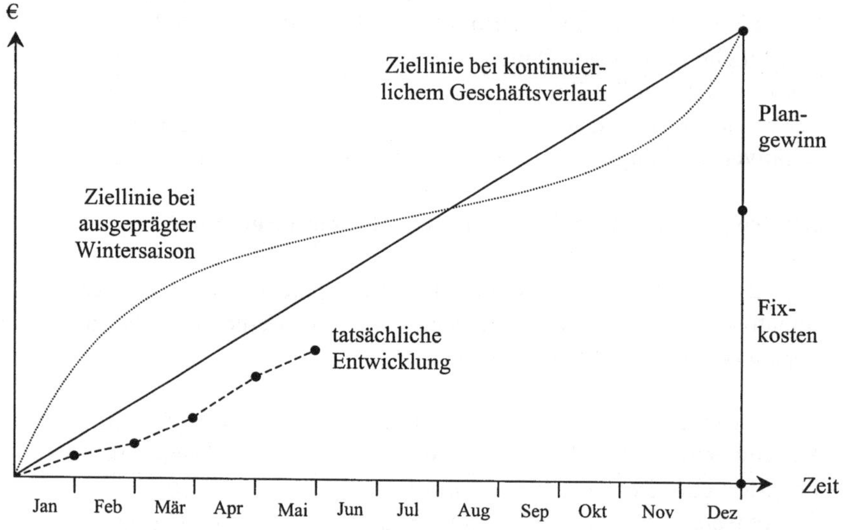

Abb. 45: Deckungsbeitragsziellinien

Die Abweichung des Istverlaufs des erwirtschafteten Deckungsbeitrags (gestrichelte Linie) von der Ziellinie ist Zeichen für den Vorsprung bzw. Rückstand gegenüber der Planung. Die Abbildung zeigt bis einschließlich Mai eine bedenkliche Entwicklung. Der Controller des Unternehmens sollte sich dringend um eine Ursachenanalyse und um Gegensteuerungsmaßnahmen bemühen, damit das Unternehmen rechtzeitig auf den vorgezeichneten Zielpfad zurückkehrt.
Alle vorstehenden Ausführungen zielen auf die Optimierung des kurzfristigen Betriebsergebnisses. Selbstverständlich sind Überlegungen zu Zusatzaufträgen und Preisgrenzen abzustimmen mit anderen Zielsetzungen und Gesichtspunkten wie Image- und Kundenpflege, Gewinnung neuer Kunden oder Beschäftigungssicherung. Zu beachten ist insbesondere, dass Preiszugeständnisse, die zur Gewinnung von Zusatzaufträgen noch vertretbar erscheinen, häufig ungünstigen Einfluss auf die mittel- und langfristige Preisentwicklung haben. Denn einmal „verdorbene“ Preise erholen sich erfahrungsgemäß nur selten und sehr langsam.

3.5.4 Verfahrenswahl

Unter Verfahrenswahl versteht man die Auswahl des kostengünstigsten Verfahrens aus einer Palette verfügbarer Möglichkeiten zur Herstellung von Erzeugnissen oder zur Erbringung von Dienstleistungen. Erfolgt die Verfahrenswahl auf der Basis noch einzurichtender Kapazitäten, handelt es sich um eine langfristige Investitionsentscheidung, die mit speziellen Wirtschaftlichkeits- und Investitionsrechnungen zu unterlegen ist.

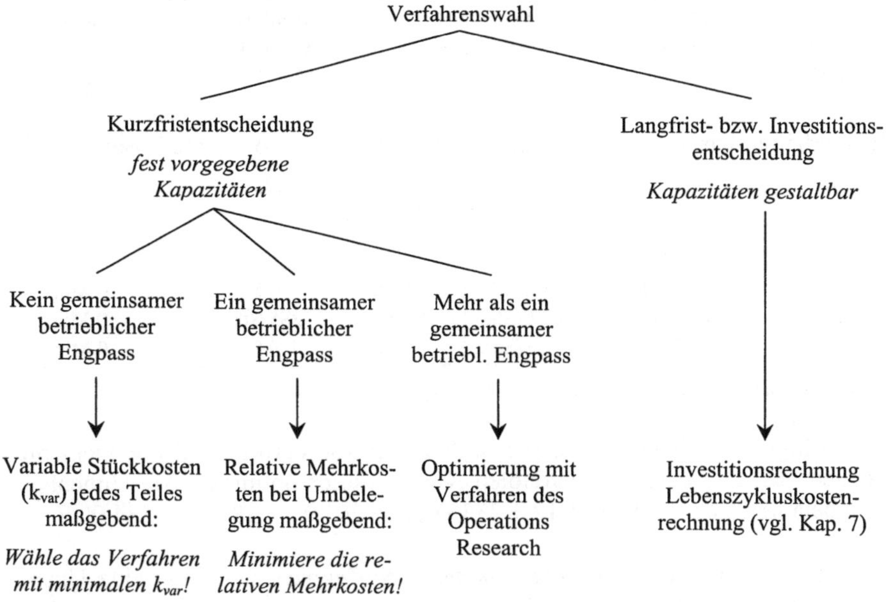

Abb. 46: Entscheidungssituation der Verfahrenswahl

Erfolgt die Verfahrenswahl auf der Basis vorhandener Kapazitäten (Maschinen, Mitarbeiter etc.), liegt eine **Kurzfristentscheidung** vor, die indirekt mittels einer Deckungsbeitragsanalyse optimiert werden kann. Denn bei gegebenem Nettoverkaufserlös wird der Deckungsbeitrag maximiert, indem die variablen Kosten minimiert werden; die fixen Kapazitätskosten sind nicht entscheidungsrelevant. Im Rahmen der Optimierung ist - wie bei der Programmplanung - zu unterscheiden, ob kein, ein oder mehr als ein Engpass vorliegt, der auf mehrere Artikel gleichzeitig wirkt. In der Situation *ohne gemeinsamen Engpass* lautet die Entscheidungsregel: Wähle unabhängig von der Höhe der Fixkosten für jeden Artikel das Verfahren, das zu den jeweils geringsten variablen Stückkosten führt, d.h.

k_{var} = Min!

Beispiel 59: Verfahrenswahl ohne Engpass

Ein Fahrradhersteller kann die Lenkstangen für die Modelle Cross und Touro auf drei funktionsgleichen, aber kostenverschiedenen Maschinen Ma1, Ma2 und Ma3 biegen. Am ersten Mittwoch im Oktober sollen 180 Lenkstangen für das Cross-Rad und 285 Lenkstangen für das Touro-Rad gebogen werden. Ferner gilt:

Maschine	Kapazität	Var. Kostensatz	Maschinenzeitbedarf	
			Cross	Touro
Ma1 Ma2 Ma3	540 Min. 540 Min. 540 Min.	1,40 €/Min. 0,80 €/Min. 0,85 €/Min.	1,3 Min./Stk. 1,4 Min./Stk. 2,8 Min./Stk.	1,2 Min./Stk. 0,8 Min./Stk. 1,6 Min./Stk.

Dann erhalten wir nach der Entscheidungsregel folgende optimale Lösung:

Maschine	Variable Stückkosten		Optimale Belegung		Benötigte Maschinenzeit
	Cross	Touro	Cross	Touro	
Ma1 Ma2 Ma3	1,82 €/Stk. * 1,12 €/Stk. 2,38 €/Stk.	1,68 €/Stk. * 0,64 €/Stk. 1,36 €/Stk.	0 Stk. 180 Stk. 0 Stk.	0 Stk. 285 Stk. 0 Stk.	0 Min. 480 Min. 0 Min.

* Spaltenminimum der variablen Stückkosten

Die verfügbare Zeit der Maschine Ma2 reicht zur Fertigung der eingeplanten Mengen aus. Die gesamten variablen Kosten dieser optimalen Maschinenbelegung belaufen sich auf $180 \cdot 1{,}12 + 285 \cdot 0{,}64 = 201{,}60 + 182{,}40 = 384{,}00$ €.

Tritt bei der Verfahrenswahl *ein gemeinsamer Engpass* auf, muss eine Umverteilung der zunächst ohne Kapazitätsbeschränkung zugeteilten Mengen erfolgen. Im Unterschied zur Programmoptimierung (vgl. S. 178ff) werden nicht die auf eine Engpasseinheit bezogenen relativen Deckungsbeiträge maximiert, sondern die relativen Mehrkosten bei einer Abweichung von der ursprünglichen Optimalbelegung minimiert. Insgesamt läuft die Optimierung in vier Schritten ab:

(1) Wähle unabhängig von der Höhe der Fixkosten für jedes Produkt das Verfahren, das zu den jeweils geringsten variablen Stückkosten führt. Wird dabei ein Verfahren zum Engpass, gehe zu Schritt 2.

(2) Berechne die relativen Mehrkosten einer Umbelegung. Diese entsprechen den Mehrkosten beim Übergang eines Artikels vom günstigsten Verfahren nach Schritt 1 auf die anderen Verfahren, bezogen auf die Engpassbelastung.

(3) Entlaste die Engpasskapazität, bis die Überbelegung des Engpasses abgebaut ist, und zwar so, dass die geringsten relativen Mehrkosten entstehen.

(4) Berechne die variablen Kosten der gefundenen Lösung.

Beispiel 60: Verfahrenswahl bei einem Engpass

Es gelten die Ausgangsdaten aus Beispiel 59, jedoch steht die Maschine Ma2 an dem Oktobermittwoch, an dem die Lenkstangen gebogen werden sollen, wegen Wartungsarbeiten nur mit 270 Minuten zur Verfügung.

Schritt 1: Lösung wie oben (S. 192), aber reduzierte Kapazitäten. Maschine Ma2 wird zum Engpass, sodass die folgenden Schritte erforderlich sind.

Maschine	Optimale Belegung		Benötigte Maschinenzeit
	Cross	Touro	
Ma1	0 Stk.	0 Stk.	0 Min.
Ma2	180 Stk.	285 Stk.	480 Min.
Ma3	0 Stk.	0 Stk.	0 Min.

↯

Verfügbare Maschinenzeit
540 Min.
270 Min.
540 Min.

Schritt 2: Die relativen Mehrkosten (€/min) werden berechnet.

Umbelegung	Relative Mehrkosten	
	Cross	Touro
von Ma2 auf Ma1	(1,82-1,12)/1,4 = 0,50 €/Min. ①	(1,68-0,64)/0,8 = 1,30 €/Min. ③
von Ma2 auf Ma3	(2,38-1,12)/1,4 = 0,90 €/Min. ②	(1,36-0,64)/0,8 = 0,90 €/Min. ②

Schritt 3: Der Engpass Ma2 wird entsprechend der Priorität ① entlastet, sodass keine Engpässe mehr bestehen. Nach der Lösung zu Schritt 1 fehlen 480 - 270 = 210 min Fertigungskapazität auf Ma2. Deshalb wird das Cross-Lenkrad von Ma2 auf Ma1 verlagert, und zwar im Umfang von 210 min / 1,4 min/Stück = 150 Stück.

Maschine	Optimale Belegung		Benötigte Maschinenzeit
	Cross	Touro	
Ma1	150 Stk.	0 Stk.	195 Min.
Ma2	30 Stk.	285 Stk.	270 Min.
Ma3	0 Stk.	0 Stk.	0 Min.

Schritt 4: Gegenüber der bisherigen Maschinenbelegung ergeben sich Mehrkosten in Höhe von 150 • (1,82- 1,12) = 150 • 1,4 • 0,50 =105,00 €, d.h. die variablen Kosten steigen insgesamt von 384,00 € auf 489,00 €.

Würde zusätzlich zu Ma2 auch Ma1 zum Engpass, greift obiger Lösungsweg nicht mehr. In einer solchen Kurzfristsituation mit *zwei oder mehr gemeinsamen Engpässen* sind wie bei der Programmoptimierung Verfahren des Operations Research, z.B. die Lineare Programmierung, zur Optimierung heranzuziehen.

In der **Langfristsituation** ist zu entscheiden, welches von mehreren möglichen, im Betrieb noch nicht vorhandenen Verfahren eingesetzt bzw. welche von mehreren alternativ angebotenen Maschinen angeschafft werden soll. Im Gegensatz zur Kurzfristsituation sind bei dieser Entscheidung die fixen Kosten relevant. Denn sie entstehen erst zusätzlich durch die Investition in das Verfahren bzw. in die Maschine, sind hier also beeinflussbar. Die Vorteilhaftigkeit einer solchen Investitionsmaßnahme kann mit den Methoden der Investitionsrechnung beurteilt werden. Eine dieser Methoden, die Kostenvergleichsrechnung, baut auf der Trennung variabler und fixer Kosten aus der Teilkostenrechnung auf.

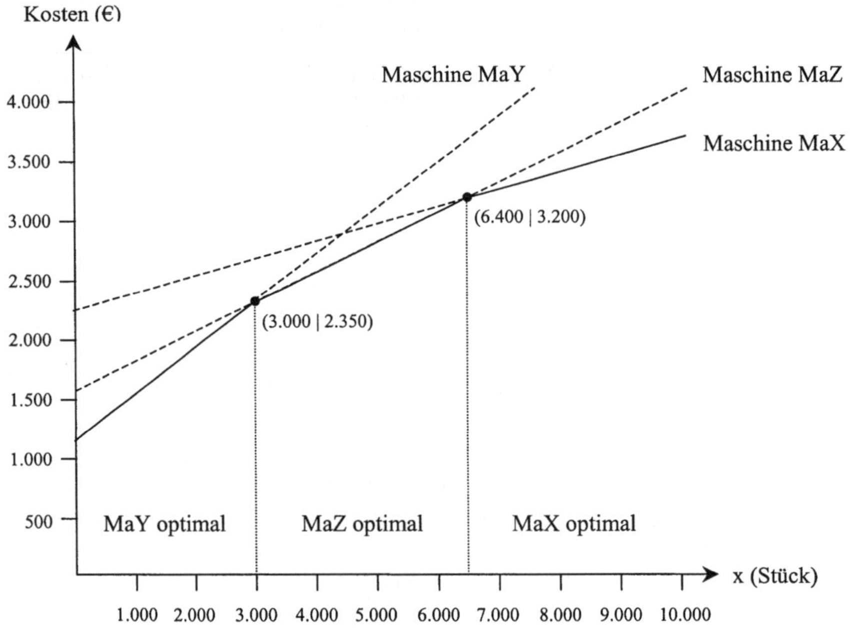

Abb. 47: Kostenvergleich bei Investitionsentscheidungen

Abbildung 47 zeigt, dass die Vorteilhaftigkeit der Verfahren mit zunehmenden Fixkosten bei abnehmenden variablen Stückkosten - erkennbar am flacheren Verlauf der Kostengeraden - wechselt. Die kritischen Übergangsmengen von einem Verfahren A auf das nächste Verfahren B erhalten wir durch Gleichsetzen der Kostenfunktionen ($K_A = K_B$) und Umstellen zur kritischen Menge ($x_{A/B}$):

$$K_{fix}^{A} + k_{var}^{A} \cdot x_{A/B} = K_{fix}^{B} + k_{var}^{B} \cdot x_{A/B}$$

$$k_{var}^{A} \cdot x_{A/B} - k_{var}^{B} \cdot x_{A/B} = K_{fix}^{B} - K_{fix}^{A}$$

$$(k_{var}^{A} - k_{var}^{B}) \cdot x_{A/B} = K_{fix}^{B} - K_{fix}^{A}$$

$$x_{A/B} = (K_{fix}^{B} - K_{fix}^{A}) / (k_{var}^{A} - k_{var}^{B}) = \Delta K_{fix} / \Delta k_{var}$$

Beispiel 61: Kostenvergleichsrechnung

Ein Fahrradhersteller will in eine neue Maschine zur Fertigung der Spezialfelgen des Modells Race investieren. Es liegen vier Angebote MaU, MaX, MaY und MaZ vor. Alle besitzen die gewünschten Funktionen und entsprechen der geforderten technischen Spezifikation. Sie unterscheiden sich jedoch durch die jährlichen Kosten (K), die durch folgende Kostenfunktionen in Abhängigkeit von der Zahl der Spezialfelgen (x) beschrieben werden:

$K_{MaU} = 1.750 + 0{,}26 \cdot x$
$K_{MaX} = 2.240 + 0{,}15 \cdot x$
$K_{MaY} = 1.150 + 0{,}40 \cdot x$
$K_{MaZ} = 1.600 + 0{,}25 \cdot x$

Die Maschine MaU kann aus der Betrachtung eliminiert werden, da sowohl ihre fixen Periodenkosten als auch die variablen Kosten je Leistungseinheit höher sind als bei Maschine MaZ. Es handelt sich um eine ineffiziente Alternative. Für die übrigen Maschinen empfiehlt sich mit steigenden Mengen ein Einsatz in der Reihenfolge zunehmender Fixkosten, also MaY vor MaZ, MaZ vor MaX. Die kritischen Übergangsmengen von MaY auf MaZ und von MaZ auf MaX liegen jeweils dort, wo die Kosten gleich hoch sind. Durch Gleichsetzen der Kostenfunktionen bzw. nach der Formel für die kritische Übergangsmenge erhalten wir:

Übergang von MaY auf MaZ: $K_{MaY} = K_{MaZ}$

$1.150 + 0{,}40 \cdot x_{MaY/MaZ} = 1.600 + 0{,}25 \cdot x_{MaY/MaZ}$

$x_{MaY/MaZ} = (1.600-1.150) / (0{,}40-0{,}25) = 3.000$ Stk.

$K_{MaY} = K_{MaZ} = 1.150 + 0{,}40 \cdot 3.000 = 2.350$ €

Übergang von MaZ auf MaX: $K_{MaZ} = K_{MaX}$

$1.600 + 0{,}25 \cdot x_{MaZ/MaX} = 2.240 + 0{,}15 \cdot x_{MaZ/MaX}$

$x_{MaZ/MaX} = (2.240-1.600) / (0{,}25-0{,}15) = 6.400$ Stk.

$K_{MaZ} = K_{MaX} = 1.600 + 0{,}25 \cdot 6.400 = 3.200$ €

Aus Abb. 47 ist für jede Menge unmittelbar die kostengünstigste Maschine ersichtlich. Die Beurteilung von Investitionsvorhaben erfordert neben der Kostenvergleichsrechnung stets den Einsatz sogenannter dynamischer Rechenverfahren wie z.B. Kapitalwertmethode und Amortisationsrechnung, die nicht mit Kosten, sondern mit Zahlungen arbeiten (vgl. auch Kap. 7 Lebenszykluskostenrechnung).

⇨ *Aufgabe 66, S. 321*

3.5.5 Wahl zwischen Eigenfertigung und Fremdbezug

Bei zunehmendem Kostendruck stehen Betriebe vor der Frage, ob sie Erzeugnisse, Werkstücke oder Dienstleistungen selbst fertigen oder fremdbeziehen sollen. Diese „Make or Buy"-Überlegung spielt nicht nur in Engpasssituationen, sondern auch unter dem Gesichtspunkt der Kostenminimierung eine wichtige Rolle. Häufig lassen sich durch den Fremdbezug Kostenvorteile erzielen. Interpretiert man den Fremdbezug wie ein Verfahren, so wird deutlich, dass die Entscheidung über Eigenfertigung oder Fremdbezug der Verfahrenswahl aus dem vorigen Abschnitt vergleichbar ist und ähnliche Rahmenbedingungen aufweist.

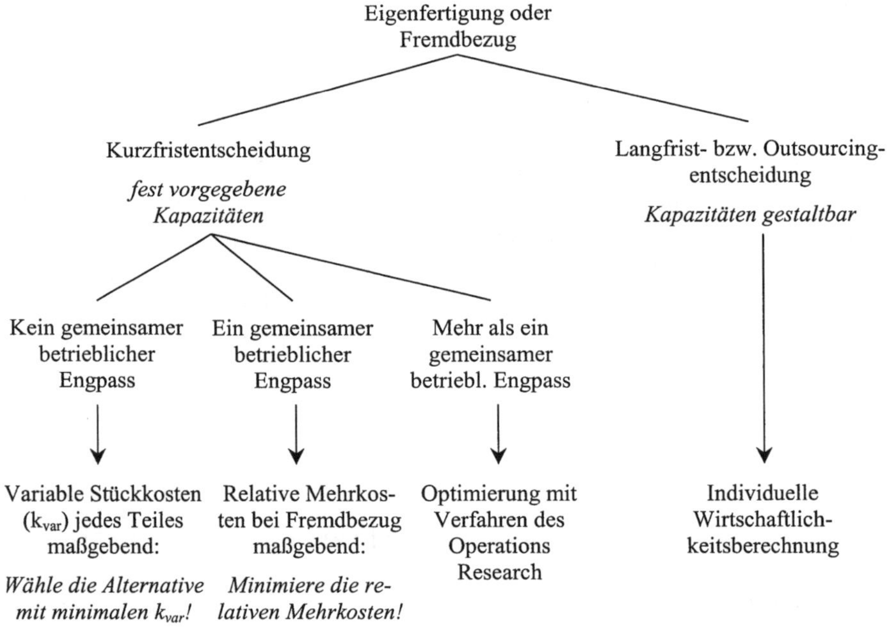

Abb. 48: Entscheidungssituation zu Eigenfertigung oder Fremdbezug

Auch lösungstechnisch ist die Wahl zwischen Eigenfertigung und Fremdbezug unmittelbar mit der Verfahrenswahl vergleichbar. Beim Fremdbezug treten lediglich an die Stelle der variablen Produktionskosten die Einstandskosten, die gegenüber dem Zulieferer anfallen. Darin sind alle Transportkosten und sonstige zusätzliche Kosten des Fremdbezugs zu erfassen. Beachten Sie in diesem Zusammenhang, dass in einzelnen Fällen auch für den Fremdbezug fixe Kosten auftreten können. Das ist zum Beispiel dann der Fall, wenn der Fremdfertiger bei Übernahme der ausgelagerten Fertigungsumfänge einen festen Werkzeugkostenzuschuss fordert.

In der **Kurzfristsituation** *ohne Engpass* ist der Fremdbezug vorteilhaft, wenn der Einstandspreis unter den variablen Stückkosten der Eigenfertigung liegt. Tritt bei Eigenfertigung *ein Kapazitätsengpass* auf, ist im Umfang der fehlenden Kapazität das Produkt bzw. Werkstück fremdzubeziehen, das - bezogen auf die Engpassbelastung - die geringsten relativen Mehrkosten verursacht (vgl. hierzu die Beispiele zur Verfahrenswahl in Abschnitt 3.5.4 auf S. 191ff). Bei *mehr als einem Engpass* sind Verfahren des Operations Research zu Hilfe zu nehmen.

⇨ *Aufgabe 67, S. 321*

Sofern noch keine Kapazitäten für Eigenfertigung eingerichtet sind, wird sich in der **Langfristsituation** bei geringen Mengen unter dem Aspekt der Kostenminimierung stets der Fremdbezug gegenüber der Eigenfertigung als vorteilhaft erweisen, da beim Fremdbezug entweder keine oder im Vergleich zur Eigenfertigung geringe fixe Kosten auftreten. Die Eigenfertigung wird ab einer kritischen Übergangsmenge nur dann kostengünstiger, wenn die variablen Eigenfertigungskosten unter den variablen Fremdbezugskosten je Mengeneinheit liegen (vgl. hierzu Abschnitt 3.5.4 auf S. 194f).
Wenn ein Betrieb zunächst selbst fertigt, aber überlegt, die Eigenfertigung dauerhaft wieder aufzugeben und fremde Zulieferer einzubinden, spricht man bei dieser Langfristentscheidung von „Outsourcing“. In diesem Fall ist kritisch zu prüfen, welche der eigenen Kosten bezüglich der Outsourcing-Entscheidung überhaupt beeinflussbar, d.h. abbaufähig sind (vgl. auch S. 27 zur Problematik der „sunk costs“ und S. 169 zur Abbaufähigkeit von Fixkosten).
Beachten Sie ferner, dass zur Beurteilung der Vorteilhaftigkeit des Outsourcings neben der Kostenminimierung meist auch andere Kriterien eine wichtige Rolle spielen. Dazu zählen z.B. Terminsicherheit, Versorgungsrisiken, Abhängigkeit von Fremdfertigern, Produktqualität, ungewollter Know-how-Transfer, Konkurrenzverhältnisse im Beschaffungsmarkt, Ausmaß der Kapitalbindung und unternehmerische Flexibilität bei Bedarfsänderungen. Für eine systematische Analyse empfiehlt sich in solchen Fällen die Nutzwertanalyse, die allerdings nicht Gegenstand der Kostenrechnung, sondern der Investitionsrechnung ist.

Im Fokus dieses Kapitels stehen quantitative, „rechenbare“ Ansätze der Erfolgsoptimierung. Dem Leser mag allerdings fraglich erscheinen, ob praktisch die relevanten Daten auch verfügbar sind. In Abhängigkeit von der Bedeutung betrieblicher Entscheidungen kommt der Kostenrechner und Controller in der Regel nicht umhin, sich um das benötigte Zahlenmaterial zu kümmern und es sachgerecht auszuwerten. Insbesondere benötigt er für die Beurteilung anstehender Maßnahmen Planzahlen, wie sie auch Gegenstand der Plankostenrechnung im folgenden Kapitel sind.

4 Plankostenrechnung

4.1 Ziele und Aufgaben

Die Plankostenrechnung verwendet Leistungs- und Kostenvorgaben als Vergleichsmaßstäbe für die Istkosten. Sie schafft damit die Grundlage für die **Steuerung des Betriebes** und die **Kontrolle der Wirtschaftlichkeit**.
Betriebliche Entscheidungen und Maßnahmen müssen die damit verbundenen künftigen Auswirkungen berücksichtigen. Deshalb wurde bereits im vorigen Kapitel darauf hingewiesen, dass eine Deckungsbeitragsrechnung, die zur Optimierung kurzfristiger Entscheidungen dienen soll, mit Plankosten arbeitet. Auch Angebotskalkulation und Preisbildung sollten auf der Grundlage von Plankosten erfolgen. **Plankosten** sind die Kosten, die sich für eine geplante Ausbringung oder Beschäftigung als Produkt aus Planverbrauchsmenge und Planpreis bei angemessenem wirtschaftlichen Gebaren ergeben.
Im Mittelpunkt dieses Kapitels steht die Kernaufgabe der Kosten- bzw. Wirtschaftlichkeitskontrolle, für die die Plankostenrechnung konzipiert wurde. Instrument der Wirtschaftlichkeitskontrolle ist der Soll-Ist-Vergleich, mit dessen Hilfe die tatsächlich angefallenen Kosten bei Istbeschäftigung an den Vorgabewerten gemessen werden, die bei wirtschaftlicher Arbeitsweise nicht überschritten werden sollen und die deshalb **Sollkosten** heißen. Die Sollkosten werden aus den Plankosten unter Berücksichtigung der Istbeschäftigung abgeleitet. Denn die Plankosten stellen nur für die geplante Beschäftigung geeignete Vorgabewerte dar. Plankosten sind insofern Vorgabekosten bei Planbeschäftigung, Sollkosten hingegen die Vorgabekosten bei Istbeschäftigung.
Die Bedeutung des Soll-Ist-Vergleichs besteht zum einen in der vorsorglichen Wirkung der angekündigten Kostenkontrolle, die die Mitarbeiter von allzu sorglosem Verbrauchsverhalten abhält. Zum anderen dient das frühzeitige Erkennen von Abweichungen in den betrieblichen Teilbereichen dazu, rechtzeitig erforderliche Korrekturmaßnahmen gegen aufkommende Unwirtschaftlichkeiten einzuleiten. Schließlich trägt der Soll-Ist-Vergleich zur Aufhellung von Abweichungen des tatsächlichen Betriebsergebnisses im Vergleich zum Planergebnis bei.

4.2 Rahmenbedingungen

Um der Zielsetzung der Wirtschaftlichkeitskontrolle gerecht zu werden, muss die Plankostenrechnung des Betriebes einigen Anforderungen genügen. Ausgangspunkt ist die Strukturierung der Kostenrechnung nach Arten-, Stellen- und Trägerrechnung, wie sie bereits aus der Istkostenrechnung bekannt ist. Für die Wahrnehmung der Kontrollfunktion ist es unabdingbar, das Unternehmen in überschaubare und klar abgegrenzte Kostenstellen als **Verantwortungsbereiche** zu gliedern. Die Verantwortung für die Kostenstellen ist jeweils einem Kostenstellenleiter, ggf. ergänzt um einen Vertreter, zu übertragen. Die Verantwortung setzt bei der Planung der Leistung („Beschäftigung") und der Kosten ein und reicht bis zur Rechenschaftslegung für die Istkosten und für eingetretene Abweichungen. Um gegenseitige Schuldzuweisungen zu vermeiden, muss die Verantwortlichkeit eindeutig geregelt sein.

Planung und Abrechnung müssen nach denselben Abgrenzungskriterien erfolgen. Im Hinblick auf den Inhalt, die Gliederung und die Erfassung der Kosten nach Arten, Stellen und Trägern muss **Identität** zwischen Planung und Abrechnung bestehen. Ansonsten könnten Abweichungen auf Systemfehlern beruhen, und der Soll-Ist-Vergleich würde fragwürdig und von den Kostenverantwortlichen mit Recht nicht akzeptiert.

Auch die Angemessenheit der Kostenvorgaben beeinflusst in erheblichem Maß die Akzeptanz und damit die Wirksamkeit des Soll-Ist-Vergleichs. Die Höhe der Sollkosten ist abhängig von den geplanten Kosten einerseits und der Umrechnung auf den Soll- bzw. Vorgabewert andererseits. Der **Planungszeitraum** beträgt üblicherweise ein Geschäftsjahr. Dieser Zeitraum erscheint als praktikabler Kompromiss zwischen Planungsgenauigkeit einerseits und Planungsaufwand andererseits. Die Planungsgenauigkeit hängt von der Prognose der zukünftigen Kostenbestimmungsfaktoren wie Beschäftigung, kapazitive Ausstattung, Verbrauchsmengen und Faktorpreise ab. Im Allgemeinen lassen sich diese Faktoren für die Dauer eines Jahres mit vertretbarem Aufwand hinreichend genau bestimmen. Nur bei gravierenden unterjährigen Strukturverschiebungen sollte die Beschäftigungs- und Kostenvorgabe unterjährig angepasst werden.

Der **Kontrollzeitraum** muss kürzer sein als der Planungszeitraum. Denn je eher Abweichungen durch Soll-Ist-Vergleich erkannt werden, desto wirkungsvoller können Maßnahmen gegen Unwirtschaftlichkeiten ergriffen werden. Aus organisatorisch-abrechnungstechnischen Gesichtspunkten erfolgt der Soll-Ist-Vergleich meist monatlich; durch Einsatz moderner DV-gestützter Kostenrechnungssoftware können aber auch wöchentlich oder gar tagesaktuell auftretende Abweichungen aufgezeigt werden. Üblicherweise werden nicht nur die Soll- und die Istwerte der aktuellen Abrechnungsperiode (Im-Werte), sondern auch die seit Jahresbeginn insgesamt aufgelaufenen Werte (Per-Werte) gegenübergestellt.

Die **Umrechnung der Jahresplankosten** auf die monatlichen Kostenvorgaben der Kontrollperioden erfolgt zeitanteilig. Dazu werden die fixen Plankosten gezwölftelt oder nach dem Anteil der Monatswerktage an den Jahreswerktagen gemäß Werktagekalender auf den Monat umgerechnet. Da die variablen Kosten beschäftigungsabhängig sind, müssen sie über die zeitliche Umrechnung hinaus an den Beschäftigungsgrad angepasst werden. Der Beschäftigungsgrad (BG) gibt die Relation aus tatsächlicher (x^I) und geplanter Beschäftigung (x^P) wieder:

$BG = x^I / x^P \cdot 100\ (\%)$ (Beschäftigungsgrad = Istbeschäftigung / Planbeschäftigung)

Die Beschäftigung der Kostenstellen wird durch individuelle **Bezugsgrößen** gemessen. Bezugsgrößen wie Fertigungszeit, Maschinenlaufzeit, Beratungszeit und Übernachtungszahlen wurden bereits im Zusammenhang mit der Verrechnungssatzkalkulation angesprochen (vgl. Abschnitt 2.4.2.1.4, S. 128). Bezugsgrößen sollen ein guter Maßstab für die Beschäftigung der Kostenstellen sein, d.h. es sollen sich möglichst viele Kosten variabel bzw. proportional zur Bezugsgröße verhalten. Denn dann besteht ein verursachungsgerechter Zusammenhang zwischen Höhe der Bezugsgröße einerseits und Kostenhöhe andererseits, und es lassen sich aus den variablen Plankosten mithilfe der Istbezugsgrößen sinnvolle Sollkosten zur Gegenüberstellung mit den Istkosten bestimmen. In diesem Sinne übernehmen die Bezugsgrößen eine *Kostenkontrollfunktion.* Sie dienen auch als Grundlage für die Bildung von Kostensätzen und ermöglichen die verursachungsgerechte Verrechnung der Kostenstellenkosten auf die Kostenträger, wenn zwischen der Höhe der Bezugsgröße und der Kostenträgermenge eindeutige Beziehungen bestehen. In diesem Sinne erfüllen sie eine *Kalkulationsfunktion.* In den direkten Leistungsbereichen erfüllen viele Mengen- (Stück, Tonnen, Kilometer) und Zeitbezugsgrößen (Fertigungsstunden, Maschinenstunden) sowohl die Kalkulations- als auch die Kostenkontrollfunktion; dies entspricht dem Idealfall. In den indirekten Bereichen, z.B. in den Verwaltungsbereichen wie der Buchhaltung, erfüllen die Bezugsgrößen meist nur eine Funktion. So werden nach dem Schema der Zuschlagskalkulation die Herstellkosten als (Wert-) Bezugsgröße für die Kalkulation der Verwaltungskosten herangezogen. Diese sind für die Kostenkontrolle jedoch keine geeignete Bezugsgröße. Für Kontrollzwecke bietet sich in der Buchhaltung z.B. die Zahl der Buchungen als Bezugsgröße an.

Bei der Auswahl der Bezugsgrößen ist auch darauf zu achten, dass sie einfach, schnell und präzise ermittelt werden können. Nach Möglichkeit sollen die Bezugsgrößen bereits an anderer Stelle im Planungsprozess sowie in der laufenden Abrechnung Verwendung finden, sodass die Messung der Beschäftigung keinen zusätzlichen Aufwand bedeutet. So werden z.B. Fertigungszeiten zumeist ohnehin monatlich im Rahmen der Lohnabrechnung erfasst und ausgewertet, und vielfach werden die Maschinenlaufzeiten für Zwecke der Betriebsstatistik über eine DV-gestützte Betriebsdatenerfassung ausgewiesen.

Die Wirtschaftlichkeit der betrieblichen Teilbereiche bzw. Kostenstellen bemisst sich in erster Linie an der mengenmäßigen Einhaltung von Kostenvorgaben. Die Ursachen für Änderungen der Bezugspreise und Tarife liegen meist unternehmensextern und nicht in der Verantwortung der Kostenstellenleiter. Sie sollen die Kostenanalyse nicht beeinträchtigen. Deshalb werden die **Preisabweichungen** für die Zwecke der Wirtschaftlichkeitskontrolle zunächst eliminiert. Dazu werden die Istkosten zu Istpreisen, die sich als Produkt aus den tatsächlichen Verbräuchen und den tatsächlichen Preisen ergeben, mit den Istkosten zu Planpreisen verglichen; letztere entsprechen den effektiven Mengenverbräuchen bewertet mit den Planpreisen im Sinne fester Verrechnungspreise.

	Istkosten zu Istpreisen	= Istverbrauchsmenge • Istpreis
-	Istkosten zu Planpreisen	= Istverbrauchsmenge • Planpreis
=	Preisabweichung	= Istverbrauchsmenge • (Istpreis - Planpreis)

Preisabweichungen werden im Idealfall bereits in den Nebenbuchhaltungen wie der Material- und Lohnabrechnung festgestellt, sodass in die Plankostenrechnung nur noch die Istkosten zu Planpreisen einfließen. Preisabweichungen bilden in der Betriebsergebnisrechnung eine Korrekturposition zur Berechnung des effektiven Betriebsergebnisses (vgl. hierzu Beispiel 6 in Teil 2.2.3.1.2, S. 53f).

4.3 Ermittlung der Plan- und der Istbeschäftigung

Die **Planbeschäftigung** bildet die Grundlage der Planung der Einzel- und der Gemeinkosten. Die Planbeschäftigung im weiteren Sinne umfasst das für die Planperiode festgelegte Absatz- und Produktionsprogramm. Aus diesen Programmen lässt sich für jede Kostenstelle die individuell erforderliche Leistung als Planbeschäftigung der Kostenstelle ableiten; dabei wird die Beschäftigung durch geeignete Bezugsgrößen dargestellt. Die Ableitung der Planbeschäftigung der Kostenstellen muss die individuellen betrieblichen Bedingungen berücksichtigen. In einem verarbeitenden Betrieb (z.B. Zulieferer im Automobilbau) kann die Planbeschäftigung der Kostenstellen nach folgendem Schema ablaufen.

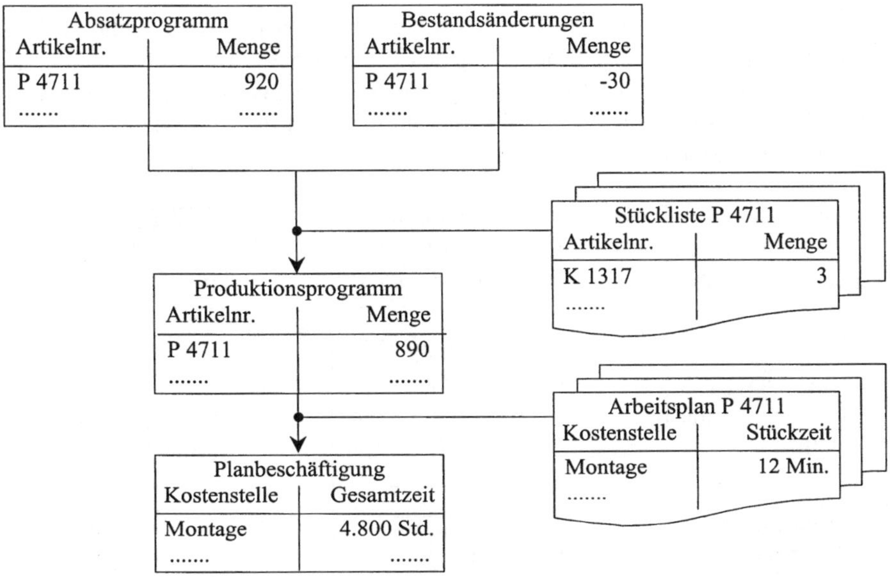

Abb. 49: Ablauf der Beschäftigungsplanung

Ausgehend vom Absatzprogramm wird unter Berücksichtigung angestrebter Bestandsänderungen das Produktionsprogramm der Planperiode ermittelt. Das Produktionsprogramm gibt die herzustellenden Mengen der Endprodukte, aber auch die zu produzierenden Mengen der Vorprodukte (Komponenten, Baugruppen, Teile) an. Die Produktionsmengen der Vorprodukte ergeben sich aus denen der Endprodukte unter Berücksichtigung des in den Stücklisten angegebenen Teilebedarfs je Endprodukteinheit. Arbeitspläne dokumentieren, wie und in welchen Kostenstellen die Vor- und Endprodukte zu bearbeiten sind und welcher Zeitbedarf je Bearbeitungseinheit entsteht. Werden die Produktionsmengen und die Fertigungszeiten je Kostenstelle multipliziert, ergibt sich die Planbeschäftigung der Kostenstellen in Fertigungsstunden.

Beispiel 62: Ermittlung der Planbeschäftigung von Fertigungskostenstellen

Ein Fahrradhersteller produziert die Modelle Cross, Race und Touro. Die Räder setzen sich nach folgenden Stücklisten aus unterschiedlichen Komponenten zusammen. Zum Beispiel sind in jedem Rad zwei Stück Felgen enthalten.

Stückliste Cross	
C Felge	2
C Sattel	1
....	....

Stückliste Race	
R Felge	2
R Sattel	1
....	....

Stückliste Touro	
T Felge	2
T Sattel	1
....	....

Die Produktion erfolgt zweistufig in den Kostenstellen Fertigung I und II. Den Zeitbedarf je Einheit beschreiben für jedes Produkt bzw. jede Komponente exemplarisch die nachstehenden Arbeitspläne. Beispielsweise muss eine Cross-Felge in der Kostenstelle Fertigung I 2,0 Minuten und in der Kostenstelle Fertigung II 2,4 Minuten bearbeitet werden.

Arbeitsplan Cross	
Fertig. II	10,0 Min.

Arbeitsplan Race	
Fertig. II	7,8 Min.

Arbeitsplan Touro	
Fertig. II	12,0 Min.

Arbeitsplan C Felge	
Fertig. I	2,0 Min.
Fertig. II	2,4 Min.

Arbeitsplan R Felge	
Fertig. I	1,6 Min.
Fertig. II	2,4 Min.

Arbeitsplan T Felge	
Fertig. I	1,2 Min.
Fertig. II	2,0 Min.

Arbeitsplan C Sattel	
Fertig. I	3,2 Min.

Arbeitsplan R Sattel	
Fertig. I	2,2 Min.

Arbeitsplan T Sattel	
Fertig. I	2,4 Min.

Für das Planjahr werden die Absatzmengen sowie die beabsichtigten Lagerbestandsänderungen wie in der folgenden Tabelle festgelegt. Zu beachten ist, dass auch für Komponenten Absatzmengen angegeben sind, z.B. 100 Stück Cross-Felgen. Diese geben z.B. den Ersatzteilbedarf für Kundendienstzwecke an. Die Summe aus Absatzmenge und Bestandsänderung entspricht dem sogenannten Primärbedarf; das ist der Bedarf aus externer Nachfrage. Für Baugruppen und Teile muss außerdem der Sekundärbedarf ermittelt werden; das ist der Bedarf für die Fertigung der übergeordneten Baugruppen bzw. Endprodukte. Beispielsweise werden für ein Cross-Rad zwei C Felgen benötigt, d.h. für 4.200 Einheiten Cross insgesamt 8.400 Stück C Felgen. Der Gesamtbedarf ergibt sich schließlich als Summe aus Primär- und Sekundärbedarf; er entspricht der Produktionsmenge. Von den C Felgen etwa müssen 100 Stück für den Absatz bzw. die Lagerbestandsmehrung sowie 8.400 Stück für die Herstellung der Cross-Räder, insgesamt also 8.500 Stück produziert werden, wie folgende Aufstellung zeigt.

Artikel	Absatz (Stk.)	Bestds.-änderg. (Stk.)	Primär-bedarf (Stk.)	Bedarfs-koeffiz.	Sekun-därbed. (Stk.)	Prod.-menge (Stk.)	Fertigungszeit (Min./Stk.) Fertig. I	Fertigungszeit (Min./Stk.) Fertig. II	Fertigungszeit (Std.) Fertig. I	Fertigungszeit (Std.) Fertig. II
Cross	4.400	-200	4.200	• 2		4.200		10,0		700
C Felge	100	0	100	• 1	8.400	8.500	2,0	2,4	283	340
C Sattel	200	30	230		4.200	4.430	3,2		236	
....	....	....	....	....	....	....	....	....	....	....
ΣC									1.760	2.520
Race	5.540	40	5.580	• 2		5.580		7,8		725
R Felge	150	50	200	• 1	11.160	11.360	1,6	2,4	303	454
R Sattel	300	-40	260		5.580	5.840	2,2		214	
....	....	....	....	....	....	....	....	....	....	....
ΣR									1.914	2.790
Touro	5.650	50	5.700	• 2		5.700		12,0		1.140
T Felge	150	0	150	• 1	11.400	11.550	1,2	2,0	231	385
T Sattel	80	30	110		5.700	5.810	2,4		232	
....	....	....	....	....	....	....	....	....	....	....
ΣT									1.639	2.280
Σ Σ									5.313	7.590

Durch Multiplikation der Produktionsmengen mit den Stückfertigungszeiten ergeben sich die artikelbezogenen Fertigungszeiten je Kostenstelle. Z.B. erhalten wir in der Kostenstelle Fertigung II für C Felgen des Cross-Rades eine Fertigungszeit von insgesamt 8.500 Stk. • 2,4 Min./Stk. / 60 Min./Std. = 340 Std.. Über alle Artikel liegt die Fertigungszeit der Fertigung II bei 7.590 Stunden, was der *Jahresplanbeschäftigung* dieser Kostenstelle entspricht.

Unter der Annahme einer gleichmäßigen Auslastung über das Planjahr hinweg kann die *Monatsplanbeschäftigung* proportional im Verhältnis der Monats- zu den Jahresarbeitstagen bestimmt werden. Für den Monat Oktober (vgl. folgende Tabelle) ergibt sich damit eine Planbeschäftigung der Kostenstelle Fertigung II in

Höhe von 7.590 Jahresplanstunden • 22 Monatswerktage / 253 Jahreswerktage = 660 Stunden. Diese Planbeschäftigung liegt auch den Beispielen zu den Formen der Plankostenrechnung im folgenden Abschnitt 4.4 zugrunde.

Werktage	Jahr 253	Jan 21	Feb 19	Mär 20	....	Okt 22	Nov 21	Dez 18
Planfertig.zeit I (Std.)	5.313	441	399	420	....	462	441	378
Planfertig.zeit II (Std.)	7.590	630	570	600	....	660	630	540

Während für die Kostenplanung zunächst die Planbeschäftigung zwingend erforderlich ist, benötigt man für die Kostenkontrolle zusätzlich die **Istbeschäftigung**. Denn für die Kontrolle der Kosten sind die Plankosten, die nur für die Planbeschäftigung Gültigkeit haben, auf die Sollkosten umzurechnen. Die Sollkosten sind der für die tatsächliche Beschäftigung geeignete Kontrollmaßstab. In einem verarbeitenden Betrieb kann die Beschäftigung der Fertigungsstellen aus der Zeiterfassung entnommen werden, die in der Regel für die Lohnabrechnung ohnehin erforderlich ist.

Beispiel 63: Ermittlung der Istbeschäftigung von Fertigungskostenstellen

In der Kostenstelle Fertigung II werden im Abrechnungsmonat Oktober je Mitarbeiter die Sollzeit laut Tarif- bzw. Arbeitsvertrag, die Ausfallzeit infolge von Krankheit, Urlaub, etc. sowie die Anwesenheitszeiten erfasst. Die Sollzeit einer Vollzeitstelle entspricht 22 Werktagen à 7,5 Stunden. Die Zeit der Anwesenheit verteilt sich auf unproduktive Zeiten, die als Hilfslöhne entgolten werden, und produktive Zeiten, für die Fertigungslöhne gezahlt werden. Die Istfertigungszeit ergibt sich in Form des Zeitakkords aus den gefertigten Stückzahlen der Produkte multipliziert mit den Stückfertigungszeiten gemäß den Arbeitsplänen (Vorgabezeiten), vgl. hierzu Bsp. 8 zur Berechnung des Leistungslohns auf Seite 58. Der Leistungsgrad je Mitarbeiter entspricht dem Quotienten aus gutgeschriebener Fertigungszeit und produktiver Anwesenheitszeit.

Mitarbeiter	Sollzeit (Std.)	Ausfallzeit (Std.)	Anwesenheitszeit (Std.) unproduktiv	produktiv	Leistungsgrad	Istfertig.zeit (Std.)
H. Bente	165	30	55	80	120%	96
H. Meier	165	0	65	100	105%	105
Fr. Müller	100	30	14	56	125%	70
H. Schmitz	100	0	20	80	115%	92
H. Schulte	165	15	60	90	110%	99
Σ	695	75	214	406	Ø = 113,8%	462

Unter Berücksichtigung der Planbeschäftigung für Oktober aus Bsp. 62 in Höhe von 660 Stunden erhalten wir für die Kostenstelle Fertigung II also einen Beschäftigungsgrad von 462 / 660 = 0,7 bzw. 70%.

4.4 Planung und Kontrolle der Kosten

Die *Planung der Einzel- und der Gemeinkosten* sollte analytisch auf der Basis der Planbeschäftigung erfolgen und sich nur für weniger bedeutsame Kostenarten an den Erfahrungswerten der Vergangenheit orientieren. Die Materialeinzelkosten werden unabhängig von Kostenstellen geplant; dazu werden die aus dem Produktionsprogramm unter Berücksichtigung der Stücklisten (vgl. S. 201f) abgeleiteten Verbrauchsmengen mit den zugehörigen Planpreisen bewertet. Mithilfe des Produktionsprogramms und der Arbeitspläne (vgl. S. 202) werden die Planfertigungszeiten je Kostenstelle berechnet; daraus entstehen durch Multiplikation mit dem Planlohnsatz die jeweiligen Fertigungslöhne. Die Gemeinkosten sind differenziert nach Kostenarten durch die Leiter der Kostenstellen zu planen. Lediglich die von den Kostenstellenleitern nicht beeinflussbaren Kosten wie z.B. kalkulatorische Zinsen sollten vom Kostenrechner oder Controller budgetiert werden (zu Details der Kostenarten vgl. Kapitel 2.2, S. 41ff).

Beispiel 64: Kostenplanung für eine Fertigungskostenstelle

Kostenstelle:	Fertigung II	Planjahr:		20....
Leiter:	H. Meier (Tel. 0815)	Werktage:		253
Planbeschäftigung:	7.590 Fertigungsstunden			
Kostenart	**Berechnung**	**fix**	**var.**	**ges.**
Hilfslöhne	Fester Bedarf 400 Std., zusätzlich 10% der FZ, Lohnsatz 25,00 €/Std.	10.000	18.975	28.975
Personalzusatzk.	PZK-Satz 75% auf Hilfs- und Fertigungslöhne, Lohnsatz 25,00 €/Std.	7.500	156.544	164.044
Betriebsstoffe	Laut Betriebsingenieur 0,2 l Kühlmittelverbrauch je Fertigungsstd., Preis 1,50 €/l	0	2.277	2.277
Diverse Kosten	Nach Angaben des Kostenstellenleiters, durch Controller auf Plausibilität geprüft	11.932	120.286	132.218
Kalk. Abschreibg.	Gesamt lt. Abschreibungsplan 51.200 €, davon 4,80 €/Fertigungsstd., Rest fix	14.768	36.432	51.200
Kalk. Zinsen	12% auf die Ø-liche Kapitalbindung in Höhe von 180.000 €	21.600	0	21.600
Kalk. Wagnisse	0,40 €/Fertigungsstd. Ausschusswagnis, zzgl. 2.000 € fest für Anlagewagnisse	2.000	3.036	5.036
Kalk. Untern.lohn	Gemäß Verteilungsschlüssel: 3/7-Anteil von 84.000 € für Unternehmen gesamt	36.000	0	36.000
Umlagen	Für Gebäude nach Fläche sowie für Fuhrpark nach Fahrzeugnutzung	48.000	4.000	52.000
Gesamt		151.800	341.550	493.350
Verrechnungssatz (€/Std.)		20,00	45,00	65,00

Kostenkontrolle und Soll-Ist-Vergleich werden beeinflusst durch die angewendete Form der Plankostenrechnung. Die Formen der Plankostenrechnung unterscheiden sich im Hinblick auf die Aufspaltung der Kosten in variable und fixe Bestandteile einerseits sowie nach dem Umfang der auf die Kostenträger (Erzeugnisse, Dienstleistungen) verrechneten Kosten andererseits. Die starre Plankostenrechnung differenziert nicht zwischen variablen und fixen Kosten; sie ist deshalb stets eine Vollkostenrechnung, bei der alle Kosten auf die Kostenträger kalkuliert werden. Die flexible Plankostenrechnung trennt im Hinblick auf die Kostenkontrolle den fixen Kostenblock von den variablen Kosten. In der flexiblen Plankostenrechnung auf Vollkostenbasis erfolgt trotz dieser Trennung die Kalkulation zu Vollkosten. In der flexiblen Plankostenrechnung auf Teilkostenbasis hingegen werden nur die variablen Kosten auf die Kostenträger verrechnet; die Fixkosten der Kostenstellen werden in einer Deckungsbeitragsrechnung als Block in das Betriebsergebnis verrechnet. Diese Form der Plankostenrechnung wird auch als Grenzplankostenrechnung bezeichnet. Schließlich wird unterschieden, ob die Beschäftigung mit genau einer Bezugsgröße (z.B. Fertigungszeit wie in Bsp. 64) oder mit mehreren Bezugsgrößen gemessen wird; im ersten Fall spricht man von einer einfach-flexiblen, sonst von einer mehrfach-flexiblen Plankostenrechnung.

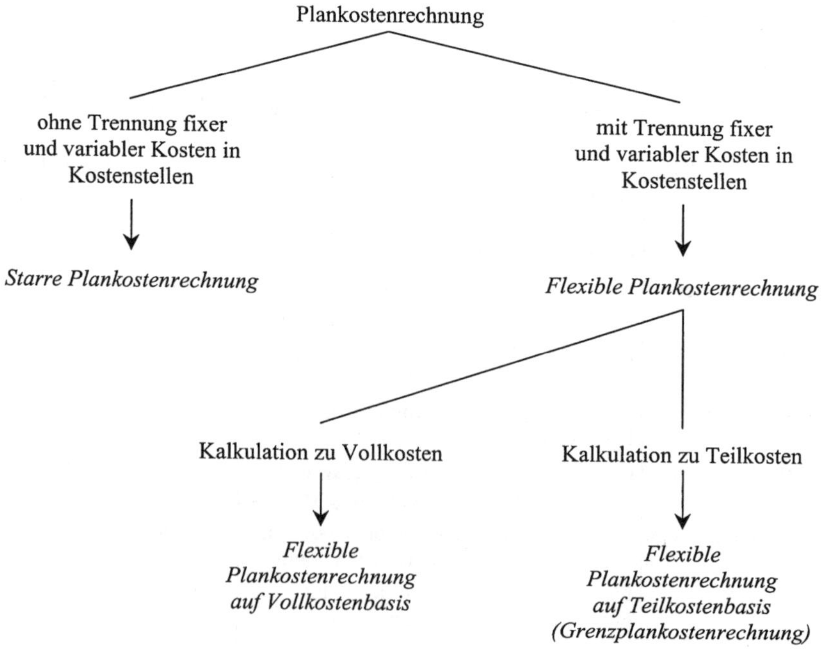

Abb. 50: Formen der Plankostenrechnung

4.4.1 Starre Plankostenrechnung

Die starre Plankostenrechnung ist eine reine Vollkostenrechnung. Gegenüber der Kostenverrechnung mit Normalkostensätzen hebt sie sich nur dadurch ab, dass der Vollkostenverrechnungssatz (VS) nicht aus Istkostensätzen fortgeschrieben, sondern aus Plankosten (K^P) und Planbeschäftigung (x^P) abgeleitet wird:

$$VS = \frac{K^P}{x^P}$$ (Verrechnungssatz = Plankosten / Planbeschäftigung)

Mit dem Plankostenverrechnungssatz werden die Produkte kalkuliert und somit die Kosten von der Kostenstelle auf die Kostenträger weiterverrechnet, die die Kostenstelle durchlaufen. Der Umfang der Kostenverrechnung richtet sich nach der tatsächlichen Beschäftigung (x^I) der Kostenstelle; im Extremfall einer Nullbeschäftigung würden gar keine Kosten verrechnet. Damit lässt sich in einem Beschäftigungs-Kosten-Diagramm (vgl. Abb. 51 auf der Folgeseite) aus der Planungssituation die Linie der verrechneten Plankosten (K^V) ableiten, die durch den Nullpunkt und den Punkt der Plankosten bei Planbeschäftigung verläuft:

$$K^V = VS \cdot x^I$$ (Verrechnete Plankosten = Verrechnungssatz • Istbeschäftigung)

oder

$$K^V = K^P \cdot BG$$ (Verrechnete Plankosten = Plankosten • Beschäftigungsgrad)

In der Kontrollphase, die sich jeweils nach einer Kontrollperiode, also üblicherweise monatlich wiederholt, werden die Istbeschäftigung und die Istkosten (K^I) der Kostenstelle festgestellt. Liegt die Istbeschäftigung unter der Planbeschäftigung, d.h. ist der Beschäftigungsgrad (BG) kleiner als 100%, werden weniger als die Plankosten verrechnet, bei einem Beschäftigungsgrad über 100% mehr als die Plankosten. Die Gesamtabweichung (ΔK^{GA}) der Kostenstelle ergibt sich durch Gegenüberstellung der Istkosten und der verrechneten Plankosten:

$$\Delta K^{GA} = K^I - K^V$$ (Gesamtabweichung = Istkosten - verrechnete Plankosten)

Verglichen mit der Betriebsabrechnung auf Normalkostenbasis in der Vollkostenrechnung (vgl. Abschnitt 2.3.3.4) hat die Gesamtabweichung den Charakter einer Kostenstellenüber- bzw. Kostenstellenunterdeckung.

Beispiel 65: Kostenkontrolle bei starrer Plankostenrechnung

Für die Kostenstelle Fertigung II wird für den Monat Oktober mit 22 Werktagen eine Planbeschäftigung von 7.590 Jahresstunden • 22 Monatswerktage / 253 Jahreswerktage = 660 Fertigungsstunden ermittelt (vgl. S. 203f). Die Plankosten des Monats werden aus der Jahresplanung abgeleitet (vgl. S. 205); sie betragen für die Kostenstelle 493.350 € • 22 Monatswerktage / 253 Jahreswerktage = 42.900 €. Nach Ablauf des Monats stellt man eine Istbeschäftigung von 462 Fertigungsstunden und Istkosten von 35.590 € fest. Unter Verwendung des Verrechnungssatzes in Höhe von 65,00 €/Std. (vgl. S. 205) erhalten wir folgende Ergebnisse:

BG = 462 / 660 = 0,7 bzw. 70% (Beschäftigungsgrad)

$K^V = 65{,}00 \cdot 462$
$= 42.900 \cdot 0{,}7 = 30.030$ € (Verrechnete Plankosten)

$\Delta K^{GA} = 35.590 - 30.030 = 5.560$ € (Gesamtabweichung)

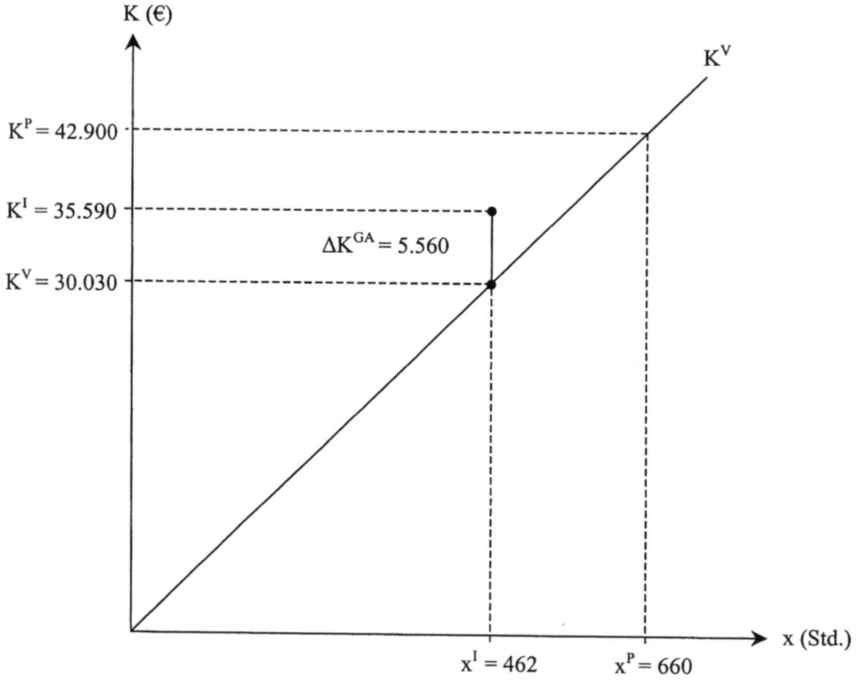

Abb. 51: Kostenkontrolle bei starrer Plankostenrechnung

Die Gesamtabweichung gibt die Differenz zwischen der Kostenentstehung in der Kostenstellenrechnung und der Kostenverrechnung in der Kostenträgerrechnung wieder. Ihre Eignung für die Wirtschaftlichkeitskontrolle erscheint fraglich, denn die verrechneten Plankosten charakterisieren in aller Regel nicht die angemessenen Kosten, d.h. die Sollkosten. Dies wäre nur bei voll proportionalen Kosten der Fall. Die starre Plankostenrechnung beinhaltet also den erheblichen *Nachteil*, dass keine Anpassung der Kostenvorgabe an wechselnde Beschäftigungsgrade erfolgt und damit die Aussagefähigkeit der Kostenkontrolle beeinträchtigt wird.

Sie ist deshalb zur Wirtschaftlichkeitskontrolle nur ausnahmsweise geeignet, wenn in einer Kostenstelle alle Kosten variabel sind oder aufgrund der realen Bedingungen die Istbeschäftigung nur geringfügig von der Planbeschäftigung abweicht. Sie erscheint damit geeignet z.B. für durchgängig auf gleichem Niveau betriebene Kraftwerke oder für Behörden und Verwaltungen, in denen sie auch als Budgetkostenrechnung eingesetzt wird. Ein weiterer Nachteil ergibt sich aus dem Vollkostencharakter der starren Plankostenrechnung. Denn durch die Verrechnung der Fixkosten auf die Kostenträger verstößt sie gegen das Verursachungsprinzip. Die starre Plankostenrechnung ist deshalb nicht in der Lage, entscheidungsrelevante Kosten für betriebliche Dispositionen bereitzustellen.

⇨ *Aufgabe 68, S. 322*

4.4.2 Flexible Plankostenrechnung auf Vollkostenbasis

Auch in der flexiblen Plankostenrechnung auf Vollkostenbasis werden mithilfe des Vollkostenverrechnungssatzes (VS) als Quotient aus Plankosten (K^P) und Planbeschäftigung (x^P) sämtliche Kosten auf die Kostenträger kalkuliert. Die verrechneten Kosten (K^V) auf Basis der Istbeschäftigung (x^I) bzw. zum Beschäftigungsgrad (BG) sind also mit denen der starren Plankostenrechnung identisch.

$$VS = \frac{K^P}{x^P}$$ (Verrechnungssatz = Plankosten / Planbeschäftigung)

$$K^V = VS \cdot x^I$$ (Verrechnete Plankosten = Verrechnungssatz • Istbeschäftigung)

oder

$$K^V = K^P \cdot BG$$ (Verrechnete Plankosten = Plankosten • Beschäftigungsgrad)

Im Unterschied zur starren unterscheidet die flexible Plankostenrechnung in den Kostenstellen aber sehr wohl zwischen variablen und fixen Kosten (K_{fix}). Die variablen Kosten werden mittels eines variablen Verrechnungssatzes (VS_{var}) in Abhängigkeit von der Istbeschäftigung (x^I) dargestellt. Eine lineare Funktion beschreibt sodann den Verlauf der Sollkosten (K^S). Die Sollkosten stellen für jede beliebige Istbeschäftigung die angemessene Kostenvorgabe dar.

$$VS_{var} = \frac{K^P_{var}}{x^P}$$ (Variabler Verrechnungssatz = Var. Plankosten / Planbeschäftigung)

$$K^S = K^P_{fix} + VS_{var} \cdot x^I$$ (Sollkosten = fixe Plank. + var. Verrechnungssatz • Istbeschäftigung)

In Abb. 52 auf S. 211 ergibt sich die Sollkostenlinie als Gerade durch den Punkt der fixen Plankosten bei einer Nullbeschäftigung und den Punkt der (Basis-) Plankosten bei (Basis-) Planbeschäftigung. In der Kontrollphase werden für die Kostenstelle die Istbeschäftigung und die Istkosten (K^I) festgestellt. Die Istkosten werden mit den Sollkosten verglichen. Die Differenz zwischen Istkosten und Sollkosten bildet die Verbrauchsabweichung (ΔK^{VA}):

$$\Delta K^{VA} = K^I - K^S \qquad \text{(Verbrauchsabweichung = Istkosten - Sollkosten)}$$

Verbrauchsabweichungen größer als null stellen Unwirtschaftlichkeiten der Kostenstelle dar, die auf Mehrverbräuche zurückzuführen und vom Kostenstellenleiter zu verantworten sind. Ziel ist es, die Kostenunwirtschaftlichkeit gering zu halten, d.h. die Verbrauchsabweichung gegen null zu führen. Sofern die Istkosten unter den Sollkosten liegen, wird die Verbrauchsabweichung negativ. Dies könnte auf fehlerhafte, zu hohe Plankosten zurückzuführen sein. Die Gegenüberstellung der Sollkosten und der verrechneten Plankosten liefert als weitere Abweichung die sogenannte Beschäftigungsabweichung (ΔK^{BA}):

$$\Delta K^{BA} = K^S - K^V \qquad \text{(Beschäftigungsabweichung = Sollkosten - verrechnete Plankosten)}$$

Hierbei handelt es sich um systembedingte Verrechnungsfehler aufgrund der Kalkulation zu Vollkosten. Denn bei einem Beschäftigungsgrad unter 100% werden zu wenig fixe Kosten auf die Kostenträger verrechnet, und zwar im Umfang der (positiven) Beschäftigungsabweichung. Liegt hingegen die Istbeschäftigung über der Planbeschäftigung, werden zu viel fixe Kosten auf die Produkte kalkuliert, und zwar im Umfang der (negativen) Beschäftigungsabweichung. Deshalb lässt sich die Beschäftigungsabweichung auch alternativ ermitteln:

$$\Delta K^{BA} = K^P_{fix} \cdot (1 - BG) \qquad \text{(Beschäftigungsabw. = fixe Plankosten • Unter-/Überauslastung)}$$

Abgesehen von einer eventuellen Preisabweichung, die bereits im Vorfeld eliminiert wurde (vgl. S. 200f), ergibt sich die Gesamtabweichung (ΔK^{GA}) zu:

$$\Delta K^{GA} = \Delta K^{VA} + \Delta K^{BA} \qquad \text{(Gesamtabw. = Verbrauchsabw. + Beschäftigungsabw.)}$$

$$\Delta K^{GA} = (K^I - K^S) + (K^S - K^V)$$

$$\Delta K^{GA} = K^I - K^V \qquad \text{(Gesamtabw. = Istkosten - Verrechnete Plankosten)}$$

Die Gesamtabweichung entspricht derjenigen der starren Plankostenrechnung, da beide Rechnungssysteme die Kalkulation zu Vollkosten ausführen.

Beispiel 66: Kostenkontrolle bei flex. Plankostenrechnung auf Vollkostenbasis

Zu den schon bekannten Daten der Kostenstelle Fertigung II im Monat Oktober gehören (vgl. Bsp. 64, S. 205, und Bsp. 65, S. 207f): Planbeschäftigung 660 Fertigungsstunden, Plankosten 42.900 €, Istbeschäftigung 462 Fertigungsstunden, Istkosten 35.590 €, Vollkostenverrechnungssatz 65,00 €/Std. und Teilkostenverrechnungssatz 45,00 €/Std.. Die fixen Kosten betragen 151.800 • 22 / 253 = 13.200 € bzw. die variablen Plankosten 341.550 • 22 / 253 = 29.700 €.

BG = 462 / 660 = 0,7 bzw. 70%	(Beschäftigungsgrad)
$K^V = 65{,}00 \cdot 462$ $= 42.900 \cdot 0{,}7 = 30.030$ €	(Verrechnete Plankosten)
$K^S = 13.200 + 45{,}00 \cdot 462$ $= 13.200 + 29.700 \cdot 0{,}7 = 33.990$ €	(Sollkosten)
$\Delta K^{VA} = 35.590 - 33.990 = 1.600$ €	(Verbrauchsabweichung)
$\Delta K^{BA} = 33.990 - 30.030$ $= (1 - 0{,}7) \cdot 13.200 = 3.960$ €	(Beschäftigungsabweichung)
$\Delta K^{GA} = 35.590 - 30.030 = 5.560$ €	(Gesamtabweichung)

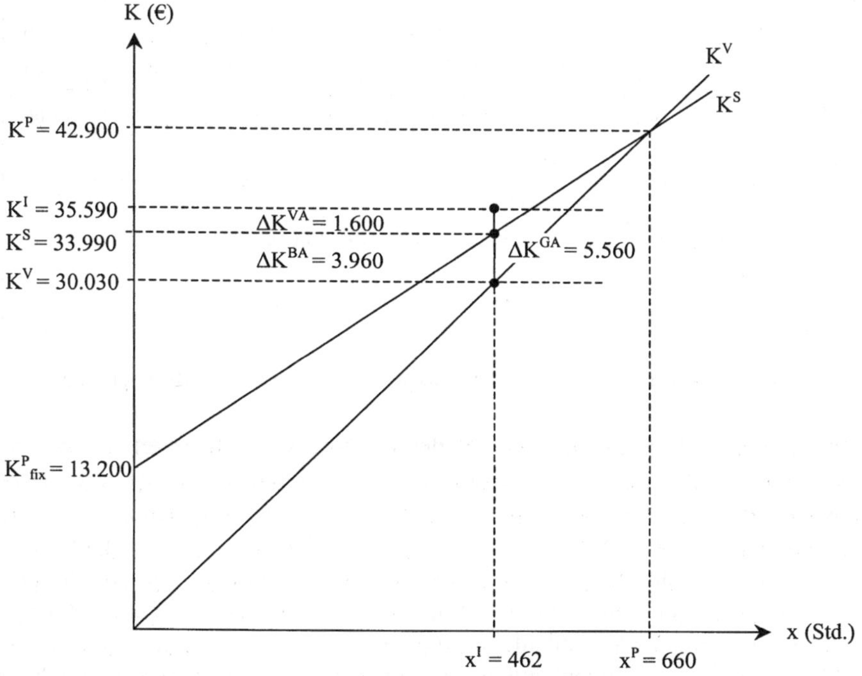

Abb. 52: Kostenkontrolle bei flexibler Plankostenrechnung auf Vollkostenbasis

In der betrieblichen Praxis wird der monatliche Soll-Ist-Vergleich in einem Kostenbericht zusammengefasst. Um die Mehrverbräuche lokalisieren zu können, werden die Verbrauchsabweichungen für jede Kostenart separat ausgewiesen. Die Beschäftigungsabweichung wird nur für die Kostenstelle gesamt berechnet.

Kostenstelle:	Fertigung II	Monat:	Oktober 20....
Leiter:	H. Meier (Tel. -0815)	Werktage:	22
Planbeschäftigung:	660 Fertigungsstunden		
Istbeschäftigung:	462 Fertigungsstunden		
Beschäftigungsgrad:	70%		

Kostenart	Plankosten fix	Plankosten var.	Plankosten ges.	Sollkosten var.	Sollkosten ges.	Istkosten	Verbr.-abweichg.
Hilfslöhne	870	1.650	2.520	1.155	2.025	2.375	350
Personalzusatzk.	652	13.613	14.265	9.529	10.181	10.444	263
Betriebsstoffe	0	198	198	139	139	295	156
Diverse Kosten	1.038	10.459	11.497	7.321	8.359	8.995	636
Kalk. Abschreibg.	1.284	3.168	4.452	2.218	3.502	3.502	0
Kalk. Zinsen	1.878	0	1.878	0	1.878	1.878	0
Kalk. Wagnisse	174	264	438	185	359	359	0
Kalk. Untern.lohn	3.130	0	3.130	0	3.130	3.130	0
Umlagen	4.174	348	4.522	243	4.417	4.612	195
Gesamt	13.200	29.700	42.900	20.790	33.990	35.590	1.600
Verr.satz (€/Std.)	20,00	45,00	65,00				

Verrechnete Plankosten:	30.030	(65,00 • 462)
Beschäftigungsabweichung:	3.960	(33.990 - 30.030)
Verbrauchsabweichung:	1.600	(s.o.)
Gesamtabweichung:	5.560	(3.960 + 1.600)

Abb. 53: Kostenbericht bei flexibler Plankostenrechnung auf Vollkostenbasis

Die Plankosten in Abb. 53 sind aus Gründen der Nachvollziehbarkeit angegeben; sie fehlen i.d.R. im praktischen Kostenbericht. Andererseits wurde aus Platzgründen auf den Ausweis der relativen Abweichungen im Vergleich zu den Sollkosten verzichtet, der praktisch ein leichtes Auffinden der relativ bedeutsamen Positionen ermöglicht, hier z.B. die Kostenüberschreitungen bei Hilfslöhnen (+17%) sowie Betriebsstoffen (+112%). In solchen Fällen ermöglicht ein *Einzelbelegnachweis* dem Kostenstellenleiter, die Istkosten bei Bedarf zurückzuverfolgen. Der Einzelbelegnachweis enthält alle im Abrechnungszeitraum verbuchten Vorgänge nach Belegnummer, Verbrauchsart möglichst mit Klartext, Menge,

Preis, Wert, Datum und ggf. Name oder Personalnummer des Verbrauchers bzw. Kostenauslösers. Während früher der Einzelbelegnachweis ausgedruckt zu einem Wust an Papier führte, erleichtert die heutige DV-gestützte Berichterstattung am Bildschirm eine praxisgerechte Kostenverfolgung.
Gegenüber der starren Plankostenrechnung hat die flexible Plankostenrechnung auf Vollkostenbasis den *Vorteil*, dass sie unabhängig von möglichen Beschäftigungsschwankungen eine wirkungsvolle Kontrolle des Kostengebarens in den Kostenstellen ermöglicht. Die Verantwortung für Verbrauchsabweichungen liegt in erster Linie beim Kostenstellenleiter bzw. innerhalb der Kostenstelle selbst; Ursachen sind z.B. Unachtsamkeit, Nachlässigkeit und Verschwendung. Die Ursachen für Beschäftigungsabweichungen z.B. wegen Unterschreitung der Planbeschäftigung müssen näher analysiert werden; sie können

- im Vertrieb liegen (fehlende Kundenaufträge),
- auf den Einkauf bzw. auf vorgelagerte Produktionsstufen zurückzuführen sein (fehlendes Material bzw. Teile),
- in der Stelle selbst liegen (Maschinenausfall wegen unzureichender Wartung),
- auf mangelhafter Steuerung durch planende Bereiche beruhen (verspätete Auslösung von Arbeitsaufträgen, fehlerhafte Auftragsunterlagen) oder
- externer Natur und kaum beeinflussbar sein (Grippeepidemie).

⇨ *Aufgabe 69, S. 323*

4.4.3 Flexible Plankostenrechnung auf Teilkostenbasis

Die flexible Plankostenrechnung auf Teilkostenbasis unterscheidet wie die flexible Plankostenrechnung auf Vollkostenbasis variable und fixe Kosten. Die fixen Kosten werden jedoch weder für die Kostenkontrolle noch in der Kalkulation berücksichtigt, sondern als Block unmittelbar in die Betriebsergebnisrechnung übergeleitet. Die Betriebsergebnisrechnung erfolgt in diesem Rechnungssystem demnach auf Teilkostenbasis, d.h. in Form der Deckungsbeitragsrechnung. In den Soll-Ist-Vergleich und in die Kalkulation werden nur die variablen Kosten (Grenzkosten) einbezogen; deshalb wird dieses Rechnungssystem auch als *Grenzplankostenrechnung* bezeichnet. Der variable Plankostenverrechnungssatz entspricht dem der flexiblen Plankostenrechnung auf Vollkostenbasis:

$$VS_{var} = \frac{K_{var}^{P}}{x^{p}}$$ (Variabler Verrechnungssatz = Var. Plankosten / Planbeschäftigung)

Da nur die variablen Kosten zur Kostenkontrolle verwendet und auf die Kostenträger verrechnet werden, stimmen die verrechneten Plankosten mit den Sollkosten überein:

$K^S_{var} = K^V_{var} = VS_{var} \cdot x^I$ (Sollk. = Verrechnete Plank. = var. Verrechnungss. • Istbesch.)

oder

$K^S_{var} = K^V_{var} = K^P_{var} \cdot BG$ (Sollk. = Verrechnete Plank. = var. Plank. • Beschäftig.grad)

Da die Sollkosten mit den verrechneten Plankosten identisch sind, treten in der flexiblen Plankostenrechnung auf Teilkostenbasis keine Beschäftigungsabweichungen auf. Die einzige kontrollrelevante Abweichung in der flexiblen Plankostenrechnung auf Teilkostenbasis ist die Verbrauchsabweichung, d.h. der Saldo aus variablen Istkosten und Sollkosten:

$K^I_{var} = K^I - K^P_{fix}$ (Variable Istkosten = Istkosten - fixe Plankosten)

$\Delta K^{VA} = K^I_{var} - K^S_{var}$ (Verbrauchsabweichung = variable Istkosten - Sollkosten)

Da im Vergleich zur flexiblen Plankostenrechnung auf Vollkostenbasis sowohl die Istkosten als auch die Sollkosten um denselben Fixkostensockel niedriger sind, muss die hier ermittelte Verbrauchsabweichung mit der dortigen übereinstimmen. Abgesehen von möglichen Preisabweichungen, die allerdings im Vorfeld der Rechnung eliminiert werden sollten (vgl. S. 200f), bildet die Verbrauchsabweichung also auch die Gesamtabweichung.

Beispiel 67: Kostenkontrolle bei flex. Plankostenrechnung auf Teilkostenbasis

Zu den schon bekannten Daten der Kostenstelle Fertigung II im Monat Oktober gehören (vgl. Bsp. 64, S. 205, Bsp. 65, S. 207f, und Bsp. 66, S. 211): Planbeschäftigung 660 Fertigungsstunden, Plankosten 42.900 €, Istbeschäftigung 462 Fertigungsstunden, Istkosten 35.590 €, Teilkostenverrechnungssatz 45,00 €/Std., variable Plankosten = 29.700 € und fixe Plankosten = 13.200 €. Daraus erhalten wir für die Kostenanalyse folgende Beträge:

BG = 462 / 660 = 0,7 bzw. 70% (Beschäftigungsgrad)

K^V_{var} = 45,00 • 462
= 29.700 • 0,7 = 20.790 € (Verrechnete Plankosten)

K^S_{var} = 45,00 • 462
= 29.700 • 0,7 = 20.790 € (Sollkosten)

K^I_{var} = 35.590 - 13.200 = 22.390 € (Variable Istkosten)

ΔK^{VA} = 22.390 - 20.790 = 1.600 € (Verbrauchsabweichung)

ΔK^{GA} = 22.390 - 20.790 = 1.600 € (Gesamtabweichung)

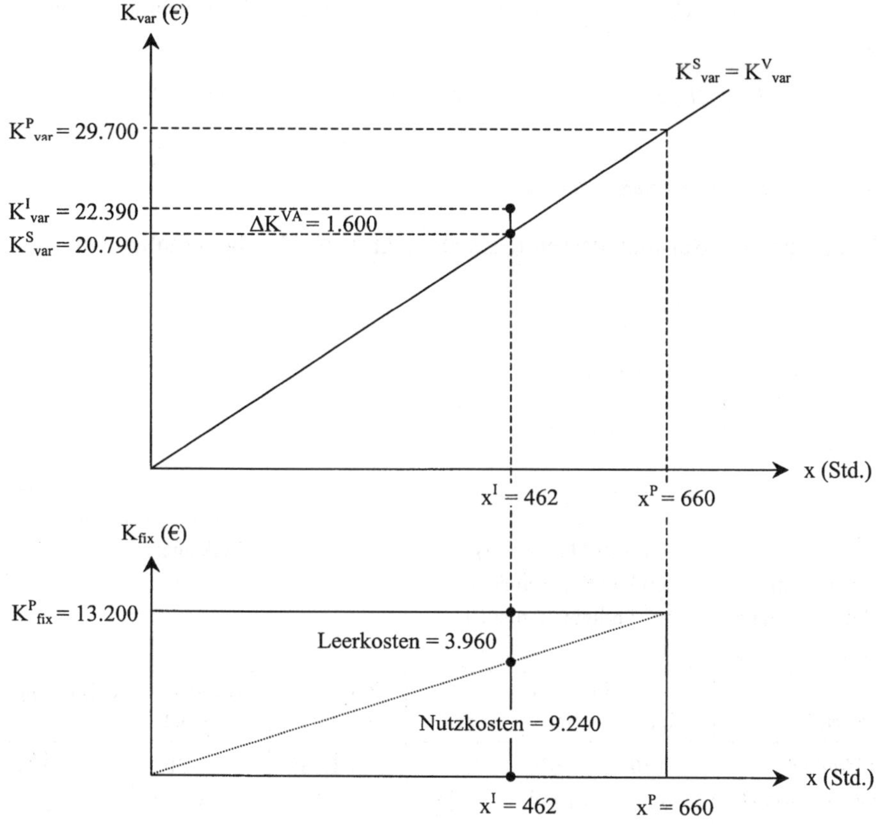

Abb. 54: Kostenkontrolle bei flexibler Plankostenrechnung auf Teilkostenbasis

Der Fixkostensockel repräsentiert die Kosten der Betriebsbereitschaft, die durch die Vorhaltung der sächlichen und personellen Kapazitäten entstehen. Dem Kostenrechner liefert eine neben dem Soll-Ist-Vergleich erstellte *Fixkostenanalyse* Erkenntnisse darüber, in welchem Umfang die „Bereitschaftskosten" genutzt werden bzw. in welchem Umfang sie leer stehen. Die fixen Kosten werden also aufgespalten in Nutzkosten und Leerkosten. Bei einem Beschäftigungsgrad von (mindestens) 100% entsprechen die Nutzkosten den fixen Kosten, und es gibt keine Leerkosten. Im anderen Extremfall der Nullbeschäftigung existieren keine Nutzkosten, und die fixen Kosten stellen in vollem Umfang Leerkosten dar.

$Nutzkosten = VS_{fix} \cdot x^I$ (Nutzkosten = fixer Verrechnungssatz • Istbeschäftigung)

oder

$Nutzkosten = K^P_{fix} \cdot BG$ (Nutzkosten = fixe Plankosten • Beschäftigungsgrad)

$Leerkosten = VS_{fix} \cdot (x^P - x^I)$ (Leerk. = fixer Verrechnungssatz • Unterbeschäftigung)

oder

$Leerkosten = K^P_{fix} \cdot (1 - BG)$ (Leerkosten = fixe Plankosten • Unterauslastung)

oder

Leerkosten = Fixkosten - Nutzkosten

Im vorliegenden Beispiel, dessen Kostenbericht Abb. 55 zeigt, erhalten wir:

Nutzkosten = 20,00 • 462
= 13.200 • 0,7 = 9.240 €

Leerkosten = 20,00 • (660 - 462)
= 13.200 • (1 - 0,7)
= 13.200 - 9.240 = 3.960 €

Kostenstelle:	Fertigung II			Monat:	Oktober 20....	
Leiter:	H. Meier (Tel. -0815)			Werktage:	22	
Planbeschäftigung:	660 Fertigungsstunden					
Istbeschäftigung:	462 Fertigungsstunden					
Beschäftigungsgrad:	70%					
Kostenart	Plankosten fix	Plankosten var.	Plankosten ges.	Sollkosten variabel	Istkosten variabel	Verbrauchsabweichung
Hilfslöhne	870	1.650	2.520	1.155	1.505	350
Personalzusatzk.	652	13.613	14.265	9.529	9.792	263
Betriebsstoffe	0	198	198	139	295	156
Diverse Kosten	1.038	10.459	11.497	7.321	7.957	636
Kalk. Abschreibg.	1.284	3.168	4.452	2.218	2.218	0
Kalk. Zinsen	1.878	0	1.878	0	0	0
Kalk. Wagnisse	174	264	438	185	185	0
Kalk. Untern.lohn	3.130	0	3.130	0	0	0
Umlagen	4.174	348	4.522	243	438	195
Gesamt	13.200	29.700	42.900	20.790	22.390	1.600
Verr.satz (€/Std.)	* 20,00	45,00	* 65,00	** nicht erforderlich, nur zur Information*		
Verrechnete Plankosten:		20.790	(45,00 • 462)			
Gesamtabweichung:		1.600	(vgl. Verbrauchsabweichung)			
Nutzkosten:		9.240	(13.200 • 0,7)			
Leerkosten:		3.960	(13.200 - 9.240)			

Abb. 55: Kostenbericht bei flexibler Plankostenrechnung auf Teilkostenbasis

Der Plankostenrechnung auf Teilkostenbasis schreibt man den *Vorteil* zu, überschaubarer und verständlicher zu sein, da nur die variablen Kosten ausgewiesen werden. Insbesondere überfrachtet die Beschäftigungsabweichung nicht den Soll-Ist-Vergleich. Denn diese rein verrechnungstechnisch bedingte Abweichung bereitet in der betrieblichen Praxis den häufig kostenrechnerisch kaum vorgebildeten Kostenstellenleitern zumeist erhebliche Verständnisprobleme, die bis zur grundsätzlichen Ablehnung des Soll-Ist-Vergleichs für die Zwecke der betrieblichen Kostensteuerung führen können.
Auf die weiteren Vorteile der Grenzplankostenrechnung, die aus der Teilkostenkalkulation und der Deckungsbeitragsrechnung auf Plankostenbasis resultieren, wurde bereits im Kapitel zur Teilkostenrechnung verwiesen. Nur die Grenzplankostenrechnung liefert die für zukunftsorientierte, kurzfristig ausgerichtete Entscheidungen relevanten Kosten. Deshalb sollte z.B. die Programmoptimierung (vgl. Abschnitt 3.5.1) auf der Grundlage variabler Plankosten erfolgen.

⇨ *Aufgabe 70, S. 325, Aufgabe 71, S. 326 sowie Aufgaben 72 und 73, S. 327*

4.4.4 Einfach flexible und mehrfach flexible Plankostenrechnung

Als Maßstab der Beschäftigung der Kostenstellen diente in den vorausgehenden Abschnitten genau eine Bezugsgröße, und zwar in den Beispielen jeweils die Fertigungszeit der Beschäftigten. Die Verwendung einer Bezugsgröße erscheint in der flexiblen Plankostenrechnung angemessen, solange in einer Kostenstelle der proportionale Verlauf der variablen Kosten aller Kostenarten durch diese Bezugsgröße hinreichend genau beschrieben werden kann. Man spricht in dieser Situation von homogener Kostenverursachung. Da die Beschäftigung der Kostenstelle durch genau eine Bezugsgröße ausgedrückt wird, bezeichnet man diese Form der Kostenrechnung auch als **einfach flexible Plankostenrechnung**.
Verhalten sich nicht alle variablen Kosten proportional zu einer Bezugsgröße, liegt heterogene Kostenverursachung vor. Dann lassen sich die variablen Kosten nur mithilfe mehrerer Bezugsgrößen verursachungsgerecht darstellen. Heterogene Kostenverursachung findet sich etwa in der Fertigungsstelle eines Industriebetriebes mit manuellen und automatisierten Fertigungsabläufen. Die Fertigungslöhner arbeiten im Leistungslohn; die Höhe der Personalkosten hängt im Wesentlichen von der Fertigungszeit ab. Andererseits beeinflusst in erster Linie die Maschinenzeit die Kosten für Energie, Betriebsstoffe sowie Verschleiß und Instandhaltungsbedarf der Maschinen und Anlagen. Unter diesen Bedingungen sind zwei Bezugsgrößen (Fertigungszeit und Maschinenzeit) erforderlich, um die Personal- und Maschinenkosten verursachungsgerecht mit proportionalem Verlauf darzustellen. Wird die Beschäftigung der Kostenstelle bei heterogener Kostenverursachung mit mehr als einer Bezugsgröße gemessen, heißt die Art der Kostenrechnung **mehrfach flexible Plankostenrechnung**.

Beispiel 68: Mehrfach flexible Plankostenrechnung

In der Kostenstelle Fertigung II werden die Maschinenkosten in Abhängigkeit von der produktiven Maschinenzeit und die übrigen Kosten wie im Rahmen der flexiblen Plankostenrechnung auf Teilkostenbasis in Abhängigkeit von der Fertigungszeit dargestellt (zweifach flexible Rechnung). Aus der Jahresplanung der Maschinenkosten und der übrigen Kosten ergeben sich für den Monat Oktober die Planbeschäftigung und die Plankosten gemäß der folgenden Tabelle; dabei werden nur noch die beiden Kostenkategorien in Summe dargestellt. Beachten Sie, dass nunmehr beide Kostenkomponenten für die Sollkostenberechnung mit dem eigenständigen Beschäftigungsgrad umgerechnet und im Rahmen der Kalkulation mit einem eigenständigen variablen Kostensatz verrechnet werden.

Kostenstelle:	Fertigung II	Monat:	Oktober 20....
Leiter:	H. Meier (Tel. -0815)	Werktage:	22

	Bezugsgröße für Maschinenk.	*Bezugsgröße für übrige K.*
Planbeschäftigung:	210 Maschinenstunden	660 Fertigungsstunden
Istbeschäftigung:	168 Maschinenstunden	462 Fertigungsstunden
Beschäftigungsgrad:	80%	70%

Kostenart	Plankosten fix	Plankosten var.	Plankosten ges.	BG	Sollkosten var.	Istkosten var.	Verbr.-abweichg.
Maschinenkosten	3.400	7.392	10.792	80%	5.914	6.040	126
Übrige Kosten	9.800	22.308	32.108	70%	15.616	16.350	734
Gesamt	13.200	29.700	42.900		*21.530	22.390	860
$VS_{Maschine}$ (€/Std.)	-----	35,20	-----	* inkl. 0,80 € durch zweimaliges Aufrunden			
$VS_{Übrige}$ (€/Std.)	-----	33,80	-----				

Verrechnete Plankosten:	21.529	(35,20 • 168 + 33,80 • 462)
Gesamtabweichung:	860	(vgl. Verbrauchsabweichung)
Nutzkosten:	9.580	(3.400 • 0,8 + 9.800 • 0,7)
Leerkosten:	3.620	(13.200 - 9.580)

Der Soll-Ist-Vergleich liefert eine „echte" Verbrauchsabweichung in Höhe von 860 €, nicht 1.600 € wie bei der einfach flexiblen Plankostenrechnung. Letztgenannter Betrag beinhaltet eine „Spezialabweichung", die darin begründet ist, dass die Beschäftigung der Maschinen (80%) höher ist als die der übrigen Kostenstelle (70%). Dadurch verschiebt sich die Relation von Maschinen- zu Fertigungszeit im Ist (168/462 = 0,3636...) gegenüber dem Plan (210/660 = 0,31818...). Die Spezialabweichung beträgt rund 740 € ((0,8 - 0,7) • 7.392 = 739,20 €, geringe Differenz aufgrund ganzzahliger Rundung im Kostenplan).

Heterogene Kostenverursachung findet sich nicht nur in der Industrie, sondern kann prinzipiell in jedem Betrieb unabhängig vom Betriebszweck auftreten. So sind in einer Spedition die Kosten der Fahrzeuge in erster Linie von der Fahrleistung (in km) bzw. von der über eine bestimmte Strecke beförderten Menge (in Tonnen-km) abhängig. Andererseits korrelieren die Personalkosten für die Fahrer mit der verbrauchten Zeit für Be- und Entladen, Warten und Fahren. In einem Ingenieurbüro werden unter Umständen Techniker und Diplom-Ingenieure derselben Fachdisziplin, z.B. aus der Hochbauplanung, in einer Kostenstelle geführt. Da sich Vergütungen dieser Beschäftigtengruppen in der Regel deutlich unterscheiden, führt eine gemeinsame Bezugsgröße wie Planungsstunden zu wenig geeigneten Sollkosten. Wird in solchen Fällen mit nur einer Bezugsgröße gearbeitet, muss strenggenommen die zunächst ausgewiesene Verbrauchsabweichung noch um die Spezialabweichung bereinigt werden. Hinzu kommt, dass bei heterogener Kostenverursachung die Kalkulation der in den betreffenden Kostenstellen bearbeiteten Produkte leidet, weil die Kostenverrechnung mithilfe des „Mischkostensatzes" der Kostenstelle erfolgt (vgl. in diesem Zusammenhang auch Fall 1 in Klausur 3, S. 343ff).

An dieser Stelle zeigt sich im Übrigen der Zusammenhang zwischen dem Grad der Kostenstellengliederung einerseits und der Anzahl der sinnvollerweise zu verwendenden Bezugsgrößen andererseits. Beispiel 68 beruht auf der Betrachtung einer Kostenstelle mit zwei Bezugsgrößen, die jeweils eine geeignete Maßgröße für bestimmte Bestandteile der Kosten darstellen. Es ist auch vorstellbar, die Kostenstelle in zwei Kostenstellen zu splitten, und zwar in eine Kostenstelle für die Maschine(n) und eine für die verbleibenden Teile, u.a. die Mitarbeiter. In diesem Fall liegt in den gesplitteten Kostenstellen homogene Kostenverursachung vor, sodass deren Kosten jeweils mit genau einer Bezugsgröße, der Maschinenzeit bzw. der Fertigungszeit, zu erfassen sind. Es ist jedoch zu berücksichtigen, dass eine stärker differenzierte Gliederung der Kostenstellen unter Umständen die Zurechnung primärer Gemeinkosten erschwert und deshalb der Erfassungsaufwand steigt.

4.5 Kostenträgerrechnung im System der Plankostenrechnung

Die Plankostenrechnung verbessert die Möglichkeiten zur Kontrolle der Wirtschaftlichkeit, insbesondere die Gemeinkostenkontrolle auf Ebene der Kostenstellen. Darüber hinaus kommen ihr die gleichen weiteren Aufgaben wie der Ist- bzw. Normalkostenrechnung zu: Sie soll zunächst im Rahmen der Kalkulation die mit der Leistungserstellung planmäßig anfallenden Kosten ermitteln, um damit kostenbewusste Preisvorstellungen zu entwickeln, Angebote abzugeben und eine Grundlage für Verkaufsgespräche zu schaffen. Weiterhin gilt es, die tatsächlich angefallenen Kosten zu erfassen, im Rahmen der Betriebsergebnisrechnung den erzielten Umsätzen gegenüberzustellen und den Erfolg der Produkte, Produktgruppen und des Gesamtbetriebs aufzuzeigen.

Die **Plankalkulation** erfolgt nach den für die Ist- bzw. Normalkostenrechnung vorgestellten Verfahren z.B. mit Zuschlags- und Verrechnungssätzen (vgl. Kapitel 2.4.2 ab S. 115). Sie baut jedoch auf planmäßigen Verbrauchsmengen und Planpreisen sowie Planzuschlags- und Planverrechnungssätzen auf. Fraglich erscheint, ob ein Betrieb im System der Plankostenrechnung neben der Plankalkulation auch eine Istkalkulation durchführen sollte, um damit Abweichungen kostenträgerbezogen auszuweisen.
In *kundenanonymen Betrieben* mit Massen-, Serien- und Sortenprodukten (z.B. Lebensmittel, Haushaltsgeräte, Linienflüge, Pauschalreisen) genügt eine regelmäßige Produktkalkulation zu Plankosten. Eine Istkalkulation erübrigt sich, da mit nachgewiesenen höheren Istkosten vom Kunden nachträglich kein höherer Preis gefordert werden kann und Abweichungen im Einzelfall („Montagsprodukt") eher zufällig auftreten. Außerdem ist nicht das Produkt als solches Verursacher der Mehrkosten, die durch Mehrverbräuche an Material und Zeit oder in Form von Preisabweichungen entstehen. Mehrverbräuche sind häufig auf Arbeitsfehler, zum Teil auch auf im Wareneingang nicht erkannte Materialfehler zurückzuführen. Solche Mehrverbräuche sind den verursachenden Kostenstellen zu belasten (z.B. Leistungsbereich, Wareneingangskontrolle). In diesen Kostenstellen muss ihnen entgegengewirkt werden. Zufällige Preisabweichungen bei den Einsatzstoffen durch Dispositionsfehler, etwa weil eine Bestellung zu spät und deshalb als Eilbestellung mit erhöhten Bezugsnebenkosten erfolgt, sind ebenfalls nicht durch den Kostenträger bedingt und müssen verursachungsgerecht separat kontiert und kontrolliert werden. Um gravierenden systembedingten Abweichungen entgegenzuwirken, muss die Produktkalkulation allerdings immer dann überarbeitet werden, wenn sich das Produkt, das Verfahren der Leistungserstellung oder die Faktorpreise signifikant und nachhaltig ändern. Anlass für eine neue Produktkalkulation sind z.B. der Wechsel von Bauteilen aufgrund einer Konstruktionsänderung, die Neuorganisation des Herstellungsprozesses oder die Personalkostenverteuerung aufgrund einer Tarifänderung.
In *auftragsorientierten Betrieben* der Einzel- und Kleinserienfertigung ist die Vorkalkulation als Plankalkulation anzusehen, während die Nachkalkulation eine Istkalkulation darstellt; die Zwischenkalkulation hat Mischcharakter. Hier sind die Zwischen- und die Nachkalkulation sinnvoll, weil sich vielfach erst im Laufe der Realisierung der Vorhaben bzw. Aufträge herausstellt, dass auf Kundenwunsch oder mit Zustimmung des Kunden zusätzliche, ursprünglich nicht geplante Leistungen erbracht werden. Beispiele dazu sind der nachträglich vom Kunden gewünschte Ausbau des Dachgeschosses in einem neu errichteten Einfamilienhaus, der gegenüber der ursprünglichen Planung um zwei Meter verlän-

gerte Kranausleger eines neuen Autokranes oder die um eine Woche verlängerte Urwaldexpedition eines Spezialreiseveranstalters. Derartige Zusatzleistungen werden dem Kunden separat in Rechnung gestellt. Sie führen zu einem höheren Umsatz, dem selbstverständlich auch die zusätzlichen Kosten gegenüberzustellen sind. Die zusätzlichen Kosten werden auf der Basis der effektiven Verbräuche, aber mit Planpreisen und Plankalkulationssätzen ermittelt (Istkalkulation auf Planpreisbasis). Hingegen sind Mehrkosten, die auf Unwirtschaftlichkeiten in Kostenstellen oder auf Verteuerungen beruhen und nicht dem Kunden belastet werden können, nicht den Kostenträgern zuzurechnen. Sie sollten als Kostenstellen- bzw. Preisabweichung erfasst und direkt in die Betriebsergebnisrechnung verrechnet werden. Eine Ausnahme bilden die Selbstkostenerstattungsaufträge öffentlicher Auftraggeber, die nach den Leitsätzen für die Preisermittlung aufgrund von Selbstkosten kalkuliert werden. Nach diesen Leitsätzen ist es zulässig, die effektiv angefallenen Kosten einschließlich der Abweichungen in Kostenstellen und eingetretene Preissteigerungen auf die Aufträge zu kalkulieren (Istkalkulation auf Istpreisbasis).

Die **Betriebsergebnisrechnung** erfolgt im System der Plankostenrechnung in der Regel nach dem Umsatzkostenverfahren zu Voll- oder zu Teilkosten. Ihre Struktur ist bereits aus der Vollkosten- und Deckungsbeitragsrechnung zu Normalkosten bekannt (vgl. z.B. Abb. 39, S. 162).
In *kundenanonymen Betrieben* ersetzen die auf der Basis der Plankalkulation verrechneten Plankosten die verrechneten Normalkosten. Da die Kalkulation mit Planpreisen bzw. Plankostensätzen anstelle von Normalkostensätzen erfolgt, wird aus dem Betriebsergebnis zu Normalkosten lediglich das Betriebsergebnis zu Plankosten, und an die Stelle der Kostenstellenüber-/Kostenstellenunterdeckungen treten die Kostenstellengesamtabweichungen, die den Kostenberichten zu entnehmen sind.
In *auftragsorientierten Betrieben* werden die Kosten üblicherweise nicht aus der Plankalkulation, sondern aus der Nachkalkulation abgeleitet; dabei werden die Istverbrauchsmengen mit Planpreisen bzw. mit Plankalkulationssätzen (Istkalkulation auf Planpreisbasis) oder mit tatsächlichen Preisen und Istkostensätzen bewertet (Istkalkulation auf Istpreisbasis). Sofern keine Nachkalkulation erfolgt, wird man die vorkalkulierten Werte verrechnen. In diesem Fall sind Kostenabweichungen für die Aufträge wie Preisdifferenzen und Kostenstellenabweichungen als separate Korrekturzeile in die Überleitung vom Betriebsergebnis auf der Basis von Planpreisen zum effektiven Betriebsergebnis einzubeziehen (vgl. hierzu etwa S. 54, S. 112 und S. 147).

5 Prozesskostenrechnung

5.1 Ziele und Aufgaben

Die Prozesskostenrechnung hat in der jüngeren Vergangenheit die Diskussion um Aufbau und Gestaltung der Kostenrechnung maßgeblich beeinflusst. Sie basiert auf der Erkenntnis, dass selbst in der Industrie die den Produkten verursachungsgerecht zurechenbaren Kosten im Vergleich zu den pauschal über Zuschlags- und Verrechnungssätze verrechneten fixen Gemeinkosten heute aufgrund des Einsatzes moderner Produktionstechnologien nur noch gering sind. Die Gründe dafür liegen zum einen in der automatisierten und häufig kapitalintensiven Fertigung, die leistungsbezogene (Einzelkosten-) Löhne zurückdrängt. Zum anderen sind die sogenannten indirekten Leistungsbereiche wie Entwicklung, Beschaffung, Produktionsvorbereitung und -steuerung, Qualitätssicherung und Vertrieb in den vergangenen Jahren permanent gewachsen, und mit ihnen das Gemeinkostenvolumen. In Handels- und Dienstleistungsbetrieben sind seit jeher die indirekten Leistungsbereiche kostendominierend.

Hier setzt die Prozesskostenrechnung an. Sie will durch die detaillierte Analyse aller Tätigkeiten **Kostentransparenz in den indirekten Leistungsbereichen** schaffen, indem sie konkret aufzeigt, welche Kosten in den Kostenstellen für welche Aktivitäten (Prozesse) anfallen. Gegenüber den herkömmlichen Kostenrechnungsansätzen wird deshalb die Kostenstellenrechnung um eine Prozessanalyse erweitert. Die Prozessanalyse trägt dazu bei, unnötige oder im Vergleich zu externen Leistungen zu teure interne Leistungen zu erkennen, Ineffizienzen aufzudecken und Einsparungspotenziale aufzuzeigen.

Zumeist gelingt es, die Tätigkeiten in den Abteilungen bzw. Kostenstellen nach Art und Menge zu beschreiben. Damit kann auch in den Gemeinkostenbereichen die Leistungs- und **Kostenplanung auf Mengenbasis** umgestellt werden. Die art- und mengenmäßig beschriebenen Leistungen (Tätigkeiten) in den Kostenstellen bestimmen den Umfang des benötigten Personals und der erforderlichen Sachmittel, d.h. sie rechtfertigen die Höhe der Kosten. Rückläufiger Tätigkeitsumfang, d.h. rückläufige Beschäftigung rechtfertigt mithin nur einen geringeren Mitteleinsatz. Hierin liegt der Ansatz zur gezielten Kostensteuerung auf Kostenstellenebene.

Außerdem will die Prozesskostenrechnung den **Einfluss von Kostentreibern** auf die Höhe der Kosten deutlich machen. Kostentreibende Faktoren sind z.B.

- Anzahl der Produktvarianten, Anzahl der Produktänderungen
- Anzahl der Fertigungs-, Versand- und Kundenaufträge bzw. Auftragspositionen
- Anzahl der Stücklisten- und Arbeitsplanpositionen
- Anzahl der Materialdispositionen, Bestellvorgänge, Wareneingänge etc.
- Anzahl der Kunden, Lieferanten etc.

Exemplarisch sei die Wirkung des Kostentreibers „Anzahl der Produktvarianten" erläutert. Fertigt ein Maschinenbauer auf den Wunsch des Kunden hin eine Produktvariante (z.B. mit einem verstärkten Antrieb) anstelle der Standardmaschine laut Prospekt, so müssen für diese Variante ggf. zusätzlich eine Zeichnung, eine Stückliste und ein Arbeitsplan angefertigt werden. Möglicherweise ist auch ein besonderer Motor zu beschaffen, der im bisherigen Sortiment keine Verwendung findet. Außerdem muss die Produktvariante separat neben den Standardmodellen in die Fertigung gegeben und gesteuert werden. Schließlich sind es häufig gerade die Produktvarianten, die zu konstruktions- oder fertigungsbedingten Fehlern führen und erhöhte Ausschuss- und Nacharbeitskosten nach sich ziehen. Für erfolgreiches unternehmerisches Handeln ist mithin ausschlaggebend, die Kostentreiber (cost driver) zu erkennen und kostentreibende Entscheidungen zu vermeiden, es sei denn, sie führen zu einem entsprechenden zusätzlichen Erlös.

Die Auswirkungen kostentreibender Entscheidungen müssen auch am Kostenträger sichtbar werden. Dazu ist es erforderlich, die **Gemeinkosten der indirekten Leistungsbereiche verursachungsgerecht auf die Kostenträger** zu verrechnen. Allerdings fordert die Prozesskostenrechnung nicht den unmittelbaren kausalen Zusammenhang zwischen Kostenträger einerseits und Kostenhöhe andererseits. Ihr genügt für die Zurechnung der Kosten zum Kostenträger, dass letztlich die Kosten in den indirekten Bereichen durch die produktbezogenen Prozesse induziert (hervorgerufen) werden. Jedes Produkt wird entsprechend der Inanspruchnahme der Gemeinkostenressourcen belastet. Bezogen auf das obige Beispiel zur Veranschaulichung des Kostentreibers „Anzahl der Produktvarianten" bedeutet dies: In der Prozesskostenkalkulation werden die Kosten, die durch die zusätzlich erforderlichen Tätigkeiten in den indirekten Leistungsbereichen induziert werden, zwar der Produktvariante, nicht aber dem Standardmodell zugerechnet. Die Produktvariante wird damit teurer ausgewiesen als das Standardmodell. Damit besteht ein erheblicher Unterschied zur herkömmlichen Zuschlagskalkulation, nach der die unter Umständen nur einmal gefertigte Produktvariante als „teurer Exot" genauso behandelt wird wie die vielfach produzierte Standardmaschine, die gleich hohe Material- und Fertigungseinzelkosten aufweist.

Die Prozesskostenrechnung ist eine **Vollkostenrechnung**. Sie unterscheidet nicht zwischen (beschäftigungs-) variablen und fixen Kosten und zielt auch nicht auf die Optimierung kurzfristig ausgerichteter Entscheidungen wie die Teilkostenrechnung. Ihr Fokus liegt auf optimalem Entscheidungsverhalten in mittel- bis langfristiger Perspektive. Z.B. zeigt sie schon in der Frühphase der Konstruktion eines neuen Produkts, welche Gemeinkostenwirkungen von der (Neu-) Teilezahl, der Fertigungstiefe bzw. Produktstruktur und anderen Komplexitätsfaktoren ausgehen. Sie leistet damit einen Beitrag zur Vermeidung strategischer Fehlentscheidungen, die traditionell durch die bloße Minimierung der produktbezogenen Einzelkosten zustandekommen. Außerdem liefert die „strategische Prozesskalkulation" Anhaltswerte für langfristig kostendeckende Mindestpreise.

5.2 Methodik der Prozesskostenrechnung

Die Prozesskostenrechnung weist wie die konventionelle Kostenrechnung die Bausteine Kostenarten-, Kostenstellen- und Kostenträgerrechnung auf. In der Kostenstellenrechnung werden auch für die indirekten Leistungsbereiche die Gemeinkosten in Abhängigkeit von Bezugsgrößen bzw. Leistungsmengen geplant. Ein möglichst großer Teil der Kosten der indirekten Kostenstellen wird außerdem nicht über Zuschlagssätze auf Wertbasen, sondern über die Anzahl der in den Gemeinkostenbereichen ausgelösten Prozesse bzw. Aktivitäten auf die Produkte verrechnet. Diese neue Art der Kostenverrechnung zwischen Kostenstellen- und Kostenträgerrechnung bildet das Herzstück der Prozesskostenrechnung (vgl. die Abbildung auf der folgenden Seite).
Die Brücke von der Kostenstellenrechnung üblicher Prägung zur Kostenträgerrechnung ist mehrstufig aufgebaut. Zunächst werden in jeder Kostenstelle die Kosten nach Tätigkeiten bzw. Teilprozessen gruppiert. Die sachlich zusammengehörigen Teilprozesse, die eine Leistungskette bilden, werden anschließend zu kostenstellenübergreifenden Hauptprozessen zusammengefasst. Die Kosten der Teilprozesse werden auf die Hauptprozesse verdichtet. Die Kosten laufen schließlich von den Hauptprozessen auf die Kostenträger, d.h. die Kalkulation erfolgt mithilfe der Kostensätze der Hauptprozesse.

5.2.1 Analyse und Strukturierung der Tätigkeiten

Erstmalig mit der Einführung der Prozesskostenrechnung und bedarfsweise bei Veränderungen sind kostenstellenweise sowie kostenstellenübergreifend sämtliche betrieblichen Tätigkeiten zu analysieren und zweckmäßig zu strukturieren.

5.2.1.1 Die Teilprozesse innerhalb der Kostenstellen

Die Analyse und Strukturierung der Tätigkeiten in den Kostenstellen bildet die Basis für die prozessorientierte Kostenrechnung. Zunächst werden alle wesentlichen Tätigkeiten listenartig festgestellt. Dazu kann man auf Arbeitspläne und Stellenbeschreibungen zurückgreifen oder die notwendigen Informationen in den Abteilungen durch Interviews beschaffen. Die wichtigsten wiederkehrenden oder dauerhaften Tätigkeiten werden zu sogenannten Teilprozessen abgegrenzt. Jeder Teilprozess wird durch ein Tätigkeits- und ein Hauptwort beschrieben, z.B. „Bestellen Material" als Teilprozess im Einkauf.
Die Teilprozesse sind daraufhin zu untersuchen, ob sie sich mit dem Leistungsvolumen verändern oder ob sie mengenunabhängig sind und generell anfallen. Teilprozesse der erstgenannten Art werden als leistungsmengeninduziert (lmi), die der letztgenannten Art als leistungsmengenneutral (lmn) bezeichnet.

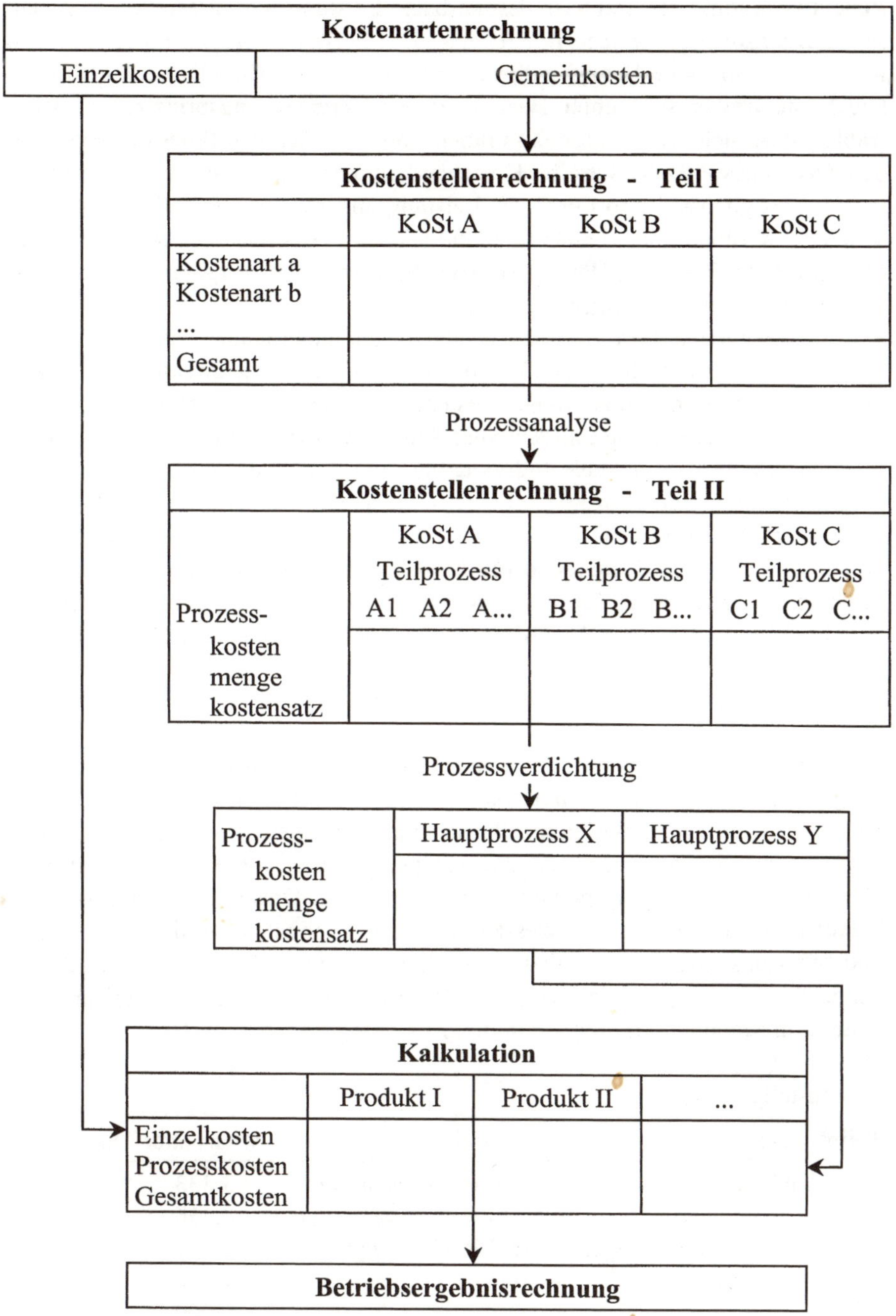

Abb. 56: Wertefluss in der Prozesskostenrechnung

Repetitive Tätigkeiten mit klar definierbarer Leistung wie „Bestellen Material" sind *leistungsmengeninduzierte Prozesse*. Die Leistungsmengen dieser Prozesse werden über spezielle Bezugsgrößen, die Kostentreiber (Cost Driver), gemessen. Die Kostentreiber sind unter Beachtung des Verursachungsprinzips so auszuwählen, dass sich ein direkter Zusammenhang zwischen den Prozessmengen und den Kosten des Prozesses ergibt. Kostenänderungen sollen also - zumindest langfristig - möglichst proportional zu Leistungsänderungen verlaufen. Außerdem sollen die Kostentreiber verständlich und leicht zu ermitteln sein. Als Kostentreiber wird in der Regel die Häufigkeit bzw. die Anzahl der Vorgänge genutzt, etwa die „Anzahl der Bestellungen".
Leistungsmengenneutrale Prozesse zeichnen sich dadurch aus, dass das Ergebnis der Tätigkeiten schlecht quantifizierbar ist und dass kein direkter Bezug zum Leistungsprozess im Unternehmen besteht. Hierzu rechnen insbesondere Abteilungsleitung, Wahrnehmen allgemeiner Aufgaben sowie gewisse Forschungsaktivitäten, die in hohem Maße Individualität und Kreativität verlangen. Für leistungsmengenneutrale Prozesse gibt es keine Kostentreiber. Die Kosten dieser Prozesse bilden eine fixe Grundlast.
Schließlich sind den Tätigkeiten die beanspruchten personellen und sachlichen Kapazitäten zuzuordnen. Diese Aufgabe übernehmen z.B. die Kostenstellenleiter und ihre Mitarbeiter unter Hinzuziehung von Fachkräften aus dem Controlling.

Beispiel 69/1: Prozesskostenrechnung/Teilprozessanalyse

In einem Betrieb werden die Kosten der Stellen Einkauf und Wareneingang/Lager bisher in einer Materialkostenstelle gesammelt und als Materialgemeinkosten auf die Materialeinzelkosten aufgeschlagen. Die Kosten der Stelle Arbeitsvorbereitung werden auf die Fertigungsstellen verteilt und von dort als Bestandteil der Fertigungsgemeinkosten verrechnet. Diese Form der Zuschlagskalkulation soll durch eine Prozesskostenrechnung abgelöst werden. Die Analyse und Strukturierung der Aktivitäten der drei indirekten Kostenstellen ergibt folgende Teilprozesse, für die jeweils der Kostentreiber sowie der Bedarf an Mitarbeitern (in Mannjahren) und Sachmitteln zu benennen sind.

Kostenstelle Einkauf:

Teilprozess	Kostentreiber	Mitarbeiter	Sachmittel
Bestellen Standardteile*	Anzahl Bestellpositionen	3,333	....
Bestellen Einmalteile**	Anzahl Bestellpositionen	0,556	....
Prüfen Eingangsrechnungen	Anzahl Rechnungen	1,111	....
Abteilung leiten	-------	1,000	....
		6,000	

* Material, das der Betrieb regelmäßig verwendet
** Material, das nur ausnahmsweise eingesetzt wird

Kostenstelle Wareneingang/Lager:

Teilprozess	Kostentreiber	Mitarbeiter	Sachmittel
Annehmen Lieferung	Anzahl Lieferungen	1,000	....
Einlagern Standardteile	Anzahl Lieferpositionen	1,333	....
Einlagern Einmalteile	Anzahl Lieferpositionen	0,667	....
Ausgabe Standardteile	Anzahl Ausgabeposition.	1,667	....
Ausgabe Einmalteile	Anzahl Ausgabeposition.	0,333	....
Abteilung leiten	-------	1,000	....
		6,000	

Kostenstelle Arbeitsvorbereitung:

Teilprozess	Kostentreiber	Mitarbeiter	Sachmittel
Disponieren Standardteile	Anzahl Bestellpositionen	2,700	....
Disponieren Einmalteile	Anzahl Bestellpositionen	0,450	....
Steuern Vorfertig.aufträge*	Anzahl Vorfertig.aufträge	2,475	....
Steuern Montageaufträge**	Anzahl Montageaufträge	3,375	....
Abteilung leiten	-------	1,000	....
		10,000	

* Fertigungsauftrag zur Erstellung einer Komponente des Endprodukts (z.B. Motor eines Automobils)
** Fertigungsauftrag zur Erstellung des Endprodukts

5.2.1.2 Die kostenstellenübergreifenden Hauptprozesse

Alle Teilprozesse, die sachlich zusammengehören und Glieder einer Leistungskette sind, werden zu jeweils einem Hauptprozess verdichtet. Ein Hauptprozess beschreibt eine abteilungsübergreifende Gesamtleistung wie z.B. die „Abwicklung eines Montageauftrags“. Das Leistungs- und Kostenvolumen wird auch hier über Kostentreiber wie z.B. die „Anzahl Montageaufträge“ gemessen.

Beispiel 69/2: Prozesskostenrechnung/ Hauptprozessanalyse

In dem betrachteten Betrieb werden drei Hauptprozesse unterschieden.

Hauptprozess	Kostentreiber
Vorfertigungsauftrag abwickeln (HP1)	Anzahl Vorfertigungsaufträge
Montageauftrag abwickeln (HP2)	Anzahl Montageaufträge
Variante betreuen* (HP3)	Anzahl Montageaufträge mit Varianten

* Eine Variante ist die Abwandlung eines Standardprodukts in einem oder wenigen Merkmalen nach dem Wunsch des Kunden (z.B. katalogmäßig nicht verfügbare Sonderlackierung eines Fahrzeugs).

Der Zusammenhang zwischen Haupt- und Teilprozessen wird mittels *Prozesskoeffizienten* beschrieben. Die Prozesskoeffizienten geben an, wie häufig im Durchschnitt ein Teilprozess abläuft, um einen Hauptprozess einmal abzuwickeln. Sie sind erforderlich, um aus dem Hauptprozessvolumen auf das erforderliche Leistungsvolumen in den Kostenstellen schließen zu können.
Im folgenden Beispiel 69/3 besagt der Prozesskoeffizient von 2 für den Teilprozess „Bestellen Standardteile“ bezüglich des Hauptprozesses „Vorfertigungsauftrag abwickeln“, dass je Vorfertigungsauftrag durchschnittlich zwei Bestellpositionen anfallen. Der Prozesskoeffizient von 0,1 für den Teilprozess „Prüfen Eingangsrechnungen“ kommt dadurch zustande, dass z.B. über durchschnittlich zehn Bestellpositionen eine gemeinsame Lieferantenrechnung gestellt wird.

Beispiel 69/3: Prozesskostenrechnung/Hauptprozessstruktur

	HP1	HP2	HP3
KoSt Einkauf			
TP Bestellen Standardteile	2	1	-
TP Bestellen Einmalteile	-	-	1
TP Prüfen Eingangsrechnungen	0,1	0,2	1
KoSt Wareneingang/Lager			
TP Annehmen Lieferung	0,5	0,5	1
TP Einlagern Standardteile	2	1	-
TP Einlagern Einmalteile	-	-	1
TP Ausgabe Standardteile	2	1	-
TP Ausgabe Einmalteile	-	-	1
KoSt Arbeitsvorbereitung			
TP Disponieren Standardteile	2	1	-
TP Disponieren Einmalteile	-	-	1
TP Steuern Vorfertigungsaufträge	1	-	-
TP Steuern Montageaufträge	-	1	-
	Vorfertigungs-auftrag abwickeln	Montage-auftrag abwickeln	Variante betreuen

5.2.2 Prozessorientierte Kostenstellenrechnung

Zur Planung, Erfassung und Verrechnung der Gemeinkosten nach den Orten der Entstehung bleiben die Kostenstellen auch in der Prozesskostenrechnung unentbehrlich. Ausgangspunkt der prozessorientierten Kostenstellenrechnung kann deshalb ein BAB herkömmlicher Art sein, wie folgendes Beispiel zeigt.

Beispiel 69/4: Prozesskostenrechnung/Herkömmlicher BAB

Bisher erstellte der in den Beispielen 69/1 bis 3 angeführte Betrieb den folgenden Betriebsabrechnungsbogen.

Planbetriebsabrechnungsbogen								
(in Tsd €)	Einkauf	Waren-eingang/ Lager	Material-bereich gesamt	Arbeits-vorberei-tung	Ferti-gung I	Ferti-gung II	Verw./ Vertrieb	Σ
Primärkosten Umlagen	540 -540	360 -360	0 900	800 -800	600 300	900 500	840 -	4.040 0
Endkosten	0	0	900	0	900	1.400	840	4.040
Zuschlagsbasis: Materialeinzelk. Fertigungslohn Herstellk.d.Ums.			4.500		300	400	8.400	
Zuschlagssatz			20%		300%	350%	10%	

Die indirekten Kostenstellen sollen nun prozessorientiert abgerechnet werden. Die übrigen Kostenstellen werden wie gewohnt behandelt. Allerdings ist zu berücksichtigen, dass keine Sammelstelle für die Materialgemeinkosten mehr erforderlich ist. Außerdem entfällt die Umlage der Primärkosten der Stelle Arbeitsvorbereitung auf die Fertigungsstellen. Die Fertigungsgemeinkosten und die Lohnzuschlagssätze der Fertigungsstellen sinken deshalb. Lediglich der Zuschlagssatz für die Kostenstelle Verwaltung/Vertrieb ändert sich nicht.

Beispiel 69/5: Prozesskostenrechnung/Kostenstellenrechnung - Teil I

Planbetriebsabrechnungsbogen								
(in Tsd €)	Einkauf	Waren-eingang/ Lager	Material-bereich gesamt	Arbeits-vorberei-tung	Ferti-gung I	Ferti-gung II	Verw./ Vertrieb	Σ
Primärkosten Umlagen	540 -	360 -	- -	800 -	600 -	900 -	840 -	4.040 -
Endkosten	540	360	-	800	600	900	840	4.040
Zuschlagsbasis: Fertigungslohn Herstellk.d.Ums.	Verrechnung über Prozesskostensätze				300	400	8.400	
Zuschlagssatz					200%	225%	10%	

Ausgehend vom Absatz- und Produktionsprogramm erfolgt die Prozessplanung, aus der über die einzelnen Produkte und Produktgruppen letztlich die gesamte Ausführungshäufigkeit der Hauptprozesse hervorgeht. Mithilfe der Hauptprozessmengen und der Prozesskoeffizienten als Multiplikator wiederum lassen sich die Teilprozesse der einzelnen Kostenstellen berechnen.

Beispiel 69/6: Prozesskostenrechnung/Planung der Prozessmengen

	Hauptprozessmengen		
Produktgruppe A	1.000	1.500	100
Produktgruppe B	-	500	400
Gesamt	1.000	2.000	500

	Prozesskoeffiz.			Teilprozessmengen für ...			
	HP1	HP2	HP3	HP1	HP2	HP3	Σ
KoSt Einkauf							
TP Bestellen Standardteile	2	1	-	2.000	2.000	-	4.000
TP Bestellen Einmalteile	-	-	1	-	-	500	500
TP Prüfen Eingangsrechnungen	0,1	0,2	1	100	400	500	1.000
KoSt Wareneingang/Lager							
TP Annehmen Lieferung	0,5	0,5	1	500	1.000	500	2.000
TP Einlagern Standardteile	2	1	-	2.000	2.000	-	4.000
TP Einlagern Einmalteile	-	-	1	-	-	500	500
TP Ausgabe Standardteile	2	1	-	2.000	2.000	-	4.000
TP Ausgabe Einmalteile	-	-	1	-	-	500	500
KoSt Arbeitsvorbereitung							
TP Disponieren Standardteile	2	1	-	2.000	2.000	-	4.000
TP Disponieren Einmalteile	-	-	1	-	-	500	500
TP Steuern Vorfertigungsaufträge	1	-	-	1.000	-	-	1.000
TP Steuern Montageaufträge	-	1	-	-	2.000	-	2.000

Im nächsten Schritt werden die Kosten der Kostenstellen nach der Beanspruchung der Mitarbeiter und der Sachmittel auf die Teilprozesse aufgeteilt. Maßgröße für die Personalkostenaufteilung können z.B. die beanspruchten Mannjahre sein (vgl. Bsp. 69/1, S. 226f). Da die Gemeinkosten der indirekten Bereiche überwiegend Personalkosten sind, wird bisweilen zur Vereinfachung vorgeschlagen, die restlichen Gemeinkosten für EDV, Raum, Büromaterial etc. proportional zu den Personalkosten auf die Teilprozesse zu verteilen. Auch hier werden die gesamten Kosten der indirekten Kostenstellen letztlich nach dem Verhältnis der Mitarbeiter auf die Teilprozesse verteilt.

Da für die leistungsmengenneutralen Prozesse (lmn) geeignete Bezugsgrößen für die Verrechnung fehlen, werden deren Kosten proportional zu den direkt zugerechneten Kosten der leistungsmengeninduzierten Prozesse (lmi) umgelegt. Zum Beispiel liegen die Kosten des lmn-Prozesses „Abteilung leiten" in der Kostenstelle Einkauf bei 90 / 450 = 20% der gesamten lmi-Kosten. Alle lmi-Prozesse erhalten auf die direkt zugerechneten Teilprozesskosten einen entsprechenden Umlageanteil aufgeschlagen. Für die Teilprozesse werden abschließend rein leistungsmengeninduzierte Kostensätze und Gesamtkostensätze berechnet, indem die Teilprozesskosten durch die Teilprozessmengen dividiert werden.

Beispiel 69/7: Prozesskostenrechnung/Kostenstellenrechnung - Teil II

		Prozess-menge	Teilprozesskosten				
			direkt	Umlage	gesamt	nur lmi	gesamt
			(Tsd €)			*(€ je Prozess)*	
KoSt Einkauf							
TP Bestellen Standardteile	lmi	4.000	300	60	360	75,-	90,-
TP Bestellen Einmalteile	lmi	500	50	10	60	100,-	120,-
TP Prüfen Eingangsrechnungen	lmi	1.000	100	20	120	100,-	120,-
Zwischensumme			*450*	↑			
Abteilung leiten	lmn	-----	90 →	┘			
Gesamt			*540*		*540*		
KoSt Wareneingang/Lager							
TP Annehmen Lieferung	lmi	2.000	60	12	72	30,-	36,-
TP Einlagern Standardteile	lmi	4.000	80	16	96	20,-	24,-
TP Einlagern Einmalteile	lmi	500	40	8	48	80,-	96,-
TP Ausgabe Standardteile	lmi	4.000	100	20	120	25,-	30,-
TP Ausgabe Einmalteile	lmi	500	20	4	24	40,-	48,-
Zwischensumme			*300*	↑			
Abteilung leiten	lmn	-----	60 →	┘			
Gesamt			*360*		*360*		
KoSt Arbeitsvorbereitung							
TP Disponieren Standardteile	lmi	4.000	216	24	240	54,-	60,-
TP Disponieren Einmalteile	lmi	500	36	4	40	72,-	80,-
TP Steuern Vorfertigungsaufträge	lmi	1.000	198	22	220	198,-	220,-
TP Steuern Montageaufträge	lmi	2.000	270	30	300	135,-	150,-
Zwischensumme			*720*	↑			
Abteilung leiten	lmn		80 →	┘			
Gesamt			*800*		*800*		

Werden anstelle der Plan- die Istkosten und anstelle der Plan- die Istprozessmengen angesetzt, erhält man analog eine prozessorientierte Kostenstellenrechnung auf Istbasis, die mit den Istprozesskostensätzen abschließt.
Die Prozesskostensätze sind Kennzahlen, die in mehrfacher Hinsicht verwendet werden können. Sie bieten zum einen die Möglichkeit des externen Vergleichs mit anderen Betrieben sowie mit den Preisen für die Inanspruchnahme fremder Dienstleistungen und liefern dadurch Hinweise auf notwendige oder mögliche Rationalisierungen. Betriebsintern können sie für Zeit- und Soll-Ist-Vergleiche herangezogen werden. Die (preisbereinigte) Entwicklung der Prozesskostensätze zeigt auf, ob sich die Leistungen und die Kosten der indirekten Bereiche im Gleichklang bewegen. Kostensteigerungen bei gleichbleibendem Leistungsumfang oder Leistungsrückgang bei konstanten Kosten bewirken zwangsläufig steigende Prozesskostensätze: ein Signal, Kapazitäten abzubauen oder neu zu ordnen und/oder das Leistungsvolumen zu steigern. Um nicht nur nachträglich aufgrund der zeitlichen Entwicklung und damit ggf. zu spät solche Signale zu erkennen, bietet es sich an, die prozessorientierte Kostenstellenrechnung auch als Planungs- und Kontrollrechnung mit laufendem Soll-Ist-Vergleich einzusetzen. Durch die Prozessorientierung wird zum einen die Kostenplanung nachvollziehbar und transparenter. Zum anderen liefern Prozess- und Kostenplanung konkrete Zielvorgaben für die Kostenstellen. Schließlich lassen sich Soll-Ist-Abweichungen und damit Unwirtschaftlichkeiten auf den einzelnen verursachenden Prozess zurückführen, sodass Fehlentwicklungen gezielt entgegengewirkt werden kann. Dabei darf allerdings nicht außer Acht gelassen werden, dass die Abweichungen aufgrund von Prozessmengenänderungen in erster Linie auf die kostenstellenübergreifenden Hauptprozesse zurückzuführen sind.

⇨ *Aufgabe 74, S. 328*

5.2.3 Prozesskostenverdichtung auf Hauptprozesse

Die Zusammenfassung der Teilprozesse zu Hauptprozessen unterstreicht die funktionsbezogene, abteilungsübergreifende Sicht der Prozesskostenrechnung. Gleichzeitig bilden die Hauptprozesse das Bindeglied zwischen Kostenstellen- und Kostenträgerrechnung. Denn die Kostensätze der Hauptprozesse werden für die Kalkulation der Produkte verwendet.
Die mittels Prozesskoeffizienten definierte Zusammensetzung der Hauptprozesse aus Teilprozessen ist die Grundlage für die Verrechnung der Kostenstellenkosten auf die Hauptprozesse. Die Kosten je Teilprozess werden auf die Hauptprozesse verrechnet, indem die Teilprozessmenge je Hauptprozess mit dem Prozesskostensatz multipliziert wird. Je Kostenstelle muss das Volumen der über die Prozesse der Stelle insgesamt verrechneten Kosten mit dem ursprünglichen Gemeinkostenvolumen aus dem Plan-BAB (vgl. Bsp. 69/5, S. 229) übereinstimmen.

Beispiel 69/8: Prozesskostenrechnung/Kostenverdichtung auf Hauptprozesse

(Kosten in Tsd €)	Kosten-satz	HP1 Menge	HP1 Kosten	HP2 Menge	HP2 Kosten	HP3 Menge	HP3 Kosten	Σ Kosten
KoSt Einkauf								
TP Bestellen Standardteile	90,-	2.000	180	2.000	180			360
TP Bestellen Einmalteile	120,-					500	60	60
TP Prüfen Eingangsrechnungen	120,-	100	12	400	48	500	60	120
Gesamt								*540*
KoSt Wareneingang/Lager								
TP Annehmen Lieferung	36,-	500	18	1.000	36	500	18	72
TP Einlagern Standardteile	24,-	2.000	48	2.000	48			96
TP Einlagern Einmalteile	96,-					500	48	48
TP Ausgabe Standardteile	30,-	2.000	60	2.000	60			120
TP Ausgabe Einmalteile	48,-					500	24	24
Gesamt								*360*
KoSt Arbeitsvorbereitung								
TP Disponieren Standardteile	60,-	2.000	120	2.000	120			240
TP Disponieren Einmalteile	80,-					500	40	40
TP Steuern Vorfertigungsaufträge	220,-	1.000	220					220
TP Steuern Montageaufträge	150,-			2.000	300			300
Gesamt								*800*
Hauptprozesskosten insgesamt			658		792		250	
Hauptprozessmenge			1.000		2.000		500	
Prozesskostensatz			658,-		396,-		500,-	
			Vorfertigungs-auftrag abwickeln		Montage-auftrag abwickeln		Variante betreuen	

Die Hauptprozesse bilden nicht nur die Brücke zur Kalkulation, sie sind auch der Ansatzpunkt für das funktionsbezogene Controlling ganzer Leistungsketten. Insbesondere die Leistungsketten, weniger die Stellen und Strukturen, sollten den Kern betrieblicher Planungen und Optimierungsmaßnahmen bilden. Deshalb muss die Prozessverantwortung abteilungsübergreifend geregelt werden, d.h. für die Hauptprozesse sind Prozessverantwortliche (process owner) zu bestimmen, die die wirtschaftliche Gesamtabwicklung sicherstellen. Die Auswirkungen auf Stellen und Strukturen ergeben sich erst in zweiter Linie über die Teilprozesse als Bestandteil der Hauptprozesse.

⇨ *Aufgabe 75, S. 329*

5.2.4 Prozessorientierte Kalkulation

Die prozessorientierte Kalkulation basiert auf dem Grundschema der Zuschlagskalkulation, weil in der Regel die Gemeinkosten einiger Bereiche (z.B. Verwaltung, Forschung und Entwicklung) nicht über Teil- und Hauptprozesse auf die Kostenträger verrechnet werden können, sondern nach wie vor über Zuschlagssätze zu verrechnen sind. Die Kosten der prozessmäßig erfassten Kostenstellen werden entsprechend der Inanspruchnahme der Hauptprozesse auf die Kostenträger (Produkte, Kundenaufträge) verrechnet. Löst ein Kostenträger einen Hauptprozess aus, wird er mit dem zugehörigen Prozesskostensatz belastet.

Beispiel 69/9: Prozesskostenrechnung/Kalkulation

An den Betrieb, der aus den vorhergehenden Beispielen bekannt ist, werden unterschiedliche Anfragen betreffend drei Produkte A, B und B* herangetragen. Für alle Produktarten sind die Einzelkosten identisch:

Materialeinzelkosten	500,00 €/Stück
Fertigungslohn in Fertigung I	20,00 €/Stück
Fertigungslohn in Fertigung II	40,00 €/Stück

Allerdings unterscheiden sich die Produkte in ihrer Struktur. Produkt A setzt sich aus einer Baugruppe und fremdbezogenem Material zusammen; die Baugruppe muss zunächst aus Fremdbezugsteilen vorgefertigt werden. Die Produkte B und B* werden lediglich aus zugekauften Komponenten montiert. B* ist eine Variante von B und enthält anstelle eines Standardbauteils ein Sonderbauteil, das extra beschafft werden muss.

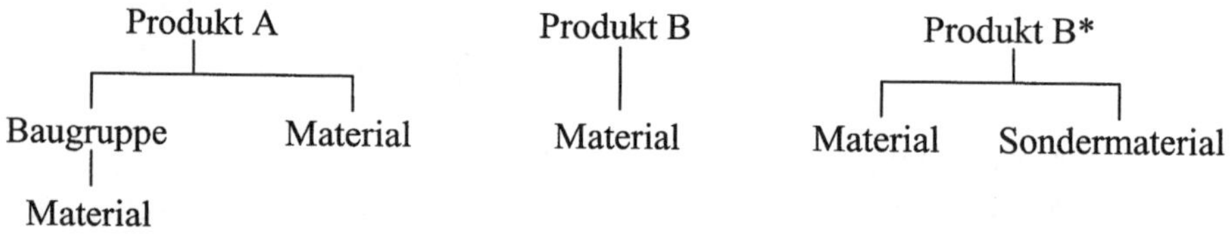

Aufgrund der unterschiedlichen Zusammensetzung löst die Fertigung von A und B* zwei Hauptprozesse, die Fertigung von B nur einen Hauptprozess aus.

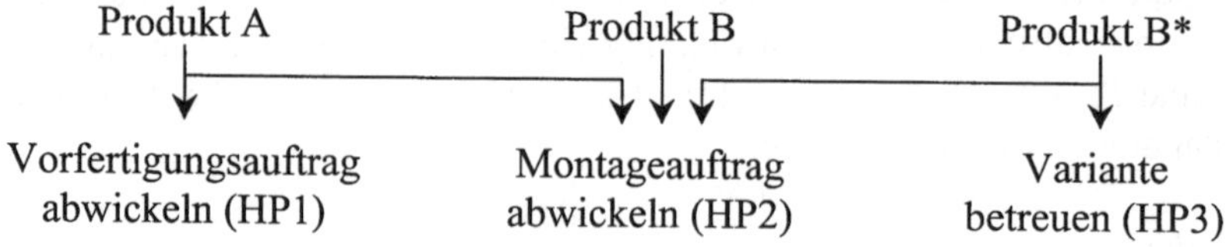

Bezüglich der Gemeinkosten gelten die Daten aus den Beispielen 69/1 - 8.

a. Aufgrund der Anfrage des Kunden Meier ist das Produkt A zu kalkulieren. Dabei stehen Mengen von 1, 10, 50 und 100 im Raum. Auch die größeren Mengen könnten in einem Zuge in die Fertigung gegeben werden.

Produkt A	Zuschlags-kalkulation	Prozesskostenkalkulation			
Menge	*1*	*1*	*10*	*50*	*100*
Materialeinzelkosten	500,00	500,00	5.000,00	25.000,00	50.000,00
Materialgemeinkosten (20% bzw. 0%)	100,00	-----	-----	-----	-----
Fertigungslohn I	20,00	20,00	200,00	1.000,00	2.000,00
Fertigungsgemeinkosten I (300% bzw. 200%)	60,00	40,00	400,00	2.000,00	4.000,00
Fertigungslohn II	40,00	40,00	400,00	2.000,00	4.000,00
Fertigungsgemeinkosten II (350% bzw. 225%)	140,00	90,00	900,00	4.500,00	9.000,00
HP1 Vorfertigungsauftrag abwickeln	-----	658,00	658,00	658,00	658,00
HP2 Montageauftrag abwickeln	-----	396,00	396,00	396,00	396,00
Herstellkosten	860,00	1.744,00	7.954,00	35.554,00	70.054,00
Verw./Vertriebskosten (10%)	86,00	174,40	795,40	3.555,40	7.005,40
Selbstkosten	946,00	1.918,40	8.749,40	39.109,40	77.059,40
je Stück	*946,00*	*1.918,40*	*874,94*	*782,19*	*770,59*

Degressionseffekt

Während die Zuschlagskalkulation unabhängig von der Stückzahl stets dieselben Herstell- bzw. Selbstkosten je Stück ergibt, zeigt sich in der Prozesskalkulation mit zunehmender Auftragsmenge ein deutlicher **Degressionseffekt**. Der Degressionseffekt beruht auf der Verteilung der einmal anfallenden Kosten der Hauptprozesse auf eine steigende Produktmenge. Bei kleinen Auftragsmengen liegen die kalkulierten Herstellkosten je Stück außerdem deutlich höher als bei der Zuschlagskalkulation, während sie bei hohen Mengen (hier ab 10 Stück) darunter liegen. Daraus lässt sich für den Betrieb die Erkenntnis ableiten, entweder Aufträge mit vertretbar hohen Stückzahlen anzustreben oder bei geringen Stückzahlen einen entsprechend höheren Preis zu verlangen.

b. Für den Kunden Müller sind die Produkte A und B zu kalkulieren. Er will ein Angebot über jeweils 10 Stück.

Eine separate Zuschlagskalkulation für B erübrigt sich. Denn die Herstell- und Selbstkosten von B stimmen mit denen des Produkts A überein, weil die Einzelkosten als Zuschlagsbasen für die Gemeinkosten identisch sind. Allerdings unterscheiden sich die Produktstrukturen von A und B. Für B ist keine Vorfertigung erforderlich; es wird nur ein Hauptprozess ausgelöst. Deshalb muss für B eine separate Prozesskostenkalkulation erfolgen.

Prozesskostenkalkulation	Produkt A	Produkt B
Menge	*10*	*10*
Materialeinzelkosten	5.000,00	5.000,00
Fertigungslohn I	200,00	200,00
Fertigungsgemeinkosten I (200%)	400,00	400,00
Fertigungslohn II	400,00	400,00
Fertigungsgemeinkosten II (225%)	900,00	900,00
HP1 Vorfertigungsauftrag abwickeln	658,00	-----
HP2 Montageauftrag abwickeln	396,00	396,00
Herstellkosten	7.954,00	7.296,00
Verw./Vertriebskosten (10%)	795,40	729,60
Selbstkosten	8.749,40	8.025,60
je Stück	*874,94*	*802,56*

Komplexitätseffekt

Im Vergleich der Herstell- bzw. Selbstkosten zeigt sich, dass Produkt A höhere Kosten verursacht als Produkt B. Der Kostenunterschied ist auf den **Komplexitätseffekt** zurückzuführen. Da das Produkt A eine mehrstufige Produktstruktur aufweist und eine Baugruppe enthält, die vorgefertigt werden muss, induziert es auch höhere Kosten in den Gemeinkostenbereichen Einkauf, Wareneingang/Lager und Arbeitsvorbereitung. Der Betrieb sollte also bereits in der Phase der Entwicklung auf einfache Produkt- und Fertigungsstrukturen hinarbeiten. Dadurch sinken zwar nicht unmittelbar die Kosten, aber mittel- bis langfristig wirken sich einfache Produkt- und Fertigungsstrukturen durch geringeren Planungs-, Koordinierungs- und Steuerungsbedarf günstig auf die Gemeinkosten der indirekten Bereiche aus.

c. Der Kunde Schmitz fragt 10 Stück des Produktes B an. Allerdings möchte er gern eine kleine Änderung durchsetzen. Anstelle eines Standardbauteiles soll ein Sonderbauteil verwendet werden, das - wie er sagt - auch gar nicht teurer ist. Die Variante B* hat deshalb dieselben Einzelkosten wie das gängige Produkt B. Schmitz geht daher davon aus, dass er die Variante B* zu demselben Preis erhalten kann, zu dem auch das Grundmodell B angeboten wird.

Zu den Ergebnissen der Zuschlagskalkulation für B* kann wiederum auf die Herstell- und Selbstkosten der Produkte B bzw. A verwiesen werden, da die Einzelkosten weiterhin unverändert sind. Die Fertigung der Produktvariante B* ruft allerdings zusätzlichen Dispositionsaufwand in den Gemeinkostenbereichen hervor. Dieser Mehraufwand ist über den Hauptprozess „Variante betreuen“ in die Prozesskostenkalkulation einzubeziehen.

Prozesskostenkalkulation	Produkt B	Produkt B*
Menge	*10*	*10*
Materialeinzelkosten	5.000,00	5.000,00
Fertigungslohn I	200,00	200,00
Fertigungsgemeinkosten I (200%)	400,00	400,00
Fertigungslohn II	400,00	400,00
Fertigungsgemeinkosten II (225%)	900,00	900,00
HP2 Montageauftrag abwickeln	396,00	396,00
HP3 Variante betreuen	-----	500,00
Herstellkosten	7.296,00	7.796,00
Verw./Vertriebskosten (10%)	729,60	779,60
Selbstkosten	8.025,60	8.575,60
je Stück	*802,56*	*857,56*

Allokationseffekt

Die Produktvariante B* führt entgegen der Auffassung des Kunden Schmitz doch zu höheren Herstell- und Selbstkosten. Zwar sind die Einzelkosten identisch, doch sind die Gemeinkosten für die Steuerung des gesamten Leistungsprozesses unterschiedlich. Während in der Zuschlagskalkulation alle Gemeinkosten pauschal verrechnet werden, erfolgt in der Prozesskostenrechnung eine genaue Zurechnung (Allokation) der Gemeinkosten zu den Kostenträgern, die diese Kosten induziert haben. Dieser **Allokationseffekt** belegt zahlenmäßig die allgemeine Erkenntnis, dass Varianten im Vergleich zu standardisierten Produkten kostenintensiv sind, auch wenn die Einzelkosten kaum voneinander abweichen. Der Betrieb sollte deshalb stets auf eine schlanke Produkt- bzw. Leistungspalette bedacht sein. Kundenindividuelle Leistungen können nur bei entsprechend hohem Preis erbracht werden.

⇨ *Aufgabe 76, S. 330 und Aufgabe 77, S. 331*

5.2.5 Prozessorientierte Deckungsbeitragsrechnung

In der Deckungsbeitragsrechnung werden zunächst von den Nettoerlösen der Produkte bzw. Produktgruppen die variablen Kosten abgesetzt. Die fixen Gemeinkosten können jedoch vielfach nicht eindeutig den Kostenträgern zugerechnet werden und sind dann als Block vom Deckungsbeitrag abzusetzen. Weil die Tätigkeiten in den Gemeinkostenbereichen zunehmen, wachsen aber immer mehr Kosten in den Fixkostenblock, sodass die herkömmliche Deckungsbeitragsrechnung an Transparenz und Aussagekraft verliert.

Hier kann die Prozesskostenrechnung aufgrund des Allokationseffekts Abhilfe schaffen. Denn die fixen Kosten der Gemeinkostenbereiche können entsprechend ihrer Inanspruchnahme, gemessen durch die Anzahl der ausgelösten Hauptprozesse, auf die Kostenträger verrechnet werden. Dadurch entsteht eine fundierte mehrstufige Deckungsbeitragsrechnung. Lediglich die nicht prozessbezogenen Gemeinkosten z.B. der allgemeinen Verwaltung verbleiben im unternehmensbezogenen Fixkostenblock.

Beispiel 69/10: Prozesskostenrechnung/Deckungsbeitragsrechnung

Für die Planperiode erstellt der Betrieb zunächst folgende herkömmliche Deckungsbeitragsrechnung, gegliedert nach den Produktgruppen PG-A und PG-B. Von den 4.040 Tsd € Gemeinkosten (vgl. Bsp. 69/5, S. 229) können lediglich 700 Tsd € variable Fertigungsgemeinkosten kostenträgerspezifisch zugeordnet werden; die übrigen 3.340 Tsd € gehen im Fixkostenblock unter und entziehen sich damit einer näheren Betrachtung.

(Werte in Tsd €)	Produktgruppe PG-A	Produktgruppe PG-B	Unternehmen gesamt
Umsatz	5.440	4.160	9.600
Materialeinzelkosten	2.500	2.000	4.500
Fertigungslohn	400	300	700
Variable Fertigungsgemeink.	400	300	700
Deckungsbeitrag	2.140	1.560	3.700
Fixkosten			3.340
Betriebsergebnis			360

Aus der Prozessplanung ist die Aufteilung der Anzahl der Hauptprozesse auf die Produktgruppen zu entnehmen (vgl. Bsp. 69/6, S. 230). Die Prozesskostensätze stammen aus der Kostenverdichtung auf Hauptprozesse (vgl. Bsp. 69/8, S. 233).

Hauptprozess	Prozessmenge für ... PG-A	PG-B	gesamt	Prozess-kostensatz
HP1 Vorfertigungsauftrag abwickeln	1.000	-	1.000	658,00
HP2 Montageauftrag abwickeln	1.500	500	2.000	396,00
HP3 Variante betreuen	100	400	500	500,00

Die fixen Gemeinkosten der Stellen Einkauf, Wareneingang/Lager und Arbeitsvorbereitung werden nun auf der Basis der ausgelösten Hauptprozesse auf die Produktgruppen verrechnet, indem die Prozessmengen mit den jeweiligen Hauptprozesskostensätzen multipliziert werden.

(Werte in Tsd €)	Produktgruppe PG-A	Produktgruppe PG-B	Unternehmen gesamt
Umsatz	5.440	4.160	9.600
Materialeinzelkosten	2.500	2.000	4.500
Fertigungslohn	400	300	700
Variable Fertigungsgemeink.	400	300	700
Deckungsbeitrag I	2.140	1.560	3.700
(in % vom Umsatz)	*(39,3%)*	*(37,5%)*	
Prozesskosten			
HP1 Vorfertig.auftr. abwickeln	658	-	658
HP2 Montageauftr. abwickeln	594	198	792
HP3 Variante betreuen	50	200	250
Deckungsbeitrag II	838	1.162	2.000
(in % vom Umsatz)	*(15,4%)*	*(27,9%)*	
Restliche Fixkosten			1.640
Betriebsergebnis			360

Der Deckungsbeitrag I liegt - bezogen auf den Umsatz - bei beiden Produktgruppen vergleichbar hoch. Jedoch zeigt der Blick auf den Deckungsbeitrag II, dass die Produktgruppe B aufgrund der geringeren Inanspruchnahme der Gemeinkostenressourcen insgesamt einen höheren Beitrag zum Betriebsergebnis leistet.
Die prozessorientierte Deckungsbeitragsrechnung erleichtert die Beurteilung von Planungsmaßnahmen. Wird beispielsweise langfristig für die Produktgruppe B ein Umsatzanstieg von 50% angestrebt, ist damit zu rechnen, dass die Zahl der ausgelösten Hauptprozesse und damit das Prozesskostenvolumen ebenfalls um 50% steigt, weil in den indirekten Leistungsbereichen zusätzliche Mitarbeiter und Sachmittel eingesetzt werden müssen. Unter sonst gleichen Bedingungen wird sich auch der Deckungsbeitrag II langfristig von 1.162 Tsd € um die Hälfte auf 1.743 Tsd € verbessern. In umgekehrter Perspektive lassen sich auch die langfristigen Auswirkungen einer Umsatz- und Leistungsminderung um 50% ableiten. Voraussetzung für die Halbierung des Deckungsbeitrags II (und eine nicht noch gravierendere Verschlechterung) ist allerdings, dass die aufgrund des reduzierten Leistungsvolumens nicht mehr benötigten Mitarbeiter und Sachmittel anderweitig eingesetzt oder freigesetzt werden.

5.3 Prozesskostenrechnung und Activity based Costing

Die Entwicklung der **Prozesskostenrechnung** geht in der Bundesrepublik schon auf frühe Arbeiten des Elektrokonzerns Siemens (ab ca. 1975) und des Maschinenbauers Schlafhorst (ab ca. 1980) zurück. Horváth und Mayer (1989) haben das Gedankengut zur Prozesskostenrechnung systematisch aufgearbeitet und ihre praktische Verbreitung vorangetrieben. Die Prozesskostenrechnung zielt insbesondere auf die Reduzierung der Unzulänglichkeiten der herkömmlichen Kostenrechnung in Bezug auf die zunehmenden *Gemeinkostenanteile in den indirekten Bereichen* wie Beschaffung, Forschung, Entwicklung, Produktionsvorbereitung und -steuerung, Qualitätssicherung, Verwaltung und Vertrieb einschließlich Kundendienst. Wie zuvor ausführlich beschrieben und anhand des Beispiels 69 dargestellt, sollen die Gemeinkosten dieser Bereiche nicht pauschal geschlüsselt, sondern über geleistete Arbeitsabläufe und Prozesse gesteuert und den Produkten verursachungsgerecht zugerechnet werden.

In den USA wurde ab etwa Mitte der 80er Jahre ebenfalls eine aktivitätenorientierte Form der Kostenrechnung entwickelt, die dort als **Activity based Costing** bezeichnet wird. Ziel dieser Entwicklung war es, die in den USA in der Industrie überwiegend eingesetzte summarische Lohnzuschlagskalkulation auf Vollkostenbasis zu verbessern. Die *Produktionsgemeinkosten* sollten den Produkten nicht länger pauschal mit Sätzen von teils über 1.000% auf den Lohn zugeschlagen, sondern durch differenzierte, tätigkeitsorientierte Bezugsgrößen verursachungsgerechter zugerechnet werden. Der Einsatzschwerpunkt des Activity based Costing liegt also ursprünglich in den direkten Fertigungsbereichen, für die in Deutschland bereits seit Jahren differenzierte Bezugsgrößen wie Fertigungs-, Rüst- und Maschinenlaufzeiten zur Kalkulation und Wirtschaftlichkeitskontrolle eingesetzt werden.

Beispiel 70: Kalkulation der Fertigungskosten mit Activity based Costing

In der Fertigung eines Betriebes werden im Monat Mai die Produkte A, B und C bearbeitet. Neben den Produktionsmengen werden die Fertigungszeiten sowie die erforderlichen Dispositionsvorgänge (z.B. Materialabruf) sowie die Anzahl der Rüstvorgänge und der voraussichtlichen Materialbewegungen wie folgt geplant.

	Produkt A	Produkt B	Produkt C	Gesamt
Produktion (Stück)	400	400	4.000	4.800
Fertigungszeit (Minuten/Stk.)	12	12	6	-
Fertigungszeit gesamt (Stunden)	80	80	400	560
Anzahl Dispositionen	8	10	10	28
Anzahl Rüstvorgänge	4	16	16	36
Anzahl Materialbewegungen	10	22	22	54

Der durchschnittliche Lohnsatz beträgt 22,50 € je Fertigungsstunde. Die Kostenplanung weist für die Kostenstelle Fertigung darüber hinaus die Gemeinkosten sowie den Lohnzuschlagssatz aus.

Monat: Mai 20...		KoSt: Fertigung Leiter: H. Schulz
Kostenart	**Plankosten**	
Hilfslöhne	6.705	
Personalzusatzkosten	5.312	
Verbrauchsmaterial	844	
.....	.....	
Kalk. Zinsen	3.844	
Gemeinkosten gesamt	50.400	
Fertigungslöhne	12.600	(560 Std. à 22,50 €)
Fertigungskosten gesamt	63.000	
Lohnzuschlagssatz	400%	(50.400 / 12.600 • 100%)

Zur Vorbereitung der Prozesskostenkalkulation werden die zunächst nach Kostenarten ausgewiesenen Kosten der Kostenstelle Fertigung (insgesamt 63.000 €) in Kostenpools aufgespalten. Die Kostenpools beinhalten jeweils nur die Kosten, die für eine bestimmte Art von Tätigkeit anfallen. Für jedes Kostenpool wird ein Prozesskostensatz je Kostentreibereinheit gebildet.

Monat: Mai 20...			KoSt: Fertigung Leiter: H. Schulz
Kostenpool	**Prozesskosten**	**Kostengrundlage**	**Kostensatz**
Fertigen	25.200	560 Fertigungsstd.	45,00
Disponieren	7.560	28 Dispositionen	270,00
Rüsten	10.800	36 Rüstvorgänge	300,00
Material bewegen	19.440	54 Materialbeweg.	360,00
Kosten gesamt	63.000		

Mit dem ausgewiesenen Lohnzuschlagssatz der herkömmlichen Kostenstellenrechnung erhalten wir für die drei Produkte folgende Fertigungskosten.

Lohnzuschlagskalkulation		Produkt A	Produkt B	Produkt C
Fertigungslohn	€/Stk.	4,50	4,50	2,25
Fertigungsgemeinkosten (400%)	€/Stk.	18,00	18,00	9,00
Fertigungskosten gesamt	€/Stk.	22,50	22,50	11,25

Da die Produkte A und B dieselbe Stückfertigungszeit aufweisen, sind auch die mit der summarischen Lohnzuschlagskalkulation je Stück verrechneten Gemeinkosten gleich hoch. Produkt C hat die halbe Fertigungszeit bezogen auf A und B und damit nach der Zuschlagskalkulation zwangsläufig halb so hohe Fertigungskosten. Die präzisere Prozesskostenkalkulation kommt durch Multiplikation der Kostentreibermengen mit den Prozesskostensätzen zu folgenden Ergebnissen.

Prozesskostenkalkulation		Produkt A	Produkt B	Produkt C
Produktion	Stk.	400	400	4.000
Fertigen	€	3.600	3.600	18.000
Disponieren	€	2.160	2.700	2.700
Rüsten	€	1.200	4.800	4.800
Material bewegen	€	3.600	7.920	7.920
Fertigungskosten gesamt	€	10.560	19.020	33.420
je Stück	€/Stk.	26,40	47,55	8,36
im Vergleich zur Zuschlagskalkulation	*€/Stk.*	*+3,90*	*+25,05*	*-2,89*

Offensichtlich verschieben sich die auf ein Stück bezogenen Fertigungskosten der Produkte erheblich gegenüber der Zuschlagskalkulation. Der Vergleich der Produkte A und B zeigt den Komplexitätseffekt der Prozesskostenkalkulation. Bei derselben Fertigungszeit induziert das Produkt B aufgrund seiner höheren Komplexität mehr Dispositions-, Rüst- und Materialbewegungsvorgänge und zieht deshalb erheblich mehr Fertigungskosten auf sich. Produkt C verbilligt sich gegenüber Produkt B. Dies ist nur zu einem Teil auf die halbe Fertigungszeit zurückzuführen; bei derselben Anzahl der übrigen Vorgänge ist die Reduktion der Kosten überwiegend mit dem Degressionseffekt der Prozesskostenkalkulation aufgrund der zehnfach höheren Produktionsmenge zu erklären.
Zusammenfassend lässt sich feststellen, dass die bezüglich Einsatzfeld und Zielsetzung verschiedenen Bemühungen um eine verursachungsgerechte Kalkulation in den USA und der Bundesrepublik zu derselben Grundidee führten: die Gemeinkosten über Tätigkeiten bzw. Prozesse zu erfassen und den Kostenträgern zuzurechnen.

5.4 Prozess- und Grenzplankostenrechnung im Vergleich

Abschließend sollen die wichtigsten Gemeinsamkeiten und Unterschiede der Prozesskostenrechnung und der herkömmlichen Form der Kostenrechnung in einem Überblick dargestellt werden. Die herkömmliche Form der Kostenrechnung wird dabei vertreten durch die Grenzplankostenrechnung, die parallel mit einer Vollkostenrechnung betrieben wird (vgl. die Abbildung auf der Folgeseite).

Merkmal	Grenzplankostenrechnung mit paralleler Vollkostenrechnung	Prozesskostenrechnung
Fokus/Schwerpunkt	direkte Leistungsbereiche (Industrie: Fertigung)	indirekte Bereiche (Planung, Steuerung, Koordination; Dienstleistungsstellen)
Primärer Zweck	kurzfristige Kostenplanung, Kostenkontrolle und Erfolgsanalyse; kurzfristige Entscheidungsoptimierung	eher mittel- bis langfristige Entscheidungsaufgaben und Erfolgskontrolle
Aufbau	Kostenarten-, Kostenstellen- und Kostenträgerrechnung	Kostenarten-, Kostenstellen-, Prozess- und Kostenträgerrechnung
Maßstab der Kostenverursachung und Kostenverrechnung	Beschäftigung gemessen durch Bezugsgrößen	Kostentreiber, i.d.R. Häufigkeit der Prozessausführung
Art der Kostenplanung	bezugsgrößenorientiert	prozessorientiert
Verwendete Kostenbegriffe	Einzel- und Gemeinkosten; variable und fixe Kosten	Einzel- und Gemeinkosten; leistungsmengeninduzierte (lmi) und leistungsmengenneutrale (lmn) Kosten
Fixkosten- bzw. lmn-Kostenzurechnung	in Blöcken, sofern möglich auf Kostenträger (mehrstufige Deckungsbeitragsrechnung) bzw. proportionalisiert zu variablen Kosten (Vollkostenrechnung)	Schlüsselung der lmn-Kosten proportional zu den lmi-Kosten (wird teilweise abgelehnt)
Funktion der Bezugsgrößen indirekter Kostenstellen	Kostenkontrolle *oder* Kalkulation	Kostenkontrolle *und* Kalkulation
Kostenkontrolle	kostenstellenweise	kostenstellen- und prozessbezogen
Verantwortlich für die Kostenentstehung	Kostenstellenleiter	Prozessverantwortlicher (process owner)

Abb. 57: Prozess- und Grenzplankostenrechnung im Vergleich

Die Unterschiede insbesondere bezüglich Einsatzschwerpunkt und primärer Zwecksetzung machen deutlich, dass die Prozesskostenrechnung sich nicht als Alternative, sondern als Ergänzung des vorhandenen Instrumentariums der Kostenrechnung versteht.

Zusammenfassend lässt sich zur Prozesskostenrechnung feststellen:

- Sie beruht auf einer mengenorientierten Planung und Kontrolle der Kosten in Abhängigkeit von Kostentreibern.
- Sie bewirkt eine höhere Transparenz in den indirekten (Gemeinkosten-) Bereichen.
- Sie trägt zur verursachungsgerechten Zurechnung der Gemeinkosten auf die Kostenträger bei.
- Sie weist zahlenmäßig den Einfluss der Auftragsmenge auf die Höhe der Stückkosten nach (Degressionseffekt).
- Sie belegt den Einfluss der Produkt- und Fertigungsstruktur auf die Höhe der Stückkosten (Komplexitätseffekt).
- Sie gewährleistet eine genauere Zurechnung der Kosten auf die auslösenden Kostenträger, insbesondere auf Produktvarianten (Allokationseffekt).

Bei allen Vorteilen der „strategischen" Prozesskostenrechnung darf allerdings nicht übersehen werden, dass die Detaillierung in den Gemeinkostenbereichen erheblichen zusätzlichen Aufwand erfordert. Deshalb setzen die meisten Betriebe die Prozesskostenrechnung nicht in laufender Rechnung, sondern nur fallweise als systematisches Instrument der mittel- bis langfristigen Kostensteuerung ein. Außerdem sind folgende kritische Anmerkungen zu beachten.

- Für einige wichtige Gemeinkostenbereiche (z.B. Forschung und Entwicklung, allgemeine Verwaltung, Unternehmensleitung) können nur schwerlich oder gar keine wiederkehrenden Prozesse mit zugehörigen Kostentreibern identifiziert werden, sodass dann keine Prozesskostenverrechnung möglich ist.
- Die Zahl der Hauptprozesse und insbesondere der Teilprozesse wird in vielen Betrieben kaum überschaubar sein.
- Die Relation zwischen den Mengen der Kostenträger (Produkte, Aufträge) und den Hauptprozessen kann schwanken.
- Bisweilen fehlt der eindeutige Zusammenhang zwischen Kostentreibermenge und Kostenhöhe.
- Die Prozesskoeffizienten stellen lediglich Durchschnittswerte dar; der Aufwand in den Kostenstellen für die mit einheitlichem Satz bewerteten Teilprozesse schwankt teils erheblich (z.B. der Bestellaufwand je nach Material und Lieferant).
- Schon die Proportionalisierung der leistungsmengenneutralen Kosten bedeutet eine gewisse Ungenauigkeit.

6 Zielkostenrechnung (Target Costing)

6.1 Ziele und Aufgaben

Die traditionellen Kostenrechnungssysteme zeigen in erster Linie auf, welche Kosten durch ein Produkt verursacht werden. Das Produkt wird entsprechend den Anforderungen des Marktes von Entwicklern, Konstrukteuren und Designern entworfen und nach den erforderlichen Maßnahmen der Produktionsvorbereitung in der Produktion realisiert. Der Kostenrechner begleitet diesen Prozess und ermittelt vor, während und ggf. nach der Leistungserstellung die Kosten des Produktes, aus denen das Unternehmen unter Berücksichtigung der Gewinnspanne seine Preisvorstellung ableitet. Angesichts des strengen Preiswettbewerbs auf vielen Märkten lassen sich die so ermittelten Preisvorstellungen häufig nicht realisieren, sodass die angestrebten Gewinne ausbleiben. Hier ist der Ansatzpunkt der Zielkostenrechnung. Deren Maxime lautet: Die Produktkosten müssen sich von vornherein an den am Markt durchsetzbaren Preisen orientieren. Der Grundgedanke der Zielkostenrechnung besteht also darin, dass man **Zielkosten aus dem Absatzmarkt** ableitet und der Entwicklung, Konstruktion und Produktion als Leitlinien vorgibt. Vereinfacht ausgedrückt fragt die Zielkostenrechnung nicht, was ein Produkt kosten wird, sondern was es kosten darf (vgl. Abb. 58).

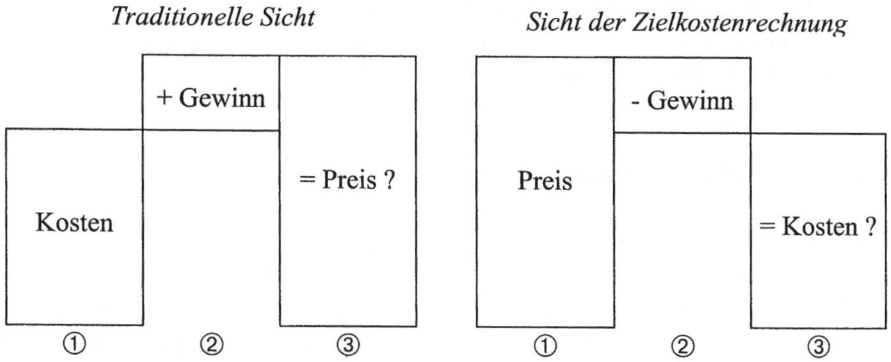

Abb. 58: Grundidee der Zielkostenrechnung

Die Zielkostenrechnung wird in erster Linie in der Phase der **Produkt- und Prozessgestaltung** eingesetzt, die der Produktionsphase vorgelagert ist. Denn mit der Entwicklung und Konstruktion von Produkten sowie der Prozesseinrichtung werden i.d.R. schon bis zu 70% der späteren Produktionskosten festgelegt; in der Gestaltung der Wertschöpfungskette liegt also ein großes Potenzial für die Kostenbeeinflussung. Mit der traditionellen Kostenrechnung, die primär die laufenden Prozesse der Beschaffung, der Produktion und des Absatzes erfasst, kann hingegen nur noch ein geringer Anteil der Gesamtkosten verändert werden.

Die Zielkostenrechnung ist also kein System der Kostenerfassung und -verrechnung wie die traditionelle Kostenrechnung. Sie will vielmehr ein Instrument für **aktives Kostenmanagement** sein, um Kostenstrategien zu entwickeln und die mittel- und langfristige Erfolgsfähigkeit der Produkte auf den Absatzmärkten zu sichern. Daher ist es ihre Aufgabe, mit Blick auf den Zielverkaufspreis nicht nur die Kostenbestimmungsfaktoren wie Faktorpreise und -qualitäten, Produkt- und Prozesskomplexität, Auftragsmengen und Beschäftigung zu berücksichtigen, sondern auch Mittel und Wege zur gezielten Beeinflussung dieser Faktoren aufzuzeigen. Die Zielkostenrechnung umfasst die Planung, Kontrolle und Steuerung der Kosten über den **gesamten Wertschöpfungsprozess**. Denn nur auf diese Weise kann die Zielkostenrechnung dazu beitragen, im Unternehmen die Kosten durchzusetzen, die den mittel- bis langfristigen Unternehmenserfolg am Markt ermöglichen. Auch wenn ein Unternehmen nicht die Strategie der Kostenführerschaft verfolgt, muss es als Innovator oder Produktdifferenzierer neben Aspekten der Innovationszeit und der Produktqualität die Kosten marktorientiert „im Griff haben“, sodass die Zielkostenrechnung letztlich alle Unternehmen angeht.
Die Zielkostenrechnung wurde 1963 von Toyota entwickelt und in den 1970er Jahren in Japan zunächst in der Automobilindustrie und der Unterhaltungselektronik eingesetzt. Unter dem Begriff „Target Costing“ fand diese Rechnung in den 1980er Jahren Eingang in die englischsprachige Literatur. Die Verschärfung des internationalen Wettbewerbs mit Innovations- und Preisdruck hat seit den 90er Jahren auch in Deutschland zur Verbreitung dieses Instruments beigetragen. Inzwischen ist es in nahezu allen großen deutschen Unternehmen bekannt und wird in mehr als der Hälfte dieser Unternehmen eingesetzt.

6.2 Methodik der Zielkostenrechnung

Die Methodik der Zielkostenrechnung lässt sich grob wie folgt skizzieren: Entsprechend der marktorientierten Sicht wird mithilfe der Marktforschung der Zielverkaufspreis (target sales price) eines neuen Produktes bestimmt. Unter Abzug des angestrebten Zielgewinns (target profit) ergeben sich daraus die vom Markt erlaubten Kosten (allowable costs), vgl. Abb. 59 auf der folgenden Seite. Da sich das Kostenmanagement in der Regel auf die Kosten der Entwicklung und Herstellung konzentriert, werden die Verwaltungs- und Vertriebskosten häufig im Sinne von erforderlichen Deckungsbudgets von den erlaubten Gesamtkosten abgesetzt, sodass als Saldo die erlaubten Herstellkosten verbleiben.
Unabhängig von der Marktanalyse werden Produktideen auf der Basis verwandter Elemente, der aktuellen Technologien und Produktionsstandards und auf Basis der aktuellen Kostensituation zu Standardkosten kalkuliert (standard costs). Zumeist werden die dem neuen Produkt zugerechneten Kosten im Vergleich zu den erlaubten Kosten höher ausfallen, eventuell sogar ausufern (drifting costs).

In Anlehnung an die erlaubten Kosten und in Kenntnis der ausufernden Kosten wird die Unternehmensleitung schließlich die Zielkosten (target costs) festlegen. Sämtliche Bemühungen im Unternehmen müssen nunmehr auf die Einhaltung dieser Kostenvorgabe gerichtet sein. Um Notwendigkeiten und Möglichkeiten der Kostensenkung zu identifizieren, ist es vielfach erforderlich, die Zielkosten auf Kostenvorgaben für einzelne Produktkomponenten herunter zu brechen und je Komponente zu kontrollieren und zu beeinflussen.

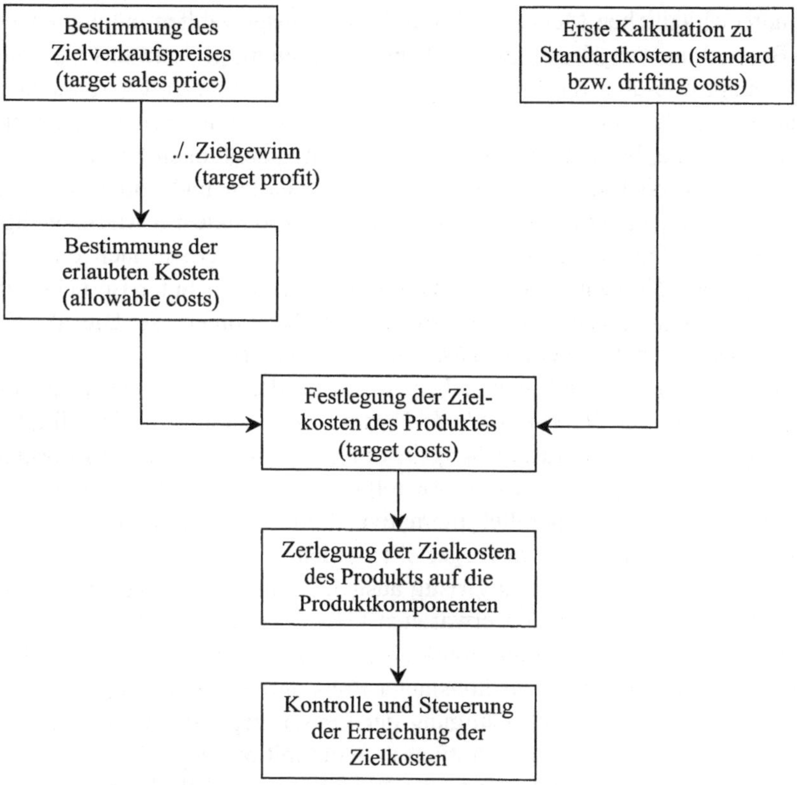

Abb. 59: Ablauf der Zielkostenrechnung

Häufig kann die Zielkostenvorgabe nur durch Einbindung und Mitwirkung aller Stellen und Beteiligten des Wertschöpfungsprozesses eingehalten werden. Deshalb arbeiten Verantwortliche aus den Bereichen Entwicklung, Beschaffung, Produktion und Absatz, ggf. sogar Mitarbeiter von Zulieferern unter Koordination durch Controller in Projektteams zusammen. Deren Arbeit sollte nicht mit der Aufnahme der Produktion enden, sondern zum Zwecke der kontinuierlichen Produktverbesserung und Kostensteuerung auch während der Produktions- und Marktphase fortgesetzt werden.

6.2.1 Bestimmung des Zielverkaufspreises des Produkts

Die Grundfrage der Zielkostenrechnung lautet nicht „Wieviel wird das Produkt kosten?“, sondern „Wieviel darf das Produkt kosten?“. Diese Frage wird im Rahmen der Marktforschung z.B. durch eine Conjoint-Analyse oder eine Hand-am-Markt-Analyse beantwortet.
Die *Conjoint-Analyse* dient der Quantifizierung des Kundennutzens. Bereits im Entwicklungsstadium einer Produktinnovation werden konkrete Produktmodelle mit unterschiedlichen Merkmalskombinationen ausgewählten möglichen Kunden zur Beurteilung vorgelegt. Aus der Kundenbefragung gewinnt das Unternehmen Präferenzprofile über die Produkteigenschaften und die damit verbundenen Einschätzungen der Kunden bezüglich des Gebrauchs- (Funktion) und des Geltungsnutzens (Marke, Image). Werden diese Nutzenvorstellungen bei der Produktgestaltung berücksichtigt und die Produkteigenschaften und -funktionen auf die Zielgruppe abgestimmt, ist die Akzeptanz der Produkte im Markt weitgehend sichergestellt. Für alle möglichen Produktvarianten werden auch die Preisvorstellungen der Kunden abgefragt, da Kundennutzen nur unter Berücksichtigung des Preis-Leistungs-Verhältnisses sinnvoll zu bestimmen ist. Die akzeptierten Preisvorstellungen bilden den zulässigen Zielverkaufspreis.
Wegen des zeitlichen und finanziellen Aufwands der Conjoint-Analyse wird man sich häufig auf eine *Hand-am-Markt-Forschung* beschränken. Sie soll z.B. unter Einbeziehung eines Marktforschungsinstitutes durch Befragungen Informationen über die Nutzen-, Wert- und Preisvorstellungen des späteren Produktkunden liefern, jedoch ohne dass parallel alternative Produktmodelle entwickelt, gefertigt und den potenziellen Käufern vorgestellt werden.
Die Zielkostenrechnung ist langfristig ausgelegt, und der Zielverkaufspreis muss letztlich die Kosten und den erwarteten Gewinnbeitrag des Produktes von der Entwicklungs- über die Produktions- bis zur Nachsorgephase decken. Allerdings ist ein über den Lebenszyklus konstanter Preis unrealistisch, sodass der geplante Verkaufspreis unter Berücksichtigung der Preisstrategie des Unternehmens festgelegt werden muss (z.B. Penetrationsstrategie mit niedrigen Preisen in der Einführungsphase, höheren Preisen in der Wachstums- und Reifephase und sinkenden Preisen in der Sättigungs- und Degenerationsphase; Abschöpfungsstrategie mit hohen Einführungspreisen und später kontinuierlich fallenden Preisen). Die langfristige Perspektive über den Produktlebenszyklus kann mithilfe dynamischer Rechenmodelle auf der Basis von Ein- und Auszahlungen unter Berücksichtigung der Zahlungszeitpunkte durch finanzmathematische Umrechnungen abgebildet werden. Hierzu sei auf Kapitel 7 zur Lebenszykluskostenrechnung auf S. 258ff verwiesen. Die nachfolgende statische Betrachtung legt den Fokus auf die marktgetriebene Ableitung von Kostenvorgaben für Produktkomponenten aus dem Zielverkaufspreis; dieser kann als gewichteter Mittelwert über den Marktlebenszyklus des betrachteten Produktes interpretiert werden.

6.2.2 Festlegung der Zielkosten des Produkts

In der originären Form der Zielkostenrechnung werden die Zielkosten aus dem Zielverkaufspreis am Absatzmarkt abgeleitet (market into company). Der vom Markt vorgegebene Zielverkaufspreis muss auch den Gewinn abdecken, sodass sich die erlaubten Kosten (allowable costs) als Saldo aus dem extern vorgegebenen Zielverkaufspreis (target sales price) und dem intern festzulegenden Zielgewinn (target profit) ergeben.

Beispiel 71/1: Zielkostenrechnung/Festlegung der Zielkosten

Ein Hersteller elektrischer Kleingeräte will einen grundlegend neuartigen Handmixer für den privaten Haushalt entwickeln und auf den Markt bringen. Das beauftragte Marktforschungsinstitut hat mithilfe einer Hand-am-Markt-Analyse die wichtigsten Produktfunktionen und den Zielverkaufspreis in Höhe von 25,00 € bestimmt (alle Beträge pro Stück). Die Unternehmensleitung fordert für alle Produkte eine Umsatzrendite von mindestens 12%. Außerdem leitet der Kostenrechner aus den Fixkosten für Verwaltung und Vertrieb unter Berücksichtigung der beabsichtigten Verkaufsmengen ein anteiliges Deckungsbudget von 2,50 € ab. Dann betragen die erlaubten Kosten (allowable costs):

Zielverkaufspreis	25,00 €
- Zielgewinn (12%)	3,00 €
= Erlaubte Kosten gesamt	22,00 €
- Deckungsbudget für Verwaltung/Vertrieb	2,50 €
= Erlaubte Herstellkosten	19,50 €

Im Unternehmen liegen die Standardkosten eines vorhandenen artverwandten Produktes auf der Basis des derzeitigen technischen Standes und der aktuellen Fertigungsstrukturen bei 23,80 €. Für die Produktneuerungen sind unter Berücksichtigung der technischen Spezifikationen und der vorhandenen Fertigungsgegebenheiten schätzungsweise weitere 1,20 € erforderlich. Danach lassen sich die ausufernden Kosten (drifting costs) des neuen Produkts wie folgt ableiten:

Standardherstellkosten Altprodukt	23,80 €
+ Standardherstellkosten neue Merkmale	1,20 €
= Ausufernde Herstellkosten	25,00 €

Mit Blick auf die erlaubten Kosten einerseits und auf die ausufernden Kosten andererseits legt die Unternehmensführung nunmehr die Zielkosten (target costs) des Produktes fest. Die Zielkosten sollen einerseits eine Herausforderung sein und die Kreativität der Mitarbeiter anregen. Sie müssen andererseits erreichbar bleiben und den Mitarbeitern die Motivation belassen. Liegen die Zielkosten über den erlaubten Kosten, zeigt dies die Notwendigkeit von Kostensenkungen bzw. geht zu Lasten des Gewinns; andernfalls entsteht in Höhe der Differenz aus erlaubten Kosten und Zielkosten eine Risikoreserve (risk allowance). Wir wollen unterstellen, dass die Unternehmensleitung folgende Vorgabe macht:

Zielherstellkosten = 20,00 €

Wie Abb. 60 zeigt, können die Zielkosten eines Produktes nicht nur wie in diesem Beispiel aus dem erzielbaren Marktpreis abgeleitet, sondern auch auf andere Weise bestimmt werden.

Art der Zielkosten-bestimmung	Ableitung der Zielkosten aus ...	Markt-orientierung	Einsatz für innovative Neuprodukte	Einsatz für Standard-produkte
Market into company	erzielbaren Marktpreisen gemäß Marktbefragung	sehr stark	empfehlenswert	möglich
Out of competitor	beobachteten Kosten der Konkurrenz-produkte	stark	nicht möglich	empfehlenswert
Into and out of company	Marktpreisen und technischen Gegebenheiten	möglich	möglich	möglich
Out of optimal costs	optimierten leistungswirtschaftlichen Prozessen	fehlt	möglich	möglich
Out of company	gegebenen leistungswirtschaftlichen Prozessen	fehlt	wenig empfehlenswert	möglich
Out of standard costs	Standardkosten artverwandter eigener Produkte	fehlt	nicht möglich	wenig empfehlenswert

Abb. 60: Arten der Zielkostenfestlegung
(in Anlehnung an Seidenschwarz, W.: Target Costing, München 1993)

Zielkosten sollen ein hohes Maß an Marktorientierung aufweisen. Das erreicht man am besten, indem man unmittelbar den erzielbaren Marktpreis erkundet (market into company) oder indem man sich an den Kosten der Konkurrenz orientiert (out of competitor). Fraglich ist bei letzterem Ansatz, welcher Konkurrent der geeignete Bezugspunkt ist. Außerdem besteht hierbei die Gefahr, der „ewig Zweite" zu bleiben. Die Ableitung der Zielkosten aus den Kosten der Einsatzgüter bei optimierten konstruktions- und fertigungstechnischen Bedingungen (out of optimal costs) bzw. entsprechend den derzeitigen konstruktions- und fertigungstechnischen Bedingungen (out of company) oder allein aus den eigenen Standardkosten (out of standard costs) gewährleistet nicht die Durchsetzung am Markt. Schließlich besteht die Möglichkeit, externe wie interne Faktoren gleichsam in die Zielkosten einfließen zu lassen (into and out of company).

⇨ *Aufgabe 78, S. 331*

6.2.3 Zerlegung der Zielkosten auf die Produktkomponenten

Üblicherweise besteht ein Produkt - sei es ein Sachgut oder eine Dienstleistung - aus mehreren Bestandteilen bzw. Komponenten. Um für die Konstrukteure und Entwickler klare Vorgaben zu schaffen, sind die produktbezogenen Zielkosten auf die einzelnen Komponenten des Produktes herunterzubrechen. Dazu bieten sich zwei unterschiedliche Vorgehensweisen an, die Komponentenmethode und die Funktionenmethode.

6.2.3.1 Komponentenmethode

Nach der einfachen Komponentenmethode werden die Zielkosten unmittelbar auf die Produktkomponenten verteilt. Maßgebend für die Verteilung sind Schätzungen in Anlehnung an bekannte Kostenstrukturen, z.B. bei vorhandenen artverwandten Produkten.

Beispiel 71/2: Zielkostenrechnung/Zerlegung der Zielkosten (Komponentenmeth.)

Das neu zu entwickelnde Handmixgerät besteht aus den Komponenten Motor/ Antrieb (K1), Gehäuse (K2), elektrische Peripherie wie Kabel, Schalter etc. (K3), Quirl und Knethaken (K4) und Verpackung (K5). Für den bisher gefertigten Handmixer liegen die genauen Herstellkosten der Komponenten und die Kostenstruktur vor. Die bisherige Gewichtung der Komponenten wird zur Verteilung der Zielherstellkosten des neu zu entwickelnden Gerätes (20,00 €) verwendet.

Komponente	Bisheriges Gerät	Bisherige Gewichtung	Zielkosten des neuen Geräts
K1 Motor/Antrieb	13,09	55%	11,00
K2 Gehäuse	4,76	20%	4,00
K3 Elektrische Peripherie	2,38	10%	2,00
K4 Quirl und Knethaken	2,38	10%	2,00
K5 Verpackung	1,19	5%	1,00
Summe Herstellkosten	23,80	100%	20,00

Es ist fraglich, ob auf diese Weise Kostensenkungspotenziale wirklich erkannt werden oder ob die einfache Fortschreibung „bewährter" Strukturen nicht betriebsblind macht. Die Komponentenmethode vernachlässigt außerdem jegliche Kundenpräferenzen, die einen höheren oder geringeren Anteil der Herstellkosten für einzelne Komponenten rechtfertigen könnten.

6.2.3.2 Funktionenmethode

Die Funktionenmethode basiert auf einer differenzierten Analyse der Funktionen des Produktes einerseits und der Komponenten mit ihrem Beitrag zur Funktionserfüllung andererseits. Im ersten Schritt (1) werden die einzelnen Funktionen des Produktes ermittelt und durch den Kunden in ihrer Bedeutung gewichtet. Dabei ist darauf zu achten, dass technische Anforderungen, deren Tragweite dem Kunden nicht bewusst ist, nicht vernachlässigt werden (z.B. bezüglich Sicherheit). Davon unabhängig wird im zweiten Schritt (2) durch Konstrukteure und Entwickler, d.h. durch Experten mit genügend Know-how bezüglich des Produktes und des Produktionsprozesses, der Beitrag der einzelnen Komponenten zur Wahrnehmung der diversen Funktionen bestimmt. Die Ergebnisse der Expertenschätzung werden in einer Funktionentabelle zusammengetragen. Anschließend werden im dritten Schritt (3) die Beiträge der Komponenten mit den Funktionsgewichten multipliziert und je Komponente über alle Funktionen addiert; dies erfolgt in der sogenannten Komponententabelle. Das Ergebnis zeigt die Bedeutung der Komponenten unter Berücksichtigung der Funktionsgewichtung aus Sicht der Kunden und des Beitrags der Komponenten zur Funktionserfüllung aus Sicht interner Experten. Abschließend werden in Schritt (4) die Zielkosten des zu entwickelnden Produkts entsprechend den Komponentengewichten auf die einzelnen Komponenten verteilt.

Beispiel 71/3: Zielkostenrechnung/Zerlegung der Zielkosten (Funktionenmeth.)

(1) Die Gebrauchsfunktionen des neu zu entwickelnden Handmixgerätes sind Kneten/Rühren/Mixen (F1) und Handhabung/Reinigung (F2); dabei muss die elektrische Sicherheit gewährleistet sein (F3). Außerdem muss das Gerät dem Geltungsnutzen des Käufers unter den Aspekten Ästhetik/Image (F4) gerecht werden. Wie die Hand-am-Markt-Analyse zeigt, gewichten die potenziellen Kunden diese Funktionen wie folgt:

Funktion	F1 Kneten/Rühren/Mixen	F2 Handhabung/ Reinigung	F3 Elektrische Sicherheit	F4 Ästhetik/ Image	Σ
Gewicht	55%	20%	10%	15%	100%

(2) Die Konstrukteure schätzen den Beitrag der einzelnen Komponenten zur Erfüllung der Funktionen wie in der folgenden Funktionentabelle ein:

Funktion Komponente	F1	F2	F3	F4
K1	70%	5%	30%	
K2	10%	60%	20%	60%
K3		10%	40%	10%
K4	20%	20%	10%	10%
K5		5%		20%
Σ	100%	100%	100%	100%

(3) Durch Multiplikation der Funktionentabelle mit den Funktionsgewichten aus der Marktbefragung entsteht die folgende Komponententabelle, die in der Gesamtspalte die relative Gewichtung der Komponenten über alle Funktionen wiedergibt:

Funktion Komponente	F1 55,0%	F2 20,0%	F3 10,0%	F4 15,0%	Σ 100,0%
K1	38,5%	1,0%	3,0%		42,5%
K2	5,5%	12,0%	2,0%	9,0%	28,5%
K3		2,0%	4,0%	1,5%	7,5%
K4	11,0%	4,0%	1,0%	1,5%	17,5%
K5		1,0%		3,0%	4,0%

(4) Mit den Komponentengewichten verteilen wir abschließend die festgelegten Zielherstellkosten von 20,00 € (vgl. S. 250) auf die Komponenten:

Komponente	Struktur 100,0%	Zielkosten 20,00
K1	42,5%	8,50
K2	28,5%	5,70
K3	7,5%	1,50
K4	17,5%	3,50
K5	4,0%	0,80

Die Zielherstellkosten z.B. für die Komponente K1 Motor/Antrieb betragen demnach 8,50 €.

6.2.4 Kontrolle der Zielkostenerreichung

Sofern schon erste Produktentwürfe vorliegen, kann kontrolliert werden, ob diese ihren Zielkostenvorgaben gerecht werden. Dazu wird für jede Komponente der

Zielkostenindex als Kennzahl gebildet. Der *Zielkostenindex* (ZKI) ist der Quotient aus derzeitigem Kostenanteil der Komponente an den erreichten Kosten des Entwurfs und dem Zielkostenanteil der betreffenden Produktkomponente. Der Index deutet an, inwieweit die Kosten der relativen Bedeutung der Komponente aus Marktsicht entsprechen (ZKI nahe 1) bzw. ob die betreffende Komponente im Verhältnis zu den übrigen eher zu billig (ZKI < 1) oder zu teuer (ZKI > 1) ist. Da der Kostenanteil y einer Komponente nicht genau der aus Kundensicht angemessenen Bedeutung x entsprechen kann, wird mittels des Toleranzparameters q ein Zielkorridor definiert, innerhalb dessen der Zielkostenindex liegen darf.

$y_o = \sqrt{x^2 + q^2}$ mit $0 < q < 1$ für die obere Kostengrenze

$y_u = \sqrt{x^2 - q^2}$ mit $0 < q < 1$ für die untere Kostengrenze

Die obere und die untere Grenze können in einem (x,y)-Koordinatensystem veranschaulicht werden (vgl. unten, Beispiel 71/4). Liegt der Zielkostenindex einer Komponente außerhalb des Zielkorridors, wird dies als problematisch angesehen und bedeutet Handlungsbedarf zur Kostenreduzierung (Komponente zu teuer) oder ggf. auch zur Leistungsverbesserung (Komponente zu billig).
Der Zielkostenindex ist bedeutsam für die relative Beurteilung der Komponenten. Er hat jedoch zwei Nachteile. Zum einen bewirkt jede Senkung der Kosten einer Komponente, dass die Zielkostenindizes der übrigen Komponenten steigen, auch wenn sich deren Kosten gar nicht verändert haben. Aus einer relativ billigen Komponente kann also - ohne weiteres Zutun - eine relativ teure Komponente werden. Zum anderen ist es denkbar, dass die erreichte Kostenstruktur der Zielkostenstruktur der Komponenten völlig entspricht, ohne dass die Zielkosten insgesamt erreicht sind. Dennoch zeigt in diesem Fall der Zielkostenindex aller Komponenten den Idealwert von eins. Es ist deshalb sinnvoll, für jede Komponente zusätzlich einen modifizierten Zielkostenindex zu bilden, der das Ausmaß der Zielerreichung bezüglich der absoluten Zielkosten angibt. Der *modifizierte Zielkostenindex* entspricht der Relation aus erreichten Kosten und Zielkosten.

Beispiel 71/4: Zielkostenrechnung/Kontrolle der Zielkostenerreichung

	Zielvorgabe		Aktueller Status		Zielkosten-index (ZKI)	Modifizierter ZKI
Komponente	Struktur 100,0%	Kosten 20,00	Struktur 100,0%	Kosten 25,00		
K1	42,5%	8,50	38,4%	9,60	0,904	1,129
K2	28,5%	5,70	34,4%	8,60	1,207	1,509
K3	7,5%	1,50	8,8%	2,20	1,173	1,467
K4	17,5%	3,50	12,8%	3,20	0,731	0,914
K5	4,0%	0,80	5,6%	1,40	1,400	1,750

Der aktuelle Status entspricht der ersten - hier angenommenen - Kalkulation des neuen Produktes. Für einen Toleranzparameter von q = 0,15 (entsprechend 15%) erhalten wir folgende Ober- bzw. Untergrenzen für den Zielkostenindex:

Bedeutung (x)	Obere Kostengrenze (y_o)	Untere Kostengrenze (y_u)
0%	15,00%	-----
5%	15,81%	-----
10%	18,03%	-----
15%	21,21%	0,00%
17%	22,67%	8,00%
20%	25,00%	13,23%
25%	29,15%	20,00%
30%	33,54%	25,98%
40%	42,72%	37,08%
50%	52,20%	47,70%

Die Bedeutung (x) jeder Komponente ergibt sich aus dem Kostenanteil laut Zielvorgabe, die relativen Kosten (y) sind dem aktuell erreichten Status zu entnehmen. Damit erhalten wir folgendes *Zielkostenkontrolldiagramm*:

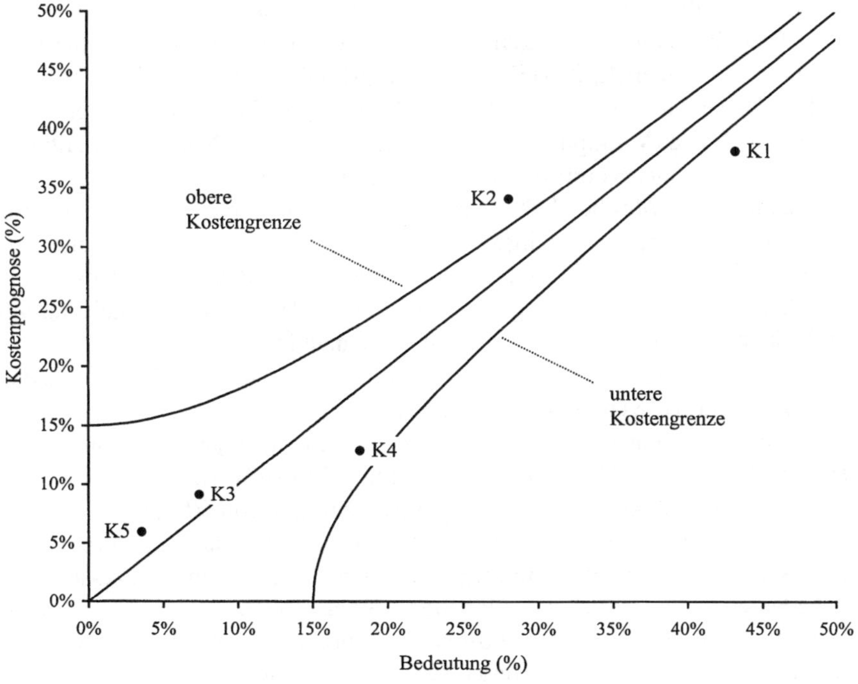

Die Komponente K2 ist demnach zu teuer, da sie oberhalb des Zielkorridors liegt. Die Komponenten K3 bis K5 liegen im Zielkorridor, da aufgrund ihres relativ geringen Bedeutungs- bzw. Kostenanteils die Abweichungen der Zielkostenindizes vom Idealwert im Hinblick auf den Toleranzparameter von q = 0,15 kaum ins Gewicht fallen. Interessant ist, dass die bedeutende Komponente K1 knapp unterhalb des unteren Randes des Zielkorridors liegt und damit relativ „zu billig" erscheint, obwohl die Zielkosten von 8,50 € mit 9,60 € eindeutig verfehlt werden. Überhaupt zeigt der modifizierte Zielkostenindex für alle Komponenten außer K4 erheblichen Kostensenkungsbedarf, obwohl sie mit Ausnahme von K1 und K2 innerhalb des Zielkostenkorridors liegen.

⇨ *Aufgabe 79, S. 332*

6.3 Zielkostenerreichung durch aktives Kostenmanagement

Zielkostenindex und Zielkostenkontrolldiagramm können Anstoß geben, über eventuelle Ungleichgewichte zwischen Kostenstruktur und Leistungsmerkmalen des Produktes nachzudenken und Kostensenkungen bzw. Funktionsverbesserungen herbeizuführen. Um die Zielkosten der Komponenten und des Produkts zu realisieren, bieten sich weitere unterstützende Instrumente an.
Mithilfe des *value engineering* sollen Optimierungspotenziale bereits in der Phase der Produktentwicklung durch permanente und konsequente Orientierung am Verhältnis von Qualität, Zuverlässigkeit, Marktfähigkeit und Kosten aufgezeigt werden. Diese Methode ist der Wertanalyse vergleichbar, die aber erst in der Produktions- und Marktphase einsetzt und das Kosten-Nutzen-Verhältnis des Produktes und seiner Komponenten kritisch hinterfragt.
Sogenannte *cost tables* beinhalten systematisch aufbereitete Kosteninformationen bezüglich einzelner, auch kleinster Funktions- und Produktelemente, die auf alternative Weise darstellbar sind. Diese Informationen dienen der konstruktionsbegleitenden Kalkulation und geben dem Entwickler die Möglichkeit, unmittelbar die kostenminimalen (Detail-) Lösungen einzuplanen.
Die *Optimierung von Abläufen und Verfahren* trägt dazu bei, Arbeitsschritte zu verkürzen und zu vereinfachen, Arbeitsfehler und Ausschuss zu reduzieren, Warte- und Liegezeiten in der Produktion zu vermeiden sowie Bestände zu senken. Die Ablauf- und Verfahrensoptimierung geht häufig einher mit der Umstellung auf neue Produkte, kann aber auch unabhängig davon erfolgen.
Die *Prozesskostenrechnung* kann die Auswirkungen reduzierter Produkt- und Prozesskomplexität deutlich machen. Geringere Produkt- und Prozesskomplexität bedeutet zugleich weniger Planungs-, Kontroll- und Steuerungsaktivitäten. Dadurch lassen sich die Gemeinkosten der indirekten Leistungsbereiche reduzieren. Insofern ergänzt die Prozesskostenrechnung die zuvor genannten Instrumente, die auf die Verbesserung der direkten Produktkosten abstellen.

Die vorstehenden Ausführungen zeigen, dass die Zielkostenrechnung kein Kostenrechnungssystem ist, sondern ein Instrument zur gezielten Beeinflussung der Produktkosten im Hinblick auf die Anforderungen des Marktes. Der Einsatz des Target Costing empfiehlt sich insbesondere in der Frühphase der Produktentwicklung, da zu diesem Zeitpunkt das größte Potenzial zur aktiven Kostenbeeinflussung besteht. Dazu bieten sich z.B. folgende Ansatzpunkte und Strategien:

- Die konsequente Konzentration auf eigene Stärken, die sogenannten Kernkompetenzen, trägt häufig zu einem erfolgreichen Zielkostenmanagement bei. Wenig beherrschte Randtechnologien sollten auf Zulieferer bzw. andere Unternehmen ausgelagert werden. Dadurch sinken nicht nur die direkten Kosten, weil die Produktionsabläufe einfacher werden, sondern auch die indirekten Kosten der Planung, Kontrolle und Steuerung der betrieblichen Prozesse, die ebenfalls Gegenstand des Prozesskostenmanagments sind.
- Um Schnittstellen und Informationsbrücken sowie die damit verbundenen Probleme wie Qualitätsmängel und Verzögerungen zu vermeiden, sollte das Unternehmen mit seinen Zulieferern und Abnehmern Wertschöpfungspartnerschaften suchen. Die Einbeziehung der Lieferanten in die Entwicklung neuer Produkte vermindert Abstimmungsprobleme, reduziert die Entwicklungszeit durch zeitparallele Prozesse (simultaneous engineering) und verkürzt die Zeit bis zum Markteintritt. Außerdem bietet die frühe Kooperation mit Lieferanten im Target Costing die Möglichkeit, durch Vereinbarung von Kostenzielen die Materialeinzelkosten zu senken. Durch frühzeitige Vereinbarung von Rahmenmengen können die Produktionen rechtzeitig aufeinander abgestimmt und Versorgungsrisiken begrenzt werden.
- Die partnerschaftliche Zusammenarbeit mit nur einem, ggf. wenigen zertifizierten Zulieferern erspart dem Unternehmen nicht nur Zeit und eigene Entwicklungskosten, sondern begrenzt auch das Risiko, nicht stets und in allen Technologien auf der Höhe zu sein. Die Zulieferer vermeiden ihrerseits eigene Fehlentwicklungen, sparen Anpassungskosten und haben eine verlässlichere Planungsbasis, kurzum sie tragen ihrerseits ein geringeres Risiko.

Es ist zwar nicht die primäre Aufgabe des Kostenrechners bzw. Controllers, derartige Ansätze zu entwickeln und umzusetzen. Doch dieser muss seinen Beitrag zum erfolgreichen Kostenmanagement liefern, indem er seine ausgeprägte Orientierung auf den Unternehmenserfolg in die Vorhaben einbringt. Er muss sein kostenrechnerisches und methodisches Know-how einsetzen, die Auswirkungen von Gestaltungsalternativen auf die Kosten und das Ergebnis sichtbar machen und zwischen den beteiligten Unternehmensbereichen „kommunizieren". Auf diese Weise trägt er nicht nur zur Information, sondern auch zur Moderation und Koordination der Projektteams und damit zur Erreichung der Zielkosten bei.

⇨ *Aufgabe 80, S. 333*

7 Lebenszykluskostenrechnung (Life Cycle Costing)

7.1 Ziele und Aufgaben

Jahresplanung und Jahresabschluss, Quartalsberichte und monatliche Soll-Ist-Vergleiche bestimmen das Berufsleben des Controllers. Die traditionelle Voll- und Teilkostenrechnung passt sich dieser kalenderorientierten Sicht an. Sie liefert die notwendigen Informationen zur kosten- und erfolgsorientierten Steuerung kurzer Zeiträume (Monat, Quartal, Jahr) sowie zur Fundierung kurzfristiger Entscheidungen. Es darf aber nicht übersehen werden, dass die traditionellen Planungs-, Kontroll- und Berichtsperioden letztlich willkürlich gewählt und mit den übergreifenden Zyklen der Unternehmensprozesse selten deckungsgleich sind. Mithilfe der periodenbezogenen traditionellen Kostenrechnung ist i.d.R. keine Aussage zu den Kosten- und Erfolgswirkungen möglich, die über die gesamte „Lebenszeit" eines Produktes oder eines Investitionsgutes (z.B. Fertigungsstraße, Gebäude) eintreten. Hier setzt die Lebenszykluskostenrechnung an. Sie strebt die **Optimierung der Kosten und Erlöse bestimmter Objekte über deren gesamten Lebenszyklus** an. Unter den synonym verwendeten Begriffen Lebenszykluskostenrechnung, Life Cycle Costing, Lebenszykluskosten-Management und Lebenszykluskonzept werden in der Praxis und Literatur Lösungsansätze für dieses Ziel bereitgestellt.

Die Grundlage der Lebenszykluskostenrechnung bilden Lebenszyklusmodelle, die ähnlich wie bei Lebewesen das Werden, Sein und Vergehen von Objekten abbilden. Durch Aufgliederung des gesamten Lebenszyklus in Teilabschnitte werden typische phasenbezogene Aufgaben, Eigenschaften, Entscheidungen und empfehlenswert erscheinende Maßnahmen erkennbar. Der Lebenszyklus von Produkten umfasst nicht nur die Marktphase, in der das Produkt produziert und abgesetzt wird, sondern i.d.R. auch eine vorlaufende Entstehungsphase für Markterkundung, Entwicklung und Markteinführung sowie eine Nachsorgephase mit Kundendienst, Rücknahme und Entsorgung. Vergleichbar dazu muss eine Fertigungsstraße geplant und eingerichtet werden (Vorlaufphase), ehe die Produktion stattfindet (Nutzungsphase); eventuell Jahre später erfolgen Rückbau und Verschrottung (Nachsorgephase).

Der Lebenszykluskostenrechnung kommen in diesem Zusammenhang vier Funktionen zu:

(1) *Abbildungsfunktion*: Reale, über den Lebenszyklus reichende Zusammenhänge und Strukturen sind zu erfassen und abzubilden. Dies geschieht in Form von vereinfachten, aber problemadäquaten Modellen.

(2) *Prognosefunktion:* Die Kosten und Erlöse sowie eventuelle nicht monetäre Folgewirkungen von Entscheidungsalternativen sind für die einzelnen Pha-

sen über den gesamten Lebenszyklus zu prognostizieren. Die prognostizierten Daten sind Grundlage der Beurteilung von Handlungsalternativen und zugleich Zielvorgaben für spätere Soll-Ist-Vergleiche.

(3) *Erklärungsfunktion*: Zusammenhänge und Kausalketten bei der Entstehung von Kosten und Erlösen sowie nicht monetärer Folgewirkungen von lebenszyklusbezogenen Maßnahmen sollen aufgedeckt und erkannt werden. Denn erst deren Erkenntnis macht eine zielgerichtete, aktive Beeinflussung und Gestaltung möglich.

(4) *Gestaltungsfunktion*: Anhand problemadäquater Modelle, auf der Basis prognostizierter Auswirkungen und in Kenntnis kausaler Zusammenhänge soll schon frühzeitig die Möglichkeit geschaffen werden, die optimalen, den gesamten Lebenszyklus berücksichtigenden Maßnahmen abzuleiten und durchzusetzen.

Die Lebenszykluskostenrechnung will also die Kosten- und Erlöswirkungen der Aktivitäten aller Lebensphasen berücksichtigen und über den integrierten Lebenszyklus gesamtoptimale Entscheidungen sicherstellen. Dabei kommt es darauf an, Wechselwirkungen und Substitutionsbeziehungen („trade offs") zwischen den einzelnen Phasen auszunutzen. Beispielsweise können durch Intensivierung der Entwicklungstätigkeit die Kosten während der Produktionsphase verringert werden, wie folgende Abbildung veranschaulicht.

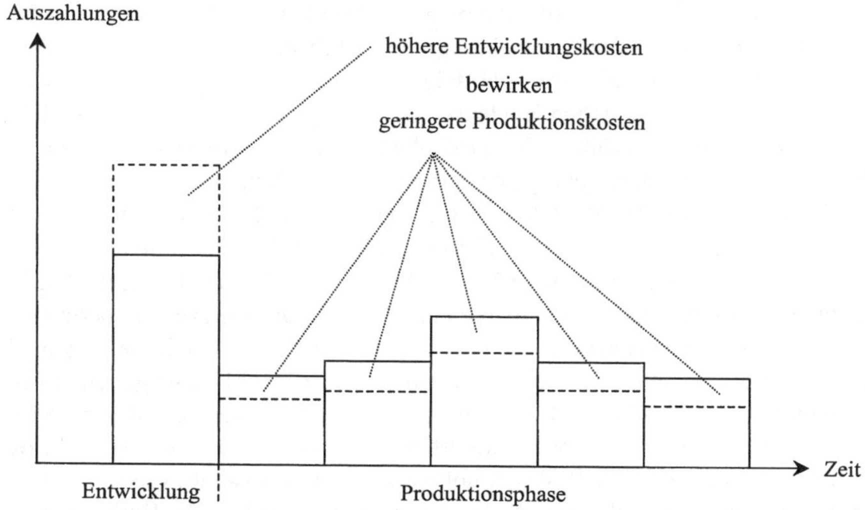

Abb. 61: Trade offs zwischen Entwicklungs- und Produktionskosten

Es lassen sich weitere Beispiele für derartige Substitutionsbeziehungen nennen:

- Die qualitativ bessere, meist aber kostenintensivere Ausgestaltung eines Produkts verringert dessen Schadensanfälligkeit und damit die Garantiekosten.
- Das funktionell ausgereifte Produkt mit hohem Kundennutzen bietet die Chance auf hohe Absatzpreise bei gleichzeitig höheren Kosten für Entwicklung und Herstellung.
- In der Entwicklung und Produktion beachtete Recyclingaspekte senken die späteren Kosten aus Rücknahme- und Entsorgungsverpflichtungen.
- Die Ausdehnung der Entwicklungszeit eines Produktes verkürzt in aller Regel die Marktphase für das Unternehmen.

Die Beispiele zu den Wechselwirkungen zwischen den Phasen zeigen die Notwendigkeit, unabhängig vom (Jahres-) Kalender den Lebenszyklen bestimmter unternehmerischer Objekte besondere Aufmerksamkeit zu schenken, um die langfristigen Ziele eines Unternehmens von der Quelle her zu beeinflussen. Objekte eines solchen **strategisch ausgerichteten, aktiven Kosten- und Erfolgsmanagements** sind insbesondere Produkte und Investitionsgüter (Betriebsmittel), auf die sich die nachfolgenden Ausführungen beziehen. Neben Investitionsgütern können auch andere Ressourcen wie Material, Personal, Standorte und Beteiligungen Gegenstand einer Lebenszykluskostenbetrachtung sein. Selbst Projekte oder Technologien sind einer solchen Analyse zugänglich.
Die Lebenszykluskostenrechnung dient insbesondere der Entscheidungsunterstützung, z.B. betreffend die Entwicklung bestimmter Produkte, den Zeitpunkt der Produkteinführung oder den Rückzug aus dem Markt. Diese *Vorrechnung* bietet das größte Erfolgsgestaltungspotenzial. Denn in der Frühphase des Lebenszyklus, vor und in der Entwicklung, sind noch die meisten Kosten beeinflussbar, während späterhin, nach Produktionsaufnahme, zwar mehr Kosten anfallen, der Grad der möglichen Kostenbeeinflussung aber immer kleiner und die Kostenbindung immer größer wird (vgl. Abb. 62 auf der folgenden Seite). So haben empirische Studien gezeigt, dass in der Entwicklung neuer Produkte rund drei Viertel der gesamten Produktkosten festgelegt werden. Neben der Entscheidungsunterstützung liefert die Vorrechnung Sollgrößen für Kontrollen der Zielerreichung im Rahmen der retrospektiven Soll-Ist-Vergleiche der mitlaufenden Rechnung. Der *mitlaufenden Rechnung* kommt ferner die Aufgabe zu, permanent die Deckung der noch ausstehenden prognostizierten Kosten durch die prognostizierten Erlöse prospektiv zu prüfen, um eventuell rechtzeitig korrigierende Entscheidungen vorzubereiten, z.B. zur Einstellung der Produktion oder zu Maßnahmen der Kostensenkung bzw. Erlössteigerung. Die *Nachrechnung* dient der abschließenden Kontrolle z.B. des Amortisationszeitpunktes, des Gesamterfolges und der Gesamtzielerreichung über den Produktlebenszyklus. Die Bedeutung der Nachrechnung liegt insbesondere in der Gewinnung von Erfahrungen für die Erlös- und Kostengestaltung im Rahmen künftiger Lebenszykluskostenrechnungen.

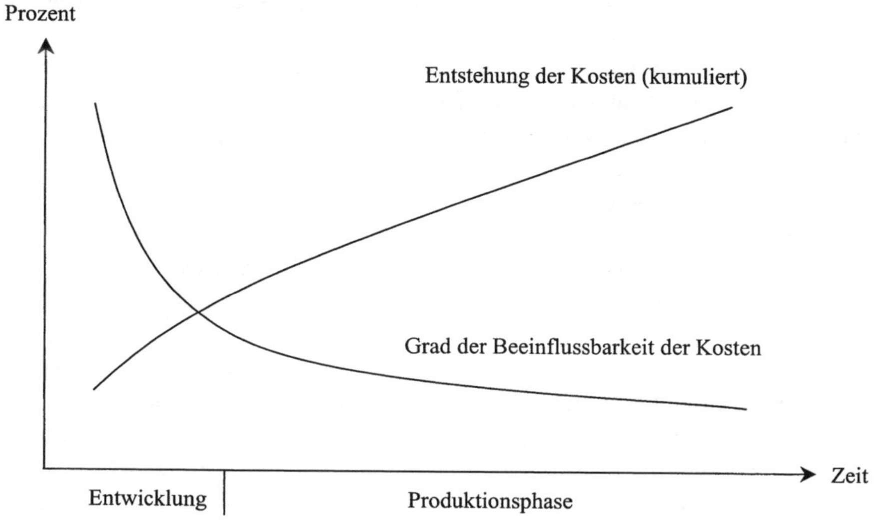

Abb. 62: Kostenbeeinflussung und Kostenentstehung im Zeitablauf

Bei der Lebenszykluskostenrechnung handelt es sich um eine *Vollkostenrechnung* in dem Sinne, dass alle (relevanten) variablen und fixen Kosten, wie man sie aus der traditionellen Kostenrechnung kennt, einzubeziehen sind. Doch sollte die entscheidungsorientierte Zurechnung von Wirkungen ausschließlich mithilfe einer *Grenzbetrachtung* erfolgen. Es sind also nur jene Erlöse und Kosten in die Rechnung einzubeziehen, die durch die betrachtete Entscheidung über ein Objekt (z.B. Produkt, Investitionsgut) verursacht werden.
Aufgrund der Ausrichtung auf die Erlöse und Kosten während des gesamten Lebenszyklus ergeben sich methodische Annäherungen an die Investitionsrechnung. Anders als in der traditionellen Kostenrechnung ist eine Periodisierung einzelner Zahlungen nicht erforderlich, da wegen der Betrachtung der gesamten Lebensdauer alle relevanten Zahlungen zeitpunktgenau direkt in die Rechnung einfließen können (dynamische Rechnung). Für den Kauf einer Maschine ist also der Auszahlungszeitpunkt relevant; eine Periodisierung der Anschaffungsauszahlung als Abschreibung auf die Nutzungsdauer würde eher stören. Andererseits muss wegen der Präferenz für möglichst frühzeitige Einzahlungsüberschüsse dem zeitlich unterschiedlichen Anfall durch Einsatz der Finanzmathematik Rechnung getragen werden, indem auf unterschiedliche Zeitpunkte fallende Zahlungen mithilfe des Kalkulationszinssatzes umgerechnet, d.h. auf einen gemeinsamen Betrachtungszeitpunkt ab- oder aufgezinst werden. Eine methodisch saubere Lebenszykluskostenrechnung zur Entscheidungsunterstützung ist deshalb zwingend eine *Zahlungsrechnung*, der Begriff Lebenszykluskostenrechnung also betriebswirtschaftlich gesehen ungenau.

7.2 Lebenszyklusphasen mit zugehörigen Kosten und Erlösen

Für Zwecke des Life Cycle Costing wird der gesamte Lebenszyklus in mehrere Phasen aufgeteilt. Abhängig vom zugrunde liegenden Gestaltungsobjekt ergeben sich phasentypische Verläufe der Erlös- und Kostenwirkungen bzw. der zugehörigen Ein- und Auszahlungen.
Für das *Gestaltungsobjekt Produkt* wird meist zwischen Vorlauf- bzw. Entstehungsphase, Marktphase und Nachlauf- bzw. Nachsorgephase unterschieden. Die Entstehungsphase schließt die frühe Markterkundung, die Alternativensuche und -auswahl, die Entwicklung vom Prototyp über Testexemplare bis zum endgültigen Produkt sowie die Vorbereitung der Produktion und des Marktes ein. Die Marktphase - vielfach allein Gegenstand von Lebenszyklusanalysen - ist auf den Zeitraum der Produktion und des Verkaufs beschränkt. Diese Phase wird weiter in Einführungs-, Wachstums-, Reife-, Sättigungs- und Degenerationsphase unterteilt. Die Nachsorgephase beginnt bereits unmittelbar nach dem Verkauf der ersten Produkteinheit, wenn Garantie-, Reparatur- und Wartungsleistungen für das verkaufte Produkt anfallen. Sie überlagert mithin zeitlich die Marktphase, reicht aber in der Regel deutlich darüber hinaus. Denn zu dieser Phase rechnen auch die eventuell nötige Rücknahme und Entsorgung der verkauften Produkte, ebenso wie der Rückbau und die Verschrottung der nicht mehr benötigten Produktionsanlagen. Folgende Übersicht zeigt zugehörige Erlöse und Kosten.

	Erlöse	*Kosten*
Vorlaufphase	Subventionen für FuE Investitionszuschüsse Steuervergünstigungen	Technologiekosten für Verfahrens- und Produktentwicklung Vertriebskosten für Markterkundung und -erschließung Genehmigungskosten Kosten für Organisationsanpassung und Prozessgestaltung (Logistik) Kosten der Produktionseinrichtung
Marktphase	Laufender Umsatz Aktionserlöse Schulungserlöse	Herstellkosten für Material, Personal, Energie etc. Vertriebskosten für Werbung, Kommunikation, Distribution etc.
Nachlaufphase	Wartungs- und Reparaturerlöse Ersatzteilerlöse Lizenzgebühren Verwertungserlöse aus Recycling Verschrottungserlöse	Garantiekosten Wartungs- und Reparaturkosten Kosten aus Produkthaftung Rücknahme- und Entsorgungskosten Rückbau- und Verschrottungskosten

Abb. 63: Kosten und Erlöse im Produktlebenszyklus

Legen wir den für Serienprodukte typischen Verlauf der Marktphase zugrunde, lässt sich der Verlauf der Ein- und Auszahlungen, die zu den oben exemplarisch aufgeführten Erlösen und Kosten gehören, wie folgt skizzieren.

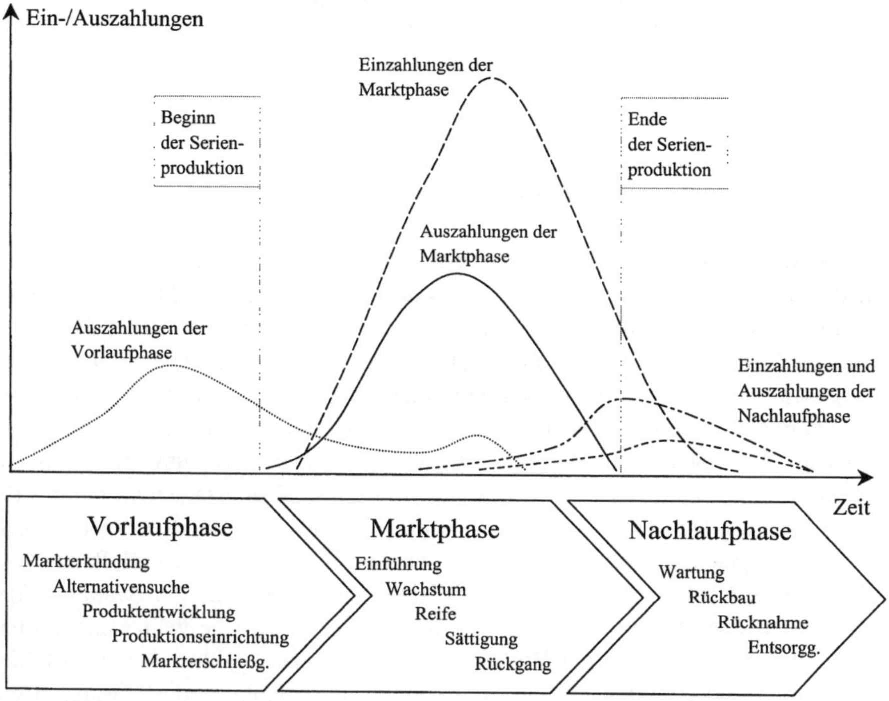

Abb. 64: Zahlungsverläufe im Produktlebenszyklus

Für das *Gestaltungsobjekt Investitionsgut* zeigt der Lebenszyklus ebenfalls eine typische Dreigliederung in Vorlauf-, Nutzungs- und Nachlaufphase. Die Inhalte und Aufgaben innerhalb dieser Grobphasen sind jedoch von denen des Produktlebenszyklus teils verschieden. Folgende Auflistung zeigt exemplarisch eine Unterteilung der Grobphasen in Detailphasen, die teils streng aufeinander folgen, teils aber auch zeitlich überlappend ablaufen können:

- Vorlaufphase
  - Problemerkennung und Initiierung
  - Konzeption und Erstellung eines Pflichtenheftes
  - Angebotseinholung, Auswahlentscheidung und Vertragsabschluss
  - Herstellung und Aufbau
  - Test
  - Mitarbeiterschulung

- Nutzungsphase
  - Produktionsanlauf
  - Betrieb, Wartung, Instandsetzung
  - Grundlegende Überholung, Umbau, Erweiterung
  - Produktionsauslauf
- Nachlaufphase
  - Stilllegung
  - Rückbau
  - Entsorgung bzw. Veräußerung

Aus dem Produkt- und Investitionsgüterlebenszyklus ergeben sich Erkenntnisse für das Kostenmanagement, die zur Optimierung der einzelnen Phasen und ihres Zusammenwirkens beitragen. Bedeutung kommt besonders der frühen Phase zu, denn in dieser werden die weiteren Handlungs- und Gestaltungsmöglichkeiten des gesamten Lebenszyklus wesentlich determiniert und mithin auch deren Kosten weitgehend festgeschrieben. Das Unternehmen sollte sich deshalb bemühen, den zunächst vagen Kenntnisstand frühzeitig zu verbessern, um durch ein gezieltes „timing" zum richtigen Zeitpunkt die richtige Grundsatzentscheidung für oder gegen die Durchführung bzw. Fortsetzung eines Vorhabens zu treffen. Dabei ist zu berücksichtigen, dass die bis zu diesem Zeitpunkt angefallenen und verursachten Kosten nicht mehr relevant sind (sunk costs) und die zwangsläufige Bindung an den eingeschlagenen Weg um so stärker wird, je weiter das Vorhaben gediehen ist. Ob sich ein Vorhaben über den Lebenszyklus insgesamt lohnt, insbesondere ob eine der grundlegenden Strategien „Senkung der Vorlaufkosten bei steigenden Folgekosten" oder „Verringerung der Folgekosten bei zunehmenden Vorlaufkosten" die bessere ist, muss in jedem Anwendungsfall individuell geprüft werden. Zu dieser Prüfung werden allerdings - wie schon erläutert - nicht die Kosten und Erlöse der traditionellen Kostenrechnung im Sinne periodisierter Zahlungen herangezogen, sondern die zugehörigen Aus- und Einzahlungen, und zwar zeitpunktgenau. Diese Vorgehensweise bedarf zunächst einer methodischen Erläuterung.

7.3 Methodische Grundlagen

Der Einsatz der Lebenszykluskostenrechnung setzt zunächst die konkrete Abschätzung der Ein- und Auszahlungen voraus, die mit den zur Entscheidung anstehenden Handlungsalternativen ausgelöst werden.
Die relevanten Zahlungen (z_t) über den in der Regel langen Betrachtungszeitraum ($t = 0, ..., n$) sind darüber hinaus entsprechend den Regeln der Finanzmathematik durch Auf- und Abzinsen vergleichbar zu machen. Denn ein bestimmter

Geldbetrag heute, sagen wir 1.000 €, stellt einen anderen Wert dar als derselbe Betrag in fünf Jahren. Diese unterschiedliche Wertigkeit zeigt sich z.B. darin, dass infolge der beobachtbaren Inflation für denselben Betrag von 1.000 € in fünf Jahren nicht mehr der gleiche Warenkorb gekauft werden kann wie heute; oder wir können den Betrag von 1.000 € heute bei einer Bank für fünf Jahre anlegen und erzielen dafür Zinsen und - bei Ansammlung der Zinsen - Zinseszinsen, sodass der Rückzahlungsbetrag nach fünf Jahren deutlich über 1.000 € liegt. Das Auf- und Abzinsen erfolgt mithilfe des Kalkulationszinssatzes (i), dessen Höhe sich an den Konditionen des Finanzmarktes orientiert und der Ausdruck der sogenannten Zeitpräferenz des Entscheidungsträgers ist. Die erwarteten Zahlungen und der Kalkulationszinssatz fließen sodann in die Ermittlung von Kennzahlen mithilfe der Verfahren der Investitionsrechnung ein. Wichtige Kennzahlen dieser Art sind der Kapitalwert und die Annuität.

Der Kapitalwert C_0 beschreibt den Barwert aller Zahlungen z_t über alle Perioden des Planungszeitraumes bezogen auf den Betrachtungs- bzw. Entscheidungszeitpunkt t = 0 und nach Verzinsung der gebundenen Mittel zum Kalkulationszinssatz i. Der Kapitalwert berechnet sich nach der Formel:

$$C_0 = \sum_{t=0}^{n} z_t \bullet \frac{1}{(1+i)^t} \qquad \text{mit } \frac{1}{(1+i)^t} \text{ als Abzinsungsfaktor (ABF).}$$

Die Annuität A gibt an, welche regelmäßigen gleichbleibenden Zahlungsbeträge über alle Perioden des Betrachtungszeitraumes aus den ursprünglichen Zahlungen z_t erzeugt werden könnten, und zwar über die Verzinsung der gebundenen Mittel zum Kalkulationszinssatz i hinaus. Am einfachsten ergibt sich die Annuität aus der Verteilung des Kapitalwertes auf die n Perioden gemäß der Formel:

$$A = C_0 \bullet \frac{i \bullet (1+i)^n}{(1+i)^n - 1} \qquad \text{mit } \frac{i \bullet (1+i)^n}{(1+i)^n - 1} \text{ als Annuitätenfaktor (ANF).}$$

Die Formeln unterstellen vereinfachend, dass die Zahlungen jeweils zum Ende einer Periode, in der Regel also zum Ende eines Jahres anfallen; dabei laufen Einzahlungen mit positivem und Auszahlungen mit negativem Vorzeichen in die Berechnungen ein. Die Werte der Faktoren können durch Einsetzen des Kalkulationszinssatzes i und des Zeitpunktes t berechnet oder aus finanzmathematischen Tabellen abgelesen werden.

Eine Handlungsalternative ist für sich genommen als empfehlenswert anzusehen, wenn ihr Kapitalwert bzw. ihre Annuität größer ist als der Grenzwert null (absolute Vorteilhaftigkeit). Denn dann wird über die angestrebte (Mindest-) Verzinsung in Höhe des Kalkulationszinssatzes hinaus ein barwertiger Überschuss in Höhe des Kapitalwertes bzw. ein laufender gleichbleibender Überschuss in Höhe der Annuität erzielt. Im Vergleich zweier Handlungsalternativen ist diejenige mit dem höheren Kapitalwert bzw. der höheren Annuität der anderen vorzuziehen (relative Vorteilhaftigkeit).

Beispiel 72: Ermittlung von Kapitalwert und Annuität

Ein Bankkunde verfügt über einen Betrag von 4.000,00 €, die er bei seiner Bank anlegen will. Er erwartet eine Mindestverzinsung von 5% (i = 0,05). Seine Bank bietet ihm die Anlagemöglichkeiten Superspar und Zerobond.
Bei der Anlage Superspar legt er sein Geld jetzt (t = 0) für vier Jahre (n = 4) fest und erzielt nachschüssig folgende Zinszahlungen, die ihm jeweils am Ende der vier Jahre gutgeschrieben werden: 214,20 €, 198,45 €, 231,53 € und 395,27 €. Außerdem erhält er das eingesetzte Kapital nach vier Jahren zurückgezahlt.
Die Anlagemöglichkeit Zerobond verspricht dagegen für den jetzt anzulegenden Betrag in Höhe von 4.000,00 € eine einmalige Zahlung in Höhe von 4.815,72 € nach drei Jahren (n = 3). Daneben gibt es keine weiteren Zahlungen.

Periode/Zeitpkt. t	0	1	2	3	4
Superspar					
Zahlungen z_t	-4.000,00	+214,20	+198,45	+231,53	+4.395,27
ABF (t, 5%)	1,000000	0,952381	0,907029	0,863838	0,822702
Abgezinste Zahlungen	-4.000,00	+204,00	+180,00	+200,00	+3.616,00
Kapitalwert C_0	200,00				
ANF (4 Jahre, 5%)	0,282012				
Annuität A	56,40				
Zerobond					
Zahlungen z_t	-4.000,00	0,00	0,00	4.815,72	--------
ABF (t, 5%)	1,000000	0,952381	0,907029	0,863838	--------
Abgezinste Zahlungen	-4.000,00	0,00	0,00	4.160,00	--------
Kapitalwert C_0	160,00				
ANF (3 Jahre, 5%)	0,367209				
Annuität A	58,75				

Bei beiden Anlageformen liegt die Verzinsung über 5%, da die Kapitalwerte bzw. die Annuitäten positiv sind, d.h. beide Anlageformen sind aus Sicht des Bankkunden absolut vorteilhaft. Allerdings ist der Vergleich der Alternativen schwierig, da bei Superspar zwar der Kapitalwert größer, dafür aber die Annuität kleiner ist als bei Zerobond. Der Grund liegt in der unterschiedlichen Laufzeit. In solchen Fällen wird eine nachhaltige Aussage über die relative Vorteilhaftigkeit erst möglich, wenn für die kurzläufigere Anlage B auch der Restzeitraum mit einbezogen wird, hier also das vierte Jahr. Unterstellen wir, dass in der Variante Zerobond die einmalige Zahlung in Höhe von 4.815,72 € im vierten Jahr zu 2% auf dem Sparbuch angelegt werden kann, stehen dem Bankkunden am Ende des vierten Jahres 4.815,72 · 1,02 = 4.912,03 € zur Verfügung.

Periode/Zeitpkt. t	0	1	2	3	4
			Zerobond und Sparbuch		
Zahlungen z_t	-4.000,00	0,00	0,00	0,00	4.912,03
ABF (t, 5%)	1,000000	0,952381	0,907029	0,863838	0,822702
Abgezinste Zahlungen	-4.000,00	0,00	0,00	0,00	4.041,14
Kapitalwert C_0			41,14		
ANF (4 Jahre, 5%)			0,282012		
Annuität A			11,60		

Superspar zeigt sich dem Zerobond mit zusätzlicher Spareinlage überlegen. Bei gleicher Laufzeit - wie hier - führt der Vergleich zweier Alternativen anhand des Kapitalwertes stets zu derselben Rangfolge wie der Annuitätenvergleich.

Life Cycle Costing erfolgt in ähnlicher Form unter Rückgriff auf terminierte Zahlungsgrößen, aus denen durch finanzmathematische Operationen Kennzahlen wie Kapitalwert und Annuität ermittelt werden.

⇨ *Aufgabe 81, S. 334*

7.4 Anwendungen der Lebenszykluskostenrechnung

Gegenstand von Lebenszykluskostenrechnungen sind in erster Linie die Analyse und die Gestaltung der Produkte und der Kundenbeziehungen von Unternehmen auf der Basis des Produktlebenszyklus und der Wirkungen zwischen dessen Phasen (Product Life Cycle Costing). Regelmäßig bestehen aber auch wechselseitige Beziehungen zwischen frühen Anschaffungs- und späteren Nutzungsphasen bei Investitionsgütern, sodass die Lebenszykluskostenrechnung ebenso zur Optimierung der Austauschbeziehungen im Investitionsgüterlebenszyklus sinnvoll einsetzbar ist (Investment Life Cycle Costing). Da die gezielte Steuerung solcher „trade offs" methodisch immer in ähnlicher Form erfolgen kann, soll es genügen, nachfolgend diese beiden Anwendungen vorzustellen, auch wenn sich vergleichbare Aufgaben bezüglich anderer Ressourcen (z.B. Personal) stellen.

7.4.1 Lebenszykluskostenrechnung für Produkte

Die Lebenszykluskostenrechnung für Produkte kann aus der Sicht eines Kunden im Sinne des Produktbenutzers oder aus Sicht des Produzenten betrieben werden.

7.4.1.1 Perspektive des Kunden

Die Lebenszykluskostenrechnung aus Kundensicht (Customer Life Cycle Costing) ist bedeutsam für langlebige Produkte wie Automobile, Haushaltsgeräte und Mobilfunkgeräte. Vor der Kaufentscheidung stellt sich der Kunde Fragen wie:

- Ist der höhere Anschaffungspreis eines Modells A gegenüber dem Modell B wegen geringerer Auszahlungen aufgrund günstigeren Energieverbrauchs in der Nutzungsphase angemessen?
- Soll gegen einen Aufpreis ein verlängerter Garantiezeitraum für das erworbene Produkt in Anspruch genommen werden, um unerwünschte Belastungen aus Reparatur oder zu frühzeitigem Ersatz auszuschließen?
- Lohnt sich der gleichzeitige Abschluss eines langfristigen Wartungsvertrags durch die Einsparung ausfallbedingter Instandsetzungskosten und die mögliche Verlängerung der Nutzungsdauer?

Die Mehrzahl der Kunden wird sich dieser Problematik bewusst sein, sie jedoch eher intuitiv lösen. Dabei spielen für eine Auswahlentscheidung sicherlich auch persönliche Nutzen- und Präferenzvorstellungen wie Markentreue und Geltungsstreben eine erhebliche Rolle. Wegen des Wunsches einer ökonomisch sinnvollen Entscheidung werden einige wenige sachkundige Verbraucher, sicher aber Vertreter der Verbraucherinteressen (z.B. Stiftung Warentest) auch konkrete Berechnungen nach Art des folgenden Beispiels anstellen.

Beispiel 73: Lebenszykluskostenrechnung aus der Sicht eines Verbrauchers

Familie Müller benötigt eine neue Waschmaschine. In der engeren Auswahl stehen die Modelle Tiny des Herstellers Randy und Perfect des Herstellers Wiele. Beide erfüllen die technischen und ökologischen Anforderungen der Familie. Die Waschmaschine soll umgehend erworben ($t = 0$) und genau sechs Jahre genutzt werden ($n = 6$). Frau Müller nutzt die Maschine für 200 Waschgänge pro Jahr. Die Kosten für Waschmittel betragen unabhängig vom Modell 0,30 €/Waschgang. Es ist damit zu rechnen, dass der Wasserpreis einschließlich Abwassergebühr von derzeit 4,00 €/cbm weitgehend stabil bleibt und nur einmal zu Beginn des fünften Jahres auf 5,00 €/cbm angehoben wird. Wegen der Förderung ökologischer Energiequellen steigt hingegen der Strompreis von 14 Ct./kWh im ersten Jahr jährlich um 2 Ct./kWh.

Tiny:
- Abholung im Baumarkt zum Barpreis von 329,99 €
- Aufstellung und Anschluss durch einen Nachbarn gegen ein Geschenk im Wert von 20,00 €
- durchschnittlich 45 Liter Wasserverbrauch je Waschgang
- durchschnittlich 2,6 kWh Stromverbrauch je Waschgang
- Austausch eines Antriebsriemens durch den Kundendienst zu 120,00 € nach zwei und nach vier Jahren
- Entsorgung nach der technisch maximalen Nutzungsdauer von sechs Jahren durch den städtischen Müllbetrieb zu 10,00 € pauschal

Perfect:
- Lieferung, Aufstellung und Anschluss durch den Fachhändler
- Komplettpreis 850,00 €, zahlbar bei Lieferung
- durchschnittlich 30 Liter Wasserverbrauch je Waschgang
- durchschnittlich 2,2 kWh Stromverbrauch je Waschgang
- Abschluss eines Vollservice-Vertrags mit Werkskundendienst gegen eine ab dem zweiten Jahr jährlich vorschüssig zahlbare Instandhaltungspauschale von 3% des Komplettpreises
- nach sechs Jahren Verkauf an Privat zu 180,00 € per Kleinanzeige

Für welches Modell wird sich Familie Müller entscheiden, wenn sie sich rational an den Lebenszykluskosten orientiert und der Kalkulationszinssatz 4% beträgt? Aus den vorgegebenen Daten lassen sich für die beiden Waschmaschinen folgende Berechnungen erstellen. Da nur Auszahlungen zu berücksichtigen sind, wird auf das Vorzeichen (-) hier verzichtet, d.h. Kapitalwert und Annuität kennzeichnen eine Belastung in der ausgewiesenen Höhe.

Alternative A: Tiny							
Periode/Zeitpkt. t	0	1	2	3	4	5	6
Anschaffung kpl.	349,99						
Wasser		36,00	36,00	36,00	36,00	45,00	45,00
Strom		72,80	83,20	93,60	104,00	114,40	124,80
Waschmittel		60,00	60,00	60,00	60,00	60,00	60,00
Instandhaltung			120,00		120,00		
Entsorgung							10,00
Ausz. gesamt	349,99	168,80	299,20	189,60	320,00	219,40	239,80
ABF (t, 4%)	1,000000	0,961538	0,924556	0,888996	0,854804	0,821927	0,790315
Diskont. Ausz.	349,99	162,31	276,63	168,55	273,54	180,33	189,52
Kapitalwert C_0	1.600,87						
ANF (6 J., 4%)	0,190762						
Annuität A	305,39						

Alternative B: Perfect							
Periode/Zeitpkt. t	0	1	2	3	4	5	6
Anschaffung	850,00						
Wasser		24,00	24,00	24,00	24,00	30,00	30,00
Strom		61,60	70,40	79,20	88,00	96,80	105,60
Waschmittel		60,00	60,00	60,00	60,00	60,00	60,00
Instandhaltung		25,50	25,50	25,50	25,50	25,50	
Resterlös							-180,00
Ausz. gesamt	850,00	171,10	179,90	188,70	197,50	212,30	15,60
ABF (t, 4%)	1,000000	0,961538	0,924556	0,888996	0,854804	0,821927	0,790315
Diskont. Ausz.	850,00	164,52	166,33	167,75	168,82	174,50	12,33
Kapitalwert C_0	1.704,25						
ANF (6 J., 4%)	0,190762						
Annuität A	325,11						

Bezüglich des Kapitalwertes zeigt sich Tiny dem Modell Perfect um einen gut 100 € geringeren Betrag überlegen, entsprechend rund 20 € Annuitätenvorteil über sechs Jahre.
Frau Müller entscheidet sich trotzdem für das Modell Perfect, u.a. weil ihr die emaillierte Oberfläche der Waschmaschine strahlender erscheint und schließlich schon ihre Mutter große Stücke auf den Hersteller hielt. Außerdem ist sie überzeugt, das Gerät auch zwölf Jahre nutzen zu können. Rechnet sich die doppelt so lange Nutzung, die auch neutrale Prüfinstitute für möglich halten?
Wir wollen unterstellen, dass die Verbrauchsdaten und die zugehörigen Preise für die Jahre 7 bis 12 auf dem Niveau des sechsten Jahres verharren. Der Instandsetzungsvertrag sei nur bis zum sechsten Jahr möglich; nach neun Jahren erfolgt eine Wartung mit Ersatz von Verschleißteilen zu 210,00 €. Allerdings wird das Altgerät nach zwölf Jahren nicht verkauft, sondern muss zu 50,00 € über den Fachhandel zurückgegeben und durch den Hersteller entsorgt werden.
In diesem Fall wird die obige Rechnung für das sechste Jahr korrigiert (Resterlös fällt weg) und für die weiteren Jahre ergänzt. Der Kapitalwert des auf zwölf Jahre verlängerten Nutzungszeitraums ergibt sich sodann aus dem Kapitalwert der Jahre 1 bis 5 zuzüglich des Kapitalwertes der Jahre 6 bis 12, wie die Tabelle auf der folgenden Seite zeigt. Da für die weiteren Jahre Auszahlungen hinzu kommen, steigt der Kapitalwert deutlich an. Allerdings sind die Kapitalwerte wegen des unterschiedlichen Betrachtungszeitraums nicht vergleichbar. Andererseits sinken wegen des doppelt langen Nutzungszeitraums die Annuitäten von 325,11 € auf 302,14 € pro Jahr. Damit wird deutlich, dass es sich für Familie Müller im Hinblick auf die Minimierung der kontinuierlichen durchschnittlichen Belastungen auch rechnerisch lohnt, das Modell Perfect zwölf Jahre lang zu nutzen.

Alternative C: Perfect (zwölfjährige Nutzung)							
Periode/Zeitpkt. t	6	7	8	9	10	11	12
Anschaffung							
Wasser	30,00	30,00	30,00	30,00	30,00	30,00	30,00
Strom	105,60	105,60	105,60	105,60	105,60	105,60	105,60
Waschmittel	60,00	60,00	60,00	60,00	60,00	60,00	60,00
Instandhaltung				210,00			
Entsorgung							50,00
Ausz. gesamt	195,60	195,60	195,60	405,60	195,60	195,60	245,60
ABF (t, 4%)	0,790315	0,759918	0,730690	0,702587	0,675564	0,649581	0,624597
Diskont. Ausz.	154,59	148,64	142,92	284,97	132,14	127,06	153,40
Kapitalwert C_0	für den Zeitraum 6 bis 12			1.143,72			
	für den Zeitraum 0 bis 5			1.691,92	(= 1.704,25 - 12,33, vgl. S.270)		
	insgesamt			2.835,64			
ANF (12 J., 4%)				0,106552			
Annuität A				302,14			

Führen wir uns vor Augen, dass das Modell Tiny nach sechs Jahren ersetzt werden muss und dass im Laufe der Zeit die Wasser- und Strompreise gestiegen sind. Dann wird unter sonst gleichen Voraussetzungen (z.B. Anschaffung für das Ersatzgerät am Ende des sechsten Jahres wieder zu 349,99 €) dessen Annuität gegenüber dem Betrag von 305,39 € bei sechsjähriger Betrachtung leicht ansteigen. Damit schneidet das Modell Perfect über den längeren Nutzungszeitraum von zwölf Jahren rechnerisch sogar noch besser ab als die Waschmaschine Tiny.

Diese Analysen aus Sicht des Kunden sind auch für die Hersteller der Waschmaschinen von Nutzen. Z.B. könnte Wiele als Hersteller des Modells Perfect folgende Schlussfolgerungen ziehen:

- Bei eher kurzzeitiger Nutzung erscheint der Kaufpreis im Vergleich zum niedrigpreisigen Wettbewerber rechnerisch um die Differenz der Kapitalwerte, also um rund 100 €, zu hoch. Es ist zu prüfen, ob sich der höhere Preis dem Kunden z.B. durch die Kommunikationspolitik (Werbung, Imageförderung) vermitteln lässt.
- Der Verbraucher muss in dem Sinne aufgeklärt werden, dass ihm Zusammenhänge und Auswirkungen aus der Lebenszyklusbetrachtung - hier über die potenziell lange Nutzungsdauer der Waschmaschinen - vor Augen geführt werden. So lässt sich der hohe Kaufpreis wie oben eventuell wirtschaftlich-rechnerisch rechtfertigen. Diese Aufklärung erfordert entsprechende Schulungen des Verkaufspersonals der (Fach-) Händler.

- Sollte es angesichts verstärkter Preissensibilität nicht möglich sein, den Kunden die hohen Verkaufspreise zu erklären, und brechen die Verkaufszahlen deshalb ein, ergibt sich aus dem Preis- ein Kostendruck. Eventuell kann der Hersteller mithilfe des Zielkostenmanagements kompensierende Maßnahmen ableiten.

⇨ *Aufgabe 82, S. 334*

7.4.1.2 Perspektive des Produzenten

Für den Produzenten ist der gesamte Lebenszyklus von der Vorlauf- über die Markt- bis zur Nachlaufphase relevant. Durch Berücksichtigung aller Erlös- und Kostenwirkungen bzw. der ausgelösten Ein- und Auszahlungen über den Gesamtzeitraum sollen insbesondere Entscheidungen vorbereitet werden, die die Austauschbeziehungen (trade offs) zwischen den Phasen des Produktlebenszyklus betreffen. Interessante Fragen sind z.B.:

- Welche Auswirkungen haben Produktverbesserungen in der Vorlaufphase auf die Preise und Absatzmengen in der Marktphase?
- Lohnt sich eine aufwendige Konstruktion der Produkte, um Wartungsarbeiten, Rücknahme und Recycling in der Nachlaufphase zu erleichtern?
- Wie lang sollen die einzelnen Phasen und der gesamte Lebenszyklus gestaltet werden?

Bisweilen wird die Faustregel aufgestellt, dass ein zusätzlicher Euro in der Produktentwicklung rund acht Euro in der Produktion und im Vertrieb spart. Allerdings ist zu beachten, dass mit einer Ausdehnung der Vorlaufphase in der Regel eine Verkürzung der Marktphase und damit des Erlöspotenzials verbunden ist. Begründete Empfehlungen erfordern stets fallbezogene Analysen mit Berechnung von Erfolgsindikatoren wie Kapitalwert und Annuität. Diese Kennzahlen werden angesichts der realen Prognoseunsicherheit um die dynamische Amortisations- bzw. Kapitalrückflusszeit als Risikoindikator ergänzt.

Beispiel 74: Lebenszykluskostenrechnung aus der Sicht des Produzenten

Ein Hersteller elektronischer Geräte beabsichtigt die Entwicklung und Markteinführung eines innovativen Produkts. Seine Zielgrößen Kapitalwert, Annuität und dynamische Amortisationszeit berechnet er unter Verwendung eines Kalkulationszinssatzes von 8%. Der Hersteller prüft zunächst zwei Vorgehensweisen, die sich hinsichtlich Entwicklungszeit (ein Jahr bzw. zwei Jahre), Entwicklungsauszahlungen (25.800 Tsd € bzw. 15.900 und 17.800 Tsd €), Kosten der Herstellung, erzielbarer Produktqualität und bezüglich der erzielbaren Nettoerlöse sowie der erforderlichen Garantieleistungen unterscheiden; auch die Vertriebsaktivitäten, z.B. die Werbung betreffend, werden differenziert geplant. Folgende Tabellen zeigen im oberen Teil jeweils die Planungsprämissen bzw. die Ausgangsdaten und im zweiten Block die daraus folgenden Zahlungsbeträge (jeweils in Tsd €, Auszahlungen mit „-" gekennzeichnet). Im unteren Teil finden sich die Zielkennzahlen wieder; beim Abzinsen wird vereinfachend angenommen, dass die Zahlungen jeweils zum Periodenende erfolgen.

Alternative A: Einjährige Entwicklung							
Periode/Zeitpkt. t	1	2	3	4	5	6	7
Prod.=Absatz (Stk.)		150.000	380.000	220.000	100.000	40.000	
Nettoerlös (€/Stk.)		280,00	286,00	292,00	296,00	290,00	
Herstellung (€/Stk.)		-210,00	-210,00	-210,00	-210,00	-210,00	
Garantie (€/Stk.)		-150,00	-155,00	-160,00	-165,00	-170,00	-175,00
Garantiequote v. A.							
- im lfd. Jahr		5%	4%	3%	3%	3%	
- im Vorjahr			7%	6%	5%	4%	1%
- im Vorvorjahr				6%	5%	4%	2%
Entwicklung	-25.800						
Herstellung		-31.500	-79.800	-46.200	-21.000	-8.400	
Verw./Vertrieb	-1.200	-4.800	-2.700	-2.000	-1.200	-400	
Garantie		-1.125	-3.984	-6.144	-5.445	-2.380	-420
Auszahlungen ges.	-27.000	-37.425	-86.484	-54.344	-27.645	-11.180	-420
Einzahlg. / Erlöse		42.000	108.680	64.240	29.600	11.600	
Zahlungssaldo ZS	-27.000	4.575	22.196	9.896	1.955	420	-420
ABF (t, 8%)	0,925926	0,857339	0,793832	0,735030	0,680583	0,630170	0,583490
Diskontierter ZS	-25.000	3.922	17.620	7.274	1.331	265	-245
Kumul. diskont. ZS	-25.000	-21.078	-3.458	3.816	5.147	5.412	5.167
Kapitalwert C_0	5.167						
ANF (7 J., 8%)	0,192072						
Annuität A	992						
Dyn. Amortisation	nach ca. 3,5 Jahren						

Die Garantiequoten beschreiben in % vom Absatz, wie sich die Auszahlungen eines Jahres für Garantiefälle aus den Absatzzahlen des laufenden Jahres, des Vorjahres und des vorletzten Jahres ergeben. Z.B. lassen sich die Garantieauszahlungen des vierten Jahres wie folgt berechnen:

$$\text{Garantie}_{t=4} = (150.000 \cdot 6\% + 380.000 \cdot 6\% + 220.000 \cdot 3\%) \cdot 160{,}00$$
$$= 6.144.000\ €$$

Offensichtlich lohnt es sich, das neue Produkt in einem Jahr zu entwickeln und dann über fünf Jahre abzusetzen, denn der Kapitalwert der Maßnahme liegt bei 5.167 Tsd € bzw. die Annuität bei 992 Tsd €. Die dynamische Amortisationszeit, also die Kapitalrückflusszeit unter Berücksichtigung der geforderten Mindestverzinsung von 8% für gebundenes Kapital, beträgt rund dreieinhalb Jahre, wie der Vorzeichenwechsel des kumulierten diskontierten Zahlungssaldos in Höhe von -3.458 Tsd € zum Ende des dritten auf 3.816 Tsd € zum Ende des vierten Jahres zeigt (rechnerisch: dyn. Amortisationszeit = 3 + 3.458 / 7.274 = 3,475 Jahre)

Alternative B: Zweijährige Entwicklung							
Periode/Zeitpkt. t	1	2	3	4	5	6	7
Prod.=Absatz (Stk.)			220.000	300.000	180.000	80.000	
Nettoerlös (€/Stk.)			290,00	298,00	302,00	290,00	
Herstellung (€/Stk.)			-202,00	-202,00	-202,00	-202,00	
Garantie (€/Stk.)			-155,00	-160,00	-165,00	-170,00	-175,00
Garantiequote v. A.							
- im lfd. Jahr			3%	3%	2%	2%	
- im Vorjahr				5%	4%	3%	2%
- im Vorvorjahr					4%	3%	1%
Entwicklung	-15.900	-17.800					
Herstellung			-44.440	-60.600	-36.360	-16.160	
Verw./Vertrieb		-1.500	-4.400	-3.200	-1.400	-500	
Garantie			-1.023	-3.200	-4.026	-2.720	-595
Auszahlungen ges.	-15.900	-19.300	-49.863	-67.000	-41.786	-19.380	-595
Einzahlg. / Erlöse			63.800	89.400	54.360	23.200	
Zahlungssaldo ZS	-15.900	-19.300	13.937	22.400	12.574	3.820	-595
ABF (t, 8%)	0,925926	0,857339	0,793832	0,735030	0,680583	0,630170	0,583490
Diskontierter ZS	-14.722	-16.547	11.064	16.465	8.558	2.407	-347
Kumul. diskont. ZS	-14.722	-31.269	-20.205	-3.740	4.818	7.225	6.878
Kapitalwert C_0	6.878						
ANF (7 J., 8%)	0,192072						
Annuität A	1.321						
Dyn. Amortisation	nach ca. 4,4 Jahren						

Die zweijährige Entwicklung führt aufgrund der geringeren Auszahlungen für Herstellung und Garantie trotz verkürzter Marktphase zu höheren Beträgen bei Kapitalwert und Annuität als Alternative A.

Allerdings ist die dynamische Amortisationszeit rund ein Jahr länger (rechnerisch: dyn. Amortisationszeit = 4 + 3.740 / 8.558 = 4,437 Jahre). Da die Prognoseunsicherheit mit dem zeitlichen Horizont steigt, erscheint das Risiko, die Amortisation und den höheren Kapitalwert auch zu erreichen, höher. Die Unternehmensleitung drängt deshalb auf eine intensivierte Entwicklung innerhalb eines Jahres (Alternative C), um möglichst früh am Markt zu sein und gleichzeitig die Kosten der Herstellung sowie die Garantieanfälligkeit zumindest etwas zu reduzieren. Die Auswirkungen dieser Maßnahme auf die Planungsrechnung zeigt folgende Tabelle.

Alternative C: Intensivierte einjährige Entwicklung							
Periode/Zeitpkt. t	1	2	3	4	5	6	7
Prod.=Absatz (Stk.)		160.000	400.000	240.000	110.000	50.000	
Nettoerlös (€/Stk.)		280,00	286,00	292,00	296,00	290,00	
Herstellung (€/Stk.)		-206,00	-206,00	-206,00	-206,00	-206,00	
Garantie (€/Stk.)		-150,00	-155,00	-160,00	-165,00	-170,00	-175,00
Garantiequote v. A.							
- im lfd. Jahr		4%	3%	3%	2%	2%	
- im Vorjahr			6%	5%	4%	3%	2%
- im Vorvorjahr				5%	4%	3%	2%
Entwicklung	-32.800						
Herstellung		-32.960	-82.400	-49.440	-22.660	-10.300	
Verw./Vertrieb	-1.200	-4.800	-2.700	-2.000	-1.200	-400	
Garantie		-960	-3.348	-5.632	-4.587	-1.955	-560
Auszahlungen ges.	-34.000	-38.720	-88.448	-57.072	-28.447	-12.655	-560
Einzahlg. / Erlöse		44.800	114.400	70.080	32.560	14.500	
Zahlungssaldo ZS	-34.000	6.080	25.952	13.008	4.113	1.845	-560
ABF (t, 8%)	0,925926	0,857339	0,793832	0,735030	0,680583	0,630170	0,583490
Diskontierter ZS	-31.481	5.213	20.602	9.561	2.799	1.163	-327
Kumul. diskont. ZS	-31.481	-26.268	-5.666	3.895	6.694	7.857	7.530
Kapitalwert C_0	7.530						
ANF (7 J., 8%)	0,192072						
Annuität A	1.446						
Dyn. Amortisation	nach ca. 3,6 Jahren						

Offensichtlich ist diese Lösung bezüglich Kapitalwert und Annuität noch etwas besser als Alternative B mit zweijähriger Entwicklung. Außerdem beträgt die dynamische Amortisationszeit jetzt nur noch rund dreieinhalb Jahre (rechnerisch: dyn. Amortisationszeit = 3 + 5.666 / 9.561 = 3,593 Jahre). Dieser Wert ist ähnlich gut wie bei Alternative A. Anhand der Kennzahlen empfiehlt sich also die letzte Variante mit forcierter, nur einjähriger Entwicklung.

In diesem Zusammenhang sei darauf hingewiesen, dass die Lebenszykluskostenrechnung zeitgenau alle erwarteten Kosten (Auszahlungen) erfassen und den erwarteten Erlösen (Einzahlungen) gegenüberstellen muss. Sie hat daher das Pro-

blem zu bewältigen, Kosten und Erlöse zu einem Zeitpunkt zu prognostizieren, zu dem das Produkt in seinen Komponenten und erforderlichen Prozessen noch nicht feststeht. Deshalb bedient sie sich der *Kenngrößenkalkulation*, bei der auf hohem Abstraktionsniveau Beziehungen zwischen bestimmten Merkmalen des Produktes und der Höhe der Kosten hergestellt werden, sowie der *Ähnlichkeitskalkulation*, die zur Kostenschätzung auf konstruktive und funktionale Ähnlichkeiten schon vorhandener Produkte - etwa betreffend die Geometriedaten und das Material - zurückgreift.
Es mag fraglich erscheinen, ob sich alle Rechengrößen hinreichend sicher prognostizieren lassen. Praktisch sind die Eingangsdaten und Planungsprämissen von den kompetenten Fachleuten zu formulieren und spätere Abweichungen von den Prognosen zu erklären und mit zu verantworten. Insofern werden die Prognosen kaum willkürlich sein; sie beinhalten vielmehr den gesunden Zwang, sich bewusst mit der Zukunft auseinanderzusetzen sowie Vorgaben und Ziele als Kontrollmaßstäbe zu formulieren.

⇨ *Aufgabe 83, S. 335*

7.4.2 Lebenszykluskostenrechnung für Investitionsgüter

Die Lebenszykluskostenrechnung für Investitionsgüter trägt dazu bei, die monetären Auswirkungen von Kauf- bzw. Investitionsentscheidungen über Gebäude, Anlagen, Fahrzeuge, (Software-) Lizenzen etc. vollständig zu berücksichtigen. Ein- und Auszahlungen aufgrund von Qualitäts- und Leistungsunterschieden, aber auch Beschaffungs-, Nutzungs-, Instandhaltungs-, Rückbau- und Entsorgungskosten bzw. genauer -zahlungen sollen umfassend analysiert und in die systematische Entscheidungsfindung einbezogen werden. Der Lebenszyklus der Investitionsgüter wird wie der Produktlebenszyklus häufig aufgeteilt, z.B. in Vorlauf-, Nutzungs- und Nachlaufphase. Dadurch sollen die Wechselwirkungen des Handelns in diesen Phasen besonders berücksichtigt werden. Im Rahmen der Anwendung auf Investitionsgüter stellen sich z.B. folgende Fragen:

- Rechnet sich eine Halle in Massivbauweise im Vergleich zur Leichtbauweise, weil die höheren Investitionsauszahlungen durch geringere Belastungen für Beheizung, Wartung und Instandsetzung kompensiert werden?
- Lohnt es sich, für eine befristete Aufgabenstellung eigene Kapazitäten aufzubauen, insbesondere unter Berücksichtigung der Kosten für Auswahl, Einstellung, Schulung, Einsatz und spätere Freistellung der benötigten Mitarbeiter?
- Soll man Anwendungssoftware mit Update- und Wartungsservice des Herstellers zu laufenden Lizenzgebühren nutzen, oder soll man bewusst auf den Abschluss des Servicevertrages verzichten und die Software im Zyklus weniger Jahre jeweils auf aktuellem Stand neu erwerben?

Methodisch ist die Lösungsfindung dem Vorgehen der Lebenszykluskostenrechnung für Produkte vergleichbar. Mithilfe der Verfahren der Investitionsrechnung werden für den konkreten Anwendungsfall Kennziffern wie Kapitalwert und Annuität berechnet, die Hinweise auf die vorteilhafte Alternative geben.

Beispiel 75: Lebenszykluskostenrechnung für Investitionsgüter

Ein mittelständisches Unternehmen stellt die Datenverarbeitung für Produktionsplanung und -steuerung mit Materialwirtschaft/Logistik auf die Software X/7 der Firma ZAB um. Angesichts der Erfahrungen mit hohem Aufwand bei Releasewechseln laufen Überlegungen, nicht jede Umstellung auf eine neuere Programmversion zu vollziehen, sondern in größeren Abständen den aktuellen Stand der Software aufzuspielen. Konkret bieten sich zwei Alternativen, die unter Verwendung eines Kalkulationszinssatzes von 6% verglichen werden.

Alternative A beinhaltet einen traditionellen Lizenzvertrag über sechs Jahre mit regelmäßigem Updateservice und mit folgenden weiteren Merkmalen:
- laufende, jährlich vorschüssig zahlbare feste Lizenzgebühr von 18.000 €
- zwei Releasewechsel pro Jahr, im sechsten Jahr nur eine Umstellung
- Kosten für den Einsatz des eigenen Rechenzentrums (RZ) im Rahmen der erstmaligen Aufspielung der neuen Software 5.400 € in t = 0, anschließend je Releasewechsel 900 € zzgl. Verteuerung
- dito für Schulung der Mitarbeiter (MA) der Fachabteilungen, jedoch 7.200 € in t = 0 und 2.400 € je Releasewechsel zzgl. Verteuerung
- dito für Ausfall der Mitarbeiter der Fachabteilungen während der Schulung, jedoch 2.100 € in t = 0 und 700 € je Releasewechsel zzgl. Verteuerung
- preisbedingter Anstieg von 4% p.a. für Kosten im Rechenzentrum, Mitarbeiterschulung und -ausfall gegenüber t = 0 bzw. dem jeweiligen Vorjahr

Alternative B besteht darin, die Software für unbefristete Nutzung zu erwerben. Auf den regelmäßigen Releasewechsel wird bewusst verzichtet. Statt dessen wird die Software nach Ablauf von drei Jahren neu erworben.
- Lizenzerwerb für je drei Jahre, erstmals zu 32.000 € in t = 0 (für die Jahre 1 bis 3), dann in t = 3 (für die Jahre 4 bis 6) zzgl. Verteuerung
- Kosten für den Einsatz des eigenen Rechenzentrums (RZ) im Rahmen der erstmaligen Aufspielung der neuen Software 5.000 € in t = 0
- dito 7.200 € in t = 0 bzw. zzgl. Verteuerung in t = 3 für Schulung der Mitarbeiter (MA) der Fachabteilungen
- dito 2.100 € in t = 0 bzw. zzgl. Verteuerung in t = 3 für Ausfall der Mitarbeiter während der Schulung
- laufende Kosten für Systempflege 2.600 € im ersten Jahr, zzgl. Verteuerung in den folgenden Jahren
- Verteuerung in allen vorgenannten Fällen 4% p.a.

- Schäden durch Systemausfälle in Höhe von 8.000 € jeweils im ersten und 3.000 € im zweiten Jahr nach erfolgter Systemaufspielung; keine Schäden im dritten Nutzungsjahr, da das System dann stabil arbeitet; keine Verteuerung

Nachfolgende Zahlungspläne unterstellen vereinfachend, dass die Auszahlungen jeweils auf das Ende der Perioden fallen. Da ausschließlich Auszahlungen zu berücksichtigen sind, wird in den folgenden Tabellen auf das Vorzeichen (-) verzichtet, sodass Kapitalwert und Annuität als Belastung in der ausgewiesenen Höhe zu interpretieren sind.

Alternative A: Lizenzvertrag über sechs Jahre mit Updateservice							
Periode/Zeitpkt. t	0	1	2	3	4	5	6
Lizenzgebühr	18.000	18.000	18.000	18.000	18.000	18.000	
Einsatz RZ	5.400	1.872	1.947	2.025	2.106	2.190	1.139
Schulung MA	7.200	4.992	5.192	5.399	5.615	5.840	3.037
Ausfall MA	2.100	1.456	1.514	1.575	1.638	1.703	886
Ausz. gesamt	32.700	26.320	26.653	26.999	27.359	27.733	5.062
ABF (t, 6%)	1,000000	0,943396	0,889996	0,839619	0,792094	0,747258	0,704961
Diskont. Ausz.	32.700	24.830	23.721	22.669	21.671	20.724	3.569
Kapitalwert C_0				149.884			
ANF (6 J., 6%)				0,203363			
Annuität A				30.481			

Alternative B: Zweimaliger Lizenzerwerb für jeweils drei Jahre							
Periode/Zeitpkt. t	0	1	2	3	4	5	6
Lizenzerwerb	32.000			35.996			
Einsatz RZ	5.000			5.624			
Schulung MA	7.200			8.099			
Ausfall MA	2.100			2.362			
Laufende Pflege		2.600	2.704	2.812	2.925	3.042	3.163
Systemprobleme		8.000	3.000		8.000	3.000	
Ausz. gesamt	46.300	10.600	5.704	54.893	10.925	6.042	3.163
ABF (t, 6%)	1,000000	0,943396	0,889996	0,839619	0,792094	0,747258	0,704961
Diskont. Ausz.	46.300	10.000	5.077	46.089	8.654	4.515	2.230
Kapitalwert C_0				122.865			
ANF (6 J., 6%)				0,203363			
Annuität A				24.986			

Der Kapitalwert der Auszahlungen und die Annuität der Auszahlungen liegen bei Alternative B deutlich unter den Vergleichskennzahlen der Alternative A. Mithin ist es günstiger, die Software zweimal neu für je drei Jahre zu erwerben statt eine laufende Lizenzgebühr mit Updateservice zu zahlen.

Vorstehende Ausführungen machen deutlich, dass sich die Lebenszykluskostenrechnung intensiv mit der Gestaltung der einzelnen Phasen des Lebenszyklus auseinandersetzt und insbesondere die Wechselwirkungen zwischen den Phasen, gemessen an den Ein- und Auszahlungen der Rechenperioden, berücksichtigt. Von der Methode her arbeitet sie also wie die dynamische Investitionsrechnung.

⇨ *Aufgabe 84, S. 335*

7.5 Ergänzende Instrumente der Lebenszykluskostenrechnung

Die Planung und Steuerung der Kosten und Erlöse im Rahmen des Lebenszyklusmanagements muss integriert mit den bekannten betriebswirtschaftlichen Instrumenten phasenübergreifend erfolgen.
Das gilt besonders für eine Komponente des absatzpolitischen Instrumentariums, die *Preispolitik.* Während kurzfristige Preisgrenzen mithilfe der traditionellen Teilkostenrechnung bestimmt werden, sind mittel- bis langfristige Preisvorstellungen meist nur phasenübergreifend sinnvoll zu begründen. Z.B. müssen im Preis neben den geringen Produktionskosten eines Herstellers von Standardsoftware, die auf CD oder DVD vertrieben wird, die hohen Entwicklungskosten der Vorlaufphase zwingend berücksichtigt werden. Zu klären ist z.B. auch, ob Nachsorgeleistungen wie Rücknahme und Verwertung bereits im Verkaufspreis des Produkts kalkuliert oder durch den Kunden erst bei Inanspruchnahme vergütet werden sollen. Im letzteren Fall liegt das Erlösrisiko in Verbindung mit unsicherer Auslastung der Rücknahmekapazität beim Produzenten, da der Kunde zur Rückgabe berechtigt, i.d.R. aber nicht verpflichtet ist. Die Wechselwirkungen der Preispolitik mit der Lebenszykluskostenrechnung sind mithin offensichtlich.
Wie in den vorausgehenden Abschnitten ausführlich beschrieben, nutzt die Lebenszykluskostenrechnung in der Vorlauf- bzw. Planungs- und Entwicklungsphase zur Bestimmung monetärer Kennzahlen wie Kapitalwert, Annuität und Amortisationszeit die Methodik der *dynamischen Investitionsrechnung.*
Häufig werden neben monetären Kriterien auch qualitative Aspekte zur Bewertung von Produkt- und Investitionsentscheidungen herangezogen. Um ein Mindestmaß an Nachvollziehbarkeit und Objektivität zu sichern, empfiehlt es sich in solchen Fällen, ergänzend die *Nutzwertanalyse* einzusetzen.
Entscheidungen, die die Entwicklung und den Lebenszyklus von Produkten betreffen, sind strategischer Natur, da sie die Erfolgsposition des Unternehmens in der Regel nachhaltig beeinflussen und tendenziell langfristig nachwirken. Es ist

erforderlich, die Wechselwirkungen lebenszyklusbeeinflussender Entscheidungen mit der aktuellen und angestrebten Positionierung des Unternehmens im Rahmen der *Portfolioanalyse* zu berücksichtigen.
Im Rahmen der Gestaltungsmöglichkeiten des Produktlebenszyklus sollen die späteren Kosten in der Produktions- und Nachlaufphase möglichst frühzeitig und umfassend günstig beeinflusst werden. Dazu können die zulässigen Kosten eines Produktes aus den erzielbaren Marktpreisen abgeleitet und als Orientierungsgrößen in die entwicklungsbegleitende Kalkulation einbezogen werden. Hierbei hilft die *Zielkostenrechnung* (*Target Costing*).
Vorhaben des Lebenszyklusmanagements sind in der Regel komplex, ziehen sich über lange Zeiträume hin und erfordern Know-how mehrerer Fachdisziplinen. Es ist deshalb zweckmäßig, solche Vorhaben mithilfe des Instrumentariums der *Projektplanung und -steuerung* überschaubar zu machen. Durch Zerlegung des Projekts in Teilabschnitte mit logischen und zeitlichen Abhängigkeiten sowie durch konsequente Planung und Steuerung der Projektstrukturen, -termine und -kosten soll der optimale Projektablauf gesichert werden.
Im Rahmen der Umsetzung von Maßnahmen zum Produkt- bzw. Investitionsgüterlebenszyklus ist für die zeitgerechte Bereitstellung der benötigten Finanzmittel Sorge zu tragen. Dies geschieht durch Einbindung der Projekte in die *Finanz- und Liquiditätsplanung.*
Die Erlöse und Kosten - oder präziser: die Ein- und Auszahlungen - im Produkt- bzw. Investitionsgüterlebenszyklus sollen gezielt kontrolliert und im Sinne der Zielsetzung gesteuert werden. Das wird möglich, wenn die Istzahlen der laufenden Projekte durch die *Buchhaltung* aktuell und genau, d.h. projektbezogen erfasst werden. Inwiefern auch die traditionelle Kostenrechnung mit der Lebenszykluskostenrechnung verknüpft ist, soll nachfolgend beleuchtet werden.

7.6 Verknüpfungen zur traditionellen Kostenrechnung

Die traditionelle Kostenrechnung bildet ein integriertes System zur periodischen Erfolgsermittlung. Sie unterstützt in der Form der Teilkostenrechnung die kurzfristig ausgerichtete, zielorientierte Steuerung des Unternehmens und konkurriert deshalb nicht mit der eher langfristig-strategisch ausgerichteten Produktlebenszykluskostenrechnung. Es ist allerdings zu prüfen, ob und inwiefern sich der traditionelle und der innovative Ansatz ergänzen.

Welche Zuarbeit leistet nun die traditionelle Kostenrechnung für die Analyse der Lebenszykluskosten? Für Planung und Entscheidung, aber auch zur laufenden Kontrolle und Steuerung greift die Lebenszykluskostenrechnung auf vorhaben- bzw. projektbezogene Ein- und Auszahlungen zurück. Es ist zweckmäßig, diese Größen möglichst originär zu verwenden, also z.B. die Istdaten unmittelbar aus der Buchhaltung zu übernehmen. Verrechnete Beträge wie kalkulatorische Abschreibungen, Umlagen für Overhead-Anteile etc. dürfen nicht in ein entscheidungs- und steuerungsorientiertes Lebenszyklusmanagement einfließen. Insofern kann die traditionelle Kostenrechnung zwar als allgemeines Informationsinstrument, nicht aber als direkter Datenlieferant der Lebenszykluskostenrechnung herangezogen werden.

Leistet umgekehrt die Lebenszykluskostenrechnung Zuarbeit für die traditionelle Kostenrechnung? Der Erkenntnisgewinn der Lebenszykluskostenrechnung liegt insbesondere in der detaillierten Betrachtung der Vorlauf- und der Nachlaufphase des Produktlebenszyklus. Die Ein- und Auszahlungen dieser Phasen werden genau geplant, erfasst und gesteuert.
In der traditionellen Kostenrechnung werden diese Beträge meist als Gemeinkosten erfasst und über die Kalkulationssätze auf die laufenden Produkte oder als Fixkosten in den Perioden verrechnet, in denen sie anfallen. Sofern die Kosten- und Erlösrechnung den Werteverzehr für die Leistungserstellung erfassen soll, ist diese Vorgehensweise nicht korrekt. Denn bei den vor- und nachlaufenden Aktivitäten fallen die Zahlungen einerseits und die Leistungserstellung andererseits üblicherweise auseinander. Eine solche Verrechnung der Vorlauf- und Nachlaufkosten im Sinne des „Generationenprinzips" erscheint nur dann gerechtfertigt,

- wenn diese Kosten zeitlich gleichmäßig verteilt und für alle vom Unternehmen erstellten Produkte im gleichen Ausmaß anfallen,
- wenn sie keinem Produkt eindeutig zurechenbar sind (z.B. Kosten für Grundlagenforschung) oder
- wenn sie im Verhältnis zu den laufenden Beschaffungs-, Produktions-, Verwaltungs- und Vertriebskosten unbedeutend sind.

In allen anderen Fällen sollte die Zurechnung der Vorlauf- und Nachlaufkosten, genauer: der entsprechenden Auszahlungen, die die Lebenszykluskostenrechnung berücksichtigt, auf das verursachende Produkt erfolgen. Dies erfordert zunächst die „Aktivierung" der vorlaufenden und die „Passivierung" der nachlaufenden Auszahlungen und im weiteren Verlauf deren Auflösung und Zurechnung zu den produzierten bzw. verkauften Leistungseinheiten der einzelnen Abrechnungsperioden. Dazu wird das aktivierte bzw. passivierte Volumen der vor- bzw. nachlaufenden Zahlungen zweckmäßigerweise auf die voraussichtliche Absatz- und Produktionsmenge des betrachteten Produkts über den Marktlebenszyklus verteilt und stückbezogen, d.h. „ratierlich", in die Produktkalkulation einbezogen (vgl. hierzu Abschnitt 2.4.2.1.5 Ratierliche Kalkulation, S. 133f).

Literaturverzeichnis

Die Literatur zu den Themen des betrieblichen Rechnungswesens und der Kostenrechnung ist derart umfangreich, dass allein deren vollständige Aufzählung Bücher füllen würde. Nachfolgende Literaturhinweise sind nur eine kleine Auswahl, die auf andere Lehrbücher und Quellen aufmerksam machen will.

Bramsemann, R.: Handbuch Controlling, 3. Aufl., München u.a. 1993

Coenenberg, A. G.: Kostenrechnung und Kostenanalyse, 5. Aufl., Landsberg am Lech 2003

Däumler, K.-D., Grabe, J.: Kostenrechnung 1, Grundlagen, 9. Aufl., Herne u.a. 2003

Däumler, K.-D., Grabe, J.: Kostenrechnung 2, Deckungsbeitragsrechnung, 7. Aufl., Herne u.a. 2002

Däumler, K.-D., Grabe, J.: Kostenrechnung 3, Plankostenrechnung, 7. Aufl., Herne u.a. 2004

Drees-Behrens, C., Schmidt, A.: Aufgaben und Fälle zur Kostenrechnung, 2. Aufl., München u.a. 2005

Franz, K.-P.: Die Prozeßkostenrechnung, Darstellung und Vergleich mit der Plankosten- und Deckungsbeitragsrechnung, in: Ahlert, D., Franz, K.-P., Göppl, H. (Hrsg.): Finanz- und Rechnungswesen als Führungsinstrument, Wiesbaden 1990, S. 110-136

Franz, K.-P., Kajüter, P.: Kostenmanagement. Wertsteigerung durch systematische Kostensteuerung, 2. Aufl., Stuttgart 2002

Götzinger, M. K., Michael, H.: Kosten- und Leistungsrechnung - Eine Einführung, 6. Aufl., Heidelberg 1993

Haberstock, L.: Kostenrechnung I - Einführung mit Fragen, Aufgaben und Lösungen, 11. Aufl., Hamburg 2002

Haberstock, L.: Kostenrechnung II - (Grenz-)Plankostenrechnung mit Fragen, Aufgaben und Lösungen, 9. Aufl., Hamburg 2004

Heno, R.: Jahresabschluss nach Handelsrecht, Steuerrecht und internationalen Standards (IAS/IFRS), 4. Aufl., Heidelberg 2004

Hoitsch, H.-J.: Kosten- und Erlösrechnung: eine controlling-orientierte Einführung, 5. Aufl., Berlin u.a. 2004

Horváth, P.: Controlling, 9. Aufl., München 2003

Horváth, P., Mayer, R.: Prozeßkostenrechnung - Der neue Weg zu mehr Kostentransparenz und wirkungsvolleren Unternehmensstrategien, in: Controlling 4/1989, S. 214-219

Hummel, S., Männel, W.: Kostenrechnung 1 - Grundlagen, Aufbau und Anwendung, 4. Aufl., Wiesbaden 1986

Hummel, S., Männel, W.: Kostenrechnung 2 - Moderne Verfahren und Systeme, 3. Aufl., Wiesbaden 1983

Kilger, W.: Einführung in die Kostenrechnung, 3. Aufl., Wiesbaden 1987

Kilger, W.: Flexible Plankostenrechnung und Deckungsbeitragsrechnung, 11. Aufl., bearbeitet durch Vikas, K., Wiesbaden 2002

Kloock, J., Sieben, G., Schildbach, T.: Kosten- und Leistungsrechnung, 8. Aufl., Düsseldorf 1999

Männel, W. (Hrsg.): Handbuch Kostenrechnung, Wiesbaden 1992

Männel, W. (Hrsg.): Prozeßkostenrechnung - Methodik, Anwendung, Softwaresysteme, Kostenrechnungspraxis, Sonderheft 2, o. Jg. (1993)

Mayer, R.: Prozeßkosten und Prozeßkostenmanagement: Konzept, Vorgehensweise und Einsatzmöglichkeiten, in: IFUA Horváth & Partner GmbH (Hrsg.): Prozeßkostenmanagement, München 1991, S. 73-99

Michel, R., Torspecken, H.-D.: Grundlagen der Kostenrechnung, Kostenrechnung I, 5. Aufl., München u.a. 1998

Michel, R., Torspecken, H.-D.: Neuere Formen der Kostenrechnung, Kostenrechnung II, 4. Aufl., München u.a. 1990

Müller, H.: Prozeßkonforme Grenzplankostenrechnung: Stand, Nutzanwendungen, Tendenzen, 2. Aufl., Wiesbaden 1996

Mussnig, W.: Dynamisches Zielkostenmanagement, in: Controlling, Heft 3, März 2001, S. 139-148

Riebel, P.: Einzelkosten- und Deckungsbeitragsrechnung - Grundfragen einer markt- und entscheidungsorientierten Unternehmensrechnung, 7. Aufl., Wiesbaden 1994

Seidenschwarz, W.: Target Costing, München 1993

Weber, J.: Einführung in das Rechnungswesen II, Kostenrechnung, 7. Aufl., Stuttgart 1998

Weber, J. (Hrsg.): Kostenrechnung im Mittelstand, Stuttgart 1991

Wübbenhorst, K. L.: Konzept der Lebenszykluskosten, Grundlagen, Problemstellungen und technische Zusammenhänge, Darmstadt 1984

Wübbenhorst, K. L.: Lebenszykluskosten, in: Schulte, C. (Hrsg.): Effektives Kostenmanagement, Stuttgart 1992, S. 245-272

Zehbold, C.: Lebenszykluskostenrechnung, Wiesbaden 1996

Ziegenbein, K.: Controlling, 8. Aufl., Ludwigshafen 2004

Zimmermann, G.: Grundzüge der Kostenrechnung, 8. Aufl., München u.a. 2001

Aufgaben

1 Aufgaben des Rechnungswesens ★☆☆

Welche der folgenden Aussagen sind richtig? Das Rechnungswesen hat unter anderem folgende Aufgaben:

a. Festlegung der kurzfristigen Unternehmensziele
b. Grundlage der Berichterstattung an die Aktionäre einer AG
c. Entwicklung neuer Produkte
d. Kontrolle der Liquidität
e. Reduzierung von Produktionsstörungen
f. Bereitstellung von Unterlagen für die Dispositionen der Unternehmensführung
g. Entwicklung von Marketing-Strategien
h. Kontrolle der Wirtschaftlichkeit und des Betriebsergebnisses
i. Feststellung der Steuerbemessungsgrundlagen
j. Einführung neuer Technologien
k. Dokumentation des betrieblichen Geschehens
l. Grundlage für die Gewährung von Bankdarlehen

2 Finanzbuchhaltung und Kostenrechnung ★☆☆

Kreuzen Sie an, wenn die Aussage für die Finanzbuchhaltung (Fibu) und/oder für die Kostenrechnung (Kore) zutrifft.

	Fibu	Kore
a. Sie wird auch Geschäftsbuchführung genannt.	O	O
b. Sie dient der Kalkulation der Produkte und Dienstleistungen.	O	O
c. Sie ist gewöhnlich eine jahresbezogene Rechnung.	O	O
d. Sie wird auch Betriebsbuchhaltung genannt.	O	O
e. Sie hat die Aufgabe der Wirtschaftlichkeitskontrolle.	O	O
f. Sie dient der Aufstellung des Jahresabschlusses.	O	O
g. Sie wird üblicherweise monatlich eingesetzt	O	O
h. Sie arbeitet in der Regel mit Plan- und Istwerten.	O	O
i. Sie berücksichtigt steuerrechtliche Vorschriften.	O	O
j. Sie berücksichtigt alle Verbräuche einer Rechnungsperiode.	O	O
k. Sie wird von der Finanzbehörde geprüft.	O	O
l. Sie liefert Zahlenmaterial für dispositive Zwecke.	O	O
m. Sie liefert Zahlenmaterial für die Bewertung fertiger Erzeugnisse.	O	O
n. Sie wird gesetzlich reglementiert.	O	O

3 Aufwendungen und Erträge ★★☆

Geben Sie zur Abgrenzung gegenüber Kosten und Leistungen durch Ankreuzen der charakteristischen Spalte an, ob es sich bei nachfolgenden Sachverhalten in einem Maschinenbauunternehmen um betriebliche, betriebsfremde, außerordentliche oder periodenfremde Erträge bzw. Aufwendungen des laufenden Geschäftsjahres handelt.

	betrieblich	betriebsfremd	außerordentlich	periodenfremd
a. Verluste aus Wertpapiergeschäften	o	o	o	o
b. Umsatzerlöse für fertige Erzeugnisse	o	o	o	o
c. Löhne und Gehälter	o	o	o	o
d. Vertreterprovisionen	o	o	o	o
e. Abschreibungen auf Lieferforderungen	o	o	o	o
f. Erträge aus Vermietung und Verpachtung	o	o	o	o
g. Mehrbestand an fertigen Erzeugnissen	o	o	o	o
h. Regelung einer Kundenreklamation aus einer Vorjahreslieferung im Kulanzweg	o	o	o	o
i. Sturmschaden an der Lagerhalle	o	o	o	o
j. Zinserträge aus Festgeldanlagen	o	o	o	o
k. Gesetzliche Sozialabgaben	o	o	o	o
l. Gewerbesteuernachzahlung für das vorletzte Geschäftsjahr	o	o	o	o
m. Abschreibungen auf Fertigungsanlagen	o	o	o	o
n. Reparaturaufwand am Computernetz	o	o	o	o
o. Aktivierung einer selbsterstellten Maschine	o	o	o	o
p. Erträge aus dem Verkauf von Betriebsfahrzeugen zu einem Preis über Restbuchwert	o	o	o	o
q. Erträge aus der Auflösung von Rückstellungen wegen Fortfall des Grundes	o	o	o	o

4 Grundbegriffe des Rechnungswesens ★★★

Geben Sie für folgende Geschäftsvorfälle in einer Lampenfabrik an, ob und in welcher Höhe im Abrechnungsmonat Mai Einzahlungen (+), Auszahlungen (-), Einnahmen (+), Ausgaben (-) etc. vorliegen. Tragen Sie jeweils den Betrag mit dem Vorzeichen in alle zutreffenden Spalten des Lösungstableaus ein. Berechnen Sie abschließend den Zahlungssaldo, den Einnahme-/Ausgabeüberschuss, den Erfolg in der Finanzbuchhaltung und das Betriebsergebnis in der Kostenrechnung.

a. Freie Finanzmittel hatte die Lampenfabrik in Vorjahren zum Erwerb eines Wohnhauses verwendet. Der Mieter überweist die Monatsmiete in Höhe von 2.000 € für den Monat Mai.
b. In den Vorperioden produzierte Erzeugnisse werden vom Lager verkauft. Der Erzeugnisbestand war mit 53.000 € bewertet und wird für 85.000 € auf Ziel verkauft.
c. Die Feuerversicherung überweist als Ausgleich für einen Brandschaden aus dem Vormonat 17.000 €. Die Schadenshöhe wurde erst Anfang Mai bestimmt.
d. Ein Lieferant liefert am 12. Mai elektronische Lampenbauteile und berechnet dafür 15.000 €. Die Bauteile gehen auf Lager. Die Rechnung soll erst nach 30 Tagen beglichen werden.
e. Für diverse Fertigungsaufträge werden Materialien vom Lager entnommen, die in Vormonaten zu 32.500 € beschafft wurden.
f. Als Garantiekosten werden 2.200 € kalkuliert. Tatsächlich sind im Mai keine Garantiefälle aufgetreten.
g. Ein Heizungsbauer berechnet für die Reparatur der Heizung im Verwaltungstrakt 900 €, die noch im Mai überwiesen werden.
h. Zum Monatsende werden die Löhne und Gehälter in Höhe von 38.000 € überwiesen.
i. Ein Großauftrag wird von der Produktion fertig gemeldet und an das Erzeugnislager abgeliefert. Der Erzeugniswert wird auf 44.000 € beziffert, der voraussichtliche Verkaufserlös liegt

bei 60.000 €. Beachten Sie, dass hier nicht Werte verbraucht, sondern geschaffen werden.

j. Industrieleuchten mit einem Verkaufswert von 3.000 € werden in der Lagerhalle installiert. Die Leuchten stammen teils aus dem Vorjahr (Kosten der Herstellung: 1.500 €), teils aus der laufenden Fertigung (Kosten der Herstellung: 500 €).

k. Der Inhaberunternehmer entnimmt 6.000 € zur privaten Lebensführung aus der Kasse. Ein fiktives Geschäftsführergehalt wird mit 12.000 € angesetzt.

l. Die Abschreibungen auf das Anlagevermögen betragen laut Finanzbuchhaltung 9.300 €, laut Kostenrechnung 8.500 €.

m. Aufgrund eines Bedienungsfehlers wird eine Maschine zerstört. Der Restbuchwert der Maschine belief sich auf 8.300 €.

n. Ein gebrauchter Computer, der in der Bilanz mit 500 € zu Buche steht, wird für 100 € an einen Mitarbeiter verkauft.

o. Ein Angestellter zahlt ein ihm gewährtes Darlehen über 10.000 € zuzüglich der angefallenen Zinsen für das laufende Jahr in Höhe von 200 € zurück.

p. Ein Kunde kauft für 32.000 € Lampen und zahlt per Scheck; der Scheck wird umgehend bei der Hausbank eingelöst. Zur Hälfte stammen die Lampen aus der laufenden Fertigung, zur Hälfte aus der Vorjahresproduktion. Der Lagerbestand war in der Kostenrechnung und in der Finanzbuchhaltung mit 14.000 € angesetzt.

Sachverhalt	Einzahlung (+) / Auszahlung (-)	Einnahme (+) / Ausgabe (-)	Ertrag (+) / Aufwand (-)	Leistung (+) / Kosten (-)
a.				
b.				
c.				
d.				
e.				
f.				
g.				
h.				
i.				
j.				
k.				
l.				
m.				
n.				
o.				
p.				
Σ				

5 *Erfolg und Wirtschaftlichkeit* ★☆☆

Ein Unternehmen A erzielte im abgelaufenen Monat einen Umsatz von 240.000 €. Die auf den Umsatz entfallenden Kosten lagen bei 250.000 €. Die Produktions- und Absatzmengen entsprachen den Planzahlen. Auch die geplanten Kosten in Höhe von 250.000 € wurden aufgrund des effizienten Einsatzes der Arbeitsmittel und des Personals genau eingehalten.
Das Unternehmen B erreichte einen Umsatz von 380.000 € bei darauf entfallenden Kosten von 340.000 €. Wegen diverser Abstimmungsmängel und einiger Sonderwünsche in Fachabteilungen wurden die zugehörigen geplanten Kosten in Höhe von 325.000 € jedoch verfehlt.

Beurteilen Sie in dieser Situation das Betriebsergebnis und die Wirtschaftlichkeit der Unternehmen A und B.

6 *Kostenbegriffe und Kostenverläufe* ★★☆

Ein Unternehmen produziert auf zwei identischen Fertigungsstraßen Backwaren. Jedes produzierte Kilogramm Backware verursacht variable Stückkosten in Höhe von 1,20 €. Die fixen Kosten einer Fertigungsstraße liegen bei 24.000 €, die Kapazität beträgt jeweils 40.000 kg.

a. Formulieren Sie die Gesamtkostenfunktion des Unternehmens.
b. Berechnen Sie für die in Prozent angegebenen Gesamtauslastungen folgende Beträge:

Gesamtauslastung	12,5%	25%	50%	75%	100%
Produktionsmenge (kg)					
Variable Kosten gesamt (€) Fixe Kosten gesamt (€) Gesamtkosten (€)					
Grenzkosten (€/kg)					
Variable Stückkosten (€/kg) Fixe Stückkosten (€/kg) Stückkosten (€/kg)					

c. Skizzieren Sie den Verlauf der Gesamtkosten des Unternehmens und der Stückkosten in je einem Mengen-Kosten-Diagramm.
d. Bisher wurde die Kapazität zu 70% ausgelastet. Es wird überlegt, künftig die Backwarenproduktion um 8.000 kg aufzustocken. Welche der genannten Kosten sind für diese Entscheidung relevant?
e. Aufgrund der guten Auftragslage wird damit gerechnet, dass dauerhaft 100.000 kg Backwaren abgesetzt werden können. Welche Überlegungen sind jetzt anzustellen, und welche der genannten Kosten sind für die eventuelle Produktionsausweitung über 80.000 kg hinaus durch Installation einer dritten identischen Fertigungslinie relevant?
f. Nachdem eine dritte identische Fertigungsstraße installiert wurde, sinkt überraschend die Nachfrage nach den Backwaren, und die Auslastung pendelt sich bei 70.000 kg ein. Berechnen Sie nunmehr die Gesamtkosten und die Stückkosten, und erklären Sie anhand einer Skizze mit dem Gesamtkostenverlauf die Remanenz der Kosten.

7 *Beschäftigungsabhängigkeit und Beeinflussbarkeit von Kosten* ★☆☆

Erläutern Sie, inwiefern bei betrieblichen Entscheidungen zwischen beschäftigungsabhängigen (variablen) und beschäftigungsunabhängigen (fixen) Kosten einerseits sowie beeinflussbaren und unbeeinflussbaren Kosten andererseits zu unterscheiden ist.

8 *Systeme der Kostenrechnung* ★★☆

Welche der folgenden Aussagen sind richtig?

a. Nur die Istkostenrechnung gibt es als Vollkostenrechnung.
b. Die Istkostenrechnung gibt die tatsächlichen Güterverbräuche an.
c. Die Istkostenrechnung ist stets eine Vollkostenrechnung.
d. Die Istkostenrechnung benutzt auch planerisch angesetzte Werte.
e. Mit einer Istkostenrechnung ist keinerlei Kostenkontrolle möglich.
f. Solange in der Kostenrechnung für die Kostenermittlung die effektiven Verbrauchsmengen herangezogen werden, liegt eine Istkostenrechnung vor.
g. Die Normalkostenrechnung ergänzt die Istkostenrechnung, indem sie für die laufende Abrechnung und Kalkulation gleichbleibende Kostensätze liefert.
h. Die Normalkostenrechnung verwendet ausschließlich durchschnittliche Istkosten der Vergangenheit.
i. Die Normalkostenrechnung gleicht saisonale und aperiodische Einflüsse aus.
j. Die Vorkalkulation sollte mit Normalkostensätzen, nicht mit Istkostensätzen erfolgen.
k. Die Plankostenrechnung auf der Basis von Vollkosten unterstützt die Unternehmensführung in der Lösung kurzfristiger Entscheidungsaufgaben.
l. Die Plankostenrechnung auf Teilkostenbasis verrechnet nur die variablen Kosten auf die Kostenträger.
m. Das Betriebsergebnis ist bei der Teilkostenrechnung stets größer als bei der Vollkostenrechnung, da sie nur die variablen Kosten auf Kostenträger verrechnet.
n. Die Plankostenrechnung ist ohne Istkostenrechnung nicht zur Wirtschaftlichkeitskontrolle geeignet.
o. Die in der Teilkostenrechnung ausgewiesenen Fixkosten sind für kurzfristige Änderungen der Beschäftigung bzw. Auslastung nicht entscheidungsrelevant.
p. Allein die Teilkostenrechnung liefert relevante Informationen für die Bestimmung der Absatzpreise.
q. Die starre Plankostenrechnung gibt von Jahr zu Jahr dieselben Planwerte vor.
r. Die flexible Plankostenrechnung basiert auf der Trennung variabler und fixer Kosten.
s. Die herkömmliche Plankostenrechnung eignet sich besonders für die Kontrolle der Wirtschaftlichkeit in Gemeinkostenbereichen wie Einkauf und Verwaltung.
t. Die Prozesskostenrechnung ersetzt die in den herkömmlichen Kostenrechnungssystemen verwendeten wertmäßigen Bezugsgrößen durch technisch-mengenmäßige Bezugsgrößen.
u. Die Prozesskostenrechnung will den Fertigungsprozess in Industriebetrieben rationeller gestalten.
v. Die Prozesskostenrechnung versucht, möglichst alle Kosten auf die Kostenträger zu verrechnen. Sie kommt deshalb einer Vollkostenrechnung nahe.
w. Die Plankostenrechnung ist eher mittel- bis langfristig, die Prozesskostenrechnung eher kurzfristig ausgerichtet.
x. Die Zielkostenrechnung (Target Costing) will die Kosten der künftigen Produkte bereits in der Entstehungsphase konsequent aus dem Markt ableiten, um den Kundenanforderungen bezüglich Preis und Produkteigenschaften gerecht zu werden.

9 Vollkosten- und Teilkostenrechnung ★★★

Ein Unternehmen fertigt und verkauft vier Produkte. In einer Periode betragen die Gesamtkosten 190.000 €, davon sind 41.000 € Fixkosten. Außerdem liegen folgende Informationen vor.

Produktart	A	B	C	D
Abgesetzte Menge (Stück)	3.000	4.000	1.000	7.000
Nettoerlös (€/Stück)	15,00	8,00	44,00	10,00
Stückkosten gesamt (€/Stück)	17,00	12,00	35,00	8,00
davon variabel (€/Stück)	11,00	10,00	27,00	7,00

a. Ermitteln Sie das Betriebsergebnis für die Periode anhand der Vollkostenrechnung.
b. Ermitteln Sie das Betriebsergebnis der Periode mittels der Teilkostenrechnung (Deckungsbeitragsrechnung).
c. Optimieren Sie die Absatzmenge (= Produktionsmenge) für die nächste Periode, indem Sie sich am Stückergebnis bzw. Ergebnis der Vollkostenrechnung orientieren. Es ist davon auszugehen, dass die Mengen aus beschäftigungs- und absatzpolitischen Gründen für jede Produktart um maximal 10% angehoben oder gesenkt werden können. Berechnen Sie das neue Betriebsergebnis.
d. Optimieren Sie die Absatzmenge (= Produktionsmenge) für die nächste Periode, indem Sie sich am Stückdeckungsbeitrag bzw. Deckungsbeitrag der Teilkostenrechnung orientieren. Die Mengen können je Produktart um maximal 10% angehoben oder gesenkt werden. Berechnen Sie das voraussichtliche Betriebsergebnis.
e. Durch eine sofort mögliche Erweiterung (Spezialmaschine) können von C nicht nur 10% mehr (1.100 Stück), sondern insgesamt bis zu 1.500 Stück produziert werden. Diese Menge kann zum geltenden Preis auch vollständig abgesetzt werden. Allerdings verursacht die Erweiterung zusätzliche fixe Kosten in Höhe von 5.200 € pro Periode; die variablen Stückkosten bleiben unverändert. Soll die Fertigungskapazität erweitert werden?
f. Wie ist unter e. zu entscheiden, wenn die zusätzlichen fixen Kosten pro Periode bei 16.000 € liegen und die variablen Stückkosten für C um 3,00 €/Stück sinken?

10 Prinzipien der Kostenrechnung ★☆☆

Eine Näherei bestickt drei Tischdecken unterschiedlicher Größe in Handarbeit. Die Fixkosten betragen 36.000 €. Ferner liegen folgende Daten vor.

Produktart	A	B	C
Abgesetzte Menge (Stück)	2.500	2.000	4.500
Nettoerlös (€/Stück)	14,00	18,50	16,00
Variable Stückkosten (€/Stück)	8,00	9,00	10,00
Fläche (qm/Stück)	1,28	2,00	2,40

Berechnen Sie - sofern möglich - zunächst die fixen und dann die gesamten Kosten pro Stück für jede der drei Produktarten nach dem

a. Verursachungsprinzip,
b. Durchschnittsprinzip mit der Stückzahl als Verteilungsgrundlage,
c. Durchschnittsprinzip mit der Fläche als Verteilungsgrundlage,
d. Kostentragfähigkeitsprinzip mit den Verkaufserlösen als Verteilungsgrundlage und
e. Kostentragfähigkeitsprinzip mit den Deckungsbeiträgen als Verteilungsgrundlage.

11 Ermittlung der Materialverbrauchsmengen ★☆☆

Aus der Lagerbuchhaltung sind in einem Jahr für eine Materialart folgende Daten bekannt.

Bestand/Bewegung	Datum	Stück
Anfangsbestand	01.01.	230
Zugang	17.02.	+200
Abgang	18.03.	-150
Abgang	12.05.	-45
Zugang	24.07.	+300
Abgang	26.09.	-400
Endbestand laut Inventur	31.12.	130

Im Berichtsjahr wurden insgesamt 145 Stück eines Erzeugnisses, in dem das obige Material mit jeweils vier Stück enthalten ist, an das Fertigwarenlager abgeliefert.

a. Berechnen Sie den Materialverbrauch nach der Skontrationsmethode.
b. Berechnen Sie den Materialverbrauch nach der Inventurmethode.
c. Berechnen Sie den Materialverbrauch nach der retrograden Methode.
d. Berechnen Sie den Verbrauch für in Arbeit befindliche Aufträge.
e. Berechnen Sie den außerordentlichen Verbrauch durch Schwund.

12 Materialkosten ★★☆

Für ein Bauteil liegen im ersten Quartal folgende chronologische Aufzeichnungen vor.

Bestand/Bewegung	Datum	Stück	€/Stück
Anfangsbestand	01.01.	200	5,50
Zugang 1	17.01.	+400	5,70
Abgang 1	24.01.	-300	
Zugang 2	02.02.	+150	5,90
Abgang 2	14.02.	-400	
Zugang 3	27.02.	+900	5,20
Abgang 3	12.03.	-500	
Endbestand laut Inventur	31.03.	400	

a. Bestimmen Sie die Materialkosten des Quartals und den Endbestandswert unter Verwendung des periodischen Durchschnittspreises. Der periodische Durchschnittspreis wird rückwirkend für das Quartal als Abrechnungsperiode auf bis zu fünf Nachkommastellen ermittelt. Weisen Sie separat die mengen- und wertmäßige Inventurdifferenz aus, die als Korrekturposten in die Betriebsergebnisrechnung einfließt.
b. Dito, jedoch unter Verwendung des gleitenden Durchschnittspreises.
c. Dito, jedoch unter Verwendung eines festen Verrechnungspreises von 5,50 € pro Stück. Gehen Sie davon aus, dass Differenzen zwischen Bezugspreis und Verrechnungspreis jeweils beim Zugang sofort vollständig in das Betriebsergebnis abgerechnet werden.
d. Ermitteln Sie, um welchen Betrag (€) das Betriebsergebnis des Quartals bei Verwendung des festen Verrechnungspreises gemäß c. aufgrund der Bezugspreisabweichungen und der Inventurdifferenz korrigiert werden muss.

13 Fertigungslohn als Zeit- und Geldakkord ★☆☆

Facharbeiter Müller wird als Schweißer im Zeitakkord entlohnt. Sein Akkordzeitsatz beträgt 28,50 € je Vorgabestunde. In einer achtstündigen Schicht hat Müller 70 Werkstücke X13 und 137 Werkstücke Z77 geschweißt. Die im Arbeitsplan aufgrund einer Zeitstudie festgelegten Vorgabezeiten betragen 5 Minuten/Werkstück X13 und 2 Minuten/Werkstück Z77.

a. Berechnen Sie den Arbeitslohn von Müller an diesem Tag nach dem Zeitakkord.
b. Ermitteln Sie den Leistungsgrad des Facharbeiters Müller.
c. Leiten Sie aus dem Akkordzeitsatz und den Stückvorgabezeiten für Müller die Akkordstücksätze der Werkstücke X13 und Z77 ab.
d. Berechnen Sie unter Verwendung der Akkordstücksätze den Arbeitslohn von Müller in der genannten Schicht nach dem Geldakkord.
e. Erläutern Sie, warum Betriebe den Zeitakkord gegenüber dem Geldakkord bevorzugen.

14 Lohn- und Lohnnebenkosten ★★☆

Der Betriebsbuchhalter berechnet für das kommende Jahr (250 Arbeitstage) die Löhne und Lohnnebenkosten. Leider sind ihm die erforderlichen Informationen durcheinandergeraten.

Sozialversicherungsbeiträge	20 % der Basis- und Soziallöhne
Feiertagslöhne	1.000 Tsd €
Urlaubslöhne und Urlaubsgeld	3.250 Tsd €
Hilfslöhne	24,0 % der Fertigungslöhne
Zulagen und Zuschläge	696 Tsd €
Sonstige Lohnnebenkosten	2.690 Tsd €
Krankheitslöhne	6,0 % der Basislöhne
Sonderzahlungen (13. Eink. etc.)	10,0 % der Basislöhne
Fertigungslöhne	19.600 Tsd €
Betriebliche Altersversorgung	2,4 % der Basis- und Soziallöhne
Vermögensbildung	2,0 % der Basislöhne

a. Ermitteln Sie in einer geordneten Aufstellung die Basislöhne, die Soziallöhne, die Summe der Basis- und Soziallöhne sowie die gesamten Lohnnebenkosten. Geben Sie die Lohnnebenkosten auch in Prozent der Basislöhne an.
b. Im Monat März (20 Arbeitstage) des betrachteten Jahres werden in der Kostenrechnung 1.520 Tsd € Lohnnebenkosten verrechnet. Die in der Finanzbuchhaltung ausgewiesenen effektiven Beträge liegen mit 1.140 Tsd € erheblich darunter. Wie kann es zu diesem Unterschied kommen, wenn die tägliche Arbeitszeit über das Jahr hinweg unverändert bleibt?

15 Kalkulatorische Verrechnung von Personalzusatzkosten ★☆☆

In einem Kleinbetrieb werden im Gesamtjahr Basislöhne von 1.700.000 € und Lohnzusatzkosten von 1.360.000 € erwartet. In der monatlichen Abrechnung sollen die Lohnzusatzkosten pauschal auf der Grundlage der Basislöhne verrechnet werden.

a. Berechnen Sie den Lohnzusatzkostensatz für die Arbeiter.
b. Im März wurden Löhne für geleistete Arbeit in Höhe von 165.500 € erfasst. Ferner wurden für Krankheits- und Urlaubslöhne, Arbeitgeberbeiträge zur Sozialversicherung und weitere Lohnnebenkosten insgesamt 117.700 € abgerechnet. Ermitteln Sie die in der Kostenrechnung

mithilfe des Lohnzusatzkostensatzes verrechneten Lohnzusatzkosten und die Verrechnungsdifferenz gegenüber den abgerechneten Beträgen.
c. Nennen Sie mögliche Gründe für die Verrechnungsdifferenz.

16 Wiederbeschaffungswert und lineare Abschreibungen ★☆☆

Die Novoplast GmbH setzt in der Kunststoffverarbeitung die Spritzgussmaschine Spritzfix-Plus ein. Diese wurde im Jahre 02 zu Anschaffungskosten von 98.500 € einschließlich Nebenkosten installiert. Die Faktorentabelle für die Wiederbeschaffungswerte weist für Spritzgussmaschinen im Jahr 02 einen Index von 1,255 auf. Inzwischen ist das Jahr 08 erreicht; der Index für das Jahr 08 lautet 1,506. Anlagenbuchhalter Meier folgt den Branchenempfehlungen und verwendet für Spritzgussmaschinen die betriebsgewöhnliche Nutzungsdauer von 15 Jahren. Die kalkulatorische Abschreibung erfolgt linear.

a. Ermitteln Sie die gesamte Verteuerung der Spritzgussmaschinen vom Jahr 02 auf das Jahr 08 in Prozent.
b. Berechnen Sie den Wiederbeschaffungswert der Maschine Spritzfix-Plus im Jahr 08.
c. Bestimmen Sie die kalkulatorische Abschreibung auf Spritzfix-Plus im Jahr 08.
d. Noch vor der ersten Monatsabrechnung des Jahres 08 stellt Meier mit Entsetzen fest, dass er sich bei der Inventarisierung von Spritzfix-Plus in der Tabellenzeile geirrt und die falsche betriebsgewöhnliche Nutzungsdauer abgelesen hat. Die korrekte betriebsgewöhnliche Nutzungsdauer beträgt 12 Jahre. Berechnen Sie nunmehr die kalkulatorische Abschreibung des Jahres 08.

17 Kalkulatorische Abschreibungen bei Objekten mit Resterlös ★☆☆

Fuhrunternehmer Schnell setzt für seine Transporte stets die neuesten 7,5-Tonner ein. Mit seinem Nutzfahrzeughändler hat er vereinbart, die Gebrauchtfahrzeuge nach jeweils zwei Jahren zu 40% des ehemaligen Kaufpreises in Zahlung zu geben. Eines der Fahrzeuge, den Vollwo D105, hat er im vergangenen Jahr zu 284.000 € erworben. Inzwischen sind die Preise der Nutzfahrzeuge um 2,5% gestiegen.

a. Berechnen Sie den Wiederbeschaffungswert des Transporters D105 im laufenden Jahr.
b. Ermitteln Sie die kalkulatorische Abschreibung auf den Transporter D105 im laufenden Jahr.

18 Handels- und steuerbilanzielle sowie kalkulatorische Abschreibungen ★★★

Ein Reisebusunternehmen kaufte Anfang des Jahres 01 einen Omnibus für 358.200 €; die Nebenkosten beliefen sich auf 1.800 €. In der Finanzbuchhaltung wurde der Bus in den ersten drei Jahren degressiv mit dem steuerlich höchstzulässigen Satz von 20% und in den darauf folgenden fünf Jahren linear abgeschrieben. Die betriebsgewöhnliche Nutzung des Busses liegt bei acht Jahren bzw. 720.000 km. In den Jahren 01 bis 06 legte der Bus nachstehende Strecken zurück, und der Index der Wiederbeschaffungswerte kletterte in diesem Zeitraum wie folgt:

Jahr	01	02	03	04	05	06
Fahrleistung (km)	85.000	105.000	115.000	120.000	90.000	85.000
WBW-Faktor	0,971	1,000	1,027	1,040	1,042	1,059

In den Jahren 07 und 08 werden die Fahrleistung und der Preisindex wie in 06 erwartet. Ende des Jahres 08 soll der Bus verschrottet werden.

a. Stellen Sie den handels- und steuerbilanziellen Abschreibungsplan auf.
b. Berechnen Sie die kalkulatorischen Abschreibungen der Jahre 01 bis 08 bei linearer Abschreibung.
c. Dito, jedoch unter Verwendung der leistungsabhängigen Abschreibung.
d. Beurteilen Sie, ob bei den Vorgehensweisen gemäß a., b. und c. die über den Gesamtzeitraum erwirtschafteten Abschreibungsbeträge für eine Wiederbeschaffung ausreichen.

19 Kalkulatorische Abschreibungen mit Nachholung ★☆☆

Ermitteln Sie in der folgenden Tabelle die jährlichen kalkulatorischen Abschreibungen einer Maschine mit Nachholung, sodass die gesamten Abschreibungen über die betriebsgewöhnliche Nutzungsdauer von 6 Jahren dem Wiederbeschaffungswert nach 6 Jahren entsprechen. Der Anschaffungswert der Maschine zu Beginn des Jahres 01 beträgt 128.000 €. Die Indizes zur Berechnung der Wiederbeschaffungswerte (WBW) sind der Tabelle zu entnehmen.

Jahr	WBW-Index	WBW („Tageswert")	Kumulierte Abschreibungen		Abschreibung des Jahres
			Anteil	Betrag	
01	1,024	128.000			
02	1,044				
03	1,072				
04	1,098				
05	1,104				
06	1,136				
Σ					

20 Instandhaltungskosten ★☆☆

Ein Reiseveranstalter setzt einen Reisebus ein, der zu 502.325,58 € angeschafft wurde. Im Anschaffungsjahr lag der Index der Wiederbeschaffungswerte bei 1,040. Bis zum laufenden Jahr ist der Index auf 1,118 geklettert.

a. Berechnen Sie die jährlichen kalkulatorischen Instandhaltungskosten für den Reisebus. Der Instandhaltungsfaktor beträgt 4% vom Wiederbeschaffungswert.
b. Ermitteln Sie, in welchem Umfang die Instandhaltungskosten auf Material, Fremdleistungen und Leistungen der eigenen Werkstatt entfallen. Erfahrungsgemäß liegt der Anteil in der angegebenen Reihenfolge bei 50%, 10% und 40% des Gesamtbetrages.

21 Werkzeugkosten ★★☆

In der Fertigung wird auf drei gleichartigen Maschinen jeweils ein Diamantbohrer als Werkzeug eingesetzt. Nach Maßgabe von Belastungsberechnungen beträgt die durchschnittliche Standzeit der Bohrer 3,8 Stunden (Arbeitszeit mit scharfem Bohrer); dann müssen die Bohrer nachgeschliffen werden. Das Nachschleifen ist insgesamt 24 mal möglich. Der Kaufpreis der Bohrer beträgt 58 € je Stück. Für das Nachschleifen benötigt die eigene Schleiferei 12 Minuten je Stück. Der Kostensatz der Schleiferei beträgt 75 €/Stunde.

a. Berechnen Sie die Werkzeugkosten je Laufzeitstunde eines Diamantbohrers.
b. Ermitteln Sie die im Monat zu verrechnenden Werkzeugkosten, wenn die Maschinenlaufzeit der drei Maschinen bei jeweils 200 Stunden liegt.
c. Die Bohrer werden ausschließlich für die Bearbeitung eines bestimmten Produktes eingesetzt. Die Bearbeitungszeit je Produkteinheit liegt bei 24 Minuten. Berechnen Sie die Werkzeugkostenrate, damit die Werkzeugkosten als Sondereinzelkosten der Fertigung kalkuliert werden können.

22 Kalkulatorische Zinsen/Restwert- und Durchschnittsmethode ★★☆

Ein Spediteur hat für die Berechnung der kalkulatorischen Zinsen folgende Zahlen zusammengetragen (Werte in Tsd €).

Position	Anschaffungswert	Kumulierte Abschreibg.	Kalk. Restwert zum 01.01.	Abschreibung des Jahres	Kalk. Restwert zum 31.12.
Grundstücke	1.700	0	1.700	0	1.700
Gebäude	4.200	1.840	2.360	160	2.200
Lastkraftwagen	6.400	1.950	4.450	1.600	2.850

Unter der Position Grundstücke befindet sich ein Areal im Wert von 450 Tsd €, das als Außenlager an eine benachbarte Baustoffgroßhandlung verpachtet ist. Die Lastkraftwagen werden aufgrund eines Rahmenvertrags mit dem Nutzfahrzeughändler jeweils neu erworben und stets nach drei Nutzungsjahren zu einem Resterlös von 25% des Anschaffungswertes in Zahlung gegeben. Das Umlaufvermögen besteht im Wesentlichen aus Betriebsstoffen und Finanzmitteln. Es hat sich seit mehreren Jahren in Höhe von rund 350 Tsd € stabilisiert. Die Spedition verfügt weder über erhaltene Anzahlungen, noch werden in nennenswertem Umfang Rückstellungen gebildet. Lieferantenkredite werden regelmäßig beansprucht; ihr Volumen liegt bei durchschnittlich 300 Tsd €.

a. Berechnen Sie das betriebsnotwendige Vermögen, das betriebsnotwendige Kapital mit Berücksichtigung des Abzugskapitals und die zugehörigen kalkulatorischen Zinsen nach der Durchschnittsmethode. Der Kalkulationszinssatz beträgt 12%.
b. Dito, jedoch unter Anwendung der Restwertmethode.
c. Erläutern Sie, warum Lieferantenkredite nicht uneingeschränkt als zinsloses Kapital gelten können und deshalb nicht uneingeschränkt Abzugskapital darstellen.

23 Kalkulatorische Zinsen/Durchschnittsmethode ★★★

Aus dem handels- und steuerbilanziellen Abschluss eines Unternehmens zum 31.12. des Vorjahres sind folgende Buchwerte bekannt (in Mio €).

Grundstücke	52
Gebäude	140
Maschinen und Anlagen	167
Vorräte	220

Sonstiges Umlaufvermögen	48
Erhaltene Anzahlungen	18
Lieferantenkredite	27

Auf die Gebäude entfallen kumulierte handels- und steuerbilanzielle Abschreibungen in Höhe von 258 Mio € und auf die Maschinen und Anlagen 95 Mio €. Ein unbebautes Grundstück wurde schon vor Jahren im Hinblick auf eine geplante, aber dann doch nicht durchgeführte Betriebserweiterung zu 5 Mio € erworben; es wird derzeit als Getreideanbaufläche an einen Landwirt verpachtet. Im Bilanzvermögen ist eine inzwischen stillgelegte Anlage enthalten, deren Anschaffungskosten sich auf 2 Mio € belaufen. Zu Jahresbeginn ist der Erwerb einer neuen Fertigungsstraße geplant; die Anschaffungskosten liegen bei 12 Mio €. Die Vorräte sollen kontinuierlich auf 210 Mio € abgebaut werden. Das sonstige Umlaufvermögen wird sich im Jahresverlauf auf 24 Mio € reduzieren; der Rückgang ist auch auf den Verkauf von Wertpapieren des Umlaufvermögens (Kaufpreis 6 Mio €) zurückzuführen, die zu Spekulationszwecken erworben wurden. Das Volumen der erhaltenen Anzahlungen und der Lieferantenkredite wird sich voraussichtlich nicht verändern.

a. Berechnen Sie das betriebsnotwendige Vermögen sowie das betriebsnotwendige Kapital für das laufende Geschäftsjahr nach der Durchschnittsmethode. Berücksichtigen Sie dabei, dass zunächst aus den Buchwerten die Anschaffungs- bzw. Herstellungswerte abgeleitet werden müssen. Gehen Sie davon aus, dass die erhaltenen Anzahlungen sowie die Lieferantenkredite zinslos zur Verfügung stehen.
b. Ermitteln Sie die kalkulatorischen Zinsen bei einem Kalkulationszinssatz von 8%.

24 Wagniskosten ★☆☆

Ein Betrieb berücksichtigt in der Kostenrechnung verschiedene Risiken. Bezeichnen Sie jeweils die Art des Risikos, und berechnen Sie die kalkulatorischen Wagniskosten für das kommende Geschäftsjahr.

a. Der Umsatz entwickelte sich in den vergangenen vier Jahren von 35 über 38 und 43 auf 44 Mio €. Dabei entstanden Forderungsverluste in Höhe von 0,44, 1,02, 0,39 und 0,55 Mio €. Für das kommende Geschäftsjahr wird mit einem Umsatz von 44 Mio € gerechnet.
b. Aufgrund von Arbeits- und Materialfehlern werden je Arbeitstag durchschnittlich 3 Stunden nur für das Nacharbeiten fehlerhafter Erzeugnisse verwendet (Stundensatz: 80 €). Außerdem werden arbeitstäglich Erzeugnisse im Wert von ca. 200 € verschrottet, da ein Nacharbeiten nicht mehr möglich ist. An 250 Tagen im Jahr wird gearbeitet.
c. Die Verluste aus Schwund und Diebstahl lagen in den vergangenen vier Jahren bei 2% der Durchschnittsbestände der Roh-, Hilfs- und Betriebsstoffe sowie der unfertigen und fertigen Erzeugnisse. Der Bestand in Höhe von 3,8 Mio € zu Jahresbeginn soll bis zum Jahresende kontinuierlich um 0,6 Mio € gesenkt werden.
d. In den vergangenen vier Jahren wurden Kundenreklamationen im Umfang von 1,5% der Herstellkosten übernommen. Aufgrund einer Vertriebsoffensive mit verbessertem Service wird mit einem Anstieg der Belastung um 20% gerechnet. Die Herstellkosten der abgesetzten Erzeugnisse werden voraussichtlich bei 35 Mio € liegen.

25 BAB/Primärkostenverteilung ★★☆

Die Betriebsbuchhaltung eines Industriebetriebes stellt für den Monat Oktober folgende Zahlen fest. In diesen Zahlen sind sowohl Einzel- als auch Gemeinkosten enthalten.

Fertigungsmaterial	312.120 €
Fertigungslöhne	118.400 €
Hilfslöhne	18.000 €
Gehälter	72.800 €
Personalzusatzkosten	167.360 €
Sondereinzelkosten der Fertigung	5.190 €
Kalkulatorische Abschreibungen	64.630 €
Kalkulatorische Zinsen	48.400 €
Raumkosten	15.600 €
Sonstige Kosten	37.500 €

Für die Verteilung der Gemeinkosten im Oktober liegen außerdem folgende Angaben vor.

Kostenart	Verteilungs-grundlage	Materialstelle	Fertigungs-stelle	Verwaltungs-stelle	Vertriebs-stelle
Hilfslöhne	Lohnscheine (Std.)	150	600	0	150
Gehälter	Anzahl Angestellte	1	3	5	4
Personalzusatzk.	Löhne, Gehälter (€)	?	?	?	?
Kalk. Abschreib.	Direkt erfasst (€)	8.630	44.470	3.950	7.580
Kalk. Zinsen	Kapitalbindung (€)	1.620.000	3.960.000	540.000	1.140.000
Raumkosten	Fläche (qm)	250	700	140	210
Sonstige Kosten	Fester Schlüssel	3	7	2	3

Beachten Sie, dass die kalkulatorischen Abschreibungen direkt nach Kostenstellen erfasst wurden, also für diese Kostenart keine Verteilung mehr erforderlich ist. Der Kalkulationszinssatz zur Ermittlung der kalkulatorischen Zinsen beträgt 8% pro Jahr.

a. Klären Sie, welche der aufgeführten Kostenarten Einzelkosten bzw. Gemeinkosten sind.
b. Erstellen Sie den BAB für den Monat Oktober, der die Gemeinkosten der vier Kostenstellen und des Industriebetriebes kostenartenweise und insgesamt ausweist.
c. Berechnen Sie die Gesamtkosten im Monat Oktober einschließlich der Einzelkosten.

26 BAB/Innerbetriebliche Leistungsverrechnung ★★★

Ein Betrieb ist kostenrechnerisch in die Hilfskostenstellen Handwerker und Fuhrpark sowie in die Hauptkostenstellen Teilefertigung und Montage aufgeteilt. In der bezeichneten Reihenfolge betragen die primären Gemeinkosten 12.100 €, 22.960 €, 85.300 € und 183.400 €.
Die Handwerker erbringen Arbeitsleistung für die Kostenstellen, gemessen in Stunden (h). Im Abrechnungszeitraum wurden 40 h für den Fuhrpark, 70 h für die Teilefertigung und 90 h für die Montage geleistet.
Der Fuhrpark übernimmt Transportaufgaben für die Kostenstellen, gemessen in gefahrenen Kilometern (km). Im Abrechnungszeitraum wurden 27.000 km für die Handwerker und jeweils 31.500 km für die Teilefertigung und die Montage erfasst.

a. Führen Sie die innerbetriebliche Leistungsverrechnung nach dem Anbauverfahren durch. Bestimmen Sie die Gutschriften und Belastungen (gerundet auf volle €) sowie die Endkosten der Kostenstellen.
b. Dito, jedoch nach dem Stufenverfahren.
c. Dito, jedoch nach dem Gleichungsverfahren.
d. Dito, jedoch nach dem Festpreisverfahren. Die Festpreise betragen 90,- €/h und 0,35 €/km.
e. Beurteilen Sie die Genauigkeit der Verfahren.
f. Prüfen Sie, ob sich Ihre Ergebnisse ändern, wenn die Handwerker 20 h selbst verbrauchen.

27 BAB/Innerbetriebliche Leistungsverrechnung mit dem Kostenträgerverfahren ★★☆

In einem Unternehmen wird zur Überarbeitung eines DV-Netzwerks der Kostenstelle Informationsverarbeitung (IV) der Werkauftrag WA4711 ausgegeben. An den Arbeiten ist außer einer Fremdfirma, die das Netzwerk vor drei Jahren installiert hat, ein Ingenieur der Kostenstelle Technischer Service (TS) beteiligt. Die Rechnung der Fremdfirma für die Netzwerküberarbeitung lautet über 5.700 €. Der hauseigene Serviceingenieur hat 45 Stunden in das Vorhaben eingebracht; der Kostensatz der Kostenstelle TS beträgt 108 €/Stunde. Außerdem hat der Serviceingenieur für die Arbeiten von einem Elektrogroßhändler ein Glasfaserkabel zu 1.380 € besorgt.

a. Ermitteln Sie die Gutschrift für die Kostenstelle Technischer Service sowie die Gesamtkosten des Werkauftrags WA4711.
b. Erläutern Sie, wie die Kosten des Werkauftrags WA4711 zu verrechnen sind, falls es sich bei der Überarbeitung des DV-Netzwerks um eine Reparatur handelt.
c. Erläutern Sie, wie die Kosten des Werkauftrags WA4711 zu verrechnen sind, falls es sich bei der Überarbeitung um eine Erweiterung des DV-Netzwerks handelt.
d. Nennen Sie drei Vorteile der Kostenverrechnung über einen Werkauftrag im Vergleich zur unmittelbaren Verrechnung zwischen Kostenstellen.

28 BAB/Zuschlagssätze, Über- und Unterdeckungen ★★☆

Für den abgelaufenen Monat werden in einer Schraubenfabrik die Istgemeinkosten und die Einzelkosten gemäß folgendem BAB festgestellt. Außerdem ergaben sich Bestandsminderungen der unfertigen Erzeugnisse in Höhe von 33.850 € sowie Bestandsmehrungen der fertigen Erzeugnisse in Höhe von 30.910 €. Kalkulation und Kostenverrechnung erfolgen mit den angegebenen Normalzuschlagssätzen.

(Kosten in €)	Materialwesen	Fertigung 1	Fertigung 2	Verwaltung	Vertrieb	Σ
Istgemeinkosten	47.520	353.184	293.530	80.600	125.550	900.384
Zuschlagsbasis	Fertig.mat.	Fertigungslohn		..................?		
	660.000	124.800	74.500	..................?		
Istzuschlagssatz						
Normalzus.satz	8,0%	270%	400%	5,0%	8,0%	
Normalgemeink.						
Über-/Unterdeck.						

a. Vervollständigen Sie den BAB um die Istzuschlagssätze, die Zuschlagsbasis für die Verwaltungs- und Vertriebskosten sowie die verrechneten Normalgemeinkosten. Ermitteln Sie anschließend die Über- (+) bzw. Unterdeckungen (-) der Kostenstellen und insgesamt.
b. Geben Sie an, auf welche Ursachen die Über- bzw. Unterdeckungen zurückgeführt werden können.
c. Gehen Sie davon aus, dass der Umsatz des abgelaufenen Monats 1.812.624 € beträgt. Berechnen Sie das Betriebsergebnis auf Normalkostenbasis und das effektive Betriebsergebnis auf Istkostenbasis.

29 Kleiner BAB/Gesamtdarstellung ★★☆

Der Betriebsabrechnungsbogen (BAB) eines Herstellers von Solaranlagen ist in zwei Hilfskostenstellen und drei Hauptkostenstellen unterteilt; die Bereiche Verwaltung und Vertrieb sind in einer Stelle zusammengefasst. Folgende Tabelle zeigt den noch unvollständigen BAB für den Monat April.

(Kosten in €)	Gebäude	Werkstatt	Materialstelle	Fertigungsstelle	Verwaltg./ Vertrieb	Σ
Gehälter						72.000
Kalkul. Zinsen						20.000
Sonstige Kosten						605.000
Primäre Gemeink.						697.000
Umlage Gebäude						
Zwischensumme		....				
Umlage Werkst.						
Endkosten						
Zuschlagsbasis			MEK 1.285.800	FEK 169.125	HK d. Ums. 1.883.194	
Istzuschlagssatz						
Normalzus.satz			5,00%	280,00%	7,50%	
Normalgemeink.						
Über-/Unterdeck.						

Grundlagen für die Verteilung der primären Gemeinkosten:

Angestellte	1	2	2	-	3	8
Kapitalbindg. (€)	1.340.000	350.000	460.000	2.580.000	270.000	5.000.000
Fester Schlüssel	2	5	5	80	18	110

Grundlagen für die Umlagerechnung:

Quadratmeter	-	105	320	750	93	1.268
Reparaturstunden	-	-	125	480	95	700

a. Verteilen Sie die Gehälter nach Angestellten, die kalkulatorischen Zinsen nach Kapitalbindung und die sonstigen Kosten nach dem festen Schlüssel auf die Kostenstellen und berechnen Sie die Summe der Istgemeinkosten je Kostenstelle (= Primäre Gemeinkosten).
b. Legen Sie die Kosten der Hilfskostenstellen mithilfe des Stufenverfahrens auf die Empfängerkostenstellen um und berechnen Sie die Endkosten (= Summe der Istgemeinkosten nach Umlagen). Die Verteilungsbasis für die Hilfskostenstelle Gebäude ist die Nutzfläche der

darin befindlichen Kostenstellen. Die Kosten der Werkstatt werden nach Maßgabe der benötigten Reparaturstunden verrechnet.

c. Berechnen Sie die Istzuschlagssätze der Hauptkostenstellen in Prozent, gerundet auf zwei Nachkommastellen, indem Sie die Endkosten durch die jeweilige Zuschlagsbasis teilen.
d. Ermitteln Sie die Höhe der verrechneten Gemeinkosten (= Normalgemeinkosten) der Hauptkostenstellen, indem Sie die Zuschlagsbasis mit dem jeweiligen Normalzuschlagssatz multiplizieren. Stellen Sie anschließend die Über- (+) bzw. Unterdeckung (-) fest, indem Sie die Istgemeinkosten nach Umlage (= Endkosten) von den Normalgemeinkosten subtrahieren.
e. Addieren Sie die Materialeinzelkosten (MEK), die Fertigungseinzelkosten (FEK) sowie die Normalgemeinkosten der Materialstelle und der Fertigungsstelle; die Summe entspricht den Herstellkosten der Produktion. Subtrahieren Sie von dieser Summe die in der Periode eingetretene Bestandsmehrung bei den Erzeugnissen in Höhe von 109.571 €; die Differenz entspricht den Herstellkosten des Umsatzes (HK d. Ums.). Vergleichen Sie Ihr Ergebnis mit dem vorgegebenen Eintrag in der Lösungstabelle.

30 Umfangreicher BAB/Gesamtdarstellung ★★★

Ein mittelständischer Betrieb weist für die ersten sechs Monate des Geschäftsjahres einen noch unvollständigen BAB (vgl. nächste Seite) aus. Folgende Informationen liegen zusätzlich vor.

- Die Hilfslöhne in Höhe von 440 Tsd € sind im Verhältnis 3:9:9:8:6:9 auf die Kostenstellen Gebäude, Fertigung A, Fertigung B, Fertigung C, Lager und Vertrieb zu verteilen.
- Die Gehälter in Höhe von 900 Tsd € entfallen im Verhältnis 3:4:2:1:1:4:2:6:7 auf die Kostenstellen Personalwesen, Fertigungshilfsstelle, Fertigung A, Fertigung B, Fertigung C, Einkauf, Lager, Verwaltung und Vertrieb.
- Die Personalzusatzkosten in Höhe von 2.960 Tsd € sind nach Maßgabe der Personalbasiskosten mit einem einheitlichen Satz zu verteilen. Berücksichtigen Sie dabei auch die Fertigungslöhne von insgesamt 2.360 Tsd €, die als Zuschlagsbasis im BAB verzeichnet sind.
- Die Umlage der Hilfskostenstellen erfolgt nach dem Stufenverfahren von links nach rechts. Die Kosten der Gebäudekostenstelle werden nach der Fläche (in qm) verteilt, die Kosten des Personalwesens nach der Zahl der Mitarbeiter. Die Kosten der Fertigungshilfsstelle werden nach dem Anteil der Fertigungslöhne auf die Fertigungshauptstellen verrechnet.
- Die Fertigungslöhne und das Fertigungsmaterial sind als Zuschlagsbasen für den Fertigungs- bzw. Materialbereich im Tableau angegeben. Die Herstellkosten des Umsatzes auf Basis der Normalkosten als Zuschlagsbasis für die Bereiche Verwaltung und Vertrieb sind noch zu berechnen; dabei ist eine Bestandsmehrung der Erzeugnisse von insgesamt 97 Tsd € zu berücksichtigen.

Vervollständigen Sie den BAB um die Primärkostenverteilung, die innerbetriebliche Leistungsverrechnung (Umlagerechnung), die Istzuschlagssätze, die Normalgemeinkosten sowie die Über- bzw. Unterdeckungen der Kostenstellen.

31 Einstufige und zweistufige Divisionskalkulation ★☆☆

Eine Zuckerraffinerie produziert und vertreibt Haushaltszucker, und zwar ausschließlich in Verpackungseinheiten zu jeweils einem kg. Die Kosten je Verpackungseinheit werden monatlich mithilfe der Divisionskalkulation ermittelt.

a. Im Monat April wurden 865.000 Verpackungseinheiten produziert und vollständig verkauft. Die gesamten Kosten betrugen 622.800 €. Ermitteln Sie die Kosten je Verpackungseinheit im Monat April mithilfe der einstufigen Divisionskalkulation.

Zu Aufgabe 30	Allg. Kostenstellen		Fertigungs-hilfsstelle	Fertigungshauptstellen				Materialstellen			Verwaltung	Vertrieb	Untern. gesamt
(Werte in Tsd €)	Gebäude	Personal-wesen		A	B	C	gesamt	Einkauf	Lager	gesamt			
Hilfslöhne	....			....	....	....	....		....	....		....	440
Gehälter		....	....	....	....	....	....	....	....	....	....	....	900
Personalzusatzkosten	....	....	....	....	....	....	....	....	....	....	....	....	2.960
Übrige Gemeinkosten	106	18	49	748	975	1.612	3.335	84	178	262	215	378	4.363
Primäre Gemeinkosten	....	....	....	....	....	....	....	....	....	....	....	....	....
Umlage Gebäude	....	....	....	....	....	....	....	....	....	....	....	....	....
Zwischensumme		....											
Umlage Personalwesen		....	....	....	....	....	....	....	....	....	....	....	....
Zwischensumme			....										
Umlage Fertig.hilfsstelle			....	....	....	....	....						....
Istgemeink. nach Umlage	0	0	0	....	....	....	....	....	....	....	....	....	....
Zuschlagsbasis				950	780	630	2.360			6.500	....	....	
Istzuschlagssatz				....	....	....				....	....	....	
Normalzuschlagssatz				200%	260%	380%				11,0%	3,0%	6,0%	
Normalgemeinkosten				....	....	....	....			....	....	....	....
Über- (+)/Unterdeck. (-)				....	....	....	....			....	....	....	....
Fläche (qm)	30	60	120	240	300	270	810	80	250	330	80	200	1.630
Mitarbeiter (Anzahl)	1	2	3	30	25	20	75	2	5	7	3	5	96

b. Im Monat Mai wurden 864.000 Verpackungseinheiten produziert, aber nur 860.000 Verpackungseinheiten verkauft; der Rest ging ins Ausgangslager. Die Kosten betrugen insgesamt 621.800 €; davon entfielen 561.600 € auf die Herstellung, 60.200 € auf Verwaltung und Vertrieb. Berechnen Sie die Kosten je Verpackungseinheit im Monat Mai mithilfe der zweistufigen Divisionskalkulation. Welchen Wert hat der Lagerzugang?
c. Im Monat Juni wurden 848.000 Verpackungseinheiten produziert und 850.000 Verpackungseinheiten verkauft; dabei konnte man auf vorhandene Bestände zurückgreifen. Die Kosten betrugen 610.700 €; davon entfielen insgesamt 59.500 € auf Verwaltung und Vertrieb. Berechnen Sie die Kosten je Verpackungseinheit im Monat Juni. Welchen Wert hat der Lagerabgang, wenn sich die Kostensituation gegenüber der Vorperiode nicht geändert hat?

32 Mehrstufige Divisionskalkulation ★☆☆

Ein Unternehmen stellt Dosenöffner in Massenfertigung her. Dabei muss das Erzeugnis nacheinander den Materialbereich, fünf Fertigungsstellen und den Bereich Verwaltung/Vertrieb durchlaufen. In der abgelaufenen Periode wurden 4.000 Dosenöffner an das Fertigwarenlager abgeliefert, die noch nicht verkauft werden konnten. Außerdem liegen folgende Informationen vor.

Stufe	Stufenkosten (€)	Stufenmenge (Stück Dosenöffner)
Materialbereich	110.000	150.000
Fertigung 1	94.000	150.000
Fertigung 2	83.500	145.000
Fertigung 3	34.000	152.000
Fertigung 4	112.000	148.000
Fertigung 5	44.000	154.000
Verwaltung/Vertrieb	85.000	..........?

Die Dosenöffner werden für den Einzelhandel in aufreißbare Verkaufskartons zu je 1,10 € verpackt. Jede Verpackungseinheit besteht aus fünf Dosenöffnern. Berechnen Sie die Selbstkosten je Dosenöffner ohne Verkaufskarton und die Selbstkosten je Verkaufspackungseinheit.

33 Divisionskalkulation/Durchwälz- und Veredelungsmethode ★★★

Eine Fabrik produziert in einem vierstufigen Prozess Zement. Auf Stufe 1 bereitet sie im Monat Mai 12.240 t Rohmaterial, das zu 6 €/t bezogen wird, zu 12.000 t verwertbarem Zementmehl auf; dabei fallen Verarbeitungskosten in Höhe von 20.160 € an. Auf Stufe 2 werden 11.700 t Zementmehl zu 9.360 t Zementklinker gebrannt, wobei weitere 51.012 € Verarbeitungskosten entstehen. Stufe 3 umfasst das Mahlen von 9.400 t Zementklinker zu derselben Menge Zement, wofür Stufenkosten von zusätzlich 21.620 € anfallen. Auf Stufe 4 werden 9.292 t Zement unter Inkaufnahme von Verpackungsverlusten in 184.000 Säcke à 50 kg verpackt; dabei fallen weitere Stufenkosten von insgesamt 60.030 € und je Sack 0,25 € für Verpackungsmaterial an. Schließlich werden 185.000 Säcke Zement verkauft und ausgeliefert; auf die Absatzmenge sollen die Verwaltungs- und Vertriebskosten (Stufe 5) in Höhe von 51.800 € verrechnet werden. Die Kostensituation hat sich gegenüber den Vormonaten nicht geändert.

a. Berechnen Sie die Selbstkosten je Tonne und je Sack Zement mit der Durchwälzmethode.
b. Berechnen Sie aus dem jeweiligen Verhältnis von Einsatz- zu Ausbringungsmenge die Direktbedarfskoeffizienten der Stufen. Ermitteln Sie anschließend die Selbstkosten je Tonne und je Sack Zement mit der Veredelungsmethode.

34 Äquivalenzziffernkalkulation (I) ★☆☆

Der Maier-Huber vermietet in einer Ferienanlage in Lenggries Ferienwohnungen unterschiedlicher Größe für zwei bis sechs Personen. Mit seinem Sohn Benno, gelernter Industriekaufmann, beziffert er die gesamten Gebäudekosten eines Jahres auf 145.800 €. Maier-Huber will nun die gesamten Gebäudekosten möglichst genau auf die einzelnen Wohnungstypen zurechnen. Deshalb schlägt ihm Benno vor, die Aufteilung in Anlehnung an die Wohnfläche mithilfe von Äquivalenzziffern vorzunehmen; da die meisten Wohnungen vom Typ Frankfurt sind, erhält dieser Standardtyp die Äquivalenzziffer 1,0. Der folgenden Tabelle sind die Wohnflächen, die daraus abgeleiteten Äquivalenzziffern und die Zahl der Wohnungen je Typ zu entnehmen.

Typ	Wohnfläche (qm)	Äquiv.-ziffer	Anzahl Wohnungen	Einheits-menge	Jährliche Gebäudekosten je Typ	je Wohnung
Köln	32	0,8	5			
Frankfurt	40	1,0	14			
Hamburg	48	1,2	5			
München	64		5			
Berlin	80		2			
			Σ		145.800	Ø =

a. Erklären Sie, wie die Äquivalenzziffer in Höhe von 0,8 für die Ferienwohnung vom Typ Köln zustande kommt.
b. Vervollständigen Sie die Tabelle. Ergänzen Sie zunächst die fehlenden Äquivalenzziffern. Berechnen Sie die Einheitsmenge, indem Sie je Typ die Äquivalenzziffer mit der Anzahl der Wohnungen multiplizieren. Dann sind die durchschnittlichen jährlichen Kosten je Einheit des Standardtyps zu berechnen, indem die gesamten Gebäudekosten durch die Summe der Einheitsmengen dividiert werden. Die Gebäudekosten je Typ erhalten Sie, indem Sie die durchschnittlichen jährlichen Kosten mit der Einheitsmenge des Typs multiplizieren. Abschließend teilen Sie die Gebäudekosten je Typ durch die Anzahl der Wohnungen, um die jährlichen Gebäudekosten je Wohnung zu erhalten.
c. Erklären Sie, warum die Wohnfläche der Ferienwohnungen als Verteilungsbasis unter Umständen keine verursachungsgerechte Verteilung der Gebäudekosten sichert.

35 Äquivalenzziffernkalkulation (II) ★★☆

Eine Raffinerie stellt drei verschiedene Ölsorten Extra, Spezial und Super her. Die Gesamtkosten einer Abrechnungsperiode betrugen 173,25 Mio €. Aus einer technisch-wertmäßigen Analyse ist bekannt, dass Herstellung und Vertrieb von Extra um 20% weniger und von Super um 40% mehr kosten als bei der Sorte Spezial. Es wurden folgende Mengen produziert und abgesetzt (t = Tonnen).

Extra	50.000 t
Spezial	150.000 t
Super	100.000 t

Berechnen Sie die Selbstkosten der Sorten insgesamt und je Tonne.

36 Mehrstufige Äquivalenzziffernkalkulation ★★☆

Ein Betrieb produziert drei Blechsorten A, B und C in Breiten von 81 cm, 90 cm und 117 cm. Der Materialeinsatz ist im Wesentlichen von der Sortenbreite abhängig. Die Kosten der Fertigung liegen bei B um 20% über denen von A und bei C um 50% höher als bei B. Die Materialkosten betragen insgesamt 352.800 € und die Fertigungskosten 204.000 €. Es werden 600 Paletten der Sorte A, 900 Paletten der Sorte B und 400 Paletten der Sorte C hergestellt.

Berechnen Sie die Herstellkosten der Blechsorten insgesamt und je Palette in einer zweistufigen Äquivalenzziffernkalkulation. Geben Sie dabei der Sorte B für die Materialkosten (Stufe 1) und der Sorte A für die Fertigungskosten (Stufe 2) die Äquivalenzziffer 1.

37 Zuschlagskalkulation (I) ★☆☆

Aus den Hauptkostenstellen eines Herstellers elektronischer Produkte liegen folgende (Normal-) Zuschlagssätze für die Kalkulation der Gemeinkosten vor:

	Materialstelle	Vormontage	Endmontage	Verwaltung	Vertrieb
Zuschlagssatz	12%	280%	420%	5%	7,5%

Das Unternehmen fertigt zwei Geräte, für die aus den Konstruktions- und Arbeitsplänen folgende Einzelkosten berechnet wurden (Beträge in €/Stück):

	Material-einzelkosten	Fertig.lohn Vormontage	Fertig.lohn Endmontage	Sondereinzelk. der Fertigung	Sondereinzelk. des Vertriebs
Gerät A	85,00	14,00	18,00	-----	7,75
Gerät B	40,00	12,50	10,50	13,10	-----

Berechnen Sie die Selbstkosten der beiden Produkte mithilfe der Zuschlagskalkulation. Die Gemeinkosten der Materialstelle sollen auf die Materialeinzelkosten sowie die Fertigungsgemeinkosten der Fertigungskostenstellen Vormontage und Endmontage auf die jeweiligen Fertigungslöhne aufgeschlagen werden. Die Verwaltungs- und die Vertriebsgemeinkosten sind auf die Herstellkosten aufzuschlagen.

38 Zuschlagskalkulation (II) ★★☆

Ein Unternehmen des Sondermaschinenbaus will die Selbstkosten eines Kundenauftrags kalkulieren. Für den Auftrag sind folgende Materialien einzusetzen: Getriebeelemente zu 13.920 €, Gehäusebleche zu 7.270 € sowie sonstiges Material zu 2.310 €. Die Fertigungszeit beträgt in der Kostenstelle Teilefertigung 84 Stunden, in der Vormontage 120 Stunden und in der Endmontage 50 Stunden. Die Lohnsätze der Kostenstellen betragen in der genannten Reihenfolge 28,50 €/Stunde, 28,20 €/Stunde und 26,80 €/Stunde. Außerdem ist für die elektronische Maschinensteuerung ein Temperaturbeständigkeitszertifikat durch ein externes Prüfinstitut einzuholen; für die Zertifizierung fallen 2.457 € an. Schließlich berechnet eine Spedition für den Spezialtransport zum Kunden 7.245 €. Das Unternehmen kalkuliert mit folgenden Normalzuschlagssätzen: Materialbereich 8%, Teilefertigung 350%, Vormontage 225%, Endmontage 280%, Verwaltung 5% und Vertrieb 10%.

a. Berechnen Sie in einer übersichtlichen Aufstellung die Selbstkosten des Auftrags mithilfe der differenzierenden Zuschlagskalkulation.
b. Ermitteln Sie die Selbstkosten des Auftrags mithilfe der summarischen Zuschlagskalkulation, indem Sie auf die Summe der Einzelkosten (ohne Sondereinzelkosten) pauschal 100% für die Gemeinkosten aufschlagen und anschließend noch die Sondereinzelkosten addieren.

39 Maschinenstundensatzkalkulation ★★★

In einer Fertigungskostenstelle sollen die nicht lohnabhängigen Gemeinkosten einer Maschine über die in Anspruch genommene Maschinenzeit mithilfe eines Maschinenstundensatzes kalkuliert werden. In dem Betrieb wird weder an den Wochenenden (zusammen 104 Tage) noch an Feiertagen gearbeitet, die auf Werktage fallen (11 Tage). Im Juli schließt der Betrieb für zwei Urlaubswochen (10 Tage). Die tägliche Arbeitszeit beträgt 7,5 Stunden; davon steht die Maschine zu durchschnittlich 1/6 wegen Reparaturen, Wartezeiten etc. still. Zur Berechnung des Maschinenstundensatzes liegen folgende Informationen vor.

Nutzungsdauer	12 Jahre
Anschaffungswert	1.380.000,00 €
WBW-Index im Anschaffungsjahr	1,047
WBW-Index im laufenden Jahr	1,235
Kalkulationszinssatz	8,0 % des gebundenen Kapitals
Elektrischer Anschlusswert, maximal	48 kW
Durchschnittlicher Stromverbrauch	75 % vom Anschlusswert
Strompreis	0,20 €/kWh
Kühlmittelbedarf	8 l/Maschinenstunde
Kühlmittelpreis	130,00 € je 1.000 l
Instandhaltungsfaktor	5,0 % vom WBW
Jährliche Versicherungsprämie	10.604,00 €
Raumbedarf (qm)	38 qm
Monatlicher Raumkostensatz	10,52 €/qm

a. Ermitteln Sie die produktive Maschinenzeit pro Jahr (365 Tage).
b. Berechnen Sie die jährlichen Maschinenkosten und den Maschinenstundensatz.
c. Die Maschinenkosten wurden bisher als Bestandteil der Fertigungsgemeinkosten über einen Lohnzuschlagssatz in Höhe von 550% verrechnet. Für das betrachtete Jahr sind 120.000 € Fertigungslöhne angesetzt. Auf wieviel Prozent sinkt der Zuschlagssatz, weil nun die Maschinenkosten separat verrechnet werden?
d. Für zwei Produkte A und B sind die Fertigungslöhne und die Bearbeitungszeiten auf der Maschine bekannt.

Produkt	A	B
Fertigungslohn (€/Stück)	70,00	50,00
Maschinenzeit (Minuten/Stück)	24	54

Zeigen Sie die Auswirkungen der Umstellung von der reinen Lohnzuschlags- auf die kombinierte Lohnzuschlags- und Maschinenstundensatzkalkulation auf, indem Sie die Fertigungskosten der Produkte auf beiderlei Weise berechnen.

40 Kuppelkalkulation (I) ★☆☆

In einem Sägewerk werden Baumstämme durch ein Gatter geschickt. Dabei entstehen Kanthölzer, Bretter, Schwarten und Sägespäne. Alle Produkte werden ohne weitere Bearbeitung verkauft. Im Monat Mai betrugen die Kosten des Sägewerks 830.388 €. Die Mengen und die Verkaufspreise sind folgenden Tabellen zu entnehmen. Die gesamte Produktion wurde abgesetzt.

a. Berechnen Sie die Kosten und das Ergebnis der vier Sorten insgesamt sowie die Stückkosten je Sorte (in €/cbm) mithilfe der Verteilungsmethode; die Verteilung der Kosten soll anteilig zum Umsatz erfolgen (= Marktwertmethode). Vergleichen Sie die Ergebnisse der Produkte.

	Kanthölzer	Bretter	Schwarten	Sägespäne	Gesamt
Menge (cbm)	3.200	450	120	40	
Preis (€/cbm)	280,00	360,00	45,00	30,00	
Umsatz (€)					
Kosten (€)					830.388
in % vom Umsatz					
Ergebnis (€)					
in % vom Umsatz					
Stückkosten (€/cbm)					

b. Berechnen Sie die Kosten und das Ergebnis der vier Erzeugnisse insgesamt sowie die Stückkosten je Sorte (in €/cbm) mithilfe der Restwertmethode. Die Kanthölzer sind das alleinige Hauptprodukt, die Bretter, Schwarten und Sägespäne sind Nebenprodukte. Vergleichen Sie die Ergebnisse der Produkte.

	Kanthölzer	Bretter	Schwarten	Sägespäne	Gesamt
Menge (cbm)	3.200	450	120	40	
Preis (€/cbm)	280,00	360,00	45,00	30,00	
Umsatz (€)					
Kosten (€)					830.388
in % vom Umsatz					
Ergebnis (€)					
in % vom Umsatz					
Stückkosten (€/cbm)					

41 Kuppelkalkulation (II) ★★★

In einem Gaswerk werden in einem Spaltungsprozess vier Kuppelprodukte erzeugt, die auch abgesetzt werden. Die Herstellkosten des Kuppelprozesses betragen 10.380.000 €. Für die Aufarbeitung der Produkte zur Entfernung von Schadstoffen im Gas und im Benzol, zur Härtung der Koks sowie zur Homogenisierung des Teers fallen weitere Herstellkosten an. Die Produktmengen, die Aufarbeitungskosten und die Verkaufspreise sind folgender Tabelle zu entnehmen.

Produkt	Menge (Mio)	Aufarbeitungskosten	Nettoerlös
Gas	20,0 cbm	0,02 €/cbm	0,35 €/cbm
Koks	30,0 kg	0,03 €/kg	0,15 €/kg
Teer	2,0 kg	0,05 € /kg	0,20 €/kg
Benzol	0,2 l	0,25 €/l	1,75 €/l

Die allgemeinen Verwaltungs- und Vertriebskosten liegen bei 1.183.000 €.

a. Bestimmen Sie die Selbstkosten und das Ergebnis der Kuppelprodukte nach der Verteilungsmethode. Verteilungsbasis der Herstellkosten des Kuppelprozesses sind die Nettoerlöse nach Abzug der Aufarbeitungskosten. Die Verwaltungs- und Vertriebskosten sind im Verhältnis zu den Herstellkosten inklusive Aufarbeitungskosten zu verteilen, also als Zuschlag auf die Herstellkosten zu verrechnen.
b. Bestimmen Sie die Selbstkosten und das Ergebnis der Kuppelprodukte nach der Restwertmethode, wobei das Gas als Hauptprodukt anzusehen ist. Das Hauptprodukt übernimmt die vollen Verwaltungs- und Vertriebskosten.
c. Vergleichen Sie die Ergebnisse hinsichtlich ihrer Genauigkeit. Beurteilen Sie kritisch den Aussagewert der produktbezogenen (Stück-) Erfolge.

42 Zuschlags- und Preiskalkulation ★★☆

Ermitteln Sie den Auszeichnungspreis (Angebotspreis einschließlich Umsatzsteuer in €/Stück) für einen Pkw der Kompaktklasse. Außer den Angaben in der Tabelle sind in der korrekten Reihenfolge und mit den geeigneten Zwischensummen zu berücksichtigen: Gewinnaufschlag (10%), Umsatzsteuer (16%), Skonto (2%) und Kundenrabatt (5%).

Fertigungsmaterial		4.700,00
Materialgemeinkosten	12%	
Fertigungslohn A		950,00
Fertigungsgemeinkosten A	250%	
Fertigungslohn B		1.700,00
Fertigungsgemeinkosten B	145%	
Fertigungswerkzeuge		428,00
Herstellkosten		
Verwaltungskosten	5%	
Vertriebskosten	7%	
Selbstkosten		
Auszeichnungspreis		

43 Rückwärts- und Differenzkalkulation ★★☆

Ein Hersteller von Satellitenempfängern schätzt für ein neues Modell einen Listenverkaufspreis von 375,00 € (ohne USt) als realistisch ein. Im Durchschnitt gewährt der Hersteller seinen Abnehmern 20% Rabatt auf den Listenpreis. Außerdem ziehen seine Abnehmer regelmäßig 2% Skonto. Für die Satellitenempfänger ist mit Erlösminderungen (Rabatt, Skonto) in ähnlicher Höhe zu rechnen. Schließlich kalkuliert der Hersteller mit einem Gewinnaufschlag von 25% auf die Selbstkosten. In den Selbstkosten sind 8% Verwaltungs- und 12% Vertriebsgemeinkosten als Aufschlag auf die Herstellkosten enthalten.

a. Berechnen Sie die zulässigen Selbstkosten und die zulässigen Herstellkosten je Satellitenempfänger mithilfe der Rückwärtskalkulation.
b. Berechnen Sie die Gewinnspanne in € und in Prozent der Selbstkosten mithilfe der Differenzkalkulation, wenn der Listenpreis schließlich auf 350,00 € festgesetzt wird und die Selbstkosten bei 243,91 € liegen.

44 Handelskalkulation ★★☆

Ein Möbelhändler leitet für die Artikelgruppe Antiquitäten aus den Vorjahreswerten durch Korrektur um außergewöhnliche Einflüsse und um wichtige erwartete Veränderungen für das neue Geschäftsjahr die folgenden normalisierten Werte ab: Bezugskosten (Wareneinstand) 450.000 €, Einkaufs-, Handlungs- und Verwaltungsgemeinkosten insgesamt 72.000 €, Gewinnaufschlag auf die Selbstkosten 8% und durchschnittlicher Rabattsatz 10%. Es gehört zu den festen Prinzipien des Möbelhändlers, Antiquitäten nur gegen Barzahlung zu verkaufen, sodass der Ausweis von Skonto und Zielverkaufspreis entfällt.

a. Stellen Sie in einer Kalkulationsübersicht die normalisierten Periodenwerte bis zu den Verkaufserlösen zu Auszeichnungspreisen (inkl. 16% USt) zusammen und leiten Sie daraus den gesamten Kalkulationszuschlag sowie den Kalkulationsfaktor für Antiquitäten ab. Der Kalkulationszuschlag soll unmittelbar auch die Umsatzsteuer beinhalten. Ermitteln Sie die Handelsspanne (ohne Anteil für Umsatzsteuer).
b. Berechnen Sie unter Verwendung des auf eine Nachkommastelle gerundeten Kalkulationszuschlags den Auszeichnungspreis für folgende Antiquitäten (Einstandspreise in Klammern): Hocker (350 €), Sitzgruppe (3.400 €), Kommode (1.590 €) und Vertiko (2.260 €).

45 Betriebsabrechnung und Kalkulation im Handelsbetrieb ★★★

Ein kleines Kaufhaus bietet auf getrennten Geschossen die Warengruppen Bekleidung, Elektro, Spielzeug und Nahrung an. Die Warengruppen bilden gleichzeitig die Hauptkostenstellen. Daneben sind die Hilfskostenstellen Fuhrpark und Gebäude eingerichtet. Da je Warengruppe nur ein Kalkulationszuschlag gebildet werden soll, sind auch die Bereiche Einkauf und Verwaltung als Hilfskostenstellen zu behandeln. Die Kosten des Einkaufs und der Verwaltung werden hier also nicht über einen individuellen Zuschlagssatz, sondern als Bestandteil der Zuschlagssätze der Warengruppen verrechnet. Für die Abrechnung im Monat Juli liegen folgende Informationen vor.

Die Personalkosten betragen insgesamt 163.800 €; sie sollen nach der Anzahl der Mitarbeiter auf die Kostenstellen verteilt werden (vgl. folgende Tabelle). Die kalkulatorischen Zinsen werden mit dem Kalkulationszinssatz von 7,5% pro Jahr auf die Kapitalbindung berechnet. Die Energiekosten, die Fremdleistungen und die übrigen Gemeinkosten sind im beigefügten Betriebsabrechnungsbogen (BAB) bereits auf die Kostenstellen verteilt.

Die Umlage der Kostenstelle Fuhrpark ist nach den gefahrenen Kilometern (km) vorzunehmen, die der Kostenstelle Gebäude nach der Fläche in Quadratmetern (qm). Die Kostenstelle Einkauf verrechnet ihre Kosten nach dem Anteil des Wareneinstands auf die Hauptkostenstellen; der Wareneinstand je Bereich ist bereits im BAB aufgeführt. Die Kosten der Kostenstelle Verwaltung werden nach dem vom kaufmännischen Leiter geschätzten Verwaltungszeitaufwand im Verhältnis 4 : 3 : 1 : 2 auf die Bereiche Bekleidung, Elektro, Spielzeug und Nahrung verteilt.

Kostenstelle	Mitarbeiter	Kapitalbindung (€)	Fahrleistung (km)	Fläche (qm)
Fuhrpark	2,0	240.000		
Gebäude	0,5	840.000	700	
Einkauf	4,5	60.000	12.800	80
Verwaltung	3,0	140.000	700	60
Bekleidung	5,0	180.000		320
Elektro	5,0	220.000		220
Spielzeug	2,0	60.000		100
Nahrung	6,0	124.960	4.800	320
Σ	28,0	1.864.960	19.000	1.100

a. Nehmen Sie im BAB für den Monat Juli (vgl. nächste Seite) die Verteilung der primären Gemeinkosten vor. Verteilen Sie die Personalkosten und die kalkulatorischen Zinsen auf die Kostenstellen und berechnen Sie die Handlungskosten vor Umlage.
b. Vervollständigen Sie den BAB mithilfe des Stufenverfahrens um die innerbetriebliche Leistungsverrechnung; die Kostensätze für die Umlage können Sie in der dafür vorgesehenen Spalte eintragen (z.B. für den Fuhrpark den Kostensatz in €/km). Tragen Sie auch die Gutschrift der leistenden Kostenstelle ein, und zwar mit negativem Vorzeichen. Berechnen Sie abschließend die Handlungskosten nach Umlage.
c. Ermitteln Sie im BAB die Selbstkosten und das Betriebsergebnis der Warengruppen sowie des Kaufhauses insgesamt. Der Wareneinstand und der Umsatz der Warengruppen sind bereits im BAB verzeichnet.
d. Berechnen Sie den Handlungskostenzuschlag (= Handlungskosten / Wareneinstand), den Kalkulationszuschlag, den Kalkulationsfaktor, die Handelsspanne sowie die Umsatzrendite (= Betriebsergebnis / Umsatz) der Warengruppen und des Kaufhauses insgesamt.

46 Betriebsergebnisrechnung im Überblick ★☆☆

Eine Lampenfabrik erzielte im Monat März einen Umsatz in Höhe von 1.845.720 €. Im gleichen Zeitraum wurden selbst produzierte Industrieleuchten zu Herstellkosten von 87.360 € in der Fabrikhalle installiert und aktiviert. Der DV-gestützten Materialbuchhaltung ist zu entnehmen, dass sich der Bestand der unfertigen Erzeugnisse in dem Monat um 117.300 € erhöht hat, während der Bestand der fertigen Erzeugnisse um 89.350 € gesunken ist. Außerdem sind die Bestände der fremdbezogenen Rohstoffe und Materialien um 70.000 € gestiegen. Die Betriebsbuchhaltung weist für den Monat März Gesamtkosten in Höhe von 1.861.030 € aus.

a. Ermitteln Sie das Betriebsergebnis im Monat März in einer tabellarischen Darstellung nach dem Gesamtkostenverfahren.
b. Leiten Sie aus den Gesamtkosten die Umsatzkosten des Monats März ab.
c. Berechnen Sie das Betriebsergebnis im Monat März nach dem Umsatzkostenverfahren.

Zu Aufgabe 45	Kostensatz	Hilfskostenstellen				Hauptkostenstellen				Gesamt
		Fuhrpark	Gebäude	Einkauf	Verwaltung	Bekleidung	Elektro	Spielzeug	Nahrung	
Personalkosten		……	……	……	……	……	……	……	……	163.800
Energiekosten		6.400	2.400							8.800
Fremdleistungen		3.700	2.200	9.300	35.800	2.200	900			54.100
Kalkulatorische Zinsen		……	……	……	……	……	……	……	……	……
Übrige Gemeinkosten		3.300	105	5.322	4.039	23.768	16.703	665	7.367	61.269
Handlungskosten vor Umlage		……	……	……	……	……	……	……	……	……
Umlage Fuhrpark	……	……	……	……	……				……	……
Umlage Gebäude	……		……	……	……	……	……	……	……	……
Umlage Einkauf	……			……		……	……	……	……	……
Umlage Verwaltung	……				……	……	……	……	……	……
Handlungskosten nach Umlage		……	……	……	……	……	……	……	……	……
Wareneinstand						56.250	115.000	10.000	120.000	……
Selbstkosten						……	……	……	……	……
Umsatz						157.500	201.250	32.500	228.000	……
Betriebsergebnis						……	……	……	……	……

47 Betriebsergebnisrechnung nach dem Gesamtkostenverfahren ★★☆

Ein Pharmahersteller produziert nur die Aufbaukapseln Vital, Sprint und Fit. Aus der Verkaufs- und Produktionsstatistik des Monats Mai sowie aus der Artikelbeschreibung liegen folgende Daten vor.

Produkt	Vital	Sprint	Fit
Absatz (Stück)	18.200	42.600	25.800
Produktion (Stück)	18.200	43.000	25.800
Verkaufspreis (€/Stück)	10,50	12,80	12,75
Material (€/Stück)	2,20	2,50	2,50
Fertigungslohn (€/Stück)	1,80	2,00	2,20
Herstellkosten (€/Stück)	7,68	8,60	9,16

Ferner entnimmt der Kostenrechner dem Betriebsabrechnungsbogen für den Monat Mai folgende Gemeinkosten: 171.800 € Personalgemeinkosten, 93.800 € Fremdleistungskosten und 278.360 € übrige Gemeinkosten.

a. Berechnen Sie den gesamten Umsatz, die gesamten Materialeinzelkosten, die gesamten Fertigungslöhne und den Wert der Bestandsveränderungen der fertigen Erzeugnisse.

Produkt	Vital	Sprint	Fit	Gesamt
Umsatz (€)				
Materialeinzelkosten (€)				
Fertigungslöhne (€)				
Bestandsänderung (Stück)				
Bestandsänderung (€)				

b. Erstellen Sie die Betriebsergebnisrechnung nach dem Gesamtkostenverfahren.

Umsatz	
Bestandsmehrung Erzeugnisse	
Gesamtleistung	

Materialeinzelkosten	
Fertigungslöhne	
Personalgemeinkosten	
Fremdleistungskosten	
Sonstige Kosten	
Gesamtkosten	

Betriebsergebnis	

48 Betriebsergebnisrechnung nach dem Umsatzkostenverfahren (I) ★★☆

Der Pharmahersteller aus Aufgabe 47 will seine Betriebsergebnisrechnung für den Monat Mai auf das Umsatzkostenverfahren umstellen. Neben den schon bekannten Daten aus Aufgabe 47 liegt der komplette Betriebsabrechnungsbogen vor.

Kostenstelle	Materialstelle	Fertigung	Verw./Vertr.	Gesamt
Personalgemeinkosten (€)	12.200	123.700	35.900	171.800
Fremdleistungskosten (€)	4.300	33.200	56.300	93.800
Übrige Gemeinkosten (€)	25.908	159.036	93.416	278.360
Gemeinkosten gesamt (€)	42.408	315.936	185.616	543.960
Zuschlagsbasis (€)	Materialeinzelk.	Fertigungslöhne	HK d. Umsatzes	
	212.040	175.520	742.464	
Zuschlagssatz	20%	180%	25%	

a. Ermitteln Sie anhand der folgenden Tabelle, die eine Kostenträgerzeitrechnung beinhaltet, das Betriebsergebnis nach dem Umsatzkostenverfahren.

Produkt	ZS	Vital	Sprint	Fit	Gesamt
Materialeinzelkosten					
Materialgemeinkosten	.... %				
Fertigungslöhne					
Fertigungsgemeinkosten	.... %				
Herstellkosten d. Produkt.					
Bestandsmehrung Erz.					
Herstellkosten d. Ums.					
Verw.-/Vertriebskosten	.... %				
Selbstkosten d. Umsatzes					
Umsatz					
Betriebsergebnis					

b. Vergleichen Sie Ihre Lösung bezüglich der insgesamt verrechneten Materialgemeinkosten, der Fertigungsgemeinkosten sowie der Verwaltungs-/Vertriebskosten mit den Vorgaben aus dem Betriebsabrechnungsbogen. Erklären Sie, warum in diesem Fall das Betriebsergebnis zu Normalkosten und das Betriebsergebnis zu Istkosten übereinstimmen.

49 Betriebsergebnisrechnung nach dem Umsatzkostenverfahren (II) ★★☆

Der Pharmahersteller aus Aufgabe 47 will seine Betriebsergebnisrechnung für den Monat Mai mithilfe des Umsatzkostenverfahrens erstellen. Allerdings soll für die drei Aufbaukapseln Vital, Sprint und Fit zunächst eine Kalkulation erstellt werden. Anschließend soll die Ergebnisrechnung mithilfe der kalkulierten Selbstkosten je Stück aufgestellt werden. Dies ist möglich, da es sich um standardisierte Erzeugnisse handelt. Verwenden Sie die schon bekannten Daten aus Aufgabe 47 und Aufgabe 48.

a. Kalkulieren Sie in der folgenden Tabelle die Selbstkosten der drei Produkte mithilfe der Zuschlagskalkulation.

Produkt	ZS	Vital	Sprint	Fit
Materialeinzelkosten				
Materialgemeinkosten	.... %			
Fertigungslöhne				
Fertigungsgemeinkosten	.... %			
Herstellkosten				
Verw.-/Vertriebskosten	.... %			
Selbstkosten				

b. Erstellen Sie unter Verwendung der kalkulierten Selbstkosten der drei Produkte die verkürzte Betriebsergebnisrechnung nach dem Umsatzkostenverfahren.

Produkt	Vital	Sprint	Fit	Gesamt
Absatz (Stück)				
Umsatz				
Selbstkosten d. Umsatzes				
Betriebsergebnis				

50 Betriebsergebnisrechnung nach Gesamt- und Umsatzkostenverfahren ★★★

Die Posch-Haushaltsgeräte GmbH fertigt Staubsauger und Handmixer. Aus dem abgelaufenen Monat liegen folgende Zahlen vor.

	Staubsauger	Handmixer
Produktion (Stück)	30.000	50.000
Absatz (Stück)	30.800	48.000
Herstellkosten (€/Stück)	75,00	24,00
Verkaufspreis (€/Stück)	87,50	27,90

Die Herstellkosten ergeben sich aus der Produktkalkulation. Die Produktkalkulation erfolgt mit Normalzuschlagssätzen: Materialbereich 5%, Fertigung 200%, Verwaltung/Vertrieb 10%.

Istkosten	€
Fertigungsmaterial	1.800.000
Fertigungslöhne	520.000
Verbrauchsmaterial	12.860
Hilfslöhne	40.518
Gehälter	120.282
Sozialkosten	460.220
Instandhaltung	47.355
Kalk. Abschreibungen	312.290
Kalk. Zinsen	264.318
Sonstige Kosten	187.157

Das Fertigungsmaterial entfällt zu zwei Dritteln auf die Staubsauger und zu einem Drittel auf die Handmixer. Die Fertigungslöhne verteilen sich mit 330.000 € auf die Staubsauger und mit 190.000 € auf die Handmixer. Von den Istgemeinkosten entfallen 93.500 € auf den Materialbereich, 987.700 € auf die Fertigungsstelle und 363.800 € auf Verwaltung/Vertrieb.

a. Berechnen Sie das Betriebsergebnis nach dem Gesamtkostenverfahren, wobei Sie die Istkosten nach Kostenarten aus obiger Aufstellung übernehmen.
b. Ermitteln Sie das Betriebsergebnis nach dem Umsatzkostenverfahren in einem Kostenträgerblatt, in dem Sie sowohl die Herstellkosten der Produktion als auch die Herstellkosten des Umsatzes ausweisen. Vergleichen Sie das Betriebsergebnis gemäß Ihrer Lösung zu a. mit dem Betriebsergebnis zu Normalkosten und zu Istkosten.
c. Erstellen Sie zunächst die Produktkalkulation für die Staubsauger und die Handmixer. Verwenden Sie anschließend die kalkulierten Selbstkosten je Stück für eine vereinfachte Betriebsergebnisrechnung nach dem Umsatzkostenverfahren.

51 Tabellarische Abstimmung von Finanzbuchhaltung und Kostenrechnung ★★☆

Die Finanzbuchhaltung der Max Weber OHG weist für den Monat Juli Erträge und Aufwendungen wie in der Tabelle auf der folgenden Seite auf. In der Kostenrechnung ist Folgendes gesondert zu berücksichtigen.

- Der Materialverbrauch wird zu festen Verrechnungspreisen bewertet. Dadurch liegen die Materialkosten um 12 Tsd € über den Materialaufwendungen.
- Die angegebenen Löhne und Gehälter sind die Personalbasiskosten. Die Personalzusatzkosten werden mit 80% auf die Löhne und mit 40% auf die Gehälter verrechnet.
- Die Abschreibungen der Kostenrechnung erfolgen überwiegend linear auf die Wiederbeschaffungswerte. Sie liegen bei insgesamt 92 Tsd €.
- Für Gewährleistungen werden kalkulatorisch 2% vom Umsatz angesetzt.
- Auf das durchschnittlich gebundene Kapital von 4.800 Tsd € werden mit einem Jahreszinssatz von 8% kalkulatorische Zinsen verrechnet.
- Für den Inhabergeschäftsführer wird ein fiktives Entgelt von 27 Tsd € einschließlich Nebenkosten angesetzt.

Ermitteln Sie die Kosten und Leistungen, indem Sie die angegebenen Erträge und Aufwendungen auf ihren betrieblichen bzw. neutralen Charakter prüfen und ggf. kalkulatorische Korrekturen anbringen. Berechnen Sie abschließend, wie sich der Erfolg in der Finanzbuchhaltung aus neutralem Ergebnis, kalkulatorischem Ergebnis und Betriebsergebnis zusammensetzt.

52 Planmäßige Kostenauflösung in fixe und variable Bestandteile ★☆☆

Die Berechnung des Stundensatzes für eine Maschine führt zu folgenden Jahresbeträgen für die Kosten: kalkulatorische Abschreibungen 135.650 €, kalkulatorische Zinsen 55.200 €, Energie 11.280 €, Kühlmittel 1.550 €, Instandhaltung 81.400 €, Versicherungen 10.120 € und Raum 4.800 €. Es ist davon auszugehen, dass die Kosten für Energie und Kühlmittel vollständig variabel sind. Die kalkulatorischen Abschreibungen sind zu 40% und die Instandhaltungskosten zu 65% variabel. Alle übrigen Kostenarten sind als vollständig fix anzusehen. Die produktiv genutzte Maschinenzeit beträgt 1.500 Maschinenstunden pro Jahr.

Ermitteln Sie mithilfe der planmäßigen Kostenauflösung den gesamten und den variablen Maschinenstundensatz sowie die jährlichen Fixkosten der Maschine. Stellen Sie die zugehörige Kostenfunktion K(x) auf, wobei x die Maschinenzeit in Stunden angibt.

Zu Aufgabe 51 (in Tsd €)	Finanz-buchhaltung		Neutrale Abgrenzung		Kalkulatorische Abgrenzung		Kosten-rechnung	
	Aufw.	Erträge	Aufw.	Erträge	Aufw.	Kosten	Kosten	Leistg.
Umsatz		850						
Aktiv. Eigenlstg.		12						
Erträge aus Anlagenverkäufen		28						
Devisenerträge		5						
Materialeinsatz	342							
Löhne	120							
Gehälter	30							
Personalzusatzaufwand/-kosten	212							
Abschreibungen	75							
Gewährleistungen	9							
Zinsen	25							
Spenden	7							
Unternehmerlohn								
Σ	820	895						
	75 Fibu-Erfolg		Neutr. Ergebnis		Kalk. Ergebnis		Betriebsergebnis	

53 Mathematische Kostenauflösung in fixe und variable Bestandteile ★★☆

Für eine Kostenstelle liegen aus vier Quartalen folgende bereinigte Istzahlen vor.

Quartal	I	II	III	IV
Beschäftigung (Stunden)	4.972	5.438	3.677	4.813
Personalkosten (€)	253.055	272.330	210.695	248.208
Sachkosten (€)	104.913	108.942	93.093	99.717
Sonstige Kosten (€)	155.346	160.628	150.062	157.055
Kosten gesamt (€)	513.314	541.900	453.850	504.980

a. Ermitteln Sie mithilfe des Differenzen-Quotienten-Verfahrens ausgehend von zwei sinnvoll ausgewählten Quartalen die variablen Kostensätze und die fixen Quartalskosten der Kostenarten sowie der Kostenstelle insgesamt.

b. Geben Sie die Kosten (K) in Abhängigkeit von der Beschäftigung (x) als Kostenfunktion K(x) der Kostenstelle auf der Basis Ihrer Ergebnisse aus a. an. Berechnen Sie anschließend für die Beschäftigung von 1.000, 2.000, ..., 6.000 Stunden die fixen Kosten, die variablen Kosten und die Kosten, und zwar insgesamt und je Stunde. Veranschaulichen Sie den Verlauf der Kosten und der Stückkosten in einem Diagramm.
c. Berechnen Sie den Variator der Kostenstelle insgesamt auf der Basis einer Beschäftigung von 3.600 Stunden und einer Beschäftigung von 5.400 Stunden.
d. Berechnen Sie für die Kostenstelle insgesamt den variablen Kostensatz, die Fixkosten je Quartal und die Kostenfunktion K(x) mithilfe des Reihenhälften-Verfahrens.

54 Einstufige Deckungsbeitragsrechnung (I) ★☆☆

Ein Ingenieurbüro arbeitet in den Geschäftsbereichen Hochbau, Tiefbau und Verkehr. Für das vergangene Geschäftsjahr liegt folgende Betriebsergebnisrechnung nach dem Umsatzkostenverfahren auf Vollkostenbasis vor (in Tsd €).

Geschäftsbereich	Hochbau	Tiefbau	Verkehr	Gesamt
Umsatz	12.320	8.450	5.890	26.660
Selbstkosten des Umsatzes	10.970	7.850	6.140	24.960
Betriebsergebnis	1.350	600	-250	1.700

Als Praktikant der betriebswirtschaftlichen Abteilung schlagen Sie vor, die Ergebnisrechnung in Form einer einstufigen Deckungsbeitragsrechnung aufzustellen. Aus sorgfältigen Kostenanalysen wissen Sie, dass die ausgewiesenen Kosten wegen des Einsatzes zahlreicher freier Mitarbeiter im Hochbau zu 60%, im Tiefbau zu 70% und im Geschäftsfeld Verkehr zu 50% variabel sind. Der Rest der Kosten entfällt auf feste Mitarbeiter, Mieten etc. und hat fixen Charakter.

a. Erstellen Sie eine einstufige Deckungsbeitragsrechnung für das vergangene Geschäftsjahr.
b. Vergleichen Sie das Betriebsergebnis Ihrer Lösung mit dem aus der Vollkostenrechnung.
c. Die Geschäftsführer sind bereits nach dem ersten Blick auf die obige Rechnung mit dem Geschäftsbereich Verkehr wegen des negativen Ergebnisses sehr unzufrieden. Inwiefern können Sie mit den Ergebnissen Ihrer Deckungsbeitragsrechnung die Sorgen der Geschäftsführer entkräften?

55 Einstufige Deckungsbeitragsrechnung (II) ★★☆

Die Posch-Haushaltsgeräte GmbH will die in Aufgabe 50 erstellte Betriebsergebnisrechnung auf Vollkostenbasis um eine einstufige Deckungsbeitragsrechnung ergänzen. Die variablen Normalzuschlagssätze sind im Materialbereich 3%, in der Fertigung 120% und für Verwaltung/Vertrieb 5%. Die Fixkosten des Gesamtbetriebs liegen bei 647.756 € und die Kostenstellenüberdeckung bei unverändert 31.200 €.

a. Berechnen Sie die Grenzkosten (= variable Stückkosten) der Staubsauger und Handmixer mithilfe einer Teilkostenkalkulation auf drei Nachkommastellen.
b. Stellen Sie unter Verwendung der kalkulierten Grenzkosten der Staubsauger und Handmixer eine einstufige Deckungsbeitragsrechnung bis zum Betriebsergebnis zu Istkosten auf.
c. Erklären Sie rechnerisch den Unterschied zwischen den Betriebsergebnissen, die sich nach der Vollkostenrechnung gemäß Aufgabe 50 einerseits und der Teilkostenrechnung andererseits ergeben.

56 Mehrstufige Deckungsbeitragsrechnung (I) ★☆☆

Ein Kosmetikhersteller operiert in den Sparten Duft und Pflege. Die Sparte Duft ist unterteilt in die Produktgruppen Deodorant (D) und Parfum (P), während die Sparte Pflege Handcremes (H) und Gesichtscremes (G) umfasst. Nach Philosophie des Hauses wird sowohl für Frauen (F) als auch für Männer (M) jeweils genau ein Produkt in jeder der genannten Produktgruppen angeboten, also zum Beispiel ein Deodorant für Frauen (DF) und eines für Männer (DM).

In einem Monat wurden produziert und abgesetzt: 5.000 DF zum Verkaufserlös von 4,20 € (variable Stückkosten: 1,80 €), 3.500 DM à 4,00 € (2,00 €), 2.000 PF à 12,50 € (4,00 €), 500 PM à 10,00 € (4,00 €), 4.000 HF à 3,50 € (1,75 €), 2.000 HM à 3,00 € (1,50 €), 2.400 GF à 12,50 € (3,75 €) und 400 GM à 10,00 € (2,50 €).

Die Fixkosten der einzelnen Produktarten betrugen: Produktart DF 5.000 €, Produktarten DM, PF, PM und HF jeweils 4.000 €, Produktart HM 2.000 € sowie Produktarten GF und GM jeweils 5.000 €.

Die Werbung wurde stets getrennt für die Produktgruppen geschaltet. Dafür fielen Produktgruppenfixkosten an: Produktgruppe Deo 3.000 €, Produktgruppe Parfum 4.000 €, Produktgruppe Handcreme 5.000 € und Produktgruppe Gesichtscreme 4.000 €.

Die Entwicklung und Produktion an verschiedenen Standorten verursachte Spartenfixkosten in Höhe von 6.000 € für die Sparte Duft und 7.000 € für die Sparte Pflege. Die Unternehmensfixkosten lagen bei 8.000 €.

a. Ermitteln Sie das Betriebsergebnis in einer mehrstufigen Deckungsbeitragsrechnung.
b. Identifizieren Sie Produkte, Produktgruppen und ggf. Sparten, die das Ergebnis belasten.

57 Mehrstufige Deckungsbeitragsrechnung (II) ★★☆

Der Händler Onno Eilers aus Wiesmoor verkauft über zwei kleine angemietete Läden in Oldenburg (OL) und Wilhelmshaven (WHV) zwei Produkte A und B. Für das abgelaufene Quartal stehen ihm nachfolgende Aufzeichnungen zur Verfügung, die auch durchaus für das Gesamtjahr repräsentativ sind.

		Produkt A	Produkt B
Absatzmenge (Stück)	Laden WHV	3.000	5.000
	Laden OL	5.000	1.000
Nettoerlös (€/Stück)		48,90	72,80
Einstandspreis (€/Stück)		23,40	66,30
Anzeigenwerbung (€)		20.000	10.000

Die Geschäfte steuert der Händler von der Zentrale in Wiesmoor, die in seinem Einfamilienhaus untergebracht ist. Sowohl für die Läden in Wilhelmshaven und Oldenburg als auch für die Zentrale fallen folgende fixe Kosten an.

	Laden WHV	Laden OL	Zentrale
Feste Personalkosten (€)	28.400	31.800	45.000
Feste sonstige Kosten (€)	12.600	15.200	18.000

a. Erstellen Sie eine mehrstufige Deckungsbeitragsrechnung, gegliedert nach Produkten. Welches Produkt liefert den größeren Erfolgsbeitrag (Deckungsbeitrag II und Deckungsgrad II)?
b. Dito, jedoch gegliedert nach Läden. Welcher Laden arbeitet besonders erfolgreich?
c. Wie kann die Deckungsbeitragsrechnung nach Läden verbessert werden, wenn bekannt ist, dass im ersten Monat des abgelaufenen Quartals für das Produkt A eine Anzeige in der *Wilhelmshavener Zeitung* (12.000 €) für den Raum WHV und eine Anzeige in der *Nordwestzeitung* (8.000 €) für den Raum Oldenburg geschaltet wurde? Für das Produkt B wurde lediglich eine Anzeige in der *Wilhelmshavener Zeitung* (10.000 €) aufgegeben.
d. Wie hoch ist die Kapitalverzinsung (Return On Investment ROI = Jahresergebnis/Kapitaleinsatz), falls das eingesetzte Kapital im Mittel 3,1 Mio € beträgt?

58 Gewinnschwellenanalyse (Break-Even-Rechnung I) ★☆☆

Ein Unternehmen des Hotel- und Gaststättengewerbes will ein neues Pauschalangebot „Ein Wochenende zu zweit“ für jeweils 2 Personen à 2 Übernachtungen von Freitag bis Sonntag anbieten. Der Hotelmanager hat zur Beurteilung der Vorteilhaftigkeit die folgenden Informationen für das Planjahr zusammengetragen.

Pauschalpreis netto	200,00 € je Pauschalbuchung
Verbrauchsstoffe	1,40 € je Nacht und Doppelzimmer
Verschleiß	3,70 € je Nacht und Doppelzimmer
Frühstück	15,90 € je Nacht und Doppelzimmer
Zusätzliche Reinigungskraft	30.200 € pro Jahr
Verlorener Deckungsbeitrag durch Umbuchungen	33.000 € pro Jahr

Ermitteln Sie rechnerisch die Break-Even-Menge in Pauschalbuchungen pro Jahr. Beachten Sie dabei, dass die variablen Stückkosten zunächst auf eine Pauschalbuchung umzurechnen sind. Klären Sie ferner, wie Sie den verlorenen Deckungsbeitrag durch die zu erwartenden Umbuchungen regulärer Gäste von Normal- zu Pauschalbuchungen berücksichtigen müssen.

59 Gewinnschwellenanalyse (Break-Even-Rechnung II) ★★☆

Ein fahrender Eishändler verkauft auf einem Herbstmarkt Eis, und zwar nur große Kugeln zu jeweils 0,75 €. Das Eis kauft er selbst nach Bedarf in 1-Liter-Packungen zu jeweils 6,00 € ein. Aus jeweils einem Liter Eis erhält er 40 Kugeln. An die Organisatoren des Marktes zahlt er eine Lizenzgebühr von 400,00 €. Außerdem muss er für eine Aushilfe und diverse sonstige Nebenkosten rund 500,00 € ansetzen.

a. Ermitteln Sie die variablen Stückkosten und den Stückdeckungsbeitrag je Kugel Eis sowie die fixen Kosten der Teilnahme an dem Herbstmarkt.
b. Berechnen Sie, wie viele Kugeln Eis der Händler verkaufen muss, damit sein Umsatz die entstehenden Kosten des Herbstmarktes deckt. Wie hoch sind der Break-Even-Umsatz und die Break-Even-Kosten? Veranschaulichen Sie Ihre Ergebnisse in einer Skizze; geben Sie dazu den Verlauf des Umsatzes und der Kosten für eine Menge bis zu 6.000 Stück an.
c. Wie in den vergangenen Jahren will der Händler rund 6.000 Kugeln Eis verkaufen. Berechnen Sie für diese Menge den voraussichtlichen Deckungsbeitrag des Herbstmarktes und den Sicherheitskoeffizienten. Erläutern Sie, warum von einem Deckungsbeitrag, aber nicht vom Gewinn des Eishändlers gesprochen werden kann.
d. Der Händler überlegt, den Absatz anzukurbeln und den Preis auf 0,60 €/Kugel zu senken. Um wieviel Prozent muss er seinen Absatz steigern, um auf denselben Deckungsbeitrag wie zuvor (vgl. c.) zu kommen?

e. Aufgrund einer Krise im Rindermarkt ziehen die Milchpreise kurz vor Marktbeginn an. Für einen Liter Eis hat der Händler jetzt 9,60 € zu zahlen. Gleichwohl will er an dem reduzierten Verkaufspreis von 0,60 €/Kugel festhalten. Berechnen Sie nunmehr die Break-Even-Menge, den Break-Even-Umsatz und die Break-Even-Kosten. Veranschaulichen Sie Ihre Ergebnisse in einem Umsatz- bzw. Kosten-Mengen-Diagramm für eine Menge bis zu 6.000 Stück.
f. Erklären Sie anhand des Vergleichs der Diagramme (siehe b. und e.) die sogenannte „Preis-Kosten-Schere".

60 Gewinnschwellenanalyse im Mehrproduktbetrieb ★★☆

Ein Unternehmen, das drei Produktarten herstellt und verkauft, legt für den abgelaufenen Monat folgende einstufige Deckungsbeitragsrechnung vor.

Produkt	A	B	C	Gesamt
Umsatz (€)	136.416,00	97.440,00	155.904,00	389.760,00
Variable Kosten (€)	106.404,48	56.515,20	144.990,72	307.910,40
Deckungsbeitrag (€)	30.011,52	40.924,80	10.913,28	81.849,60
Deckungsgrad	.... %	.... %	.... %	.... %
Fixkosten				65.479,68
Betriebsergebnis				16.369,92

a. Ergänzen Sie die obige Tabelle um die Deckungsgrade der Produkte und des Unternehmens insgesamt. Berechnen Sie, um wieviel € sich das Betriebsergebnis verbessert, wenn aufgrund einer Steigerung der Absatzmenge der Umsatz der Produktart A um 50.000 € steigt.
b. Berechnen Sie den Break-Even-Umsatz unter sonst gleichen Bedingungen, wenn der Umsatz aufgrund von Mengeneinbußen zurückgeht und alle Produktarten relativ im gleichen Maße von dem Absatzrückgang betroffen sind. Ermitteln Sie den Sicherheitskoeffizienten des Gesamtunternehmens.
c. Prüfen und begründen Sie, ob ausgehend von der Ausgangssituation gemäß obiger Tabelle durch einen Absatzeinbruch allein bei Produktart C unter sonst gleichen Bedingungen das Betriebsergebnis negativ werden kann.
d. Berechnen Sie den Break-Even-Umsatz der Produktart B und des Unternehmens gesamt unter sonst gleichen Bedingungen, wenn der Absatz ausschließlich bei der Produktart B zurückgeht. Für die Produkte A und B gilt die Ausgangssituation gemäß obiger Tabelle. Ermitteln Sie den Sicherheitskoeffizienten der Produktart B.

61 Deckungsbeitragsoptimierung mit schrittweiser Anleitung ★☆☆

Ein Unternehmen produziert ausschließlich drei Produkte A, B und C, die auf denselben Fertigungsanlagen hergestellt werden. Von Produkt A und B können in einem Monat jeweils höchstens 800 Stück, vom Produkt C höchstens 500 Stück verkauft werden. Die folgende Tabelle, die auch als Lösungshilfe dient, zeigt zunächst die Verkaufspreise, die variablen Stückkosten und die Fertigungszeiten in Minuten (Min.) je Stück. Die Fertigungskapazität beträgt maximal 160 Stunden entsprechend 9.600 Minuten pro Monat; sie bildet einen Engpass.

Produkt	A	B	C	Gesamt
Absatzhöchstmenge (Stück)	800	800	500	
Verkaufspreis (€/Stück)	9,50	12,30	8,20	
Variable Stückkosten (€/Stück)	7,50	8,80	3,30	
Stückdeckungsbeitrag (€/Stück)				
Stückfertigungszeit (Min./Stück)	5	7	7	
Relativer Deckungsb. (€/Min.)				
Rangfolge				
Optimale Menge (Stück)				
Fertigungszeit (Min.)				9.600
			Restzeit:	/
Deckungsbeitrag (€)				
Fixkosten (€)				
Betriebsergebnis (€)				

a. Ermitteln Sie den Stückdeckungsbeitrag der drei Produktarten. Prüfen Sie, ob einzelne Produktarten ggf. von vornherein das Betriebsergebnis des Unternehmens belasten würden.
b. Berechnen Sie die relativen Deckungsbeiträge der drei Produktarten, indem Sie die Stückdeckungsbeiträge durch die Stückfertigungszeiten dividieren.
c. Legen Sie die Rangfolge der Produktarten nach abnehmendem relativen Deckungsbeitrag fest. Sie bestimmt die Reihenfolge der Einplanung der Produkte.
d. Bestimmen Sie die optimalen Mengen der Produktarten, indem Sie diese in der festgelegten Rangfolge abarbeiten. Dabei ist jeweils zu prüfen, ob die Absatzhöchstmenge der Produktart oder aufgrund der knapp bemessenen Fertigungskapazität nur eine geringere Menge in Betracht kommt. Zur besseren Kontrolle sollten Sie die von der Produktart benötigte Fertigungszeit von der bisher noch verfügbaren Fertigungskapazität abziehen, vgl. hierzu das Feld „Restzeit". Die Rechnung endet, wenn die Restzeit null wird.
e. Berechnen Sie ausgehend von Ihren optimalen Mengen den optimalen Deckungsbeitrag und das optimale Betriebsergebnis. Die monatlichen Fixkosten betragen 3.750 €.

62 Deckungsbeitragsrechnung/Programmoptimierung ★★☆

Ein Unternehmen weist für die vergangene Rechnungsperiode folgende Zahlen aus.

Produkt	A	B	C	D	Gesamt
Umsatz (€)	108.800	155.400	115.200	115.000	494.400
Variable Kosten (€)	56.000	88.200	120.000	91.000	355.200
Nettoerlös (€/Stück)	13,60	22,20	38,40	28,75	
Betriebsergebnis (€)					8.400
Absatzhöchstmenge (Stück)	10.000	10.000	5.000	5.000	
Maschinenzeitbedarf (Min./Stück)	6	12	4	6	

a. Optimieren Sie das Produktionsprogramm (= Absatzprogramm) für die nächste Periode, wenn der Nettoverkaufserlös je Stück, die variablen Stückkosten, die Fixkosten und die Absatzhöchstmengen unverändert bestehen bleiben. Gehen Sie davon aus, dass hinreichend Maschinenzeit zur Verfügung steht. Berechnen Sie das neue Betriebsergebnis.
Hinweis: Sie müssen zunächst die variablen Stückkosten und die Fixkosten aus den Zahlen der abgelaufenen Rechnungsperiode ableiten.
b. Dito, jedoch ist die Maschinenlaufzeit auf 2.500 Stunden begrenzt. Zusätzlich steigen die Fixkosten um 8.200 €. Berechnen Sie das neue optimale Betriebsergebnis.

63 Programmoptimierung bei einem Produktionsengpass und Absatzmindestmengen ★★☆

Ein Serienfertiger will bei einer Produktionskapazität von insgesamt 3.000 Stunden und bei monatlichen Fixkosten von 120.000 € das Produktionsprogramm (= Absatzprogramm) für den nächsten Monat unter Berücksichtigung folgender Rahmenbedingungen festlegen.

Produkt	A	B	C	D
Deckungsbeitrag (€/Stück)	7,00	0,30	9,60	5,00
Bearbeitungszeit (Min./Stück)	5	3	12	10
Mindestabsatz (Stück)	1.000	5.500	-	1.150
Höchstabsatz (Stück)	10.000	18.000	6.000	6.000

Ermitteln Sie das optimale Produktionsprogramm und das maximal mögliche Betriebsergebnis.

64 Kurzfristige Absatzpreisuntergrenze ★★☆

Die folgende Tabelle zeigt das geplante Produktionsprogramm eines Serienfertigers für den nächsten Monat. Produktions- und Absatzmengen stimmen überein.

Produkt	A	B	C	D
Nettoerlös (€/Stück)	78,96	49,95	28,70	117,71
Variable Kosten (€/Stück)	30,00	14,20	10,70	61,10
Bearbeitungszeit (Min./Stück)	12	5	9	17
Geplante Menge (Stück)	2.700	7.500	0	300
Absatzhöchstmenge (Stück)	2.700	7.500	500	420

a. Prüfen Sie unter Berücksichtigung der Produktionskapazität von insgesamt 1.500 Stunden, ob die verfügbare Produktionszeit zum Engpass wird, wenn die Absatzhöchstmengen produziert werden sollen. Verbessern Sie - soweit möglich - das in der Tabelle vorgesehene Produktionsprogramm.
b. Ermitteln und begründen Sie in der gegebenen Situation mit 1.500 Stunden Produktionskapazität die kurzfristigen (absoluten) Preisuntergrenzen der Produkte A bis D.
c. Aufgrund einer größeren Instandhaltungsmaßnahme steht nur eine Produktionskapazität von 1.250 Stunden zur Verfügung. Zeigen Sie, dass in dieser Situation unter sonst gleichen Bedingungen die in der Tabelle aufgeführten Planmengen das optimale Produktionsprogramm darstellen. Ermitteln Sie nunmehr die kurzfristigen Absatzpreisuntergrenzen der vier Produkte.

65 Beurteilung von Zusatzaufträgen ★★☆

Ein Unternehmen erhält eine Anfrage zu einem einmaligen Zusatzauftrag im nächsten Monat. Dieser Auftrag umfasst 500 Stück des Artikels Z zu einem Stückpreis von 154,80 €. Der Artikel Z kann auf den vorhandenen Anlagen unter Verwendung eines noch zu beschaffenden Spezialwerkzeugs (2.450,00 €) gefertigt werden. Die variablen Stückkosten werden mit 117,80 € kalkuliert. Der Auftrag kann nur in vollem Umfang angenommen werden oder ist abzulehnen.

a. Prüfen Sie rechnerisch, ob der Zusatzauftrag unter der Zielsetzung der Ergebnismaximierung angenommen werden soll, wenn genügend Produktionskapazität zur Verfügung steht.
b. Das Unternehmen hat die Programmplanung des Monats bereits verabschiedet und mit den Serienprodukten A bis D die vorhandene Produktionskapazität von 1.250 Stunden vollständig ausgelastet (vgl. Aufgabe 64). Wegen fester Lieferzusagen kommt eine Veränderung der Planmengen dieser Produkte nicht in Frage. Prüfen Sie rechnerisch, ob sich der Zusatzauftrag lohnt, wenn er in Überzeit mit Zuschlägen ausgeführt werden kann und dadurch die variablen Stückkosten des Artikels Z um 25% steigen.
c. Die vorhandene Produktionskapazität von 1.250 Stunden ist bereits vollständig für die Serienprodukte A bis D verplant (vgl. Aufgabe 64). Es können jedoch beliebige Programmumstellungen erfolgen. Der Betriebsrat lehnt Überstunden ab. Die Fertigungszeit des Artikels Z beträgt 6,8 Minuten je Stück. Prüfen Sie rechnerisch, ob sich die Annahme des Zusatzauftrags lohnt. Stellen Sie das ggf. veränderte neue optimale Produktionsprogramm vor.

66 Kostenvergleichsrechnung ★★☆

Ein Unternehmen kann zur Herstellung eines bestimmten Werkstücks auf drei unterschiedliche Maschinen zurückgreifen, die von verschiedenen Herstellern angeboten werden und deren wesentliche Kostendaten folgendes Tableau wiedergibt.

	Maschine I	Maschine II	Maschine III
Fixkosten (€/Monat)	13.900,00	7.500,00	15.200,00
Variable Kosten (€/Werkstück)	17,30	19,80	17,75

a. Prüfen und begründen Sie, ob eine der Maschinen ineffizient ist, weil sie im Vergleich zu mindestens einer anderen Maschine stets zu höheren Kosten führt.
b. Ermitteln Sie die variablen und die gesamten Kosten für Maschine I und Maschine II bei einer monatlichen Produktion von 1.700, 2.250 bzw. 2.900 Werkstücken. Nennen Sie jeweils die optimale Maschine.
c. Berechnen Sie die kritische Übergangsmenge von Maschine II auf Maschine I.
d. Berechnen Sie, auf welchen Betrag die Fixkosten von Maschine I bei sonst unveränderten Bedingungen zurückgehen müssen, damit diese Maschine bei einer Monatsproduktion von 2.000 Werkstücken die gleichen Kosten aufweist wie Maschine II.
e. Die Fixkosten von Maschine I liegen weiterhin bei 13.900 €, jedoch ist die Höhe der variablen Stückkosten von Maschine II unsicher. Berechnen Sie gerundet auf zwei Nachkommastellen, um welchen Prozentsatz die variablen Stückkosten der Maschine II bei einer Monatsproduktion von 2.000 Werkstücken höchstens steigen dürfen, ohne dass Maschine II schlechter wird als Maschine I.

67 Verfahrenswahl und Make-or-buy ★★★

Ein Kfz-Zulieferer fertigt elektronische Starthilfen (ES) für Kraftfahrzeuge. Das Sortiment umfasst derzeit die Modelle ES1 und ES2. Beide Modelle werden in einer Lötstation auf zwei

Lötautomaten LA1 und LA2 verlötet; jedes Produktmodell kann auf jedem der Lötautomaten bearbeitet werden. Die relevanten Daten zeigt folgende Tabelle.

Lötautomat	Kapazität (Min.)	Variabler Kostensatz (€/Min.)	Bearbeitungszeit (Min./Stück)	
			Produkt ES1	Produkt ES2
LA1	14.400	0,30	0,016	0,012
LA2	14.400	0,25	0,016	0,008

a. Pro Monat müssen von jedem Modell 1.000.000 Stück geliefert werden. Ermitteln Sie, welche elektronische Starthilfe in welchen Mengen auf welcher Lötstation gefertigt werden soll, damit die gesamten Lötkosten minimiert werden. Wie hoch sind die Kosten für den Lötvorgang auf dem Lötautomaten?
b. Dem Unternehmen wird angeboten, im nächsten Monat ein weiteres Modell ES3 zu fertigen, und zwar im Umfang von 200.000 Stück. Dieses Modell kann wegen seiner Abmessungen ausschließlich auf Lötautomat LA1 verlötet werden; die Bearbeitungszeit beträgt 0,02 min je Stück ES3. Für dieses Modell erzielt der Kfz-Zulieferer einen Nettoerlös von 1.670 € je 1.000 Stück, und die variablen Kosten pro 1.000 Stück betragen 1.614 €; darin sind die Kosten für das Löten noch nicht enthalten. Prüfen Sie, ob das Modell ES3 gefertigt werden soll. Welchen Einfluss hat die Fertigung von ES3 auf das Betriebsergebnis?
c. Der Kfz-Zulieferer stellt Überlegungen an, das technisch einfachere Modell ES1 ggf. in einem Fremdbetrieb fertigen zu lassen. Der Verkaufspreis von 1.360 € für 1.000 Stück wird davon nicht berührt. Während die variablen Kosten für 1.000 Stück bei Eigenfertigung 1.315,20 € betragen, und zwar zuzüglich der Kosten für das Verlöten, verlangt der Fremdbetrieb für diese Menge einen Einstandspreis von 1.350 €. Prüfen Sie rechnerisch, ob der Kfz-Zulieferer das Modell ES1 selbst fertigen oder fremd beziehen soll.
d. Schon kurz nach Produktionsaufnahme steigt die Nachfrage nach dem neuen Modell ES3 auf 600.000 Stück pro Monat, die der Kfz-Zulieferer entweder vollständig übernehmen oder ablehnen muss. Da die jeweils 1.000.000 Stück/Monat der Modelle ES1 und ES2 vertraglich festgeschrieben sind und die Kapazität der Lötautomaten nicht ausgeweitet werden kann, kommt allenfalls der Fremdbezug von ES1 in Betracht, um den Lötautomaten LA1 für das neue Produkt freizusetzen. Berechnen Sie, wie sich die Übernahme der Produktion von ES3, verbunden mit dem erforderlichen Fremdbezug von ES1, auf das Betriebsergebnis auswirkt.

68 Starre Plankostenrechnung ★☆☆

In der Kostenstelle Hochbau eines Ingenieurbüros wird die Leistung über die Planungs- und Beratungsstunden als Bezugsgröße gemessen. Für den Monat Juni beträgt die aus der Jahresplanung abgeleitete Planbeschäftigung 940 Stunden, und die zugehörigen Plankosten liegen bei 73.320 €. Nach Ablauf des Monats stellt die Betriebsabrechnung eine Istbeschäftigung von 658 Stunden und Istkosten in Höhe von 63.324 € fest.

a. Berechnen Sie den Plankostenverrechnungssatz, den Beschäftigungsgrad, die verrechneten Plankosten und die Gesamtabweichung der Kostenstelle Hochbau im Monat Juni.
b. Erläutern Sie kurz, warum anhand der Gesamtabweichung keine eindeutige Beurteilung der Wirtschaftlichkeit der Kostenstelle Hochbau für den Monat Juni möglich ist.
c. Vervollständigen Sie die Abbildung der Kostensituation in der Kostenstelle Hochbau im Monat Juni auf der folgenden Seite. Tragen Sie dazu die Achsenbezeichnungen, die Bezeichnung der Kostenlinie und der Abweichung sowie die zugehörigen Beträge für den Monat Juni ein.

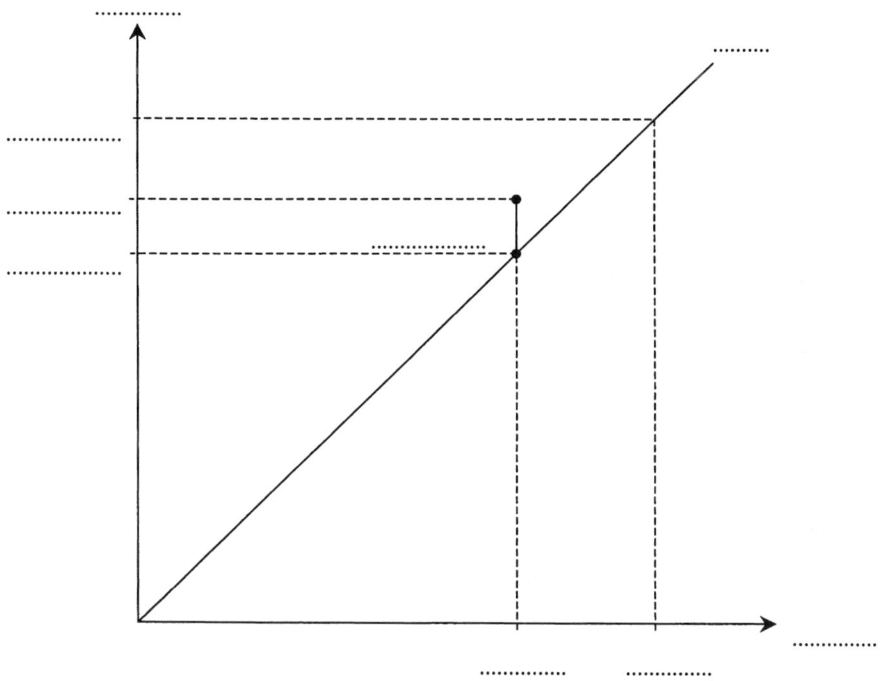

69 Flexible Plankostenrechnung auf Vollkostenbasis ★★☆

Ein Cateringbetrieb setzt die flexible Plankostenrechnung auf Vollkostenbasis ein. In der Kostenstelle Küche wird die Leistung über die Zahl der angefertigten Menüs als Bezugsgröße gemessen. Für den Monat März ergibt sich aus der Jahresplanung der folgende Kostenplan für die Gemeinkosten der Kostenstelle Küche.

Kostenplan der Kostenstelle Küche für März			
Planbeschäftigung	18.500 Menüs		
Plankosten	*fix*	*variabel*	*gesamt*
Personalkosten Küchenmeister	7.600,00	2.400,00	....
Personalkosten Aushilfen	5.200,00	16.800,00	....
Verbrauchsstoffe, Energie etc.	1.400,00	3.200,00	....
Sonstige Kosten	8.000,00	5.350,00	....
Summe	....	....	....
Plankostenverrechnungssatz	....	....	....

a. Vervollständigen Sie den Kostenplan um die fehlenden Kostenbeträge und berechnen Sie den fixen, den variablen sowie den gesamten Plankostenverrechnungssatz.
b. Überraschend fällt im März ein benachbartes Krankenhaus als Großkunde aus. Dadurch knickt der Beschäftigungsgrad auf 54% ein. Ergänzen Sie unter diesen Bedingungen den folgenden Kostenbericht (Soll-Ist-Vergleich).

Soll-Ist-Vergleich der Kostenstelle Küche für März			
Planbeschäftigung	18.500 Menüs		
Istbeschäftigung	.... Menüs		
Beschäftigungsgrad	54 %		
	Sollkosten	*Istkosten*	*Verbrauchsabw.*
Personalkosten Küchenmeister	....	8.916,00	....
Personalkosten Aushilfen	....	14.892,00	....
Verbrauchsstoffe, Energie etc.	....	3.478,00	....
Sonstige Kosten	....	11.899,00	....
Summe	....	....	....
Verrechnete Plankosten	....		
Beschäftigungsabweichung	....		
Gesamtabweichung	....		

c. Beurteilen Sie kritisch die Wirtschaftlichkeit und die Beschäftigungsabweichung der Kostenstelle Küche im Monat März.

d. Vervollständigen Sie die folgende Abbildung der Kostensituation in der Kostenstelle Küche. Tragen Sie dazu die Achsenbezeichnungen, die Bezeichnungen der Kostenlinien und der Abweichungen sowie die zugehörigen Beträge für den Monat März ein. Die Skizze zeigt die wesentlichen Merkmale des Soll-Ist-Vergleichs, ist aber nicht maßstabsgetreu.

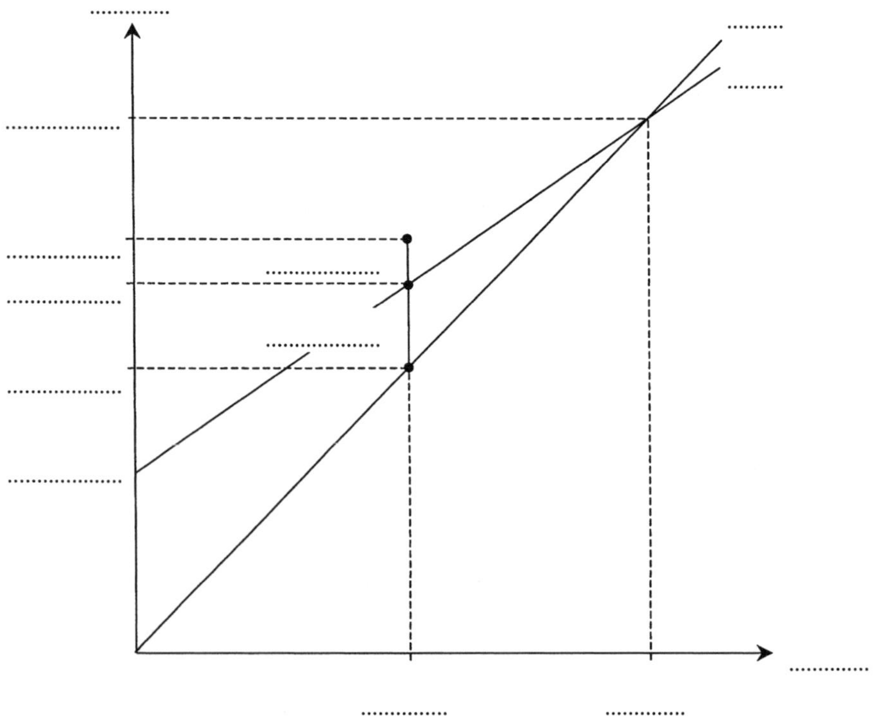

70 Flexible Plankostenrechnung auf Teilkostenbasis ★★☆

Eine Privatklinik setzt die flexible Plankostenrechnung auf Teilkostenbasis ein. In der Kostenstelle Zentrallabor wird die Leistung über die Zahl der angefertigten Analysen als Bezugsgröße gemessen. Für den Monat März ergibt sich aus der Jahresplanung der folgende Kostenplan für die Gemeinkosten der Kostenstelle Zentrallabor.

Kostenplan der Kostenstelle Zentrallabor für März			
Planbeschäftigung	1.680 Analysen		
Plankosten	*fix*	*variabel*	*gesamt*
Personalkosten	8.600,00	3.600,00	....
Laborbedarf	650,00	9.300,00	....
Verbandmittel	200,00	....	....
Sonstige Kosten	1.134,00	1.106,00	....
Summe	....	....	....
Plankostenverrechnungssatz	....	....	18,00

a. Vervollständigen Sie den Kostenplan um die fehlenden Kostenbeträge und berechnen Sie den fixen sowie den variablen Plankostenverrechnungssatz.

b. Aufgrund einer atypischen Entwicklung der Krankheits- und Unfälle werden im März nur 1.260 Analysen durchgeführt. Ergänzen Sie für diese Beschäftigung den folgenden Kostenbericht (Soll-Ist-Vergleich).

Soll-Ist-Vergleich der Kostenstelle Zentrallabor für März			
Planbeschäftigung	1.680 Analysen		
Istbeschäftigung	1.260 Analysen		
Beschäftigungsgrad	.... %		
	Sollkosten (var.)	*Istkosten (var.)*	*Verbrauchsabw.*
Personalkosten	....	2.820,00	....
Laborbedarf	....	7.700,00	....
Verbandmittel	....	4.667,50	....
Sonstige Kosten	....	874,50	....
Summe	....	....	....
Verrechnete Plankosten (var.)	....		
Nutzkosten	....		
Leerkosten	....		

c. Erläutern Sie, warum bei Einsatz der flexiblen Plankostenrechnung auf Teilkostenbasis die Leerkosten im Betrag mit der Beschäftigungsabweichung der flexiblen Plankostenrechnung auf Vollkostenbasis übereinstimmen. Worin liegt der inhaltliche Unterschied dieser Größen?

d. Vervollständigen Sie die folgende Abbildung der Kostensituation in der Kostenstelle Zentrallabor im Monat März. Tragen Sie die Achsenbezeichnungen, die Bezeichnungen der Kostenlinien und der Abweichungen sowie die zugehörigen Beträge für den Monat März ein.

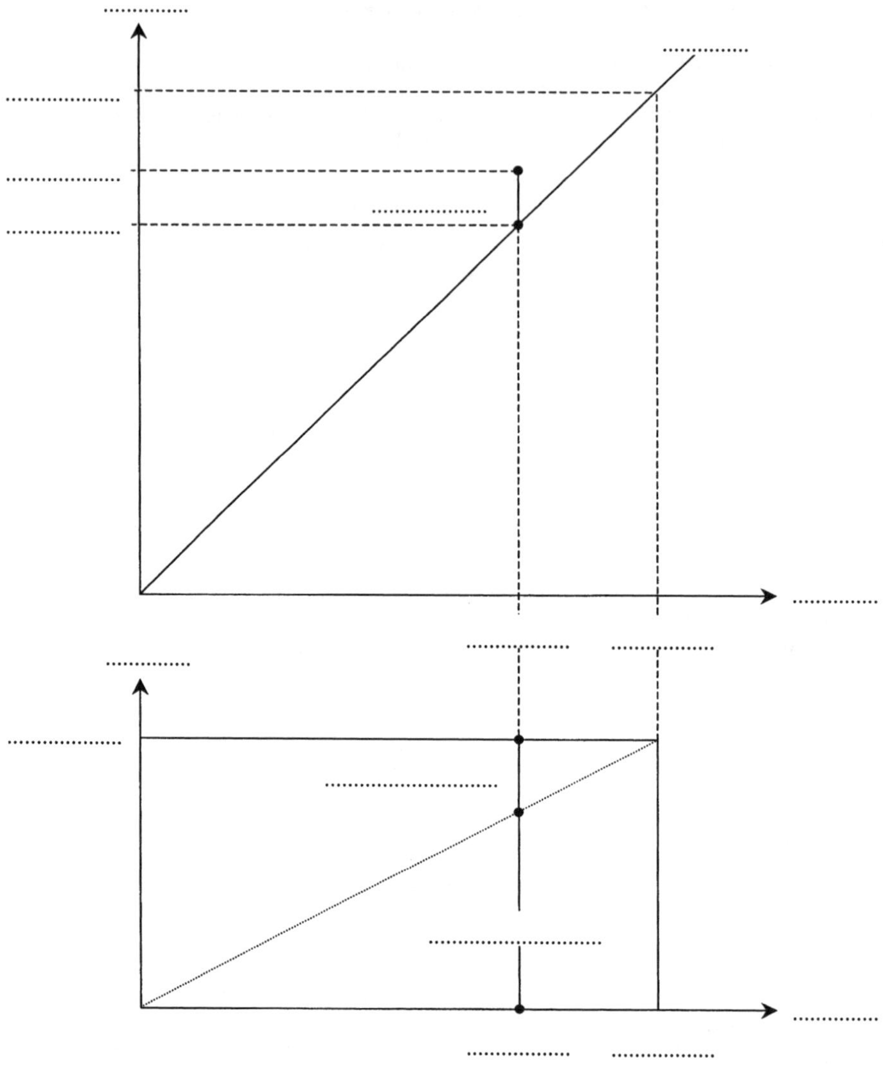

71 Plankostenrechnung/Fixkosten- und Beschäftigungsanalyse ★★☆

Der Kostenrechner eines Unternehmens, das die flexible Plankostenrechnung auf Vollkostenbasis einsetzt, will in einer Krisensitzung über die Beschäftigungslage berichten. Aus der Abrechnung liegen ihm folgende Angaben, aber nicht die genaue Höhe des Beschäftigungsgrades vor: 120.000 € Fixkosten, 622.500 € Istkosten (zu Istpreisen), 12.300 € Verteuerungen gegenüber den Planpreisen, 9.400 € Verbrauchsabweichung und 578.000 € verrechnete Kosten.

a. Bestimmen Sie den Beschäftigungsgrad in %. Lösungshilfe: Berechnen Sie zunächst die Beschäftigungsabweichung. Sie ist Ausdruck des Beschäftigungsgrades.
b. Ermitteln Sie, in welcher Höhe in der flexiblen Plankostenrechnung auf Teilkostenbasis die Leer- und die Nutzkosten auszuweisen wären.

72 Plankostenrechnung/Abweichungsanalyse ★★☆

In einer Fertigungskostenstelle wird für einen Monat eine Beschäftigung von 1.250 Stunden geplant. Die zugehörigen Plankosten betragen 80.000 €, davon sind 30.000 € fix. Nach Ablauf des Monats wird eine Istbeschäftigung von 800 Stunden festgestellt. Die mit tatsächlichen Preisen bewerteten Kosten liegen bei 64.920 €; darin sind 120 € Verteuerungen gegenüber den Planpreisen enthalten.

a. Eliminieren Sie die Preisabweichung und berechnen Sie die Istkosten auf der Basis von Planpreisen (im Folgenden als Istkosten bezeichnet).
b. Wie hoch ist der Beschäftigungsgrad?
c. Sie setzen die starre Plankostenrechnung ein. Ermitteln Sie den Vollkostenverrechnungssatz, die verrechneten Plankosten und die Gesamtabweichung (ohne Preisabweichung). Veranschaulichen Sie den Sachverhalt in einer Skizze. Erläutern Sie, ob Sie anhand der Gesamtabweichung die Wirtschaftlichkeit der Kostenstelle beurteilen können.
d. Sie setzen die flexible Plankostenrechnung auf Vollkostenbasis ein. Ermitteln Sie den variablen Verrechnungssatz, die Sollkosten, die Verbrauchsabweichung, die Beschäftigungsabweichung und die Gesamtabweichung (ohne Preisabweichung). Tragen Sie die Ergebnisse in eine Skizze ein. Beurteilen Sie die Wirtschaftlichkeit der Kostenstelle.
e. Wie d., jedoch beträgt die Istbeschäftigung 1.500 Stunden und die Istkosten zu Planpreisen liegen bei 92.300 €. Tragen Sie die Ergebnisse in eine Skizze ein. Beurteilen Sie die Wirtschaftlichkeit der Kostenstelle.
f. Sie setzen die flexible Plankostenrechnung auf Teilkostenbasis ein. Wie groß ist dann in der Situation unter e. die Gesamtabweichung (ohne Preisabweichung)? Beurteilen Sie die Wirtschaftlichkeit der Kostenstelle.

73 Plan-BAB, Kalkulation, Soll-Ist-Vergleich ★★★

Die F. Lux KG produziert und vertreibt Leuchten. Für das aktuelle Jahr liegt der folgende, noch unvollständige Plan-BAB (Betriebsabrechnungsbogen) zu Vollkosten mit den angegebenen Teilkostenzuschlagssätzen vor.

(Werte in Tsd €)	Allgemeine Hilfsstelle	Material-stelle	Fertigungs-stelle	Verwaltg./ Vertrieb	Gesamt
Personalkosten (ohne Fertig.lohn)	55	87	....	147	....
Sachkosten	17	23	112	35	187
Abschreibungen	19	76	....	66	....
Sonstige Kosten	26	33	85	78	222
Summe vor Umlage	....	219	....	326	1.507
Umlage Allg. Hi.st.	....	....	....	....	....
Summe nach Uml.	....	....	....	....	....
Zuschlagsbasis		Fertigungsmat. 1.750	Fertigungslohn 260	HK des Ums.	
Zuschl.satz zu VK		.... %	.... %	.... %	
Zuschl.satz zu TK		0 %	150 %	4 %	

Auf die Fertigungslöhne fallen 85% Personalzusatzkosten an. Die Personalkosten der Angestellten in der Fertigungsstelle (einschl. Zusatzkosten) betragen 124.000 €. Außerdem fallen in der Fertigungsstelle sonstige Personalkosten in Höhe von 13.000 € an. In der Fertigungsstelle wurde im Januar des Vorjahres eine Anlage zu 538.461,54 € (einschl. Nebenkosten) installiert. Der Index der Wiederbeschaffungswerte dieses Anlagentyps lag im Vorjahr bei 107,5 und ist nunmehr auf 111,8 angestiegen. Die kalkulatorische Nutzungsdauer beträgt 8 Jahre. Zusätzlich zu den Abschreibungen für diese Anlage sind weitere Abschreibungen in Höhe von 220.000 € zu berücksichtigen. Die Nutzfläche des Unternehmens verteilt sich zu 301 qm auf die Allgemeine Hilfsstelle, zu 2.055 qm auf die Fertigungsstelle sowie zu jeweils 822 qm auf die Materialstelle und auf die Kostenstelle Verwaltung/Vertrieb. Es wird eine Bestandsminderung für Erzeugnisse in Höhe von 35.000 € geplant.

a. Vervollständigen Sie die Primärkostenplanung der Personalkosten und der kalkulatorischen Abschreibungen für die Fertigungsstelle sowie für das Unternehmen gesamt. Tragen Sie Ihre Ergebnisse (auf Tsd € gerundet) in den obigen BAB ein.
b. Führen Sie die Umlagerechnung für die Allgemeine Hilfsstelle durch und berechnen Sie die Kostenstellenkosten nach Umlagen. Maßgabe der Kostenumlage ist die Nutzfläche der Stellen. Tragen Sie Ihre Ergebnisse (auf Tsd € gerundet) in obigen BAB ein. Ermitteln Sie die Vollkostenzuschlagssätze. Tragen Sie die Ergebnisse (ganzzahlig gerundet) in den BAB ein.
c. Ein Großhändler fragt an, ob er 1.000 Leuchten des Typs Moonlight erhalten kann. Je Leuchte fallen 8,50 € Materialkosten und 2,80 € Fertigungslöhne an. Erstellen Sie eine Produktkalkulation (in €/Stück auf Cent gerundet).
d. Der Betrieb ist voll mit selbstkostendeckenden Aufträgen ausgelastet. Beurteilen Sie, ob Sie den Auftrag des Großhändlers unter c. zu insgesamt 19.900 € annehmen.
e. Wie ist unter d. zu entscheiden, wenn Überkapazitäten bestehen und sich der Auftrag deutlich als Einzelfall abgrenzen lässt (z.B. als Angebot zum Kennenlernen)?
f. Am Jahresende steht fest, dass Fertigungslöhne in Höhe von 208.000 € gezahlt wurden. Die Fertigungslöhne dienen als Beschäftigungsmaßstab. Die Istgemeinkosten der Fertigungsstelle (einschl. Umlagen) liegen bei 862.000 €. Ermitteln Sie die verrechneten Gemeinkosten der Fertigungsstelle bei Vollkostenrechnung sowie die Kostenstellenunterdeckung.
g. Gehen Sie von der Kostensituation gemäß f. aus. Das Unternehmen wendet die flexible Plankostenrechnung auf Vollkostenbasis an. Berechnen Sie, wie sich die gesamte Kostenstellenunterdeckung der Fertigungsstelle gemäß f. aus Verbrauchsabweichung einerseits und Beschäftigungsabweichung andererseits zusammensetzt.
h. Gehen Sie für die Fertigungsstelle von der Kostensituation gemäß f. aus. Alle übrigen Istkosten stimmen mit den Plankosten des BABs überein. Der Umsatz liegt am Ende des Jahres bei 3.619.000 €. Die Bestandsminderung der Erzeugnisse beträgt 37.000 €. In der Finanzbuchhaltung wurden außerordentliche Erträge von 18.000 € aus Anlagenverkäufen verbucht. Die Fibu-Abschreibungen lagen um 83.000 € über den kalkulatorischen Abschreibungen. Berechnen Sie das Betriebsergebnis und leiten Sie daraus den Fibu-Erfolg ab.

74 Prozesskostenrechnung/Prozessorientierte Kostenstellenrechnung ★☆☆

Eine eingehende Tätigkeitsanalyse ergab für die Kostenstelle Fertigungssteuerung sechs leistungsmengeninduzierte Teilprozesse. Der siebente Teilprozess beinhaltet die Leitung der Abteilung und ist leistungsmengenneutral. Die Bezeichnungen der Teilprozesse, die jeweiligen Kostentreiber, die voraussichtlichen Prozessmengen für das Geschäftsjahr und die Zahl der Mitarbeiter je Teilprozess sind folgendem Tableau zu entnehmen. Die gesamten Kosten dieser Kostenstelle betragen 2.400 Tsd €, von denen die Personalkosten über 90% ausmachen. Deshalb sollen die Kosten nach Maßgabe des Personaleinsatzes auf die Teilprozesse verteilt werden.

Berechnen Sie die Kosten und die Kostensätze der Teilprozesse der Kostenstelle Fertigungssteuerung ohne und einschließlich der umgelegten leistungsmengenneutralen Kosten.

Teilprozess	Kostentreiber		Mitar-beiter	Kosten (Tsd €)			Kostensatz	
	Art	Menge		lmi	Umlage	gesamt	lmi	gesamt
Vorfertigung disponieren	Vorfertigungs-aufträge	4.000	4					
Material abrufen	Materialposi-tionen	25.000	1					
Vorfertigung überwachen	Vorfertigungs-positionen	60.000	6					
Montage disponieren	Montage-aufträge	2.500	3					
Teile abrufen	Teilepositionen	16.000	4					
Montage überwachen	Montageposi-tionen	48.000	6					
Abteilung leiten			1		↑	0		
Gesamt			25	2.400		2.400		

75 Prozesskostenrechnung/Kostenverdichtung auf Hauptprozesse ★☆☆

Der Hauptprozess „Vorfertigungsauftrag abwickeln" umfasst sechs Teilprozesse. Die Bezeichnungen der Teilprozesse, die ausführenden Kostenstellen, die Kostentreiber und deren Mengen sowie die Teilprozesskostensätze zeigt die folgende Tabelle. Der Kostentreiber des Hauptprozesses entspricht der Zahl der Vorfertigungsaufträge. Insgesamt werden 4.000 Vorfertigungsaufträge erwartet.

a. Berechnen Sie anhand der Lösungstabelle die Hauptprozesskosten je Teilprozess und insgesamt. Ermitteln Sie anschließend den Hauptprozesskostensatz (HP = Hauptprozess).

Teilprozess	Ausführende Kostenstelle	Kostentreiber		Kostensatz	Prozesskosten
		Art	Menge		
Vorfertigung disponieren	Fertigungs-steuerung	Vorfertigungs-aufträge	4.000	100,00	
Pläne bereitstellen	Fertigungs-planung	Fertigungspläne	12.000	7,00	
Material abrufen	Fertigungs-steuerung	Material-positionen	25.000	4,00	
Material auslagern	Material-lager	Material-positionen	25.000	6,40	

Bitte beachten Sie die Fortsetzung der Tabelle auf der folgenden Seite.

Teilprozess	Ausführende Kostenstelle	Kostentreiber		Kostensatz	Prozesskosten
		Art	Menge		
Vorfertigung überwachen	Fertigungs-steuerung	Vorfertigungs-positionen	60.000	10,00	
Qualität prüfen	Fertigungs-planung	Fertigungspläne	4.000	37,00	
HP-Kosten					
HP-Menge					
HP-Kostensatz					

b. Zeigen Sie, dass Sie den Hauptprozesskostensatz auch ohne Kenntnis der Kostentreibermengen unmittelbar aus den Teilprozesskostensätzen ableiten können, indem Sie auf die Prozesskoeffizienten zurückgreifen. Die Prozesskoeffizienten, die die Anzahl der Teilprozesse je Hauptprozess angeben, lauten in der Reihenfolge der unter a. aufgelisteten Teilprozesse 1, 3, 6,25, 6,25, 15 und 1.

76 Prozesskostenrechnung/Prozessorientierte Kalkulation ★★☆

a. Berechnen Sie die Stückselbstkosten des Produktes A nach der herkömmlichen Zuschlagskalkulation und nach der Prozesskostenkalkulation bei einer Auftragsmenge von 5 Stück unter Berücksichtigung folgender Angaben. Je Auftrag sind 2 Vorfertigungsaufträge und ein Montageauftrag erforderlich.

	Zuschlagskalkulation	Prozesskostenkalkulation
Fertigungsmaterial (€/Stück)	250,00	250,00
Fertigungslohn (€/Stück)	40,00	40,00
Materialgemeinkosten	20%	----
Fertigungsgemeinkosten	420%	----
Verwaltungskosten	5%	5%
Vertriebskosten	10%	8%
Vorfertigungsauftrag abwickeln	----	373,00
Montageauftrag abwickeln	----	250,00

b. Berechnen Sie die Stückselbstkosten des Produktes A nach der Prozesskostenkalkulation bei einer Auftragsmenge von 30 Stück. Erklären Sie die Veränderung des Ergebnisses im Vergleich zu Ihrer Lösung gemäß a.
c. Anstelle des Produktes A soll künftig ein vergleichbares Produkt B aus fremdbezogenen vorgefertigten Komponenten zusammengebaut werden; die Vorfertigung entfällt dann vollständig. Die sonstige Kostensituation ist völlig identisch. Vergleichen Sie die Selbstkosten je Stück des Produkts B bei einer Auftragsmenge von 5 Stück mit denen des Produkts A. Erläutern Sie, worauf die niedrigeren Selbstkosten bei B zurückzuführen sind, und geben Sie an, welche Voraussetzung zu erfüllen ist, damit die Selbstkosten tatsächlich sinken.
d. Das Produkt B wird unter der Bezeichnung B* auch ins Ausland verkauft. Für Verkauf und Service im Ausland fallen zusätzliche Kosten an, die auf den Hauptprozess „Auslandsauftrag betreuen" verrechnet werden. Der Prozesskostensatz dafür beträgt 180 €. Berechnen Sie die Selbstkosten des Produkts B* bei einer Auftragsgröße von 5 Stück. Erklären Sie, auf welche Wirkung der Anstieg der Selbstkosten gegenüber B zurückzuführen ist.

77 Prozesskostenrechnung/Grundlagen und prozessorientierte Kalkulation ★★★

Ein Unternehmen fertigt für in- und ausländische Kunden elektronische Baugruppen in auftragsgebundenen Kleinserien. Bisher kalkuliert das Unternehmen seine Erzeugnisse mithilfe der summarischen Zuschlagskalkulation mit einem pauschalen Gemeinkostenzuschlagssatz in Höhe von 300% auf die Einzelkosten (Summe aus Material und Lohn). Im Rahmen einer Prozesskostenanalyse hat ein Berater festgestellt, dass ein Teil der Gemeinkosten genauer mithilfe von Hauptprozesskostensätzen verrechnet und dadurch der Restgemeinkostenzuschlagssatz auf 120% der Einzelkosten zurückgenommen werden kann. Der Prozesskostensatz beträgt 2.500 € für den Hauptprozess „Inlandsauftrag abwickeln". Der Hauptprozesskostensatz für die Abwicklung eines Auslandsauftrags ist noch zu bestimmen. Anhand einer Tätigkeitsanalyse wurden für diesen Hauptprozess folgende Teilprozesse mit den zugehörigen Teilprozesskostensätzen ermittelt: Technische Machbarkeit prüfen (900 €), Planungsunterlagen erstellen (2.500 €), Sondermaterial beschaffen (700 €), Zoll- und Meldeformalitäten erledigen (800 €) und Auslieferung steuern (500 €). Der Teilprozess „Sondermaterial beschaffen" fällt durchschnittlich dreimal je Auslandsauftrag an, die übrigen Teilprozesse nur je einmal. Das Unternehmen verhandelt derzeit über die Inlandsaufträge A (250 Stück), B (325 Stück) und C (375 Stück) sowie die Auslandsaufträge X (20 Stück), Y (250 Stück) und Z (500 Stück). Sämtliche Aufträge unterscheiden sich nicht bezüglich des Materialeinsatzes (jeweils 10 €/Stück) und des Fertigungslohnes (jeweils 4 €/Stück).

a. Erklären Sie die Begriffe leistungsmengeinduzierter Prozess (lmi) und leistungsmengenneutraler Prozess (lmn). Beurteilen Sie, um welche Art es sich jeweils bei den geschilderten Teilprozessen handelt, und nennen Sie zwei Beispiele für Prozesse der anderen Kategorie.
b. Eine Aufgabe der Prozesskostenrechnung besteht darin, geeignete Kostentreiber zu finden. Erläutern Sie diesen Begriff, und nennen Sie für den Teilprozess „Sondermaterial beschaffen" und den Hauptprozess „Auslandsauftrag abwickeln" je einen geeigneten Kostentreiber.
c. Berechnen Sie den Prozesskostensatz für den Hauptprozess „Auslandsauftrag abwickeln".
d. Zeigen Sie anhand der Zuschlagskalkulation einerseits und der Prozesskostenkalkulation andererseits den Allokationseffekt der Prozesskostenrechnung auf. Wählen Sie dabei für Ihre Kalkulation zwei der obigen Aufträge so aus, dass der Effekt möglichst deutlich wird.
e. Veranschaulichen Sie den Degressionseffekt der Prozesskostenkalkulation im Vergleich zur Zuschlagskalkulation anhand dreier sinnvoll ausgewählter Aufträge.
f. Erläutern Sie den dritten, bisher nicht angesprochenen Effekt der Prozesskostenkalkulation.

78 Zielkostenbestimmung im Target Costing ★☆☆

In der Kaffeepause eines Controlling-Anwenderkreises hören Sie zufällig folgendes Gespräch:

Meier: „Wir setzen nunmehr seit drei Jahren bei der Neuentwicklung von Produkten das Target Costing ein. Dabei orientieren wir uns an einem führenden fernöstlichen Hersteller, der im hiesigen Markt nicht vertreten ist und deshalb mit uns kooperiert. Dessen Produktkosten sind für uns der Zielmaßstab. Unsere Entwicklungsabteilung schimpft zwar immer darauf. Aber die Einsparungen in den Bauteilen und Produktionsabläufen rechtfertigen dieses Vorgehen, wie wir im Nachhinein immer wieder feststellen."

Müller: „Bei uns kommen derartige Experimente nicht in Frage. Seit Jahren haben wir ein ausgefeiltes operatives Planungssystem, aus dem wir die Daten für unsere Plankostenrechnung ableiten. Bei der Neuentwicklung von Produkten setzen sich unsere Spitzenkräfte zusammen und legen die Zielkosten fest. Das geschieht zwar in Anlehnung an die Plankosten, jedoch bei Unterstellung optimierter Produktstrukturen und Leistungsprozesse."

Schmitz: „Aber meine Herren, Ihr Vorgehen würde den Möglichkeiten unseres Marketings nicht gerecht. In Gemeinschaftsarbeit mit dem Entwicklungsbereich und unter meiner Moderation befragen wir unsere potenziellen Kunden über deren Einschätzung bezüglich des Nutzens von Produkten und Produktmerkmalen und bezüglich der Preise, die sie dafür zu zahlen bereit sind. Auf diese Weise haben wir in den vergangenen Jahren Flops vermeiden können."

a. Nennen Sie jeweils den Ansatz, den die drei Unternehmen zur Bestimmung der Zielkosten beim Target Costing einsetzen, und erläutern Sie jeweils die möglichen Vor- und Nachteile.
b. Erläutern Sie kurz die weiteren Ansätze zur Zielkostenbestimmung, die im obigen Gespräch nicht erwähnt werden.

79 Target Costing beim Reiseveranstalter ★★☆

Ein Reiseveranstalter will im nächsten Jahr eine neuartige Pauschalreise für junge Leute in den sonnigen Süden anbieten. Um den Geschmack des Zielpublikums zu treffen, hat der Reiseveranstalter eine Marktstudie zu den Wünschen und Preisvorstellungen erstellt. Demnach verknüpfen die zukünftigen Kunden das neue Produkt mit Vorstellungen von Komfort und Genuss (Funktion F1), Erlebnis und Abenteuer (F2), Kennenlernen von und Kontakt zu anderen Menschen (F3). Aber auch die Sicherheit auf der Urlaubsreise ist von Bedeutung (F4). Die Pauschalreise beinhaltet die Beförderung vom Wohnort des Reisenden bis zur Unterkunft im Urlaubsort (Komponente K1), Unterbringung (K2), Verpflegung (K3), Animation und Angebote am Urlaubsort (K4) und Reisebegleitung (K5). In welchem Ausmaß die Komponenten anteilig zur Erfüllung der Funktionen beitragen, haben Reiseexperten unter Berücksichtigung der Kundenbefragung festgelegt. Die relative Bedeutung der Funktionen aus Kundensicht und den Beitrag der Komponenten zur Erfüllung der Funktionen gibt folgende Tabelle wieder.

	Funktion	F1	F2	F3	F4
Komponente	*Bedeutung aus Kundensicht*	*25%*	*40%*	*25%*	*10%*
K1	Beförderung	30%	10%	0%	40%
K2	Unterbringung	50%	10%	10%	10%
K3	Verpflegung	20%	0%	10%	10%
K4	Animation, Unterhaltungsangebote	0%	70%	60%	10%
K5	Reisebegleitung	0%	10%	20%	30%

Auf der Basis von Erfahrungswerten aus anderen Produkten des Hauses werden die Kosten für die Beförderung auf 483,60 €, für die Unterbringung auf 884,00 €, für die Verpflegung auf 331,50 €, für Animation und Angebote auf 1.628,90 € sowie für die Reisebegleitung schließlich auf 312,00 € je Pauschalbuchung geschätzt. Der Reiseveranstalter kalkuliert Pauschalreisen dieser Art stets so, dass sie einen Beitrag für Verwaltungs- und Vertriebskosten von 130,00 € und einen Gewinnbeitrag von 170,00 € leisten. Laut Marktstudie sind die potenziellen Kunden bereit, für die neuartige Pauschalreise 2.900,00 € (ohne USt) zu bezahlen.

a. Bestimmen Sie ausgehend vom Zielverkaufspreis die Zielkosten der Pauschalreise, die für die fünf Komponenten zusammengenommen anzusetzen sind.
b. Berechnen Sie die Zielkosten und die Zielkostenindizes der Komponenten der Pauschalreise. Interpretieren Sie Ihre Ergebnisse.
c. Ermitteln Sie die modifizierten Zielkostenindizes der Komponenten der Pauschalreise. Beurteilen Sie mit deren Hilfe die Kostensituation der einzelnen Komponenten.
d. Durch die Auswahl eines anderen Beherbergungsbetriebes und nach zähen Verhandlungen am Urlaubsort gelingt es dem Reiseveranstalter, die Kosten der Unterkunft (K2) ohne Nutzeneinbußen für die Reisenden auf 520,00 € je Pauschalreise zu senken. Prüfen Sie, welche Auswirkungen sich dadurch auf die Zielkostenindizes und auf die modifizierten Zielkostenindizes ergeben. Nehmen Sie anschließend kritisch Stellung zur Verwendung der Zielkostenindizes.

80 Target Costing in der Produktentwicklung eines Automobilbauers ★★★

Ein Automobilbauer will in wenigen Jahren ein wasserstoffbetriebenes Kompaktmodell auf den Markt bringen. Im Rahmen einer Marktstudie hat man festgestellt, dass es den zukünftigen Kunden des Produktes nach wie vor in erster Linie auf die Fahrleistungen (Funktion F1) ankommt. Aspekte wie optische Gestaltung (F2), Komfort (F3), Werterhaltung (F4) und Reparaturanfälligkeit (F5) rangieren auf den Plätzen. Gleichzeitig haben die Entwicklungsingenieure im Unternehmen den Beitrag der verschiedenen Produktkomponenten zur Funktionserfüllung geschätzt. Die relative Bedeutung der Funktionen aus Kundensicht und den Funktionsbeitrag der Produktkomponenten zeigt die folgende Tabelle.

	Funktion	F1	F2	F3	F4	F5
Komponente	*Bedeutung lt. Kunde*	*40%*	*20%*	*15%*	*15%*	*10%*
K1 Motor		50%	0%	10%	20%	50%
K2 Getriebe		20%	0%	15%	15%	15%
K3 Achsen		10%	7%	45%	10%	5%
K4 Chassis		5%	18%	15%	25%	12%
K5 Karosserie		15%	75%	15%	30%	18%

Aufgrund der Konkurrenzsituation in der Kompaktklasse und auf der Basis einer Marktanalyse ermittelt die Marktforschungsabteilung des Automobilbauers einen Zielpreis von 32.500 €. Das Unternehmen strebt eine Umsatzrendite von 12% an. Das neue Modell soll unter Berücksichtigung der Jahres- und Gesamtabsatzmenge im Produktlebenszyklus je Stück 1.720 € Verwaltungs- und Vertriebskosten sowie 1.880 € Entwicklungskosten abdecken.

Aufbauend auf vorhandenen Standardkalkulationen wurden einige konstruktions- und fertigungstechnische Besonderheiten des neuen Modells eingearbeitet. In einer ersten Kalkulation ergeben sich danach folgende Herstellkosten.

K1 Motor	12.220,00 €
K2 Getriebe	3.120,00 €
K3 Achsen	4.380,00 €
K4 Chassis	3.200,00 €
K5 Karosserie	7.600,00 €

a. Ermitteln Sie unter Berücksichtigung des von den Entwicklungsingenieuren geschätzten Funktionsbeitrags der Komponenten die Bedeutung jeder einzelnen Produktkomponente aus Kundensicht.
b. Berechnen Sie die Zielherstellkosten des neuen Modells und die Zielherstellkosten der einzelnen Komponenten. Gehen Sie davon aus, dass die Unternehmensführung die Zielkosten in der Höhe der erlaubten Kosten vorgibt.
c. Berechnen Sie für jede Komponente den Zielkostenindex, der sich aufgrund der derzeitigen Kostensituation ergibt.
d. Veranschaulichen Sie die Kostensituation in einem Zielkostenkontrolldiagramm mit einem Toleranzparameter von q = 0,1 (10%).
e. Erläutern Sie, welche Komponente(n) Sie als kritisch ansehen. Nennen Sie zwei mögliche konkrete Maßnahmen zur Verbesserung der Situation.

81 Grundlagen der Lebenszykluskostenrechnung ★☆☆

a. Stellen Sie in einer Übersicht die typischen Phasen des Produkt- und des Investitionsgüterlebenszyklus mit ihren Teilphasen/Aktivitäten dar. Erläutern Sie, inwiefern zwischen diesen Phasen sogenannte Austauschbeziehungen („trade offs") bestehen.
b. Erläutern Sie, warum die Bezeichnung „Lebenszykluskostenrechnung" im Sinne der traditionellen Interpretation des Kostenbegriffs nicht korrekt ist.
c. Erklären Sie die Bedeutung der Finanzmathematik für die sachgerechte Anwendung der Lebenszykluskostenrechnung. Was versteht man unter den Kennzahlen Kapitalwert, Annuität und dynamische Amortisationszeit?

82 Produktlebenszykluskostenrechnung aus der Perspektive des Kunden ★★★

Herr Schulz will noch fünf Jahre bis zum Erreichen der Rentenaltersgrenze als Kreisinspektor arbeiten. Um an 250 Tagen in die 50 km entfernte Kreisstadt zu gelangen, benötigt er ein neues Fahrzeug. Außerdem legt er rund 5.000 km pro Jahr für private Zwecke zurück. Bisher fuhr Herr Schulz aus Überzeugung Diesel-Pkw. Wegen der Diskussion um Schadstoffemissionen und Kfz-Steuer einerseits und der Förderung von Erdgasfahrzeugen andererseits überlegt er, ob er nicht umsteigen sollte, zumal er in der Kreisstadt Erdgas tanken könnte. Das von ihm bevorzugte Modell Popel Ventura gibt es in beiden Motorisierungen mit folgenden Merkmalen.

	Diesel	Erdgas
Kaufpreis (€)	24.000	27.900
Investitionszuschuss (€)	0	2.500
Kraftstoffverbrauch (l/100 km)	5,8	7,5
Kraftstoffpreis im ersten Jahr (€/l)	1,10	0,70
Instandhaltung u. Versicherung im ersten Jahr (€)	300	500
Kfz-Steuer (€/Jahr)	400	ab 3. Jahr: 200
Resterlös nach fünf Jahren (€)	4.800	4.300

Es ist davon auszugehen, dass der Dieselkraftstoff pro Jahr um 0,02 €/l gegenüber dem Vorjahr steigt, während der Erdgaspreis stabil ist. Die Kosten für Instandhaltung und Versicherung steigen für beide Modelle pro Jahr um 20 € gegenüber dem Vorjahr; zudem wird am Erdgasmodell aus Sicherheitsgründen am Ende des dritten Jahres ein Tankwechsel zu 1.200 € vorgenommen. In den ersten beiden Jahren ist das Erdgasfahrzeug von der Kfz-Steuer befreit. Das Fahrzeug will Schulz mit Eintritt in den Ruhestand nach fünf Jahren auf jeden Fall verkaufen.

a. Erläutern Sie, inwiefern die Entscheidungssituation des Herrn Schulz durch Aspekte einer Produktlebenszyklusbetrachtung geprägt ist. Worin hebt sich diese gegenüber der traditionellen Investitionsrechnung ab?
b. Herr Schulz kennt die Methodik der Lebenszykluskostenrechnung aus einem Seminar. Ermitteln Sie, für welches Modell er sich als kostenbewusster Autofahrer entscheiden wird, sofern er sich an der Annuität der Zahlungsbelastungen orientiert. Schulz legt seinen Berechnungen einen Kalkulationszinsfuß von 4% zugrunde. Zu den Abzinsungsfaktoren siehe Bsp. 73 auf S. 269. Der Annuitätenfaktor für fünf Jahre und 4% beträgt 0,224627.
c. Die Bundesregierung legt den Investitionszuschuss zum Erdgasfahrzeug neu fest. Berechnen Sie, wie hoch dieser mindestens sein muss, damit Herr Schulz sich unter Berücksichtigung des Kapitalwertes der Lebenszykluskosten für das erdgasbetriebene Modell entscheidet.
d. Erklären Sie, inwiefern die unter b. und c. angestellten Überlegungen auch für den Produzenten und den Händler von Interesse sind.
e. Nennen Sie drei Kriterien, die neben den Lebenszykluskosten die Entscheidung für oder gegen den erdgasbetriebenen Pkw beeinflussen.

83 Produktlebenszykluskostenrechnung aus der Perspektive des Produzenten ★★★

Die Kosmetikherstellerin Huschi Glaß will im Jahr 1 eine Hautsalbe mit einem neuen Wirkstoff entwickeln und auf den Markt bringen. Das Marktpotenzial in den Jahren 2 bis 6 schätzt der beauftragte Marktforscher auf insgesamt 15.000, 25.000, 40.000, 30.000 und 10.000 Tsd €; zuvor und später wird dieses Trenderzeugnis nicht verkauft werden können.
Wenn Huschi Glaß Entwicklung und Test noch im Jahr 1 abschließt (Alternative A), kann sie sich im Jahr 2 einen Marktanteil von 50% sichern; in den nachfolgenden Jahren geht dieser Marktanteil jährlich um absolut 5% zurück (45%, 40%, ...). Die Auszahlungen für die Vorlaufphase (Entwicklung, Test, Produktions- und Marktvorbereitung im Jahr 1) belaufen sich auf 3.680 Tsd €. Für Produktion und Vertrieb fallen variable Auszahlungen von 25% des Umsatzes an. Die fixen Auszahlungen in den Jahren 2 bis 6 betragen 4.220, 3.170, 2.850, 1630 und 1.200 Tsd €. Da der neue Wirkstoff Hautreizungen verursachen kann, ist damit zu rechnen, dass die Kunden Schadensersatz in Höhe von jeweils 20% des Umsatzes noch im Verkaufsjahr und weitere 15% im betreffenden Folgejahr geltend machen. Da die Hautsalbe nach der Einführung nicht verbessert werden soll, werden sich die Quoten für Schadensersatz nicht verändern.
Wenn Huschi Glaß die Entwicklungs- und Testphase auf zwei Jahre ausdehnt und erst im Jahr 3 in den Markt eintritt (Alternative B), steigen die Vorlaufkosten auf 3.110 Tsd € im Jahr 1 und 3.890 Tsd € im Jahr 2. Durch gezielte Werbung mit ihrem Markennamen kann Huschi Glaß im Jahr 3 einen Marktanteil von 30% erreichen und diesen in den darauf folgenden Jahren jeweils um absolut 10% steigern (40%, 50%, ...). Außerdem liegen die Schadensersatzforderungen dieser Alternative nur bei 17% des Umsatzes im Verkaufsjahr und bei weiteren 10% im betreffenden Folgejahr. Diese Quoten gelten für den gesamten Absatzzeitraum. Die variablen Auszahlungen für Produktion und Vertrieb betragen aufgrund der besseren Salbenkonsistenz 28% vom Umsatz. Ferner sind fixe Auszahlungen in Höhe von 3.400 , 3.010, 1.700 und 1.250 Tsd € in den Jahren 3 bis 6 zu berücksichtigen.
Unterstellen Sie, dass alle Zahlungen zum Periodenende erfolgen. Huschi Glaß rechnet mit einem Kalkulationszinssatz von 8%. Zu den Abzinsungsfaktoren vgl. auch Bsp. 74 auf S. 273. Der Annuitätenfaktor für sieben Jahre und 8% beträgt 0,192072.

a. Erläutern Sie die Austauschbeziehungen („trade offs") zwischen den Phasen des Produktlebenszyklus in der vorliegenden Entscheidungssituation.
b. Ermitteln Sie den Kapitalwert und die Annuität der Alternativen A und B und beurteilen Sie, ob Huschi Glaß die neue Hautsalbe nach einem Jahr oder nach zwei Jahren auf den Markt bringen sollte.
c. Prüfen und erklären Sie, ob Ihre Empfehlung gemäß b. auch Risikogesichtspunkten gerecht wird. Orientieren Sie sich an der dynamischen Amortisationszeit als Risikoindikator.

84 Lebenszykluskostenrechnung bei Investitionsgütern ★★☆

Ein Unternehmen des Maschinenbaus will eine neue Fertigungslinie einrichten. Durch Einschaltung eines externen Ingenieurbüros in die Konzeption und Entwicklung steigen die Planungskosten (Zeitpunkt 0) voraussichtlich um 150.000 €. Andererseits verspricht das externe Ingenieurbüro über die achtjährige Nutzungszeit gegenüber der hausintern erstellten Lösung Einsparungen in Höhe von 30.000 € pro Jahr, jeweils bezogen auf das Jahresende.

a. Erläutern Sie kurz, worin die Austauschbeziehungen („trade offs") zwischen den Investitionsphasen im vorliegenden Fall bestehen.
b. Prüfen Sie anhand des Kapitalwertes, ob das Unternehmen zusätzlich das externe Ingenieurbüro einschalten sollte. Der Kalkulationszinssatz des Unternehmens beträgt 8%.
c. Begründen Sie, warum in dieser Entscheidungssituation die Kenntnis der konkreten Ein- und Auszahlungen der hausinternen Planung der neuen Fertigungslinie für die Entscheidung zur Hinzuziehung des externen Ingenieurbüros nicht erforderlich ist.

Klausuren

Klausur 1: Vollkosten-, Deckungsbeitrags- und Plankostenrechnung
Bearbeitungszeit: 120 Minuten

Aufgabe 1: Materialkosten (15 Minuten)

Das Hotel Waidmannsheil kredenzt seinen Gästen im Restaurant Wein der Sorte „Flüchtiges Tröpfchen". Nach Ablauf des Geschäftsjahres liegen folgende Bestände und Bewegungen vor:

Anfangsbestand	01.01.	73	Flaschen	à 6,65 € Durchschnittspreis Vorjahr
Einkäufe	13.02.	420	Flaschen	à 6,30 € Einstandspreis
	15.05.	360	Flaschen	à 6,60 € Einstandspreis
	28.08.	453	Flaschen	à 6,91 € Einstandspreis
	21.11.	270	Flaschen	à 7,00 € Einstandspreis
Verbräuche laut Beleg		1.543	Flaschen	
Endbestand 31.12. laut Inventur		1	Flasche	

a. Berechnen Sie den Wert der Verbräuche, den buchmäßigen und effektiven Endbestandswert sowie die Inventurdifferenz nach der Methode des periodischen Durchschnittspreises.
b. Nennen Sie zwei mögliche Gründe für das Auftreten der Inventurdifferenz.
c. Beschreiben Sie kurz die Methode des gleitenden (= permanenten) Durchschnittspreises. Begründen Sie, warum diese Methode mit den obigen Angaben nicht angewendet werden kann.

Aufgabe 2: Kalkulatorische Kosten (15 Minuten)

Vor zwei Jahren erwarb das Hotel Waidmannsheil für 80.000 € einen Kleinbus, dessen betriebsgewöhnliche Nutzungsdauer acht Jahre beträgt. Der Index der Wiederbeschaffungswerte für Fahrzeuge dieser Art ist seit dem Kaufzeitpunkt von 1,250 auf 1,325 im laufenden Jahr gestiegen. Das Hotel arbeitet mit einem Kalkulationszinssatz von 10%.

a. Ermitteln Sie den Wiederbeschaffungswert (= Tageswert) und die kalkulatorischen Abschreibungen des Kleinbusses für das laufende Jahr bei linearer Abschreibung.
b. Erläutern Sie kurz, warum bei dieser Art der Abschreibung nach Ablauf der acht Jahre aus der Summe der Abschreibungen in der Regel keine Wiederbeschaffung möglich ist, auch wenn die kalkulierten Abschreibungen über den Umsatz verdient werden.
c. Berechnen Sie die für den Kleinbus anzusetzenden kalkulatorischen Zinsen des laufenden Jahres nach der Durchschnittsmethode mit Bezug auf die ursprüngliche Anschaffungsauszahlung.
d. Erläutern Sie, wie die kalkulatorischen Zinsen für den Kleinbus nach der Restwertmethode zu berechnen wären, und geben Sie die entsprechende Formel dazu an.

Aufgabe 3: Betriebsabrechnungsbogen (15 Minuten)

Das Hotel Waidmannsheil ist in die Hilfskostenstellen Gebäude und Wäscherei sowie in die Hauptkostenstellen Beherbergung (Gästezimmer), Verpflegung (mit Küche und Kühlkeller) sowie Restaurant eingeteilt; vgl. hierzu den folgenden Betriebsabrechnungsbogen (BAB) für den laufenden Monat Mai.

BAB Monat Mai	Gebäude	Wäscherei	Beherbergung	Verpflegung	Restaurant	Gesamt
Personalkosten Kalk. Zinsen Übrige Kosten	11.996	2.468	20.698	70.500	14.094	101.824 119.756
Primärkosten Umlage Gebäude Umlage Wäscherei						
Endkosten						

a. Verteilen Sie die primären Gemeinkosten in der im BAB festgelegten Reihenfolge auf die Kostenstellen. Maßgebend für die Verteilung der Personalkosten in Höhe von insgesamt 101.824 € ist der Schlüssel 1 : 3 : 9 : 12 : 12. Die kalkulatorischen Zinsen werden mit 10% pro Jahr (!) auf die Kapitalbindung berechnet; diese beträgt in der Reihenfolge der Kostenstellen 2.075.640 €, 52.920 €, 893.760 €, 164.640 € und 223.440 €. Ermitteln Sie anschließend unter Berücksichtigung der übrigen Kosten die gesamten Primärkosten.
b. Wälzen Sie die Kosten der Hilfskostenstellen im Rahmen der innerbetrieblichen Leistungsverrechnung nach dem Stufenverfahren auf die Hauptkostenstellen über. Die Umlage der Kostenstelle Gebäude erfolgt nach Flächenanteil; es entfallen auf die Wäscherei 110 qm, auf die Beherbergung 1.340 qm, auf die Verpflegung 220 qm und auf das Restaurant 540 qm. Eine Analyse ergab, dass die Leistungen der Kostenstelle Wäscherei zu 60% für die Beherbergung, zu 15% für die Verpflegung sowie zu 25% für das Restaurant erbracht werden. Berechnen Sie abschließend die Endkosten der Kostenstellen.

Aufgabe 4: Zuschlags- und Differenzkalkulation (15 Minuten)

Das Hotel Waidmannsheil bietet anlässlich einer Prunksitzung im Karneval das Alles-inklusive-Menü „Die große Sause“ an. Der Verkaufspreis soll 99,99 € je Menü betragen; dieser Preis beinhaltet die Umsatzsteuer (16%). Die Einzelkosten für die Speisen kalkuliert der Hotelmanager mit durchschnittlich 20,84 € je Menü, die Einzelkosten für die Getränke betragen voraussichtlich 14,80 € je Menü. Die Gemeinkosten der Kostenstelle Verpflegung (Küche) werden mit 40% auf die Einzelkosten der Speisen, die Gemeinkosten der Kostenstelle Verpflegung (Kühlkeller) mit 20% auf die Einzelkosten der Getränke verrechnet. Die Summe der Einzel- und Gemeinkosten der Speisen und Getränke bildet die Herstellkosten. Auf die Herstellkosten werden die Gemeinkosten der Kostenstelle Restaurant mit 15% kalkuliert. Für die Bedienung werden an diesem Tag Aushilfskräfte eingesetzt. Die Aushilfskräfte erhalten vom Hotel ein pauschales Bedienungsgeld in Höhe von 10% vom Umsatz einschließlich Umsatzsteuer. Das Bedienungsgeld ist aus dem Verkaufspreis der Menüs zu bezahlen.

a. Kalkulieren Sie mithilfe der differenzierenden Zuschlagskalkulation die Selbstkosten eines Alles-inklusive-Menüs „Die große Sause“.
b. Berechnen Sie in einer Differenzkalkulation den Gewinn eines Alles-inklusive-Menüs „Die große Sause“.

Aufgabe 5: Äquivalenzziffernkalkulation (15 Minuten)

Im Hotel Waidmannsheil gibt es drei Zimmerkategorien, die sich hinsichtlich Bettenzahl, Größe und Ausstattung unterscheiden. Eine detaillierte Kostenanalyse ergab, dass die Kosten je Bett und Übernachtung in der Kategorie Kaiser Franz um 50% über denen der Kategorie König Otto liegen; die Kosten je Bett und Übernachtung in der Kategorie Prinz Ernst sind 25% höher als in der Kategorie König Otto. Die gesamten Kosten der Beherbergung werden im laufenden Jahr auf 967.820 € veranschlagt. Weitere Angaben zu den Zimmern und ihrer Belegung zeigt folgende Übersicht.

Zimmerkategorie	Kaiser Franz	Prinz Ernst	König Otto
Anzahl Zimmer	12	24	32
Betten je Zimmer	2	2	1
Öffnungstage pro Jahr	350	350	350
Durchschnittl. Belegung	60%	70%	80%

a. Ermitteln Sie für jede Zimmerkategorie die Anzahl der Übernachtungen pro Jahr.
b. Leiten Sie aus den Ergebnissen der Analyse des Kostenverhältnisses Äquivalenzziffern ab.
c. Berechnen Sie die Kosten der Beherbergung für jede der drei Zimmerkategorien insgesamt und je Übernachtung mithilfe der Äquivalenzziffernkalkulation.

Aufgabe 6: Mehrstufige Deckungsbeitragsrechnung (15 Minuten)

Die BWL-Studentin Lisa Fleißig hat während eines Praktikums die Kosten des Hotels Waidmannsheil analysiert. Im abgelaufenen Geschäftsjahr sind demnach die in der Tabelle eingetragenen Kosten entstanden; es fehlen noch die variablen Kosten der Kategorie Prinz Ernst. Die variablen Kosten in Zimmern dieser Kategorie ergeben sich aus dem Verbrauch an Wasser, Energie, Seife, für Verschleiß etc. zu insgesamt 10,40 € je Übernachtung; es wurden 12.000 Übernachtungen dieser Kategorie verbucht.

Produktgruppe	Beherbergung			Gastronomie	
Produktart	Kaiser Franz	Prinz Ernst	König Otto	Speisen	Getränke
Umsatz	245.000	490.000	285.000	1.180.000	740.000
Variable Kosten	68.000		71.400	858.000	512.000
Deckungsbeitrag I					
Produktfixe Kosten	27.000	35.200	23.600	352.000	78.000
Deckungsbeitrag II					
Gruppenfixe Kosten	370.000			90.000	
Deckungsbeitrag III					
Hotelfixe Kosten	230.000				
Betriebsergebnis					

a. Vervollständigen Sie die Ergebnistabelle und berechnen Sie das Betriebsergebnis.
b. Nennen Sie zwei konkrete Beispiele für hotelfixe Kosten.
c. Nehmen Sie auf der Basis Ihrer Ergebnisse Stellung zu der Aussage des Hotelmitarbeiters Sven Schnellschuss, das Geschäft mit den Speisen lohne sich offensichtlich nicht und solle deshalb sofort aufgegeben werden.

Aufgabe 7: Kostenanalyse und -spaltung (15 Minuten)

Im Rahmen ihrer Kostenanalysen im Hotel Waidmannsheil hat die Studentin Lisa Fleißig auch den Waschmittelverbrauch unter die Lupe genommen. Um eine Vorstellung über das Verhalten des Verbrauchs an Waschmitteln in Abhängigkeit von der Anzahl der Übernachtungen zu gewinnen, hat sie zwei Monate mit unterschiedlicher Belegung genau erfasst. Demnach betrugen die Kosten für Waschmittel im März 1.623,60 € und im Juni 2.318,00 €. Im März wurden 1.467 Übernachtungen und im Juni 2.335 Übernachtungen verbucht.

a. Berechnen Sie mithilfe des Differenzen-Quotienten-Verfahrens die variablen Kosten für Waschmittel je Übernachtung und die fixen Kosten für Waschmittel pro Monat. Stellen Sie anschließend die Kostenfunktion K(x) in Abhängigkeit von der Anzahl Übernachtungen (x) auf.
b. Berechnen Sie die Gesamtkosten und die Stückkosten für Waschmittel bei 500, 1.000, 1.500, 2.000 sowie 2.500 Übernachtungen je Monat. Veranschaulichen Sie Ihre Ergebnisse in zwei separaten Diagrammen für die Gesamtkosten und für die Stückkosten.
c. Benennen und erläutern Sie einen wichtigen kostenrechnerischen Effekt, den Sie anhand Ihrer Ergebnisse für die Stückkosten erkennen können.

Aufgabe 8: Flexible Plankostenrechnung (15 Minuten)

Das Hotel Waidmannsheil nutzt schon im zweiten Halbjahr die von der Studentin Lisa Fleißig ausgearbeiteten Ergebnisse betreffend die fixen und variablen Kosten des Waschmittelverbrauchs. Danach betragen die Plankosten für den Monat August bei einer Planbeschäftigung von 1.875 Übernachtungen insgesamt 1.950 €; davon sind 450 € fixe Kosten. Im Verlaufe des Monats August kommt es tatsächlich nur zu 1.725 Übernachtungen, und die effektiven Kosten für Waschmittel betragen 1.850 €.

a. Ermitteln Sie aus diesen Angaben den vollen und den variablen Plankostenverrechnungssatz. Stellen Sie anschließend die Kostenfunktionen für die verrechneten Plankosten und die Sollkosten auf.
b. Berechnen Sie die verrechneten Plankosten sowie die Sollkosten für die Istbeschäftigung im Monat August.
c. Ermitteln und interpretieren Sie die Verbrauchs- sowie die Beschäftigungsabweichung des Monats August.

Klausur 2: BAB, Kalkulation und Betriebsergebnisrechnung (Fall)
Bearbeitungszeit: 120 Minuten

Aus der Abrechnung eines Herstellers von Sportschuhen wurden in einer Periode für die drei Erzeugnisarten Sprinter, Teeny und Universal folgende Preise, Produktionsmengen und Bestandsveränderungen bei den fertigen Erzeugnissen erfasst.

	Sprinter	Teeny	Universal
Nettoverkaufspreis (€/Paar)	35,75	17,40	24,20
Produktionsmenge (Paar)	175.440	358.200	217.500
Bestandsmehrung (Paar)	5.200	-------	4.700
Bestandsminderung (€ !!!)	-------	51.306,00	-------

Die Bestandsveränderungen werden mit den auf Normalkostenbasis kalkulierten Herstellkosten bewertet. Gegenüber der Vorperiode gibt es keine konstruktiven oder fertigungstechnischen Änderungen, auch die Verrechnungspreise für Material, der durchschnittliche Lohnsatz in der Fertigung (27,00 € je Fertigungsstunde) und der Maschinenstundensatz (54,00 € je Maschinenstunde) sind unverändert geblieben.

a. Kalkulieren Sie die Selbstkosten der drei Sportschuhe je Paar. Die Einzelkosten einschließlich der Sondereinzelkosten (SEK) zeigt folgende Übersicht:

	Sprinter	Teeny	Universal
Fertigungsmaterial (€/Paar)	6,50	5,40	5,40
Fertigungslohn (€/Paar)	2,40	2,20	2,30
SEK der Fertigung (€/Paar)	1,20	1,10	1,20
SEK des Vertriebs (€/Paar)	0,80	0,70	0,60

Die Bearbeitungszeit je Paar Schuhe auf den Spezialmaschinen beträgt 4,5 Minuten für Sprinter, 2,5 Minuten für Teeny und 3,4 Minuten für Universal. Der beigefügte, noch unvollständige Betriebsabrechnungsbogen für die abgelaufene Periode enthält u.a. die Normalkostensätze für die Kalkulation (siehe Anlage 1 auf der folgenden Seite). Um Rechenungenauigkeiten zu vermeiden, ist es erforderlich, dass Sie in € mit *vier* Nachkommastellen arbeiten.

b. Berechnen Sie die Absatzmengen der drei Erzeugnisarten. Beachten Sie, dass die Bestandsminderung beim Modell Teeny in € angegeben ist.

c. Vervollständigen Sie den Betriebsabrechnungsbogen des Schuhherstellers (siehe Anlage 1 auf der nächsten Seite). Beachten Sie, dass Sie zweckmäßigerweise bestimmte Eintragungen in Abstimmung mit der folgenden Teilaufgabe e. vornehmen, z.B. betreffend die Zuschlagsbasis für die Stellen Verwaltung und Vertrieb.

d. Erstellen Sie die Betriebsergebnisrechnung nach dem Umsatzkostenverfahren, indem Sie auf die Selbstkosten je Paar Schuhe aus der Kalkulation gemäß Ihrer Lösung zu Aufgabenteil a. zurückgreifen.

e. Berechnen Sie das Betriebsergebnis des Schuhherstellers mithilfe des Umsatzkostenverfahrens in dem beigefügten Kostenträgerzeitblatt (siehe Anlage 2 auf der übernächsten Seite). Vergleichen Sie Ihr Ergebnis mit der Lösung gemäß Aufgabenteil d.

f. Berechnen Sie das Betriebsergebnis mithilfe des Gesamtkostenverfahrens. Verproben Sie Ihre Lösung anschließend gegen das effektive Betriebsergebnis nach dem Umsatzkostenverfahren gemäß Aufgabenteil e.

Anlage 1: Betriebsabrechnungsbogen

	Materialwesen	Fertigung	Spezial-maschinen	Verwaltung	Vertrieb	Gesamt
Personalgemeinkosten	196.320,40	1.264.959,20	0,00	444.981,20	803.787,89	2.710.048,69
Sachgemeinkosten	86.312,17	919.852,00	398.344,12	44.212,65	198.323,55	1.647.044,49
Kalkulatorische Kosten	35.612,20	1.389.612,35	1.226.388,00	32.536,30	47.439,33	....
Sonstige Gemeinkosten	14.563,80	899.633,12	544.300,00	199.312,00	289.446,12	....
Istgemeinkosten	....	....	2.169.032,12	721.042,15	1.338.996,89	....
Zuschlags-/ Verrechnungsbasis	Fertigungsmaterial	Fertigungslohn	Maschinenstunden	HK d. Umsatzes	HK d. Umsatzes	
Istkostensatz	....	....	....	....	....	
Normalkostensatz	8,0%	260,0%	54,00 €/h	5,0%	10,0%	
Normalgemeinkosten	....	....	....	....	....	....
Über- (+)/Unterdeck.(-)	....	....	....	....	....	....

Anlage 2: Kostenträgerzeitblatt (Betriebsergebnisrechnung nach dem Umsatzkostenverfahren)

	Normal-kostensatz	Sprinter	Teeny	Universal	Normal-kosten	Istgemeinkosten	Über- (+) / Unterdeckung (-)
Fertigungsmaterial							
Materialgemeinkosten	....						
Fertigungslohn							
Fertigungsgemeinkosten	....						
Maschinenkosten	....						
SEK der Fertigung							
Herstellkosten d. Produktion							
Bestandsmehrung Erzeugn.							
Bestandsminderung Erzeugn.							
Herstellkosten d. Umsatzes							
Verwaltungskosten	....						
Vertriebskosten	....						
SEK des Vertriebs						*ÜD/UD gesamt*	
Selbstkosten d. Umsatzes							
Umsatz							
Betriebserg. zu Normalkosten							
Über- (+) / Unterdeckung (-)							
Betriebserg. zu Istkosten							

Klausur 3: Voll- und Teilkostenrechnung, Prozess- und Zielkostenrechnung
Bearbeitungszeit: 120 Minuten

Fall 1 (Kostenverrechnung und Kalkulation in einer Ingenieurberatung, 90 Minuten)

Die Ingenieurberatung P. Boss OHG ist in den Geschäftsfeldern Verkehrsplanung, Vermessung, Stadtplanung und Hochbau aktiv. P. Boss ist der alleinige Geschäftsführer. Er entnimmt dem Unternehmen jährlich rund 160.000 €, die auch für einen vergleichbaren angestellten Geschäftsführer anzusetzen wären.
Die Ingenieure und Techniker des Unternehmens sind den Geschäftsfeldern zugeordnet, für die jeweils eine Kostenstelle eingerichtet ist. Weitere Kostenstellen sind dem erstmals erstellten Betriebsabrechnungsbogen (BAB) für das neue Planjahr auf der folgenden Seite zu entnehmen, in dem auch die Zahl der Mitarbeiter und der Flächenbedarf je Kostenstelle verzeichnet sind.
Die Bilanzbuchhalterin verweist darauf, dass die kalkulatorischen Abschreibungen für das im Jahr 1984 zu 1.950.000 € errichtete Betriebsgebäude auf Basis des Wiederbeschaffungswertes (WBW) erfolgen sollten; dessen betriebsgewöhnliche Nutzungsdauer beträgt 50 Jahre. Der WBW-Index für Gebäude ist von 0,975 im Jahr 1984 auf 1,250 im Planjahr gestiegen. Außerdem sollen künftig vorsorglich Wagniskosten von 180.000 € im Verhältnis 1 : 1 : 1 : 2 : 1 auf die Geschäftsfelder verrechnet werden.
Die Kostenstelle DV-Service erbringt Leistungen, die sich nach detaillierten Berechnungen im Verhältnis 2 : 2 : 7 : 4 : 7 : 7 : 0 : 1 auf die nachgelagerten Kostenstellen verteilen. Nach den Aufzeichnungen der Kostenstelle Textservice werden ca. folgende Seiten pro Jahr für die nachgelagerten Kostenstellen erstellt: 6.000, 17.000, 3.000, 13.000, 9.000, 0 und 2.000. Für die Angebots- und Vertragserstellung leistet das Auftragswesen im Durchschnitt folgende Stunden für die nachgelagerten Kostenstellen (Geschäftsfelder): 400, 500, 1.000, 600 und 200.
Alle Mitarbeiter haben eine regelmäßige Arbeitszeit von 7 Stunden pro Tag. Aufgrund einer Betriebsvereinbarung kann die wöchentliche Arbeitszeit von 25 bis 50 Stunden an die Auftragslage angepasst werden. Im Durchschnitt leistet jeder Mitarbeiter der genannten Geschäftsfelder jedoch 195 Überstunden pro Jahr; die Überstunden werden wahlweise ohne Zuschlag vergütet oder als Zeitvortrag behandelt. Die übrigen Beschäftigten sind nur im Rahmen der Normalarbeitszeit tätig. Im Planjahr (365 Tage) gibt es 104 Samstage und Sonntage; 9 Feiertage liegen auf einem Werktag. Allen Mitarbeitern stehen 30 Urlaubstage pro Jahr zu. Der Fehlstand wegen Krankheit etc. beträgt durchschnittlich 7 Tage pro Jahr und Mitarbeiter. Der Anteil der produktiven, auf Aufträge zurechenbaren Zeit beträgt 90% der Anwesenheitszeit; die restliche Anwesenheitszeit wird für Ordnen der Unterlagen am Arbeitsplatz, Lesen von Fachliteratur etc. benötigt.
Die Angebote kalkuliert P. Boss nach eigenen Worten „einfach und effektiv“, indem er die Planungszeit je Auftrag mit einem pauschalen Gemeinkostensatz von 50,00 € pro Stunde bewertet und auf die Selbstkosten der zu kalkulierenden Aufträge 10% Gewinnzuschlag aufschlägt.
Im vergangenen Jahr setzte sich der schon zuvor beobachtete Trend fort, dass das Auftragsvolumen im Geschäftsfeld Verkehrsplanung steigt, während es im Geschäftsfeld Vermessung zurückgeht. Leider ist auch das Betriebsergebnis rückläufig. P. Boss ist deshalb sehr besorgt und bittet Sie als Bewerber im Rahmen der Bewerberauswahl für die neu geschaffene Stelle des Controllers, folgende Aufgaben zu bearbeiten.

a. Die Finanzbuchhaltung wird von einem Steuerberater geführt, mit dem P. Boss häufig Tennis spielt. Geschäftsführer Boss ist deshalb überzeugt, dass die Finanzbuchhaltung die vertrauenswürdige und richtige Zahlenbasis zur Berechnung des pauschalen Stundensatzes für die Kalkulation schlechthin darstellt. Erläutern Sie Herrn Boss anhand von drei Beispielen, warum seine Auffassung nicht richtig ist.

b. Vervollständigen Sie den BAB um die kalkulatorischen Abschreibungen für die Gebäude, die Verteilung der kalkulatorischen Wagnisse, den kalkulatorischen Unternehmerlohn und

Plan-BAB	Unternehmen gesamt			Hilfskostenstellen				Hauptkostenstellen					
	Aufwand	Abgrenzungen	Kosten	Gebäude	DV-Service	Textservice	Auftragswesen	Verkehrsplanung	Vermessung	Stadtplanung	Hochbau	Hochbau Außenstelle	Leitung und Verwaltung
Personal	3.762.500		3.762.500		56.000	111.000	68.000	610.000	619.500	480.000	1.350.000	280.000	188.000
Fremdleistungen	355.000		355.000	35.000	45.000	3.500	1.500	42.000	34.800	46.300	33.900	49.500	63.500
Abschreibungen	162.000	......	......	......	23.000	5.000	2.000	12.000	18.500	10.500	27.000	3.000	17.000
Wagnisse	34.000	146.000	180.000					......	......	......	......	......	
Kalk. Unternehmerlohn		......	......										......
Übrige Aufwend./Kosten	766.420		766.420	10.000	24.100	7.650	6.850	49.950	147.800	25.700	401.600	12.000	80.770
Summe	5.079.920												
Umlage Gebäude													
Umlage DV-Service													
Umlage Textservice													
Umlage Auftragswesen													
Gemeinkosten nach Uml.													
Auftragsstunden								......	......	......	......	......	
Auftragsherstellkosten													......
Kostensatz													

Auftragseinzelkosten								157.800	79.300	60.900	35.500	66.300	

Mitarbeiter					1	3	2	10	15	10	25	5	4
Fläche (qm)					20	30	30	150	200	160	340	0	70

die Überleitung von der Finanzbuchhaltung zur Kostenrechnung. Führen Sie anschließend die innerbetriebliche Leistungsverrechnung durch. Berechnen Sie abschließend die Stundensätze für die Verkehrsplanung, Vermessung etc. sowie den Zuschlagssatz für die Kostenstelle Leitung und Verwaltung. Die Kosten der Leitung und Verwaltung sind auf die Auftragsherstellkosten zu verrechnen; das sind die Auftragseinzelkosten für Sachmittel und Fremdleistungen zuzüglich der Gemeinkosten der Geschäftsfelder.

c. Erklären Sie dem Geschäftsführer Boss anhand eines Vergleichs der pauschalen und der differenzierten Kalkulation der Kosten und des Ergebnisses des Verkehrsplanungsprojektes VK und des Vermessungsprojektes VM den Grund für den Trend der Auftragsverschiebung und die Ergebnisentwicklung. Für die Aufträge gelten folgende Daten:

	Verkehrsplg. VK	Vermessung VM
Nettoerlös (€)	38.830	30.690
Auftragseinzelkosten (€)	2.800	1.900
Verkehrsplanung (Std.)	615	0
Vermessung (Std.)	35	520

d. Aufgrund der von Ihnen zu c. vorgelegten Ergebnisse folgert Boss, dass Projekte der Verkehrsplanung Verlustgeschäfte sind. Er möchte deshalb das Angebot für das Projekt VK zu dem vorgesehenen Nettoerlös von 38.830 € erst gar nicht abgeben. Doch Sie erinnern sich an die flexible Zeitvereinbarung und die hohe Überstundenzahl und folgern daraus, dass die Gehälter und die zugehörigen Sozialkosten der Ingenieure und Techniker letztlich von der Beschäftigung abhängig sind. Die entsprechenden variablen Kostensätze betragen laut einer separaten Auswertung 36,00 €/Std. für die Verkehrsplanung und 23,00 €/Std. für die Vermessung. Alle übrigen Kosten der Ingenieurberatung sind fix. Zeigen Sie anhand einer mehrstufigen Projektergebnisrechnung für das Verkehrsplanungsprojekt VK, dass die Einschätzung des Geschäftsführers Boss so nicht haltbar ist.

e. Jetzt ist Boss einigermaßen verwirrt: Erst erklären Sie ihm, dass seine pauschale Kalkulation zu ungenau ist (vgl. c.), dann zeigen Sie ihm auf, dass der mithilfe dieser Kalkulation ermittelte Angebotspreis zu einem positiven Erfolgsbeitrag des Projekts VK führt. Geben Sie Boss eine abschließende Erläuterung und eine Empfehlung, wie er künftig mithilfe der Teil- und Vollkostenkalkulation Projektangebote beurteilen sollte.

Fall 2 (Prozesskostenkalkulation und Target Costing, 30 Minuten)

Ein Hersteller von Fahrscheinautomaten will ein neues Modell für die Stationen an Magnetschwebebahnen entwickeln. Er rechnet mit einem Absatz von rund 200 Stück pro Jahr zu einem Nettoverkaufspreis von 20.000 € und strebt eine Umsatzrentabilität von 7,5% an.
Die Kundschaft verbindet mit dem neuen Fahrscheinautomaten FA bestimmte Nutzenvorstellungen. Demnach sollte der Fahrscheinautomat die Produkteigenschaften einfache Benutzerführung (F1), kurze Bearbeitungszeit (F2) sowie Fehlerfreiheit und Wartungsfreundlichkeit (F3) aufweisen.
Ein Fahrscheinautomat besteht im Wesentlichen aus den Komponenten Gehäuse mit vergossenem Display und Steuerelektronik (K1), Geldkartenleser (K2) sowie Fahrscheindrucker (K3); sämtliche übrigen Teile werden zusammengefasst betrachtet (K4). Folgende Tabelle zeigt in der Kopfzeile die Funktionsbedeutung aus Kundensicht und in den übrigen Feldern den Beitrag der Komponenten zur Funktionserfüllung.

	F1	F2	F3
Komponente *Bedeutung*	*50%*	*20%*	*30%*
K1	60%	10%	20%
K2	20%	30%	20%
K3	10%	50%	40%
K4	10%	10%	20%

Die Endmontage der Fahrscheinautomaten soll in zehn Endmontagelosen à 20 Stück erfolgen. Die Komponente K1 soll aus Teilen mit einem Einkaufswert von insgesamt 1.945 € in fünf Losen à 40 Stück vorgefertigt werden. Die direkten Fertigungskosten von K1 betragen 5.380 €. Zu jedem Vorfertigungslos für K1 sind vier Bestellungen und Lieferungen abzuwickeln. Die Komponenten K2 bis K4 werden von Zulieferern bezogen; je Endmontagelos und Komponente ist eine Bestellung und Lieferung erforderlich. Die ausgehandelten Einstandspreise betragen 2.945 € für K2, 3.620 € für K3 und 950 € für K4.

Die Hauptprozesse, die zugehörigen Kostensätze und die Häufigkeit der Ausführung zeigt folgende Aufstellung:

Variante einführen und betreuen	8.000 €	einmal jährlich
Kundenauftrag abwickeln	16.000 €	einmal jährlich
Endmontageauftrag steuern	1.600 €	je Endmontagelos
Vormontageauftrag steuern	1.400 €	je Vorfertigungslos
Bestellung und Lieferung betreuen	500 €	je Bestellung

Die direkten Fertigungskosten für die Endmontage betragen 1.800 € je Fahrscheinautomat. Die anteiligen Kosten für Verwaltung etc. werden im Sinne eines Deckungsbudgets mit 3.500 € je Fahrscheinautomat vorgegeben.

a. Ermitteln Sie die Zielherstellkosten (Target Costs) der Komponenten insgesamt; ziehen Sie dazu vom Zielverkaufspreis den angestrebten Gewinn und alle Kosten ab, die nur dem Fahrscheinautomaten, nicht aber den Komponenten direkt zurechenbar sind. Kalkulieren Sie anschließend die voraussichtlichen Herstellkosten der Komponenten (Standard Costs bzw. Drifting Costs). Zerlegen Sie die ermittelten Zielherstellkosten nach der Funktionenmethode auf die vier Komponenten. Beurteilen Sie abschließend anhand der Zielkostenindizes, welche Komponenten relativ zu teuer oder zu billig erscheinen.

b. Erläutern Sie anhand der Kostensituation der Komponente K2, inwiefern ein Zielkostenindex kleiner als eins nicht zwingend einen zufriedenstellenden Zustand anzeigt.

c. Erläutern Sie kurz drei Möglichkeiten, die dazu beitragen können, die Zielkosten der Komponente K1 zu erreichen.

Lösungen zu den Aufgaben

1 Aufgaben des Rechnungswesens ★☆☆

Richtig sind die Aussagen b, d, f, h, i, k und l.

2 Finanzbuchhaltung und Kostenrechnung ★☆☆

	Fibu	Kore
a. Sie wird auch Geschäftsbuchführung genannt.	⊗	o
b. Sie dient der Kalkulation der Produkte und Dienstleistungen.	o	⊗
c. Sie ist gewöhnlich eine jahresbezogene Rechnung.	⊗	o
d. Sie wird auch Betriebsbuchhaltung genannt.	o	⊗
e. Sie hat die Aufgabe der Wirtschaftlichkeitskontrolle.	o	⊗
f. Sie dient der Aufstellung des Jahresabschlusses.	⊗	o
g. Sie wird üblicherweise monatlich eingesetzt	o	⊗
h. Sie arbeitet in der Regel mit Plan- und Istwerten.	o	⊗
i. Sie berücksichtigt steuerrechtliche Vorschriften.	⊗	o
j. Sie berücksichtigt alle Verbräuche einer Rechnungsperiode.	⊗	o
k. Sie wird von der Finanzbehörde geprüft.	⊗	o
l. Sie liefert Zahlenmaterial für dispositive Zwecke.	o	⊗
m. Sie liefert Zahlenmaterial für die Bewertung fertiger Erzeugnisse.	o	⊗
n. Sie wird gesetzlich reglementiert.	⊗	o

3 Aufwendungen und Erträge ★★☆

	betrieblich	betriebsfremd	außerordentlich	periodenfremd
a. Verluste aus Wertpapiergeschäften	o	⊗	o	o
b. Umsatzerlöse für fertige Erzeugnisse	⊗	o	o	o
c. Löhne und Gehälter	⊗	o	o	o
d. Vertreterprovisionen	⊗	o	o	o
e. Abschreibungen auf Lieferforderungen	o	o	⊗	o
f. Erträge aus Vermietung und Verpachtung	o	⊗	o	o
g. Mehrbestand an fertigen Erzeugnissen	⊗	o	o	o
h. Regelung einer Kundenreklamation aus einer Vorjahreslieferung im Kulanzweg	o	o	o	⊗
i. Sturmschaden an der Lagerhalle	o	o	⊗	o
j. Zinserträge aus Festgeldanlagen	o	⊗	o	o
k. Gesetzliche Sozialabgaben	⊗	o	o	o
l. Gewerbesteuernachzahlung für das vorletzte Geschäftsjahr	o	o	o	⊗
m. Abschreibungen auf Fertigungsanlagen	⊗	o	o	o
n. Reparaturaufwand am Computernetz	⊗	o	o	o
o. Aktivierung einer selbsterstellten Maschine	⊗	o	o	o
p. Erträge aus dem Verkauf von Betriebsfahrzeugen zu einem Preis über Restbuchwert	o	o	⊗	o
q. Erträge aus der Auflösung von Rückstellungen wegen Fortfall des Grundes	o	o	o	⊗

Beim letzten Sachverhalt ist es auch möglich, die Erträge aus der Auflösung von Rückstellungen als außerordentlich zu klassifizieren.

4 Grundbegriffe des Rechnungswesens ★★★

Sachverhalt	Einzahlung (+) / Auszahlung (-)	Einnahme (+) / Ausgabe (-)	Ertrag (+) / Aufwand (-)	Leistung (+) / Kosten (-)
a.	+2.000	+2.000	+2.000	
b.		+85.000	+32.000	+32.000
c.	+17.000	+17.000	+17.000	
d.		-15.000		
e.			-32.500	-32.500
f.				-2.200
g.	-900	-900	-900	-900
h.	-38.000	-38.000	-38.000	-38.000
i.			[1] +44.000	[1] +44.000
j.			[2] +500	[2] +500
k.	-6.000	-6.000		-12.000
l.			-9.300	-8.500
m.			-8.300	
n.	+100	+100	-400	
o.	+10.200	+200	+200	
p.	+32.000	+32.000	+18.000	+18.000
Σ	+16.400	+76.400	+24.300	+400

[1] Für die Bewertung des Erzeugnisbestandes sind die angefallenen Aufwendungen bzw. Kosten (hier identisch mit dem Erzeugniswert) maßgebend, nicht die späteren Verkaufserlöse.

[2] Nicht relevant ist der Verkaufswert der Industrieleuchten. Erfolgswirksam sind nur die Lampen aus der Fertigung im Mai; diese werden zu den angefallenen Kosten der Herstellung von 500 € aktiviert. Die aus dem Lager entnommenen Leuchten werden erfolgsneutral vom Umlaufvermögen in das Anlagevermögen umgebucht (Aktivtausch).

Auswertung der Summenzeile:

- Der Zahlungssaldo beträgt 16.400 €, d.h. der Geldbestand ist entsprechend gestiegen.
- Der Saldo der Einnahmen und Ausgaben liegt bei 76.400 €, d.h. der Geld- und Kreditbestand ist um diesen Betrag gestiegen. Der Kreditbestand allein ist um (76.400 - 16.400) = 60.000 € gestiegen.
- Die Finanzbuchhaltung weist insgesamt einen Erfolg von 24.300 € aus.
- Das Betriebsergebnis liegt bei 400 €.

5 Erfolg und Wirtschaftlichkeit ★☆☆

	Unternehmen A	Unternehmen B
Umsatz	240.000	380.000
Kosten des Umsatzes	250.000	340.000
Betriebsergebnis	-10.000	+40.000

Unternehmen A arbeitet nicht erfolgreich, da das Betriebsergebnis negativ ist. Unternehmen B hingegen erzielt mit seinen Produkten ein positives Betriebsergebnis und arbeitet insofern erfolgreich.

	Unternehmen A	Unternehmen B
Istkosten	250.000	340.000
Geplante Kosten	250.000	325.000
Abweichung	0	+15.000

Unternehmen A arbeitet insofern wirtschaftlich, als die geplanten Kosten eingehalten werden. Vermutlich liegt das negative Betriebsergebnis an veralteten oder nicht marktfähigen Produkten oder schlechten Vertriebsleistungen. Unternehmen B arbeitet unwirtschaftlich, da die geplanten Kosten nicht eingehalten werden. Bei wirtschaftlichem Verhalten hätte das Betriebsergebnis sogar 40.000 + 15.000 = 55.000 € betragen können.

6 Kostenbegriffe und Kostenverläufe ★★☆

a. $K = 48.000 + 1{,}2 \cdot x$ (K = Gesamtkosten in €, x = Ausbringung in kg)

b.

Auslastung	12,5%	25%	50%	75%	100%
Produktionsmenge (kg)	10.000	20.000	40.000	60.000	80.000
Variable Kosten gesamt (€)	12.000	24.000	48.000	72.000	96.000
Fixe Kosten gesamt (€)	48.000	48.000	48.000	48.000	48.000
Gesamtkosten (€)	60.000	72.000	96.000	120.000	144.000
Grenzkosten (€/kg)	1,20	1,20	1,20	1,20	1,20
Variable Stückkosten (€/kg)	1,20	1,20	1,20	1,20	1,20
Fixe Stückkosten (€/kg)	4,8	2,40	1,20	0,80	0,60
Stückkosten (€/kg)	6,00	3,60	2,40	2,00	1,80

Die vorletzte Zeile macht deutlich, dass die Fixkosten je Stück mit zunehmender Menge sinken. Aufgrund dieser Fixkostendegression fallen mit steigender Menge auch die Stückkosten insgesamt.

c.

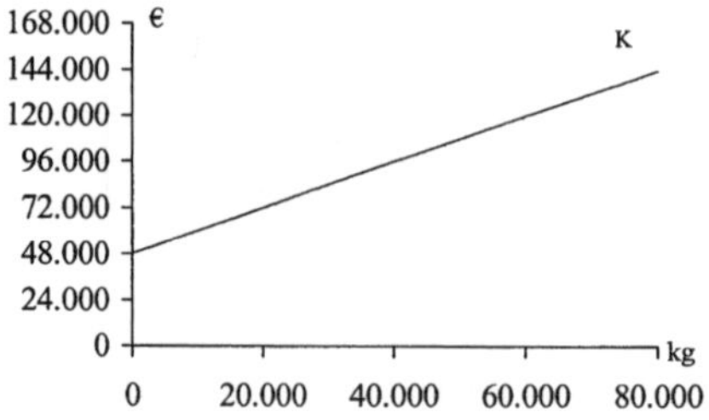

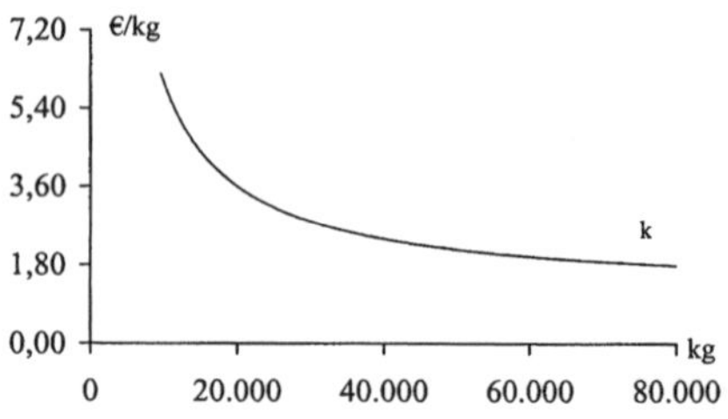

d. Da die Kapazität von 80.000 kg bisher nur zu 70% ausgelastet ist, stehen noch 30% entsprechend 24.000 kg Backwaren zur Verfügung. Die beabsichtigte Produktionssteigerung ist also mit der vorhandenen Kapazität möglich. Entscheidungsrelevant sind deshalb die variablen Kosten von 1,20 €/kg bzw. von 9.600 € bei zusätzlich 8.000 kg.

e. Mit der vorhandenen Kapazität können maximal 80.000 kg erzeugt und verkauft werden. Die höhere Produktionsmenge von 100.000 kg kann mit der bestehenden Kapazität nicht bewältigt werden. Ob eine dritte Fertigungslinie errichtet wird, ist nicht nur von der Höhe der variablen Kosten für die über 80.000 kg hinausgehenden Backwaren abhängig (das sind 20.000 kg à 1,20 € = 24.000 €), sondern auch von den damit verbundenen *zusätzlichen Fixkosten* in Höhe von 24.000 €. Unter dem Gesichtspunkt der Ergebnismaximierung müsste deshalb mit der Zusatzmenge von 20.000 kg, die rechnerisch auf die dritte Fertigungslinie entfallen, ein Umsatzzuwachs erzielt werden, der mindestens die variablen und zuwachsenden fixen Kosten in Höhe von insgesamt 24.000 + 24.000 = 48.000 € deckt.

Der Vollständigkeit halber sei darauf hingewiesen, dass derartige Investitionsentscheidungen nicht nur anhand eines Kosten- und Leistungsvergleichs getroffen werden. Die Investitionsrechnung hat daneben eine Reihe anderer Verfahren entwickelt, die teilweise auf Ein- und Auszahlungen basieren und die Regeln der Finanzmathematik berücksichtigen.

f. Gesamtkosten: K = 72.000 + 70.000 • 1,20 = 72.000 + 84.000 = 156.000 €
Stückkosten: k = 156.000 / 70.000 = 2,23 €/kg

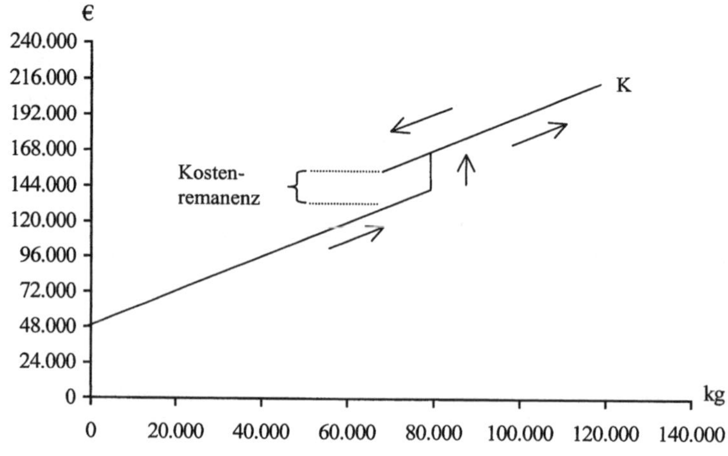

7 Beschäftigungsabhängigkeit und Beeinflussbarkeit von Kosten ★☆☆

Beschäftigungsabhängig bzw. variabel sind solche Kosten, die bei einer Änderung der Beschäftigung steigen oder fallen. Beispiele hierfür sind die von der Produktionsmenge abhängigen Materialkosten für Blech, Reifen etc. im Automobilbau, die von der Betriebszeit abhängigen Energiekosten einer Maschine oder die von der Absatzmenge abhängigen Provisionen an Außendienstmitarbeiter. Beschäftigungsunabhängige (fixe) Kosten hingegen bleiben bei Beschäftigungsänderungen konstant. Beispiele sind die Gehälter für angestellte Mitarbeiter, Büromieten und Jahresprämien für Versicherungen. Beschäftigungsunabhängige Kosten sind aber nicht zwingend unbeeinflussbare Kosten. Als unbeeinflussbar gelten - bezogen auf eine bestimmte Entscheidung oder Maßnahme - diejenigen Kosten, die von der Entscheidung oder Maßnahme selbst nicht berührt werden. Soll für eine Arbeitswoche über eine höhere oder niedrigere Beschäftigung, z.B. gemessen an der Produktion von Fahrzeugen im Automobilbau, entschieden werden, müssen die oben genannten variablen Kosten (Materialkosten) als beeinflussbar und damit für diese Entscheidung relevant angesehen werden. Hingegen sind die genannten Fixkosten (Gehälter etc.) unbeeinflusst von der Entscheidung bzw. Maßnahme und deshalb in diesem Zusammenhang nicht entscheidungsrelevant. Soll aber über die Schließung einer Betriebsstätte befunden werden, werden von dieser Maßnahme auch die beschäftigungsunabhängigen Kosten wie Gehälter, Büromieten und Versicherungsprämien beeinflusst. Sie sind insofern im Hinblick auf die Betriebsstilllegung ebenfalls entscheidungsrelevant.

8 Systeme der Kostenrechnung ★★☆

Richtig sind die Aussagen b, d, f, g, i, j, l, n, o, r, t, v und x.

9 Vollkosten- und Teilkostenrechnung ★★★

a.

Produktart	A	B	C	D	Σ
Abgesetzte Menge (Stück)	3.000	4.000	1.000	7.000	
Nettoerlös (€/Stück)	15,00	8,00	44,00	10,00	
Stückkosten gesamt (€/Stück)	17,00	12,00	35,00	8,00	
Stückergebnis (€/Stück)	-2,00	-4,00	9,00	2,00	
Umsatz (€)	45.000	32.000	44.000	70.000	191.000
Kosten (€)	51.000	48.000	35.000	56.000	190.000
Betriebsergebnis (€)	-6.000	-16.000	9.000	14.000	1.000

b.

Produktart	A	B	C	D	Σ
Abgesetzte Menge (Stück)	3.000	4.000	1.000	7.000	
Nettoerlös (€/Stück)	15,00	8,00	44,00	10,00	
Variable Stückkosten (€/Stück)	11,00	10,00	27,00	7,00	
Stückdeckungsbeitrag (€/Stück)	4,00	-2,00	17,00	3,00	
Umsatz (€)	45.000	32.000	44.000	70.000	191.000
Variable Kosten (€)	33.000	40.000	27.000	49.000	149.000
Deckungsbeitrag (€)	12.000	-8.000	17.000	21.000	42.000
Fixkosten (€)					41.000
Betriebsergebnis (€)					1.000

c. Aus der Logik der Vollkostenrechnung ist abzuleiten:

Stück- und Gesamtergebnis der Produkte A und B sind negativ. Deshalb sollten Produktion und Absatz nach Möglichkeit - hier um 10% - eingeschränkt werden. Stück- und Gesamtergebnis der Produkte C und D sind positiv. Deshalb sollten Produktion und Absatz nach Möglichkeit - hier um 10% - ausgebaut werden. Damit lautet die Empfehlung zum Absatz- und Produktionsprogramm:

Produktart	A	B	C	D
Absatzmenge (Stück)	2.700	3.600	1.100	7.700

Es ist zu beachten, dass sich das Betriebsergebnis nicht über die Stückergebnisse gemäß Vollkostenrechnung ermitteln lässt. Denn die Stückkosten beinhalten einen verrechneten Fixkostenanteil, der bei Mengensteigerungen abnimmt und bei Mengenreduzierungen steigt, da die Höhe der Fixkosten insgesamt gleich bleibt. Das neue Betriebsergebnis lässt sich für die aus der Logik der Vollkostenrechnung abgeleiteten neuen Mengen am besten in Form einer Deckungsbeitragsrechnung ermitteln, da sie die Fixkosten genau in der entstehenden Höhe verrechnet.

Produktart	A	B	C	D	Σ
Absatzmenge (Stück)	2.700	3.600	1.100	7.700	
Stückdeckungsbeitrag (€/Stück)	4,00	-2,00	17,00	3,00	
Deckungsbeitrag (€)	10.800	-7.200	18.700	23.100	45.400
Fixkosten (€)					41.000
Betriebsergebnis (€)					4.400

d. Aus der Logik der Teilkostenrechnung ist abzuleiten:

Der Stückdeckungsbeitrag des Produktes B ist negativ. Deshalb sollten Produktion und Absatz nach Möglichkeit - hier um 10% - eingeschränkt werden. Die Stückdeckungsbeiträge der Produkte A, C und D sind positiv. Deshalb sollten Produktion und Absatz nach Möglichkeit - hier um 10% - ausgebaut werden. Damit lautet die Empfehlung zum Absatz- und Produktionsprogramm:

Produktart	A	B	C	D
Absatzmenge (Stück)	3.300	3.600	1.100	7.700

Unter Verwendung dieser optimalen Mengen ergibt sich folgendes Ergebnis:

Produktart	A	B	C	D	Σ
Absatzmenge (Stück)	3.300	3.600	1.100	7.700	
Stückdeckungsbeitrag (€/Stück)	4,00	-2,00	17,00	3,00	
Deckungsbeitrag (€)	13.200	-7.200	18.700	23.100	47.800
Fixkosten (€)					41.000
Betriebsergebnis (€)					6.800

Offensichtlich ist die Entscheidung auf Basis der Vollkostenrechnung nicht optimal. In der vorliegenden kurzfristig ausgerichteten Entscheidungssituation gewährleistet nur die Anwendung der Teilkostenrechnung, dass die optimalen Mengen und das maximal mögliche Betriebsergebnis erzielt werden.

e. Wenn von C anstelle von 1.100 Stück insgesamt 1.500 Stück produziert und abgesetzt werden können, steigen die variablen Kosten um (1.500 - 1.100) • 27 = 10.800 €. Bei Erweiterung der Kapazität durch Einsatz der Spezialmaschine für Produkt C sind ferner die **zuwachsenden Fixkosten** in Höhe von 5.200 € pro Periode entscheidungsrelevant. Damit belaufen sich die entscheidungsrelevanten Kosten auf insgesamt 10.800 + 5.200 = 16.000 €. Auf der anderen Seite steigt der Umsatz um 400 • 44 = 17.600 €. Das Ergebnis verbessert sich also um 17.600 - 16.000 = 1.600 €. Damit erscheint die Mengensteigerung bei C vorteilhaft.

   Zu der gleichen Erkenntnis gelangt man, wenn man dem zuwachsenden Deckungsbeitrag in Höhe von 400 • 17 = 6.800 € die zuwachsenden Fixkosten in Höhe von 5.200 € gegenüberstellt. Auch hier verbessert sich das Ergebnis um 6.800 - 5.200 = 1.600 €.

   Die Anschaffung der Spezialmaschine wird man allerdings auch davon abhängig machen, ob die zusätzliche Kapazität nachhaltig in weiteren Folgeperioden genutzt werden kann.

f. Vor der Kapazitätsausweitung wird mit Produkt C ein Deckungsbeitrag von 18.700 € erzielt. Die Kapazitätsausweitung lohnt sich, wenn unter Berücksichtigung der zuwachsenden Fixkosten für C der Deckungsbeitrag steigt. Der Deckungsbeitrag für 1.500 Stück C ergibt sich mit den neuen Zahlen wie folgt:

Umsatz	1.500 Stück à 44 €	66.000 €
Variable Kosten	1.500 Stück à 24 €	36.000 €
Deckungsbeitrag 1		30.000 €
Zusätzl. Fixkosten		16.000 €
Deckungsbeitrag 2		14.000 €

   Da der neue Deckungsbeitrag von C um 18.700 - 14.000 = 4.700 € niedriger ist als der bisherige, lohnt sich die Mengensteigerung mithilfe der Spezialmaschine nicht.

10 Prinzipien der Kostenrechnung ★☆☆

a. Eine verursachungsgerechte Verrechnung fixer Kosten auf die einzelnen Tischdecken ist nicht möglich.

b.

Produktart	A	B	C		Gesamt
Abgesetzte Menge (Stück)	2.500	2.000	4.500		9.000
Fixe Kosten gesamt (€)					36.000
Fixe Kosten (€/Stück)	4,00	4,00	4,00	←	4,00
Variable Kosten (€/Stück)	8,00	9,00	10,00		
Stückkosten (€/Stück)	12,00	13,00	14,00		

c.

Produktart	A	B	C	Gesamt
Abgesetzte Menge (Stück)	2.500	2.000	4.500	9.000
Fläche (qm/Stück)	1,28	2,00	2,40	
Fläche gesamt (qm)	3.200	4.000	10.800	18.000
Fixe Kosten gesamt (€)				36.000
Fixe Kosten (€/qm)				2,00
Fixe Kosten (€/Stück)	2,56	4,00	4,80	
Variable Kosten (€/Stück)	8,00	9,00	10,00	
Stückkosten (€/Stück)	10,56	13,00	14,80	

d.

Produktart	A	B	C	Gesamt
Abgesetzte Menge (Stück)	2.500	2.000	4.500	9.000
Nettoerlös (€/Stück)	14,00	18,50	16,00	
Umsatz (€)	35.000	37.000	72.000	144.000
Fixe Kosten gesamt (€)				36.000
Fixe Kosten (vom Umsatz)				25%
Fixe Kosten (€/Stück)	3,50	4,63	4,00	
Variable Kosten (€/Stück)	8,00	9,00	10,00	
Stückkosten (€/Stück)	11,50	13,63	14,00	

e.

Produktart	A	B	C	Gesamt
Abgesetzte Menge (Stück)	2.500	2.000	4.500	9.000
Nettoerlös (€/Stück)	14,00	18,50	16,00	
Variable Kosten (€/Stück)	8,00	9,00	10,00	
Deckungsbeitrag (€/Stück)	6,00	9,50	6,00	
Deckungsbeitrag (€)	15.000	19.000	27.000	61.000
Fixe Kosten gesamt (€)				36.000
Fixe Kosten (vom DB)				59%
Fixe Kosten (€/Stück)	3,54	5,61	3,54	
Stückkosten (€/Stück)	11,54	14,61	13,54	

11 Ermittlung der Materialverbrauchsmengen ★☆☆

a.	Skontrationsmethode:	Verbrauch	= 150 + 45 + 400	= 595 Stück
b.	Inventurmethode:	Verbrauch	= (230 + 200 + 300) - 130	= 600 Stück
c.	Retrograde Methode:	Verbrauch	= 145 • 4	= 580 Stück
d.	Verbrauch für Aufträge in Arbeit		= 595 - 580	= 15 Stück
e.	Außerordentlicher Verbrauch		= 600 - 595	= 5 Stück

12 Materialkosten ★★☆

a.

Datum	Bestand/Bewegung	Stück	€/Stück	€
01.01.	*Anfangsbestand*	200	5,50	1.100,00
17.01.	Zugang 1	+400	5,70	+2.280,00
02.02.	Zugang 2	+150	5,90	+885,00
27.02.	Zugang 3	+900	5,20	+4.680,00
	Gesamt (buchmäßig)	1.650	5,42121	8.945,00
24.01.	Abgang 1	-300	5,42121	-1.626,36
14.02.	Abgang 2	-400	5,42121	-2.168,48
12.03.	Abgang 3	-500	5,42121	-2.710,61
	Gesamt (buchmäßig)	-1.200	5,42121	-6.505,45
31.03.	*Endbestand (lt. Inventur)*	400	5,42121	2.168,48
31.03.	Endbestand (buchmäßig)	450	5,42121	2.439,55
	Inventurdifferenz	-50	5,42121	-271,07
	Materialkosten	1.200	5,42121	6.505,45 ←

noch zu a.

In der Kostenrechnung werden zur Ermittlung des Betriebsergebnisses vor Abweichungen Materialkosten in Höhe von 6.505,45 € verrechnet. Außerdem ist die Inventurdifferenz in Höhe von 271,07 € vom Betriebsergebnis vor Abweichungen abzuziehen, um das effektive Betriebsergebnis zu erhalten. Der Ausweis erfolgt in einer separaten Zeile im Rahmen der Überleitung vom Betriebsergebnis vor Abweichungen („vorläufiges Betriebsergebnis") zum Betriebsergebnis nach Abweichungen („effektives Betriebsergebnis").

b.

Datum	Bestand/Bewegung	Stück	€/Stück	€
01.01.	*Anfangsbestand*	200	5,50	1.100,00
17.01.	Zugang 1	+400	5,70	+2.280,00
	Zwischensumme	600	5,63333	3.380,00
24.01.	Abgang 1	-300	5,63333	-1.690,00
02.02.	Zugang 2	+150	5,90	+885,00
	Zwischensumme	450	5,72222	2.575,00
14.02.	Abgang 2	-400	5,72222	-2.288,89
27.02.	Zugang 3	+900	5,20	+4.680,00
	Zwischensumme	950	5,22748	4.966,11
12.03.	Abgang 3	-500	5,22748	-2.613,74
31.03.	Endbestand (buchmäßig)	450	5,22748	2.352,37
31.03.	*Endbestand (lt. Inventur)*	400	5,22748	2.091,00
	Inventurdifferenz	50	5,22748	261,37
	Materialkosten	1.200		6.592,63

In der Kostenrechnung werden zur Ermittlung des Betriebsergebnisses vor Abweichungen Materialkosten in Höhe von 6.592,63 € verrechnet. Außerdem mindert die Inventurdifferenz das effektive Betriebsergebnis um 261,37 €, vgl. auch Teilaufgabe a.

c.

Datum	Bestand/Bewegung	Stück	Wert (Verr.preis)	Wert (Istpreis)	Bezugs-preisabw.
01.01.	*Anfangsbestand*	200	1.100,00		
17.01.	Zugang 1	+400	+2.200,00	+2.280,00	+80,00
24.01.	Abgang 1	-300	-1.650,00		
02.02.	Zugang 2	+150	+825,00	+885,00	+60,00
14.02.	Abgang 2	-400	-2.200,00		
27.02.	Zugang 3	+900	+4.950,00	+4.680,00	-270,00
12.03.	Abgang 3	-500	-2.750,00		Σ -130,00
31.03.	Endbestand (buchmäßig)	450	2.475,00		
31.03.	*Endbestand (lt. Inventur)*	400	2.200,00		
	Inventurdifferenz	50	275,00		
	Materialkosten	1.200	6.600,00		

d. Das effektive Betriebsergebnis muss wegen der Inventurdifferenz um 275 € verringert werden. Das Material wurde durchschnittlich zu Preisen unter dem Verrechnungspreis von 5,50 € beschafft, sodass das effektive Betriebsergebnis in Höhe der Bezugspreisabweichung um 130 € besser ausfällt. Zusammengenommen liegt das effektive Betriebsergebnis nach Abweichungen um 275 - 130 = 145 € niedriger als das Betriebsergebnis vor Abweichungen.

13 Fertigungslohn als Zeit- und Geldakkord ★☆☆

a.

Vorgabezeit für Werkstück X13 gesamt	(70 • 5)	350 Minuten
Vorgabezeit für Werkstück Z77 gesamt	(137 • 2)	274 Minuten
Vorgabezeit gesamt		624 Minuten
		bzw. 10,4 Stunden
Akkordzeitsatz		28,50 €/Stunde
Arbeitslohn in der Schicht	(10,4 • 28,50)	296,40 €

b.

Leistungsgrad = Vorgabezeit / Anwesenheitszeit = 10,4 Stunden / 8 Stunden = 130%

c.

Akkordstücksatz für Werkstück X13	(5/60 • 28,50)	2,375 €/Stück
Akkordstücksatz für Werkstück Z77	(2/60 • 28,50)	0,950 €/Stück

d.

Lohn für Werkstück X13 gesamt	(70 • 2,375)	166,25 €
Lohn für Werkstück Z77 gesamt	(137 • 0,95)	130,15 €
Lohn gesamt		296,40 €

e. Der Zeitakkord basiert auf Vorgabezeiten der Werkstücke (z.B. 18.000 Stück), die unabhängig vom Ausführenden sind, und mitarbeiterabhängigen Akkordzeitsätzen (z.B. für 450 Mitarbeiter). Aus diesen beiden Angaben lässt sich unter Berücksichtigung der tatsächlich fertiggestellten Mengen jederzeit der Lohn der Akkordlöhner ableiten. Bei Tarifänderungen müssen lediglich die Akkordzeitsätze der Mitarbeiter überarbeitet werden. Beim Geldakkord müssen mitarbeiter- *und* werkstückabhängige Akkordstücksätze festgelegt sowie außerdem bei Tarifänderungen überarbeitet werden; bei obigen Zahlen sind das maximal 18.000 • 450 = 8.100.000 Akkordstücksätze.

14 Lohn- und Lohnnebenkosten ★★☆

a.

		Tsd €	in % der Basislöhne
Fertigungslöhne		19.600	
Hilfslöhne		4.704	
Zulagen und Zuschläge		696	
Basislöhne		25.000	
Feiertagslöhne		1.000	4,00
Krankheitslöhne		1.500	6,00
Urlaubslöhne und Urlaubsgeld		3.250	13,00
Sonderzahlungen (13. Eink. etc.)		2.500	10,00
Vermögensbildung		500	2,00
Soziallöhne	8.750		
Basis- und Soziallöhne	33.750		
Sozialversicherungsbeiträge		6.750	27,00
Betriebliche Altersversorgung		810	3,24
Sonstige Lohnnebenkosten		2.690	10,76
Lohnnebenkosten gesamt		19.000	76,00

b. Die verrechneten Lohnnebenkosten der Kostenrechnung in Höhe von 1.520 Tsd € ergeben sich durch einen Aufschlag von 76% auf die Basislöhne in Höhe von 20 / 250 • 25.000 = 2.000 Tsd €. Die Verrechnung dient der gleichmäßigen Verteilung der aperiodisch gezahlten Lohnnebenkosten wie Feiertags- und Urlaubslöhne sowie Sonderzahlungen entsprechend der erzielten Leistung, gemessen durch die Basislöhne. In der Finanzbuchhaltung wurden die effektiven Beträge (Aufwendungen) erfasst. Der Unterschied zwischen den verrechneten und den effektiven Beträgen kann außerdem auf Prognosefehler zurückzuführen sein, etwa weil der erwartete Krankenstand vom tatsächlichen Krankenstand abweicht.

15 Kalkulatorische Verrechnung von Personalzusatzkosten ★☆☆

a. Lohnzusatzkostensatz = Lohnzusatzkosten / Lohnbasiskosten = 1.360.000 / 1.700.000 = 80%

b.

Verrechnete Lohnzusatzkosten	(165.500 • 80%)	132.400 €
Effektive Lohnzusatzkosten		117.700 €
Verrechnungsdifferenz		+14.700 €

c. Vermutlich wurde im März weniger Urlaub genommen als im Durchschnitt der zwölf Jahresmonate. Dadurch waren die Basislöhne - und damit auch die verrechneten Zusatzkosten - vergleichsweise höher und gleichzeitig die effektiven Löhne für Urlaub und die zugehörigen Urlaubsgelder vergleichsweise geringer als im Jahresdurchschnitt. Außerdem beinhalten die verrechneten Lohnzusatzkosten ein anteiliges dreizehntes Einkommen, das erst im November zur Auszahlung kommt. Gegebenenfalls war zusätzlich der Krankenstand unterdurchschnittlich, sodass nur geringe Löhne für Krankheitszeiten als Zusatzkosten anfielen.

16 Wiederbeschaffungswert und lineare Abschreibungen ★☆☆

a. Verteuerung der Spritzgussmasch. = (WBW-Index$_{08}$ / WBW-Index$_{02}$ - 1) • 100%
= (1,506 / 1,255 - 1) • 100%
= 20%

b. Wiederbeschaff.wert in 08 (WBW$_{08}$) = Anschaff.kosten • WBW-Index$_{08}$ / WBW-Index$_{02}$
= 98.500 € • 1,506 / 1,255
= 118.200 €

c. Kalkulatorische Abschreibung in 08 = WBW$_{08}$ / betriebsgewöhnliche Nutzungsdauer
= 118.200 € / 15 Jahre
= 7.880 €/Jahr

d. Man könnte dazu neigen, wegen der zu geringen Abschreibungen bis zum Jahr 08 nun die Abschreibungen ausgehend vom kalkulatorischen Restwert zu ermitteln, um die wegen des Lesefehlers versäumten Abschreibungen in der Folgezeit zu korrigieren. Diese Vorgehensweise würde jedoch das Bild ab dem Jahr 08 verzerren und dem Prinzip der periodengerechten Abgrenzung widersprechen. Allerdings müssen ab dem Jahr 08 die Abschreibungen auf die korrekte Nutzungsdauer berechnet werden. Für das Jahr 08 gilt deshalb:

Kalkulatorische Abschreibung in 08 = WBW$_{08}$ / betriebsgewöhnliche Nutzungsdauer
= 118.200 € / 12 Jahre
= 9.850 €/Jahr

17 Kalkulatorische Abschreibungen bei Objekten mit Resterlös ★☆☆

a. Wiederbeschaffungswert (WBW) = Anschaffungskosten • (100% + Teuerungsrate)
= 284.000 € • (100% + 2,5%)
= 291.100 €

b. Kalkulatorische Abschreibung = (WBW - Resterlös) / geplante Nutzungsdauer
= (291.100 - 40% • 284.000)/2
= (291.100 - 113.600)/2
= 88.750 €/Jahr

18 Handels- und steuerbilanzielle sowie kalkulatorische Abschreibungen ★★★

	a.		b.			c.	
Jahr	Restbuchw. 01.01.	HB/StB Abschrbg.	WBW-Index	WBW als Tageswert	Kalkul. Abschrbg.	Fahrlstg. (Tsd km)	Kalkul. Abschrbg.
01	360.000	72.000	97,1	360.000	45.000	85	42.500
02	288.000	57.600	100,0	370.752	46.344	105	54.068
03	230.400	46.080	102,7	380.762	47.595	115	60.816
04	184.320	36.864	104,0	385.582	48.198	120	64.264
05	147.456	36.864	104,2	386.323	48.290	90	48.290
06	110.592	36.864	105,9	392.626	49.078	85	46.352
07	73.728	36.864	105,9	392.626	49.078	85	46.352
08	36.864	36.864	105,9	392.626	49.078	85	46.352
Σ		360.000			382.661	770	408.994

a. Beachten Sie, dass bei der HB/StB-Abschreibung im Jahr 04 der Wechsel von der degressiven zur linearen Methode erfolgt. Die lineare Abschreibung beträgt ab diesem Jahr bis zum Jahr 08 20% von 184.320 € entsprechend 36.864 €. Dann ist der Reisebus voll abgeschrieben. Sollte der Bus auch im Jahr 09 eingesetzt werden, erfolgen in HB/StB keine weiteren Abschreibungen.

d. Die kumulierten handels- bzw. steuerbilanziellen Abschreibungen erreichen maximal die Anschaffungskosten, bei steigenden Preisen jedoch niemals den Wiederbeschaffungswert (Fall a.). Der handels- und steuerbilanziellen Abschreibung maximal vom Anschaffungswert liegt das Konzept der nominellen Kapitalerhaltung zugrunde.

Die kumulierten kalkulatorischen Abschreibungen vom Wiederbeschaffungswert (Fälle b. und c.) gehen über den Anschaffungswert hinaus. Solange die tatsächliche Nutzung die betriebsgewöhnliche nicht überschreitet, bleibt jedoch auch die Summe der kalkulatorischen Abschreibungen hinter dem Wiederbeschaffungswert zurück, da die Abschreibungsbeträge vom kontinuierlich steigenden Tageswert berechnet werden. Diesen Nachteil kann man nur durch die Abschreibung mit Nachholwirkung vermeiden.

Im Fall c. hingegen übersteigen die kumulierten Abschreibungen in der Kostenrechnung den Wiederbeschaffungswert, weil die tatsächliche Fahrleistung (770.000 km) deutlich über der ursprünglich angenommenen (720.000 km) liegt. In Höhe des übersteigenden Betrages werden sogenannte „Beiträge zur Substanzerhaltung“ erzielt.

19 Kalkulatorische Abschreibungen mit Nachholung ★☆☆

Jahr	WBW-Index	WBW („Tageswert“)	Kumulierte Abschreibungen Anteil	Kumulierte Abschreibungen Betrag	Abschreibung des Jahres
01	1,024	128.000	1/6	21.333	21.333
02	1,044	* 130.500	2/6	** 43.500	*** 22.167
03	1,072	134.000	3/6	67.000	23.500
04	1,098	137.250	4/6	91.500	24.500
05	1,104	138.000	5/6	115.000	23.500
06	1,136	142.000	6/6	142.000	27.000
Σ					142.000

* 128.000/1,024 • 1,044
** 130.500 • 2/6
*** 43.500 - 21.333

20 Instandhaltungskosten ★☆☆

a. Wiederbeschaffungswert = 502.325,58 • 1,118/1,040 = 540.000 €

Instandhaltungskosten = 540.000 • 0,04 = 21.600 €

b. Instandhaltungskosten insgesamt 21.600 €

davon: Material (50%) 10.800 €
Fremdleistungen (10%) 2.160 €
Eigenleistungen (40%) 8.640 €

21 Werkzeugkosten ★★☆

a. Gesamtstandzeit je Bohrer = Anzahl der Nutzungen • Standzeit
= (1+24) • 3,8
= 95 Stunden

Gesamtkosten je Bohrer = Kaufpreis + Aufarbeitungskosten
= 58 + 24 • 12/60 • 75
= 418 €

Kosten je Stunde = 418/95
= 4,40 €

b. Kosten je Monat = Gesamtlaufzeit • Kosten je Stunde
= 3 • 200 • 4,40
= 2.640 €

c. Werkzeugkostenrate = Stückbearbeitungszeit • Kosten je Stunde
= 24/60 • 4,40
= 1,76 €/Produkteinheit

22 Kalkulatorische Zinsen/Restwert- und Durchschnittsmethode ★★☆

a. Durchschnittsmethode

(Werte in Tsd €)	Anschaffungswert	Resterlös	Kapitalbindung
Grundstücke, betrieblicher Anteil	1.250		1.250
Gebäude	4.200		2.100
Lastkraftwagen	6.400	1.600	4.000
Umlaufvermögen	350		350
Betriebsnotwendiges Vermögen			7.700
Abzugskapital (hier: Lieferantenkredite)			300
Betriebsnotwendiges Kapital			7.400
Kalkulationszinssatz			12%
Kalkulatorische Zinsen			888

b. Restwertmethode

(Werte in Tsd €)	Kalk. Restwert zum 01.01.	Kalk. Restwert zum 31.12.	Kapitalbindung
Grundstücke, betrieblicher Anteil	1.250	1.250	1.250
Gebäude	2.360	2.200	2.280
Lastkraftwagen	4.450	2.850	3.650
Umlaufvermögen	350	350	350
Betriebsnotwendiges Vermögen			7.530
Abzugskapital (hier: Lieferantenkredite)			300
Betriebsnotwendiges Kapital			7.230
Kalkulationszinssatz			12%
Kalkulatorische Zinsen			867,6

c. Häufig lauten die Zahlungsbedingungen der Lieferanten „zahlbar innerhalb von 10 Tagen abzüglich 2% Skonto oder innerhalb 30 Tagen netto Kasse". Die Inanspruchnahme des Zahlungszieles der Lieferanten führt in solchen Fällen dazu, dass kein Skonto gezogen werden darf. Die Belastung des Lieferantenkredits liegt dann im Skontoverlust.

So ist beispielsweise die mögliche Verzögerung der Zahlung um 20 Tage über den spätesten Zeitpunkt mit Möglichkeit der Skontoziehung hinaus bei einem Verlust des Skontos in Höhe von 2% des Rechnungsbetrages eine jährliche Zinsbelastung von rund 37% (= 365 / 20 • 2%) ohne Zinseszinseffekt. Nur Lieferantenkredite, die nicht auf diese Weise durch Inanspruchnahme des eingeräumten Zahlungszieles indirekt belastet werden, stellen Abzugskapital dar, das im Rahmen der Berechnung der kalkulatorischen Zinsen vom betriebsnotwendigen Vermögen abgesetzt werden darf.

23 Kalkulatorische Zinsen/Durchschnittsmethode ★★★

a.

(Werte in Mio €)	Berechnung		Kapitalbindung
Grundstücke, betrieblicher Anteil	52 - 5		47
Gebäude	(140 + 258) / 2		199
Maschinen und Anlagen	(167 + 95 - 2 + 12) / 2		136
Vorräte	(220 + 210) / 2		215
Sonstiges Umlaufvermögen	(48 - 6 + 24) / 2		33
Betriebsnotwendiges Vermögen			630
Abzugskapital			45
davon Erhaltene Anzahlungen		18	
Lieferantenkredite		27	
Betriebsnotwendiges Kapital			585

b. Kalkulatorische Zinsen = 585 • 8% = 46,8 Mio €/Jahr

24 Wagniskosten ★☆☆

a. Vertriebs- oder Forderungsausfallwagnis

Gesamte Forderungsverluste	= 0,44 + 1,02 + 0,39 + 0,55	= 2,4 Mio €
Gesamter Umsatz	= 35 + 38 + 43 + 44	= 160,0 Mio €
Durchschnittl. Forderungsverl.	= 2,4 / 160	= 1,5 %
Kalk. Wagniskosten	= 44 • 1,5%	= 0,66 Mio €

b. Nacharbeits- und Ausschusswagnis

Nacharbeitskosten je Tag	= 3 • 80	= 240 €
Ausschuss je Tag		= 200 €
Gesamt je Tag		= 440 €
Kalk. Wagniskosten	= 250 • 440	= 110.000 €

c. Beständewagnis

Bestand zu Jahresbeginn		= 3,8 Mio €
Bestand zum Jahresende	= 3,8 - 0,6	= 3,2 Mio €
Durchschnittsbestand	= (3,8 + 3,2) / 2	= 3,5 Mio €
Kalk. Wagniskosten	= 3,5 • 2%	= 0,07 Mio €

d. Gewährleistungswagnis

Durchschnittl. Gewährleistungskosten bisher		= 1,5 %
Steigerung um 20% auf	= 1,5% • 1,2	= 1,8 %
Kalk. Wagniskosten	= 35 • 1,8%	= 0,63 Mio €

25 BAB/Primärkostenverteilung ★★☆

a. Das Fertigungsmaterial, die Fertigungslöhne und die Sondereinzelkosten der Fertigung sind Einzelkosten. Die übrigen Kostenarten stellen Gemeinkosten dar.

b. Primärkostenverteilung im BAB

(Werte in €)	Material-stelle	Fertigungs-stelle	Verwaltungs-stelle	Vertriebs-stelle	Σ
Hilfslöhne	3.000	12.000	0	3.000	18.000
Gehälter	5.600	16.800	28.000	22.400	72.800
Personalzusatzkosten	6.880	117.760	22.400	20.320	167.360
Kalk. Abschreibungen	8.630	44.470	3.950	7.580	64.630
Kalk. Zinsen	10.800	26.400	3.600	7.600	48.400
Raumkosten	3.000	8.400	1.680	2.520	15.600
Sonstige Kosten	7.500	17.500	5.000	7.500	37.500
Hilfslöhne	45.410	243.330	64.630	70.920	424.290

c. Zusammenstellung der Gesamtkosten

(Werte in €)	Σ
Fertigungsmaterial	312.120
Fertigungslöhne	118.400
SEK der Fertigung	5.190
Einzelkosten gesamt	435.710
Gemeinkosten gesamt	424.290
Gesamtkosten	860.000

26 BAB/Innerbetriebliche Leistungsverrechnung ★★★

a. Anbauverfahren: Beachten Sie, dass die Kosten für interne Leistungen von Hilfskostenstellen nur an Hauptkostenstellen, nicht aber an andere Hilfskostenstellen belastet werden.

$VS_{Handwerker} = 12.100/(70 + 90) = 75{,}625$ €/h

$VS_{Fuhrpark} = 22.960/(31.500 + 31.500) = 0{,}36444$ €/km

(Werte in €)	Handwerker	Fuhrpark	Teilefertigung	Montage	Σ
Primäre Gemeinkosten	12.100	22.960	85.300	183.400	303.760
ILV Handwerker	-12.100	-	+5.294	+6.806	0
ILV Fuhrpark	-	-22.960	+11.480	+11.480	0
Endkosten	0	0	102.074	201.686	303.760

b. Stufenverfahren: Beachten Sie, dass die Kosten für interne Leistungen von Hilfskostenstellen nur einseitig an alle Hilfs- und Hauptkostenstellen verrechnet werden, die rechts der betreffenden Hilfskostenstelle stehen.

$VS_{Handwerker} = 12.100/(40 + 70 + 90) = 60{,}50$ €/h

$VS_{Fuhrpark} = (22.960 + 40 \cdot 60{,}5)/(31.500 + 31.500) = 0{,}40286$ €/km

(Werte in €)	Handwerker	Fuhrpark	Teilefertigung	Montage	Σ
Primäre Gemeinkosten	12.100	22.960	85.300	183.400	303.760
ILV Handwerker	-12.100	+2.420	+4.235	+5.445	0
ILV Fuhrpark	-	-25.380	+12.690	+12.690	0
Endkosten	0	0	102.225	201.535	303.760

c. Gleichungsverfahren ($H = VS_{Handwerker}$, $F = VS_{Fuhrpark}$)

$$
\begin{array}{lll}
(1) & 200\,H = 12.100 + 0\,H + 27.000\,F & \text{(Handwerker)} \\
(2) & 90.000\,F = 22.960 + 40\,H + 0\,F & \text{(Fuhrpark)}
\end{array}
$$

$$
\begin{array}{llll}
(1') & 200\,H - 27.000\,F = 12.100 & \cdot 1 & \cdot 10 \\
(2') & -40\,H + 90.000\,F = 22.960 & \cdot 5 & \cdot 3
\end{array}
$$

$$423.000\,F = 126.900$$

$$F = 126.900/423.000 = 0{,}30\ €/km$$

$$1.880\,H = 189.880$$

$$H = 189.880/1.880 = 101{,}00\ €/h$$

(Werte in €)	Handwerker	Fuhrpark	Teilefertigung	Montage	Σ
Primäre Gemeinkosten	12.100	22.960	85.300	183.400	303.760
ILV Handwerker	-20.200	+4.040	+7.070	+9.090	0
ILV Fuhrpark	+8.100	-27.000	+9.450	+9.450	0
Endkosten	0	0	101.820	201.940	303.760

d. Festpreisverfahren

(Werte in €)	Handwerker	Fuhrpark	Teilefertigung	Montage	Σ
Primäre Gemeinkosten	12.100	22.960	85.300	183.400	303.760
ILV Handwerker	-18.000	+3.600	+6.300	+8.100	0
ILV Fuhrpark	+9.450	-31.500	+11.025	+11.025	0
Endkosten	3.550	-4.940	102.625	202.525	303.760

e. Das Gleichungsverfahren berücksichtigt sämtliche Leistungsbeziehungen und führt zu einer exakten Lösung.
Das Stufenverfahren berücksichtigt nur rechtsgerichtete Leistungsströme; linksgerichtete Leistungsströme bleiben unbeachtet, sodass es keine Rückbelastungen gibt und damit gewisse Ungenauigkeiten auftreten.
Das Anbauverfahren vernachlässigt alle Verflechtungen zwischen Hilfskostenstellen. Es ist deshalb für den praktischen betrieblichen Einsatz in der Regel nicht geeignet.
Beim Festpreisverfahren bleiben wegen der Verwendung fester Verrechnungspreise 3.550 € auf der Kostenstelle Handwerker stehen, während für die Kostenstelle Fuhrpark eine Überverrechnung in Höhe von 4.940 € erfolgt. Diese Beträge sind Ausdruck zu niedriger Stundenleistung bzw. zu hoher Kilometerleistung oder Indiz für die (Un-) Wirtschaftlichkeit der Kostenstellen. Sie können auch Folge zu niedrig bzw. zu hoch angesetzter Festpreise sein.

f. Ein Eigenverbrauch von 20 h der Handwerker wirkt sich bei keinem Verfahren auf die Ergebnisse aus. Beim Anbau- und Stufenverfahren wird nur an andere Kostenstellen verrechnet, beim Gleichungsverfahren saldiert sich der Eigenverbrauch gegen die Gesamtleistung.

27 BAB/Innerbetriebliche Leistungsverrechnung mit dem Kostenträgerverfahren ★★☆

a. Gutschrift der Kostenstelle Technischer Service = 45 Stunden à 108 € = 4.860 €

Belastung aus KoSt Technischer Service	4.860 €
Fremdleistungen	5.700 €
Material	1.380 €
Gesamtkosten des Werkauftrags WA4711	11.940 €

b. Sofern die Überarbeitung des DV-Netzwerks eine Reparatur darstellt, sind die Kosten des Werkauftrags in Höhe von 11.940 € an die Kostenstelle Informationsversorgung zu belasten, die das Netzwerk betreibt. Die Reparaturkosten werden damit zu Gemeinkosten der Kostenstelle Informationsversorgung. Der Werkauftrag WA4711 ist in gleicher Höhe zu entlasten.

c. Sofern es sich bei der Überarbeitung um eine Erweiterung des DV-Netzwerks handelt, wird der Wert des Werkauftrags von 11.940 € als aktivierte Eigenleistung in die entsprechende Position des Anlagevermögens abgerechnet. Die Erweiterung des DV-Netzwerks wird in diesem Fall indirekt kostenwirksam, da die kalkulatorischen Abschreibungen etc. auf das DV-Netzwerk nach Durchführung der Maßnahme steigen.

d. Vorteile der Abrechnung über Werkaufträge:

- Werkauftragskosten können maßnahmenbezogen budgetiert und kontrolliert werden.
- Erledigte Werkaufträge können später jederzeit am Bildschirm aufgerufen und angesehen werden, wodurch sich u.a. die Planungsbasis für künftige Maßnahmen verbessert.
- Über die weitere Verrechnung der Werkauftragskosten als Gemeinkosten an Kostenstellen oder als aktivierte Eigenleistung in das Anlagevermögen braucht erst mit Abschluss des internen Auftrags entschieden zu werden.

28 BAB/Zuschlagssätze, Über- und Unterdeckungen ★★☆

a.

(Kosten in €)	Materialwesen	Fertigung 1	Fertigung 2	Verwaltung	Vertrieb	Σ
Istgemeinkosten	47.520	353.184	293.530	80.600	125.550	900.384
Zuschlagsbasis	Fertig.mat. 660.000	Fertigungslohn 124.800	74.500	HK des Umsatzes 1.550.000		
Istzuschlagssatz	7,2%	283%	394%	5,2%	8,1%	
Normalzus.satz	8,0%	270%	400%	5,0%	8,0%	
Normalgemeink.	52.800	336.960	298.000	77.500	124.000	889.260
Über-/Unterdeck.	+5.280	-16.224	+4.470	-3.100	-1.550	-11.124

Nebenrechnung zur Ermittlung der Herstellkosten des Umsatzes (zu Normalkosten):

Fertigungsmaterial		660.000
Materialgemeinkosten	8%	52.800
Fertigungslohn in 1		124.800
Fertigungsgemeinkosten in 1	270%	336.960
Fertigungslohn in 2		74.500
Fertigungsgemeinkosten in 2	400%	298.000
Herstellkosten der Produktion		1.547.060
Bestandsminderung unfertige Erzeugnisse		+33.850
Bestandsmehrung fertige Erzeugnisse		-30.910
Herstellkosten des Umsatzes		1.550.000

b.

Mögliche Ursachen sind:

- zu geringe/hohe Leistung, gemessen durch die Zuschlagsbasen Fertigungsmaterial, Fertigungslöhne und Herstellkosten des Umsatzes
- zu niedrig/hoch bemessene Normalzuschlagssätze
- unangemessen hohe Verbräuche (Unwirtschaftlichkeit)

c.

Herstellkosten des Umsatzes	1.550.000
Verwaltungskosten (zu Normalkosten)	77.500
Vertriebskosten (zu Normalkosten)	124.000
Selbstkosten des Umsatzes	1.751.500
Umsatz	1.812.624
Betriebsergebnis zu Normalkosten	61.124
Unterdeckung gesamt	-11.124
Betriebsergebnis zu Istkosten	50.000

Apropos: Wissen Sie, was Unkosten sind?

Der Pfarrer predigt vom Frieden der Welt und nennt mit Krieg, Mord und Totschlag gleich drei Beispiele für das Gegenteil, also den herrschenden Unfrieden. Verstehen wir Unkosten in diesem gegenteiligen Sinne, handelt es sich um Leistungen. War das je so gemeint?
Ein Experte aus der Landwirtschaft erklärt die schlechte Getreideernte mit dem Schädlingsbefall durch eine Unmenge von Insekten. Offensichtlich will er damit die enorme, unangemessen hohe Zahl der Schädlinge hervorheben. Ist es dann gerechtfertigt, wenn Oppositionspolitiker von den Unkosten der Reise einer Regierungsdelegation auf die Malediven zur Inspektion der dortigen Vogelwelt sprechen?
Auf der Einladung zu einer Radtour lesen wir den Hinweis des Veranstalters, dass der Unkostenbeitrag im Voraus zu überweisen ist. Sollen die Überweisungen nur die Kosten decken? Oder ist es dem Veranstalter unangenehm, einen Preis zu fordern?

Wir können diese Fragen nicht eindeutig beantworten, wissen aber: Im Rechnungswesen verwenden wir niemals den Begriff Unkosten. Betriebsbedingte, in Geld bewertete Verbräuche von Gütern und Dienstleistungen heißen Kosten.

29 Kleiner BAB/Gesamtdarstellung ★★☆

a./b./c./d.

(Kosten in €)	Gebäude	Werkstatt	Material-stelle	Fertigungs-stelle	Verwaltg./ Vertrieb	Σ
Gehälter	9.000	18.000	18.000		27.000	72.000
Kalkul. Zinsen	5.360	1.400	1.840	10.320	1.080	20.000
Sonstige Kosten	11.000	27.500	27.500	440.000	99.000	605.000
Primäre Gemeink.	25.360	46.900	47.340	450.320	127.080	697.000
Umlage Gebäude	-25.360	2.100	6.400	15.000	1.860	0
Zwischensumme		*49.000*				
Umlage Werkst.		-49.000	8.750	33.600	6.650	0
Endkosten	0	0	62.490	498.920	135.590	697.000
Zuschlagsbasis			MEK 1.285.800	FEK 169.125	HK d. Ums. 1.883.194	
Istzuschlagssatz			4,86%	295,00%	7,20%	
Normalzus.satz			5,00%	280,00%	7,50%	
Normalgemeink.			64.290	473.550	141.240	679.080
Über-/Unterdeck.			1.800	-25.370	5.650	-17.920

Die Verrechnungssätze (VS) der Hilfskostenstellen betragen:

$VS_{Gebäude}$ = 25.360 €/1.268 qm = 20,00 €/qm

$VS_{Werkstatt}$ = 49.000 €/700 Std. = 70,00 €/Std.

e.

Materialeinzelkosten	MEK	1.285.800
+ Materialgemeinkosten	MGK	64.290
+ Fertigungseinzelkosten	FEK	169.125
+ Fertigungsgemeinkosten	FGK	473.550
= Herstellkosten der Produktion	HK d. Prod.	1.992.765
- Bestandsmehrung		109.571
= Herstellkosten des Umsatzes	HK d. Ums.	1.883.194

30 Umfangreicher BAB/Gesamtdarstellung ★★★

Berechnungshinweise zur Lösungstabelle auf der übernächsten Seite:

- Hilfslohn je Verhältniseinheit = 440 / (3+9+9+8+6+9) = 440 /44 = 10 Tsd €
- Gehälter je Verhältniseinheit = 900 / (3+4+2+1+1+4+2+6+7) = 900 / 30 = 30 Tsd €
- Personalzusatzkostensatz = 2.960 / (440+900+950+780+630) = 2.960 / 3.700 = 80% (bezogen auf die Personalbasiskosten. Beachten Sie, dass außer den Hilfslöhnen und Gehältern auch die Fertigungslöhne zu den Personalbasiskosten rechnen.)
- Umlagesatz für Kostenstelle Gebäude = 160 / 1.600 = 0,1 Tsd €/qm
- (Verteilungsbasis ohne Eigenbedarf der Gebäudestelle!)
- Umlagesatz für Kostenstelle Personalwesen = 186 / 93 = 2 Tsd €/Mitarbeiter (Verteilungsbasis ohne Mitarbeiter der Kostenstellen Gebäude und Personalwesen!)

- Umlagesatz für Fertigungshilfsstelle = 283 / (950+780+630) = 283 / 2.360 = ca. 12% (bezogen auf die Fertigungslöhne)
- Herstellkosten des Umsatzes zu Normalkosten = 6.500 Fertigungsmaterial + 715 Materialgemeinkosten + 2.360 Fertigungslöhne gesamt + 6.322 Fertigungsgemeinkosten gesamt - 97 Bestandsmehrung Erzeugnisse = 15.800 Tsd €

31 Einstufige und zweistufige Divisionskalkulation ★☆☆

a. Stückkosten = Gesamtkosten / Gesamtmenge
= 622.800 € / 865.000 Verpackungseinheiten
= 0,72 €/Verpackungseinheit

b. Stückkosten = Stückherstellkosten + Stückverwaltungs- und -vertriebskosten
= Herstellk./ Produktionsmenge + Verwaltungs- und Vertriebsk./ Absatzmenge
= 561.600 / 864.000 + 60.200 / 860.000 = 0,65 + 0,07
= 0,72 €/Verpackungseinheit

Wert des Lagerzugangs = Bestandsmehrung • Stückherstellkosten
= 4.000 Stück • 0,65 €/Stück
= 2.600 €

c. Stückkosten = Stückherstellkosten + Stückverwaltungs- und -vertriebskosten
= Herstellk./ Produktionsmenge + Verwaltungs- und Vertriebsk./ Absatzmenge
= 551.200 / 848.000 + 59.500 / 850.000 = 0,65 + 0,07
= 0,72 €/Verpackungseinheit

Wert des Lagerabgangs = Bestandsminderung • Stückherstellkosten
= 2.000 Stück • 0,65 €/Stück
= 1.300 €

32 Mehrstufige Divisionskalkulation ★☆☆

Stufe	Stufenkosten (€)	Stufenmenge (Stück Dosenöffner)	Stufenkosten (€/Stück)
Materialbereich	110.000	150.000	0,73
Fertigung 1	94.000	150.000	0,63
Fertigung 2	83.500	145.000	0,58
Fertigung 3	34.000	152.000	0,22
Fertigung 4	112.000	148.000	0,76
Fertigung 5	44.000	154.000	0,29
Verwaltung/Vertrieb	85.000	150.000	0,57
Selbstkosten je Dosenöffner (ohne Umkarton)			3,78

Selbstkosten für 5 Dosenöffner	(5 • 3,78)	18,90
Kosten des Umkartons		1,10
Selbstkosten je Verpackungseinheit		20,00

Zu Aufgabe 30	Allg. Kostenstellen		Fertigungs-hilfsstelle	Fertigungshauptstellen				Materialstellen			Verwaltung	Vertrieb	Untern. gesamt
(Werte in Tsd €)	Gebäude	Personal-wesen		A	B	C	gesamt	Einkauf	Lager	gesamt			
Hilfslöhne	30			90	90	80	260		60	60		90	440
Gehälter		90	120	60	30	30	120	120	60	180	180	210	900
Personalzusatzkosten	24	72	96	880	720	592	2.192	96	96	192	144	240	2.960
Übrige Gemeinkosten	106	18	49	748	975	1.612	3.335	84	178	262	215	378	4.363
Primäre Gemeinkosten	160	180	265	1.778	1.815	2.314	5.907	300	394	694	539	918	8.663
Umlage Gebäude	-160	6	12	24	30	27	81	8	25	33	8	20	0
Zwischensumme		*186*											
Umlage Personalwesen		-186	6	60	50	40	150	4	10	14	6	10	0
Zwischensumme			*283*										
Umlage Fertig.hilfsstelle			-283	114	94	76	284						1
Istgemeink. nach Umlage	0	0	0	1.976	1.989	2.457	6.422	312	429	741	553	948	8.664
Zuschlagsbasis				950	780	630	2.360			6.500	15.800	15.800	
Istzuschlagssatz				208%	255%	390%				11,4%	3,5%	6,0%	
Normalzuschlagssatz				200%	260%	380%				11,0%	3,0%	6,0%	
Normalgemeinkosten				1.900	2.028	2.394	6.322			715	474	948	8.459
Über- (+)/Unterdeck. (-)				-76	39	-63	-100			-26	-79	0	-205

Fläche (qm)	30	60	120	240	300	270	810	80	250	330	80	200	1.630
Mitarbeiter (Anzahl)	1	2	3	30	25	20	75	2	5	7	3	5	96

33 Divisionskalkulation/Durchwälz- und Veredelungsmethode ★★★

a. Durchwälzmethode

Stufe	Kosten für Material bzw. Vorprodukte (€)	Stufen-kosten (€)	Kumulierte Kosten (€)	Stufen-menge (t)	Kumulierte Kosten (€/t der Stufe)
1	12.240 t à 6,00 = 73.440	20.160	93.600	12.000	7,80
2	11.700 t à 7,80 = 91.260	51.012	142.272	9.360	15,20
3	9.400 t à 15,20 = 142.880	21.620	164.500	9.400	17,50
4	9.292 t à 17,50 = 162.610	* 106.030	268.640	9.200	29,20
5	9.250 t à 29,20 = 270.100	51.800	321.900	9.250	34,80
				**	*€/Sack 1,74*

* = 60.030 € Verarbeitung + 184.000 Sackverpackungen à 0,25 €
** = 34,80 €/t • 50 kg/Sack / 1.000 kg/t

b. Veredelungsmethode

Stufe	Direkt-bedarfs-koeffi-zient	Gesamt-bedarfs-koeffi-zient	Stufen-kosten (€)	Stufen-menge (t)	Stufen-kosten (€/t der Stufe)	Stufen-kosten (€/t End-produkt)	Kumulierte Stufenkosten (€/t End-produkt)
Rohm.	-	1,28775	73.440	12.240	6,000	7,7265	7,7265
1	1,02	1,26250	20.160	12.000	1,680	2,1210	9,8475
2	1,25	1,01000	51.012	9.360	5,450	5,5045	15,3520
3	1,00	1,01000	21.620	9.400	2,300	2,3230	17,6750
4	1,01	1,00000	106.030	9.200	11,525	11,5250	29,2000
5	1,00	1,00000	51.800	9.250	5,600	5,6000	34,8000
							€/Sack 1,74

34 Äquivalenzziffernkalkulation (I) ★☆☆

a. Die Äquivalenzziffer entspricht dem Verhältnis aus der Wohnfläche des einzelnen Wohnungstyps und der Wohnfläche der Standardwohnung „Frankfurt", d.h. für den Typ „Köln" ergibt sich die Äquivalenzziffer zu 32 qm / 40 qm = 0,8.

b.

Typ	Wohnfläche (qm)	Äquiv.-ziffer	Anzahl Wohnungen	Einheits-menge	Jährliche Gebäudekosten je Typ	Jährliche Gebäudekosten je Wohnung
Köln	32	0,8	5	4	16.200	3.240
Frankfurt	40	1,0	14	14	56.700	4.050
Hamburg	48	1,2	5	6	24.300	4.860
München	64	1,6	5	8	32.400	6.480
Berlin	80	2,0	2	4	16.200	8.100
			Σ	36	145.800	Ø = 4.050

Ø = 145.800 / 36 = 4.050

c. Die Kosten je Ferienwohnung sind nicht zwingend proportional zur Wohnfläche. WC und Bad sind ggf. in allen Wohnungen identisch ausgestattet. Im Vergleich zu den übrigen Räumen liegen deren Kosten höher. Durch die Verteilung der Gebäudekosten proportional zur Wohnfläche erhalten deshalb kleine Wohnungen eher zu geringe, große hingegen zu hohe Kosten zugerechnet.

35 Äquivalenzziffernkalkulation (II) ★★☆

Sorte	Äquivalenzziffer	Menge (t)	Einheitsmenge (t)	Sortenkosten (€)	Sortenkosten (€/t)
Extra	0,8	50.000	40.000	21.000.000	420,00
Spezial	1,0	150.000	150.000	78.750.000	525,00
Super	1,4	100.000	140.000	73.500.000	735,00
		Σ	330.000	173.250.000	Ø = 525,00

36 Mehrstufige Äquivalenzziffernkalkulation ★★☆

		Sorte A	Sorte B	Sorte C	Σ
Produktion (Paletten)		600	900	400	1.900
Stufe 1 Material	Breite (cm)	81	90	117	
	Äquivalenzziffer	0,9	1,0	1,3	
	Einheitsmenge	540	900	520	1.960
	Stufenkosten gesamt	97.200	162.000	93.600	352.800
	Stufenkosten je Palette	162,00	180,00	234,00	
Stufe 1 Fertigung	Äquivalenzziffer	1,0	1,2	1,8	
	Einheitsmenge	600	1.080	720	2.400
	Stufenkosten gesamt	51.000	91.800	61.200	204.000
	Stufenkosten je Palette	85,00	102,00	153,00	
Herstellkosten gesamt		148.200	253.800	154.800	556.800
Herstellkosten je Palette		247,00	282,00	387,00	

37 Zuschlagskalkulation (I) ★☆☆

	Zuschlagssatz	Gerät A	Gerät B
Materialeinzelkosten		85,00	40,00
Materialgemeinkosten	12,0%	10,20	4,80
Fertigungslohn Vormontage		14,00	12,50
Fertigungsgemeink. Vormontage	280,0%	39,20	35,00
Fertigungslohn Endmontage		18,00	10,50
Fertigungsgemeinkosten Endmontage	420,0%	75,60	44,10
Sondereinzelkosten der Fertigung		-----	13,10
Herstellkosten		242,00	160,00
Verwaltungskosten	5,0%	12,10	8,00
Vertriebskosten	7,5%	18,15	12,00
Sondereinzelkosten des Vertriebs		7,75	-----
Selbstkosten		280,00	180,00

38 Zuschlagskalkulation (II) ★★☆

a. Differenzierende Zuschlagskalkulation (Werte in €)

Materialeinzelkosten	13.920 + 7.270 + 2.310	23.500
Materialgemeinkosten	8%	1.880
Fertigungslohn Teilefertigung	84 Stunden à 28,50	2.394
Fertigungsgemeink. Teilefertigung	350%	8.379
Fertigungslohn Vormontage	120 Stunden à 28,20	3.384
Fertigungsgemeink. Vormontage	225%	7.614
Fertigungslohn Endmontage	50 Stunden à 26,80	1.340
Fertigungsgemeinkosten Endmontage	280%	3.752
Sondereinzelkosten der Fertigung	Zertifizierung	2.457
Herstellkosten		54.700
Verwaltungskosten	5%	2.735
Vertriebskosten	10%	5.470
Sondereinzelkosten des Vertriebs	Spezialtransport	7.245
Selbstkosten		70.150

b. Summarische Zuschlagskalkulation (Werte in €)

Materialeinzelkosten	13.920 + 7.270 + 2.310	23.500
Fertigungslöhne	2.394 + 3.384 + 1.340	7.118
Summe Einzelkosten		30.618
Gemeinkosten	100%	30.618
Sondereinzelkosten der Fertigung	Zertifizierung	2.457
Sondereinzelkosten des Vertriebs	Spezialtransport	7.245
Selbstkosten		70.938

39 Maschinenstundensatzkalkulation ★★★

a.

Jahresarbeitstage	365 - 104 - 11 - 10	240
Arbeitszeit (Std./Tag)		7,5
Arbeitszeit (Std./Jahr)		1.800
Stillstandszeit (Std./Jahr)	1.800 / 6	300
Produktive Maschinenzeit (Std./Jahr)		1.500

b.

Wiederbeschaffungswert	1.380.000 • 1,235 / 1,047	1.627.793,70
Kalkulatorische Abschreibungen (€/Jahr)	1.627.793,70 / 12	135.649
Kalkulatorische Zinsen (€/Jahr)	1.380.000 / 2 • 8%	55.200
Energiekosten (€/Jahr)	48 • 75% • 0,20 • 1.500	10.800
Kühlmittelkosten (€/Jahr)	8 • 130 / 1.000 • 1.500	1.560
Instandhaltungskosten (€/Jahr)	1.627.793,70 • 5%	81.390
Versicherungsprämie (€/Jahr)		10.604
Raumkosten (€/Jahr)	38 • 10,52 • 12	4.797
Maschinenkosten (€/Jahr)		300.000
Produktive Maschinenzeit (Std./Jahr)		1.500
Maschinenstundensatz (€/Std.)		200,00

c. Fertigungslohn 120.000 €

Fertigungsgemeinkosten insgesamt	550%	660.000 €
darin: Maschinenkosten	1.500 Std. à 200 €	300.000 €
Fertigungsgemeink. ohne Maschinenkosten	300%	360.000 €

d.

(Werte in €/Stück)	Produkt A - bisher -	Produkt A - neu -	Produkt B - bisher -	Produkt B - neu -
Fertigungslohn	70,00	70,00	50,00	50,00
Fertigungsgemeinkosten	385,00	210,00	275,00	150,00
Maschinenkosten	-----	80,00	-----	180,00
Fertigungskosten insgesamt	455,00	360,00	325,00	380,00

Durch die neue Kalkulationsform mit Maschinenstundensätzen wird das lohnintensivere Produkt A entlastet, während dem maschinenzeitintensiveren Produkt B höhere Fertigungskosten zugerechnet werden.

40 Kuppelkalkulation (I) ★☆☆

a. Verteilungsmethode

	Kanthölzer	Bretter	Schwarten	Sägespäne	Gesamt
Menge (cbm)	3.200	450	120	40	
Preis (€/cbm)	280,00	360,00	45,00	30,00	
Umsatz (€)	896.000	162.000	5.400	1.200	1.064.600
Kosten (€)	698.880	126.360	4.212	936	830.388
in % vom Umsatz	*78%*	*78%*	*78%*	*78%*	*78%*
Ergebnis (€)	197.120	35.640	1.188	264	234.212
in % vom Umsatz	*22%*	*22%*	*22%*	*22%*	*22%*
Stückkosten (€/cbm)	218,40	280,80	35,10	23,40	

Das Ergebnis, gemessen in Prozent vom Umsatz, ist für alle Produkte gleich hoch.

b. Restwertmethode

	Kanthölzer	Bretter	Schwarten	Sägespäne	Gesamt
Menge (cbm)	3.200	450	120	40	
Preis (€/cbm)	280,00	360,00	45,00	30,00	
Umsatz (€)	896.000	162.000	5.400	1.200	1.064.600
Kosten (€)	661.788	162.000	5.400	1.200	830.388
in % vom Umsatz	*74%*	*100%*	*100%*	*100%*	*78%*
Ergebnis (€)	234.212	0	0	0	234.212
in % vom Umsatz	*26%*	*0%*	*0%*	*0%*	*22%*
Stückkosten (€/cbm)	206,81	360,00	45,00	30,00	

Das Ergebnis der Nebenprodukte ist stets null, während das Gesamtergebnis mit dem des Hauptproduktes identisch ist.

41 Kuppelkalkulation (II) ★★★

a. Zunächst sind die Erlöse um die gesamten Aufarbeitungskosten zu vermindern. Dadurch entstehen die Erlöse nach Aufarbeitungskosten. Diese bilden die Grundlage für die Verteilung der gesamten Herstellkosten des Kuppelprozesses, die mit 10.380.000 € vorgegeben sind, auf die Produkte. Die Herstellkosten des Kuppelprozesses bilden mit den Aufarbeitungskosten die gesamten Herstellkosten der Produktion. Da alle produzierten Mengen abgesetzt werden, d.h. keine Bestandsänderungen bei den Erzeugnissen auftreten, sind die Herstellkosten der Produktion identisch mit den Herstellkosten des Umsatzes. Auf diese werden nach der Zuschlagskalkulation die Verwaltungs- und Vertriebskosten verrechnet; der Zuschlagssatz entspricht 10% (= 1.183.000 € / 11.830.000 €).

Hinweis: Die Unterscheidung von Herstellkosten der Produktion und Herstellkosten des Umsatzes ist in dieser Aufgabe wegen der fehlenden Bestandsänderungen bei Erzeugnissen nicht erforderlich.

	Gas	Koks	Teer	Benzol	Gesamt
Menge	20.000.000	30.000.000	2.000.000	200.000	
Nettoerlös je Einheit	0,35	0,15	0,20	1,75	
Aufarb.kosten je Einh.	0,02	0,03	0,05	0,25	
Erlös gesamt	7.000.000	4.500.000	400.000	350.000	12.250.000
- Aufarbeitungsk. ges.	400.000	900.000	100.000	50.000	1.450.000
= Erlös nach Aufarb.	6.600.000	3.600.000	300.000	300.000	10.800.000
Herstellk. d. Kuppelp.	6.343.333	3.460.000	288.333	* 288.334	10.380.000
+ Aufarbeitungsk. ges.	400.000	900.000	100.000	50.000	1.450.000
= Herstellk. d. Prod.	6.743.333	4.360.000	388.333	338.334	11.830.000
+/- Bestandsänd. Erz.	0	0	0	0	0
= Herstellk. d. Ums.	6.743.333	4.360.000	388.333	338.334	11.830.000
+ Verw./Vertr. (10%)	674.333	436.000	38.833	* 33.834	1.183.000
= Selbstkosten	7.417.666	4.796.000	427.166	372.168	13.013.000
Erlös gesamt	7.000.000	4.500.000	400.000	350.000	12.250.000
- Selbstkosten	7.417.666	4.796.000	427.166	372.168	13.013.000
= Ergebnis gesamt	-417.666	-296.000	-27.166	-22.168	-763.000
Nettoerlös je Einheit	0,3500	0,1500	0,2000	1,7500	
- Selbstkosten je Einh.	0,3709	0,1599	0,2136	1,8608	
= Ergebnis je Stück	-0,0209	-0,0099	-0,0136	-0,1108	

* inkl. 1 € Rundungsdifferenz

b. Die Herstellkosten der Nebenprodukte entsprechen den Resterlösen nach Aufarbeitung gemäß Aufgabenteil a. Die Herstellkosten des Hauptproduktes verbleiben als Saldo zu den Herstellkosten des Kuppelprozesses.

Herstellkosten des Kuppelprozesses gesamt		10.380.000
davon für die Nebenprodukte		
	Koks	3.600.000
	Teer	300.000
	Benzol	300.000
verbleiben für das Hauptprodukt Gas		6.180.000

	Gas	Koks	Teer	Benzol	Gesamt
Herstellk. d. Kuppelp.	6.180.000	3.600.000	300.000	300.000	10.380.000
+ Aufarbeitungsk. ges.	400.000	900.000	100.000	50.000	1.450.000
= Herstellk. d. Prod.	6.580.000	4.500.000	400.000	350.000	11.830.000
+/- Bestandsänd. Erz.	0	0	0	0	0
= Herstellk. d. Ums.	6.580.000	4.500.000	400.000	350.000	11.830.000
+ Verw./Vertr. (10%)	1.183.000	0	0	0	1.183.000
= Selbstkosten	7.763.000	4.500.000	400.000	350.000	13.013.000
Erlös gesamt	7.000.000	4.500.000	400.000	350.000	12.250.000
- Selbstkosten	7.763.000	4.500.000	400.000	350.000	13.013.000
= Ergebnis gesamt	-763.000	0	0	0	-763.000
Menge	20.000.000	30.000.000	2.000.000	200.000	
Nettoerlös je Einheit	0,3500	0,1500	0,2000	1,7500	
- Selbstkosten je Einh.	0,3882	0,1500	0,2000	1,7500	
= Ergebnis je Stück	-0,0382	0	0	0	

c. Bei der Verteilungsmethode tragen alle Produkte das negative Ergebnis, bei der Restwertmethode entfällt es vollständig auf das Hauptprodukt. Nach beiden Methoden werden die Kosten des Kuppelprozesses willkürlich verteilt, sodass beide gleich (un-) genau sind. Da im Rahmen der Kuppelkalkulation alle Produkte zwangsläufig entstehen, sind die produktbezogenen Erfolge letztlich uninteressant. Lediglich das negative Gesamtergebnis macht deutlich, dass sich Produktion und Absatz der Kuppelprodukte insgesamt in der Periode nicht gelohnt haben.

42 Zuschlags- und Preiskalkulation ★★☆

Fertigungsmaterial		4.700,00
Materialgemeinkosten	12%	564,00
Fertigungslohn A		950,00
Fertigungsgemeinkosten A	250%	2.375,00
Fertigungslohn B		1.700,00
Fertigungsgemeinkosten B	145%	2.465,00
Fertigungswerkzeuge		428,00
Herstellkosten		13.182,00
Verwaltungskosten	5%	659,10
Vertriebskosten	7%	922,74
Selbstkosten		14.763,84
Gewinn	10%	1.476,38
Barverkaufspreis netto		16.240,22
Kundenskonto	2%	331,43
Zielverkaufspreis netto		16.571,65
Kundenrabatt	5%	872,19
Listenverkaufspreis		17.443,84
Umsatzsteuer	16%	2.791,01
Auszeichnungspreis		20.234,85

43 Rückwärts- und Differenzkalkulation ★★☆

a. Rückwärtskalkulation

Listenverkaufspreis	375,00	
Rabatt (20% vom Listenverkaufspreis)	75,00	
Zielverkaufspreis	300,00	
Skonto (2% vom Zielverkaufspreis)	6,00	
Barverkaufspreis	294,00	
Gewinnaufschlag (25% auf Selbstkosten)	58,80	nach den Selbstkosten berechnet
Selbstkosten	235,20	Barverkaufspreis / (100% + 25%)
Vertriebskosten (12% auf Herstellkosten)	23,52	nach den Herstellkosten berechnet
Verwaltungskosten (8% auf Herstellkosten)	15,68	nach den Herstellkosten berechnet
Herstellkosten	196,00	Selbstkosten/(100% + 8% + 12%)

b. Differenzkalkulation

Listenverkaufspreis	350,00	
Rabatt (20% vom Listenverkaufspreis)	70,00	
Zielverkaufspreis	280,00	
Skonto (2% vom Zielverkaufspreis)	5,60	
Barverkaufspreis	274,40	
Selbstkosten	243,91	
Gewinnspanne	30,49	30,49 / 243,91 = ca. 12,5%

44 Handelskalkulation ★★☆

a.

Wareneinstand	450.000
Gemeinkosten insgesamt (72.000 / 450.000 = 16%)	72.000
Selbstkosten	522.000
Gewinnaufschlag (8% auf Selbstkosten)	41.760
Barverkaufserlös	563.760
Rabatt (10% vom Verkaufserlös ohne USt)	62.640
Verkaufserlös ohne USt	626.400
Umsatzsteuer (16% auf Verkaufserlös ohne USt)	100.224
Verkaufserlös zu Auszeichnungspreisen	726.624

Kalkulationsfaktor
= 726.624 / 450.000 = 1,61472

Kalkulationszuschlag
= 61,472%

Handelsspanne
= (626.400 - 450.000) / 626.400
= 28,161%

b.

	Hocker	Sitzgruppe	Kommode	Vertiko
Einstandspreis	350,00	3.400,00	1.590,00	2.260,00
Kalkulationszuschlag (61,5%)	215,25	2.091,00	977,85	1.389,90
Auszeichnungspreis	565,25	5.491,00	2.567,85	3.649,90

45 Betriebsabrechnung und Kalkulation im Handelsbetrieb ★★★

a./b./c.

BAB Juli	Kosten-satz	Hilfskostenstellen				Hauptkostenstellen				Gesamt
		Fuhrpark	Gebäude	Einkauf	Verwaltung	Bekleidung	Elektro	Spielzeug	Nahrung	
Personalkosten		11.700	2.925	26.325	17.550	29.250	29.250	11.700	35.100	163.800
Energiekosten		6.400	2.400							8.800
Fremdleistungen		3.700	2.200	9.300	35.800	2.200	900			54.100
Kalkulatorische Zinsen		1.500	5.250	375	875	1.125	1.375	375	781	11.656
Übrige Gemeinkosten		3.300	105	5.322	4.039	23.768	16.703	665	7.367	61.269
Handlungskosten vor Uml.		26.600	12.880	41.322	58.264	56.343	48.228	12.740	43.248	299.625
Umlage Fuhrpark	1,40	-26.600	980	17.920	980	0	0	0	6.720	0
Umlage Gebäude	12,60		-13.860	1.008	756	4.032	2.772	1.260	4.032	0
Umlage Einkauf	20,00%			-60.250		11.250	23.000	2.000	24.000	0
Umlage Verwaltung	6.000				-60.000	24.000	18.000	6.000	12.000	0
Handlungskosten nach Uml.		0	0	0	0	95.625	92.000	22.000	90.000	299.625
Wareneinstand						56.250	115.000	10.000	120.000	301.250
Selbstkosten						151.875	207.000	32.000	210.000	600.875
Umsatz						157.500	201.250	32.500	228.000	619.250
Betriebsergebnis						5.625	-5.750	500	18.000	18.375

d.

	Bekleidung	Elektro	Spielzeug	Nahrung	Gesamt
Handlungskostenzuschlag	170,0%	80,0%	220,0%	75,0%	99,5%
Kalkulationszuschlag	180,0%	75,0%	225,0%	90,0%	105,6%
Kalkulationsfaktor	2,800	1,750	3,250	1,900	2,056
Handelsspanne	64,3%	42,9%	69,2%	47,4%	51,4%
Umsatzrendite	3,6%	-2,9%	1,5%	7,9%	3,0%

46 Betriebsergebnisrechnung im Überblick ★☆☆

a. Betriebsergebnisrechnung nach dem Gesamtkostenverfahren

Umsatz	1.845.720
+ Bestandsmehrung unfertige Erzeugnisse	117.300
- Bestandsminderung fertige Erzeugnisse	89.350
+ Aktivierte Eigenleistung	87.360
= Gesamtleistung	1.961.030
- Gesamtkosten	1.861.030
= Betriebsergebnis	100.000

Beachten Sie, dass die Bestandsänderungen fremdbezogener Rohstoffe und Materialien nicht erfolgswirksam sind.

b. Überleitung der Gesamtkosten zu den Umsatzkosten

Gesamtkosten	1.861.030
- Kosten der Bestandsmehrung unfertige Erzeugnisse	117.300
+ Kosten der Bestandsminderung fertige Erzeugnisse	89.350
- Kosten der aktivierten Eigenleistungen	87.360
= Umsatzkosten	1.745.720

c. Betriebsergebnisrechnung nach dem Umsatzkostenverfahren

Umsatz	1.845.720
- Umsatzkosten	1.745.720
= Betriebsergebnis	100.000

47 Betriebsergebnisrechnung nach dem Gesamtkostenverfahren ★★☆

a. Nebenrechnung

	Vital	Sprint	Fit	Gesamt
Umsatz (€)	191.100	545.280	328.950	1.065.330
Materialeinzelkosten (€)	40.040	107.500	64.500	212.040
Fertigungslöhne (€)	32.760	86.000	56.760	175.520
Bestandsänderung (Stück)	0	+400	0	+400
Bestandsänderung (€)	0	+3.440	0	+3.440

b.

Umsatz	1.065.330
Bestandsmehrung Erzeugnisse	3.440
Gesamtleistung	1.068.770
Materialeinzelkosten	212.040
Fertigungslöhne	175.520
Personalgemeinkosten	171.800
Fremdleistungskosten	93.800
Sonstige Kosten	278.360
Gesamtkosten	931.520
Betriebsergebnis	137.250

48 Betriebsergebnisrechnung nach dem Umsatzkostenverfahren (I) ★★☆

a.

	ZS	Vital	Sprint	Fit	Gesamt
Materialeinzelkosten		40.040	107.500	64.500	212.040
Materialgemeinkosten	20%	8.008	21.500	12.900	42.408
Fertigungslöhne		32.760	86.000	56.760	175.520
Fertigungsgemeinkosten	180%	58.968	154.800	102.168	315.936
Herstellkosten d. Prod.		139.776	369.800	236.328	745.904
Bestandsmehrung Erz.		0	3.440	0	3.440
Herstellkosten d. Ums.		139.776	366.360	236.328	742.464
Verw.-/Vertriebskosten	25%	34.944	91.590	59.082	185.616
Selbstkosten d. Umsatzes		174.720	457.950	295.410	928.080
Umsatz		191.100	545.280	328.950	1.065.330
Betriebsergebnis		16.380	87.330	33.540	137.250

b. Die verrechneten Gemeinkosten in der Gesamtspalte stimmen in der Betriebsergebnisrechnung nach dem Umsatzkostenverfahren mit den entsprechenden Eintragungen im Betriebsabrechnungsbogen überein. Es liegen somit keine Über- oder Unterdeckungen vor, sodass das Betriebsergebnis zu Normalkosten mit dem zu Istkosten übereinstimmt.

49 Betriebsergebnisrechnung nach dem Umsatzkostenverfahren (II) ★★☆

a.

	ZS	Vital	Sprint	Fit
Materialeinzelkosten		2,20	2,50	2,50
Materialgemeinkosten	20%	0,44	0,50	0,50
Fertigungslöhne		1,80	2,00	2,20
Fertigungsgemeinkosten	180%	3,24	3,60	3,96
Herstellkosten.		7,68	8,60	9,16
Verw.-/Vertriebskosten	25%	1,92	2,15	2,29
Selbstkosten		9,60	10,75	11,45

b.

	Vital	Sprint	Fit	Gesamt
Absatz (Stück)	18.200	42.600	25.800	---------
Nettoerlös (€/Stück)	10,50	12,80	12,75	---------
Selbstkosten (€/Stück)	9,60	10,75	11,45	---------
Umsatz (€)	191.100	545.280	328.950	1.065.330
Selbstkosten d. Umsatzes (€)	174.720	457.950	295.410	928.080
Betriebsergebnis (€)	16.380	87.330	33.540	137.250

50 Betriebsergebnisrechnung nach Gesamt- und Umsatzkostenverfahren ★★★

a.

Umsatz		4.034.200
davon Staubsauger	2.695.000	
Handmixer	1.339.200	
Bestandsänderung Erzeugnisse		-12.000
davon Staubsauger	-60.000	
Handmixer	+48.000	
Gesamtleistung		4.022.200
Fertigungsmaterial		1.800.000
Fertigungslöhne		520.000
Hilfslöhne		40.518
Gehälter		120.282
Sozialkosten		460.220
Verbrauchsmaterial		12.860
Instandhaltung		47.355
Kalk. Abschreibungen		312.290
Kalk. Zinsen		264.318
Sonstige Kosten		187.157
Gesamtkosten		3.765.000
Betriebsergebnis		257.200

b.

	Staubs.	Handmixer	Gesamt	Ist-GK	ÜD/UD
Produktion (Stück)	30.000	50.000	----------		
Absatz (Stück)	30.800	48.000	----------		
Bestandsänderung (Stück)	-800	+2.000	----------		
Fertigungsmaterial	1.200.000	600.000	1.800.000		
Materialgemeinkosten (5%)	60.000	30.000	90.000	93.500	-3.500
Fertigungslohn	330.000	190.000	520.000		
Fertigungsgemeink. (200%)	660.000	380.000	1.040.000	987.700	+52.300
Herstellkosten d. Produkt.	2.250.000	1.200.000	3.450.000		
Bestandsminderungen	+60.000		+60.000		
Bestandsmehrungen		-48.000	-48.000		
Herstellkosten d. Ums.	2.310.000	1.152.000	3.462.000	*Übertrag:*	*+48.800*

	Staubs.	Handmixer	Gesamt	Ist-GK	ÜD/UD
Herstellkosten d. Ums.	2.310.000	1.152.000	3.462.000	*Übertrag:*	*+48.800*
Verw.-/Vertriebsk. (10%)	231.000	115.200	346.200	363.800	-17.600
Selbstkosten d. Umsatzes	2.541.000	1.267.200	3.808.200		+31.200
Umsatz	2.695.000	1.339.200	4.034.200		
Betriebserg. zu Normalk.	154.000	72.000	226.000		
Über-/Unterdeckung			+31.200	←	
Betriebserg. zu Istkosten			257.200		

Nach dem Umsatzkostenverfahren wird das Betriebsergebnis zunächst auf der Basis verrechneter Normalgemeinkosten ausgewiesen. Erst nach der Korrektur um die zu viel verrechneten Gemeinkosten (Überdeckungen) bzw. die zu wenig verrechneten Gemeinkosten (Unterdeckungen) ergibt sich das effektive Betriebsergebnis zu Istkosten. Dieses stimmt mit dem Betriebsergebnis nach dem Gesamtkostenverfahren gemäß a. überein, das unmittelbar zu Istkosten ausgewiesen wird.

Hinweis: Anstelle die Über-/Unterdeckungen wie oben durch Gegenüberstellung der verrechneten Gemeinkosten und der Istgemeinkosten in der Ergebnisrechnung zu ermitteln, können diese auch aus dem BAB entnommen werden, der in der letzten Zeile die entsprechenden Beträge ausweist.

c.

	ZS	Staubsauger	Handmixer
Materialeinzelkosten		40,00	12,00
Materialgemeinkosten	5%	2,00	0,60
Fertigungslöhne		11,00	3,80
Fertigungsgemeinkosten	200%	22,00	7,60
Herstellkosten		75,00	24,00
Verw.-/Vertriebskosten	10%	7,50	2,40
Selbstkosten		82,50	26,40

	Staubsauger	Handmixer	Σ
Nettoerlös (€/Stück)	87,50	27,90	---------
Selbstkosten (€/Stück)	82,50	26,40	---------
Absatz (Stück)	30.800	48.000	---------
Umsatz	2.695.000	1.339.200	4.034.200
Selbstkosten d. Umsatzes	2.541.000	1.267.200	3.808.200
Betriebsergebnis zu Normalkosten	154.000	72.000	226.000
Über-/Unterdeckung (vgl. b.)			+31.200
Betriebsergebnis zu Istkosten			257.200

Hinweis: Sofern die Ergebnisrechnung gemäß c. unter Rückgriff auf die kalkulierten Selbstkosten je Stück erfolgt, können die Über-/Unterdeckungen nicht wie oben durch Gegenüberstellung der verrechneten Gemeinkosten und der Istgemeinkosten in der Ergebnisrechnung ermittelt werden, sondern sind aus dem BAB zu entnehmen.

51 Tabellarische Abstimmung von Finanzbuchhaltung und Kostenrechnung ★★☆

- Personalzusatzkosten = 80% von 120 + 40% von 30 = 96 + 12 = 108
- Kalkulatorische Gewährleistungen = 2% von 850 = 17
- Kalkulatorische Zinsen = 8% von 4.800 / 12 Monate = 32
- Probe: Fibu-Erfolg (75) = Neutrales Erg. (26) + Kalk. Erg. (-33) + Betriebserg. (82)

	Finanzbuchhaltung		Neutrale Abgrenzung		Kalkulatorische Abgrenzung		Kostenrechnung	
	Aufw.	Erträge	Aufw.	Erträge	Aufw.	Kosten	Kosten	Leistg.
Umsatz		850						850
Aktiv. Eigenlstg.		12						12
Erträge aus Anlagenverkäufen		28		28				
Devisenerträge		5		5				
Materialeinsatz	342				342	354	354	
Löhne	120						120	
Gehälter	30						30	
Personalzusatzaufwand/-kosten	212				212	108	108	
Abschreibungen	75				75	92	92	
Gewährleistungen	9				9	17	17	
Zinsen	25				25	32	32	
Spenden	7		7					
Unternehmerlohn						27	27	
Σ	820	895	7	33	663	630	780	862
	75 Fibu-Erfolg		26 Neutr. Ergebnis		-33 Kalk. Ergebnis		82 Betriebsergebnis	

52 Planmäßige Kostenauflösung in fixe und variable Bestandteile ★☆☆

		gesamt	variabel	fix
Kalkulat. Abschreibungen	€/Jahr	135.650	54.260	81.390
+ Kalkulatorische Zinsen	€/Jahr	55.200	0	55.200
+ Energiekosten	€/Jahr	11.280	11.280	0
+ Kühlmittelkosten	€/Jahr	1.550	1.550	0
+ Instandhaltungskosten	€/Jahr	81.400	52.910	28.490
+ Versicherungsprämie	€/Jahr	10.120	0	10.120
+ Raumkosten	€/Jahr	4.800	0	4.800
= Maschinenkosten gesamt		300.000	120.000	*180.000*
/ Maschinenlaufzeit	Std./Jahr	1.500	1.500	
= Maschinenstundensatz	€/Std.	200,00	*80,00*	

Die zugehörige Kostenfunktion lautet:

K(x) = 180.000 + 80 x

53 Mathematische Kostenauflösung in fixe und variable Bestandteile ★★☆

a. Da der Beschäftigungsunterschied möglichst groß sein soll, sind die Beschäftigungs- und die Kostendifferenz auf der Basis der Quartale II und III zu berechnen. Die Beschäftigungsdifferenz beträgt dann 5.438 - 3.677 = 1.761 Stunden. In der folgenden Tabelle sind zunächst die Kostendifferenzen und die Beschäftigungsdifferenz der Quartale II und III aufgeführt, deren Quotienten die variablen Kostensätze ergeben. Ferner sind die gesamten Kosten des Quartals II zusammengestellt. Die variablen Kosten des Quartals II ergeben sich als Produkt aus Beschäftigung und variablem Kostensatz. Schließlich gibt der Saldo aus gesamten und variablen Kosten die fixen Kosten wieder.

	Kosten-differenz	Beschäfti-gungsdiff.	Variabler Kostensatz	Gesamte K. II. Q.	Variable K. II. Q.	Fixe K. II. Q.
Personalkosten	61.635	1.761	35,00	272.330	* 190.330	82.000
Sachkosten	15.849	1.761	9,00	108.942	48.942	60.000
Sonstige Kosten	10.566	1.761	6,00	160.628	32.628	128.000
Kosten gesamt	88.050	1.761	50,00	541.900	271.900	270.000

* z.B. 5.438 Stunden à 35,00 €

b. K(x) = 270.000 + 50 x

x (Stunden)	K_{fix} (€)	K_{var} (€)	K (€)	k_{fix} (€/Std.)	k_{var} (€/Std.)	k (€/Std.)
1.000	270.000	50.000	320.000	270,00	50,00	320,00
2.000	270.000	100.000	370.000	135,00	50,00	185,00
3.000	270.000	150.000	420.000	90,00	50,00	140,00
4.000	270.000	200.000	470.000	67,50	50,00	117,50
5.000	270.000	250.000	520.000	54,00	50,00	104,00
6.000	270.000	300.000	570.000	45,00	50,00	95,00

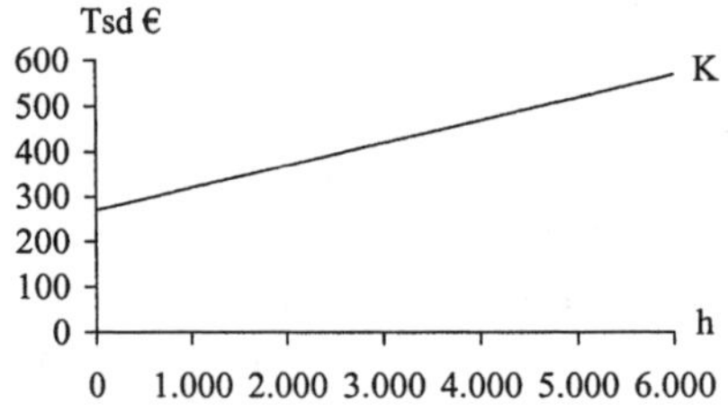

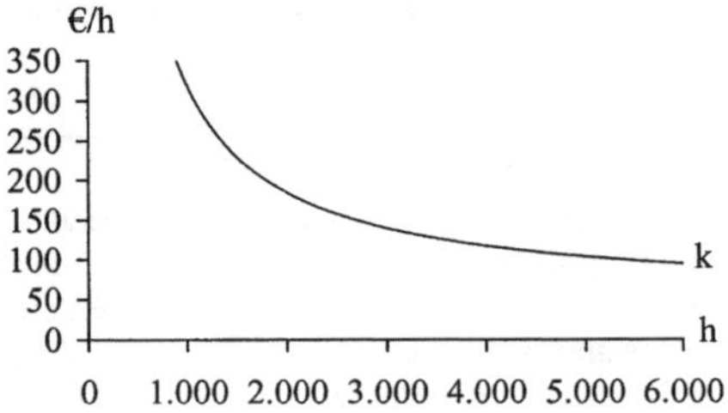

c. Der Variator entspricht dem Anteil der variablen Kosten K_{var} an den gesamten Kosten K (z.B. 40%), jedoch als dekadische Größe (z.B. 4).

x (Stunden)	K_{fix} (€)	K_{var} (€)	K (€)	Variator
3.600	270.000	180.000	450.000	4
5.400	270.000	270.000	540.000	5

d. Die Quartale III und IV bilden die untere Hälfte, die Quartale II und I die obere Hälfte.

Untere Hälfte	Quartal III	Quartal IV	Σ	Ø
Beschäftigung (Stunden)	3.677	4.813	8.490	4.245
Kosten gesamt (€)	453.850	504.980	958.830	479.415

Obere Hälfte	Quartal II	Quartal I	Σ	Ø
Beschäftigung (Stunden)	5.438	4.972	10.410	5.205
Kosten gesamt (€)	541.900	513.314	1.055.214	527.607

k_{var} = (527.607 - 479.415)/(5.205 - 4.245) = 48.192/960 = 50,20 €/Std.
K_{fix} = 479.415 - 4.245 • 50,20 = 479.415 - 213.099 = 266.316 €
K = 266.316 + 50,2 x

Probe für die obere Hälfte:

K = 266.316 + 5.205 • 50,20 = 266.316 + 261.291 = 527.607 €

54 Einstufige Deckungsbeitragsrechnung (I) ★☆☆

a.

Geschäftsbereich	Hochbau	Tiefbau	Verkehr	Gesamt
Umsatz	12.320	8.450	5.890	26.660
Variabel Kosten	6.582	5.495	3.070	15.147
Deckungsbeitrag	5.738	2.955	2.820	11.513
Fixkosten				9.813
Betriebsergebnis				1.700

b. Das Betriebsergebnis nach der einstufigen Deckungsbeitragsrechnung stimmt mit dem aus der Vollkostenrechnung überein.

c. Der Geschäftsbereich Verkehr weist zwar ein negatives Betriebsergebnis zu Vollkosten auf. Er leistet aber einen positiven Deckungsbeitrag in beachtlicher Höhe und trägt damit zur Deckung der Fixkosten und zum Gesamtergebnis maßgeblich bei.

55 Einstufige Deckungsbeitragsrechnung (II) ★★☆

a. Teilkostenkalkulation

	ZS	Staubsauger	Handmixer
Materialeinzelkosten		40,000	12,000
Materialgemeinkosten	3%	1,200	0,360
Fertigungslöhne		11,000	3,800
Fertigungsgemeinkosten	120%	13,200	4,560
Variable Herstellkosten		65,400	20,720
Verw.-/Vertriebskosten	5%	3,270	1,036
Variable Stückk. (Grenzk.)		68,670	21,756

b. Einstufige Deckungsbeitragsrechnung

	Staubsauger	Handmixer	Gesamt
Umsatz	2.695.000	1.339.200	4.034.200
Variable Kosten	2.115.036	1.044.288	3.159.324
Deckungsbeitrag	579.964	294.912	874.876
Fixkosten			647.756
Betriebsergebnis zu Normalkosten			227.120
Über-/Unterdeckung			+31.200
Betriebsergebnis zu Istkosten			258.320

c. Der Unterschied des Betriebsergebnisses zu Vollkosten (257.200 €) gegenüber dem Betriebsergebnis zu Teilkosten (258.320 €) in Höhe von -1.120 € ist zu erklären durch die unterschiedliche Bewertung der Bestandsänderungen. Während die Teilkostenrechnung eine Bestandsbewertung der unfertigen und fertigen Erzeugnisse auf der Basis variabler Herstellkosten unterstellt, bewertet die Vollkostenrechnung diese Bestände zu vollen Herstellkosten.

	Staubsauger	Handmixer	Gesamt
Produktionsmenge (Stück)	30.000	50.000	---------
Absatzmenge (Stück)	30.800	48.000	---------
Bestandsänderung (Stück)	-800	+2.000	---------
Herstellkosten gesamt (€/Stück)	75,00	24,00	---------
Herstellkosten variabel (€/Stück)	65,40	20,72	---------
Herstellkosten fix (€/Stück)	9,60	3,28	---------
Bestandsänderung fix (€)	-7.680	+6.560	-1.120

56 Mehrstufige Deckungsbeitragsrechnung (I) ★☆☆

a. (Werte in Tsd €)

Sparte	Duft				Pflege			
Produktgruppe	Deo		Parfum		Hand		Gesicht	
Produktart	DF	DM	PF	PM	HF	HM	GF	GM
Umsatz	21	14	25	5	14	6	30	4
Variabel Kosten	9	7	8	2	7	3	9	1
DB I	12	7	17	3	7	3	21	3
Produktfixkosten	5	4	4	4	4	2	5	5
DB II	7	3	13	-1	3	1	16	-2
Produktgrp.fixk.	3		4		5		4	
DB III	7		8		-1		10	
Spartenfixkosten	6				7			
DB IV	9				2			
Untern.fixkosten	8							
Betriebsergebnis	3							

b. Als ergebniskritisch zu betrachten sind alle negativen DB-Werte; betroffen sind hier die Produktarten Parfum Männer (PM), Gesichtscreme Männer (GM) und die Produktgruppe Handcreme insgesamt. Die Ursache der negativen DB II für PM und GM mag - gemessen am Umsatz - in den relativ hohen Produktfixkosten liegen. Bezüglich der Handcremes (DB III) hat sich die Werbung ggf. nicht in dem erwarteten Ausmaß in zusätzlichem Umsatz und Deckungsbeitrag bemerkbar gemacht.

57 Mehrstufige Deckungsbeitragsrechnung (II) ★★☆

a. Quartalsdeckungsbeitragsrechnung nach Produkten

	Produkt A	Produkt B	Gesamt
Umsatz	391.200	436.800	828.000
Variable Kosten (= Materialeinstand)	187.200	397.800	585.000
Deckungsbeitrag I	204.000	39.000	243.000
Produktfixe K. (= Anzeigenwerbung)	20.000	10.000	30.000
Deckungsbeitrag II	184.000	29.000	213.000
Deckungsgrad II in % vom Umsatz	*47%*	*7%*	*26%*
Fixe Kosten Laden WHV			41.000
Fixe Kosten Laden OL			47.000
Fixe Kosten Zentrale			63.000
Quartalsergebnis			62.000

Produkt A erbringt deutlich höhere Deckungsbeiträge I und II als Produkt B. In Bezug auf den Deckungsgrad II - er entspricht dem Anteil des Deckungsbeitrags II am Umsatz - ist Produkt A mit 47% um ein Vielfaches besser als Produkt B mit 7%. Den Großteil des Erfolgs erwirtschaftet das Unternehmen also mit dem Produkt A.

b. Quartalsdeckungsbeitragsrechnung nach Läden (Standorten)

	Laden WHV	Laden OL	Gesamt
Umsatz	510.700	317.300	828.000
Variable Kosten (= Materialeinstand)	401.700	183.300	585.000
Deckungsbeitrag I	109.000	134.000	243.000
Fixe Kosten der Läden	41.000	47.000	88.000
Deckungsbeitrag II	68.000	87.000	155.000
Deckungsgrad II in % vom Umsatz	*13%*	*27%*	*19%*
Fixe Kosten Produkt A			20.000
Fixe Kosten Produkt B			10.000
Fixe Kosten Zentrale			63.000
Quartalsergebnis			62.000

Der Laden in Oldenburg weist höhere Deckungsbeiträge I und II aus als der in Wilhelmshaven. Insbesondere der Deckungsgrad II ist in Oldenburg etwa doppelt so groß wie der in Wilhelmshaven. Den überwiegenden Teil des Erfolgs erwirtschaftet das Unternehmen also mit dem Laden in Oldenburg.

c. Die Kosten der Werbung können nach Läden zugeordnet werden.

	Laden WHV	Laden OL	Gesamt
Deckungsbeitrag I Fixe Kosten der Läden mit Werbung	109.000 63.000	134.000 55.000	243.000 118.000
Deckungsbeitrag II *Deckungsgrad II in % vom Umsatz*	46.000 *9%*	79.000 *25%*	125.000 *15%*
Fixe Kosten Zentrale			63.000
Quartalsergebnis			62.000

Der Deckungsgrad II des Ladens in Oldenburg verbessert sich nochmals im Vergleich zu dem in Wilhelmshaven, weil in Oldenburg relativ weniger standortspezifische Werbung für die Produkte betrieben wurde.

Wie die Aufgabe im Vergleich der Ergebnisse von b. und c. zeigt, erfordert eine aussagefähige mehrstufige Deckungsbeitragsrechnung eine präzise, möglichst differenzierte Erfassung der fixen Kosten.

d. Es ist zu beachten, dass das Betriebsergebnis sich auf ein Quartal bezieht, während die Kapitalverzinsung üblicherweise in Prozent pro Jahr angegeben wird. Da das Ergebnis des ersten Quartals für das Gesamtjahr typisch ist, kann durch Vervierfachung leicht auf das Jahresergebnis hochgerechnet werden.

Jahresergebnis, hochgerechnet (62.000 € pro Quartal • 4 Quartale)	248.000 €
Kapitaleinsatz	3.100.000 €
Kapitalverzinsung (ROI)	8,00%

58 Gewinnschwellenanalyse (Break-Even-Rechnung I) ★☆☆

Pauschalpreis netto Variable Kosten (2 • 21,00) DB je Pauschalbuchung	200,00 €/Pauschalbuchung 42,00 €/Pauschalbuchung 158,00 €/Pauschalbuchung
Zusätzliche Reinigungskraft Verlorener Deckungsbeitrag Entscheidungsrelevante fixe Kosten gesamt	30.200,00 € pro Jahr 33.000,00 € pro Jahr 63.200,00 € pro Jahr
Break-Even-Menge (63.200 / 158)	400 Pauschalbuchungen pro Jahr

59 Gewinnschwellenanalyse (Break-Even-Rechnung II) ★★☆

a.	Variable Stückkosten	k_{var}	$= 6{,}00 / 40$	$= 0{,}15$ €/Kugel
	Stückdeckungsbeitrag	d	$= 0{,}75 - 0{,}15$	$= 0{,}60$ €/Kugel
	Fixkosten	K_{fix}	$= 400 + 500$	$= 900$ €
b.	Break-Even-Menge	x_{BE}	$= 900 / 0{,}60$	$= 1.500$ Kugeln
	Break-Even-Umsatz	U_{BE}	$= 1.500 \cdot 0{,}75$	$= 1.125$ €
	Break-Even-Kosten	K_{BE}	$= 900 + 1.500 \cdot 0{,}15$	$= 1.125$ €

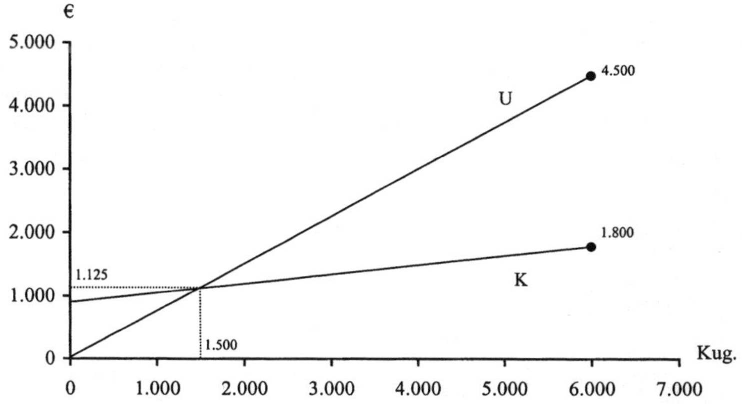

c. Deckungsbeitrag des Marktes	DB	= 6.000 • (0,75 - 0,15) - 900	= 2.700 €
Sicherheitskoeffizient	S	= (6.000 - 1.500)/6.000	= 75%

In die Betrachtung werden hier nur Erlöse und Kosten einbezogen, die sich ausschließlich auf den Herbstmarkt beziehen. Um zum Gewinn des Eishändlers zu kommen, müssen noch weitere Kosten berücksichtigt werden wie Kosten des Verkaufsfahrzeugs, Versicherungen, Steuern, kalkulatorischer Unternehmerlohn etc.. Derartige Kosten werden z.B. im Rahmen einer monatlichen Ergebnisrechnung berücksichtigt.

d. Bisheriger Deckungsbeitrag	DB	= 2.700 €	
Neuer Stückdeckungsbeitrag	d	= 0,60 - 0,15	= 0,45 €/Kugel
Erforderliche Mindestmenge	x_{min}	= (900 + 2.700)/0,45	= 8.000 Kugeln
Erforderliche Steigerung	Δx	= (8.000 - 6.000)/6.000	= +33,33 %

e. Break-Even-Menge	x_{BE}	= 900 / (0,60 - 0,24)	= 2.500 Kugeln
Break-Even-Umsatz	U_{BE}	= 2.500 • 0,60	= 1.500 €
Break-Even-Kosten	K_{BE}	= 900 + 2.500 • 0,24	= 1.500 €

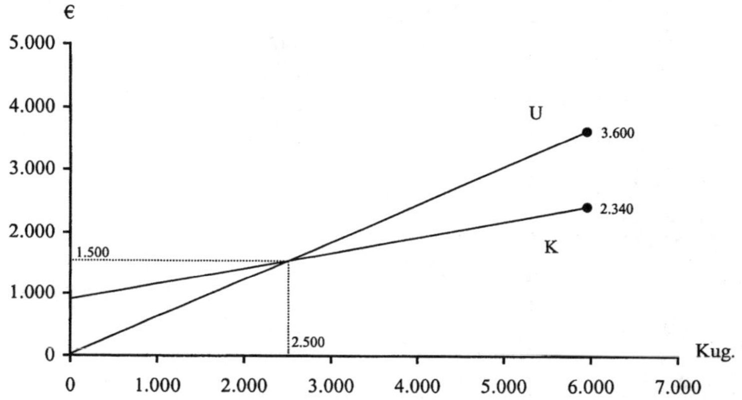

f. Der Vergleich der Abbildungen zeigt, dass in der Situation unter e. gegenüber b. die Umsatzlinie wegen des geringeren Verkaufspreises flacher verläuft und die Kostenlinie wegen der höheren variablen Stückkosten steiler ansteigt. Die Änderung des Verlaufs der Umsatz- und der Kostenlinie gleicht dem Schließen der beiden Schneiden einer Schere, sodass wir in diesem Zusammenhang auch von der „Preis-Kosten-Schere" sprechen. Durch das Schließen der Schere verschiebt sich der Break-Even-Punkt deutlich nach rechts zu einer höheren Menge.

60 Gewinnschwellenanalyse im Mehrproduktbetrieb ★★☆

a.

Produkt	A	B	C	Gesamt
Deckungsgrad	22%	42%	7%	21%

Falls der Umsatz von A um 50.000 € steigt, verbessern sich bei sonst gleichen Bedingungen der Deckungsbeitrag von A und das Betriebsergebnis um jeweils 50.000 • 22% = 11.000 €.

b. Break-Even-Umsatz des Gesamtunternehmens = 65.479,68 € / 21% = 311.808 €
Sicherheitskoeffizient des Unternehmens = (389.760 - 311.808) / 389.760 = 20%

c. Da der Deckungsbeitrag der Produktart C insgesamt nur 10.913,28 € beträgt, würde selbst der vollständige Wegfall dieser Produktart unter sonst gleichen Bedingungen das Betriebsergebnis lediglich auf 16.369,92 - 10.913,28 = 5.456,64 € drücken. Ein Umsatzeinbruch allein bei C kann mithin nicht zu einem negativen Betriebsergebnis führen.

d. Damit gerade noch ein Betriebsergebnis von null erzielt wird, darf der Deckungsbeitrag der Produktart B um höchstens 16.369,92 € (= bisheriges Betriebsergebnis) zurückgehen. Das entspricht bei einem Deckungsgrad von 42% für B einem Umsatzrückgang von 16.369,92 / 42% = 38.976 €. Damit ergibt sich:

Break-Even-Umsatz der Produktart B = 97.440 - 38.976 = 58.464 €
Break-Even-Umsatz des Unternehmens = 389.760 - 38.976 = 350.784 €
Sicherheitskoeffizient der Produktart B = 38.976 / 97.440 = 40%

61 Deckungsbeitragsoptimierung mit schrittweiser Anleitung ★☆☆

Produkt	A	B	C	Gesamt
Absatzhöchstmenge (Stück)	800	800	500	
Verkaufspreis (€/Stück)	9,50	12,30	8,20	
Variable Stückkosten (€/Stück)	7,50	8,80	3,30	
Stückdeckungsbeitrag (€/Stück)	2,00	3,50	4,90	
Stückfertigungszeit (Min./Stück)	5	7	7	
Relativer Deckungsb. (€/Min.)	0,40	0,50	0,70	
Rangfolge	3	2	1	
Optimale Menge (Stück)	100	800	500	
Fertigungszeit (Min.)	500	5.600	3.500	9.600
			Restzeit:	~~6.100~~ / ~~500~~ / 0
Deckungsbeitrag (€)	200	2.800	2.450	5.450
Fixkosten (€)				3.750
Betriebsergebnis (€)				1.700

62 Deckungsbeitragsrechnung/Programmoptimierung ★★☆

a. Die Optimierung erfolgt anhand der absoluten Stückdeckungsbeiträge; diese sind als Saldo aus Nettoerlös und variablen Stückkosten zu ermitteln. Als Quotient aus Umsatz der Vorperiode und Nettoerlös lässt sich zunächst die Absatzmenge (= Produktionsmenge) der Vorperiode berechnen. Die Kenntnis der Absatzmenge der Vorperiode ermöglicht die Berechnung der variablen Stückkosten der Erzeugnisse. Die Fixkosten entsprechen dem bisherigen Umsatz abzüglich der bisherigen variablen Kosten und des bisherigen Betriebsergebnisses.

Produkt	A	B	C	D	Gesamt
Umsatz Vorperiode (€)	108.800	155.400	115.200	115.000	494.400
Nettoerlös (€/Stück)	13,60	22,20	38,40	28,75	
Absatzmenge Vorperiode (Stk.)	8.000	7.000	3.000	4.000	
Variable Kosten Vorperiode (€)	56.000	88.200	120.000	91.000	355.200
Variable Stückkosten (€/Stück)	7,00	12,60	40,00	22,75	
Deckungsbeitrag (€/Stück)	6,60	9,60	-1,60	6,00	
Absatzhöchstmenge (Stück)	10.000	10.000	5.000	5.000	
Absatzmenge optimal (Stück)	10.000	10.000	0	5.000	
Deckungsbeitrag optimal (€)	66.000	96.000	0	30.000	192.000
Fixkosten (€)					130.800
Betriebsergebnis optimal (€)					61.200

Bei dieser Lösung ergibt sich folgende Maschinenbeanspruchung:

Produkt	A	B	C	D	Gesamt
Maschinenzeit (Min./Stück)	6	12	4	6	
Maschinenzeit (Stunden)	1.000	2.000	0	500	3.500

b. In der bisherigen Lösung ergibt sich eine Maschinenlaufzeit von 3.500 Stunden, wie sie z.B. bei Dreischichtbetrieb realisiert werden kann. Wird die Kapazität z.B. infolge einer Umstellung auf Zweischichtbetrieb auf 2.500 Stunden reduziert, wird die verfügbare Maschinenlaufzeit zum Engpass. Aufgrund der wirksamen Maschinenrestriktion erfolgt die Optimierung nun anhand der relativen Deckungsbeiträge, die eine Prioritätenbildung unter den Erzeugnissen ermöglichen. Die Produkte werden nun in der festgelegten Reihenfolge unter Berücksichtigung der Absatzhöchstmengen und der Maschinenkapazität eingeplant.

Produkt	A	B	C	D	Gesamt
Deckungsbeitrag (€/Stück)	6,60	9,60	-1,60	6,00	
Maschinenzeit (Min./Stück)	6	12	4	6	
Relativer Deckungsb. (€/Min.)	1,10	0,80	-----	1,00	
Rangplatz	1	3	-----	2	
Absatzhöchstmenge (Stück)	10.000	10.000	5.000	5.000	
Absatzmenge optimal (Stück)	10.000	5.000	0	5.000	
Maschinenzeit (Stunden)	1.000	1.000	0	500	
Deckungsbeitrag optimal (€)	66.000	48.000	0	30.000	144.000
Fixkosten (€)					139.000
Betriebsergebnis optimal (€)					5.000

63 Programmoptimierung bei einem Produktionsengpass und Absatzmindestmengen ★★☆

Produkt	A	B	C	D	Gesamt
Deckungsbeitrag (€/Stück)	7,00	0,30	9,60	5,00	
Bearbeitungszeit (Min./Stück)	5	3	12	10	
Relativer Deckungsb. (€/Min.)	1,40	0,10	0,80	0,50	
Rangplatz	1	4	2	3	
Mindestmenge (Stück)	1.000	5.500	-	1.150	
Zeitbedarf Mindestmenge (Min.)	5.000	16.500	-	11.500	33.000
Zusatzmenge (Stück)	9.000		6.000	3.000	
Zeitbedarf Zusatzmenge (Min.)	45.000		72.000	30.000	147.000
Merkposten für die Restkapazität bei der Planung der Zusatzmenge					*~~102.000~~ / ~~30.000~~ / 0*
Optimale Menge (Stück)	10.000	5.500	6.000	4.150	
Deckungsbeitrag optimal (€)	70.000	1.650	57.600	20.750	150.000
Fixkosten (€)					120.000
Betriebsergebnis optimal (€)					30.000

64 Kurzfristige Absatzpreisuntergrenze ★★☆

Produkt	A	B	C	D	Gesamt
Nettoerlös (€/Stück)	78,96	49,95	28,70	117,71	
Variable Kosten (€/Stück)	30,00	14,20	10,70	61,10	
Deckungsbeitrag (€/Stück)	48,96	35,75	18,00	56,61	
Bearbeitungszeit (Min./Stück)	12	5	9	17	
Relativer Deckungsbeitrag (€/Min.)	4,08	7,15	2,00	3,33	
Rangplatz	2	1	4	3	
Geplante Menge (Stück)	2.700	7.500	0	300	
Kapazitätsbedarf (Stunden)	540	625	0	85	1.250
Absatzhöchstmenge (Stück)	2.700	7.500	500	420	
Kapazitätsbedarf (Stunden)	540	625	75	119	1.359

a. Die letzte Zeile der Tabelle zeigt für die Absatzhöchstmengen einen Kapazitätsbedarf von 1.359 Stunden, sodass bei 1.500 möglichen Produktionsstunden kein Engpass vorliegt. Das Produktionsprogramm sollte, da alle Produkte einen positiven Stückdeckungsbeitrag haben, auch die Produkte C und D in den Absatzhöchstmengen von 500 bzw. 420 Stück beinhalten.

b. Die kurzfristigen Preisuntergrenzen, auch absolute Preisuntergrenzen genannt, entsprechen bei freien betrieblichen Kapazitäten den variablen Stückkosten, also 30,00 € für A, 14,20 € für B, 10,70 € für C und 61,10 € für D.

c. Die vorgegebenen Mengen lasten mit 1.250 Stunden die aufgrund der Instandhaltungsmaßnahme nur begrenzt verfügbare Produktionskapazität voll aus. In der Reihenfolge abnehmender relativer Deckungsbeiträge wurden zunächst B und A mit den Absatzhöchstmengen eingeplant und die dann noch verbleibenden 85 Stunden für das Produkt D auf Rangplatz 3 vergeben, sodass das optimale Programm vorliegt.

In dieser Situation mit einem betrieblichen Engpass sind die kurzfristigen Absatzpreisuntergrenzen (APUG) der im Programm enthaltenen Produkte A, B und D so zu bemessen, dass ihr relativer Stückdeckungsbeitrag nicht unter den des Produktes C in Höhe von 2,00 €/Min. absinkt, da sie ansonsten durch Produkt C verdrängt werden:

$APUG_A$ = 2,00 €/Min. • 12 Min./Stück + 30,00 €/Stück = 54,00 €/Stück

$APUG_B$ = 2,00 €/Min. • 5 Min./Stück + 14,20 €/Stück = 24,20 €/Stück

$APUG_D$ = 2,00 €/Min. • 17 Min./Stück + 61,10 €/Stück = 95,10 €/Stück

Andererseits ergibt sich die kurzfristige Absatzpreisuntergrenze des Produkts C im Vergleich zu dem - gemessen am relativen Deckungsbeitrag - schwächsten Produkt im Produktionsprogramm, hier also Produkt D. Produkt C wird nämlich genauso gut wie Produkt D, wenn es dessen relativen Deckungsbeitrag von 3,33 €/Min. erreicht:

$APUG_C$ = 3,33 €/Min. • 9 Min./Stück + 10,70 €/Stück = 40,67 €/Stück

65 Beurteilung von Zusatzaufträgen ★★☆

a. Bei freien Produktionskapazitäten ist der Zusatzauftrag im Hinblick auf die Ergebnismaximierung anzunehmen, weil er auch unter Berücksichtigung der ihm zuzurechnenden Werkzeugkosten (2.450 €) einen positiven Deckungsbeitrag erzielt:

   Deckungsbeitrag des Zusatzauftrags Z = 500 • (154,80-117,80) - 2.450,00 = 16.050,00 €

b. Bei ausgelasteten Kapazitäten und unveränderlichem Produktionsprogramm kommt eine Fertigung des Zusatzauftrags nur in Überzeit mit Zuschlägen in Betracht. Doch weist der Zusatzauftrag trotz der höheren variablen Stückkosten von 117,80 € • 125% = 147,25 € einen positiven Deckungsbeitrag auf und ist insofern als vorteilhaft anzusehen:

   Deckungsbeitrag des Zusatzauftrags Z = 500 • (154,80-147,25) - 2.450,00 = 1.325,00 €

c. Ohne die Möglichkeit der Fertigung in Überzeit kommt eine Annahme des Zusatzauftrags nur in Betracht, falls die dafür erforderliche Produktionszeit von 500 Stück • 6,8 Min./Stück = 3.400 Min. durch Mengenreduzierungen bei den Produkten A, B oder D freigesetzt wird.

   Allerdings muss der Deckungsbeitrag des Zusatzauftrags in Höhe von 16.050,00 € (vgl. a.) größer sein als der verdrängte Deckungsbeitrag. Da die Produktionskapazität einen gemeinsamen Engpass bildet, reduzieren wir zunächst die Menge des Produkts D mit dem niedrigsten relativen Deckungsbeitrag. Um 3.400 Min. freizusetzen, muss die Menge von D um 3.400 Min. / 17 Min./Stück = 200 Stück reduziert werden. Dadurch geht ein Deckungsbeitrag von 200 Stück à 56,61 € entsprechend 11.322,00 € verloren.

   Da sich der Deckungsbeitrag und mithin das Betriebsergebnis aber um insgesamt 16.050,00 - 11.322,00 = 4.728,00 € verbessert, ist der Zusatzauftrag anzunehmen. Das neue optimale Produktionsprogramm lautet dann: 2.700 Stück A, 7.500 Stück B, 0 Stück C, 100 Stück D und 500 Stück Z.

66 Kostenvergleichsrechnung ★★☆

a. Maschine III führt im Vergleich zu Maschine I unabhängig von der Produktionsmenge stets zu höheren Kosten, weil sie sowohl höhere Fixkosten als auch höhere variable Stückkosten aufweist. Sie ist insofern ineffizient.

b.

Werkstücke	Maschine I		Maschine II	
	Variable Kosten	Gesamte Kosten	Variable Kosten	Gesamte Kosten
1.700	29.410	43.310	33.660	* 41.160
2.250	38.925	52.825	44.550	* 52.050
2.900	50.170	* 64.070	57.420	64.920

* bei der jeweiligen Anzahl Werkstücke optimale Maschine

c. Kritische Übergangsmenge = Fixkostenunterschied / Unterschied der variablen Stückkosten
= (13.900 - 7.500) € / (19,80 - 17,30) €/Werkstück
= 6.400 € / 2,50 €/Werkstück
= 2.560 Werkstücke

d. Kosten der Maschine II für 2.000 Werkstücke = 7.500 + 2.000 • 19,80 = 47.100 €
Variable Kosten der Maschine I für 2.000 Werkstücke = 2.000 • 17,30 = 34.600 €
Fixkosten der Maschine I bei Kostenidentität mit II = 47.100 - 34.600 = 12.500 €

e. Kosten der Maschine I für 2.000 Werkstücke = 13.900 + 2.000 • 17,30 = 48.500 €
Fixe Kosten der Maschine II = 7.500 €
Variable Kosten der Maschine II bei Kostenidentität mit I = 48.500 - 7.500 = 41.000 €
Variable Stückkosten der Maschine II max. = 41.000 / 2.000 = 20,50 €/Werkstück
Variable Stückkosten der Maschine II bisher = 19,80 €/Werkstück
Anstieg der variablen Stückkosten max. = 0,70 €/Werkstück entsprechend 3,54%

67 Verfahrenswahl und Make-or-buy ★★★

a. Die variablen Kosten in € pro 1.000 Stück für das Verlöten betragen:

für Elektronische Starthilfe	ES1	ES2
auf Lötautomat LA1	4,80	3,60
auf Lötautomat LA 2	4,00	2,00

Da für beide Modelle die variablen Stückkosten auf LA2 am geringsten sind, würden sie bei genügend Kapazität auf diesem Lötautomaten gefertigt. Allerdings liegt wegen

Zeitbedarf = 1.000.000 • 0,016 + 1.000.000 • 0,008 = 24.000 Min. > Kapazität = 14.400 Min.

ein Enpass vor, sodass anhand der relativen Mehrkosten bei einer Verlagerung von LA2 auf LA1 zu prüfen ist, welche elektronische Starthilfe zunächst zu verlagern ist. Die relativen Mehrkosten bei einer Verlagerung von LA2 auf LA1 betragen für:

ES1 (4,80 - 4,00) / (0,016 • 1.000) = 0,05 €/Min.
ES2 (3,60 - 2,00) / (0,008 • 1.000) = 0,20 €/Min.

Die elektronische Starthilfe ES2 wird wegen der höheren relativen Mehrkosten auf LA1 zunächst vollständig auf LA2 gefertigt. Dann verbleibt auf LA2 eine Restzeit von 14.400 - 1.000 • 8 = 6.400 Minuten für die elektronische Starthilfe ES1; von dieser werden noch 6.400 / 0,016 = 400.000 Stück auf LA2 produziert. Die restlichen 600.000 Stück ES1 werden auf LA1 gelötet. Diese Lösung führt zu folgenden variablen Kosten:

ES1	600 (LA1) • 4,80 + 400 (LA2) • 4,00	= 4.480 €
ES2	1.000 (LA2) • 2,00	= 2.000 €
Variable Kosten für das Löten gesamt		6.480 €

b. Unter Berücksichtigung der Fertigungszeit für ES1 von 600.000 • 0,016 = 9.600 Min. verbleibt auf LA1 eine Restkapazität von 14.400 - 9.600 = 4.800 Min.. Für die Fertigung des Modells ES3 werden hingegen nur 200.000 ES3 • 0,02 = 4.000 Min. benötigt, sodass der Auftrag unter Kapazitätsgesichtspunkten möglich ist. Er lohnt sich jedoch nur, falls er einen positiven Deckungsbeitrag erzielt. Berücksichtigen wir - jeweils bezogen auf 1.000 Stück - die variablen Kosten für das Verlöten in Höhe von 0,02 • 0,30 • 1.000 = 6 € und die übrigen variablen Kosten von 1.614 €, verbleibt ein Deckungsbeitrag von 50 €. Damit können wir das Betriebsergebnis um den Deckungsbeitrag von ES3 verbessern, und zwar insgesamt um

Deckungsbeitrag von ES3 = 200 • (1.670 - 1.620) = 10.000 €.

c. Da der Verkaufspreis in Höhe von 1.360 € für 1.000 Stück ES1 unabhängig von Eigenfertigung und Fremdbezug ist, spielt er für die Entscheidung keine Rolle. Zu vergleichen sind die variablen Kosten der Eigenfertigung mit dem Einstandspreis. Die variablen Kosten der Eigenfertigung pro 1.000 Stück betragen insgesamt:

ES1 auf LA1	1.315,20 + 4,80 = 1.320,00 €
ES1 auf LA2	1.315,20 + 4,00 = 1.319,20 €

Die Kosten der Eigenfertigung liegen auf LA1 und LA2 deutlich unter dem Fremdbezugspreis von 1.350 € pro 1.000 Stück. Deshalb ist die Eigenfertigung dem Fremdbezug vorzuziehen.

d. In dieser Situation entsteht ein Engpass, da die Fertigungszeit des Lötautomaten LA1 in Höhe von 14.400 Min. bereits für ES1 mit 600.000 • 0,016 = 9.600 Min. beansprucht wird und nur noch 14.400 - 9.600 = 4.800 Min. zur Verfügung stehen, obwohl für das Produkt ES3 insgesamt 600.000 • 0,02 = 12.000 Min. benötigt werden. Dieser Konflikt lässt sich nur durch (teilweisen) Fremdbezug von ES1 lösen. Zunächst wird ES3 vollständig auf LA1 gefertigt. Dann verbleiben für ES1 noch 14.400 - 12.000 = 2.400 Min., was einer Produktion von 2.400 / 0,016 = 150.000 Stück entspricht. Da auf LA1 bisher 600.000 Stück ES1 verlötet wurden, müssen nun die restlichen 450.000 Stück ES1 fremdbezogen werden. Die dafür entstehenden Mehrkosten sind dem Produkt ES3 als Opportunitätskosten zuzurechnen. Sie ergeben sich als Differenz aus dem Einstandspreis bei Fremdbezug und den Kosten der Eigenfertigung auf LA1 (vgl. c.):

Opportunitätskosten = 450 • (1.350 - 1.320) = 13.500 €

Die Lösung zu Aufgabenteil b. zeigt zunächst einen Deckungsbeitrag von 50 € für 1.000 Stück ES3. Abzüglich der in der Engpasssituation zu tragenden Opportunitätskosten verbessert sich das Betriebsergebnis durch das neue Produkt ES3 jetzt um den

Deckungsbeitrag von ES3 = 600 • 50 - 13.500 = 16.500 €.

68 Starre Plankostenrechnung ★☆☆

a. Plankostenverrechng.satz VS = Plankosten K^P / Planbeschäftigung x^P
= 73.320 / 940 = 78,00 €/Std.

Beschäftigungsgrad BG = Istbeschäftigung x^I / Planbeschäftigung x^P
= 658 / 940 = 70%

Verrechnete Plankosten K^V = Istbeschäftigung x^I • Plankostenverrechnungssatz VS
= 658 • 78,00 = 51.324 €
oder = Plankosten K^P • Beschäftigungsgrad BG
= 73.320 • 70% = 51.324 €

Gesamtabweichung ΔK^{GA} = Istkosten K^I - verrechnete Plankosten K^V
= 63.324 - 51.324 = 12.000 €

b. Bei der Plankostenrechnung auf Vollkostenbasis beinhalten die verrechneten Plankosten auch fixe Kostenanteile, die entsprechend dem Beschäftigungsgrad proportionalisiert werden, obwohl sie sich - der Name fix besagt es - nicht mit der Beschäftigung ändern. Deshalb stecken in der Gesamtabweichung als Differenz aus Istkosten und verrechneten Plankosten stets auch zu wenig (Beschäftigungsgrad < 100%) oder zu viel (Beschäftigungsgrad > 100%) verrechnete Fixkosten. Diese sind nicht Ausdruck der Wirtschaftlichkeit, sondern ein systembedingter Verrechnungsfehler der Vollkostenrechnung.

c.

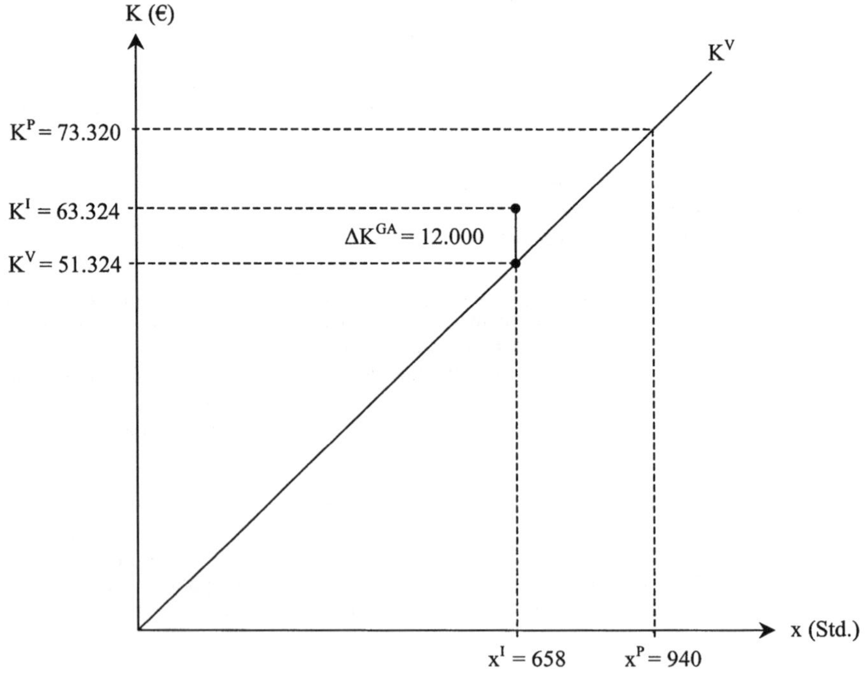

69 Flexible Plankostenrechnung auf Vollkostenbasis ★★☆

a.

Kostenplan der Kostenstelle Küche für März			
Planbeschäftigung	18.500 Menüs		
Plankosten	*fix*	*variabel*	*gesamt*
Personalkosten Küchenmeister	7.600,00	2.400,00	10.000,00
Personalkosten Aushilfen	5.200,00	16.800,00	22.000,00
Verbrauchsstoffe, Energie etc.	1.400,00	3.200,00	4.600,00
Sonstige Kosten	8.000,00	5.350,00	13.350,00
Summe	22.200,00	27.750,00	49.950,00
Plankostenverrechnungssatz	1,20	1,50	2,70

b.

Soll-Ist-Vergleich der Kostenstelle Küche für März			
Planbeschäftigung	18.500 Menüs		
Istbeschäftigung	9.990 Menüs		
Beschäftigungsgrad	54 %		
	Sollkosten	*Istkosten*	*Verbrauchsabw.*
Personalkosten Küchenmeister	8.896,00	8.916,00	20,00
Personalkosten Aushilfen	14.272,00	14.892,00	620,00
Verbrauchsstoffe, Energie etc.	3.128,00	3.478,00	350,00
Sonstige Kosten	10.889,00	11.899,00	1.010,00
Summe	37.185,00	39.185,00	2.000,00
Verrechnete Plankosten	26.973,00	(= 9.990 • 2,70 = 49.950 • 54%)	
Beschäftigungsabweichung	10.212,00	(= 22.200 • 46%)	
Gesamtabweichung	12.212,00	(= 10.212 + 2.000 = 39.185 - 26.973)	

c. Die *Verbrauchsabweichung* ist Maßstab der (Un-) Wirtschaftlichkeit. Für die Kostenstelle insgesamt beträgt diese Abweichung im März 2.000 €, entsprechend einem Mehrverbrauch von rund 5,4% bezogen auf die angemessenen Sollkosten von 37.185 €. Ein Blick auf die Kostenarten zeigt, dass insbesondere bei den Personalkosten Aushilfen (4,3% Mehrverbrauch gegenüber dem Sollwert), den Verbrauchsstoffen etc. (11,2%) sowie den sonstigen Kosten (9,3%) ungünstige Abweichungen auftraten. Rücksprachen mit dem Kostenstellenleiter, dem Küchenmeister, können ggf. weitere Aufklärung bringen.

Die *Beschäftigungsabweichung* gibt an, dass im Monat März aufgrund der geringen Auslastung anteilige Fixkosten in Höhe von 10.212 € zu wenig verrechnet wurden. In der Regel wird die Beschäftigungsabweichung nicht dem Kostenstellenleiter angelastet. Doch hier ist zu prüfen, ob ggf. der Großkunde Krankenhaus wegen zu kleiner Speisenauswahl oder schlechter Qualität des Essens abgesprungen ist. Beide Faktoren werden maßgeblich durch die Küche beeinflusst, sodass den Küchenmeister ggf. eine Mitverantwortung für den verlorenen Kunden trifft.

d.

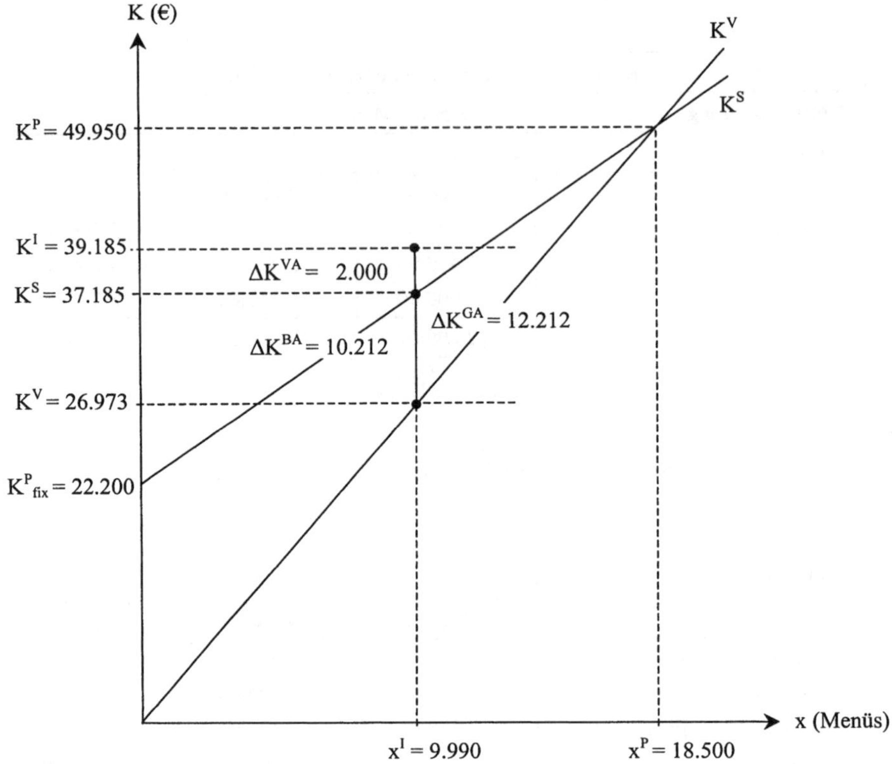

70 Flexible Plankostenrechnung auf Teilkostenbasis ★★☆

a.

Kostenplan der Kostenstelle Zentrallabor für März			
Planbeschäftigung	1.680 Analysen		
Plankosten	*fix*	*variabel*	*gesamt*
Personalkosten	8.600,00	3.600,00	12.200,00
Laborbedarf	650,00	9.300,00	9.950,00
Verbandmittel	200,00	5.650,00	5.850,00
Sonstige Kosten	1.134,00	1.106,00	2.240,00
Summe	10.584,00	19.656,00	30.240,00
Plankostenverrechnungssatz	6,30	11,70	18,00

b.

Soll-Ist-Vergleich der Kostenstelle Zentrallabor für März			
Planbeschäftigung	1.680 Analysen		
Istbeschäftigung	1.260 Analysen		
Beschäftigungsgrad	75 %		
	Sollkosten (var.)	*Istkosten (var.)*	*Verbrauchsabw.*
Personalkosten	2.700,00	2.820,00	120,00
Laborbedarf	6.975,00	7.700,00	725,00
Verbandmittel	4.237,50	4.667,50	430,00
Sonstige Kosten	829,50	874,50	45,00
Summe	14.742,00	16.062,00	1.320,00
Verrechnete Plankosten (var.)	14.742,00	(= 1.260 • 11,70 = 19.656 • 75%)	
Nutzkosten	7.938,00	(= 1.260 • 6,30 = 10.584 • 75%)	
Leerkosten	2.646,00	(= 10.584 • 25% = 10.584 - 7.938)	

c. In der flexiblen Plankostenrechnung auf Vollkostenbasis gibt die Beschäftigungsabweichung bei einem Beschäftigungsgrad unter 100% die aufgrund der Kalkulation mit Vollkostensätzen zu wenig verrechneten Fixkosten an; sie bezeichnet den Wert der nicht ausgelasteten Kapazität. Die flexible Plankostenrechnung auf Teilkostenbasis ist mit einer Kalkulation mit variablen Kostensätzen verbunden; die fixen Kosten werden hier stets in voller Höhe in die Ergebnisrechnung in Form der Deckungsbeitragsrechnung geschleust. Da bei der Teilkostenrechnung kein Verrechnungsfehler bezüglich der Fixkosten auftritt, wird bei diesem Rechnungssystem der Wert der nicht ausgelasteten Kapazität der Information halber als Leerkosten berechnet. Diese müssen mit der Beschäftigungsabweichung der Vollkostenrechnung übereinstimmen, die ebenfalls den Wert der nicht ausgelasteten Kapazität beschreibt.

d. Siehe die Abbildung auf der folgenden Seite.

71 Plankostenrechnung/Fixkosten- und Beschäftigungsanalyse ★★☆

a.

Istkosten zu Istpreisen	622.500 €
- Preisabweichung	12.300 €
= Istkosten zu Planpreisen	610.200 €
- Verbrauchsabweichung	9.400 €
= Sollkosten	600.800 €
- Verrechnete Plankosten	578.000 €
= Beschäftigungsabweichung	22.800 €
/ Fixkosten	120.000 €
= Leer- bzw. Unterbeschäftigung	19 %
Beschäftigungsgrad	81 %

b.

Leerkosten	22.800 €
+ Nutzkosten	97.200 €
= Fixkosten	120.000 €

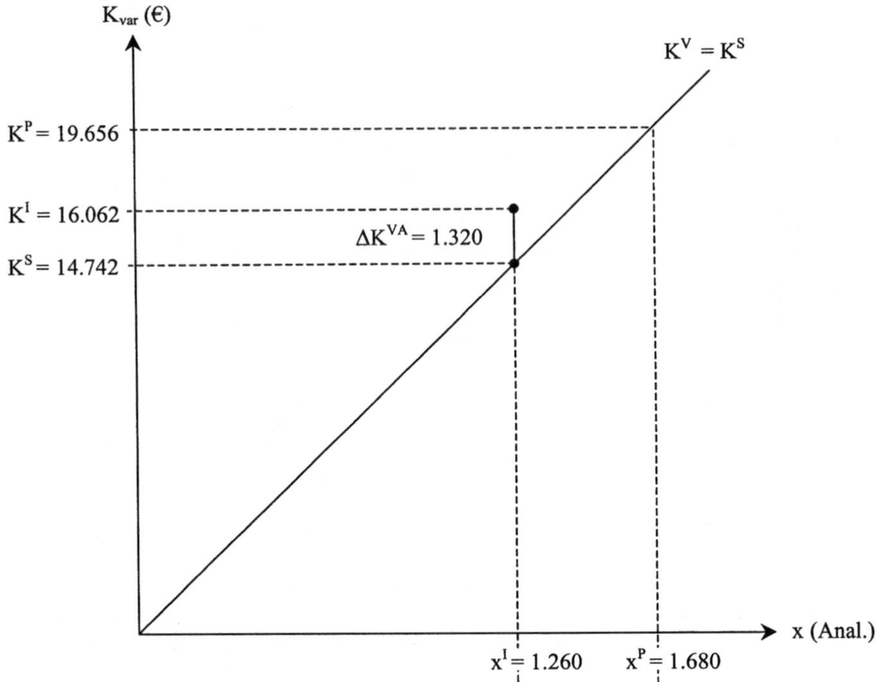

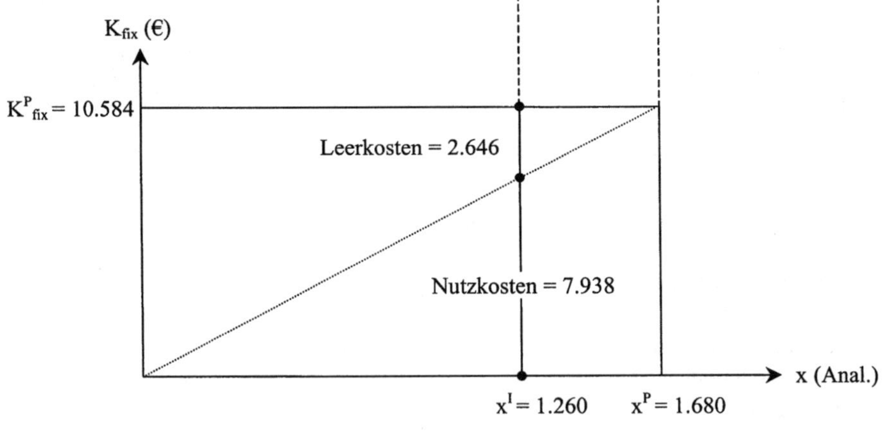

72 Plankostenrechnung/Abweichungsanalyse ★★☆

a. Istkosten zu Istpreisen 64.920 €
   - Preisabweichung bzw. Verteuerung 120 €

   = Istkosten zu Planpreisen 64.800 € (im Folgenden kurz Istkosten genannt)

b. Beschäftigungsgrad = 800 / 1.250 • 100% = 64%

c. Vollkostenverrechnungssatz = 80.000 / 1.250 = 64 €/Stunde

Verrechnete Kosten = 64 • Istbeschäftigung = 64 • 800 = 51.200 €

Gesamtabweichung = Istkosten - verrechnete K. = 64.800 - 51.200 = 13.600 €

Eine Beurteilung der Wirtschaftlichkeit ist nicht möglich, da die Gesamtabweichung auch auf Fehler in der Verrechnung von Fixkosten zurückzuführen ist.

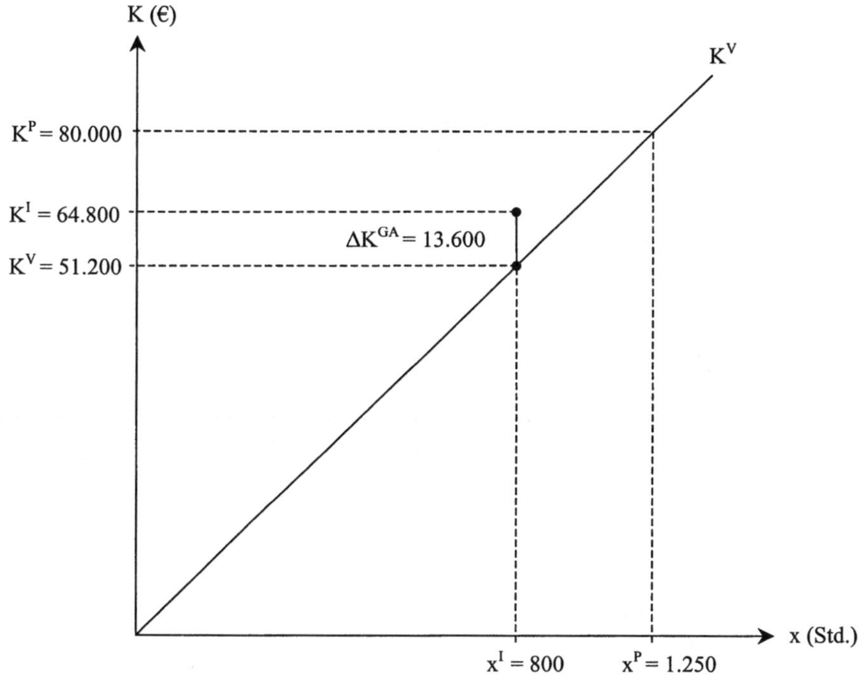

d. Variabler Verrechnungssatz = (80.000-30.000)/1.250 = 40 €/Stunde

Sollkosten = 30.000 + 40 • Istbeschäftigung = 30.000 + 40 • 800 = 62.000 €

Verbrauchsabweichung	= Istkosten - Sollkosten	= 64.800 - 62.000	=	2.800 €
Beschäftigungsabw.	= Sollkosten - verrechnete K.	= 62.000 - 51.200	=	10.800 €
Gesamtabweichung	= Istkosten - verrechnete K.	= 64.800 - 51.200	=	13.600 €

Die Verbrauchsabweichung zeigt Unwirtschaftlichkeit an, da die Sollkosten um 2.800 € (ca. 4,5%) überschritten wurden (siehe Abbildung auf der folgenden Seite).

e.

Verrechnete Kosten	= 64 • 1.500	= 96.000 €
Sollkosten	= 30.000 + 40 • 1.500	= 90.000 €
Istkosten		= 92.300 €

Verbrauchsabweichung	= Istkosten - Sollkosten	= 92.300 - 90.000 = 2.300 €
Beschäftigungsabw.	= Sollkosten - verrechnete K.	= 90.000 - 96.000 = -6.000 €
Gesamtabweichung	= Istkosten - verrechnete K.	= 92.300 - 96.000 = -3.700 €

Zu Aufg. 72 d.

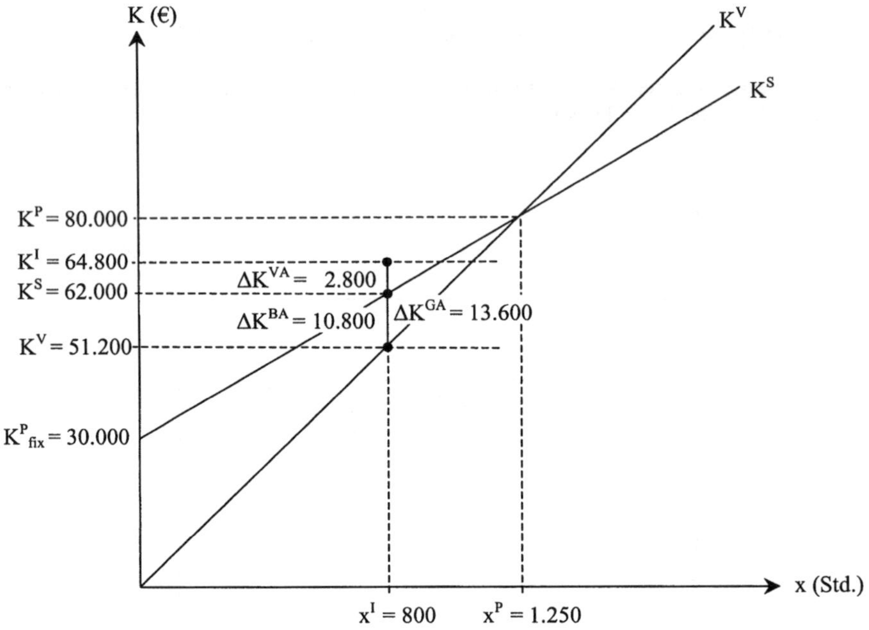

Zu Aufg. 72 e.

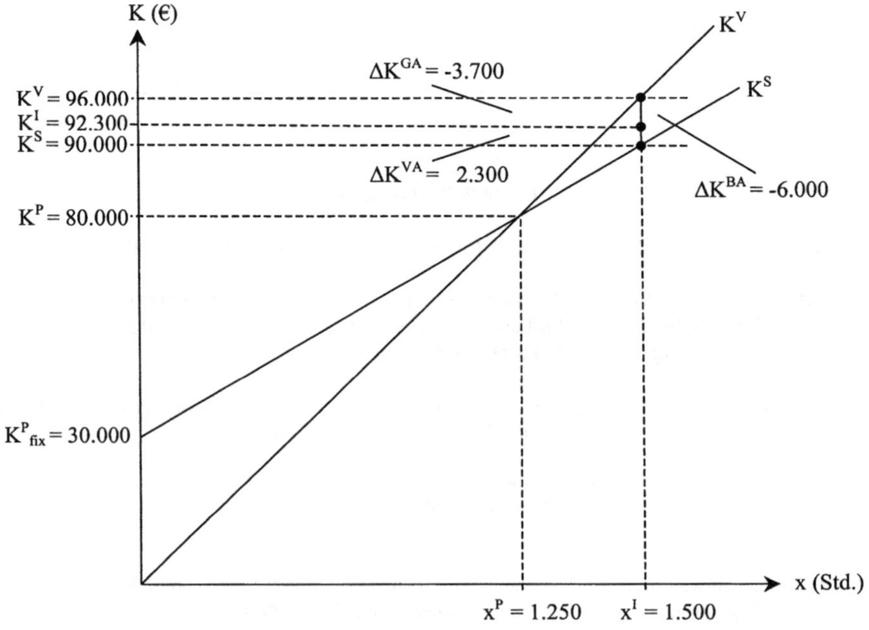

Obwohl die Gesamtabweichung wegen der Zuvielverrechnung von Fixkosten negativ ist, liegt eine gewisse Unwirtschaftlichkeit vor, da die Sollkosten um 2.300 € (ca. 2,6%) überschritten wurden.

f. Die Fixkosten werden als Block in das Betriebsergebnis abgerechnet.

Istkosten (nur variable)	= 92.300 - 30.000		= 62.300 €
Verrechnete Kosten	= Sollkosten	= 40 • 1.500	= 60.000 €
Gesamtabweichung	= Verbrauchsabweichung		= 2.300 €

Zur Beurteilung der Wirtschaftlichkeit siehe e.

73 Plan-BAB, Kalkulation, Soll-Ist-Vergleich ★★★

a.

Fertigungslohn (FL)	260.000 €
• Personalzusatzkostensatz	85 %
= Zusatzkosten auf FL (85%)	221.000 €
+ Personalkosten Angestellte	124.000 €
+ Sonstige Personalkosten	13.000 €
= Personalgemeinkosten	358.000 €

Anschaffungswert Anlage	538.461,54 €
• Index lfd. J./Index Ansch.j.	• 111,8/107,5
= Wiederbesch.wert Anlage	560.000,00 €
/ Nutzungsdauer	8 Jahre
= Anlageabschreibungen	70.000 €
+ Weitere Abschreibungen	220.000 €
= Abschreibungen gesamt	290.000 €

b.

Nutzfläche	Materialstelle	822 qm	2/9 der Gesamtfläche
	Fertigungsstelle	2.055 qm	5/9 der Gesamtfläche
	Verwaltg./Vertrieb	822 qm	2/9 der Gesamtfläche
	Gesamt	3.699 qm	Umlagesatz = 117.000 / 3.699 = 31,63017 €/qm

Die Nutzfläche der umzulegenden Hilfsstelle selbst darf nicht berücksichtigt werden.

(Werte in Tsd €)	Allgemeine Hilfsstelle	Material-stelle	Fertigungs-stelle	Verwaltg./ Vertrieb	Gesamt
Personalkosten (ohne Fertig.lohn)	55	87	*358*	147	*647*
Sachkosten	17	23	112	35	187
Abschreibungen	19	76	*290*	66	451
Sonstige Kosten	26	33	85	78	222
Summe vor Umlage	*117*	219	845	326	1.507
Umlage Allg. Hi.st.	*-117*	*+26*	*+65*	*+26*	*0*
Summe nach Uml.	*0*	*245*	*910*	*352*	*1.507*
Zuschlagsbasis		Fertigungsmat. 1.750	Fertigungslohn 260	HK des Ums. * *3.200*	
Zuschl.satz zu VK		*14 %*	*350 %*	*11 %*	
Zuschl.satz zu TK		0 %	150 %	4 %	

* Herstellkosten des Umsatzes = Herstellkosten der Produktion + Bestandsminderungen
= 1.750 + 245 + 260 + 910 + 35
= 3.200 Tsd €

c. Kalkulation

Kalkulation	zu Vollkosten	zu Teilkosten
Materialeinzelkosten	8,50	8,50
Materialgemeinkosten	1,19	0,00
Fertigungslohn	2,80	2,80
Fertigungsgemeinkosten	9,80	4,20
Herstellkosten	22,29	15,50
Verw.-/Vertriebskosten	2,45	0,62
Selbstkosten bzw. Grenzkosten	24,74	16,12

d. Für 1.000 Stück gilt: Grenzkosten 16.120 € < Erlös 19.900 €
Selbstkosten 24.740 € > Erlös 19.900 €

- Der Auftrag erscheint nicht vorteilhaft, da nicht selbstkostendeckend. Die Problematik der Vollkostenrechnung liegt aber in der Fixkostenschlüsselung.
- Deshalb kann ggf. dennoch das Ergebnis verbessert werden, falls andere Aufträge, die bezogen auf die knappe Kapazität einen geringeren DB aufweisen, verdrängt werden. Da nähere Angaben fehlen, ist hierzu keine konkrete Aussage möglich.
- Gegebenenfalls kann auch die Kapazität durch Maßnahmen wie Überstunden und Zusatzschicht erweitert werden. Dann lohnt sich der Zusatzauftrag, wenn die Grenzkosten von 16.120 € zuzüglich der Zusatzkosten (z.B. Überzeitzuschläge) unter dem Erlös liegen.

e. Für 1.000 Stück gilt: Grenzkosten 16.120 € < Erlös 19.900 €
Der Zusatzauftrag lohnt sich.

f.

Istgemeinkosten	862.000 €	
- Verrechnete Gemeinkosten	728.000 €	(= 208.000 • 350%)
= Unterdeckung (= Gesamtabw.)	134.000 €	

g.

Fixkosten	520.000 €	(= 260.000 • (350% - 150%))
Istgemeinkosten	862.000 €	
- Sollgemeinkosten	832.000 €	(= 520.000 + 208.000 • 150%)
= Verbrauchsabweichung	30.000 €	
Sollgemeinkosten	832.000 €	
- Verrechnete Gemeinkosten	728.000 €	
= Beschäftigungsabweichung	104.000 €	

h.

Umsatz	3.619.000 €	Gesamtleistung = 3.582.000 € (Umsatz − Bestandsminderung)
- Bestandsminderung Erzeugnisse	37.000 €	
- Fertigungslohn	208.000 €	Gesamtkosten = 3.417.000 € (Fertigungslohn bis Verw.-/Vertriebsgemeinkosten)
- Fertigungsmaterial	1.750.000 €	
- Fertigungsgemeinkosten (Ist)	862.000 €	
- Materialgemeinkosten (Ist)	245.000 €	
- Verw.-/Vertriebsgemeinkosten (Ist)	352.000 €	
= Betriebsergebnis	165.000 €	
+ Außerordentliche Erträge	18.000 €	(aus Anlagenverkäufen)
- Mehrbetrag Fibu-Abschreibungen	83.000 €	
= Fibu-Erfolg	100.000 €	

74 Prozesskostenrechnung/Prozessorientierte Kostenstellenrechnung ★☆☆

Teilprozess	Kostentreiber		Mitarbeiter	Kosten (Tsd €)			Kostensatz	
	Art	Menge		lmi	Umlage	gesamt	lmi	gesamt
Vorfertigung disponieren	Vorfertigungsaufträge	4.000	4	384	16	400	96,00	100,00
Material abrufen	Materialpositionen	25.000	1	96	4	100	3,84	4,00
Vorfertigung überwachen	Vorfertigungspositionen	60.000	6	576	24	600	9,60	10,00
Montage disponieren	Montageaufträge	2.500	3	288	12	300	115,20	120,00
Teile abrufen	Teilepositionen	16.000	4	384	16	400	24,00	25,00
Montage überwachen	Montagepositionen	48.000	6	576	24	600	12,00	12,50
Abteilung leiten			1	96	↑	0		
Gesamt			25	2.400		2.400		

75 Prozesskostenrechnung/Kostenverdichtung auf Hauptprozesse ★☆☆

a.

Teilprozess	Ausführende Kostenstelle	Kostentreiber		Kostensatz	Prozesskosten
		Art	Menge		
Vorfertigung disponieren	Fertigungssteuerung	Vorfertigungsaufträge	4.000	100,00	400.000
Pläne bereitstellen	Fertigungsplanung	Fertigungspläne	12.000	7,00	84.000
Material abrufen	Fertigungssteuerung	Materialpositionen	25.000	4,00	100.000
Material auslagern	Materiallager	Materialpositionen	25.000	6,40	160.000
Vorfertigung überwachen	Fertigungssteuerung	Vorfertigungspositionen	60.000	10,00	600.000
Qualität prüfen	Fertigungsplanung	Fertigungspläne	4.000	37,00	148.000
HP-Kosten					1.492.000
HP-Menge					4.000
HP-Kostensatz					373,00

b.

Teilprozess	Kostensatz je Teilprozess	Prozess-koeffizient	Kostensatz bzgl. Hauptprozess
Vorfertigung disponieren	100,00	1	100,00
Pläne bereitstellen	7,00	3	21,00
Material abrufen	4,00	6,25	25,00
Material auslagern	6,40	6,25	40,00
Vorfertigung überwachen	10,00	15	150,00
Qualität prüfen	37,00	1	37,00
HP-Kostensatz gesamt			373,00

76 Prozesskostenrechnung/Prozessorientierte Kalkulation ★★☆

	Zuschlags-kalkulation	Prozesskostenkalkulation			
		Produkt A	Produkt A	Produkt B	Produkt B*
Menge	*(1)*	*5*	*30*	*5*	*5*
Fertigungsmaterial	250,00	1.250,00	7.500,00	1.250,00	1.250,00
Materialgemeinkosten	50,00	-------	-------	-------	-------
Fertigungslohn	40,00	200,00	1.200,00	200,00	200,00
Fertigungsgemeinkosten	168,00	400,00	2.400,00	400,00	400,00
Vorfertig.auftrag abwickeln	-------	746,00	746,00	-------	-------
Montageauftrag abwickeln	-------	250,00	250,00	250,00	250,00
Herstellkosten	508,00	2.846,00	12.096,00	2.100,00	2.100,00
Verwaltungskosten	25,40	142,30	604,80	105,00	105,00
Vertriebskosten	50,80	227,68	967,68	168,00	168,00
Auslandsauftrag betreuen	-------	-------	-------	-------	180,00
Selbstkosten gesamt	584,20	3.215,98	13.668,48	2.373,00	2.553,00
je Stück	*584,20*	*643,20*	*455,62*	*474,60*	*510,60*

a. Die Zuschlagskalkulation liefert unabhängig von der zugrunde liegenden Menge stets dieselben Selbstkosten je Stück. Sie kann daher unmittelbar für ein Stück durchgeführt werden. Bei kleiner Auftragsmenge liegen die Selbstkosten je Stück in der Prozesskostenkalkulation über denen der Zuschlagskalkulation.

b. Die Kosten je Stück gehen zurück, weil der Kostendegressionseffekt greift und sich die Prozesskosten auf eine größere Menge verteilen. Auch im Vergleich zur Zuschlagskalkulation sind die Stückselbstkosten der Prozesskostenkalkulation jetzt deutlich geringer.

c. Bei gleicher Auftragsmenge fallen die Kosten des Produkts B gegenüber Produkt A, weil die gesamte Vorfertigung entfällt. Allerdings wird dieser Komplexitätseffekt bei vereinfachter Produkt-/Produktionsstruktur nur wirksam, wenn die Personal- und Sachmittelkapazitäten für die nicht mehr benötigte Vorfertigung wirklich abgebaut werden.

d. Das ins Ausland verkaufte Produkt B* verursacht in den indirekten Leistungsbereichen zusätzliche vertriebsbezogene Kosten gegenüber dem Inlandsprodukt B, die erst nach den Herstellkosten ausgewiesen werden. Diese werden aufgrund des Allokationseffektes der Prozesskostenrechnung dem Produkt B* (und nur ihm) zugerechnet, während die Zuschlagskalkulation diesbezüglich keine Unterscheidung macht.

77 Prozesskostenrechnung/Grundlagen und prozessorientierte Kalkulation ★★★

a. Lmi-Prozesse sind Tätigkeiten, die einen konkreten Leistungsbezug haben und deren Ausführung einen konkret messbaren Fortschritt im Gesamtleistungsprozess bringt; sie sind letztlich von der Leistungsmenge abhängig bzw. werden von ihr ausgelöst (induziert). Alle aufgeführten Teilprozesse sind lmi-Prozesse. Lmn-Prozessen hingegen fehlt der konkrete Leistungsbezug und die Abhängigkeit von einem Kostentreiber (neutral). Bei lmn-Prozessen kann es sich um Verwaltungstätigkeiten wie „Sekretariat führen" oder dispositive Tätigkeiten wie „Abteilung leiten" handeln.

b. In der Prozesskostenrechnung bezeichnet man die Kosteneinflussgrößen als Kostentreiber. Diese sind die Bezugsgrößen für die Verrechnung der Gemeinkosten. Anders als in der traditionellen Kostenrechnung ergibt sich der kostentreibende Einfluss dieser Bezugsgrößen aber nicht direkt und unmittelbar, sondern nur indirekt mit eher mittel- bis langfristiger Wirkung. Kostentreiber in den genannten Prozessen sind z.B. die Anzahl der Beschaffungsvorgänge für „Sondermaterial beschaffen" und die Anzahl der Auslandsaufträge für „Auslandsauftrag abwickeln".

c.

Technische Machbarkeit prüfen	900 €	einfach	900 €
Planungsunterlagen erstellen	2.500 €	einfach	2.500 €
Sondermaterial beschaffen	700 €	dreifach	2.100 €
Zoll- und Meldeformalitäten erledigen	800 €	einfach	800 €
Auslieferung steuern	500 €	einfach	500 €
Auslandsauftrag abwickeln			6.800 €

d. Der Allokationseffekt zeigt sich in einer präzisen Zurechnung der Kosten zu Bezugsobjekten, die sich in ihrer Art unterscheiden, nicht in der Menge. Am besten kommt er hier zum Ausdruck im Vergleich von Inlandsauftrag A und Auslandsauftrag Y, da beiden dieselbe Menge zugrunde liegt.

(Werte in €)		Zuschlagskalkulation		Prozesskostenkalkulation	
		Inland A	Ausland Y	Inland A	Ausland Y
	Menge	*250*	*250*	*250*	*250*
Fertigungsmaterial		2.500	2.500	2.500	2.500
Fertigungslohn		1.000	1.000	1.000	1.000
Einzelkosten		3.500	3.500	3.500	3.500
Gemeinkosten	300%	10.500	10.500	-------	-------
bzw.	120%	-------	-------	4.200	4.200
Prozesskosten		-------	-------	2.500	6.800
Selbstkosten	gesamt	14.000	14.000	10.200	14.500
	je Stück	*56,00*	*56,00*	*40,80*	*58,00*

Die Prozesskostenkalkulation zeigt deutlich, dass der von der Abwicklung her aufwendigere Auslandsauftrag zu höheren Stückkosten führt als der Inlandsauftrag. In der Zuschlagskalkulation wird dieser Effekt nicht sichtbar.

e. Zunehmende Mengen bewirken einen Degressionseffekt, denn bestimmte Tätigkeiten fallen für einen Auftrag unabhängig von der Menge nur einmal an. Der Effekt wird besonders deutlich, wenn sich die Kalkulation auf Aufträge bezieht, die sich in der Menge, nicht aber in ihrer Art unterscheiden. Am besten kommt der Effekt im Vergleich der drei Auslandsaufträge mit deutlich verschiedenen Mengen zum Ausdruck. Die Zuschlagskalkulation kann sich auf eine Einheit beschränken, da ihr Ergebnis für die Selbstkosten je Stück von der Auftragsmenge unabhängig ist.

(Werte in €)	ZS-Kalkulation	Prozesskostenkalkulation		
	Ausland	Ausland X	Ausland Y	Ausland Z
Menge	*(1)*	*20*	*250*	*500*
Fertigungsmaterial	10,00	200,00	2.500,00	5.000,00
Fertigungslohn	4,00	80,00	1.000,00	2.000,00
Einzelkosten	14,00	280,00	3.500,00	7.000,00
Gemeinkosten 300%	42,00	-------	-------	-------
bzw. 120%	-------	336,00	4.200,00	8.400,00
Prozesskosten	-------	6.800,00	6.800,00	6.800,00
Selbstkosten gesamt	56,00	7.416,00	14.500,00	22.200,00
je Stück	*56,00*	*370,80*	*58,00*	*44,40*

Die Prozesskostenkalkulation zeigt, dass die Selbstkosten je Stück mit steigender Auftragsmenge zunächst deutlich, später immer noch moderat zurückgehen. Hier muss aus den Ergebnissen gefolgert werden, dass Auslandsaufträge

- zu einem festen Listenpreis nur ab einer Mindestmenge sinnvoll sind oder
- mit einer mengenabhängigen Preisstaffel anzubieten sind oder
- bei kleinen Mengen einen Mindermengenzuschlag im Preis erhalten sollten.

Die Zuschlagskalkulation bietet leider keine Anhaltspunkte für solche wirtschaftlich sinnvollen Handlungsweisen.

f. Das vorliegende Zahlenmaterial erlaubt es nicht, den Komplexitätseffekt zu veranschaulichen. Besonders komplexe Produkte und/oder Abläufe induzieren zumindest mittel- bis langfristig mehr Planungs-, Steuerungs- und Kontrollaktivitäten und wirken auf diese Weise kostentreibend. Da die Prozesskostenrechnung die Gemeinkosten der Overheadbereiche, d.h. der planenden, steuernden, kontrollierenden und verwaltenden Abteilungen über die induzierten Aktivitäten verrechnet, werden komplexe Produkte stärker belastet als einfach strukturierte Erzeugnisse. Die Prozesskostenrechnung übt insofern einen heilsamen Zwang aus, Produkte und Abläufe möglichst einfach, überschaubar und effektiv zu gestalten.

78 Zielkostenbestimmung im Target Costing ★☆☆

a. Meier beschreibt den Ansatz *„out of competitor"* der Zielkostenbestimmung. Für standardisierte Erzeugnisse liefert dieses Vorgehen schnell und kostengünstig gute Orientierungswerte. Aber für innovative Produkte kommt diese Variante nicht in Frage. Zudem können sich Probleme ergeben wie Auswahl des geeigneten Konkurrenten, Vergleichbarkeit der Mentalität und Unternehmenskultur und Verfügbarkeit der Daten. Schließlich bleibt man bei dieser Vorgehensweise in der Regel (nur) der Zweitbeste.
Müllers Unternehmen bestimmt die Zielkosten *„out of optimal costs"*. Dieses Vorgehen spart möglicherweise dem Anwender Zeit und Geld im Target Costing-Prozess. Fraglich ist jedoch, ob der Anwender im eigenen Hause genügend Erfahrung und Innovationskraft besitzt, um im Vorhinein den optimalen Leistungsprozess und die optimale Produktstruktur zu erahnen. Schließlich bilden die Zielkosten erst den Rahmen der folgenden Produkt- und Prozessentwicklung. Außerdem fehlt bei diesem Ansatz die Marktorientierung völlig, sodass Fehlentwicklungen nicht auszuschließen sind.

Das von Schmitz vertretene Unternehmen bestimmt die Zielkosten *„market into company"* und damit im eigentlichen Sinne des Target Costing. Diese insbesondere für innovative Produkte empfehlenswerte Vorgehensweise sichert die strikte Marktorientierung und trägt dazu bei, Produkte zu entwickeln, die vom Markt angenommen werden und gleichzeitig die Kosten decken. Allerdings ist die Marktanalyse zeit- und kostenintensiv.

b. In dem Gespräch finden drei Ansätze keine Erwähnung. Die Zielkostenbestimmung *„into and out of company"* beruht teils auf der Beobachtung des Marktes, teils auf technischen Gegebenheiten des Unternehmens. Aufgrund der zumindest ansatzweisen Marktorientierung erscheint diese Vorgehensweise noch tragbar.

   Hingegen ist die Ableitung von Zielkosten *„out of company"* nur auf der Basis von konstruktions- und fertigungstechnischen Gegebenheiten des Unternehmens im Target Costing nicht akzeptabel.

   Die Zielkostenbestimmung *„out of standard costs"* kommt nur für herkömmliche Produkte in Frage, für die als Vergleichswerte die schon kalkulierten Standardkosten eigener artverwandter Produkte vorliegen. Wegen der fehlenden Marktorientierung ist diese Vorgehensweise jedoch wenig empfehlenswert.

79 Target Costing beim Reiseveranstalter ★★☆

a. Bestimmung der Zielkosten

Zielverkaufspreis	2.900 €
- Gewinnbeitrag	170 €
- Beitrag für Verwaltung/Vertrieb	130 €
= Zielkosten der Pauschalreise	2.600 €

b. Ermittlung der relativen Bedeutung der Komponenten aus Kundensicht

	F1	F2	F3	F4	Σ
Komponente *Bedeutung*	*25,00%*	*40,00%*	*25,00%*	*10,00%*	*100,00%*
K1	30,00%	10,00%	0,00%	40,00%	
K2	50,00%	10,00%	10,00%	10,00%	
K3	20,00%	0,00%	10,00%	10,00%	
K4	0,00%	70,00%	60,00%	10,00%	
K5	0,00%	10,00%	20,00%	30,00%	
Σ	100,00%	100,00%	100,00%	100,00%	
K1	7,50%	4,00%	0,00%	4,00%	15,50%
K2	12,50%	4,00%	2,50%	1,00%	20,00%
K3	5,00%	0,00%	2,50%	1,00%	8,50%
K4	0,00%	28,00%	15,00%	1,00%	44,00%
K5	0,00%	4,00%	5,00%	3,00%	12,00%
Σ	25,00%	40,00%	25,00%	10,00%	100,00%

Berechnung der Zielkostenindizes der Komponenten

Komponente	Zielkosten Anteil	Zielkosten €/Stück	Kostenschätzung Anteil	Kostenschätzung €/Stück	Zielkosten-index
K1	15,50%	403,00	13,29%	483,60	0,86
K2	20,00%	520,00	24,29%	884,00	1,21
K3	8,50%	221,00	9,11%	331,50	1,07
K4	44,00%	1.144,00	44,75%	1.628,90	1,02
K5	12,00%	312,00	8,57%	312,00	0,71
Σ	100,00%	2.600,00	100,00%	3.640,00	

Die Zielkostenindizes geben an, ob die Komponenten der Pauschalreise laut Kostenschätzung im Hinblick auf ihre Kosten und im Vergleich zur Bedeutungseinschätzung aus Kundensicht relativ zu teuer (> 1,0), angemessen (ca. 1,0) oder unterrepäsentiert (< 1,0) sind. In der vorliegenden Situation ist die Unterbringung (K2) relativ zu teuer, sodass hier Einsparungen angebracht sind. Beförderung (K1) und Reisebegleitung (K5) hingegen sind relativ unterrepräsentiert, sodass hier ggf. noch die Leistung und der Nutzen für den Kunden verbessert werden können.

c. Ermittlung der modifizierten Zielkostenindizes (ZKI) der Komponenten

Komponente	Zielkosten Anteil	Zielkosten €/Stück	Kostenschätzung Anteil	Kostenschätzung €/Stück	Modifizierter ZKI
K1	15,50%	403,00	13,29%	483,60	1,20
K2	20,00%	520,00	24,29%	884,00	1,70
K3	8,50%	221,00	9,11%	331,50	1,50
K4	44,00%	1.144,00	44,75%	1.628,90	1,42
K5	12,00%	312,00	8,57%	312,00	1,00
Σ	100,00%	2.600,00	100,00%	3.640,00	

Die modifizierten Zielkostenindizes beschreiben für jede Komponente die Relation aus Kosten laut Kostenschätzung und Zielkosten. Sie zeigen an, ob eine Komponente unter Berücksichtigung der Bedeutungseinschätzung aus Kundensicht absolut zu teuer ist (> 1,0) oder ob die Zielkostenvorgabe bereits eingehalten (ca. 1,0) bzw. unterschritten (< 1,0) wird. Hier zeigt sich, dass nur die Kosten der Reisebegleitung (K5) in der Kostenschätzung schon den Zielkosten entsprechen. Alle anderen Komponenten erfordern noch Kosteneinsparungen.

d. Zielkostenindizes nach der Kostensenkung bei der Unterbringung (K2)

Komp.	Zielkosten Anteil	Zielkosten €/Stück	Kostenschätzung Anteil	Kostenschätzung €/Stück	ZKI	Modif. ZKI
K1	15,50%	403,00	14,76%	483,60	0,95	1,20
K2	20,00%	520,00	15,87%	*520,00*	0,79	1,00
K3	8,50%	221,00	10,12%	331,50	1,19	1,50
K4	44,00%	1.144,00	49,72%	1.628,90	1,13	1,42
K5	12,00%	312,00	9,52%	312,00	0,79	1,00
Σ	100,00%	2.600,00	100,00%	3.276,00		

Die Kosten für die Unterbringung (K2) werden genau auf den aus Kundensicht angemessenen Betrag reduziert. Dies zeigt der modifizierte Zielkostenindex, der für K2 jetzt den Wert 1,0 annimmt, auch an; die übrigen modifizierten Zielkostenindizes bleiben von dieser Maßnahme unberührt. Andererseits erscheint nunmehr der relative Anteil der Kosten für die Unterbringung als zu niedrig (Zielkostenindex = 0,79). Ohne weiteres Zutun haben sich auch die Zielkostenindizes der übrigen Komponenten verändert; plötzlich erscheint die Komponente Animation und Angebote (K4) als relativ zu teuer, obwohl sie ursprünglich fast ideal der relativen Zielvorgabe entsprach. Es zeigt sich damit, dass der Zielkostenindex ein mit Vorsicht zu genießender Indikator ist, der lediglich für eine bestimmte Situation die relative Gewichtung von Produktkomponenten aus Unternehmenssicht im Vergleich zur Kundensicht beschreibt.

80 Target Costing in der Produktentwicklung eines Automobilbauers ★★★

a. Ermittlung der Bedeutung der Komponenten aus Kundensicht

	F1	F2	F3	F4	F5	Σ
Komp. *Bed.*	*40,00%*	*20,00%*	*15,00%*	*15,00%*	*10,00%*	*100,00%*
K1	50,00%	0,00%	10,00%	20,00%	50,00%	
K2	20,00%	0,00%	15,00%	15,00%	15,00%	
K3	10,00%	7,00%	45,00%	10,00%	5,00%	
K4	5,00%	18,00%	15,00%	25,00%	12,00%	
K5	15,00%	75,00%	15,00%	30,00%	18,00%	
Σ	100,00%	100,00%	100,00%	100,00%	100,00%	
K1	20,00%	0,00%	1,50%	3,00%	5,00%	29,50%
K2	8,00%	0,00%	2,25%	2,25%	1,50%	14,00%
K3	4,00%	1,40%	6,75%	1,50%	0,50%	14,15%
K4	2,00%	3,60%	2,25%	3,75%	1,20%	12,80%
K5	6,00%	15,00%	2,25%	4,50%	1,80%	29,55%
Σ	40,00%	20,00%	15,00%	15,00%	10,00%	100,00%

b. Berechnung der Zielherstellkosten

Durch Abzug des angestrebten Gewinns, der zu deckenden Verwaltungs- und Vertriebskosten sowie der Entwicklungskosten erhalten wir die am Markt erlaubten Herstellkosten. Diese sind für die Unternehmensführung zunächst ein Anhaltswert für die Vorgabe der Zielherstellkosten. Laut Aufgabenstellung fixiert die Unternehmensführung die Zielherstellkosten in der Höhe der vom Markt erlaubten Herstellkosten.

	€/Stück	
Zielverkaufspreis	32.500,00	
- Gewinn	3.900,00	(= 12% Umsatzrendite)
= Zielkosten gesamt	28.600,00	
- Verw.-/Vertriebskosten	1.720,00	
- Entwicklungskosten	1.880,00	
= Zielherstellkosten	25.000,00	(= erlaubte Herstellkosten)

c. Berechnung der Zielkostenindizes der Komponenten

Komp.	Zielkosten Anteil	Zielkosten €/Stück	Kostenschätzung Anteil	Kostenschätzung €/Stück	ZKI	Modif. ZKI
K1	29,50%	7.375,00	40,04%	12.220,00	1,36	1,66
K2	14,00%	3.500,00	10,22%	3.120,00	0,73	0,89
K3	14,15%	3.537,50	14,35%	4.380,00	1,01	1,24
K4	12,80%	3.200,00	10,48%	3.200,00	0,82	1,00
K5	29,55%	7.387,50	24,90%	7.600,00	0,84	1,03
Σ	100,00%	25.000,00	100,00%	30.520,00		

d. Zielkostenkontrolldiagramm (Toleranzparamter q = 0,1)

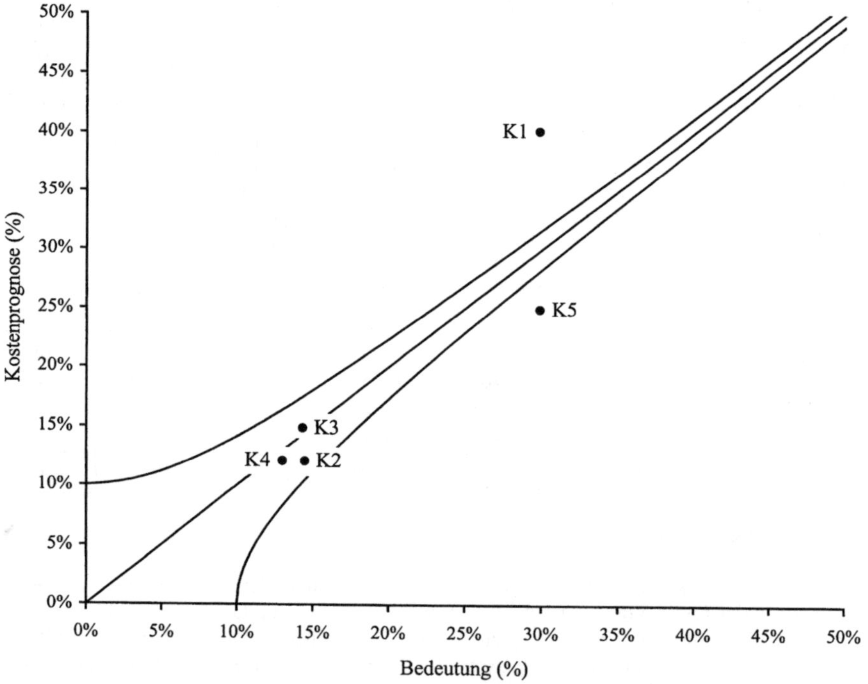

e. Kritisch sind die Komponenten K1 (Motor) und K3 (Achsen). Zwar liegt nur der Zielkostenindex der Komponente K1 klar oberhalb der zulässigen Toleranzgrenze, doch besteht sowohl für K1 als auch für K3 ein erheblicher Kostenreduktionsbedarf. Bei K3 besteht derzeit eine Kostenüberschreitung in Höhe von 842,50 € entsprechend ca. 24%, gemessen an den Zielkosten. Mögliche Maßnahmen:

- Value engineering zur Identifikation nicht nutzbringender und zu teurer Bauteile und Baugruppen von K1 und K3
- Auslagerung von Randkompetenzen durch Fremdbezug vorgefertigter Bauteile und Baugruppen von spezialisierten Zulieferern
- Vereinbarung von Kostenzielen mit Lieferanten

81 Grundlagen der Lebenszykluskostenrechnung ★☆☆

a.

	Produktlebenszyklus	Investitionsgüterlebenszyklus
Vorlaufphase	Markterkundung Produktentwicklung Musteranfertigung Produktionseinrichtung	Planung/Konzeption Angebotseinholung und Vertragsabschluss Installation und Test ...
Markt- bzw. Nutzungsphase	Einführung Wachstum Reife Sättigung	Produktionsanlauf Betrieb Reparatur und Erweiterung Produktionsauslauf ...
Nachlaufphase	Wartung Rückbau Rücknahme u. Entsorgung ...	Stilllegung Rückbau Entsorgung/Veräußerung ...

Die in- und/oder extensivere Auslegung einzelner Phasen mit zusätzlichen Auszahlungen führt zu höheren Ein- und/oder geringeren Auszahlungen in anderen Phasen und umgekehrt. Z.B. lassen sich durch eine ausgereifte Konzeption für Investitonsvorhaben Betriebskosten sowie Kosten des Rückbaus senken.

b. Der bewertete, auf den Betriebszweck bezogene Verzehr von Gütern und Dienstleistungen wird in der traditionellen Kostenrechnung als Kosten bezeichnet. Dazu gehören z.B. auch Abschreibungen als periodisierte Investitionsauszahlungen. In der Lebenszykluskostenrechnung werden hingegen über einen gesamten, in der Regel mehrjährigen Produkt- bzw. Investitionsgüterlebenszyklus alle Ein- und Auszahlungen zeitpunktgerecht berücksichtigt. Mithin ist diese Form der Rechnung weniger eine Kostenrechnung, sondern genauer eine Zahlungsrechnung.

c. Wegen der mehrperiodigen, i.d.R. mehrjährigen Betrachtung der Lebenszykluskostenrechnung muss der unterschiedlichen Wertigkeit der Zahlungen zu unterschiedlichen Zeitpunkten Rechnung getragen werden. Dies geschieht, indem die zeitlich verteilten Zahlungen nach den Regeln der Finanzmathematik durch Ab- und Aufzinsen vergleichbar gemacht werden. Dadurch wird es möglich, Kennzahlen zur Alternativenbeurteilung zu bilden.
So ist der Kapitalwert der Bar- oder Gegenwartswert aller Zahlungen, der über die Verzinsung des gebundenen Kapitals zum Kalkulationszinssatz hinaus erzielt wird. Sofern die Ein- und Auszahlungen einer Alternative berücksichtigt werden, spricht ein positiver Kapitalwert für, ein negativer Kapitalwert gegen diese Alternative.
Die Annuität ist der auf den Betrachtungszeitraum unter Berücksichtigung von Zins- und Zinseszinseffekten gleichmäßig verteilte Kapitalwert. Bezüglich des Vorzeichens gelten die Ausführungen zum Kapitalwert analog.
Die dynamische Amortisationszeit beschreibt den Zeitraum, ab dem die eingesetzten Mittel unter Berücksichtigung von Zins- und Zinseszinseffekten wieder erwirtschaftet werden. Je kürzer dieser Zeitraum ist, desto geringer erscheint das Risiko der betrachteten Alternative.

82 Produktlebenszykluskostenrechnung aus der Perspektive des Kunden ★★★

a. In die Lebenszyklusbetrachtung werden alle Folgewirkungen einer Produktentscheidung über den gesamten Produktlebenszyklus einbezogen, insbesondere die ausgelösten Ein- und Auszahlungen. Darin gleicht sie der Investitionsrechnung. Das besondere Merkmal im Vergleich zur traditionellen Investitionsrechnung ist darin zu sehen, dass die Austauschbeziehungen („trade offs") unterschiedlicher Phasen des Lebenszyklus herausgestellt werden. In der vorliegenden Aufgabenstellung bestehen diese zwischen der Kaufpreiszahlung einerseits und den Betriebskosten - oder besser: Betriebsauszahlungen - andererseits.

b. Anstelle die Abzinsungsfaktoren (ABF) aus einer Tabelle zu übernehmen, können Sie diese auch durch fortwährende Division der Ausgangsgröße 1 durch 1,04 erzeugen. Den in der Aufgabenstellung vorgegebenen Annuitätenfaktor berechnen Sie durch Einsetzen des Zinssatzes von 4% - entsprechend 0,04 - in die Annuitätenformel (Seite 265).

Diesel-Pkw						
Periode/Zeitpkt. t	0	1	2	3	4	5
Kaufpreis	24.000,00					
Investitionszuschuss	0,00					
Kraftstoffkosten		1.914,00	1.948,80	1.983,60	2.018,40	2.053,20
Instandh. u. Versich.		300,00	320,00	340,00	360,00	380,00
Kfz-Steuer		400,00	400,00	400,00	400,00	400,00
Resterlös						-4.800,00
Ausz.saldo gesamt	24.000,00	2.614,00	2.668,80	2.723,60	2.778,40	-1.966,80
ABF (t, 4%)	1,000000	0,961538	0,924556	0,888996	0,854804	0,821927
Diskont. Auszahlg.	24.000,00	2.513,46	2.467,46	2.421,27	2.374,99	-1.616,57
Kapitalwert C_0	32.160,61					
ANF (5 J., 4%)	0,224627					
Annuität A	7.224,14					

Erdgas-Pkw						
Periode/Zeitpkt. t	0	1	2	3	4	5
Kaufpreis	27.900,00					
Investitionszuschuss	-2.500,00					
Kraftstoffkosten		1.575,00	1.575,00	1.575,00	1.575,00	1.575,00
Instandh. u. Versich.		500,00	520,00	1.740,00	560,00	580,00
Kfz-Steuer		0,00	0,00	200,00	200,00	200,00
Resterlös						-4.300,00
Ausz.saldo gesamt	25.400,00	2.075,00	2.095,00	3.515,00	2.335,00	-1.945,00
ABF (t, 4%)	1,000000	0,961538	0,924556	0,888996	0,854804	0,821927
Diskont. Auszahlg.	25.400,00	1.995,19	1.936,94	3.124,82	1.995,97	-1.598,65
Kapitalwert C_0	32.854,27					
ANF (5 J., 4%)	0,224627					
Annuität A	7.379,96					

Trotz des Investitionszuschusses hat das erdgasbetriebene Fahrzeug eine um ca. 150 € höhere Annuität der Auszahlungen als der Diesel-Pkw. Schulz wird wie bisher den Diesel-Pkw erwerben.

c. Beide Antriebsvarianten sind gleich gut, wenn ihre Kapitalwerte - und wegen der gleichen Nutzungsdauer damit auch die Annuitäten - übereinstimmen. Da der Kapitalwert des Erdgas-Pkw bei einem Investitionszuschuss von 2.500 € um 693,66 € (= 32.854,27 - 32.160,61 €)

über dem des Dieselfahrzeugs liegt, muss der Zuschuss um diese Differenz auf 3.193,66 € steigen. Erst bei einem höheren Investitionszuschuss, z.B. 3.200 €, wählt Schulz den erdgasbetriebenen Pkw.

d. Produzent und Händler werden darauf achten, dass sich beide am Markt eingeführten Antriebsvarianten für den Popel Ventura behaupten können. Das kann in gewissem Umfang durch Verkaufsförderung mittels Werbung, Imageförderung und gezielte Beratung geschehen. Allerdings darf die Preisforderung für das erdgasbetriebene Modell unter Berücksichtigung des Investitionszuschusses nicht derart hoch sein, dass die monetären Nachteile für die Kunden zu krass werden.

e. - Umweltschutz durch geringere Schadstoffemissionen des Pkw
- Image des Fahrers als „Naturfreund"
- Verfügbarkeit des Erdgases als Kraftstoff, Dichte des Tankstellennetzes
- Spurtstärke, Durchzugsvermögen und Endgeschwindigkeit des Fahrzeugs
- (Risiko-) Einstellung gegenüber neuen Technologien
- Schonung knapper Ressourcen, insbes. des Erdöls

83 Produktlebenszykluskostenrechnung aus der Perspektive des Produzenten ★★★

a. In der vorliegenden Entscheidungssituation bestehen trade offs zwischen der Vorlaufphase (Entwicklung, Test, Produktions- und Marktvorbereitung) und der Marktphase; eine ausgeprägte Nachlaufphase wird in der Aufgabe nicht beschrieben. Mit der Ausdehnung der Vorlaufphase entstehen zunächst höhere Auszahlungen, und die Einzahlungen treten später ein. Über die erzielten Produktverbesserungen sinken allerdings die Schadensersatzansprüche und die damit verbundenen Auszahlungen in der Marktphase gravierend.

b. Nachfolgend sind die Ausgangsdaten und die Berechnungen zusammengestellt.

Alternative A: Entwicklung/Test über ein Jahr (in Tsd €)							
Periode/Zeitpkt. t	1	2	3	4	5	6	7
Marktpotenzial		15.000	25.000	40.000	30.000	10.000	
Marktanteil		50%	45%	40%	35%	30%	
Var. Kosten v. Ums.		25%	25%	25%	25%	25%	
Schadensquote v. U.							
- im lfd. Jahr		20%	20%	20%	20%	20%	
- im Vorjahr			15%	15%	15%	15%	15%
Einzahlg. / Erlöse		7.500	11.250	16.000	10.500	3.000	
Ausz. Vorlaufphase	-3.680						
Prod./Vertrieb, var.		-1.875	-2.813	-4.000	-2.625	-750	
Prod./Vertrieb, fix		-4.220	-3.170	-2.850	-1.630	-1.200	
Schadensers. für lfd. J.		-1.500	-2.250	-3.200	-2.100	-600	
Schadensers. für Vorj.			-1.125	-1.688	-2.400	-1.575	-450
Zahlungssaldo ZS	-3.680	-95	1.892	4.262	1.745	-1.125	-450
ABF (t, 8%)	0,925926	0,857339	0,793832	0,735030	0,680583	0,630170	0,583490
Diskontierter ZS	-3.407	-81	1.502	3.133	1.188	-709	-263
Kumul. diskont. ZS	-3.407	-3.488	-1.986	1.147	2.335	1.626	1.363
Kapitalwert C_0				1.363			
ANF (7 J., 8%)				0,192072			
Annuität A				262			

Alternative B: Entwicklung/Test über zwei Jahre (in Tsd €)							
Periode/Zeitpkt. t	1	2	3	4	5	6	7
Marktpotenzial		15.000	25.000	40.000	30.000	10.000	
Marktanteil		0%	30%	40%	50%	60%	
Var. Kosten v. Ums.			28%	28%	28%	28%	
Schadensquote v. U.							
- im lfd. Jahr			17%	17%	17%	17%	
- im Vorjahr				10%	10%	10%	10%
Einzahlg. / Erlöse			7.500	16.000	15.000	6.000	
Ausz. Vorlaufphase	-3.110	-3.890					
Prod./Vertrieb, var.			-2.100	-4.480	-4.200	-1.680	
Prod./Vertrieb, fix			-3.400	-3.010	-1.700	-1.250	
Schadensers. für lfd. J.			-1.275	-2.720	-2.550	-1.020	
Schadensers. für Vorj.				-750	-1.600	-1.500	-600
Zahlungssaldo ZS	-3.110	-3.890	725	5.040	4.950	550	-600
ABF (t, 8%)	0,925926	0,857339	0,793832	0,735030	0,680583	0,630170	0,583490
Diskontierter ZS	-2.880	-3.335	576	3.705	3.369	347	-350
Kumul. diskont. ZS	-2.880	-6.215	-5.639	-1.934	1.435	1.782	1.432
Kapitalwert C_0	1.432						
ANF (7 J., 8%)	0,192072						
Annuität A	275						

Aufgrund des um 69 Tsd € höheren Kapitalwerts erscheint Alternative B der Alternative A überlegen. Da der Planungszeitraum bei beiden Alternativen sieben Jahre beträgt, ist auch die Annuität der Alternative B größer als die der Alternative A, und zwar um 13 Tsd €/Jahr.

c. An der Zeile der kumulierten diskontierten Zahlungsüberschüsse lässt sich ablesen, in welchem Jahr die zunächst hohen Auszahlungen durch laufende Zahlungsüberschüsse unter Berücksichtigung des Zinseszinseffekts wieder erwirtschaftet werden. Alternative A führt bereits zum Ende des vierten Jahres zu einem positiven kumulierten Saldo, während bei Alternative B erst zum Ende des fünften Jahres die dynamische Amortisation erreicht wird. Da Prognosen um so unsicherer werden, je weiter sie in die Zukunft reichen, wird die dynamische Amortisationszeit um so besser beurteilt, je kürzer sie ist. Unter diesem Aspekt und wegen des relativ zum Gesamtvolumen der geplanten Maßnahmen geringen Nachteils bei Kapitalwert und Annuität wird der risikosensible Entscheider der einjährigen Entwicklung den Vorzug geben.

84 Lebenszykluskostenrechnung bei Investitionsgütern ★★☆

a. Durch intensivierte Planung mit höheren Auszahlungen in der Vorlaufphase der Investition (+ 150 Tsd €) sinken die Auszahlungen in der achtjährigen Nutzungsphase (-30 Tsd €/Jahr).

b. Kapitalwert $C_0 = -150 + 30 / (1+0{,}08)^1 + 30 / (1+0{,}08)^2 + ... + 30 / (1+0{,}08)^8 = 22{,}399$ Tsd €

Der Kapitalwert ist positiv. Das externe Ingenieurbüro sollte beauftragt werden.

c. Relevant sind nur diejenigen Zahlungswirkungen, die von der Entscheidung über das Hinzuziehen des externen Ingenieurbüros ausgelöst oder verändert werden. Die konkreten Zahlen der intern erstellten Lösung interessieren insofern nicht.

Lösungen zu den Klausuren

Klausur 1: Vollkosten-, Deckungsbeitrags- und Plankostenrechnung

Aufgabe 1: Materialkosten (15 Minuten)

a.

	Menge	Preis	Wert
Anfangsbestand 01.01.	73	6,65	485,45
+ Zugang 13.02.	420	6,30	2.646,00
+ Zugang 15.05.	360	6,60	2.376,00
+ Zugang 28.08.	453	6,91	3.130,23
+ Zugang 21.11.	270	7,00	1.890,00
= Summe	1.576	6,68	10.527,68
- Verbräuche laut Beleg	1.543	6,68	10.307,24
= Endbestand (buchmäßig)	33	6,68	220,44
- Inventurdifferenz	32	6,68	213,76
= Endbestand laut Inventur	1	6,68	6,68

b. Mögliche Gründe für die Inventurdifferenz sind:
- Diebstahl
- Fehlmengen bei Lieferung
- Buchungsfehler bei Zu- bzw. Abgängen
- Fehler in der Inventuraufnahme im vergangenen bzw. laufenden Jahr

c. Bei der Methode des gleitenden Durchschnittspreises werden die Bestände permanent nach Menge und Wert fortgeschrieben. Nach jedem Zugang bzw. Einkauf wird als Quotient aus Bestandswert und Bestandsmenge ein neuer gleitender Durchschnittspreis gebildet, der fortan solange für die Bewertung von Verbräuchen und Beständen verwendet wird, bis wieder ein Zugang durch Einkauf erfolgt. Dann wird einer neuer gleitender Durchschnittspreis bestimmt.
Diese Methode kann mit den vorhandenen Angaben nicht angewendet werden, weil nicht bekannt ist, welche Verbräuche jeweils bis zu den einzelnen Einkaufszeitpunkten eingetreten sind.

Aufgabe 2: Kalkulatorische Kosten (15 Minuten)

a. Wiederbeschaffungswert = 80.000 • 1,325 / 1,250 = 84.800 €
Kalkulatorische Abschreibung = 84.800 / 8 = 10.600 €

b. Die kalkulatorische Abschreibung müsste - um durch verdiente Abschreibungen innerhalb der betriebsgewöhnlichen Nutzungsdauer eine Wiederbeschaffung sicherzustellen - bereits vom ersten Nutzungsjahr an vom Wiederbeschaffungswert am Ende der betriebsgewöhnlichen Nutzungsdauer berechnet werden; diesen vermag jedoch niemand zu prognostizieren. Durch die Abschreibung vom Wiederbeschaffungswert im Sinne des Tageswertes, der mit den Verteuerungsindizes der statistischen Ämter berechnet wird, werden - bei steigenden Preisen der Investitionsgüter - in den ersten Nutzungsjahren zu wenig Abschreibungen verrechnet, sodass nach Ablauf der betriebsgewöhnlichen Nutzungsdauer die Summe der kalkulatorischen Abschreibungen kleiner ist als der Wiederbeschaffungspreis des Kleinbusses.

c. Kapitalbindung (durchschnittlich) = 80.000 / 2 = 40.000 €
Kalkulatorische Zinsen = 40.000 • 10% = 4.000 €

d. Bei der Restwertmethode werden die kalkulatorischen Zinsen mithilfe des Kalkulationszinssatzes i auf den kalkulatorischen Restwert (kRW) des Geschäftsjahres berechnet. Dieser entspricht dem Mittelwert aus kalkulatorischem Restwert zu Jahresbeginn und Jahresende.

Kalkulatorische Zinsen = kRW • i = $(kRW_{01.01.} + kRW_{31.12.}) / 2 \cdot i$

Aufgabe 3: Betriebsabrechnungsbogen (15 Minuten)

	BAB Monat Mai	Gebäude	Wäscherei	Beherbergung	Verpflegung	Restaurant	Gesamt
a.	Personalkosten	2.752	8.256	24.768	33.024	33.024	101.824
	Kalk. Zinsen	17.297	441	7.448	1.372	1.862	28.420
	Übrige Kosten	11.996	2.468	20.698	70.500	14.094	119.756
	Primärkosten	32.045	11.165	52.914	104.896	48.980	250.000
b.	Umlage Gebäude	-32.045	1.595	19.430	3.190	7.830	0
	Umlage Wäscherei		-12.760	7.656	1.914	3.190	0
	Endkosten	0	0	80.000	110.000	60.000	250.000

Aufgabe 4: Zuschlags- und Differenzkalkulation (15 Minuten)

a.	Speisen		20,84
	Verpflegung Küche (auf Speisen)	40%	8,34
	Getränke		14,80
	Verpflegung Keller (auf Getränke)	20%	2,96
	Herstellkosten		46,94
	Restaurant (auf Herstellkosten)	15%	7,04
	Selbstkosten		53,98
b.	Verkaufspreis einschl. USt		99,99
	Umsatzsteuer (im Verkaufspreis)	16%	13,79
	Verkaufspreis ohne USt		86,20
	Bedienungsgeld (vom Verkaufspreis einschl. USt)	10%	10,00
	Barerlös (nach Bedienungsgeld)		76,20
	Selbstkosten		53,98
	Gewinn		22,22

Aufgabe 5: Äquivalenzziffernkalkulation (15 Minuten)

a.

Zimmerkategorie	Kaiser Franz	Prinz Ernst	König Otto
Anzahl Zimmer	12	24	32
• Betten je Zimmer	2	2	1
• Öffnungstage pro Jahr	350	350	350
• Durchschnittl. Belegung	60%	70%	80%
= Übernachtungen pro Jahr	5.040	11.760	8.960

b.

Zimmerkategorie	Kaiser Franz	Prinz Ernst	König Otto
Kostenverhältnis	150%	125%	100%
Äquivalenzziffer	1,50	1,25	1,00

c.

Zimmerkategorie	Kaiser Franz	Prinz Ernst	König Otto	Gesamt
Übernachtungen pro Jahr	5.040	11.760	8.960	-------
Äquivalenzziffer	1,50	1,25	1,00	-------
Einheitsmenge pro Jahr	7.560	14.700	8.960	31.220
Kosten gesamt pro Jahr	234.360	455.700	277.760	967.820
Kosten je Übernachtung	46,50	38,75	31,00	31,00

Aufgabe 6: Mehrstufige Deckungsbeitragsrechnung (15 Minuten)

a.

Produktgruppe	Beherbergung			Gastronomie	
Produktart	Kaiser Franz	Prinz Ernst	König Otto	Speisen	Getränke
Umsatz	245.000	490.000	285.000	1.180.000	740.000
Variable Kosten	68.000	124.800	71.400	858.000	512.000
Deckungsbeitrag I	177.000	365.200	213.600	322.000	228.000
Produktfixe Kosten	27.000	35.200	23.600	352.000	78.000
Deckungsbeitrag II	150.000	330.000	190.000	-30.000	150.000
Gruppenfixe Kosten	370.000			90.000	
Deckungsbeitrag III	300.000			30.000	
Hotelfixe Kosten	230.000				
Betriebsergebnis	100.000				

b. Beispiele für hotelfixe Kosten:
- Personalkosten des Hotelmanagers
- Abschreibungen und Zinsen auf das Hotelgebäude
- auf das gesamte Hotel bezogene Versicherungsprämien

c. Der Deckungsbeitrag 2 des Produktes Gastronomie/Speisen ist negativ (-30.000 €), d.h. der Erlös dieser Leistung deckt nicht die zugehörigen variablen und produktfixen Kosten. Dies sollte Anlass sein, über Möglichkeiten der Erlösverbesserung und/oder der Kostensenkung in diesem Produktsegment nachzudenken.
Der Deckungsbeitrag 1 des Produktes Gastronomie/Speisen ist positiv. Deshalb könnte z.B. unter sonst gleichen Bedingungen durch eine Absatzsteigerung um 10% der Deckungsbeitrag 1 um 32.200 € verbessert werden, sodass auch der Deckungsbeitrag 2 positiv wird.
Die Speisen und Getränke können nicht für sich, sondern nur zusammengenommen beurteilt werden. Denn der Gast wird in der Regel essen und trinken. Wird ihm das Essenangebot genommen, wird er auch nicht oder weniger trinken. Relevant ist deshalb die Beurteilung der Produktgruppe Gastronomie. Deren Deckungsbeitrag 3 ist immerhin deutlich positiv.

Aufgabe 7: Kostenanalyse und -spaltung (15 Minuten)

a. Variable Kosten je Übernachtung = (2.318,00 - 1.623,60) / (2.335 - 1.467)
= 694,40 / 868 = 0,80 €

Fixe Kosten je Monat = 2.318,00 - 2.335 • 0,80
= 2.318,00 - 1.868,00 = 450,00 €

Die Kostenfunktion lautet: K(x) = 450 + 0,8 x

b.

Anzahl U. x	Fixe Kosten K_{fix}	Variable Kosten K_{var}	Gesamtkosten K	Stückkosten k
500	450	400	850	1,700
1.000	450	800	1.250	1,250
1.500	450	1.200	1.650	1,100
2.000	450	1.600	2.050	1,025
2.500	450	2.000	2.450	0,980

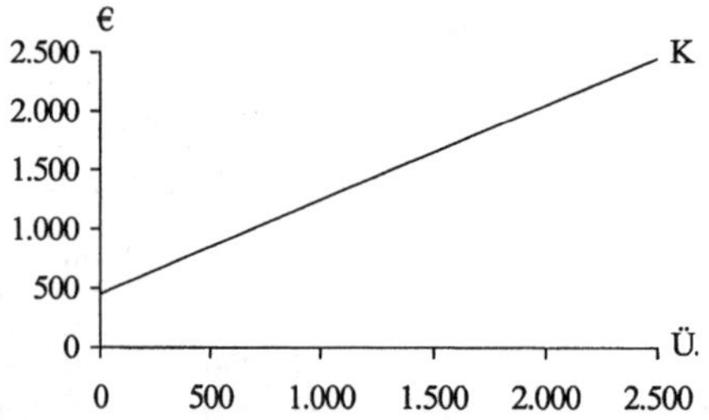

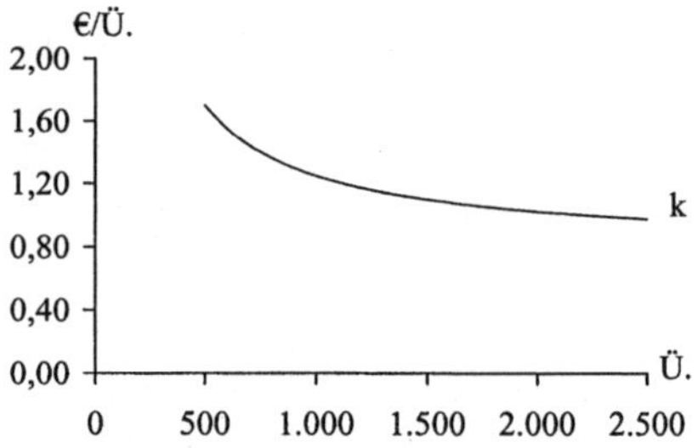

c. Die Entwicklung der Stückkosten veranschaulicht den Effekt der Fixkostendegression. Bei steigender Beschäftigung verteilen sich die Fixkosten auf eine zunehmende Menge, sodass die Fixkosten je Stück und - wegen der konstanten variablen Kosten je Stück - auch die Stückkosten insgesamt abnehmen.

Aufgabe 8: Flexible Plankostenrechnung (15 Minuten)

a. Voller Plankostenverrechnungssatz = 1.950 / 1.875 = 1,04 €/Ü.
Variabler Plankostenverrechnungssatz = (1.950 - 450) / 1.875 = 0,80 €/Ü.

Verrechnete Plankosten $K^{verr}(x)$ = 1,04 x
Sollkosten $K^{soll}(x)$ = 450 + 0,8 x

b. Istbeschäftigung x = 1.725
Verrechnete Plankosten K^{verr} = 1,04 • 1.725 = 1.794 €
Sollkosten K^{soll} = 450 + 0,8 • 1.725 = 1.830 €

c. Verbrauchsabweichung VA = 1.850 - 1.830 = 20 €
Beschäftigungsabweichung BA = 1.830 - 1.794 = 36 €

Die Verbrauchsabweichung zeigt mit 20 € eine geringfügige Unwirtschaftlichkeit an, die rund 1% der Sollkosten ausmacht. Die Beschäftigungsabweichung beschreibt die aufgrund des Beschäftigungsgrades von 1.725 / 1.875 = 92% im Umfang von 450 • 8% = 36 € zu wenig verrechneten Fixkosten.

Klausur 2: BAB, Kalkulation und Betriebsergebnisrechnung

a. Kalkulation (€/Paar)

	Normal-kostensatz	Sprinter	Teeny	Universal
Fertigungsmaterial		6,5000	5,4000	5,4000
Materialgemeinkosten	8%	0,5200	0,4320	0,4320
Fertigungslohn		2,4000	2,2000	2,3000
Fertigungsgemeinkosten	260%	6,2400	5,7200	5,9800
Maschinenkosten	54,00 €/Std.	4,0500	2,2500	3,0600
SEK der Fertigung		1,2000	1,1000	1,2000
Herstellkosten		20,9100	17,1020	18,3720
Verwaltungskosten	5%	1,0455	0,8551	0,9186
Vertriebskosten	10%	2,0910	1,7102	1,8372
SEK des Vertriebs		0,8000	0,7000	0,6000
Selbstkosten		24,8465	20,3673	21,7278

b. Es ist zu beachten, dass für die Sportschuhe Modell Teeny zunächst aus der Angabe über den Wert der Bestandsminderung und aus den auf Normalkostenbasis berechneten Herstellkosten die Menge der Bestandsminderung abzuleiten ist.

	Sprinter	Teeny	Universal
Bestandsminderung (€)		51.306,00	
/ Herstellkosten (€/Paar)		17,1020	
= Bestandsminderung (Paar)		3.000	
Produktionsmenge (Paar)	175.440	358.200	217.500
- Bestandsmehrung (Paar)	5.200		4.700
+ Bestandsminderung (Paar)		3.000	
= Absatzmenge (Paar)	170.240	361.200	212.800

c. Vgl. zum Betriebsabrechnungsbogen die folgende Seite.

d. Betriebsergebnisrechnung auf der Basis der Kalkulation

	Sprinter	Teeny	Universal
Absatzmenge (Paar)	170.240	361.200	212.800
Preis (€/Paar)	35,7500	17,4000	24,2000
Selbstkosten (€/Paar)	24,8465	20,3673	21,7278
Stückergebnis (€/Paar)	10,9035	-2,9673	2,4722
Betriebserg. zu Normalk. (€)	1.856.211,84	-1.071.788,76	526.084,16
Gesamt (€)		1.310.507,24	
Über-/Unterdeckung (€)		-22.695,24	
Betriebserg. zu Istkosten (€)		1.287.812,00	

Alternativ können zunächst Umsatz und Selbstkosten des Umsatzes und anschließend das Betriebsergebnis zu Normalkosten als Differenz dieser Größen berechnet werden.

e. Vgl. zum Kostenträgerzeitblatt die übernächste Seite.

c. Betriebsabrechnungsbogen

	Materialwesen	Fertigung	Spezial-maschinen	Verwaltung	Vertrieb	Gesamt
Personalgemeinkosten	196.320,40	1.264.959,20	0,00	444.981,20	803.787,89	2.710.048,69
Sachgemeinkosten	86.312,17	919.852,00	398.344,12	44.212,65	198.323,55	1.647.044,49
Kalkulatorische Kosten	35.612,20	1.389.612,35	1.226.388,00	32.536,30	47.439,33	2.731.588,18
Sonstige Gemeinkosten	14.563,80	899.633,12	544.300,00	199.312,00	289.446,12	1.947.255,04
Istgemeinkosten	332.808,57	4.474.056,67	2.169.032,12	721.042,15	1.338.996,89	9.035.936,40
Zuschlags-/ Verrechnungsbasis	4.249.140,00	1.709.346,00	40.408	13.646.522,40	13.646.522,40	
Istkostensatz	7,8%	261,7%	53,68	5,3%	9,8%	
Normalkostensatz	8,0%	260,0%	54,00 €/Std.	5,0%	10,0%	
Normalgemeinkosten	339.931,20	4.444.299,60	2.182.032,00	682.326,12	1.364.652,24	9.013.241,16
Über- (+)/Unterdeck.(-)	7.122,63	-29.757,07	12.999,88	-38.716,03	25.655,35	-22.695,24

e. Kostenträgerzeitblatt (Betriebsergebnisrechnung nach dem Umsatzkostenverfahren)

	Normal-kostensatz	Sprinter	Teeny	Universal	Normal-kosten	Istgemeinkosten	Über- (+) / Unterdeckung(-)
Fertigungsmaterial		1.140.360,00	1.934.280,00	1.174.500,00	4.249.140,00		
Materialgemeinkosten	8%	91.228,80	154.742,40	93.960,00	339.931,20	332.808,57	7.122,63
Fertigungslohn		421.056,00	788.040,00	500.250,00	1.709.346,00		
Fertigungsgemeinkosten	260%	1.094.745,60	2.048.904,00	1.300.650,00	4.444.299,60	4.474.056,67	-29.757,07
Maschinenkosten	54,00	710.532,00	805.950,00	665.550,00	2.182.032,00	2.169.032,12	12.999,88
SEK der Fertigung		210.528,00	394.020,00	261.000,00	865.548,00		
Herstellkosten d. Produktion		3.668.450,40	6.125.936,40	3.995.910,00	13.790.296,80		
Bestandsmehrung Erzeugn.		108.732,00	0,00	86.348,40	195.080,40		
Bestandsminderung Erzeugn.		0,00	51.306,00	0,00	51.306,00		
Herstellkosten d. Umsatzes		3.559.718,40	6.177.242,40	3.909.561,60	13.646.522,40		
Verwaltungskosten	5%	177.985,92	308.862,12	195.478,08	682.326,12	721.042,15	-38.716,03
Vertriebskosten	10%	355.971,84	617.724,24	390.956,16	1.364.652,24	1.338.996,89	25.655,35
SEK des Vertriebs		136.192,00	252.840,00	127.680,00	516.712,00	*ÜD/UD gesamt*	-22.695,24
Selbstkosten d. Umsatzes		4.229.868,16	7.356.668,76	4.623.675,84	16.210.212,76		
Umsatz		6.086.080,00	6.284.880,00	5.149.760,00	17.520.720,00		
Betriebserg. zu Normalkosten		1.856.211,84	-1.071.788,76	526.084,16	1.310.507,24		
Über- (+) / Unterdeckung (-)					-22.695,24		
Betriebserg. zu Istkosten					1.287.812,00		

f. Betriebsergebnisrechnung nach dem Gesamtkostenverfahren

Umsatz gesamt	17.520.720,00
Bestandsmehrung Erzeugnisse	195.080,40
Bestandsminderung Erzeugnisse	- 51.306,00
Gesamtleistung	17.664.494,40
Fertigungsmaterial, vgl. Kostenträgerzeitblatt	4.249.140,00
Fertigungslöhne, vgl. Kostenträgerzeitblatt	1.709.346,00
SEK der Fertigung, vgl. Kostenträgerzeitblatt	865.548,00
SEK des Vertriebs, vgl. Kostenträgerzeitblatt	516.712,00
Personalgemeinkosten (Ist), vgl. BAB	2.710.048,69
Sachgemeinkosten (Ist), vgl. BAB	1.647.044,49
Kalkulatorische Kosten (Ist), vgl. BAB	2.731.588,18
Sonstige Gemeinkosten (Ist), vgl. BAB	1.947.255,04
Gesamtkosten (Ist)	16.376.682,40
Betriebsergebnis zu Istkosten	1.287.812,00

Klausur 3: Voll- und Teilkostenrechnung, Prozess- und Zielkostenrechnung
Bearbeitungszeit: 120 Minuten

Fall 1 (Ingenieurberatung, 90 Minuten)

a. Die Kalkulationssätze sollten aus der Kostenrechnung abgeleitet werden, denn:

- Die Aufwendungen der Finanzbuchhaltung enthalten ggf. außerordentliche oder periodenfremde Beträge, die keine kontinuierliche Kalkulation zulassen.
- Die Finanzbuchhaltung muss die Ansatz- und Bewertungsvorschriften des Handels- und Steuerrechts berücksichtigen; z.B. dürfen die Abschreibungen maximal von den Anschaffungs- bzw. Herstellungskosten berechnet werden. In der Kostenrechnung werden die Abschreibungen vom gestiegenen Wiederbeschaffungswert berechnet.
- In der Kalkulation sind Zusatzkosten für das gebundene Eigenkapital und für den geschäftsführenden Gesellschafter der OHG zu berücksichtigen.

b. Erläuterungen zum BAB (vgl. folgende Seite):

WBW des Gebäudes = 1.950.000 • 1,250 / 0,975 = 2.500.000 €
Gebäudeabschreibung = 2.500.000 / 50 = 50.000 €

Umlagesatz Gebäude = 95.000 / 1.000 = 95,00 €/qm
Umlagesatz DV-Service = (148.100 + 1.900) / 30 = 5.000 €/Einheit
Umlagesatz Textservice = (127.150 + 2.850 + 10.000) / 50.000 = 2,80 €/Seite
Umlagesatz Auftragswesen = (78.350 + 2.850 + 10.000 + 16.800) / 2.700 = 40,00 €/Std.

Jahresarbeitszeit je Mitarbeiter = (365 - 104 - 9 - 30 - 7) • 7 + 195 = 1.700 Stunden
Produktive Zeit je Mitarbeiter = 1.700 • 90% = 1.530 Stunden

Auftragsherstellkosten = 399.800 (Einzelkosten) + 4.865.400 (Gemeinkosten)
= 5.265.200 €

Plan-BAB	Unternehmen gesamt			Hilfskostenstellen				Hauptkostenstellen					
	Aufwand	Abgren-zungen	Kosten	Gebäude	DV-Service	Textservice	Auftrags-wesen	Verkehrs-planung	Vermessung	Stadt-planung	Hochbau	Hochbau Außenstelle	Leitung und Verwaltung
Personal	3.762.500		3.762.500		56.000	111.000	68.000	610.000	619.500	480.000	1.350.000	280.000	188.000
Fremdleistungen	355.000		355.000	35.000	45.000	3.500	1.500	42.000	34.800	46.300	33.900	49.500	63.500
Abschreibungen	162.000	6.000	168.000	50.000	23.000	5.000	2.000	12.000	18.500	10.500	27.000	3.000	17.000
Wagnisse	34.000	146.000	180.000					30.000	30.000	30.000	60.000	30.000	
Kalk. Unternehmerlohn		160.000	160.000										160.000
Übrige Aufwend./Kosten	766.420		766.420	10.000	24.100	7.650	6.850	49.950	147.800	25.700	401.600	12.000	80.770
Summe	5.079.920	312.000	5.391.920	95.000	148.100	127.150	78.350	743.950	850.600	592.500	1.872.500	374.500	509.270
Umlage Gebäude	*(95 €/qm)*		0	-95.000	1.900	2.850	2.850	14.250	19.000	15.200	32.300		6.650
Umlage DV-Service	*(5.000 €/Einheit)*		0		-150.000	10.000	10.000	35.000	20.000	35.000	35.000		5.000
Umlage Textservice	*(2,80 €/Seite)*		0			-140.000	16.800	47.600	8.400	36.400	25.200		5.600
Umlage Auftragswesen	*(40 €/Stunde)*		0				-108.000	16.000	20.000	40.000	24.000	8.000	
Gemeinkosten nach Uml.			5.391.920	0	0	0	0	856.800	918.000	719.100	1.989.000	382.500	526.520
Auftragsstunden								15.300	22.950	15.300	38.250	7.650	
Auftragsherstellkosten													5.265.200
Kostensatz								56,00	40,00	47,00	52,00	50,00	10%

Auftragseinzelkosten								157.800	79.300	60.900	35.500	66.300	

Mitarbeiter					1	3	2	10	15	10	25	5	4
Fläche (qm)					20	30	30	150	200	160	340	0	70

c.

Pauschale Kalkulation (bisher)	Projekt VK	Projekt VM
Einzelkosten	2.800	1.900
Gemeinkosten	32.500	26.000
Selbstkosten	35.300	27.900
Nettoerlös	38.830	30.690
Projektergebnis	3.530	2.790

Differenzierte Kalkulation (neu)	Projekt VK	Projekt VM
Einzelkosten	2.800	1.900
Gemeinkosten Verkehrsplanung	34.440	0
Gemeinkosten Vermessung	1.400	20.800
Herstellkosten	38.640	22.700
Gemeinkosten Leitung u. Verwaltung	3.864	2.270
Selbstkosten	42.504	24.970
Nettoerlös	38.830	30.690
Projektergebnis	-3.674	5.720

Bei der pauschalen Kalkulation werden den Verkehrsplanungsprojekten zu wenig Kosten zugerechnet und damit die Angebotspreise wohl auch im Vergleich zu den Wettbewerbern zu niedrig angesetzt. Das Ingenieurbüro erhält deshalb zwar häufig den Zuschlag der Kunden, aber der Erlös deckt nicht die gesamten verrechneten Projektkosten, wie die differenzierte Kalkulation zeigt. Umgekehrt verhält es sich bei den Projekten zur Vermessung; da diese eher zu teuer kalkuliert und damit die Angebotspreise oberkantig angesetzt sind, erhält die Ingenieurberatung seltener den Zuschlag. Durch die ungünstige Verschiebung in der Auftragsstruktur wird das Ergebnis belastet.

d.

Mehrstufige Projektergebnisrechnung	Projekt VK
Nettoerlös	38.830
- Einzelkosten	2.800
= Projektdeckungsbeitrag 1	36.030
- Projektbezogene variable Personalkosten Verkehrsplanung (615 Std. à 36,00)	22.140
- Projektbezogene variable Personalkosten Vermessung (35 Std. à 23,00)	805
= Projektdeckungsbeitrag 2	13.085
- Verrechnete übrige Kosten Verkehrsplanung (615 Std. à 20,00)	12.300
- Verrechnete übrige Kosten Vermessung (35 Std. à 17,00)	595
- Verrechnete Kosten Leitung und Verwaltung (10% von 38.640, siehe c.)	3.864
= Projektergebnis zu Vollkosten	-3.674

Der für die Beurteilung der Vorteilhaftigkeit des Projektes wichtige Deckungsbeitrag 2 ist deutlich positiv. Der von P. Boss anhand der pauschalen Kalkulation ermittelte Angebotspreis deckt die durch das Projekt verursachten zusätzlichen Kosten deutlich ab. Insofern ist das Projekt VK nicht Verlustgeschäft, sondern es trägt positiv zum Betriebsergebnis bei.

e.

Die Kalkulation mithilfe eines pauschalen Stundensatzes ist zu ungenau. Sie muss durch eine Kalkulation mit individuellen Kostensätzen für die Ingenieure und Techniker der verschiedenen Geschäftsfelder abgelöst werden. Es ist empfehlenswert, sowohl eine Teil- als auch eine Vollkostenkalkulation zu erstellen. Die Teilkostenkalkulation liefert den differenziertesten Einblick in die Kosten- und Ergebnisstruktur. Die Deckungsbeiträge sind außerdem das entscheidende Kriterium zur Beurteilung der Vorteilhaftigkeit der Projekte in Zeiten der Unterbeschäftigung. Auch bei Vollauslastung gibt die Teilkostenrechnung eindeutige Hinweise auf die Preisuntergrenzen und die Vorziehenswürdigkeit von Projekten, wenn die aus dem Engpass resultierenden Opportunitätskosten durch entgangene Deckungsbeiträge nicht ausgeführter Projekte berücksichtigt werden. Dies bereitet in der betrieblichen Praxis häufig Schwierigkeiten, und auch im vorliegenden Fall finden sich keine Anhaltspunkte für die Berechnung von Opportunitätskosten. Die differenzierte Kalkulation mit Vollkostensätzen liefert in solchen Fällen zumindest Orientierungswerte für kostendeckende Projekterlöse.

Fall 2 (Prozesskostenkalkulation und Target Costing, 30 Minuten)

a. Ermittlung der Zielherstellkosten der Komponenten insgesamt (Beträge in €)

Zielverkaufspreis FA		20.000
- Gewinnbeitrag (Umsatzrentabilität)	(20.000 • 7,5%)	1.500
= Zielkosten FA gesamt		18.500
- Prozesskosten Variante einführen/betreuen	(8.000 / 200)	40
- Prozesskosten Kundenauftrag abwickeln	(16.000 / 200)	80
- Prozesskosten Endmontageauftrag steuern	(10 • 1.600 / 200)	80
- Fertigungskosten Endmontage FA		1.800
- Deckungsbudget Verwaltung etc.		3.500
= Zielherstellkosten der Komponenten (Target Costs)		13.000

Kalkulation der derzeitigen Herstellkosten der Komponenten

	K1	K2	K3	K4
Materialkosten	1.945	2.945	3.620	950
Fertigungskosten	5.380			
Prozesskosten Vormontage steuern	* 35			
Prozesskosten Bestellung und Lieferung betreuen	** 50	*** 25	*** 25	*** 25
Herstellkosten der Komponenten (Drifting Costs)	7.410	2.970	3.645	975

* 5 • 1.400 / 200
** 20 • 500 / 200
*** 10 • 500 / 200

Berechnung der Zielkosten und der Zielkostenindizes der Komponenten

	F1	F2	F3	Target Costs		Standard Costs		Zielkosten-index
Bed.	*50%*	*20%*	*30%*	Anteil	€/Stück	€/Stück	Anteil	
K1	60%	10%	20%	38,0%	4.940	7.410	49,4%	1,3
K2	20%	30%	20%	22,0%	2.860	2.970	19,8%	0,9
K3	10%	50%	40%	27,0%	3.510	3.645	24,3%	0,9
K4	10%	10%	20%	13,0%	1.690	975	6,5%	0,5
Σ	100%	100%	100%	100,0%	13.000	15.000	100,0%	----

Die Komponente K1 zeigt mit dem Zielkostenindex von 1,3 - gemessen am Verhältnis des erreichten Kostenanteils (49,4%) zum Zielkostenanteil (38%) - einen Wert größer als eins; sie ist relativ zu teuer. Die Komponenten K2 bis K4 sind hingegen relativ zu billig.

b. Die Komponente K2 ist mit einem Zielkostenindex von 0,9 relativ zu den übrigen Komponenten zu billig. Doch der Vergleich der Standard Costs mit den Target Costs zeigt, dass das absolute Kostenziel dieser Komponente in Höhe von 2.860 € um 110 € entsprechend ca. 3,8% überschritten wird.

c. Zur Umsetzung der aus dem Absatzmarkt abgeleiteten Zielvorgabe für die Herstellkosten der Komponente K1 bieten sich z.B. folgende Ansätze an:

- Value Engineering durch kritisches Hinterfragen der Funktionalität, Qualität, Zuverlässigkeit und Kosten von einzelnen Bauteilen und Baugruppen
- Optimierung von Produktionsabläufen und Verfahren zur Senkung der direkten Fertigungskosten
- Wertschöpfungspartnerschaften mit Zulieferern zur Verbesserung der logistischen Kette, zur Reduzierung der Entwicklungszeit, zur Vermeidung von Qualitätsmängeln und Lieferverzögerungen sowie zur Optimierung der Materialkosten
- Analyse der Teilprozesse und der zugehörigen Kosten mithilfe der Prozesskostenrechnung, um Schwachstellen in den indirekten Bereichen zu identifizieren

Schlagwortverzeichnis